珊瑚碎屑及珊瑚礁岩防渗止水系统研究

含珊瑚碎屑地层
防渗止水系统施工风险分析与控制

阳吉宝　倪　琦　荆　勇　潘良鹄　著

内容提要

本书以中国人民解放军海军工程设计研究院和上海市建工设计研究院联合开展的“珊瑚碎屑及珊瑚礁岩防渗止水系统研究”的科研成果为基础，以海南省临海地区入岩深基坑为研究对象，主要进行了含珊瑚碎屑地层防渗止水系统施工风险分析与控制的研究。首先对含珊瑚碎屑地层的可搅拌性进行分级，分析评价在含珊瑚碎屑地层进行三轴搅拌桩施工的风险；接着通过珊瑚礁砂配比试验，讨论了影响搅拌桩成桩质量的因素；然后通过场地地质条件研究，预测了场地施工难度，并讨论了入岩深基坑施工风险与控制方法；最后阐述了基坑工程施工的关键技术并编制了施工导则。

本书适合岩土工程、地下结构及相关专业的科研人员和高校师生阅读。

图书在版编目(CIP)数据

含珊瑚碎屑地层防渗止水系统施工风险分析与控制/阳吉宝等著. —上海：同济大学出版社，2017.11

(珊瑚碎屑及珊瑚礁岩防渗止水系统研究)

ISBN 978-7-5608-6676-5

Ⅰ.①含… Ⅱ.①阳… Ⅲ.①防渗工程—研究 Ⅳ.①TU761.1

中国版本图书馆 CIP 数据核字(2016)第 303239 号

含珊瑚碎屑地层防渗止水系统施工风险分析与控制

阳吉宝 倪琦 荆勇 潘良鹄 **著**

出品人 华春荣 **策划编辑** 杨宁霞 **责任编辑** 李杰 胡毅

责任校对 徐春莲 **封面设计** 张微

出版发行 同济大学出版社 www.tongjipress.com.cn

(地址：上海市四平路 1239 号 邮编：200092 电话：021-65985622)

经　　销 全国各地新华书店、建筑书店、网络书店

排版制作 南京展望文化发展有限公司

印　　刷 上海丽佳制版印刷有限公司

开　　本 889 mm×1194 mm 1/16

印　　张 23.5

字　　数 752 000

版　　次 2017 年 11 月第 1 版 2017 年 11 月第 1 次印刷

书　　号 ISBN 978-7-5608-6676-5

定　　价 198.00 元

前　言

含珊瑚碎屑地层在我国南海海域有着广泛的分布。随着南海诸岛的开发和保卫的需要，尤其近十几年来对南海石油资源的勘探和开采以及岛礁旅游业的开发，岛礁和海上现代化工程数量将日趋增多，规模将更大。而珊瑚礁地区地下水丰富，地层分布不均匀，深基坑及基础工程的施工问题，尤其是入岩深基坑防渗止水施工问题是工程建设的重点、难点之一。现有的大量基坑工程经验表明，搅拌桩法应用于基坑防渗止水帷幕施工十分经济有效，在国内外均有广泛应用。但由于目前我国对珊瑚礁地区场地工程地质条件的勘察研究较少，尚没有相应的国家规范，含珊瑚碎屑地层的工程力学特征、基岩面形状对搅拌桩施工的影响等问题尚待更进一步探讨。因此，开展对含珊瑚碎屑地层的可搅拌性及工后效果的试验与理论研究，对于指导珊瑚礁砂实际工程的设计、施工与安全性检查以及我国的政治、经济和国防建设等的发展都具有十分重要的意义。同时，也为在临海地区或海岛地区进行重大和重点工程项目建设、预测施工难度与风险、确保建设项目的顺利实施等创造条件。

为工程设计与施工需要，中国人民解放军海军工程设计研究院于2008年就立项开展海南省临海地区“含珊瑚碎屑及珊瑚礁岩地层的防渗止水系统研究”。研究工作以海南省临海地区入岩深基坑设计与施工关键技术研究为主要目的，以临海地区具有类似地质地层条件的基坑工程的防渗止水问题为研究内容，从场地的地形、地貌，地质条件，基坑特点等方面开展研究分析，主要研究解决入岩深基坑的设计选型问题，施工工序、工艺选择，确定施工、检测和监测方案与要求，最后对某待建工程基坑提出设计与施工方案，分析其基坑边坡稳定性，明确施工、检测、监测的方法、内容和具体操作要求。

为顺利完成科研项目，指导拟建工程设计与施工，选择类似地质条件的规模相对较小的海南文昌市卫星发射基地1#工位、2#工位的入岩深基坑为工程试验案例，以积累理论研究和实际工程经验，为三亚基地某入岩深大基坑设计与施工创造条件。基于上述目的，上海市建工设计研究院有限公司自2010年5月开始，参与位于海南省文昌市龙楼镇我国第四个卫星发射基地的建设项目。先后设计和施工了078基地1#工位、2#工位的基坑工程和桩基工程。在这些项目的实施过程中，出现不少问题，主要体现在：对临海地区的地质条件研究不够；对临海地区浅基坑设计与施工经验不足；对临海地区入岩深基坑设计与施工的难度认识不清，重视不够，经验缺乏；对临海地区特殊地质条件下的桩基设计与施工的重点、难点分析认识不到位；等等。尤其是1#工位、2#工位深基坑止水帷幕体的设计与施工，因受基坑开挖面积大（约1.5万m^2）、开挖深度深（约23 m），而且进入基岩深度达12 m等条件的限制，加之对临海地区地质条件的复杂性分析、认识不足，在基坑止水帷幕体设计与施工过程中出现不少问题。1# 基坑在开挖到基岩面时发生严重渗漏，给基坑基岩面下岩体爆破和基础工程施工带来困难，甚至危及基坑边坡的安全稳定性。2# 工位基坑设计与施工在分析总结 1# 工位基坑的成功经验和吸取失败教训的基础上，优化和改进了基坑止水帷幕体的设计方案，进一步明确施工、检测和监测要求，从而使 2# 工位基坑的工期、费用和施工质量都大大好于 1# 工位基坑。相对于海南三亚临海地区的某拟建入岩深大基坑工程，文昌卫星发射基地的基坑工程面积较小，开挖深度近似，场地地形、地貌和地层条件也类似。这样，深入研究和总结文昌卫星基地工程建设项目的设计与施工经验，有助于指导海南某临海入岩深大基坑工程的设计与施工。

本书共分 10 章。第 1 章为绪论，概述本书的主要研究方法、研究内容和研究成果；第 2 章主要对临海地区珊瑚礁地层的工程特性进行分析研究，对珊瑚礁地层，特别是珊瑚礁灰岩的可搅拌性进行分级；第 3 章运用颗粒流理论模拟珊瑚礁灰岩的可搅拌性，分析评价在此地层进行三轴搅拌桩施工的事故风险；第 4 章研究分析珊瑚礁砂配比试验，讨论影响搅拌桩成桩质量的因素；第 5 章结合文昌基地和三亚基地的现场抽水试验，研究临海地区地层的水文地质特征和水文地质参数取值问题；第 6 章主要根据场地地质条件，预测场地施工难度；第 7 章主要讨论入岩深基坑施工风险与控制；第 8 章在详细研究基岩面形状特征和埋深变化的基础上，对施工工期和造价风险进行评价；第 9 章主要讨论基坑工程施工关键技术，并编制了施工导则；第 10 章详细介绍了施工质量检测方法与加固处理措施。

本课题研究肇始于 2008 年 2 月，课题研究持续时间已近十年，特别是近三年来，在海南文昌卫星发射基地和三亚某地开展了一系列野外现场试验、测试和室内资料整理分析工作，其中还在三亚某基地开展了长达 1 年半的潮汐作用下地下水水位观测，收集了海南岛及邻近区域的地质构造和工程地质、水文地质资料，参考、吸收了海南岛地区和类似地区同类型工程实例和设计、施工经验，这些工作均为本课题研究创造了良好的基础条件，保证了本课题研究成果的真实性及可靠性。通过检索和查阅文献发现，目前，类似工程案例较少，对临海地区的地质条件研究以及入岩深基坑工程设计与施工的研究均不多见，“珊瑚碎屑及珊瑚礁岩防渗止水系统研究”的科研小组希望本课题的研究成果能对类似地质条件和类似工程有一定的参考价值和指导作用。

著 者

2016 年 9 月

目　录

1 绪 论

1.1 问题的提出

我国决定在海南某临海地区修建大型船坞。该船坞建设场地位于剥蚀残山-海湾沉积过渡的海岸地貌,面向大海,建筑物纵轴垂直于海岸,一部分进入大海,大部分嵌入海岸。根据现场勘察钻孔情况,场地岩土体从上到下可分为 4 个大层 13 个亚层,第一大层为珊瑚碎屑、珊瑚礁灰岩,埋深从地表到地下 15 m;第二大层为粉质黏土和粉细砂,埋深7～47 m;第三大层为强风化到中风化石英砂岩,埋深 3～54 m;第四大层为强风化、中风化-微风化的花岗岩,埋深从地表到地下 57 m。从整个场地地层特征分析,场区岩土工程条件复杂,岩土种类多,特殊性岩土(珊瑚碎屑、珊瑚礁灰岩和黏土质蚀变岩)分布广泛,基岩埋深变化大,同时处在两种岩性接触交错部位。

本工程因体量大、施工周期长,工程属性重要,基坑开挖要深入基岩,须了解基岩与上覆土体,特别是强渗透性的基岩面附近的交界面。为确保施工安全,拟采用围堰内干施工,这样,必须施工基坑的防渗止水帷幕体。根据场地地层地质特征,并在总结已在类似地层环境下成功实施基坑围护体设计与施工工程案例的基础上,提出本基坑围护体结构形式拟采用三轴搅拌桩加高压旋喷桩复合结构体,即基岩面以上采用三轴搅拌桩,用高压旋喷桩对上覆土体与基岩交界面进行加固。防渗止水帷幕体设计方案确定后,如何实施设计方案是接下来需要解决的难题。

由于过去临海地区大型工程建设项目不多,入岩深基坑工程就更少,加之对临海地区地质条件研究不足,对地层工程力学性质了解不深,缺乏相应的施工经验。所以,必须开展类似地层条件下防渗止水帷幕体施工关键技术研究、场地施工难度预测和施工风险评价,为该基坑防渗止水帷幕体的施工设备选型、技术措施准备和施工风险评价提供依据,创造条件。在安全、经济、可行的前提下,解决设计方案的施工实施难题。

综上所述,本书主要研究临海含珊瑚礁碎屑及珊瑚礁灰岩地层的地质条件,尤其是地层的工程特性和水文地质条件,开展现场抽水试验和珊瑚礁砂的配比试验,在此基础上,根据场地地层地质条件,预测防渗止水帷幕体的施工难度,分析基坑工程施工风险,提出风险控制措施,在研究施工关键技术的基础上,编制施工导则,最后提出防渗止水帷幕体的施工质量检测方法和加固处理措施。

1.2 研究现状概述

对珊瑚礁灰岩工程力学性质的研究自 20 世纪 70 年代开始已引起我国科研工作者的广泛关注,汪稔等[1]对南沙群岛珊瑚礁的工程特征进行了系统研究,王新志等[2]对取自南沙群岛的礁灰岩进行了声波测试、单轴抗拉和抗压强度试验以及三轴压缩强度试验。试验结果表明,礁灰岩具有较高的孔隙率,远远大于其他岩石,其纵波波速为 2 700～3 700 m/s,并随着孔隙率的增大而线性减小;礁灰岩的软化性较弱,干燥抗拉强度和饱和抗拉强度相差不大;礁灰岩的破坏形态表明其具有脆性岩石的特点，但又与花岗岩等脆性岩石有本质的区别，在破坏时并不像其他脆性岩石一样具有单一破裂面，而是沿着珊瑚礁生长线同时出现多个破裂面，并保持较高的残余强度，礁灰岩的这种破坏模式是由其特殊的岩体结构决定的。为研究三轴搅拌桩在珊瑚礁灰岩分布区施工的可行性，也即分析珊瑚礁灰岩的可搅拌性，同时要研究三轴搅拌桩在本场地复杂土层条件下的施工可行性，这是一个全新课题。

为研究岩石的可搅拌性，可以参考岩石可钻性研究成果。岩石可钻性是表征地层钻进的难易程度、反映岩石破碎综合性质的主要指标，是当今石油钻井工程界选择钻头、预测钻速的基础数据[3]。韩来聚等[4]应用数理统计方法研究分析了岩石地面纵波波速、横波波速分别与钻头可钻性的相关关系，并通过测井波速资料建立了利用声波测井资料预测碳酸盐岩地层剖面可钻性的数学模型。李士彬等[5]通过研究发现，岩石可钻性与井深有关，也与围压有关，建立了考虑围压作用下的岩石可钻性级值模型。邹德永等[6]利用岩屑声波法评价了岩石可钻性。鲍挺等[7]对岩石可钻性研究方法与发展前景进行了概括，指出岩屑硬度法是今后地层可钻性研究发展的重点。熊继有等[8]讨论了岩石矿物成分与可钻性的关系。修宪民等[9]讨论了岩石力学性质及可钻性分级研究，应用数理统计学原理，依据岩石力学性质和可钻性指标，建立了表示岩石可钻性的数学模型，并以此模型进行了岩石可钻性分级。分形理论、神经网络理论等也被广泛应用于岩石可钻性研究[10-15]。通过试验、分析研究，岩石可钻性分级定量研究成果已能满足实际生产需要。前述岩石可钻性研究方法与研究成果为珊瑚礁灰岩可搅拌性研究带来了启示，可以参考岩石可钻性研究方法开创性地开展珊瑚礁灰岩可搅拌性研究。

在临海地区施工防渗止水帷幕体需考虑潮汐作用的影响，吕振利等[16]对福建省泉州某江心洲地区基坑受江水潮汐作用影响进行了分析，主要考虑荷载作用和潮汐对高压旋喷桩施工质量的影响。朱汝贤等[17]、金成文等[18]分别对受潮汐作用地区高压旋喷桩施工质量控制进行了讨论。吴明军等[19]、高亚军等[20]对潮汐水流对海岸边钻孔灌注桩施工影响进行了分析，并提出建议。赵晖等[21]利用二维离散元模拟分析人造基床单桩在潮汐作用下的稳定性。

在临海地区，受特殊气象条件影响，波浪和潮汐风暴潮一起出现时有发生。林祥等[22]分析了由暴风引起的近岸波浪和潮汐风暴潮及其相互作用的影响。欧素英等[23]对珠江三角洲网河区径流潮流相互作用进行了分析。

水是基坑工程的天敌，地下水的存在对基坑工程会产生不利影响，地下水的渗透破坏常常可以酿成灾难性后果。据统计，70%以上的基坑工程事故是由水直接或间接造成的，其中22%的基坑工程事故与地下水有关。对于临海深基坑，受水作用的影响较之于其他类型的基坑更甚，因为它不仅受地下水作用，而且时常遭遇恶劣天气的暴雨作用。临海深基坑受地下水作用也与通常地区不同，它每天还会受到两次由潮汐引起的附加地下水水位增高的作用。为此，研究临海场地基坑工程受水作用的风险因素与控制的重要意义不言自明[24]。

李群[25]认为，做好沿海地区基坑降水工作，事关施工安全、质量与进度的控制。郑定刚等[26]分析了在考虑大气降雨量条件下的基坑降水计算问题。沈建军等[27]在考虑海水潮汐条件下进行了抽水试验，并求得潜水含水层渗透系数。对于全封闭基坑，其降水实际作用等同于疏干抽水。王赫生等[28]讨论了某煤矿抽水试验及疏水设计参数的合理确定。邹正盛等[29]对基坑降水因渗透等原因造成“疏不干”的问题提出了工程对策。王金超等[30]对沿海地下建筑物基坑降水问题进行了讨论，重点是降水设备选型和数量的确定，以确保正常施工顺利进行。胡鸿志等[31]对特大型深基坑降水提出了抽渗结合的方法，讨论了如何设计基坑内的疏干井，并辅之以明沟排水。徐冬生[32]讨论了疏干降水施工技术在人工挖孔桩中的作用，对基坑疏干降水有所启示。刘澜[33]对基坑底部分布有隔水基岩的基坑疏干降水问题进行了研究，并提出相应措施。褚振尧等[34]针对某露天煤矿降水问题提出了疏干井与明排水系统相结合的方案。上述研究对本工程的基坑降水设计有很大的启示作用。

1.3 存在的问题

本书主要研究解决在临海含珊瑚礁碎屑及珊瑚礁灰岩地层的止水帷幕施工可行性和施工风险问题。为此,我们必须认识到目前对拟建场地和类似地层地质条件研究存在如下问题。

1)地层工程地质条件研究不足

临海含珊瑚礁碎屑及珊瑚礁灰岩地层从岩土层特征来说,有两个显著特点:一是因基岩面起伏较大而使上覆土体厚度变化较大;二是基岩面上覆土层土体成分变化较大。目前对土层的物理力学性质研究大多只是研究土层的承载力,而在类似地层以施工为主要目的的地层工程特性研究不足,对地层特征所引起的施工难度和施工风险研究还是空白。

2)设计方案对施工所提要求的针对性不强

在设计本基坑防渗止水帷幕体方案时,应考虑施工的技术要求,目前只机械地引用已有的规范要求,因对临海地区地层特征研究较少,施工参数和施工技术措施的确定没有针对性,适应性较差。

3)未对场地施工难度问题开展研究

本基坑防渗止水帷幕围护体结构形式拟采用三轴搅拌桩加高压旋喷桩垂向复合结构体,即基岩面以上采用三轴搅拌桩,用高压旋喷桩对上覆土体与基岩交界面进行加固。这样,必须研究确定这种基坑围护形式是否适合本场地的地层地质条件,施工是否可行,特别是建立的珊瑚礁灰岩可搅拌性级值评价模型是否切合实际,高压旋喷桩对基岩面起伏较大的地层施工适应性如何,工后围护体施工质量能否达到设计要求。

因类似工程实例极少见,根据场地地层地质特征进行场地施工难度预测的研究近乎空白。针对场地地层条件,如何进行设备选型和采取必要的施工技术措施,这方面的研究也未见报道。

4)施工风险评价与控制问题研究空白

尽管目前工程施工风险研究案例较多,已有大量文献资料可资参考,但针对临海地区复合防渗止水帷幕围护体施工及基坑工程施工风险分析的研究仍是空白。临海入岩深基坑工程施工的风险影响因素有别于其他地区的基坑工程,最主要的区别是临海地区地层的特殊性,施工设备选型和采取的技术措施必须有针对性,风险控制措施必须有效。

目前,因类似工程实例极少见,施工可行性研究以及施工质量可控性研究也少有案例可循。对临海地区入岩深基坑工程施工风险分析评价与控制研究仍是空白。

5)施工质量检测问题研究不足

目前基坑工程规范对围护体施工质量的检测方法有规定,但针对性较差,费用高。常用的钻孔取芯方法只能以点带面去检测,不能充分反映防渗止水帷幕体整体施工质量。所以,控制施工质量检测方法的研究不仅关系到施工质量问题,还关系到施工质量评价和处理问题。对此研究不足将制约对施工关键技术和施工措施有效性的研究分析。

1.4 本书研究方法、内容与成果

1.4.1 研究方法

本书以施工难度和施工风险分析为主要内容。对于临海复杂地质条件下的场地施工难度的预测,通过收集、分析和总结国内外有关类似地区基坑工程研究的新理论、新方法、新成果,特别重点收集和研究了海南岛地区基坑工程的设计与施工案例，掌握国内外有关类似基坑工程设计与施工的最新研究进展，建立本项目研究的资料库和数据库。在对拟建工程场地的工程地质勘察报告进行深入研究的基础上，结合本项目的设计方案，进一步开展野外地质勘探工作，并通过室内试验和现场原位测试，获得场地地层的工程力学性质参数和水文地质参数。最后，在详细研究场地地质特征、影响施工难度因素的基础上，从施工角度出发，评价场地施工难度。

对临海入岩深基坑施工风险的评价，结合施工工序，参考地质超前预报方法，利用探孔、引孔钻探资料，对基岩面上覆土层的珊瑚礁灰岩分布和基岩面埋深进行研究，运用 AHP 法计算各影响因素的权重，运用模糊数学等理论综合评价风险损失，寻找风险对策。

对防渗止水帷幕体施工质量检测，主要参考成熟的检测方法，结合多种方法的优势，寻找有效、合理、可靠的检测方法，而不是以检测费用、工期为取舍标准。

1.4.2 研究内容

1）珊瑚礁地层工程特性研究

通过阅读大量文献，总结了国内外珊瑚礁砂研究现状，对其成因与分布、物理性质、力学性质、珊瑚礁砂的工程应用进行了详细的总结与阐述，指出今后要加强对珊瑚礁砂原位测试及微观机理的研究，为大型珊瑚礁工程提供经验。依托现有工程，在总结分析了现有工程勘察报告及原位测试数据的基础上，结合岩土可钻性的研究对珊瑚礁灰岩可搅拌性进行分级，为今后在类似地层中施工提供依据。

2）珊瑚礁灰岩可搅拌性的数值模拟研究

运用颗粒流理论，采用 PFC^{3D} 计算软件，对基岩面上覆珊瑚礁灰岩的可搅拌性从岩体强度、岩层厚度、埋深等三方面因素讨论珊瑚礁灰岩的可搅拌性，并对三轴搅拌桩施工风险进行评价，预测抱钻可能性，建议采取必要措施。

3）珊瑚礁砂配比试验研究

依托三亚和文昌工程场地施工条件，采用现场工程材料，通过设计不同配比的正交试验，对珊瑚礁砂水泥土的强度以及抗渗性能进行室内试验研究，测试若干组不同水泥掺量、水灰比、搅拌时间及不同掺砂量的珊瑚礁砂水泥土无侧限抗压强度及抗渗性能，找出无侧限抗压强度最大、抗渗性能最好的配合比，指导施工配比的最优选择，并且分析了各个因素的影响程度，为今后珊瑚礁灰岩地区防渗止水工程提供参考依据。

4）防渗止水效果的现场试验研究

通过在水泥土桩体内（三轴搅拌桩与高压旋喷桩）钻探取芯进行野外描述、岩芯拍照及取样进行室内无侧限抗压强度试验，选取较破碎的桩体段作为试验段进行抽水试验及压水试验，并与水泥土配比试验结果进行对比分析，得到如下结论：

(1) 通过对两个基坑止水帷幕的取芯结果，可以得出：所采取的水泥土桩芯一般在上部深度为 7.80～8.80 m 以上的纯砂或含少量珊瑚碎屑段，水泥土桩成桩情况较好，桩芯较完整，桩芯强度较高；下部深度为 7.80～8.80 m 以下的中细砂夹珊瑚碎屑及强风化段水泥土桩成桩较差，桩芯破碎，强度较低。

(2) 根据所取桩芯的无侧限抗压强度试验可以得出，无论饱和单轴抗压强度还是干燥抗压强度都超过了基坑止水帷幕初始设计值 1.5 MPa，达到了基坑止水帷幕的承载力要求，并且成桩质量较稳定，但在地下水发育的地层下部，桩身质量较差。

(3) 根据现场抽水试验可知，1# 建筑区下部中细砂夹珊瑚礁岩碎屑层渗透系数一般为 $3.0\times10^{-2}\sim6.5\times10^{-2}$ cm/s；2# 建筑区北部场区下部中细砂夹珊瑚礁岩碎屑层渗透系数一般为 $2.8\times10^{-3}\sim3.1\times10^{-3}$ cm/s，西南部场区中细砂夹珊瑚礁岩碎屑的渗透系数一般为 $8.1\times10^{-4}\sim1.15\times$

10^{-3} cm/s。

两基坑止水帷幕均存在上部桩体质量较好，下部桩体因受到地下水的影响而质量较差的现象，但由于 2# 建筑物止水帷幕的水泥掺量要高于 1# 建筑物，故 3#、7# 抽水孔所测得的渗透系数要明显低于 11# 抽水孔所测得的渗透系数。虽然基坑并未出现渗流、漏水的情况，但下部桩体(接近基岩面)并没有起到止水作用，故建议施工时在下部中细砂夹珊瑚礁岩层提高水泥掺量，有效解决下部桩体质量较差的问题。

(4) 根据现场压水试验可知，水泥土桩上部桩体的渗透系数达到了设计标准，三轴搅拌桩用作止水帷幕完全可行。但是通过对比 1#、2# 建筑区的试验数据可知，在地下水较发育的珊瑚礁地区，需要提高水泥掺量才能保证成桩质量，达到强度及止水要求。在施工过程中，为了避免水泥浆液被地下水冲走，也可以增加喷射次数，具体可采用复喷或三喷来保证搅拌桩下部桩体的成桩质量。

(5) 通过对比分析室内配比试验及现场试验的结果可知，水泥掺量是影响水泥土强度以及抗渗性能的关键因素，提高水泥掺量，能有效提高水泥土的强度及抗渗性，这与以往水泥土试验及施工经验相符合；掺砂量的提高会影响水泥土的强度及抗渗性能，所以搅拌桩施工方案的设计需要建立在地质勘察报告的基础上，根据实际土层分布情况调整施工配比；室内配比试验及现场试验均反映出过高的水灰比会降低水泥土的强度及抗渗性能，尤其在地下水发育的地层下部，成桩质量明显较差，强度及抗渗性能不能达到设计标准，所以建议在此种地层中进行三轴搅拌桩施工时可以降低水泥浆液中的水灰比，充分利用地下水与水泥的反应来发挥水泥土的作用。

5) 场地施工难度的超前地质预报

为讨论场地施工难度，在勘察设计阶段进行的详细岩土工程勘察的基础上，在施工过程中进一步进行地质超前预报，按设计方案，根据施工设备的成桩间距，探测施工轴线的地层分布，研究根据地质超前预报所获得的地质条件的变化情况，提出及时调整施工方法、施工参数，采取相应的预防和处理措施的对策，及时动态优化施工方案，完善地质资料，保证施工人员和财产安全。

目前，地质超前预报多用于隧道工程和地下工程施工，用于深基坑工程还未发现有报道的施工案例，本书根据影响施工难度的主要因素：地质条件、施工设备、施工措施等，利用 AHP－TOPSIS 方法综合评价场地施工难度，并根据施工设备、施工措施的不同组合进行讨论，说明根据场地地质条件的评价结果优选施工设备和采取必要施工措施的必要性。

6) 基坑工程施工风险分析与控制

临海地区深基坑工程由于地质环境复杂，基础信息缺乏，加之勘察手段等方面的限制，基坑围护设计前不可能将施工中的地质状况完全掌握，深基坑工程的设计无法确保在施工前做到万无一失，工程的施工存在着很大的不确定性和高风险性。以施工风险管理全过程为研究对象，综合运用风险管理各个过程的多种方法进行系统分析与论述。

(1) 以风险管理全过程为研究对象，对风险管理的每个过程进行分析探讨，找出适合临海地区含珊瑚碎屑及珊瑚礁岩地层入岩深基坑工程施工特点的风险管理模型。

(2) 针对我国临海地区深基坑工程施工经验少，历史资料及数据缺乏的状况，提出适合临海地区含珊瑚碎屑及珊瑚礁岩地层入岩深基坑工程施工的风险识别方法，并建立客观、合理、有效的风险评价指标体系。

(3) 针对深基坑工程风险估计的模糊性，且量化困难的特点，提出有效的风险估计方法以解决临海地区含珊瑚碎屑及珊瑚礁岩地层入岩深基坑工程施工风险估计的模糊性及量化问题。

(4) 建立客观、有效的风险评价模型，确定临海地区含珊瑚碎屑及珊瑚礁岩地层入岩深基坑工程施工的各层次因素的风险等级及整体风险等级。

(5) 针对临海地区含珊瑚碎屑及珊瑚礁岩地层入岩深基坑工程施工的特点，根据风险分析评价的结果，提出各风险因素的应对措施，并提出合适的风险监控方法。

7) 施工工期与造价风险分析

通过对临海地区入岩深基坑施工工作量变化的影响因素的分析，本书利用分形理论对基岩面形状特征进行研究，模拟其变化曲线，分析施工难度以及施工工作量变化概率，进而对施工工期和施工造价风险进行分析。

8) 施工关键技术研究与施工导则编制

临海含珊瑚碎屑和珊瑚礁岩地层的防渗止水帷幕体设计与施工有其自身特点，必须在进行充分理论研究和工程实践的基础上，不断摸索，不断改进，才能找到合适的施工设备和有效的施工措施。从而形成较为系统的施工工艺、流程，最后编制施工导则，指导施工。

9) 施工质量检测方法研究与加固处理措施

首先对目前可能用到的防渗止水帷幕体施工质量检测的方法进行了概述，针对提出的防渗止水帷幕体施工特点，按照有效性为首要目的，经济、合理、快速为次要目的的原则，比选防渗止水帷幕体的施工质量检测方法。

1.4.3 研究成果

通过5年多的理论研究和实践摸索，以及近2年的科研工作，在对海南省三亚基地和文昌市卫星发射基地1#工位、2#工位基坑设计和施工经验总结的基础上，认真分析了临海地区工程场地的地质条件、基坑工程特点，并在拟建场地内开展了长达1年半的潮汐作用下地下水水位观测，在文昌市卫星发射基地和拟建场地进行抽水试验以查明场地水文地质条件，对三轴搅拌桩施工质量控制进行配比试验。结合三亚场地地质条件，进行场地施工难度和基坑工程施工风险分析，上述研究取得了一定的科研成果，也创新地解决了临海复杂地质条件下入岩深基坑施工难题。

1) 珊瑚礁地层工程特性研究

通过研究获得如下认识：

(1) 根据拟建场地岩土工程勘察报告，建设场区现场勘察钻孔显示的场地岩土体从上到下分为4个大层13个亚层，并且详细测算评价了各个土层的物理力学指标，从整个场地地层特征分析，场区岩土工程条件复杂，岩土种类多，特殊性岩土(珊瑚碎屑、珊瑚礁灰岩和黏土质蚀变岩)分布广泛，基岩埋深变化大，同时处在两种岩性接触的交错部位。

(2) 拟建工程场地类似文昌卫星发射基地的地质条件，拟建基坑工程的围护体结构形式可采用三轴搅拌桩加高压旋喷桩复合结构体。根据取得的桩芯可知三轴搅拌桩在珊瑚礁砂地区完全可行，可以形成有效的基坑围护体。

(3) 结合已先期施工的工程，在总结分析现有工程勘察报告及原位测试数据的基础上，结合岩石可搅拌性的研究对珊瑚礁灰岩可搅拌性进行分级，将地层分为易搅拌、可搅拌及不可搅拌三个级别，为今后在类似地层中施工提供依据。

(4) 影响珊瑚礁灰岩可搅拌性的主要因素是岩体强度，通过岩体可搅拌性的级值模型，确定珊瑚礁灰岩的可搅拌级别为可搅拌级，并通过施工验证珊瑚礁灰岩确实是可搅拌的。最后通过对水泥土搅拌桩进行钻孔取芯，验证其成桩质量良好，单轴抗压强度能够达到止水帷幕的强度设计要求。

(5) 影响砂土可搅拌性的主要因素为：① 客观被动因素：砂土类别、黏粒含量与胶结强度、土层厚度、地下水水位、土体埋深等；② 主观能动因素：机械设备动力、施工工艺等。其中，客观被动因素是砂土可搅拌性的主要评价指标，是砂土的固有的特征。对砂土的可搅拌性评价可选用：砂土类别、凝聚力值、标贯击数、土层厚度、平均埋深等五项指标。本书运用实例验证了提出的评价模型具有合理性和实用性。

2) 珊瑚礁灰岩可搅拌性的数值模拟研究

首先简要介绍了数值离散元的发展历程并详细阐述了颗粒流相关理论。然后介绍了现阶段较为常见的多种颗粒流软件并给出其适用范围。最后利用相对成熟的PFC^{3D}离散元软件对临海地区分布的珊瑚礁灰岩可搅拌性进行分析研究，并得到以下结论：

(1) 影响含珊瑚礁灰岩地区可搅拌性的因素较多，其中珊瑚礁灰岩成层厚度、岩体强度以及上覆土层的性质(厚度、强度等)对三轴搅拌桩的可搅拌性影响较大。

(2) 目前针对复杂地质条件下，三轴搅拌桩可搅拌性的研究鲜有报道，本书结合离散元软件 PFC^{3D} 将岩土体离散成不同大小的颗粒，并模拟出三轴搅拌桩搅拌在珊瑚礁灰岩成层厚度、强度以及上覆土层厚度等因素影响下的施工过程，并分析出各个因素对三轴搅拌桩搅拌施工的影响效应。

(3) 通过 PFC^{3D} 离散元软件的计算分析结果发现：珊瑚礁灰岩的厚度、强度对含珊瑚礁灰岩地区的三轴搅拌桩的可搅拌性影响极大，而上覆土层厚度的影响效应则较小。通过具体模拟数值发现，当珊瑚礁灰岩强度大于 6 MPa、厚度超过 3 m 时，在珊瑚礁灰岩层的三轴搅拌桩卡钻、抱钻的概率陡然增大。但随着上覆土层厚度的增加，三轴搅拌桩卡钻、抱钻的概率只是小幅增大。

(4) 针对 PFC^{3D} 离散元软件的模拟结果得到的各个因素条件下发生卡钻、抱钻的概率，提出了一套三轴搅拌桩施工风险分析体系，通过简要的计算结果确定是否需要预先采取预防施工措施，用于提高三轴搅拌桩施工效率，确保三轴搅拌桩顺利施工，可为现场施工提供一定的参考作用和制订施工措施。

(5) 在影响珊瑚礁灰岩可搅拌性的三个因素中，珊瑚礁灰岩厚度的影响效应为第一位，珊瑚礁灰岩强度的影响效应为第二位，上覆土层厚度的影响效应则最微小。因此，在实际施工过程中遇到成层厚度较大的珊瑚礁灰岩层时，现场应做好处理预案，如采用大口径的冲孔钻机破碎珊瑚礁灰岩，以免发生三轴搅拌桩机桩卡钻、抱钻等事故，造成施工进度延误和较大的经济损失。

3) *珊瑚礁砂配比试验研究*

为研究水泥土搅拌法在珊瑚礁灰岩地区的防渗效果及影响防渗效果的因素，进行了多因素影响下水泥土的配比正交试验，定量分析了水泥掺量、水灰比、搅拌时间及掺砂量对水泥土力学性能及抗渗性能的影响，揭示了各种因素对水泥土抗压强度及抗渗性能的影响规律。配比试验结果表明：

(1) 通过对水泥加固珊瑚礁砂的多因素正交配比试验结果的极差分析可知，各因素对试验结果的重要次序为：水泥掺量＞粉细砂与珊瑚礁砂质量比＞水灰比＞搅拌时间。

(2) 方差分析结果显示，四个因素中水泥掺量对水泥土无侧限抗压强度及抗渗性能影响显著，在各个龄期都是影响水泥土无侧限抗压强度及抗渗性能最大的因素，其他三个因素影响不显著。

(3) 配比试验研究表明，在实验室条件下，水泥加固珊瑚礁砂的最佳配合比为：水泥掺量为 22%，水灰比为 0.9，搅拌时间为 4 min，砂土与珊瑚礁砂的质量比为 0：1。

(4) 水泥加固珊瑚礁砂和粉细砂的对比试验结果表明，掺粉细砂量的提高会降低水泥土的强度和抗渗性能，但实际地层中各个土层分布情况复杂，不能完全去除粉细砂的影响，所以施工方案的设计需根据实际土层分布情况调整施工配比。

4) *防渗止水效果的现场试验研究*

防渗止水问题是本工程需要解决的首要问题。类似工程的基坑围护体结构形式采用的是三轴搅拌桩加高压旋喷桩复合结构体，即珊瑚碎屑及珊瑚礁岩以上第四系松散沉积物采用三轴搅拌桩止水，珊瑚碎屑及珊瑚礁岩及其与基岩交界面以下采用高压旋喷桩进行止水。

现场试验工作利用已有类似水文地质、工程地质条件、基坑止水方案相同的止水帷幕工程作为研究对象。目前，试验场区基坑四周止水帷幕施工已经结束，坑内无渗水情况出现。为进一步确定施工效果及止水帷幕的具体力学参数，需要进行现场试验来进一步分析。

现场试验的研究内容：① 通过在水泥土桩体内(三轴搅拌桩与高压旋喷桩)钻探取芯进行野外描述、岩芯拍照及取样进行室内无侧限抗压强度试验，进一步确定水泥土桩在干燥状态及饱和状态的单轴抗压强度；② 选取较破碎的桩体段作为试验段，进行抽水试验、压水试验，进一步确定破碎桩体的渗透系数；③ 与水泥土配比试验结果进行对比分析，找出二者的相关性及规律，验证室内配比试验结果，为今后类似场地施工提供理论依据。

5）场地施工难度的超前地质预报

通过研究，得出如下结论：

(1) 对于临海复杂地质条件下的深基坑防渗止水帷幕体施工，合理有效的地质超前预报能避免很多损失，对克服施工难题具有指导作用。

(2) 目前，地质超前预报多用于隧道工程和地下工程施工，用于深基坑工程还未发现有报道的施工案例。对于临海复杂地质条件，超前地质预报就是搅拌桩施工前的探孔和高压旋喷桩施工前的引孔。结合探孔、引孔，可动态调整施工参数，采取必要施工措施应对复杂地质条件变化。

(3) 通过对场地地质条件分析，根据上覆土层厚度、基岩面起伏、珊瑚礁灰岩分布、上覆土体均匀性和强风化层分布等因素，将场地施工难易程度划分为四个等级，最后得到拟建场地施工难度为很难。说明单纯从地质条件出发去评判施工难度有一定的局限。选择合适的施工设备和采取必要的施工措施，是能够顺利完成施工，确保施工质量的。所以，场地施工难度初步分析是必要的，对施工设备选择和施工措施的采取起到预测和指导作用。

(4) 在影响施工难易程度的三个因素中，地质条件是第一位，施工设备选择是第二位，施工措施起到辅助作用。在地质条件中，珊瑚礁灰岩分布影响最大，基岩面起伏情况影响次之；在设备选择上，高压旋喷桩桩机选择最为重要；在施工措施上，主要是引孔、下管是否到位。总之，高压旋喷桩施工难度和施工质量问题必须引起重视，是决定施工成败的关键。

(5) 通过层次分析法(Analytic Hierarchy Process, AHP)的基本原理构造出施工难度综合评价指标体系，从地质条件、施工设备和施工措施三个方面确定了施工难度影响因素的 13 个评判指标，并对各个指标进行科学分配，得出相应的权重评判矩阵，并将 AHP - TOPSIS 法运用到施工难度分析预测上。该方法简单易懂，而且减少了主观因素的影响，可以做出较为准确的判断。

(6) 通过讨论分析可知，对于特定的施工场地，其地质条件不可改变，而施工设备和施工措施应针对场地地质条件的复杂程度作相应的选择，如选择过于富余，则造成设备功能浪费，提高造价；如功能不能满足要求，则无法施工。所以，应根据地质条件评判结果选择合理的设备和准备有效的施工措施。

6）基坑工程施工风险分析与控制

针对临海地区深基坑工程施工风险分析，以基坑施工风险管理全过程为研究对象，综合运用风险管理各个过程的多种方法进行系统分析与论述，得到如下结论：

(1) 结合深基坑施工特点，从设计与施工角度出发，重点以基坑施工的风险管理全过程为研究对象，全面阐述了风险管理的全过程和方法，提出了临海入岩深基坑施工的风险管理模型。

(2) 运用分解结构法(Work Breakdown Structure, WBS)，按风险的相互关系分解成地质条件、设计风险、施工技术、施工管理、环境保护、自然灾害六个子系统。再运用专家函询法，充分利用各位专家的丰富经验与知识，识别出深基坑施工的主要风险因素。利用层次分析法建立深基坑施工风险评价的指标体系，形成一个有序的递阶层次结构，并结合 1～9 标度法确定层次中诸因素的相对重要性。

(3) 引入模糊数学理论解决风险估计中存在的模糊性、不确定性，得到深基坑施工基本风险因素的概率及损失的定量估计结果。

(4) 基于 $R=P\times C$ 模型综合考虑风险因素发生的概率及损失对风险评价的影响，将评价结果分为四个风险等级，并考虑风险管理中存在的“二八法则”，确定四个风险等级的判定区域及指针值，从而判定各基本风险因素的等级。再运用模糊综合评价法，确定各层次风险因素的风险等级，同时判定临海入岩深基坑施工风险等级为三级，风险较严重，须采取有效措施加以控制。

(5) 在风险分析的基础上，结合多种风险应对方法，针对各个风险因素的具体情况，提出相应的应对措施。根据深基坑施工的特点，提出了四种风险监控的建议方法。

7）施工工期与造价风险分析

通过对场地地质特征研究，着重分析影响工期、造价的施工因素，将施工难度转化成施工工作量变化，再根据工作量变化评价工期、造价的风险。通过研究，得到如下结论：

（1）在三轴搅拌桩和高压旋喷桩复合防渗止水帷幕体施工中，对于三轴搅拌桩施工，影响其施工工期和造价的主要因素是基岩面埋深和珊瑚礁灰岩的分布情况；对于高压旋喷桩施工，影响其施工工期和造价的主要因素是基岩面起伏情况和基岩面埋深。所以，对于整个防渗止水帷幕体的施工，影响其施工工期和施工造价的主要因素是：珊瑚礁灰岩分布情况和基岩面起伏变化情况。

（2）通过分析认为：珊瑚礁灰岩的分布使施工难度增加，需采取冲孔钻机进行破碎处理，增加设备和人力的投入；根据防渗止水设计前的地质勘察报告，可对工作量进行估算，但因基岩面形状复杂，估算的工作量有可能存在误差；基岩面形状复杂引起的施工难度增加，主要体现在三轴搅拌桩和高压旋喷桩施工标高的变化上，经常变化施工标高，会使设备工效降低，增大人工投入。

（3）施工工期、造价的风险评价是按照如下原则进行的：将珊瑚礁灰岩分布和基岩面形状对施工难度的增加均转化为施工工作量的变化，加上基岩面起伏所引起的工作量变化一起计算工作量变化总量，然后按工作量变化总量占原工作量的比例大小来评价施工工期和增加的风险，这就隐含着一个假定，即工作量增加必然带来工期、造价的增加。

（4）临海地区的工程场地分布有珊瑚礁灰岩，而且分布极不均匀，编制施工方案时，只能借助于场地岩土工程勘察报告，按整个场地的钻孔中珊瑚礁灰岩出现的概率和珊瑚礁灰岩分布情况进行统计分析。对于珊瑚礁灰岩的处理，主要是根据分布厚度大小进行分类处理，对于厚度小于 1.5 m 的珊瑚礁灰岩无需处理；对于厚度在 1.5～4 m 的珊瑚礁灰岩，需用孔径为 1.2 m 的冲孔钻机破碎，难度一般；对于厚度大于 4 m 的成层珊瑚礁灰岩，必须用孔径为 1.2 m 的冲孔钻机破碎，难度大。根据处理难度大小，提出工作量增加比例，再提出因珊瑚礁灰岩的存在而需变更工期和造价的预测评价建议。

（5）对于基岩面埋深变化，由于勘探钻孔个数少，在计算施工工作量的过程中会存在误差。在变更工作量计算时，先根据分形理论计算基岩面形状的分形维数，然后根据计算所得的基岩面形状进行曲线拟合，根据拟合曲线所计算的基岩面埋深与实际钻孔所得的基岩面埋深之间存在误差。为了更好地描述基岩面的形状，对相邻钻孔之间进行差值计算；不同的位置处存在增加和减少两种情况，据此判断相应计算的变更正负；根据已计算较贴近的分形维数计算基岩面的复杂程度，进而可以得出相应钻孔差值的变更总长度；结合实际探孔的值与差值变更值，可以得出相应阶段的风险评估等级。

（6）基岩面起伏会加大施工难度。如施工三轴搅拌桩，停打深度为基岩面以上 1 m，具体到每根桩，则根据探孔所得的基岩面埋深确定每根桩的停打位置。如基岩面起伏大，施工三轴搅拌桩时要不断调整停打深度，使操作复杂程度增加，机械使用工效降低。基岩面起伏对施工的影响具体体现在：设备施工工效降低，人力投入增加为主要因素；用料的增加是次要因素。所以，对基岩面起伏对工期、造价的影响就用施工难度系数来刻画。

（7）通过两处地质剖面计算，可以得出：影响防渗止水帷幕体施工工作量变更的主要因素为基岩面起伏大，增加了施工操作难度，从而增加施工设备、人力的投入，这是最主要的影响因素，一般占工作量变更总量的 50%以上；施工三轴搅拌桩遇到珊瑚礁灰岩增加工作量的比例超过 30%，是主要影响因素；因基岩面埋深变化所引起的工作量变化比较小，是次要影响因素。

（8）通过实例研究，根据工作量变化幅度，工期和造价风险等级为三级，有条件接受，但应对基岩面形状变化较大的部位和珊瑚礁灰岩分布范围较大的区域进行补充勘察，进一步查明地质条件，以确认工作量变化。

8）施工关键技术研究与施工导则编制

通过对临海地区地质条件复杂性研究，解决施工所遇到的土体分布的不均匀性、基岩面埋深起伏较大和防渗止水帷幕体进入基岩难等地质难题，制订施工关键技术方案，选择适宜的施工设备，确定合理的施工流程和施工参数，提出施工质量控制措施和施工质量检测方法，并对施工质量加以评价，给出有针对性的加固处理措施。

在此基础上编制对施工有指导作用，对施工关键环节有控制作用的施工导则。

9) 施工质量检测方法研究与加固处理措施

临海地区入岩深基坑防渗止水帷幕体施工质量检测一直是困扰人们的难题。通过分析研究，得到如下结论：

(1) 检测复合防渗止水帷幕体施工质量的方法有有损检测(如钻孔取芯方法)和无损检测方法(如地质雷达法等地球物理勘探法)。检测方法的选用要结合场地条件、设计方案和施工方案，以有效性为主要原则，以经济、合理、工期为次要原则加以比选。

(2) 经分析比较后，跨孔波速法具有测试深度大、精度高、适用范围广等优点，可用于垂直复合止水帷幕的质量检测。该方法结合了钻孔取芯和波速测试的优点，既是大间距的钻孔取芯有损检测，又发挥了波速测试准确、简便、效率高等这些地球物理勘探方法的优点。

(3) 通过现场取芯完整性描述、试样的单轴抗压试验，以及波速测试数据分析对比，假定桩体施工质量完整的标准波速，并对较差、差的部位进行钻孔取芯验证，最后按质量好、较好、较差、差四个等级进行评定。

(4) 根据防渗止水帷幕体施工质量三个组成部分：三轴搅拌桩施工质量、基岩面以上土体高压旋喷桩施工质量(包括与三轴搅拌桩搭接好坏情况)、高压旋喷桩进入基岩面情况，按前述止水帷幕施工质量四等级评价标准，对止水帷幕施工质量分段进行快速评价，并查明原施工缺陷产生的原因，按缺陷等级和缺陷面积(长度)大小，编制加固处理方案，提出处理措施，明确是否重新检测。

1.4.4 创新点

通过对临海复杂地质条件下入岩深基坑施工场地难度预测和施工风险研究，获得了一定的创新成果，主要体现在如下几方面。

1) 深入研究场地的地质条件，预测入岩深基坑施工难易程度

通过研究，认为临海地区影响场地施工难易程度的地质条件因素有：基岩面上覆土体厚度、珊瑚礁灰岩分布、土体的不均匀程度、强风化层分布和基岩面起伏程度。根据上述五个因素，可以预测施工场地的施工难易程度。

针对预测的场地施工难易程度，选择相应的施工设备和采取必要的施工技术措施，以确保施工顺利进行。通过 AHP 法的基本原理构造出施工难度综合评价指标体系，从地质条件、施工设备和施工措施三个方面确定了施工难度影响因素的 13 个评判指标，并对各个指标进行科学分配，得出相应的权重评判矩阵，并将 AHP - TOPSIS 法运用到施工难度分析预测上。这些分析研究，为临海地区入岩深基坑工程施工难易程度评判和施工的顺利实施提供了理论研究基础，可大大减小施工设备选择和施工技术措施的盲目性，对施工组织设计方案编制有较大的指导作用。

2) 含珊瑚礁碎屑和珊瑚礁灰岩地层可搅拌性研究

本书首次提出岩土体可搅拌性概念，详细分析基岩面上覆含珊瑚礁碎屑土体的工程力学性质，提出影响土体可搅拌性的因素，并给出砂性土体可搅拌性分级数学模型。

通过分析认为影响珊瑚礁灰岩可搅拌性的地质条件因素有：珊瑚礁灰岩强度、珊瑚礁灰岩分布情况(主要是形体大小范围，可以利用成层厚度来描述)、珊瑚礁灰岩地层埋深。运用颗粒流理论，采用 PFC^{3D} 计算软件，对三轴搅拌桩施工过程进行三维数值计算模拟，由此分析各影响因素对三轴搅拌桩施工的影响，评价施工过程中出现卡钻、抱钻等事故风险，为三轴搅拌桩顺利施工提供理论分析依据。

3）入岩深基坑工程施工风险分析与控制

为增强建设方、设计方、监理方和施工队伍的风险意识，本书从地质条件、设计方案、施工技术措施、施工管理、自然条件和环境保护等六个方面，全面、全过程分析入岩深基坑工程的施工风险，识别风险因素，评估风险损失概率，并提出对策。这些研究开创了临海地区入岩深基坑工程施工风险评价的新领域，为类似工程风险分析评价提供了参考实例。

4）施工关键技术研究与施工导则编制

针对施工环节，从三轴搅拌桩、高压旋喷桩和进入基岩等三阶段施工难点入手，提出探孔、预成孔、下管等施工技术措施，并对施工全过程、各环节制订详细的操作规定。

为指导现场施工操作，控制施工质量，编制了《含珊瑚碎屑及珊瑚礁岩地层防渗止水系统施工导则》。以此导则为基础编制了施工工法，并已申报且获得批准为上海建工集团企业工法（Ⅲ工法），已正在申报上海市市级工法（Ⅱ工法）和国家级工法（Ⅰ工法）。

5）施工质量检测方法比选与加固处理设计方案研究

防渗止水帷幕体施工质量检测一直是设计、施工和监理所关注的一个难题。本书首先提出检测方法选用的原则，要结合场地条件、设计方案和施工工艺，以检测结果有效性、实用性为主要原则，以经济、合理、工期为次要原则加以比选。通过研究采用跨孔波速法检测垂直复合止水帷幕的施工质量。该法结合了钻孔取芯和波速测试的优点，既是大间距的钻孔取芯有损检测，又发挥了波速测试准确、简便、效率高、费用低等这些地球物理勘探方法的优点。

通过现场钻孔取芯完整性描述、试样的单轴抗压试验，以及波速测试数据分析对比，假定桩体施工质量完整的标准波速，并对较差、差的部位进行钻孔取芯验证，最后按质量好、较好、较差、差四个等级进行评定。根据防渗止水帷幕体施工质量三个组成部分：三轴搅拌桩施工质量、基岩面以上土体高压旋喷桩施工质量（包括与三轴搅拌桩搭接好坏情况）、高压旋喷桩进入基岩面情况，按前述止水帷幕施工质量四等级评价标准，对止水帷幕施工质量分段进行快速评价，查明原施工缺陷产生的原因，按缺陷等级和缺陷面积（长度）大小，编制加固处理方案，提出处理措施，明确是否重新检测。上述检测方法和加固处理方案解决了临海地区防渗止水帷幕体施工质量检测、评价和加固处理问题。

2 珊瑚礁地层工程特性研究

2.1 概 述

海洋中蕴含着丰富的地质矿产资源,其覆盖面积约占地球表面积的 71%,它是全球地质构造的重要组成部分,也是现代沉积作用的天然实验室。海底蕴藏着丰富的矿产资源,是人类未来的重要资源基地。海洋环境地质和灾害地质直接关系到人类的生产和生活。海洋地质调查还是海港建设、海底工程和海底资源开发的基础。海洋地质和地球物理研究是近几十年最为活跃的研究领域之一。

在当今全球粮食、资源、能源供应紧张与人口迅速增长的矛盾日益突出的情况下,开发利用海洋中丰富的资源,已是历史发展的必然趋势。20 世纪初,海底油气的开发受到各国重视,石油平台开始大量修建。从 20 世纪 60 年代开始,在世界许多地区海洋平台的建设中都遇到珊瑚礁砂的问题,由于当时对其特殊的物理力学性质缺乏了解,使工程在建设和使用过程中出现了一系列问题。

1968 年,在伊朗 Lavan 石油平台的建设过程中,直径约 1 m 的桩在穿过约 8 m 的良好胶结地层后,自由下落约 15 m,在该深度有一石化地层,提供了很高的端承力,而上部海底泥线处的胶结地层则提供了良好的侧向支承力。由于水浅,桩抗拔要求不高,钙质土的问题没有引起重视。此后不久,埃索(ESSO)石油公司在巴斯海峡(Bass Strait)建设第一组石油平台,拉拔试验证明其实际值只有设计值的 20%,对当时的 5 座石油平台而言,弥补这一缺陷的代价是极其高昂的[35]。接着世界各地在钙质土层中建设相继出现问题:澳大利亚的西北大陆架北 Rankin A/B 石油平台[36]、巴斯海峡(Bass Strait)[37]、东部大陆架大堡礁和白头礁(White Tip Reef),巴西南部海域 Campos 和 Sergipe 盆地[38],法国西部 Quiou,Pisiou 和 Plouasne[39],北美佛罗里达海域,中美洲的墨西哥湾、加勒比海[40],中东的红海[41]等,引起了大批专家学者对这种特殊岩土介质力学、工程特性进行了全面而深入的研究。

国内直到 20 世纪 80 年代中开始的“七五”“八五”南沙科学考察中,才开始将珊瑚礁砂作为一种具有特殊工程力学性质的对象来研究。从珊瑚礁工程地质勘察与评价、珊瑚礁砂基本工程力学性质、颗粒破碎特性以及桩基工程等方面展开了全面深入的研究,相应地开展了一系列的工程地质现场和室内的勘查、测试和实验,解决了工程建设中出现的一些问题,总结了一些经验,取得了丰硕的成果[1,42,43]。但珊瑚礁砂的物理力学性质及工程应用还需要继续深入研究。

2.1.1 珊瑚礁地层的概念

1) 珊瑚礁地层的基本概念

珊瑚礁砂,亦称钙质砂(Calcareous Sand),通常是指海洋生物(珊瑚、海藻、贝壳等)成因的、富含碳酸钙或其他难溶碳酸盐类物质的特殊岩土介质,是长期在饱和的碳酸钙溶液中,经物理、化学及生物化学作用过程(其中包括有机质碎屑的破碎和胶结过程,以及一定的压力、温度和溶解度的变化过程),而形成的一种与陆相沉积物有很大差异的碳酸盐沉积物,它的主要矿物成分为碳酸钙(碳酸钙含量超过 50%)。由于沉积过程大多未经长途搬运,保留了原生生物骨架中的细小孔隙,从而形成了土颗粒多孔隙(含有内孔隙)、形状不规则、易破碎、颗粒易胶结等特征,使该沉积物的工程力学性质与一般陆相、海相沉积物相比有较显著的差异。碳酸钙矿物主要有文石、方解石和白云石三种[1,43,44]。

珊瑚礁砂的主要物质来源为造礁珊瑚、珊瑚藻及其他海洋生物的骨架残骸。构成珊瑚礁灰岩骨架的造礁珊瑚,其孔腔发育,它们的骨骼是由珊瑚虫分泌的灰质组成。造礁珊瑚群体死后,其骨骼和外壳聚集在一起形成的沉积建造,是一种特殊的岩土介质类型,化学成分以碳酸钙占绝对优势。在国外这类岩石被称为骨骼石岩。原生礁构成了水中珊瑚礁灰岩地质体,该地质体的顶部隐现在水面下,面积悬殊,大者超过10 km^2,小者不足 1 km^2。珊瑚被波浪破坏后其残肢和各种附礁生物贝类及藻类的遗骸堆积胶结在一起构成次生礁[1,42,45-48]。图 2-1 所示为珊瑚礁灰岩。

图 2-1 珊瑚礁灰岩

2) 珊瑚礁地层的分布

珊瑚礁砂主要分布于北纬 30°和南纬 30°之间的热带或亚热带气候的大陆架和海岸线一带,在我国南海诸岛、红海、印度西部海域、北美的佛罗里达海域、阿拉伯湾南部、中美洲海域、澳大利亚西部大陆架和巴斯海峡以及巴巴多斯等地都有分布[49],如图 2-2 所示。

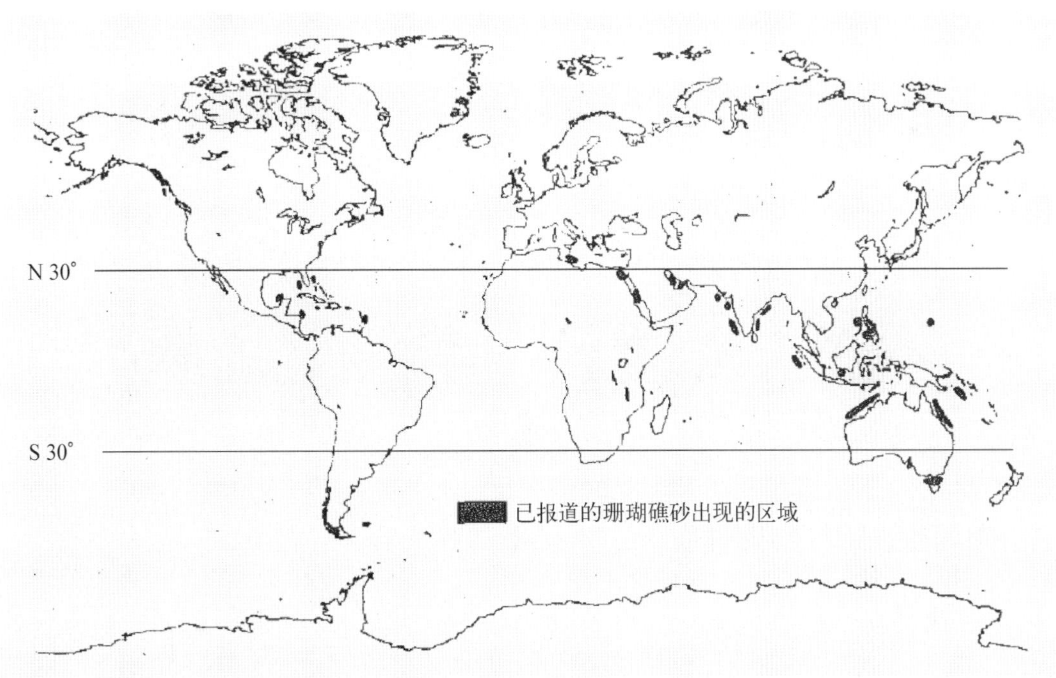

图 2-2 珊瑚礁砂分布图

我国南海诸岛广泛分布着珊瑚礁砂。西沙、南沙群岛的岛、礁、暗沙大都由珊瑚礁盘构成,其钙质土的主要成分为珊瑚碎屑,含部分珊瑚藻、贝壳及有孔虫碎屑。南沙群岛是扼守太平洋和印度洋海运的要冲,既是优良的渔场,又蕴藏着丰富的油气资源。因此,加强我国海洋钙质土工程性质的研究有

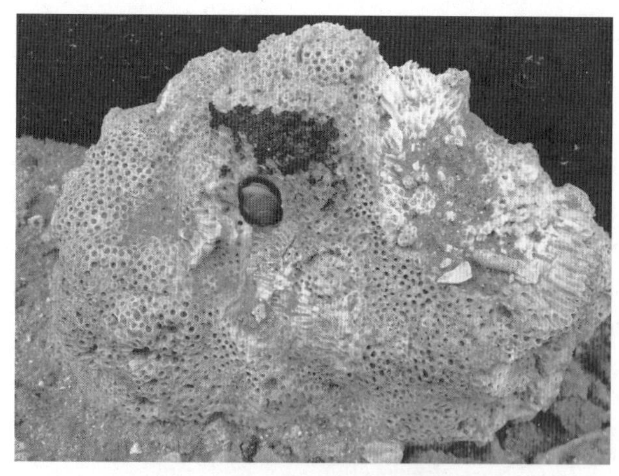
图 2-3 我国海南岛珊瑚礁碎屑

着重要的意义。

3）珊瑚礁地层的颗粒类型

珊瑚礁砂的颗粒类型主要分为骨骸、碎屑、球粒、包粒、团粒五种类型。骨骸是海洋生物的残留物，是钙质的主要来源；碎屑主要由岩石碎屑组成，可能来自正在沉积的欠固结的岩石（内碎屑），也可能是来自固态岩石（当地的碎屑）；球粒主要为泥质颗粒，常为卵圆形或球形，是多成因的颗粒；包粒是有核或无核的钙质碳酸盐层包裹成的颗粒，主要有鲕粒（具有放射状和同心环结构）、豆粒和结核珊瑚粒；团粒是颗粒的复合体（即各组分聚合在一起），在团粒中单个的组分从主粒体中突起，显示出舌状轮廓特征。我国南沙群岛钙质土主要成分为珊瑚碎屑（图 2-3），故其颗粒为骨骸颗粒[49]。图 2-4 为珊瑚礁砂颗粒典型形状。

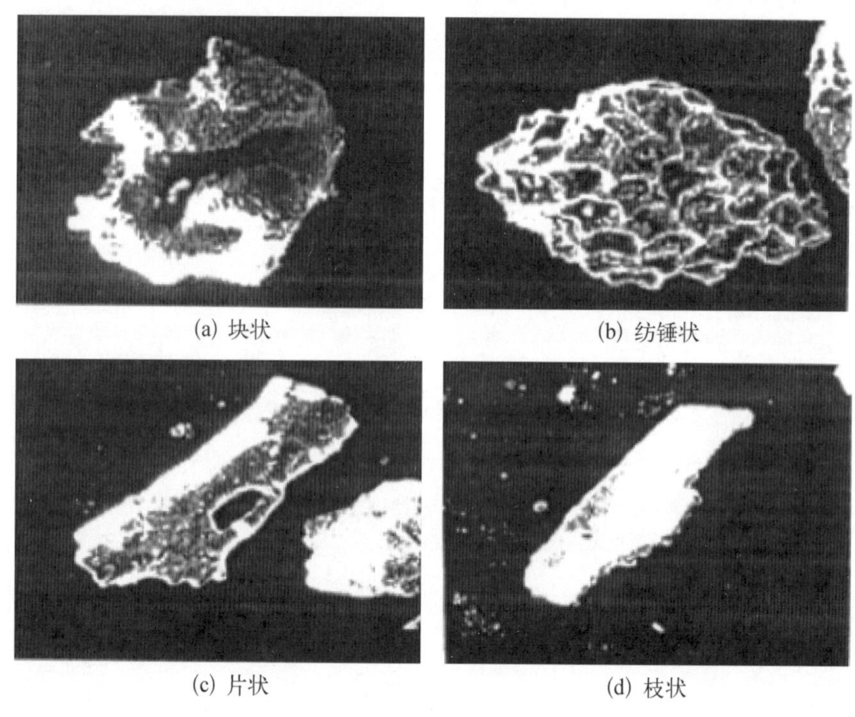
(a) 块状 (b) 纺锤状

(c) 片状 (d) 枝状

图 2-4 珊瑚礁砂颗粒典型形状[19]

2.1.2 珊瑚礁地层的物理性质

1）珊瑚礁砂的比重

刘崇权等[35]经过大量研究，对珊瑚礁砂的物理性质进行了总结，珊瑚礁砂比重大，通常在 2.72～2.80 g/cm^3 之间，而普通石英砂在 2.65～2.70 g/cm^3 之间；孙宗勋等[50]的研究成果也证实了这一范围，珊瑚礁砂比石英砂的平均颗粒密度大。

汪稔等[51]经过试验对比分析，发现浮称法和虹吸筒法中液体很难浸入内孔隙，导致比重偏小。而比重瓶法中若用水作为液体，会溶解颗粒表面的盐分，导致比重偏大，故推荐采用煤油作液体的比重瓶法，试验测试统计如表 2-1 所列。

表 2-1 土粒比重测试统计[51]

测 试 方 法		比重(g/cm^3)
比重瓶法	纯水作液体	2.80
	煤油作液体	2.73
浮称法		2.53～2.71
虹吸筒法		2.25～2.33

2）珊瑚礁砂的孔隙及颗粒级配

现行国家规范中用振动与锤击联合使用的方法测试最大、最小孔隙比，进而得到土的相对密度。但由于珊瑚礁砂易碎，锤击过程中会改变颗粒级配，使测试结果失真。因此，在测试过程中只用振动叉振动，直至体积不再改变为止。

经研究，珊瑚礁砂孔隙比为 0.7～2.97[35,51]，普通石英砂孔隙比为 0.4～0.9，这显然比普通石英砂的值高了许多。这可能是珊瑚礁砂具有高压缩性的原因之一。

陈海洋和汪稔等[52,53]通过激光切割及三维视频显微观测仪，察看并获取了珊瑚礁砂内孔隙的显微照片，定量化分析了内孔隙的一些主要参数。并结合分形理论，证明了珊瑚礁砂内孔隙具有较好的分形特征，2 mm 以上及 1～2 mm 的颗粒内孔隙分形维数分别为 1.23 和 1.08；珊瑚礁砂颗粒亦具有较好的形状分形，分行维数在 0.95～1.07 之间，且随着粒径的减小，这种分形特性越明显，这和珊瑚礁砂特殊的海相沉积物的成因有关。

3）珊瑚礁砂的分类

Fookes 和 Higginbottom[54]首次尝试从工程应用的角度对珊瑚礁砂进行分类，覆盖了所有的钙质沉积物，从未固结的珊瑚礁砂到坚硬的钙质岩，从不纯的钙质沉积物到纯的钙质沉积物。Clark 和 Walker[55]在前人工作基础上对钙质沉积物分类进行了修改，使之更合理化和系统化(表 2-2)。

表 2-2 碳酸盐沉积物的分类[55]

总碳酸盐含量(颗粒+基质)	>90%	碳酸盐泥	碳酸盐粉砂	碳酸盐砂	碳酸盐砾石
	50%～90%	黏土质碳酸盐泥	硅质碳酸盐粉砂	硅质碳酸盐砂	碳酸盐及非碳酸盐砾石混合砾石
	10%～50%	钙质黏土	钙质粉砂	珊瑚礁砂	
	<10%	黏土	粉砂	砂	
粒径(mm)		0.02	0.06	2	60

2.1.3 珊瑚礁地层的力学性质

1）珊瑚礁砂的压缩特性

压缩性是珊瑚礁砂工程特性最基本的组成部分之一。研究表明，珊瑚礁砂在常应力水平下即能发生颗粒破碎，与经典土力学中以粒间摩擦、滑移为理论基础的力学理论完全不同。为此各国研究者对珊瑚礁砂这种特殊的岩土介质进行了大量研究工作，对珊瑚礁砂的压缩性已经有了基本的认识。

国外学者从 20 世纪 80 年代初就开始研究珊瑚礁砂的基本力学性质，并做了大量试验。Nauroy 和 Le Tirant[39]提出珊瑚礁砂的压缩由四部分组成：① 土体的弹性变形；② 颗粒的重排列；③ 颗粒破碎；④ 胶结体的分离(如果存在)。前面两个在普通颗粒材料的压缩中都存在，后面两个主要伴随珊瑚礁砂的压缩而发生，因此，珊瑚礁砂的压缩和蠕变比普通石英砂更显著。

Coop[56]的研究表明：珊瑚礁砂的压缩性与黏土类似。压缩变形以不可恢复的塑性变形为主，压缩过程中兼有压密、颗粒重排列及颗粒破碎。当压力超过某一值时，颗粒破碎对珊瑚礁砂的压缩特性起控制作用。图 2-5(a)，(b)是珊瑚礁砂的各向等压压缩和一维压缩的 $V-\ln P'$ 曲线。表明珊瑚礁砂的压缩性与黏性土类似。

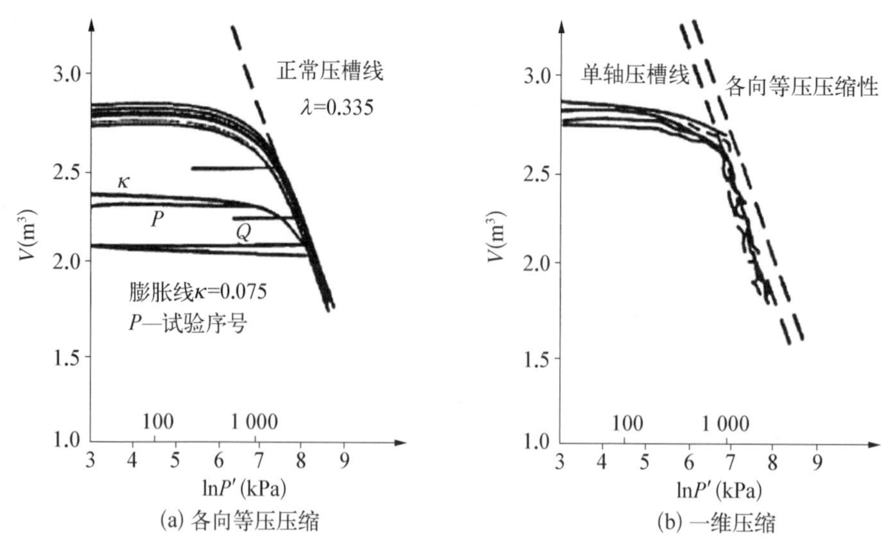

图 2-5 钙质砂压缩试验曲线[56]

Bryant 等[57]对取自墨西哥湾的钙质土做了 120 组各种类型的试验，结果显示其压缩指数随碳酸盐含量的增加而增加。

Poulos 等[58,59]认为碳酸盐类砂具有明显的蠕变性，胶结作用大大减小砂的压缩性和蠕变效应，影响着钙质土的应力-应变关系。在时间对数坐标系中，变形呈线性增加，一般情况下固结系数 C_a 随应力增加而增加，C_a 值趋近于 0.003。

国内学者也对珊瑚礁砂的力学性质进行了大量研究。汪稔等[1]研究发现，珊瑚礁砂的压缩性与黏性土相似，符合剑桥模型，并且固结特征与碳酸钙含量、胶结状况、沉积年代有关，具有明显的蠕变性。根据孙宗勋等人的研究[17]，珊瑚砂因孔隙比较高，压缩指数约为石英砂的 100 倍，内摩擦角高于石英砂，但颗粒硬度低。

张家铭[60]对南沙群岛附近海域的未胶结珊瑚礁砂进行了一维压缩试验和等向压缩试验，试验结果再次说明，珊瑚礁砂的压缩特性类似于正常固结黏性土且可以用 $P-W$ 模型对其进行模拟，指出在低压阶段，压缩变形主要在于颗粒之间位置重新调整，而在高压阶段，颗粒破碎对其压缩特性起控制作用。王新志和汪稔等[61]对南海渚碧礁潟湖的珊瑚礁砂进行了室内荷载试验，结果表明，珊瑚礁砂的变形模量与砂的密实度、含水率等有关，珊瑚礁砂的承载力和变形模量随相对密实度的增大而显著提高，相同密实度下饱和珊瑚礁砂比干燥珊瑚礁砂的承载力和变形模量低很多，承载力不足其 50%，荷载的有效影响深度为 2～3 倍基础宽度。

2）珊瑚礁砂的剪切特性

剪切特性是珊瑚礁砂工程特性的另一重要组成部分。对剪切特性研究的主要方式为固结排水剪切试验和固结不排水剪切试验。国内外学者都做了大量的研究，发现了珊瑚礁砂不同于普通陆源砂的剪切特性。

Coop[56]的研究表明，钙质土的排水剪切向着一个定体积、定差应力方向发展，与黏土类似。当试验中有效围压增大时，土的初始状态从超固结变为正常固结，需要高应变去达到最终状态，如果达到足够高的应变，不同应力路径试验的最终应力比可能会相同。

Fahey[62]认为，钙质土排水剪切在高围压与低围压下有明显的不同。在低围压下，初期响应呈刚性，紧接着有一个屈服点，然后是应变硬化阶段。而在高围压下，初期的反应比较弱，无明显屈服点，许多情况下甚至没有屈服点。在不排水剪切试验中，对石英砂而言，孔压在初期由于颗粒的重排列，孔压增加，平均有效应力减小，随后剪胀产生了负孔压，平均有效应力增加，应力路径趋向于临界状态。珊瑚礁砂则不同，在初期有很高的正孔压产生，导致平均有效应力减小，达到峰值后，孔压稍有降低，平均有效应力增加，应力路径趋向于临界状态。

Demars 等[63]研究了碳酸盐的含量对钙质土抗剪强度的影响，得出碳酸盐的含量决定碳酸盐沉积物力学特性的结论。珊瑚礁砂内摩擦角随围压的增大而减小，Datta 等[64]将以上结论归结为岩土颗粒破碎的结果。

珊瑚礁砂在低围压下剪胀，在高围压下的剪缩特性是其与石英砂之间最大的不同。Murff[65]的研究表明仅在围压很小的状态下发生剪胀现象是珊瑚礁砂的一个重要性质，较高围压下，颗粒的破碎与压密引起体积减小。

刘崇权等[35,43]探讨了珊瑚礁砂的物理力学性质，认为珊瑚礁砂在压缩过程中的变形是塑性变形。珊瑚礁砂在固结排水剪切试验中，当围压小于 1 MPa 时，兼有颗粒破碎和剪胀特征；当围压大于 1 MPa 时以颗粒破碎为主，体积剪缩，这与国外学者得出的结论一致。

张家铭[60]分析了砂颗粒破碎与剪胀对珊瑚礁砂强度的影响，也得出了相同的结论：低围压下剪胀对其强度的影响远大于颗粒破碎，随着围压的增加，颗粒破碎的影响越来越显著；最终当破碎达到一定程度后颗粒破碎渐趋减弱，其影响也渐趋稳定。

张家铭和张凌等[66,67]对取自南沙群岛永暑礁附近海域的珊瑚礁砂进行了不同围压下的三轴排水剪切试验，结果表明，珊瑚礁砂三轴剪切应力-应变关系随应力水平而变化，在剪切过程中由于颗粒破碎导致很多封闭的内孔隙释放，孔隙比减小，体积应变要比石英砂大；剪胀性和峰值应力比与围压关系密切，峰值应力比与剪胀性随围压的升高而下降，如图 2－6 所示。珊瑚礁砂在三轴剪切过程中由于发生了颗粒破碎，变形几乎全为不可恢复的塑性变形。珊瑚礁砂在剪切作用下的颗粒破碎与围压和剪切应变有关，二者共同控制着颗粒破碎，围压越大，剪切应变越大，破碎越显著。在三轴剪切试验中，珊瑚礁砂的颗粒破碎并不会无限制发展下去，当颗粒破碎使得颗分曲线发展至极限曲线时，颗粒破碎将不再继续。

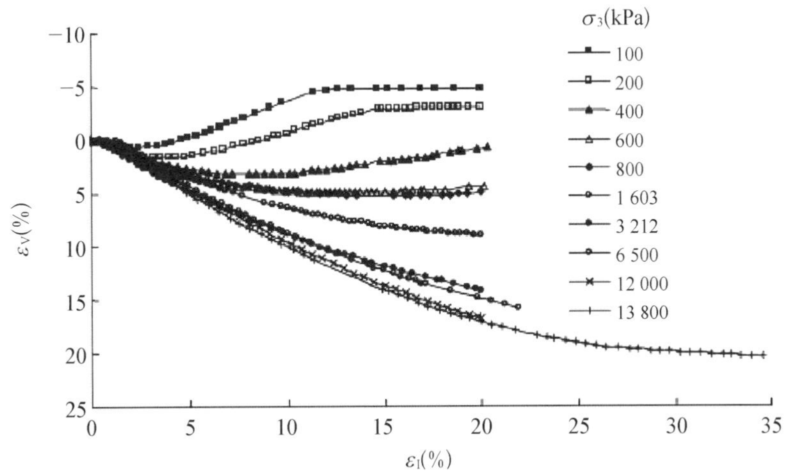

图 2－6 珊瑚礁砂三轴剪切特性曲线[33]

3）珊瑚礁砂的颗粒破碎特性

孙宗勋等[17]研究表明，珊瑚礁砂在大于 100 kPa 时就会产生可测定的破碎，三轴应力作用下破碎程度要比在等向固结条件下大，其破碎性随着围压、剪应力、颗粒棱角度、粒径尺寸、粒间孔隙和片状碎屑的增大而增大。珊瑚礁砂在低围压下表现出明显剪胀特性，高围压时又很快表现出剪缩特性。

在相同孔隙比和相近的颗粒分布条件下，珊瑚礁砂的摩擦角明显大于石英砂的摩擦角，主要是珊瑚礁砂颗粒间存在较高的矿物摩阻力、颗粒破碎及颗粒重新排列的结果。

张家铭等[60,67,68]通过对取自南沙群岛的珊瑚礁砂三轴剪切试验数据的分析，对珊瑚礁砂剪切作用下的颗粒破碎与剪胀对其强度的影响进行分析(图 2－7)。结果表明：低围压下剪胀对强度影响远大于颗粒破碎，而随着围压的增加，珊瑚礁砂颗粒破碎加剧，剪胀影响越来越小，颗粒破碎影响越来越大。珊瑚礁砂颗粒强度符合 Weibull 分布特征，随着颗粒粒径的增加，颗粒强度逐渐降低，与脆性材料的强度特性吻合，并与石英砂的强度进行了比较，发现其颗粒强度远远低于石英砂。

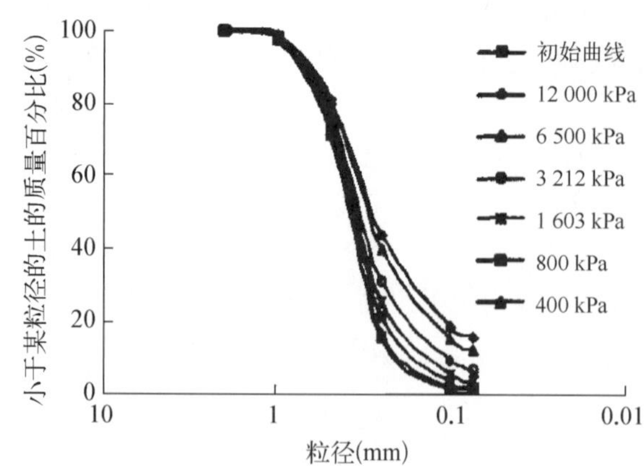

图 2－7　不同围压下珊瑚礁砂剪切后颗分曲线[35]

吴京平等[69]利用人工珊瑚礁砂和三轴剪切试验手段，就颗粒破碎及其对珊瑚礁砂变形和强度特性的影响进行分析研究。结果表明，颗粒破碎程度与对其输入的塑性功密切相关；颗粒破碎的发生使珊瑚礁砂剪胀性减小，体积收缩应变增大，峰值强度降低。孙吉主等[70]在此基础上采用损伤边界面模型予以表述，分析了颗粒破碎与剪胀性和围压的关系，理论计算结果与试验结果具有一致性。

胡波[71]等从珊瑚礁砂颗粒的微观性质——颗粒强度、内孔隙、颗粒形态等方面进行研究，给出了三轴条件下单个颗粒所受特征应力公式，建立了珊瑚礁砂在三轴条件下考虑颗粒破碎影响的本构模型。模型采用新的塑性流动准则，能够预测各剪切应变阶段的颗粒破碎，并利用 ABAQUS 有限单元软件对本构模型的计算结果进行对比，得出此本构模型能较好地预测高围压下珊瑚礁砂应力-应变和体变特性。

刘崇权等[72]提出了以相对破碎量为颗粒破碎的评价指标，研究表明相对破碎量是一个与应力水平、相对密度、应力路径、矿物成分、含水率等有关而与土体初始级配无关的量，其实质就是与破碎过程中消耗的能量直接相关，并从理论上推导出颗粒破碎是使钙质土抗剪强度降低的主要原因。

吕海波和汪稔[73]等对珊瑚礁砂的孔隙特性进行了压汞试验研究，用压力将水银压入介质的孔隙内，通过压力与孔隙直径的关系，换算出孔隙的体积，从而获得了礁灰岩碎块和珊瑚断肢中的孔隙分布规律，从细观上分析了珊瑚礁砂破碎的内在原因。

4) 珊瑚礁砂的动力学特性

由于所处的特殊自然环境，珊瑚礁砂不仅受到风、浪、流等周期荷载的作用，还承受着各类海工建筑物传来的各种动荷载作用，因此对珊瑚礁砂的动力学特征的研究必不可少。

Datta[74]对珊瑚礁砂进行了不排水循环压缩试验，模拟了打桩过程中珊瑚礁砂的应力状态，分析了循环荷载下孔压的发展模式及其对桩侧阻力的影响；Knight[75]对珊瑚礁砂进行了慢速、快速不排水循环压缩试验及慢速排水循环试验，模拟了桩侧珊瑚礁砂在不同应力水平动荷载作用下表现出的工程特性。大量研究[76-80]发现，珊瑚礁砂的动力学性质主要受孔隙率和颗粒破碎的影响，并且与碳酸钙含量、胶结程度、循环荷载的大小、加载循序等有关。

国内学者也对珊瑚礁砂的动力学特性做了很多研究。虞海珍和汪稔[81]研究了我国南沙珊瑚礁砂在不同相对密度、级配、振动频率、围压和固结应力下动力特性，研究结果表明，珊瑚礁砂具有独特的液化特性，在特殊条件下(低围压、高固结应力比)可发生液化，其液化机理为循环活动性，不会出现流滑。由于珊瑚礁砂高孔隙比，在循环荷载作用下，极易产生大量的、不可恢复的塑性应变，试样发生变形破坏，从而具有很高的压缩性。

李建国[82]在以上学者研究的基础上，采用土工静力-动力-液压三轴-扭转多功能剪切仪，考虑主应力方向连续旋转的影响，对南沙群岛的珊瑚礁砂进行了竖向-扭向循环耦合剪切试验，模拟了波浪荷载，研究了波浪荷载作用下珊瑚礁砂的动力特性。研究结果表明，初始主应力方向角对珊瑚礁砂的动强度影响较大，主应力系数对其有影响但影响不大，并建立了考虑初始主应力方向角的动强度模式；此外还对均压固结与非均压固结两种情况下的饱和珊瑚礁砂的液化情况、孔隙水压力效应、残余孔压的增长模式、珊瑚礁砂的骨干曲线、动模量特征、动阻尼特征进行了分析，并与石英砂的动力特性进行了初步对比。

徐学勇[83]首先对珊瑚礁砂在爆炸荷载下的动力特性进行了探索。以南沙群岛美济礁珊瑚礁砂为研究对象，采用室内小型爆炸试验、理论分析与数值模拟等方法，研究了饱和珊瑚礁砂在爆炸荷载作用下的动力响应特性以及爆炸应力波在珊瑚礁砂中传播和衰减规律等。

5）珊瑚礁砂的承载力特性

随着世界各国对海洋资源的大力开发，各类建筑物的建设都需要依托海底、海岸岩土体作为地基支撑，因此对珊瑚礁砂的承载力特性研究非常重视。

Poulos[84]通过对珊瑚礁砂进行承载力试验得出珊瑚礁砂浅基础极限承载力随超载的增大而增加，同时珊瑚礁砂的承载力较石英砂小得多。但王新志等[61]通过珊瑚礁砂的室内载荷试验得出，相同密实度的珊瑚礁砂具有比石英砂大得多的承载力和变形模量，变形量则小得多。针对以上两个不同的试验结果，大量文献[47,50,69,72]分析认为珊瑚礁砂的内摩擦角虽然比石英砂要大，但由于珊瑚礁砂在不同围压下特殊的颗粒破碎性质，或许会造成其承载力的差异。珊瑚礁砂颗粒一经破碎，颗粒重新排列及滑动会造成较大变形。另外，干燥的珊瑚礁砂与饱和的珊瑚礁砂承载力也有较大差异。鉴于珊瑚礁砂的特殊力学性能，在面对具体工程问题时，需要仔细勘察及现场试验才能确定承载力强度。

桩基具有承载力高、沉降量小且较均匀的特点，几乎可以应用于各种工程地质条件和各种类型的工程。然而，在此类地层中，桩基在其他常规土质中的经验已经不再适用。在珊瑚礁砂地层中，虽然内摩擦角较大，但桩侧摩阻力非常小，尤其打入桩的桩侧摩阻力更小，一般认为是由桩周土颗粒破碎和胶结作用破坏造成的。珊瑚礁砂的桩端阻力与其高压缩性和普通围压下弯曲的摩尔-库伦强度包线有关（图 2-8），因珊瑚礁砂的压缩性比石英砂要大，所以桩端阻力较石英砂中小，并且还与胶结程度、循环荷载等因素有关[85-87]。

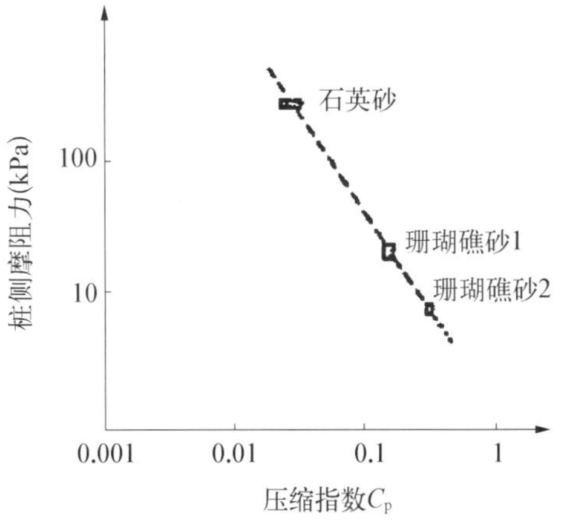

图 2-8 桩侧阻力与砂的压缩性的关系[53]

江浩等[88]通过室内模型试验装置来研究珊瑚礁砂中钢管桩的承载力和变形性能以及影响因素，并进行了与石英砂的对比试验。试验结果表明，珊瑚礁砂中钢管桩承载能力很低，仅为石英砂的 66%～70%，珊瑚礁砂中桩身轴力衰减速率缓慢，桩侧摩阻力远远小于石英砂的，仅为石英砂的 20%～27%，并具有深度效应，开口钢管桩和闭口钢管桩的桩侧摩阻力相差不大。同时表明，珊瑚礁砂中桩侧摩阻力对相对密度的变化没有石英砂敏感，受相对密度影响很小。由颗粒破碎引起的桩周水平有效应力的大幅降低是造成珊瑚礁砂中钢管桩桩侧摩阻力低的主要原因。

2.1.4 珊瑚礁地层的工程应用与问题

20 世纪 40 年代，由于资源开发与生产建设的需要，珊瑚礁砂的工程应用随之成为了土木工程领域的前沿。由于其特殊的物理力学性质，在工程建设中，出现了一系列问题，这也吸引了世界各国学者对其进行大量研究与总结。目前，珊瑚礁砂的工程应用还在积极探索中，加强这方面的研究具有重大意义。

第二次世界大战期间，美国和澳大利亚出于军事需要在太平洋中的珊瑚岛礁上构筑的机场和多条公路，至今仍在使用。1945 年美军在巴布亚新几内亚洛斯内格罗斯(Los Negros)岛上修建的莫莫特(Momote)机场(跑道长 2 375 m)，就是挖取潟湖里的珊瑚礁岩土碎屑铺设而成；1954 年澳大利亚利用同源材料将其改建为民用机场；20 世纪 80 年代巴布亚新几内亚又将其扩建为国际机场[45]。研究人员在室内试验的基础上提出珊瑚礁上可以承建大型工程，并且珊瑚礁碎屑便于开采和压实，可作为基础施工材料广泛应用于各种道路工程。

王新志[89]以在南沙群岛某岛礁修建的机场跑道为例，分析了岛礁的工程地质环境、岩土体结构与力学特性，对岛礁稳定性、地基承载力及沉降进行了有限元计算，根据计算结果对珊瑚礁进行工程建设的适宜性作出了评价，提出礁坪适合做建筑地基，且可以使用珊瑚礁砂作为填料，可以解决建筑材料缺乏的问题，降低建筑成本。

贺迎喜等[90,91]依托沙特 RSGT 集装箱码头兴建项目，研究了吹填珊瑚礁砂用作工程填料的可行性及施工碾压方法。经室内试验研究，对珊瑚礁砂采用重型压实标准实施碾压，效果优于轻型压实标准。经施工现场试验验证，重型碾压效果良好，能显著提高地基强度，消除运营期地基沉陷隐患。

祝敏杰[92]结合巴布亚新几内亚瑞木镍钴项目码头工程，对在珊瑚礁灰岩地区钻孔灌注桩施工可行性进行了验证，实践证明在工程量不大的条件下，这种方法能满足施工需要，节约成本，并提出了建议。

梁文成[93]根据现有工程经验总结提出珊瑚礁碎屑物及珊瑚礁灰岩孔隙发育，渗透性强，在进行钻探时都会出现漏浆问题。在珊瑚礁灰岩地区钻探采用套管护壁、泥浆为循环液的正循环钻探工艺更具适宜性和经济性。在苏丹萨瓦金港某工程地质勘探中，采用上述工艺进行钻探，能保证工程的进度，并节约成本。

严与平等[94]以巴哈马国家体育场为实例，提出珊瑚礁岩土体浅层普遍存在着裂隙和孔洞，洞穴在珊瑚礁横向和垂向上的分布不均匀，使地基承载力差异较大，缺陷处理是该类地基要考虑的主要地基问题。上部珊瑚碎屑土承载力小且分布不均匀，地下水埋深浅，不能满足拟建建筑物基础持力层要求，采用最多的是长螺旋钻孔灌注桩技术，处理效果较好。

珊瑚礁岩土体是一种特殊的岩土类型，经过近几十年的研究，取得了大量成果，为人们开发海洋资源提供了有力的技术支持，并已逐渐在生产建设中得以应用。但是目前对于珊瑚礁砂的研究并不全面，许多实际工程中遇到的问题还有待解决，本书认为工程应用中还有以下问题需要进一步研究：

(1) 颗粒破碎是珊瑚礁砂区别于陆源砂的一个重要特性，也是影响其力学特性的主要因素，尤其是在建筑地基中，颗粒破碎引起的压缩变形是严重威胁建筑物安全的关键因素。但目前的研究中还不能揭示珊瑚礁砂颗粒破碎的机理及关联因素，因此，应对珊瑚礁砂颗粒破碎机理进行研究，并揭示地质成因、矿物成分、微观结构与颗粒破碎之间的关系，建立考虑了颗粒破碎的、符合珊瑚礁砂应力、应变关系的本构方程。

(2) 由于在珊瑚礁砂地区建筑物所处的地质环境以及人为因素复杂，比如地下水的影响、波浪的影响等，所以需要进一步完善波浪荷载、爆炸荷载下珊瑚礁砂动力特性的研究，开展动荷载下珊瑚礁砂力学特性的研究。

(3) 珊瑚礁砂内孔隙丰富也是造成其高压缩性的原因之一，严重威胁到建筑物的安全，但目前的研究中还未彻底了解珊瑚礁砂的内孔隙对其强度及抗渗性能的影响程度，目前更多的实际工程也并未将其考虑到安全计算中。因此应结合珊瑚礁砂的地质成因、矿物成分等分析珊瑚礁砂内孔隙的成因，并对其进行分类，揭示其内孔隙的体积分布、结构形态等，对珊瑚礁砂进行剪切、压缩等常规土力学实验，揭示内孔隙在不同阶段的释放与破坏机理，建立内孔隙与宏观力学性能之间的关系。

(4) 桩基工程在珊瑚礁砂地区应用比较广泛，但珊瑚礁砂较低的桩端和桩侧摩阻力是尚未解决的问题。所以在全面了解珊瑚礁砂力学性质的基础上，将颗粒破碎，胶结特性、高压缩性等应用于桩基工程，研究桩土共同作用，并对桩基的沉降计算方法进行深入研究。

(5) 珊瑚礁砂作为浅基础、桩基础持力层已经被应用于实际工程中，并且学者们正在进行工程实践与研究。近年来，搅拌桩作为基坑止水帷幕工程在珊瑚礁砂也逐渐兴起，但珊瑚礁砂作为搅拌对象进行基坑止水工程在国内外暂无太多资料及经验可循，珊瑚礁砂与水泥之间相互作用的机理、搅拌桩的强度及止水效果还有待进一步的试验与研究，这也是本书研究的重点内容。

(6) 珊瑚礁砂的工程性质有着与陆源砂完全不同的特性，工程地质调查存在着一定的难度，仅凭野外测试或室内试验均不能准确地评估其力学性质，将两者有机地结合，是将来开展珊瑚礁砂研究的主要方向。

2.2 拟研究场地搅拌桩施工可行性研究

2.2.1 概　述

我国南海诸岛广泛分布着珊瑚礁砂，其中南沙群岛是扼守太平洋和印度洋海运的要冲，既是优良的渔场又蕴藏着丰富的油气资源。因此，加强我国海洋及沿海地区珊瑚礁砂工程性质的研究有着重要的意义。珊瑚礁地区地下水丰富，地层分布不均匀，基坑围护设计，尤其是基坑止水问题是工程重点、难点之一。现有的大量基坑工程经验表明，搅拌桩法应用于基坑止水帷幕施工十分经济有效，在国内外均有广泛应用。但由于目前我国在珊瑚礁地区勘察研究较少，尚未有国家规范。因此对珊瑚礁灰岩可搅拌性及工后效果的试验与理论研究，对于指导珊瑚礁砂实际工程的设计、施工与安全性检查，对于我国的政治、经济的发展都具有十分重要的意义。

海南某建设场地位于剥蚀残山-海湾沉积过渡的海岸地貌，面向大海，建筑物纵轴垂直于海岸，一半进入大海，一半嵌入海岸。根据现场勘察钻孔情况，场地岩土体从上到下可分为4个大层13个亚层。从整个场地地层特征分析，场区岩土工程条件复杂，岩土种类多，特殊性岩土(珊瑚碎屑、珊瑚礁灰岩和黏土质蚀变岩)分布广泛，基岩埋深变化大，同时处在两种岩性接触交错部位。

本工程因体量大，施工周期长，而且工程属性重要，为确保施工安全，拟采用围堰内干施工。因本工程基坑平面位置部分在陆地、部分在海里，在陆地部分的基坑又部分要进入基岩面以下。基岩面以上的地层分布有珊瑚礁、珊瑚碎屑层，透水性极强；基岩面为极强透水层，而且基岩面又高低起伏较大，局部会有孤石存在。在确保基坑边坡稳定的同时如何选择经济合理、施工可行的止水帷幕形式是本工程的关键。其中主要解决两个关键技术问题：① 基岩面以上，在分布有珊瑚礁、珊瑚碎屑层中止水帷幕施工可行性和实际施工后止水效果的研究；② 采用合理可行的工法解决基岩面渗透问题。这样，在陆地施工的止水帷幕与在海里通过施工形成的稳定围堰体(兼止水)共同形成一个封闭、稳定的止水帷幕坝体以满足基础长时间的干施工条件的要求。

根据已在类似地层环境下实施基坑围护体设计与施工工程案例的经验、教训基础上，本基坑围护体结构形式拟采用三轴搅拌桩加高压旋喷桩复合结构体。这样，必须对三轴搅拌桩在施工可行性进行详细、深入的研究，即珊瑚礁灰岩及其他岩层可搅拌性研究。

依托现有工程，在总结分析现有工程勘察报告及原位测试数据的基础上，通过数理统计的方法，结合岩石可搅拌型的研究对珊瑚礁灰岩可搅拌性进行分级，建立了分级模型。

2.2.2 场地地层分布情况

1) 勘察依据

勘察工作主要依据如下技术文件及规范：

《港口岩土工程勘察规范》(JTJ 133—1—2010)；

《港口工程地基规范》(JTJ 147—1—2010)；

《港口工程灌注桩设计与施工规程》(JTJ 248—2001)；

《港口工程嵌岩桩设计与施工规程》(JTJ 285—2000)；

《水运工程抗震设计规范》(JTJ 225—98)；

《建筑抗震设计规范》(GB 50011—2010)；

《岩土工程勘察规范》(GB 50021—2001)(2009 年版)；

《1801-10 岩土工程勘察任务书》(2011—07)。

2) 地形地貌

本区属于剥蚀残山-海湾沉积过渡的海岸地貌，剥蚀残山、海岸悬崖、不规则滨海平原和海滩潮间带等地貌单元均有分布。工程跨越了内村村庄陆地和村前海湾两个部分。

地形较平坦，微向海倾，是全新世以来随着海平面震荡下降、潟湖消亡逐渐形成的不规则小规模滨海平原，高程变化 2～5 m。村前海湾海底地形可分为两个区域，大致以 −7 m 海水等深线为界，−7 m线以内浅区域由于受到珊瑚礁发育的影响，海底地形变化较剧烈，坡度为 1∶20～1∶25，−7 m线以外区域海底地形变化逐渐平缓，坡度约 1∶100。

3) 场区地质条件

根据区域地质资料，本区域的主要构造格架由一套古生代地层组成的轴向总体北东、长度大于 20 km的向斜构造(晴坡岭向斜)和不同方向、不同时代、不同规模的断层组成。工程区所在地区位于该向斜构造的南东翼，组成该向斜构造南东翼的地层主要为古生代寒武系、奥陶系地层。由于后期印支、燕山期花岗岩的侵入和断裂的破坏，向斜构造显得残缺不全，表现为寒武系、奥陶系地层和不同期次花岗岩交错出露、岩体破碎。

根据勘察钻孔情况，场区内下伏基岩主要为燕山期花岗岩，寒武系大茅组的石英质砂岩、粉砂岩和板岩。场区岩性平面图中(图 2-9)，Ⅰ区(深色)下伏基岩以花岗岩为主，埋藏浅，岩体较完整，局部地段有寒武系地层残留体“漂浮”于花岗岩之上；Ⅱ区(浅色)下伏基岩由花岗岩和石英质砂岩为主，其

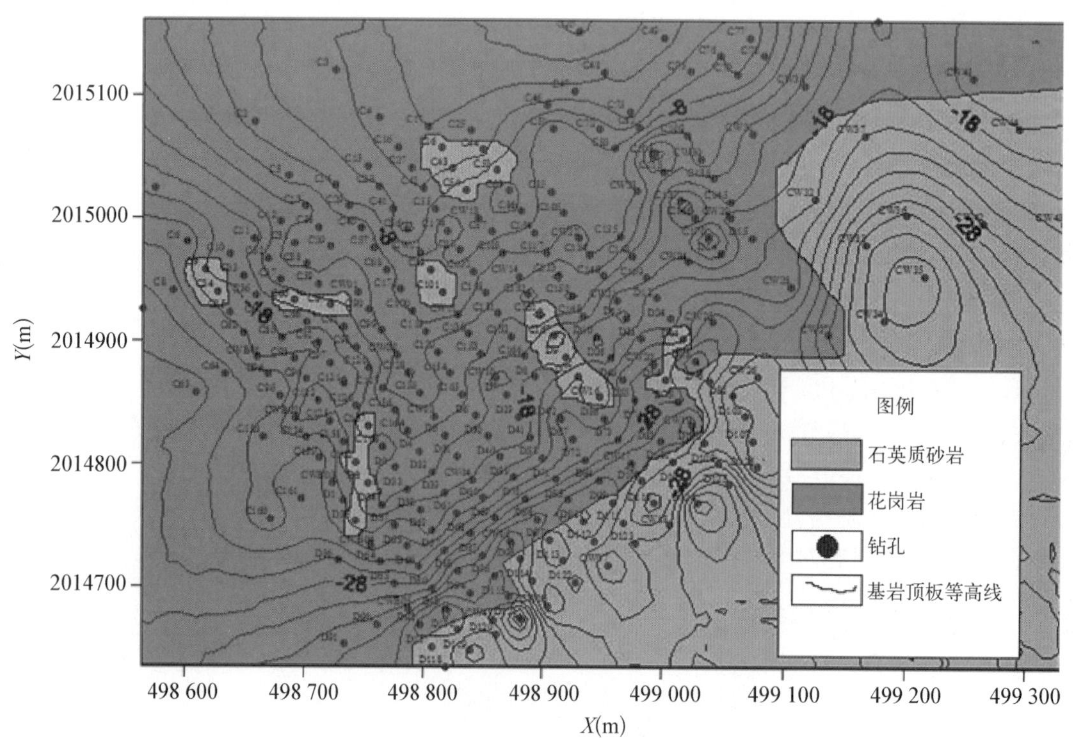

图 2-9　工程区两种岩性接触关系平面示意图

次为板岩和粉砂岩，基岩顶板埋藏逐渐变深，受断层构造和接触变质影响，岩体较破碎。因为石英质砂岩和板岩、粉砂岩层位变化复杂，无法精确区分，在剖面图上统一用石英质砂岩表示。两种岩性交界面走向呈北东-南西向延伸，倾向南东；根据区域地质资料，寒武系地层倾向北西，倾角为 50°～60°。在钻孔埋深 46.5～48.6 m 处，钻探发现灰色的含石英角砾断层泥，肉眼可见鳞片状定向排列和摩擦痕迹，弱膨胀性。证明该处有断层通过，两种岩性分界面附近，存在产状为 331°∠78°的断层。

在两种岩性交界面附近，地层的工程特性变化尤其不均匀，首先是因为不同岩性的抗风化能力差异，形成风化软弱夹层，其次是因为交界处存在热液蚀变作用，形成软弱的黏土质蚀变岩夹层，再次是由于断层及其分支断层的影响。限于研究深度的限制，无法将其一一区分，笼统将这些软弱夹层划分为$③_{1-1}$层。

根据现场踏勘，寒武系地层内主要结构面有四组：

第一组，倾向 330°～340°，倾角 70°，间距 5～50 cm，压扭性质，平直顺滑，张开度 1～2 cm，无充填或硅质充填，顺层夹有厚度约 5 cm 的泥质夹层；

第二组，倾向 115°，倾角 67°，间距 50～150 cm，与第一组成共轭节理；

第三组，倾向 75°～95°，倾角 75°～85°，间距 50～100 cm；

第四组，倾向 10°，倾角 15°，间距 5～10 cm。该组不发育。

花岗岩岩体内主要结构面有三组：

第一组，倾向 305°，倾角 40°，间距 20～100 cm，一般间距 50 cm 左右，压扭性质，平直顺滑，张开度 1～3 cm，无充填或砂质充填；

第二组，倾向 145°，倾角 25°，间距 50～100 cm，与第一组成共轭节理；

第三组，倾向 280°，倾角 80°，间距 25～50 cm。

4）岩层划分及空间分布

勘察最大揭露深度为 70.5 m，由上到下分为 4 个大层 13 个亚层，分述如下：

$①_2$层，淤泥质粉质黏土混珊瑚碎屑(Q_4^m)，灰～灰黑色，流塑～软塑。珊瑚碎屑大小不一，含量不均，以中粗砂（钙质）为主，局部见珊瑚碎块、砾，混贝壳。珊瑚碎屑含量一般为 15%～50%，随着水深增加，珊瑚碎屑含量降低。该层分布Ⅱ区比Ⅰ区连续，深水区比浅水区连续，在Ⅰ区大多以小透镜体出露。层厚变化 0.6～24.9 m，层底标高－7.12～－39.0 m。有机质含量试验结果表明该层有机质含量小于 5%，不是有机质土。

$①_3$层，珊瑚碎屑(Q_4^m)，灰白～青灰色，松散～中密状态，稍湿～饱水。以珊瑚碎块、砾、砾砂和粗砾砂（钙质）为主，密实度不均匀，标贯击数离散性大。总体上，从上到下碎屑物由粗粒向细粒变化，从陆地到海域层厚由厚向薄变化。该层较连续，几乎在所有钻孔均有分布，层厚变化为 0.3～18.4 m，层底标高为 2.47～－20.4 m。有机质含量试验结果表明该层有机质含量小于 5%，不是有机质土。

$①_4$层，珊瑚礁灰岩(Q_4^m)，白～灰白色，半成岩～成岩状态，取芯为碎块状或圆柱状，内部多孔隙。在近岸浅滩区域，珊瑚礁发育较好；远离岸边，珊瑚礁发育较差。珊瑚礁的分布在平面上具有岛状不连续性，在垂向上具有分节分段特性，层厚变化为 0.5～6.3 m，层底标高为－0.44～－12.54 m。

$②_1$层，粉质黏土(Q_3^{al+pl})，局部为黏土，灰黄色～黄色，硬塑，表层局部为可塑，杂有灰白、灰褐色斑块，纯净黏土段切面光滑，局部混有少许粉细砂、中砂。该层在Ⅱ区分布较普遍，由Ⅰ区到Ⅱ区，厚度逐渐增加，层厚变化为 0.7～21.7 m，层底标高为－4.37～－43.8 m。

$②_2$层，粉细砂(Q_3^{mc})，青灰色～灰黄色，中密，饱和。矿物成分以石英和长石为主，同时含有一定量的珊瑚礁砂成分。该层分布较连续，层厚变化为 0.5～7.3 m，层底标高为－9.89～－42.7 m。

$②_3$层，粉质黏土混砂(Q_3^{dl+el})，黄色，局部混褐红色，灰白色斑块，硬塑状态。该层同$②_1$层相比成分不均匀，混有粉细砂、中砂，砾砂，含量 20%～60%，局部以砂为主，呈砂混黏性土状，个别地段混有中粗砂和碎砾石，甚至以中粗砂和碎石为主，偶见大孤石。该层局部地段黏性土遇水容易崩解。该层分布较连续，在Ⅰ区土层厚度薄，Ⅱ区厚度逐渐增大，层厚变化为 0.5～20.9 m，层底标高为

−6.19—～—47.1 m。

②$_4$层，粉质黏土(Q_3^h)，灰黑色，软塑～可塑，含壳片，土质均一，该层分布不连续，仅出露在43-43′剖面中。层厚变化为0.5～3.5 m。

③$_1$层，强风化石英质砂岩($\in_2 d^2$)，灰色，褐灰色，岩体破碎，钻探取芯不完整，多为碎石块，主要分布在Ⅱ区，在Ⅰ区仅零星出露。揭露厚度变化为0.5～39.3 m，层顶标高为−2.65～−63.18 m。

③$_{1-1}$层，黏土质蚀变岩和软弱风化岩，浅灰色～棕黄色，硬塑～坚硬，成分以黏土矿物为主，局部可见有原岩结构。为风化软弱夹层和黏土质蚀变岩夹层。根据所含黏土矿物成分不同，具有不同的膨胀性，一般为弱～强膨胀性。该层分布不连续，以透镜体形式主要分布在D103，D107，D109，D125等钻孔中。揭露最大厚度为18.0 m。

③$_2$层，中风化石英质砂岩($\in_2 d^2$)，灰色～灰白色，局部为褐灰色、褐红色。微晶结构，块状构造，层面不清，岩石坚硬，节理较密集，完整性较差，岩芯多为短柱状，长度为5～15 cm，多见高角度节理和近垂直节理，节理面多平直，见褐色风化锈染，锤击不易碎。揭露厚度变化为1.0～10.6 m，层顶标高为−3.28～−54.15 m。

④$_1$层，强风化花岗岩(γ_5^3)，褐黄色～灰色。粗粒结构，块状构造，取芯不完整，为3～5 cm小碎块，原岩结构清晰，部分矿物风化为黏土矿物。揭露厚度变化0.35～9.3 m，层顶标高−2.36～−43.8 m。

④$_2$层，中风化花岗岩(γ_5^3)，褐黄色，局部灰色～灰白色。粗粒结构，块状构造，大部分岩芯完整，长度为5～15 cm，最长达50 cm以上，多见高角度节理和垂直节理，节理面多平直，见褐色风化锈染，锤击不易碎。揭露厚度变化为0.8～20.6 m，层顶标高为−0.34～−47.2 m。

④$_3$层，微风化花岗岩(γ_5^3)，灰色～灰白色，粗粒结构，块状构造，岩石新鲜，该层未揭穿，揭露最大厚度为12.1 m。

总体看，场区特殊性岩土(珊瑚碎屑、珊瑚礁灰岩和黏土质蚀变岩和软弱风化岩)种类多，基岩埋深变化大。其中，Ⅰ区基岩埋藏稍浅，顶板高程−2～−20 m，以花岗岩为主，岩体较完整；Ⅱ区基岩埋藏深，顶板高程−15～−40 m，以花岗岩和石英质砂岩为主，受断层构造和接触变质影响，岩体较破碎(图2-10)。

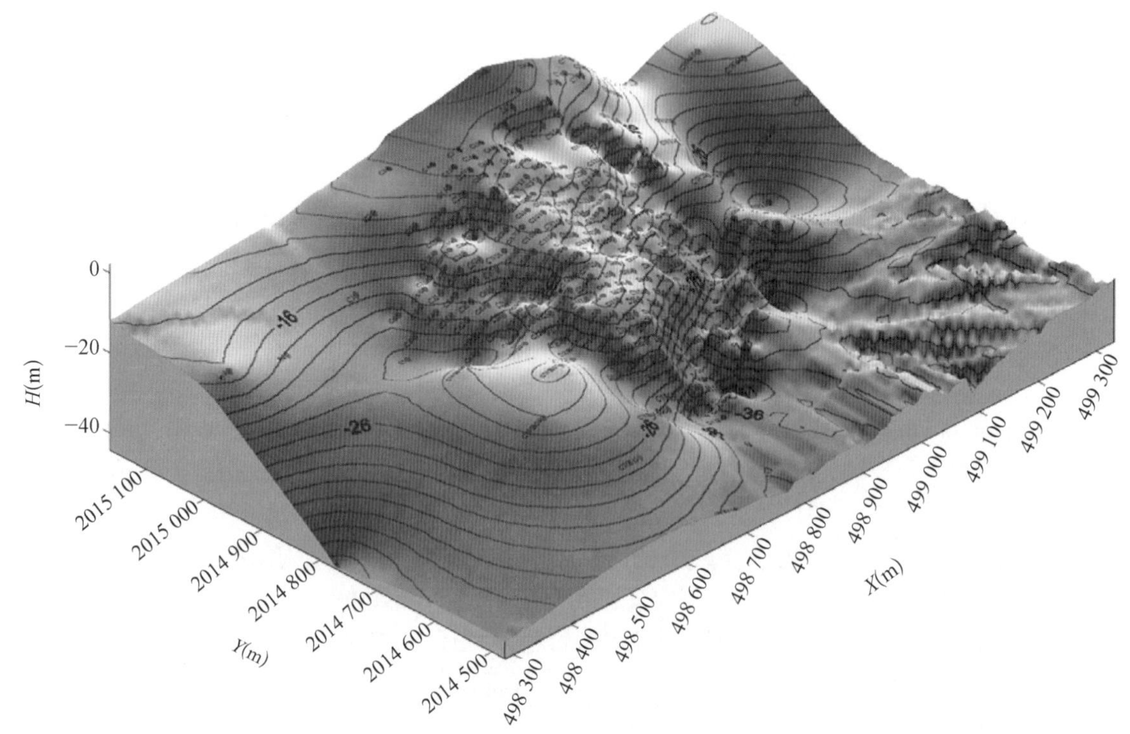

图2-10 工程区基岩(强风化)面变化效果图

5) 地震效应和不良地质作用

根据《建筑抗震设计规范》(GB 50011—2010),该地区为抗震设防烈度 6 度区,设计基本地震加速度值 0.05g,设计地震分组为第一组。可不考虑砂土液化问题。

根据钻探数据,Ⅰ区和Ⅱ区的基岩顶板高程在－2～－40 m 之间,上部 15 m 范围内地层为中软场地土类型,根据《水运工程抗震设计规范》(JTJ 225—98),判断场地类别为Ⅱ类。

未发现其他明显的不良地质作用。

6) 地下水

工程区内潜水主要含水层为①$_3$层珊瑚碎屑和①$_4$层珊瑚礁灰岩,潜水主要接受大气降水垂直补给和工程区周边的第四系孔隙潜水的侧向补给,排泄途径为垂直蒸发和通过①$_3$层珊瑚碎屑和①$_4$层珊瑚礁灰岩向海中径流排泄。根据 2009 年初步勘察时的水位测量结果可知,潜水水位随地势缓慢变化,微向海倾斜,自 CW44 位置到 CW23,CW24 一线附近大约 200 m 的距离,水位高程由 1.9 m 降低到 1.3 m 左右。在 CW23,CW24 一线靠近海的区域,地下水受到海水顶托,水位又有小幅升高。一方面,由于径流途径短,水头变化小,不利于地下水的排泄,但是另一方面,①$_3$层珊瑚碎屑和①$_4$层珊瑚礁灰岩的渗透性较好,对地下水的径流比较有利。总体看,该层潜水径流比较畅通,水量比较丰富,水位受季节性大气降水影响明显。

综上所述,工程区内地下水以孔隙潜水为主,含水层较厚,渗透性良好,向海排泄路径通畅。施工开挖应考虑地下水渗流的影响,采取措施,防止渗流破坏和海水倒灌。工程区潜水水位高程等值线如图 2-11 所示。

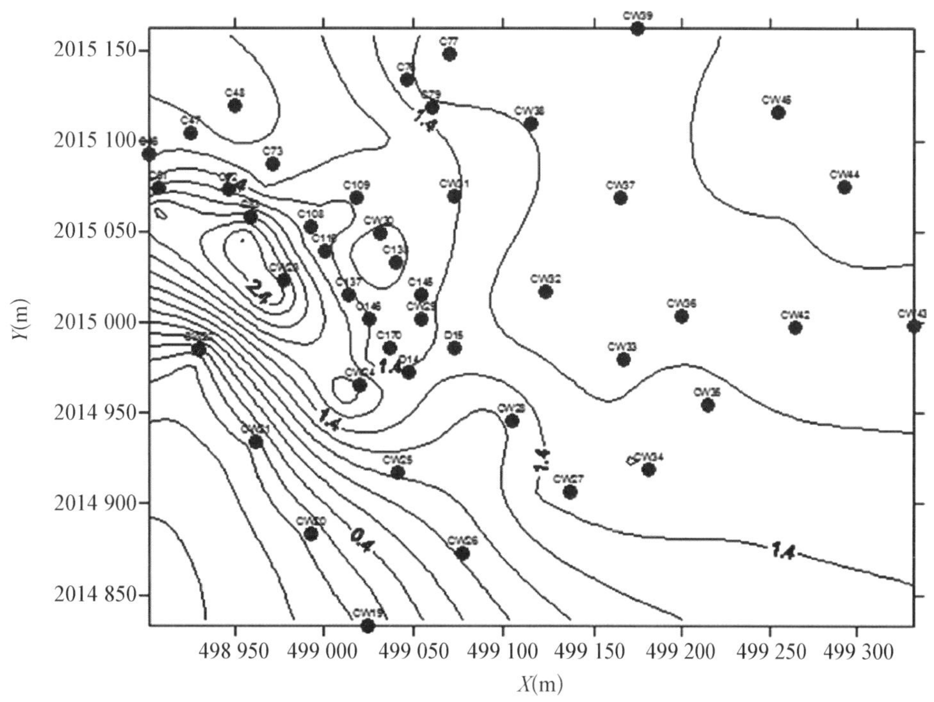

图 2-11 工程区潜水水位高程等值线图

7) 岩土层工程特性和分析评价

①$_2$层,淤泥质粉质黏土混珊瑚碎屑(Q_4^m),流～软塑,分布不连续,不均匀,力学性质较差,标准贯入锤击数平均值 $N=3$,不能作为基础持力层。

①$_3$层,珊瑚碎屑(Q_4^m)。稍密～中密状态,性质不均匀,标准贯入锤击数平均值 $N=13$,陆域地层较海域地层性质好,推荐陆域承载力容许值 $f=180$ kPa,可作为多层建筑物的基础持力层。

①$_4$层,珊瑚礁灰岩(Q_4^m),推荐天然状态下岩芯单轴极限抗压强度 $f_r=10$ MPa,抗拉强度 $f_t=$

1.0 MPa，分布不连续，性质不均匀，不宜直接作为基础持力层。

②$_1$层，粉质黏土（Q_3^{pl+dl}），硬塑状态，性质较均匀，标准贯入试验锤击数平均值为$N=18$，压缩模量为$E_{s1\text{-}2}=10$ MPa，为中压缩性土，地基容许承载力$f=200$ kPa，是良好的基础持力层。

②$_2$层，粉细砂（Q_3^{mc}），中密状态，性质均匀，标准贯入试验锤击数平均值$N=20$，压缩模量$E_{s1\text{-}2}=20$ MPa，地基容许承载力$f=200$ kPa，是良好基础持力层。

②$_3$层，粉质黏土混砂（Q_3^{el+dl}），硬塑状态，局部混中粗砂、粗砾砂和碎石，均匀性稍差，标准贯入锤击数平均值为$N=25$，压缩模量为$E_{s1\text{-}2}=10$ MPa，为中压缩性土，地基容许承载力$f=240$ kPa，是良好的基础持力层和下卧层。局部地层遇水容易崩解。

③$_1$层，强风化石英质砂岩（$€_2d^2$），岩体破碎，完整性差，单轴极限抗压强度$f_r=30$ MPa，抗拉强度$f_t=2$ MPa，变形模量$E_0=2\ 000$ MPa，地基容许承载力$f=900$ kPa，是良好的基础持力层和下卧层。

③$_{1\text{-}1}$层，黏土质蚀变岩和软弱风化岩，性质软弱，局部遇水膨胀崩解，为基岩内软弱夹层，分布较随机，不能作为基础持力层。

③$_2$层，中风化石英质砂岩（$€_2d^2$），岩体较破碎，完整性较差，单轴极限抗压强度$f_r=60$ MPa，抗拉强度$f_t=4$ MPa，变形模量$E_0=10\ 000$ MPa，地基容许承载力$f=2\ 000$ kPa，是良好的基础持力层和下卧层。

④$_1$层，强风化花岗岩（γ_5^3），岩体破碎，完整性差，单轴极限抗压强度$f_r=25$ MPa，抗拉强度$f_t=0.5$ MPa，变形模量$E_0=3\ 000$ MPa，地基容许承载力$f=900$ kPa，是良好的基础持力层和下卧层。

④$_2$层，中风化花岗岩（γ_5^3），岩体较完整，单轴极限抗压强度$f_r=50$ MPa，抗拉强度$f_t=2$ MPa。变形模量$E_0=10\ 000$ MPa，地基容许承载力$f=2\ 000$ kPa，是良好的基础持力层和下卧层。

④$_3$层，微风化花岗岩（γ_5^3），岩体完整，单轴极限抗压强度$f_r=70$ MPa，变形模量$E_0=20\ 000$ MPa，地基容许承载力$f=3\ 500$ kPa，是良好基础持力层和下卧层。

各土层物理力学指标列于表2-3。

表2-3　各土层物理力学指标

层号	土　名	质量密度 ρ (g/cm^3)	天然含水率 W (%)	孔隙比 e	液限 W_L (%)	塑限 W_p (%)	塑性指数 I_p
①$_2$	淤泥质粉质黏土混珊瑚碎屑	1.87	34.3	1.0	31.9	19.3	13.5
①$_3$	珊瑚碎屑（钙质粗砾砂）	1.9	10（陆域，地下水位上）	0.8～1.1	—	—	—
①$_4$	珊瑚礁灰岩	2.2	—	—	—	—	—
②$_1$	粉质黏土	2.04	20.6	0.6	32	18	14.2
②$_2$	粉细砂	1.95	—	—	—	—	—
②$_3$	粉质黏土混砂	2.03	18.0	0.6	31	17	13.2
③$_1$	强风化石英质砂岩	2.6	—	1.0	—	—	—
③$_2$	中风化石英质砂岩	2.63	—	0.8～1.1	—	—	—
④$_1$	强风化花岗岩	2.56	—	—	—	—	—
④$_2$	中风化花岗岩	2.62	—	0.6	—	—	—
④$_3$	微风化花岗岩	2.65	—	—	—	—	—

续 表

层号	土　名	液性指数 I_L	休止角 水上～水下	直剪快剪摩擦角 φ_q (°)	直剪快剪内聚力 C_q (kPa)	固结快剪摩擦角 φ_q (°)	固结快剪内聚力 C_q (kPa)
①$_2$	淤泥质粉质黏土混珊瑚碎屑	1.2	—	5	15	10	35
①$_3$	珊瑚碎屑(钙质粗砾砂)	—	39°～32°	35	3	—	—
①$_4$	珊瑚礁灰岩	—	—	30	—	—	—
②$_1$	粉质黏土	0.28	—	15	40	16	70
②$_2$	粉细砂	—	40°～37°	37	—	—	—
②$_3$	粉质黏土混砂	0.22	—	18	45	20	54
③$_1$	强风化石英质砂岩	—	—	—	—	—	—
③$_2$	中风化石英质砂岩	—	—	—	—	—	—
④$_1$	强风化花岗岩	—	—	—	—	—	—
④$_2$	中风化花岗岩	—	—	—	—	—	—
④$_3$	微风化花岗岩	—	—	—	—	—	—

层号	土　名	渗透系数(垂直)K_v (cm/s)	渗透系数(水平)K_h (cm/s)	垂直固结系数($\times10^{-3}$) (cm^2/s) P=600 kPa	垂直固结系数($\times10^{-3}$) (cm^2/s) P=800 kPa	$a_{1\text{-}2}$ (MPa^{-1})	$E_{s1\text{-}2}$ (MPa)
①$_2$	淤泥质粉质黏土混珊瑚碎屑	6×10^{-7}	9×10^{-7}	0.6	0.8	0.6	3
①$_3$	珊瑚碎屑(钙质粗砾砂)	5×10^{-3}	7×10^{-3}	—	—	0.16	17
①$_4$	珊瑚礁灰岩	2×10^{-3}	3×10^{-3}	—	—	—	20
②$_1$	粉质黏土	7×10^{-7}	8×10^{-7}	1.4	1.3	0.20	10
②$_2$	粉细砂	3×10^{-3}	4×10^{-3}	—	—	—	20
②$_3$	粉质黏土混砂	8×10^{-5}	9×10^{-5}	5.0	3.0	0.23	10
③$_1$	强风化石英质砂岩	2×10^{-4}	1×10^{-4}	—	—	—	2 000
③$_2$	中风化石英质砂岩	9×10^{-6}	6×10^{-6}	—	—	—	10 000
④$_1$	强风化花岗岩	6×10^{-5}	5×10^{-5}	—	—	—	3 000
④$_2$	中风化花岗岩	3×10^{-6}	2×10^{-6}	—	—	—	10 000
④$_3$	微风化花岗岩	2×10^{-6}	1×10^{-6}	—	—	—	20 000

层号	土　名	$a_{6\text{-}8}$ (MPa^{-1})	$E_{s6\text{-}8}$ (MPa)	无侧限抗压强度 q_u (kPa)	单轴极限抗压强度 f_r (MPa)	单轴极限抗拉强度 f_t (MPa)	标准贯入试验平均值 N (击)
①$_2$	淤泥质粉质黏土混珊瑚碎屑	0.2	15	18	—	—	3
①$_3$	珊瑚碎屑(钙质粗砾砂)	—	—	—	—	—	13
①$_4$	珊瑚礁灰岩	—	—	—	10	1.0	—

续 表

层号	土 名	$a_{6\text{-}8}$ (MPa^{-1})	$E_{s6\text{-}8}$ (MPa)	无侧限抗压强度 q_u (kPa)	单轴极限抗压强度 f_r (MPa)	单轴极限抗拉强度 f_t (MPa)	标准贯入试验平均值 N (击)
②$_1$	粉质黏土	0.1	18	200	—	—	18
②$_2$	粉细砂	—	—	—	—	—	20
②$_3$	粉质黏土混砂	0.1	20	—	—	—	20
③$_1$	强风化石英质砂岩	—	—	—	30	2	>50
③$_2$	中风化石英质砂岩	—	—	—	60	4	>50
④$_1$	强风化花岗岩	—	—	—	30	0.5	>50
④$_2$	中风化花岗岩	—	—	—	50	2	>50
④$_3$	微风化花岗岩	—	—	—	70	—	—

2.3 岩土可搅拌性分析及分级模型

2.3.1 岩土可搅拌性分析及单因素分级模型

在施工勘察阶段，在建设场地进行了试验性施工来分析三轴搅拌桩施工可行性。所用设备如图2-12所示。

图 2-12 ZKD85A-3 型三轴搅拌桩机

经过试验性施工可知，第①层到第②层土层均可搅拌成桩，并且均匀性好，说明在珊瑚礁灰岩地区，三轴搅拌桩的施工方法可行。试验性施工所取桩芯如图 2-13 所示。

图 2-13 试验性施工水泥土桩芯

由表 2-3 可以看出，珊瑚碎屑（钙质粗砾砂）及珊瑚礁灰岩层密度及弹性模量与粉细砂层相当，由于珊瑚礁灰岩天然孔隙较多，所以渗透系数较高，并且多棱角，所以内摩擦角较高，贯入击数高于普通淤泥质黏土。但由于珊瑚礁砂本身颗粒强度并不高，并且由于主要成分是碳酸钙，呈脆性，抗压强度要明显低于花岗岩。

经查阅大量关于岩石可钻性的研究文献，珊瑚礁岩石本身的颗粒组成和多孔性决定了岩石的强度，而强度反过来也会影响岩石的可搅拌性，强度对岩石的可搅拌性影响处于主要作用。岩体的埋深会产生周边围压，围压会影响岩体的可搅拌性，但考虑到岩体埋深有限，围压对岩体的可搅拌性的影响处于次要位置。在研究岩体可搅拌性时，主要研究岩石单轴抗压强度对搅拌性的影响，研究计算方法分为线性和非线性两种，具体如下所述。

1）计算可搅拌性级值方法一

参考岩石可钻性的级值模型[5,95]，岩体可搅拌性级值方程为：

$$k_{cd} = 3.445 + 0.038\sigma_c \tag{2-1}$$

式中 k_{cd}——岩体可搅拌性级值；

σ_c——岩石单轴抗压强度。

根据式(2-1)及表 2-1 中的强度值，可知珊瑚礁灰岩可搅拌型级值为 3.825，而花岗岩可搅拌型级值普遍大于 4.585。根据文献[5]，级值小于 4 的岩体均可归为可搅拌级别，通过试验性施工也可以看出，珊瑚礁灰岩及珊瑚礁碎屑可以破碎搅拌均匀，而花岗岩不可搅拌，需要高压旋喷法才能破碎打桩。所以将花岗岩归为不可搅拌级别。

第①层到第②层的其他土层，即黏土层及粉砂层，由于不能形成岩块，并且变形模量均小于珊瑚礁灰岩及珊瑚礁碎屑，说明这些土层的颗粒在轻微搅拌下即可发生变形滑动，所以都归为可搅拌级别。

但是从标贯击数可以看出，只有淤泥质粉质黏土的标贯击数小于 10，而花岗岩以上的其他土层标贯击数均在 10～20 之间，遂可将淤泥质粉质黏土归为易搅拌级别。各个地层可搅拌性汇总如表 2-4 所列。

表 2-4 各土层可搅拌性级别

层 号	土 名	可搅拌性级别
$①_2$	淤泥质粉质黏土混珊瑚碎屑	易搅拌
$①_3$	珊瑚碎屑（钙质粗砾砂）	可搅拌
$①_4$	珊瑚礁灰岩	可搅拌
$②_1$	粉质黏土	可搅拌
$②_2$	粉细砂	可搅拌
$②_3$	粉质黏土混砂	可搅拌

续 表

层 号	土 名	可搅拌性级别
③$_1$	强风化石英质砂岩	不可搅拌
③$_2$	中风化石英质砂岩	不可搅拌
④$_1$	强风化花岗岩	不可搅拌
④$_2$	中风化花岗岩	不可搅拌
④$_3$	微风化花岗岩	不可搅拌

2）计算可搅拌型级值方法二

确定岩体可搅拌级别的流程如下：

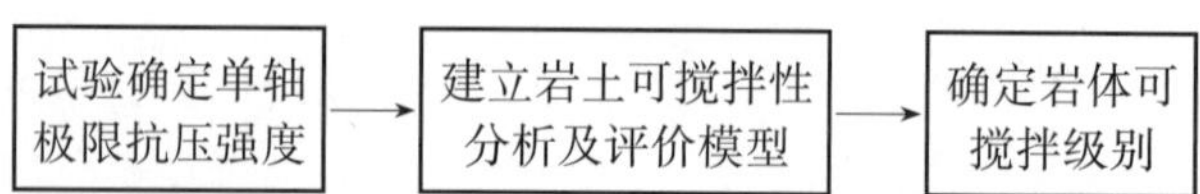

首先，对场地内珊瑚礁灰岩取样进行室内单轴抗压试验，确定饱和状态下岩芯单轴极限抗压强度 $\sigma_c \leqslant 5$ MPa。

其次，根据地质工程中岩石按坚硬程度分类的理论，通过查阅文献对测定出的数据，应用数理统计方法，对可搅拌性级值和岩石在饱和状态下的单轴抗压强度进行分析，回归计算出相关性的数学计算模型(图 2-14)，确定可搅拌性级值方程为：

$$K_{jb} = 0.6073 + 2.08\ln\sigma_c \tag{2-2}$$

式中 K_{jb}——岩石的可搅拌性级值，为无量纲参数；

σ_c——珊瑚礁灰岩的饱和状态下单轴抗压强度(MPa)。

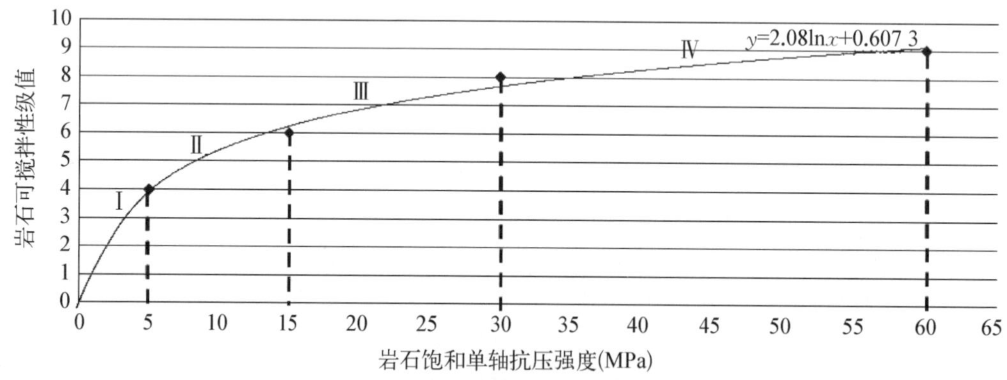

图 2-14 岩石饱和单轴抗压强度与可搅拌性级值的关系

最后，根据建立的岩土可搅拌性分析及评价模型，划分岩体可搅拌性级别。根据可搅拌性级值方程的曲线，将其划分为Ⅰ、Ⅱ、Ⅲ、Ⅳ四个部分，即第Ⅰ部分的可搅拌级别为易搅拌，其对应的级值为 0～4；第Ⅱ部分的可搅拌级别为可搅拌，其对应的级值为 4～6；第Ⅲ部分的可搅拌级别为难搅拌，其对应的级值为 6～8；第Ⅳ部分的可搅拌级别为不可搅拌，其对应的级值为>8。

由饱和状态下珊瑚礁灰岩的单轴抗压强度可计算出珊瑚礁灰岩可搅拌性级值为 4，根据上述的划分标准，级值小于 4 的岩石均可归为可搅拌级别，所以，珊瑚礁灰岩的可搅拌级别为可搅拌级，并通过现场试验验证珊瑚礁灰岩确实为可搅拌的。

通过对可搅拌性研究得出以下结论：

(1) 影响岩体可搅拌性的主要因素是岩体强度，通过岩体可搅拌性级值模型，确定珊瑚礁灰岩的可搅拌级别为可搅拌级，并通过施工验证珊瑚礁灰岩确实为可搅拌的。

(2) 最后通过对水泥土搅拌桩进行钻孔取芯，验证其成桩质量良好，单轴抗压强度能够达到止水帷幕的强度设计要求。

2.3.2 多因素分级模型

1) 问题的提出

水泥土搅拌桩已被广泛用于地基处理、基坑围护、防渗止水、复合桩基、地基加固等工程，主要适用于处理正常固结的淤泥与淤泥质土、粉土、饱和黄土、素填土、黏性土以及无流动地下水的饱和松散砂土等地基。所谓原位搅拌桩，即通过螺旋搅拌钻机在钻进搅拌原位地层土体的同时，由钻头上的喷嘴喷射水泥浆液，土体和浆液被搅拌混合在原位生成水泥土，即水泥、土体和水一起搅拌后混合物的固结体，工后称之为水泥土搅拌桩。目前，搅拌桩施工机械有多种，机械的动力配备有大小，按搅拌头数量分类，有单轴、双轴、三轴及多头。因机械动力、高度及搅拌轴本身材料强度的不同，不同类型搅拌桩机的施工能力及工后质量不一，适用的土层也差别很大。

因我国幅员辽阔，地貌和第四纪地质的单元类型多，而且相互之间差别大。这样，在进行水泥土搅拌桩的工程设计、施工方案编写和进行实际施工时常常遇到砂土的可搅拌性问题。所谓可搅拌性，是指施工机械(搅拌桩机)对砂性土地层实施搅拌施工的难易程度和工后成桩质量的好坏。开展对砂土可搅拌性研究，不仅与施工设备选择、工期安排、投资等息息相关，而且还与施工可行性、施工质量与安全等密切相关。有时，也会出现建设方、设计方与施工方在经济合同、质量事故责任等方面的纠纷。之所以出现这种情况，是因为到目前为止，无论从理论上，还是实践上，大家对砂土的可搅拌性均未进行系统研究，甚至可以说目前只在零星的文献中有所提及，但这一问题并未引起岩土工程界的足够重视。为此，本书就砂土的可搅拌性问题研究作一初步尝试。

2) 影响砂土可搅拌性的因素

(1) 砂土分类。

根据《工程地质手册》(第四版)，砂土是指粒径大于 2 mm 的颗粒质量不超过总质量 50%、粒径大于 0.075 mm 的颗粒质量超过总质量 50%的土。砂土按颗粒的大小的含量从粗到细又分为砾砂、粗砂、中砂、细砂和粉砂。根据国家标准《岩土工程勘察规范》(GB 50021—2001，2009 年版)第 3.3.9 条款规定，砂土的密实度应根据标准贯入试验锤击数实测值 N 划分为密实、中密、稍密和松散。

砂土具有鲜明的动力学特征，尤其是对饱和砂土。饱和砂土在动力作用下，土体的有效压力减小，当有效压力完全消失时，砂土完全丧失抗剪强度和承载力，变成像液体一样的状态，即通常所说的砂土液化。砂土根据其液化指数，又分为轻微、中等、严重三个液化等级。砂土的液化特征为评价砂土的可搅拌性提供了参考依据。

(2) 砂土可搅拌性影响因素。

根据砂土的定义、分类和动力学特征分析，影响砂土可搅拌性的主要因素为：① 客观被动因素有：砂土类别、黏粒含量与胶结强度、土层厚度、地下水水位、土体埋深等；② 主观能动因素：机械设备动力、施工工艺等。本书评价砂土的可搅拌性是指评价其客观被动因素，即砂土土体固有的特征。评价砂土可搅拌性是为了选择合适的机械设备，采用有针对性的施工工艺，确保施工可行性，施工质量与施工安全。

对于影响砂土可搅拌性的客观因素，其中土层厚度、地下水水位和土体埋深不需投入过多的研究精力，只需查明即可。而砂土类别、黏粒含量和胶结强度与砂土的可搅拌性关系以及土层厚度、埋深对砂土可搅拌性的影响，就需要研究人员做出努力。采用现有的地质勘察手段，通过合理、科学的分析，建立所获得的参数与砂土可搅拌性之间的关系，从而对砂土的可搅拌性进行评价，供设备选型和确定施工参数之需。

根据砂土的类别，从砾砂、粗砂、中砂、细砂到粉砂，其可搅拌性也是从难到易。尽管砂土一般情况下的凝聚力值为零或较小，但有时会发现实际上存在一种俗称“铁板砂”的砂层，其凝聚力值较大，胶结强度高，可搅拌性极差，所以仍要选择砂土土体的凝聚力作为评价砂土可搅拌性的力学指标。标准贯入试验(SPT)是评价砂土密实度、判别砂土液化常用的手段，同样，也可以利用这一常用、成熟的勘察手段评价砂土的可搅拌性。这样，选择五类指标来评价砂土的可搅拌性：砂土类别、凝聚力值、标贯击数、土层厚度、平均埋深。

3）砂土可搅拌性分级属性识别模型的建立

如前面所述，开展砂土可搅拌性研究对现场实际施工具有重要的指导意义。但由于自然地层土体的复杂特性，而且砂土可搅拌性问题刚被认识不久，同时砂土可搅拌性分级也存在着大量的不确定因素，从而极大地制约了对砂土可搅拌级别的研究与确定。令人欣慰的是，工程地质学科中已有的分级方法如工程地质类比法、模糊数学评判法、灰色数学评判法及神经网络评判法等方法为砂土可搅拌性分级提供了有效途径。其中属性识别理论是近年来提出的一种新的数学模型，已被成功地应用于许多领域的分类评价研究中。本书首次将属性数学识别理论引入砂土可搅拌性的分析评价中，以期抛砖引玉。

砂土可搅拌性分级属性识别模型的基本思路为：首先分析并确定影响砂土可搅拌性分级的主要因素，确定分级标准；在此基础上建立单指标属性测度函数及多指标属性测度函数，并采用置信度准则对砂土可搅拌性的级别进行评判确定。

(1) 砂土可搅拌性评价指标研究及分级标准确定。

影响砂土可搅拌性的因素有很多，通过前面的分析，本书选用砂土类别、凝聚力值、标贯击数、土层厚度、平均埋深五类指标来评价砂性土的可搅拌性。

为评价砂土的可搅拌性，结合现行的其他岩土工程分级标准，本书将砂土可搅拌性划分为五个等级，即Ⅰ(易)、Ⅱ(较易)、Ⅲ(较差)、Ⅳ(差)、Ⅴ(极差)。具体的分级标准见表 2-5。其中，对于砂土类别，按粉砂、细砂、中砂、粗砂、砾砂赋值 0～20，20～40，40～60，60～80，80～100。

表 2-5 砂土可搅拌性分级标准

级 别	砂 土 类 别	凝聚力值(kPa)	标贯击数 N 值	土层厚度 H(m)	平均埋深 D(m)
Ⅰ(易)	粉砂(0～20)	0	0～10	0～1	0～10
Ⅱ(较易)	细砂(20～40)	0～10	10～15	1～3	10～15
Ⅲ(较差)	中砂(40～60)	10～25	15～30	3～5	15～25
Ⅳ(差)	粗砂(60～80)	25～35	30～50	5～8	25～35
Ⅴ(极差)	砾砂(80～100)	35～40	50～60	8～10	35～50

(2) 建立砂土可搅拌性分级属性识别模型。

① 确定砂土可搅拌性分级单指标属性测度。

A. 单指标属性测度理论简介。

假定评价对象空间 X 取 n 个评价对象，X_1, X_2, …, X_n。如每个评价对象有 m 个评价指标，I_1, I_2, …, I_m。第 i 个评价对象 X_i 第 j 个评价指标 I_j 的测量值为 t_{ij}，因此第 i 个样品 X_i 可以表示为一个 m 维向量 $T_i=(t_{ij}, \cdots, t_m)$, $1\leqslant i\leqslant n$。

设 V 为 X 上评价等级空间，(C_1, C_2, …, C_k)为属性空间 V 下的一个有序分割类，满足 $C_1>$

$C_2 > \cdots > C_k$。指标 I_j 的分类标准已知，划分成表 2－6 所示的单指标等级。

表 2－6 单指标等级划分

指 标	等 级			
	C_1	C_2	…	C_k
I_1	$a_{10}-a_{11}$	$a_{11}-a_{12}$		$a_{1k-2}-a_{1k-1}a_{1k-1}-a_{1k}$
I_2	$a_{20}-a_{21}$	$a_{21}-a_{22}$		$a_{2k-2}-a_{2k-1}a_{2k-1}-a_{2k}$
…			…	
I_m	$a_{m0}-a_{m1}$	$a_{m1}-a_{m2}$		$a_{mk-2}-a_{mk-1}a_{mk-1}-a_{mk}$

注：其中 a_{jk} 应满足 $a_{j0}<a_{j1}<\cdots<a_{jk}$，或者 $a_{j0}>a_{j1}>\cdots>a_{jk}$。

首先计算第 i 个评价对象 X_i 的第 j 个评价指标值 t_{ij} 具有属性 C_k 的属性测度 $\mu_{ijk}=\mu(t_{ij}\in C_k)$。不妨假定 $a_{j0}<a_{j1}<\cdots<a_{jk}$。令：

$$b_{jk}=\frac{a_{jk-1}+a_{jk}}{2},\ k=1,\ 2,\ \cdots,\ K \tag{2-3}$$

$$d_{jk}=\min\{|\ b_{jk}-a_{jk}\ |,\ |\ b_{jk+1}-a_{jk}\ |\}\quad k=1,\ 2,\ \cdots,\ K-1 \tag{2-4}$$

单指标测度函数 μ_{xjk} 按式(2－4)—式(2－6)确定

$$\mu_{xj1}(t)=\begin{cases}1 & t<a_{j1}-d_{j1}\\ \dfrac{|\ t-a_{j1}-d_{j1}\ |}{2d_{j1}} & a_{j1}-d_{j1}\leqslant t\leqslant a_{j1}+d_{j1}\\ 0 & a_{j1}+d_{j1}<t\end{cases} \tag{2-5}$$

$$\mu_{xjk}(t)=\begin{cases}1 & t>a_{jk-1}+d_{jk-1}\\ \dfrac{|\ t-a_{jk-1}+d_{jk-1}\ |}{2d_{jk-1}} & a_{jk-1}-d_{jk-1}\leqslant t\leqslant a_{jk-1}+d_{jk-1}\\ 0 & t<a_{jk-1}-d_{jk-1}\end{cases} \tag{2-6}$$

$$\mu_{xjk}(t)=\begin{cases}0 & t<a_{jk-1}-d_{jk-1}\\ \dfrac{|\ t-a_{jk-1}+d_{jk-1}\ |}{2d_{jk-1}} & a_{jk-1}-d_{jk-1}\leqslant t\leqslant a_{jk-1}+d_{jk-1}\\ 1 & a_{jk-1}+d_{jk-1}<t<a_{jk}-d_{jk}\\ \dfrac{|\ t-a_{jk}-d_{jk}\ |}{2\ d_{jk}} & a_{jk}-d_{jk}\leqslant t\leqslant a_{jk}+d_{jk}\\ 0 & a_{jk}+d_{jk}<t\end{cases} \tag{2-7}$$

B. 砂土可搅拌性分级单指标属性测度函数。

根据表 2－5 可将砂土可搅拌性划分为表 2－7 所示的分级单指标等级。

根据表 2－7 分级标准和上述单指标属性测度理论，设计单指标测度函数。受篇幅限制，本书只以砂土类别指标为例，介绍砂土类别单指标测度函数的构建过程：

表 2-7 砂土可搅拌性评价指标分级标准

评价指标	砂土可搅拌性等级				
	Ⅰ(易)	Ⅱ(较易)	Ⅲ(较差)	Ⅳ(差)	Ⅴ(极差)
砂土类别	粉砂(0～20)	细砂(20～40)	中砂(40～60)	粗砂(60～80)	砾砂(80～100)
凝聚力值(kPa)	0	0～10	10～25	25～35	35～40
标贯击数 N 值	0～10	10～15	15～30	30～50	50～60
土层厚度 H(m)	0～1	1～3	3～5	5～8	8～10
平均埋深 D(m)	0～10	10～15	15～25	25～35	35～50

$$u_{x11}=\begin{cases}1 & t<10\\ \dfrac{30-t}{20} & 10\leqslant t\leqslant 30\\ 0 & t>30\end{cases} \tag{2-8}$$

$$u_{x12}=\begin{cases}0 & t<10\\ \dfrac{t-10}{20} & 10\leqslant t\leqslant 30\\ \dfrac{30-t}{20} & 20<t\leqslant 50\\ 0 & t>50\end{cases} \tag{2-9}$$

$$u_{x13}=\begin{cases}0 & t<30\\ \dfrac{t-10}{20} & 30\leqslant t\leqslant 50\\ \dfrac{70-t}{20} & 50<t\leqslant 70\\ 0 & t>70\end{cases} \tag{2-10}$$

$$u_{x14}=\begin{cases}0 & t<50\\ \dfrac{t-50}{20} & 50\leqslant t\leqslant 70\\ \dfrac{90-t}{20} & 70<t\leqslant 90\\ 0 & t>90\end{cases} \tag{2-11}$$

$$u_{x15}=\begin{cases}0 & t<70\\ \dfrac{t-70}{20} & 70\leqslant t\leqslant 90\\ 1 & t>90\end{cases} \tag{2-12}$$

以此为例,求得其他四个指标。

② 确定砂土可搅拌性多指标测度。

在求出每个单指标测量值的属性测度后,可计算 X_i 的属性测度。令 $\mu_{xk}=\mu(x_i\in C_k)$。假定指标权向量为$(\omega_1,\ \omega_2\cdots,\ \omega_m)$,$\omega_j\geqslant 0$,$\sum\limits_{j=1}^{m}w_j=1$。则:

$$\mu_{xk} = \mu(x_i \in C_k) = \sum_{j=1}^{m} w_j \mu_{xjk},\ 1 \leqslant k \leqslant K \tag{2-13}$$

将砂土类别、凝聚力值、标贯击数、土层厚度、平均埋深五类指标的权重向量（ω_1，ω_2，ω_3，ω_4，ω_5）考虑为等权重，即 $\omega = (1/5, 1/5, 1/5, 1/5, 1/5)$。

③ 砂土可搅拌性属性识别分析。

根据置信度准则，设置置信度 λ，可计算，

$$k_0 = \min\left[k:\ \sum_{l=1}^{k} \mu_{xl}(C_l) \geqslant \lambda,\ 1 \leqslant k \leqslant K\right] \tag{2-14}$$

则认为 X_i 属于 C_{k0} 类。再根据评分准则，可计算，

$$q_{xi} = \sum_{l=1}^{k} n_1 \mu_{xi}(C_l) \tag{2-15}$$

式中，n_1 代表 C_l 的分值，因为 $C_l > C_{l+1}$，故 $n_l > n_{l+1}$。这样，可根据 q_{xi} 的大小对 X_i 排序。

本书令置信度 $\lambda = 0.50$。

4）运用属性识别模型确定砂土可搅拌性级值

根据文献[76]，南水北调配套工程位于北京市的第三标段曾遇到铁板砂土层，所谓的铁板砂，是指粉土或砂土在富含铁质或钙质的静水环境条件下，在地质营力作用下将形成铁质和钙质胶结，从而形成强度较大、搅拌性能差的土体。该土层具体特征如下：中砂，褐黄色，密实，饱和，含云母片、石英、砾石含量约 15%。层分布较连续，层厚 2.8～3.4 m，平均埋深 25 m，标贯击数大于 50 击。凝聚力值为48 kPa。表 2-8 为该砂土层的实测指标值。

表 2-8　砂土分类指标

土层基本情况	砂土类别	凝聚力值(kPa)	标贯击数 N 值	土层厚度 H(m)	平均埋深 D(m)
中砂，褐黄色，密实，饱和，含云母片、石英、砾石含量约 15%	60	48	55	3.1	25

先根据公式(2-7)—式(2-11)分别计算砂土层的各分项指标的属性值，从而可求得其属性测度矩阵。

$$\begin{array}{c} \\ \text{砂土类别} \\ \text{凝聚力值} \\ \text{标贯基数} \\ \text{土层厚度} \\ \text{平均埋深} \end{array} \begin{array}{c} \begin{array}{ccccc} \text{I} & \text{II} & \text{III} & \text{IV} & \text{V} \end{array} \\ \begin{bmatrix} 0 & 0 & 0.5 & 0.5 & 0 \\ 0 & 0 & 0 & 0 & 1 \\ 0 & 0 & 0 & 0 & 1 \\ 0 & 0.45 & 0.45 & 0 & 0 \\ 0 & 0 & 0.5 & 0.5 & 0 \end{bmatrix} \end{array}$$

指标权重 $\omega = (1/5, 1/5, 1/5, 1/5, 1/5)$，可得该砂土的可搅拌性综合测度分布为：

$$[0 \quad 0.09 \quad 0.31 \quad 0.2 \quad 0.4]$$

取置信度 $\lambda = 0.50$。由置信度准则判别该砂土层的可搅拌性级别为Ⅴ，属搅拌性极差的砂土层。根据文献[76]，在实际施工时，钻机钻到该层时不易进尺，常伴有“跳钻”现象，可以推断其搅拌性极差。

5）结论与建议

（1）结论。

本书首次尝试对砂土的可搅拌性进行研究，为岩土工程设计与施工提出了新课题，初步分析认为：

影响砂土可搅拌性的主要因素为：① 客观被动因素有：砂土类别、黏粒含量与胶结强度、土层厚度、地下水水位、土体埋深等；② 主观能动因素：机械设备动力、施工工艺等。其中，客观被动因素是砂土可搅拌性的主要评价指标，是砂土的固有的特征。

对于砂土的可搅拌性评价可选用：砂土类别、凝聚力值、标贯击数、土层厚度、平均埋深等五类指标。

运用实例验证了本书提出的评价模型具有合理性、实用性。

（2）建议。

我国经济发展和社会进步对岩土工程施工不断提出新挑战、新课题，推动了施工设备制造业的大发展，新设备、新工艺层出不穷，岩土工程理论研究也在不断得到丰富。本书旨在抛砖引玉，希望岩土工程界的同行们重视岩土体的可搅拌性问题研究，为丰富岩土工程的理论研究和推动岩土工程施工实践的发展作出应有的贡献。

2.4 结　论

通过本章研究，可以得到如下结论。

（1）根据场地勘察报告分析，对建设场区现场勘察钻孔情况，将场地岩土体从上到下分为 4 个大层 13 个亚层，并且详细测算评价了各个土层的物理力学指标，从整个场地地层特征分析，场区岩土工程条件复杂，岩土种类多，特殊性岩土（珊瑚碎屑、珊瑚礁灰岩和黏土质蚀变岩）分布广泛，基岩埋深变化大，同时处在两种岩性接触交错部位。

（2）根据文昌卫星发射基地深基坑防渗止水帷幕体施工工程案例的经验，本基坑围护体结构形式拟采用三轴搅拌桩加高压旋喷桩复合结构体。在施工前期进行了现场试验性试桩，根据取得的桩芯可知三轴搅拌桩在珊瑚礁砂地区完全可行，可以形成有效的基坑围护体。

（3）依托现有工程，在总结分析现有工程勘察报告及原位测试数据的基础上，结合岩石可搅拌性的研究对珊瑚礁灰岩可搅拌性进行分级，将地层分为易搅拌、可搅拌及不可搅拌三个级别，为今后在类似地层中施工提供依据。

（4）影响珊瑚礁灰岩可搅拌性的主要因素是岩体强度，通过岩体可搅拌性级值模型，确定珊瑚礁灰岩的可搅拌级别为可搅拌级，并通过施工验证珊瑚礁灰岩确实为可搅拌的。最后通过对水泥土搅拌桩进行钻孔取芯，验证其成桩质量良好，单轴抗压强度能够达到止水帷幕的强度设计要求。

（5）影响砂土可搅拌性的主要因素为：① 客观被动因素有：砂土类别、黏粒含量与胶结强度、土层厚度、地下水水位、土体埋深等；② 主观能动因素：机械设备动力、施工工艺等。其中，客观被动因素是砂土可搅拌性的主要评价指标，是砂土的固有的特征。对于砂土的可搅拌性评价可选用：砂土类别、凝聚力值、标贯击数、土层厚度、平均埋深等五类指标。运用实例验证了本书提出的评价模型具有合理性、实用性。

3 珊瑚礁灰岩可搅拌性数值模拟研究

3.1 问题的提出

21 世纪是大力发展海洋经济的时代，随着陆地资源的进一步开发与利用，我国的发展中心渐渐向海洋领域转移。我国海洋资源丰富，拥有黄海、东海和南海三大海洋区域，拥有的海洋国土面积是 299.7 万 km^2，内水、领海及专属经济区和大陆架等都蕴藏了大量的石油、天然气以及各类矿产资源。此外，日益复杂的国际关系也使得我国东海、南海问题日益升温。因此，无论从资源开发利用还是国防建设等方面，我国海洋建设与发展都显得尤为迫切。

由于临海地区地质条件特殊，与陆地的地质条件相差较大，尤其是水环境条件更为复杂。因此，有必要对海洋地质条件做更深一步的研究。珊瑚礁是一种特殊的岩土类型，珊瑚在岩石学上统称为礁灰岩。珊瑚死后仍留在海底原地，丛生的珊瑚群体死后其遗骸构成的岩体，堆积在死前原生长地称为原生礁；珊瑚被波浪破坏后其残肢和各种附礁生物贝类及藻类的遗骸堆积胶结在一起构成次生礁。原生礁和次生礁构成了水中珊瑚礁灰岩地质体。礁灰岩是构成珊瑚礁的主体，其力学性质决定了珊瑚礁的稳定性[2]。珊瑚礁灰岩是一种特殊的岩体，一是由于其组成物质的特殊性；二是由于其发育环境的特殊性。珊瑚礁灰岩的工程性质包括孔隙性、水理性、变形特性、强度特性、弹性参数及岩体结构特征等[104]。由于其孔洞多、含生物化石多、结构多变、强度差别大，可简单分为块状结构、砾块结构、砾屑结构、砂屑结构以及包粒结构[105,106]。中国南海诸岛和部分南海海岸珊瑚礁发育，尤其是南海地区珊瑚礁分布范围广，地理位置显要。这些礁体是中国领土主权的标志，是开发海洋资源、建设我国南海海空交通中继站的重要基地。

上海市建工设计院于 2010 年 3 月开始与海军工程设计研究院协商合作开展海南省临海地区入岩深基坑工程的防渗止水系统设计与施工课题研究。2010 年 6 月—2013 年 1 月，上海市建工设计院承担了海南文昌 078 基地 101#、102# 建筑物（简称 1# 工位）和 201#、202# 建筑物（简称 2# 工位）的基坑支护设计（主要是基坑止水、降水）与施工咨询项目；2013 年 3 月，海军工程设计研究院与上海市建工设计院经协商决定以海南文昌卫星基地、三亚某基地为研究对象合作开展《含珊瑚礁碎屑及珊瑚礁灰岩防渗止水系统研究》的科研工作。这些设计与咨询工作和科研任务要求我们必须根据场地的地质条件，特别是地层特征，有针对性地比选确定基坑止水防渗帷幕形式，选择施工工艺，使基坑支护设计和施工能做到安全、经济，满足环境保护和可持续发展的要求。最终采用三轴搅拌桩和高压旋喷桩的组合模式作为止水体系。然而，在施工过程中三轴搅拌桩需穿越起伏较大的珊瑚礁灰岩层，造成施工过程中多次卡钻、抱钻的现象，较大程度上延误了工期，造成了一定的经济损失。为此，能否较为准确地预测三轴搅拌桩在珊瑚礁灰岩中钻进是否会出现卡钻、抱钻的概率，并提前做出一定的风险规避与处理措施，尽可能地减少施工成本和施工工期，成为类似临海深基坑防渗止水系统施工中一个较为显著的挑战。

3.2 研究目的与意义

为较好地研究南海地区含珊瑚礁灰岩地层三轴搅拌桩的可搅拌性，为该区域工程提供一定的参考，本章通过改变上覆土层性质、珊瑚礁灰岩厚度、强度等因素对珊瑚礁灰岩地区三轴搅拌桩可搅拌性进行数值模拟，以期得到上述因素对三轴搅拌桩可搅拌性的影响效应。根据数值模拟结果得到以下成果：

(1) 在不同因素作用影响下，含珊瑚礁灰岩地区三轴搅拌桩可搅拌性的影响效应，分析出各种情况下可能卡钻、抱钻的深度；

(2) 分析比较得到不同因素变化过程中，含珊瑚礁灰岩地区三轴搅拌桩卡钻、抱钻的主要原因，并给出实际工程中规避风险的措施；

(3) 将数值模拟规律与现场施工实际情况进行对比分析，从而相互验证，以期为后期现场施工提供一定的预测作用；

(4) 结合数值模拟成果、现场施工实际情况，总结现场施工过程中影响三轴搅拌桩施工工艺的因素，并综合分析各影响因素在三轴搅拌桩施工产生风险的概率，得到三轴搅拌桩施工过程中卡钻、抱钻概率计算公式，在三轴搅拌桩施工前提供一定的概率风险预测，从而更好地规避风险。

通过数值模拟以及施工风险概率分析，可初步评价含珊瑚礁灰岩地区三轴搅拌桩施工过程中可能出现卡钻、抱钻的风险概率以及卡钻、抱钻可能发生的位置。根据前期模拟及计算的结果针对具有卡钻、抱钻高风险的施工区域提前进行处理，从而达到较少机械磨损、加快施工工期、节约工程成本的目的。

3.3 颗粒流理论和 PFC^{3D}计算软件

3.3.1 颗粒流理论

1) 颗粒流的定义

颗粒物质是由众多离散颗粒相互作用而形成的具有内在有机联系的复杂系统。自然界中颗粒的运动规律服从牛顿定律；整个颗粒介质在外力或内部应力状态变化时发生流动，表现出流体的性质，从而构成颗粒流[107]。

颗粒流是大量散粒材料的剪切流动，可看作是一种特殊的气(或液)固两相流。在这种流动条件下颗粒的直接作用(包括碰撞和摩擦)占优势，而粒间流体相的影响可不予考虑，颗粒流动现象涉及的范围非常广泛，包括自然界和工程中的许多问题，例如自然界中发生的雪崩、滑坡、泥石流和江河底部的粗颗粒推移质的层移运动以及工业上的粗颗粒固体物料的管道输送、食品加工和化学工程中的流化床等，这些问题虽分属不同的学科(如土力学、河流动力学、地球物理学、采矿及化学工程等)，但涉及的流动有许多相似点，基于共同的力学机理，人们将其概化归结为颗粒流问题，并用同样的描述方法来研究解决这类流动[108]。

2) 颗粒流的产生背景及其发展历程

在过去几十年里，国际上颗粒流基础力学的研究得到了快速的发展。目前国内外对颗粒流的研究已经形成一个热点。总体说来，大多数研究者分别从实验、理论和数值模拟计算三方面进行颗粒流研究。首先从微观角度考虑颗粒的随机运动及粒间相互碰撞作用，然后通过统计学理论进一步求得颗粒流的宏观运动特征。现阶段对颗粒流的研究正逐步深化：从研究光滑圆球(圆盘)颗粒的完全弹性碰撞发展到考虑粗糙圆球(圆盘)的弹性碰扭；从考察单一尺寸的颗粒流动发展到探讨多组分颗粒组成的混合颗粒流动；从研究简单形状的圆球(圆盘)颗粒发展到关注多角形颗粒；从单纯颗粒流研究发展到解决与此有关的实际问题。现阶段颗粒流研究大体上遵循三种途径：实验、理论及计算机模拟[109]。

(1) 实验研究。

关于颗粒流的实验研究当首推 Bagnold[110]，他最早进行了同心圆筒间中性悬浮粗颗粒的剪切实验。颗粒为石蜡制成的小圆球，用甘油、水和酒精配成与颗粒比重相同的液体，以保证颗粒的中性悬浮。实验揭示了在高浓度和高切变速率的条件下颗粒的应力与粒径和切变速率的平方关系。

颗粒流的实验非常重要，实验提供了认识颗粒流动机理的基础，也是检验理论与数值模拟结果正确与否的必要途径。但是，实验方法也具有一定的局限性，目前只能在二维 Couette 流动条件下(同心圆筒和陡槽)进行测量，且许多运动参量都无法直接测到，而颗粒流的计算机模拟则可提供颗粒流动的细节并弥补实验的不足。

(2) 理论研究。

实验揭示的颗粒流中颗粒的碰撞传递特性与分子碰撞非常相似，只不过颗粒碰撞过程中有能量损失，更复杂些。这样就提供了一种可能，即把颗粒运动与气体分子运动相比拟。众所周知，描述分子运动特性的理论是气体分子动理论，类似地可用同样的方法描述颗粒运动，称之为颗粒流的动理模型或动理论。颗粒动理论是一种微观理论，即着眼于一个个颗粒，从考察颗粒碰撞得出颗粒流的宏观平均运动特性量，如应力、浓度分布、能量分布和平均速度等。由于平均方法的不同，理论研究可分两大类，即简单的统计平均理论[111]和精细的颗粒动理论[112]。

(3) 数值模拟研究。

数值模拟是直接应用计算机模拟颗粒流中一定范围内颗粒的碰撞传递过程，当颗粒经历几百乃至数千次碰撞后，统计平均颗粒的运动特征量可得到颗粒流的应力、浓度分布、动能(温度)、速度分布函数和平均速度等参数。根据颗粒碰撞模型和计算方法的不同，现阶段计算机模拟主要采用三种模型或方法，即硬球模型、软球模型以及蒙特卡洛方法。

鉴于一般意义的颗粒流中颗粒表面承受的应力较低，颗粒不产生显著的塑性变形，那么可采用颗粒的硬球模型，即认为颗粒之间的碰撞都是即时的，且在碰撞过程中颗粒本身不会变形。这样只需考虑两个颗粒的同时碰撞，而不计两个以上颗粒的同时碰撞。而软球模型假设颗粒碰撞既可持续一定的时间，也可同时有两个以上的颗粒碰撞。因此，软球模型能应用于颗粒流的滞留区。但对两个以上颗粒同时碰撞机会很少的低浓度颗粒流的计算，软球模型不太适合，而对频频碰撞的高浓度颗粒流的计算却非常有效，这也与硬球模型的计算情况正好相反。蒙特卡洛方法的基本思想是基于动理论的基本概念，第一步通过随机取样产生颗粒的速度分布函数；第二步对分布函数进行适当的积分求得颗粒流的应力张量和碰撞能量耗散率等参量。蒙特卡洛方法的优点在于计算速度快以及效率极高。此外蒙特卡洛方法基于颗粒的动理论，且又避开了动理论分析的困难，为将来颗粒流的研究提供了大有希望的途径。蒙特卡洛方法不用假设颗粒的速度分布函数，不受为了求解速度分布函数而不得不采用的简单圆球和圆盘颗粒的限制。由于蒙特卡洛方法中颗粒的碰撞基于硬球模型，与分子碰撞类似，不得不采用混沌假设，即颗粒互不相关和二体碰撞假设，这对高浓度颗粒流可能不合适。

3) 颗粒流方法的基本假设

颗粒流方法在模拟过程中作了如下假设：

(1) 颗粒单元为刚性体；

(2) 接触发生在很小的范围内，即点接触；

(3) 接触特性为柔性接触，接触处允许有一定的“重叠”量；“重叠”量的大小与接触力有关，与颗粒大小相比，“重叠”量很小；

(4) 接触处有特殊的连接强度；

(5) 颗粒单元为圆盘形(或球形)。

对于实际工程系统中大部分变形都被解释为介质沿相互接触面的表面发生运动的情况来说，颗粒为刚性的假设显得非常重要。对于密实颗粒集合体或者粒状颗粒集合体材料的变性来说，使用这种假设是非常恰当的。这是因为这些材料的变形主要来自颗粒刚性体的滑移和转动以及接触界面处的张开和闭合，而不是来自单个颗粒本身的变形。为了获得岩土体内部的力学特性，可以将土体看作由许多小颗粒堆积的密实颗粒集合体组成的固体，并通过定义有代表性的测量区域，然后取平均值来近似度量岩土体内部应力和应变率。在颗粒流模型中，除了存在代表材料的圆盘形或球形颗粒外，还包括代表边界的“墙体”。颗粒和墙体之间通过相互接触处重叠产生的接触力发生作用，对于每一个颗粒都满足运动方程，而对于墙体则不满足运动方程，即作用于墙上的接触力不会影响墙的运动。墙的运动是通过人为给定速度，并且不受作用在其上的接触力的影响。同样，两个墙体之间也不产生接触力，所以颗粒流程序只存在颗粒-颗粒接触模型和颗粒-墙体接触模型[113]。

3.3.2 常用的颗粒流软件

离散元法把整个散体系统分解为有限数量的离散单元，每个颗粒或块体为一个单元，根据全过程中的每一时刻各颗粒间的相互作用和牛顿运动定律的交替反复应用预测散体群的行为。离散元法运算法则是以运动方程的有限差分方程为基础，理论核心是颗粒间的作用模型，计算时避免了结构分析中通常用到的复杂矩阵求逆的过程。离散元法用来模拟离散的颗粒间的碰撞过程，以及经过几百次甚至上千次的碰撞后，颗粒的一些运动特性，如应力，速度等。根据处理问题的不同，选用的颗粒模型和计算方法也不同。于是根据离散体的几何特征分为块体和颗粒两大分支。近年来，国内以块体为主的离散元法在分析岩土力学问题中已取得成效。

目前国内外常用的离散元软件很多，据不完全统计已达 20 余种，分别针对岩土工程、机械工程、煤炭工程以及水工工程等。以下简单介绍几种岩土工程中较为常见的离散元软件[114-116]。

1) SPH Simulator 离散元软件

由美国 MIT Geonumerics Group 公司开发的 SPH Simulator 软件主要解决岩土工程中固-液两相耦合的仿真问题，可以更好地处理复杂的地质现象。该仿真器的开发是基于硬件多核处理器构架的，软件能有效实现并行计算仿真，主要运用光滑颗粒流体动力学方法，进行流体运动仿真。目前已在流体穿透、砂堆腐蚀、水滴模拟、岩石表面模拟、瑞利-贝纳尔不稳定性模拟等方面有过较好的应用。

2) SDEC 离散元软件

由格勒诺布尔第一大学、地质力学学院和地质灾害与稳定性研究组共同研发的 SDEC 软件是基于牛顿力学方程，使用刚性球体为颗粒单元，用质量、体积和相互作用力来描述颗粒系统，是典型的离散元仿真分析程序。目前该程序已被应用于准静态和动态的岩土力学问题。当前的进展是将 FEM 与 DEM 方法耦合起来进行仿真分析，实例为球体与薄膜模型。基于 SDEC 程序的最新版本是 YADE 程序。该程序来自 Olivier Galizzi 的博士论文，是 GPL 许可开源程序，网络上可以获得该程序代码。

3) Thornton's Computer Code

伯明翰大学土木工程学院的颗粒动力学研究组由 Thornton(桑顿)博士带领，从 1980 年开始从事颗粒动力学的研究。起初专门从事与理论岩土力学相关的研究，从 1987 年该团队开始涉及与颗粒技术相关的问题。目前研究小组的颗粒技术计算机代码有数个版本。标准版本可以进行三维散体系统的数值仿真实验，所采用的颗粒体单元限于球体，具有特定的摩擦、弹塑性和黏性等特性。其他版本则可以融入黏性振动液态颗粒聚合物，能模拟椭圆的弹性颗粒，嵌入黏性流体力学求解器，可以模拟具有一定空隙度的流体系统。

4) LMGC90

LMGC90 的版权属于 CNRS(法国国家科学研究中心),该程序最先由 Frédéric Dubois 和 Michel Jean 两位开发,经过多次更新与完善,它已是一个开放的仿真平台,可以在开源 CECILL 许可的情况下资源共享。该程序能模拟不同的离散材料和结构,如混凝土、生活用品和砖石建筑等;模拟刚体或者变形体,或者混合模型单元的复杂力学行为;能够引入不同的力学计算理论,描述离散系统的接触、摩擦、聚合和磨损等相互作用;能进行多相耦合,如热、流体耦合等;并入了不同的数值方法,如 MD, NSCD 等;支持用户自定义的模块与算法。

5) PASIMODO

PASIMODO 是一个颗粒仿真程序包,主要的运用领域是颗粒系统的仿真。它可以模拟诸如沙泥、砾石、化学颗粒分子等颗粒系统的动力学行为,并可以进行颗粒与流体的耦合仿真。模块化的程序结构,支持用户自定义添加仿真模块。PASIMODO 基于 XML 的数据输入/输出接口,使用 MPI 进行并行仿真,支持各种积分求解器(显式算法或者时步控制隐性算法),支持各种颗粒类型和对象(球、表面三角形、多面体、块等)。支持各种单元作用效果(法向力、Coulomb 摩擦力和 Tanh 法滑动摩擦力)。所有程序模块完成可串行化(冻结仿真器状态、任意暂停/开始仿真过程、处理器进行并行数据传递),坐标系统,基于方程状态输入,面向对象 C++模板实现。

6) UDEC/3DEC

UDEC/3DEC 是一款由 Itasca 公司开发的基于离散元法的二维/三维数值分析软件。主要应用于矿山、核废料处置、坝体稳定等领域。该软件特别适用于模拟不连续介质,如受节理、断层等结构面控制的岩体、砌体结构,在静力、动力荷载条件下的响应。分析对象可以被定义为刚性块体或者可变形体。非连续介质被模拟为带有圆角的凸形或者凹形多面体组合,块体可以是刚体或者可变形体,或者二者的组合体。加强的数据后处理结果显示,基于菜单操作的 3D 图形显示功能更强大、操作更方便,可以查看节理结构、块结构、位移和速度的矢量图和云图、节理面的位移和应力、结构单元的位移和应力等等,可以有多种工业标准格式的图形输出。提供将 CAD 图形转换成 UDEC/3DEC 数据文件的前处理软件,同时内置功能强大的编程语言 FISH。高级功能则包括 Barton - Bandis 模型,该模型提供了一系列用于描述接触面粗糙程度对不连续介质变形和强度影响的经验关系,定义了接触面法向和切向的力学行为特征。热分析,结构单元,内置 C++模块,用户可以自定义本构模型,用 C++程序语言编译成 DLL,在需要时载入 UDEC/3DEC 软件,以对用户特定的本构模型进行分析。

7) ELFEN

Rockfied 是一家提供高端数值仿真系统及其工业化应用的科技公司,其开发的 ELFEN 是一个 2D/3D 的集成软件包。其中包含了目前最新的有限元(FE)、离散元(DE)分析技术,能解决普遍的工程问题。ELFEN 的图形前处理工具可以用于生成几何模型,处理边界、加载和初始化设置,mesh 生成,材料数据库和几何边界导入工具。ELFEN 的显式/隐式的有限元离散元耦合分析功能能处理大量的工程耦合问题。ELFEN 的后处理工具可以进行轮廓显示、图表显示、动画和虚拟现实交互功能。目前已在软颗粒碰撞过程仿真以及料仓仿真等方面有着较好的模拟结果。

8) ESyS - Particle

ESyS - Particle 是一款专门针对基于离散颗粒体数值建模的开发套件。该软件使用大量的建模过程技术,以解决包括模拟大变形、颗粒流运动和断裂等问题。ESyS - Particle 的设计主要针对并行计算机,工作站和基于 Linux 操作系统的多核 PC 机,其中的 C++仿真引擎通过"信息传输接口(MPI)"技术实现了空间区域的分化仿真。ESyS - Particle 已用于对地震成核现象、剪切盒的粉碎模拟、筒仓物质流、岩石断裂和裂缝演进机制等。

9) LIGGGHTS

LIGGGHTS是一款开源的基于DEM的颗粒仿真软件。软件的名字来自单词组合“LAMMPS Improved for General Granular and Granular Heat Transfer Simulations”，其中LAMMPS是一款经典的颗粒动力学求解仿真内核。该软件非常适用于DEM仿真，并特别推出GRANULAR软件包专门针对颗粒的DEM仿真。LIGGGHTS的主要功能特点在于能处理复杂的CAD边界模型；能利用移动的网格捕捉边界的运动情况；同时，能对内核中的接触力公式进行重写，能进行聚合力、热传递等复杂的耦合计算。目前，该软件正致力于CFD与DEM之间的耦合功能的完善。

10) PFC^{2D}和PFC^{3D}

PFC是一款利用显式差分算法和离散元理论开发的用来研究颗粒体(粒子系统)微/细观力学行为的程序。它从介质的基本粒子结构角度考虑介质的基本力学特性，适用于研究粒状颗粒体的流动、大变形、破裂和破裂发展问题。默认的是圆形颗粒，用户也可以自定义粒子形状。可以定义颗粒间的接触关系，如胶结或者散粒。该软件的基本功能涉及模拟任意尺寸的颗粒体的运动和颗粒间相互作用关系。可指定任意方向线段或者平面凸多边形为带有自身接触属性的墙。自动时步计算确保求解稳定性。内置FISH语言提供强大的灵活的用户化分析。提供周期边界，当激活这一边界时，颗粒集做周期性空间运动。自适应连续/非连续逻辑被用来处理大型的黏结模型。高级功能则包括热分析、流体分析，并行计算模块允许用户利用多台联网的计算机进行并行分析，把一个PFC模型分割成不同的物理块，每台计算机计算一块并自动映射到相应的处理器。这一功能使得大型模型的分析变得非常的高效。C++内置模块允许用户连接自己的C++程序到PFC可执行文件。这一功能可以代替FISH实现运算速度的提高，当访问大量的球或者接触关系时可以减少运算时间。

3.3.3 PFC^{3D}的基本理论及模拟步骤

1) PFC^{3D}的研究对象[117]

PFC^{3D}研究的基本对象是颗粒和颗粒间的接触，它能直接模拟球形颗粒间的运动和相互作用的物理问题，可以通过连接两个或多个小颗粒来创建任意形状的大颗粒，连接而成的组合颗粒可以作为独立的颗粒体研究。PFC^{3D}可以模拟固体的破裂问题。通过黏结相邻颗粒得到的颗粒集合体可作为具有弹性属性的固体，当颗粒间的黏结逐渐破坏时，该固体即产生破裂。

2) PFC^{3D}的基本假定[118]

PFC^{3D}提供了一个粒子流模型，这个模型包含了以下假设：

(1) 粒子被视为刚体；

(2) 接触发生在极小的区域(即在一点上)；

(3) 接触过程采用软接触方式，在接触中允许刚性粒子在接触点相互重叠；

(4) 重叠区域的大小与接触力的大小有关并遵从力的位移法则，所有重叠部分与粒子尺寸相比较小；

(5) 粒子在接触中可以结合；

(6) 所有粒子均为球形，但是理论上可以创造出任意形状的超级粒子。

粒子刚性是一个重要假设，因为物理系统中大部分变形被认为由接口的运动造成。填充粒子集合或是颗粒集合(例如砂)作为一个整体的变形在这一假设下能得到很好的描述，因为这一变形主要是由刚体粒子的滑动、旋转以及接口处的开合，而非单个粒子变形造成的。

3) PFC^{3D}的基本特点[119]

PFC^{3D}可以模拟球形颗粒之间的相互作用和颗粒运动问题，颗粒可以代表某一个体颗粒，例如沙粒，也可以代表固体材料，如岩石等。同UDEC和3DEC等离散元程序相比，PFC^{3D}具有如下优点：

(1) PFC^{3D}具有潜在的高效率，因为其接触是球与球之间的接触，同角状和不规则物体的接触相比更为简单。

(2) PFC^{3D}在模拟大变形问题上是有效的,因为PFC^{3D}对模拟位移的大小没有限制。

(3) PFC^{3D}进行模拟时,块体是可以破裂的,因此PFC^{3D}可以对大规模颗粒之间的相互作用问题进行准确的动态模拟。

4) PFC^{3D}的基本原理[120,121]

(1) 力-位移关系。

“力-位移”关系的建立是离散元分析法的精髓所在,也是数值模拟中运算迭代的两个核心依据之一。PFC^{3D}中存在两种重要的接触,一是颗粒与颗粒之间的接触,二是颗粒与墙体之间的接触,如图3-1所示。

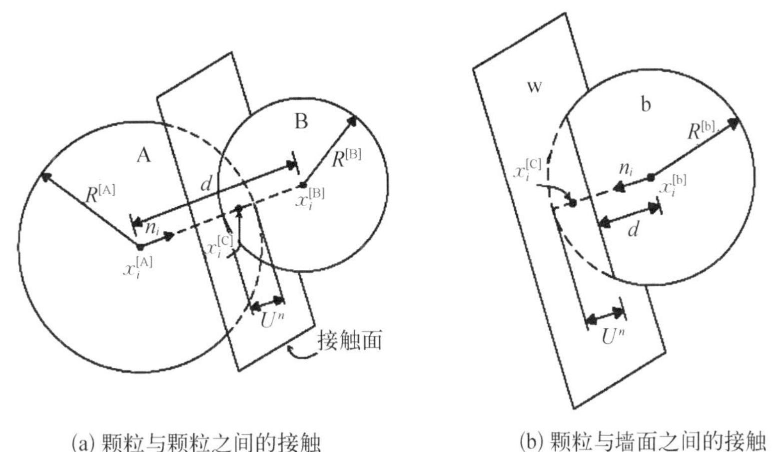

(a) 颗粒与颗粒之间的接触　　(b) 颗粒与墙面之间的接触

图3-1　PFC中两种接触模型

(2) 运动方程。

PFC^{3D}中,任一颗粒单元在运动学及动力学上的变化规律,始终遵循牛顿运动定律。根据第一定律,颗粒的平动方程为

$$F_i = m(\ddot{x}_i - g_i),\ (i = 1,\ 2,\ 3) \tag{3-1}$$

式中,m为颗粒质量,$\ddot{x}_i$为颗粒质心运动加速度,g_i为颗粒所受的体力场加速度。在运动过程中,颗粒除了做线性的平动外,往往还有转动存在,对于转动所受的合力矩M_i,有:

$$M_i = \dot{H}_i \tag{3-2}$$

式中,H_i为颗粒角动量,这就是颗粒单元的转动方程。

(3) 阻尼木构。

实际问题中,岩土体并非刚性体,系统的能量并不仅仅通过单元之间的摩擦方式进行耗散,颗粒与颗粒及颗粒与墙体之间的碰撞能耗也是系统能量损失的重要途径之一。为了更真实地还原岩土体介质在运动过程中的碰撞问题,PFC^{3D}提供了两类基本阻尼模型。

① 局部阻尼(Local Damping)。

通过设定阻尼系数,可以给系统施加局部阻尼。该阻尼力被直接作用到颗粒单元的运动方程之中。局部阻尼的存在显然不适用于三轴搅拌桩在珊瑚礁灰岩地区施工的动力学分析,所以在本书的数值模拟中,阻尼系数统一设为零。

② 黏性阻尼(Viscous Damping)。

黏性阻尼模型最早由Cundall提出,它的实际模型是一弹簧阻尼器(图3-2)。当黏性阻尼模型被激活,系统将在每个接触点处分别添加法向和切向阻尼器,用以耗散介质单元在碰撞过程中的法向和切向动能。

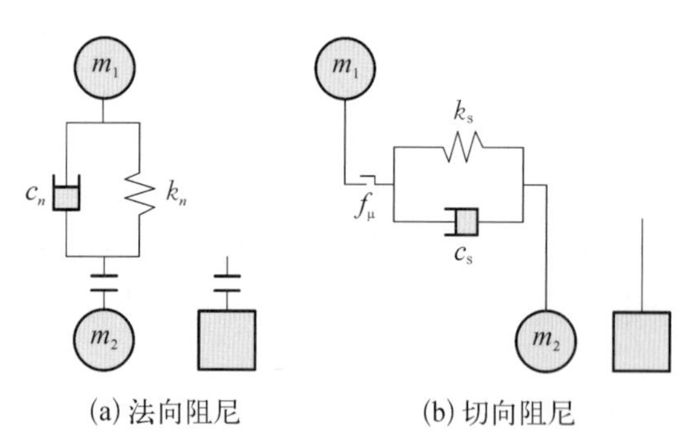

(a) 法向阻尼　(b) 切向阻尼

图 3－2　黏性阻尼模型

(4) 接触本构。

在 PFC^{3D}中，颗粒之间的接触关系决定了模型能否正确反应现实问题。虽然岩土体最终呈现的是它的非线性本构关系，线弹性接触模型的运用，并不妨碍其表现非线性物理力学特征。颗粒单元之间的接触关系具体包括三个方面的内容：接触刚度模型；滑动模型和黏结模型。

① 接触刚度模型。

PFC^{3D}提供了两种接触刚度本构模型，一是线弹性模型(Linear Springs Model)，二是赫兹模型(Hertz－Mindlin Model)。

A. 线弹性模型。

该模型中，颗粒和墙面单元具有法向刚度和切向刚度两个基本参数，当颗粒与颗粒或者颗粒与墙体之间发生接触时，它们之间的作用力可通过力-位移关系计算得到。

B. 赫兹模型。

在该模型中，颗粒单元只具有泊松比 μ 和剪切模量 E_s两个力学参数，墙面单元做完全刚性处理。对于需要考虑三维地形对滑坡运动的影响问题，用该模型进行数值分析显然是不合适的，同时，鉴于线弹性模型在分析大位移问题上的优越性，本次模拟采用的刚度模型皆为线弹性模型。

② 滑动模型。

PFC^{3D}有且只有一个滑动模型——库伦滑动模型。颗粒单元摩擦系数 f_i和墙面单元摩擦系数 f_w是该模型的两个基本参数，单元之间的摩阻力直接通过经典牛顿力学下的法向作用力与摩擦系数的乘积得到。

③ 黏结模型。

为了真实表现岩块组成岩体的胶结特性，PFC^{3D}允许颗粒之间进行黏结，通过将单个岩块颗粒黏结为岩体，表现出宏观力学特征。PFC^{3D}提供了两种黏结模式。

A. 接触黏结(Contact Bonds)。

当颗粒之间发生接触时，施加在接触点上的黏结，称为接触黏结，也叫点黏结。点黏结不能传递弯矩。接触黏结的力学性能由法向强度 F_c^n (Normal Strength)和切向强度 F_c^s (Shear Strength)两个参数共同定义。

当接触黏结处的任一法向拉应力 F^n 或切向剪切力 F^s 的大小超过其固有黏结强度，黏结键自行断裂，不再承受作用力(图 3－3)。

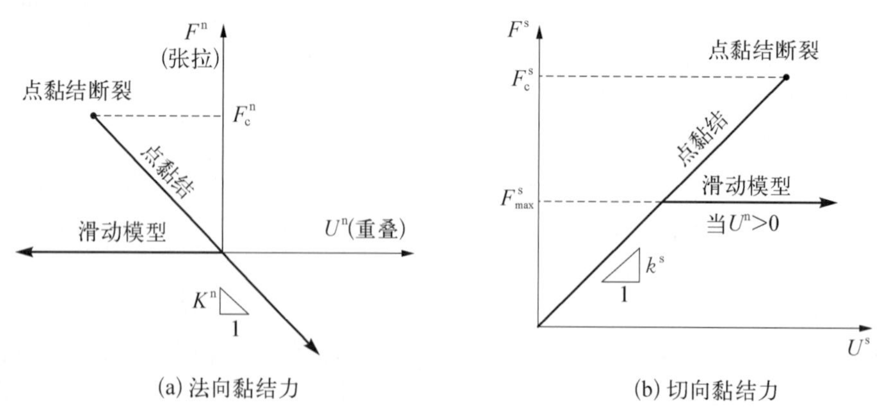

(a) 法向黏结力　(b) 切向黏结力

图 3－3　接触黏结

B. 平行黏结(Parallel Bonds)。

当颗粒之间存在接触时，类似于有一定体积的胶结材料作用在距接触点一定范围内，这样的黏结就是平行黏结。

平行黏结的力学描述由五个参数表示：法向刚度 $\bar{k}^{n}$、切向刚度 $\bar{k}^{s}$、法向强度 $\bar{\sigma}^{s}$、切向强度 $\bar{\tau}^{s}$ 和黏结半径 $\bar{R}$。

当作用力通过颗粒传递给平行黏结键时，颗粒之间不再发生相对位移，同时平行键开始受力。由弹性梁理论可知，当 $\frac{-\bar{F}_i^{n}}{A}+\frac{|\bar{M}_i^{s}|}{I}\bar{R}=\sigma>\bar{\sigma}$ 或 $\frac{\bar{F}_i^{n}}{A}+\frac{|\bar{M}_i^{s}|}{J}\bar{R}=\tau>\bar{\tau}$ 时，平行黏结键自行断裂，不再承受弯矩和作用力。

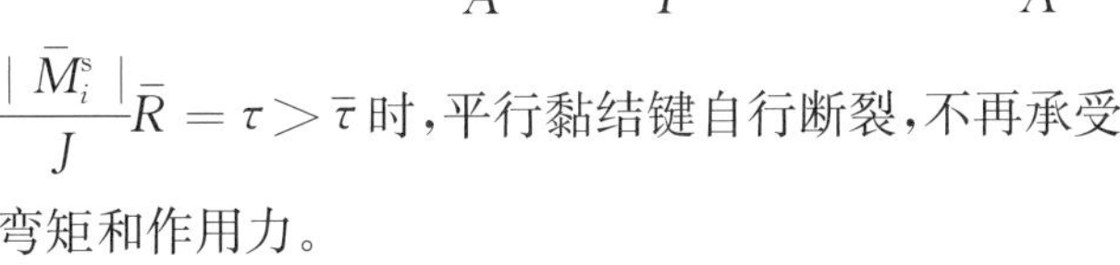

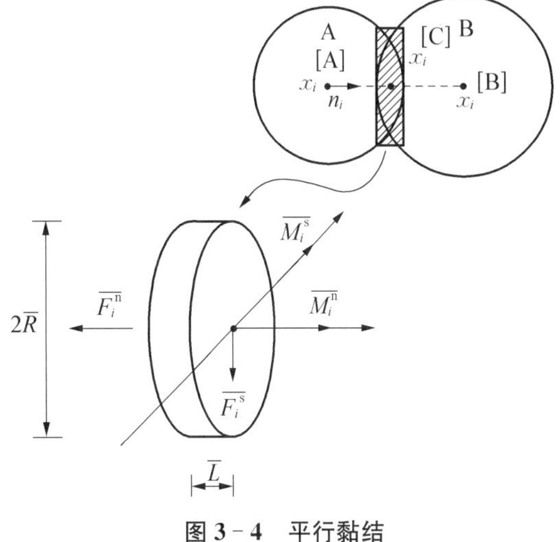

图 3-4　平行黏结

(5) 边界条件及初始条件。

PFC^{3D}可通过命令给颗粒及墙体施加三个方向(x, y, z)的平动速度和转动速度，转动中心的位置可按要求任意设置。同时，类似于速度边界条件的设置，还可通过命令给指定颗粒施加三个方向的作用力(力和弯矩)，墙面不能直接施加作用力。

3.4　基于 PFC^{3D}的珊瑚礁灰岩可搅拌性的颗粒流模拟

3.4.1　珊瑚礁灰岩的工程特性

笔者研究团队在海南文昌地区对珊瑚礁灰岩进行了工程勘察、土工试验以及室内模拟试验，初步得到了海南文昌地区珊瑚礁灰岩的地层分布及基本工程特性。

本次勘察珊瑚礁灰岩位于①$_3$层和①$_4$层，详细的勘察信息如下：

①$_3$层，珊瑚碎屑(Q_4^m)，灰白～青灰色，松散～中密状态，稍湿～饱水。以珊瑚碎块、砾、砾砂和粗砾砂(钙质)为主，密实度不均匀，标贯击数离散性大。总体上，从上到下碎屑物由粗粒向细粒变化，从陆地到海域层厚由厚向薄变化。该层较连续，几乎在所有钻孔均有分布，层厚变化为 0.3～18.4 m，层底标高为 2.47～−20.4 m。有机质含量试验结果表明该层有机质含量小于 5%，不是有机质土。

①$_4$层，珊瑚礁灰岩(Q_4^m)，白～灰白色，半成岩～成岩状态，取芯为碎块状或圆柱状，内部多孔隙。在近岸浅滩区域，珊瑚礁发育较好；远离岸边，珊瑚礁发育较差。珊瑚礁的分布在平面上具有岛状不连续性，在垂向上具有分节分段特性，层厚变化为 0.5～6.3 m，层底标高为−0.44～−12.54 m。

通过室内试验发现干燥的珊瑚礁灰岩的平均单轴抗压强度为 10 MPa，平均抗拉强度在 1 MPa 左右，弹性模量为 5.8～12.9 GPa，泊松比为 0.23～0.27。三轴压缩试验表明，珊瑚礁灰岩在应变非常小的情况下就发生脆性破坏，破坏前应力应变曲线接近直线，破坏后转化为较强的延性，且具有较高的残余强度，珊瑚礁灰岩基本上表现为沿着珊瑚生长线的拉张破坏，破坏面平行于试样长轴方向，类似于劈裂破坏。珊瑚礁灰岩的天然状态下纵波波速在 2 700～3 600 m/s 之间，珊瑚礁灰岩纵波波速随密度增大而增大，但由于礁灰岩的孔隙率较高，结构不够致密，岩石中的孔隙影响了波速的传播，因此波速随密度增大的规律性并不强。通过室内试验发现珊瑚礁灰岩孔隙率可达到 50%以上，这是在各类岩石当中是很少见的。

3.4.2 PFC^{3D}颗粒生成

1）颗粒模型的选择[122]

由于此次模拟的现场模型较大，如果按实际尺寸进行 1∶1 全比例数值计算，考虑现有的计算机处理能力，每一次计算的步长较长，花费的时间会很长。为此，可根据需要结合相似比例进行适当的缩小。同济大学周健教授已通过模型试验结合 PFC^{2D}模拟结果验证了 PFC 软件模型相似原理类似离心机原理，即

$$\sigma = f(L,\ \varepsilon,\ \delta,\ E,\ \mu,\ \gamma,\ \varphi,\ c) \tag{3-3}$$

式中，σ 为土体应力；L 为模型几何尺寸；ε 为土体应变；E 为土体弹性模量；μ 为土体泊松比；γ 为土体重度；φ 为土体内摩擦角；c 为土体黏聚力。

根据相似理论，当模型几何尺寸比原模型小 n 倍、模型土的弹性模量与原型土相同、模型土的重度是原型土的 n 倍时，模型中得到的应力为原模型中存在的应力，模型中观测到的位移放大 n 倍为原模型中的位移，要满足上述关系，模拟模型中的体积力要放大 n 倍，可以将重力加速度放大 n 倍，土体的重度就与原模型的相同。

为尽可能地和现场试验类似，再加上考虑搅拌桩与颗粒粒径尺寸需具有一定的尺寸差，因此采用 1∶2 的模型进行模拟，因此数值模拟过程中需将重力加速度提高至原先的两倍。此外，必须要建立合理的颗粒模型，颗粒模型应具有以下特点：

（1）能合理反映颗粒的基本特性，颗粒相比模型应足够小，这样才能忽略颗粒的尺寸效应；

（2）根据实际情况可做必要的简化，能用尽可能少的颗粒尺寸去模拟实际情况下的土颗粒，从而减少计算量。

考虑到上述原则，采用了圆形颗粒去模拟上覆土层以及珊瑚礁灰岩。颗粒的尺寸根据与搅拌桩钻头位置的距离不同采用了两种不同的尺寸：在搅拌桩作用 3 m 范围内的细颗粒最小为 6 cm，最大为 12 cm；离搅拌桩较远的颗粒尺寸最小为 12 cm，最大为 24 cm。颗粒大小随机生成。这样可以尽可能地减少颗粒数目，减小计算工作量。此外，靠近搅拌桩对模拟结果影响较大的颗粒采用小尺寸，也使模拟结果更为准确。

2）颗粒参数的选择

颗粒相互接触类型采用平行黏结模型，模拟颗粒之间的黏结作用。颗粒间摩擦因数为 0.5。颗粒间法向和切向黏结强度的标准偏差为平均值的 15%，其他细观力学参数设置为默认值。颗粒与墙的接触采用线弹性模型。在模拟的珊瑚礁灰岩厚度不变的情况下，小粒径数目达 27 020 个，大粒径为 10 171 个，共计 37 191 个颗粒。颗粒最大半径 $R_{max}=24$ cm，最小粒径为 $R_{min}=6$ cm，颗粒粒径比 $R_{max}/R_{min}=4$。PFC 模型的微观参数和宏观响应分别如表 3-1 和表 3-2 所列。

表 3-1 PFC 模型微观参数

球最小半径 R_{min}(cm)	球半径比 R_{max}/R_{min}	球-球接触模量 E_c(GPa)	球刚度比 k_n/k_s	球摩擦因素 f
6	4	7	0.25	0.5
平行黏结半径乘子 λ	**平行黏结模量 E_c(GPa)**	**平行黏结刚度 k_n/k_s**	**平行黏结法向强度 σ(MPa)**	**平行黏结切向强度 τ(MPa)**
1	3	0.25	6	1.5

表 3-2 PFC 模型宏观响应

类　型	密度 (kg/m³)	内摩擦角 φ(°)	杨氏模量 E(GPa)	泊松比 μ	单轴抗压强度 σ_c(MPa)	黏聚力 c(MPa)
PFC 球体模型	2 040	—	7	0.25	6	—

3.4.3 搅拌桩模型的生成

根据三轴搅拌桩的实际尺寸，利用 CAD 软件绘制出三轴搅拌桩的三维立体图，然后按照1：2 的比例进行缩放。考虑到 PFC^{3D}5.0 版本有 CAD 端口，与 CAD 有良好的兼容性，可以利用 FISH 语言程序在 PFC^{3D}5.0 中直接实现调用。搅拌桩的工作参数如表 3-3 所示。

表 3-3 三轴搅拌桩主要性能参数

项　　目		单　　位	参　　数
钻孔直径		mm	ϕ850×ϕ850×ϕ850
钻杆中心距		mm	600×600
最大钻孔深度		m	30
钻杆额定转速	4P	r/min	中 33.2/外 38
	8P	r/min	中 16.6/外 19
钻杆额定扭矩	4P	kN·m	中 17.3/外 15
	8P	kN·m	中 34.5/外 30
钻杆直径		mm	ϕ273
总质量		36.5 t	

本次模拟采用 4P 三轴搅拌桩，钻杆中心距为 600 mm，钻杆直径为 273 mm，中间钻杆高度比两边钻杆高度高 500 mm。钻杆额定转速为中 33.2/外 38(r/min)，额定扭矩为中 17.3/外 15(kN·m)。其余外形尺寸与搅拌桩实际尺寸相同。

3.4.4 墙体的生成

为了模拟理想的半无限空间条件，假设墙体的刚度为颗粒最大法向刚度的 10 倍。这样既可以防止墙体过柔导致颗粒溢出或弹性变形过大过多吸收冲击能量，又可以使颗粒和墙体间的应力水平不至于过大导致颗粒难以平衡。此次数值模拟采用了五面墙体，墙体摩擦因数为 0.36，墙体位移控制应变率为 0.002 5 s^{-1}。颗粒与墙体采用线弹性模型，墙体生成效果图如图 3-5 所示。

墙体生成后，按照上述颗粒生成条件生成颗粒。待颗粒生成完毕，需要进行颗粒墙体的平衡。整个平衡过程如图 3-6 所示。

3.4.5 施工现场试验的模拟

影响珊瑚礁灰岩地区三轴搅拌桩可搅拌性的因素较多，如珊瑚礁灰岩的厚度、强度、基岩面的起伏性与成层性状、珊瑚礁灰岩的含水率以及珊瑚礁灰岩地区上覆土层的性质等。如果综合考虑各个因素的相互作用会显得较为复杂，本次模拟目的主要是研究珊瑚礁灰岩厚度、强度以及上覆土层厚度对珊瑚礁灰岩地区三轴搅拌桩可搅拌性的影响。

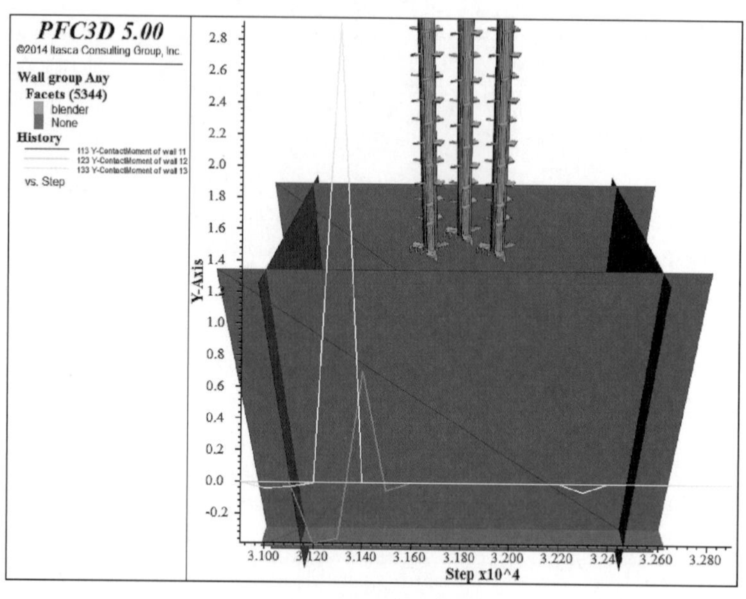

图 3-5　墙体生成效果图

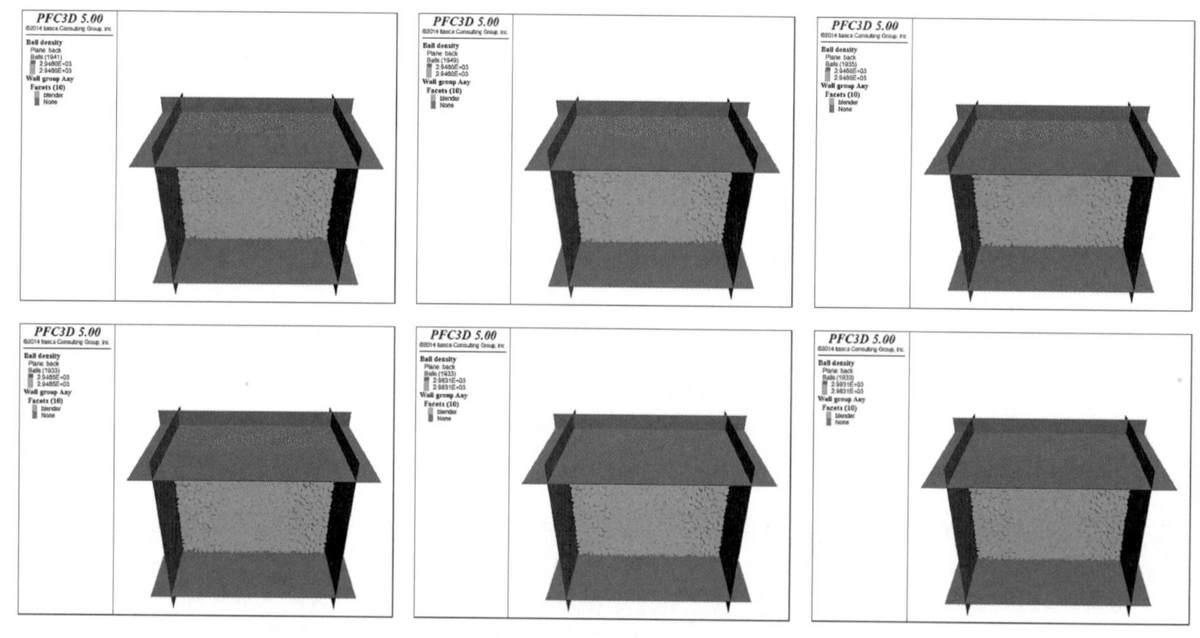

图 3-6　颗粒平衡过程图

1）珊瑚礁灰岩厚度的影响分析

珊瑚礁灰岩厚度对于三轴搅拌桩可搅拌性的影响极大，珊瑚礁灰岩是三轴搅拌桩搅拌的主体部分。在其他变量不变、珊瑚礁灰岩厚度较小的情况下，三轴搅拌桩比较容易打穿较薄的灰岩层，出现卡钻、抱钻等不利情况的概率极小。相反，在珊瑚礁灰岩厚度较大的区域，三轴搅拌桩就极容易出现卡钻、抱钻的情况。为了更进一步研究珊瑚礁灰岩厚度对于三轴搅拌桩可搅拌性的影响，采用 PFC^{3D} 5.0 离散元软件进行数值模拟分析。根据现场的珊瑚礁灰岩厚度的实际情况，将成层的厚度分成以下 4 组进行模拟(表 3-4)。

由于模型较大，考虑到搅拌桩与岩土颗粒须有一定的粒径差异，也无法将模型根据相似比进行等比例缩放。因此，本次数值模拟的计算量巨大。

表 3-4 珊瑚礁灰岩厚度变化的主要参数

组　别	灰岩强度 f(MPa)	灰岩厚度 h(m)	上覆土层厚度 d(m)
1	6	5	4
2	6	4	4
3	6	3	4
4	6	2	4

(1) 厚度为 5 m 的模拟分析。

当灰岩强度为 6 MPa、厚度为 5 m、上覆土层为 4 m 时，经过上述方法生成模型箱、岩土体颗粒以及三轴搅拌桩且自平衡完成后，对搅拌桩施加一定的竖向速度和扭矩，使其搅拌岩土体(图 3-7)。

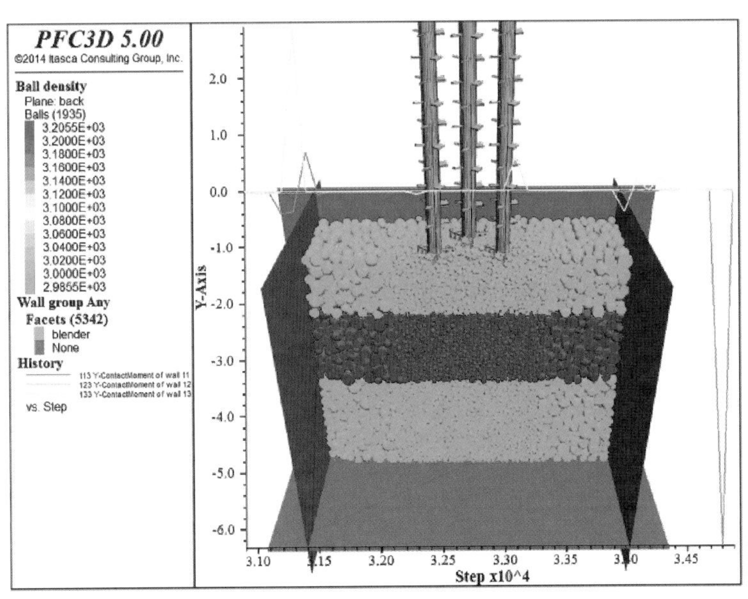

图 3-7 自平衡后的模型图(h=5 m)

在模拟试验过程中，每计算 1 000 步就记录一次三轴搅拌桩与岩土体相互作用的颗粒分布图，以下分别给出几个典型阶段的颗粒分布图(图 3-8)。

从几个典型阶段的颗粒分布图可以看出，三轴搅拌桩在搅拌岩土层时对搅拌桩附近的岩土颗粒影响较大，而对离搅拌桩钻头较远的大颗粒则影响较小。岩土体颗粒在经过搅拌桩钻头搅拌之后会随着搅拌桩向上移动，甚至翻出地表。同时由于搅拌桩竖向力的作用也会将上覆土层颗粒下压至珊瑚礁灰岩层，将上覆土层颗粒与珊瑚礁灰岩层颗粒搅拌在一起，从而增加了三轴搅拌桩的施工难度。

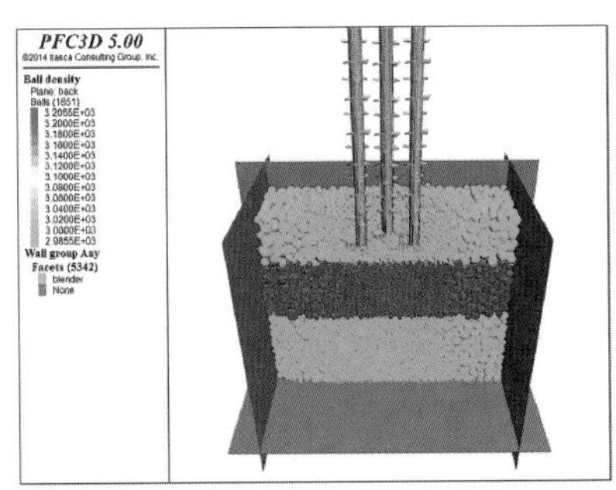

(a) 搅拌桩进入上覆土层

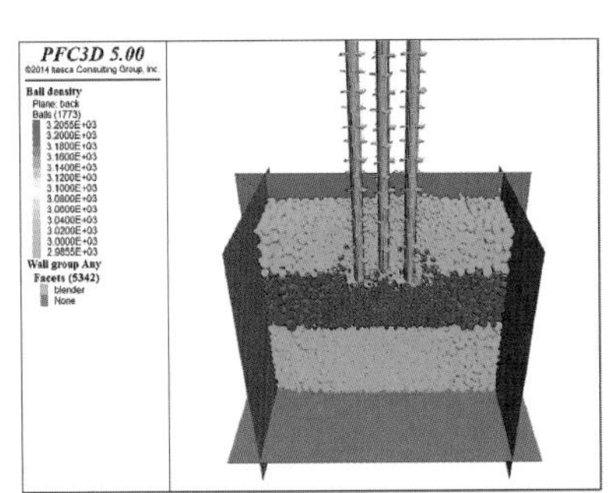

(b) 搅拌桩刚进入珊瑚礁灰岩层

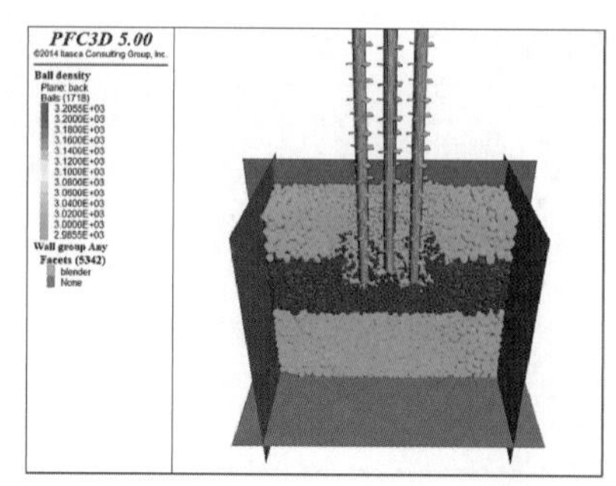

(c) 搅拌桩进入珊瑚礁灰岩层

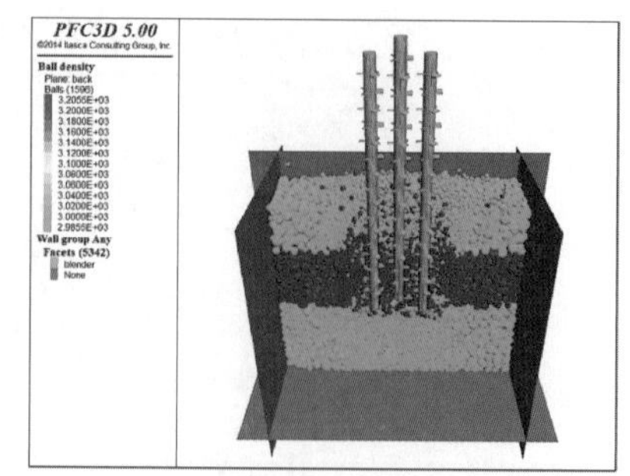

(d) 搅拌桩打穿珊瑚礁灰岩层

图 3-8 颗粒流模拟试验的颗粒分布图(h=5 m)

为了更好地了解三轴搅拌桩在珊瑚礁灰岩层的搅拌效果，分别对搅拌桩打入上覆土层中间位置，刚进入珊瑚礁灰岩层位置以及打穿珊瑚礁灰岩层位置三个阶段的颗粒位移、颗粒速度以及颗粒接触力进行详细分析。

三个阶段的颗粒位移图以及颗粒位移矢量图分别如图 3-9 和图 3-10 所示。

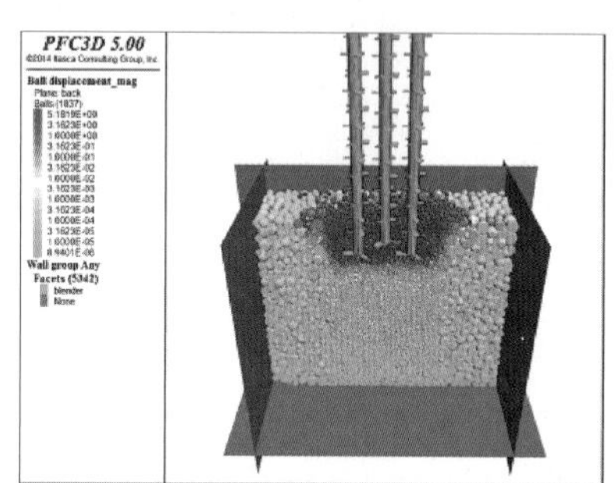

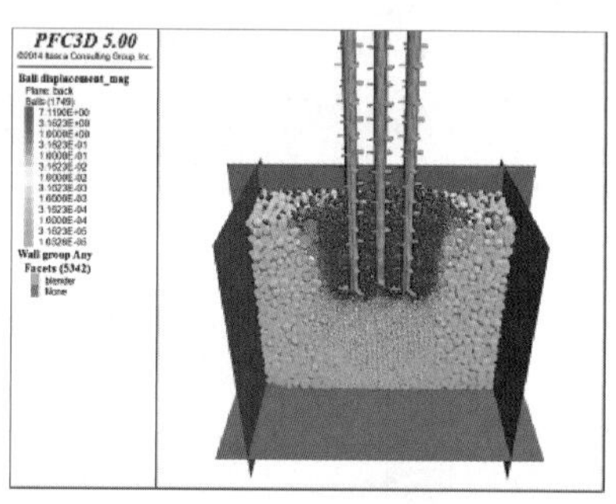

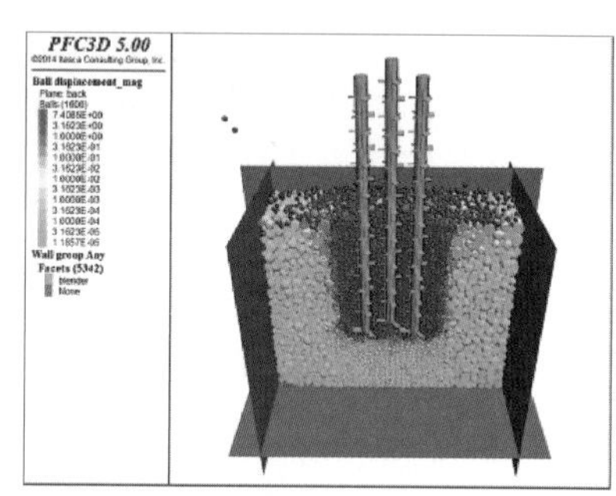

图 3-9 颗粒流模拟试验的颗粒位移图(h=5 m)

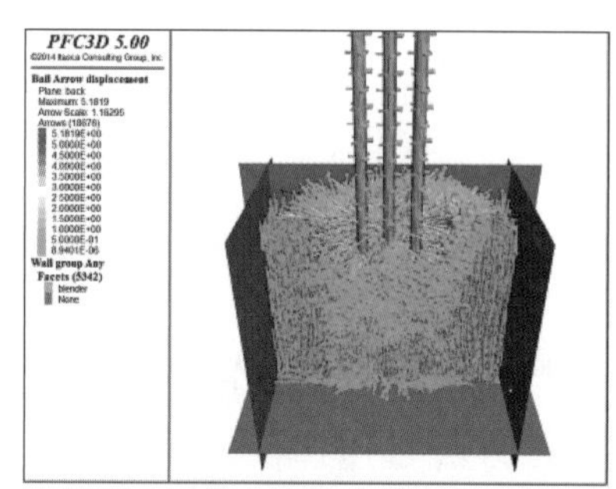

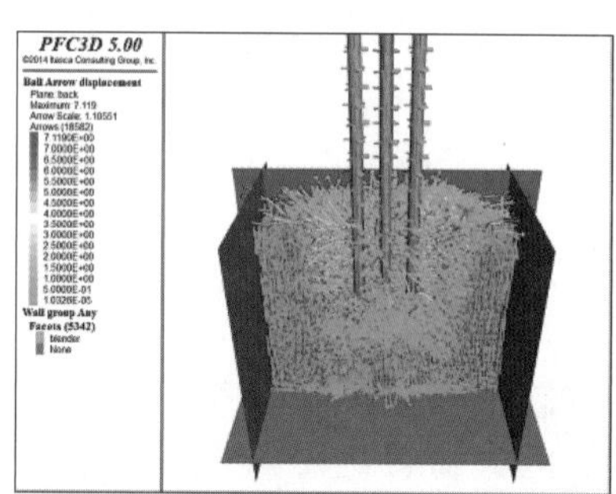

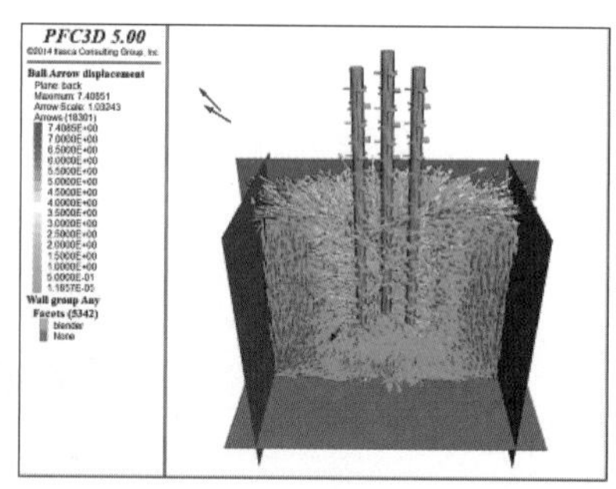

图 3-10 颗粒流模拟试验的颗粒位移矢量图(h=5 m)

从三个阶段颗粒的位移图可以看出：第一阶段颗粒的最大位移为 5.18 m，第二阶段最大位移为 7.12 m，第三阶段最大位移为 7.41 m；三轴搅拌桩施工过程中水平方向的影响范围大致为 $2d$(d 为三轴搅拌桩左右钻头中心线之间的距离，d=1.2 m)。由于三轴搅拌桩在其自重作用下会一边转动一边下移，这对搅拌桩下部的岩土层也会有一定的影响。搅拌桩下方的颗粒会随着搅拌桩的转动在垂直方向上有一定的位移，但是与水平方向上颗粒的位移相比则较小，影响范围距搅拌桩钻头下方约 d。从三个阶段颗粒的位移矢量图可知：在水平方向 $2d$、竖向方向 d 的范围内颗粒的位移较大，在这个范围之外的颗粒位移则极小，可忽略不计。随着搅拌桩的转动，岩土体颗粒位移在水平方向上垂直于搅拌桩向外移动，此外颗粒也会随着搅拌桩的转动逐渐上翻直至地表。大部分颗粒有很大概率在搅拌桩的作用下上翻出地面，然后人工处理，这也与施工现场较为类似。但是也有小部分颗粒会在搅拌桩自重的作用下下沉至下部与珊瑚礁灰岩层颗粒混合搅拌，进而增加了搅拌的难度。

三个阶段的颗粒速度图以及颗粒速度矢量图分别如图 3－11 和图 3－12 所示。

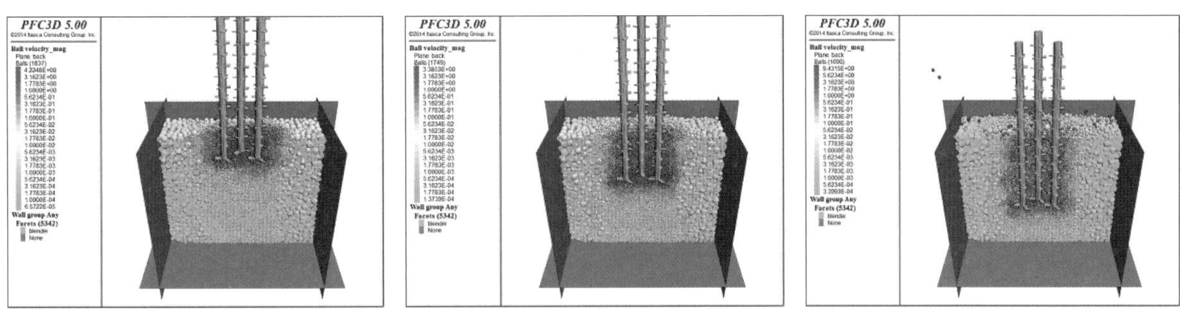

图 3－11 颗粒流模拟试验的颗粒速度图(h=5 m)

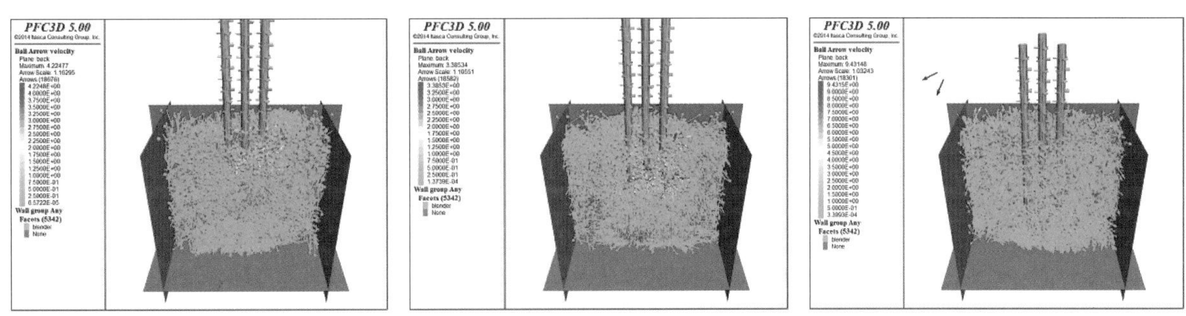

图 3－12 颗粒流模拟试验的颗粒速度矢量图(h=5 m)

从三个阶段颗粒的速度图可知：搅拌桩钻头附近颗粒的速度最大，离搅拌桩钻头越远颗粒的速度越小。在 $2d$ 范围外颗粒的速度很小，接近零。第一阶段颗粒最大速度达到 4.2 m/s，并上翻至地表面；第二阶段颗粒最大速度达到 3.4 m/s；第三阶段颗粒最大速度达到 9.4 m/s，并飞出墙外。从三个阶段颗粒的速度矢量图发现：大部分颗粒的速度方向与搅拌桩垂直并相切，钻头附近以及地表附近的颗粒速度最大，运动最快。地表附近的颗粒由于缺乏外力限制，在搅拌桩搅动过程中极容易外溢飞出墙外，此时颗粒速度达到最大值。

三个阶段的颗粒接触力图以及颗粒接触力矢量图分别如图 3－13 和图 3－14 所示。

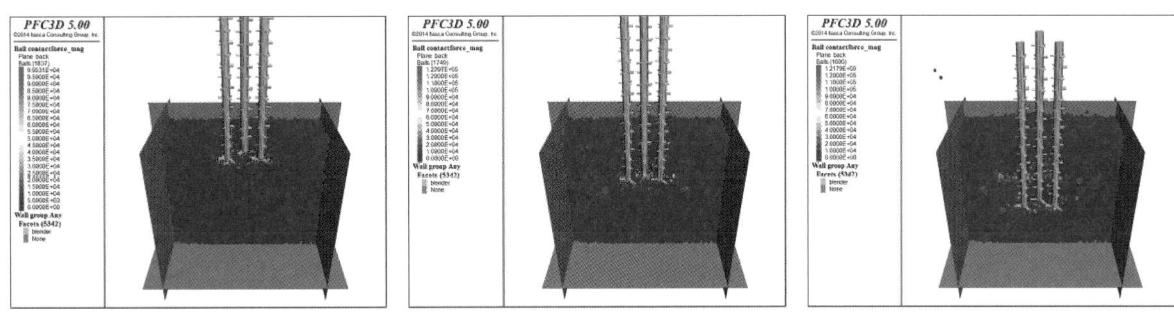

图 3－13 颗粒流模拟试验的颗粒接触力图(h=5 m)

从颗粒接触力图可以看出：由于搅拌桩钻头与颗粒间的挤压，搅拌桩钻头底部附近的颗粒接触力较大，被搅拌桩搅动过的位置的颗粒接触力则相对较小。对比三个阶段的颗粒接触力，可以发现与搅拌桩钻头同一深度范围内的颗粒接触力最大，最大值分别为 99 kN，120 kN 以及 121 kN。此外，由于搅拌桩在其重力作用下，钻头下部的颗粒接触力比被搅拌桩搅拌过的颗粒接触力明显大一些，但随着搅拌深度的增加，上覆岩土层逐渐变厚，搅拌桩搅拌过后的深层颗粒的接触力也会逐渐变大。从接触力矢量图来看，三轴搅拌桩钻头附近的颗粒接触力明显比其他位置的接触力大得多。

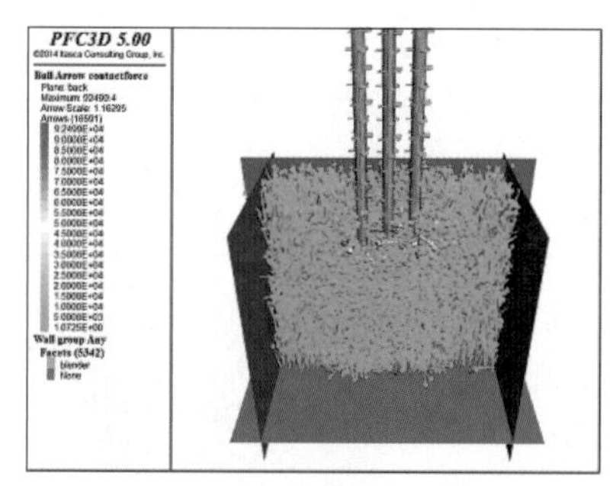
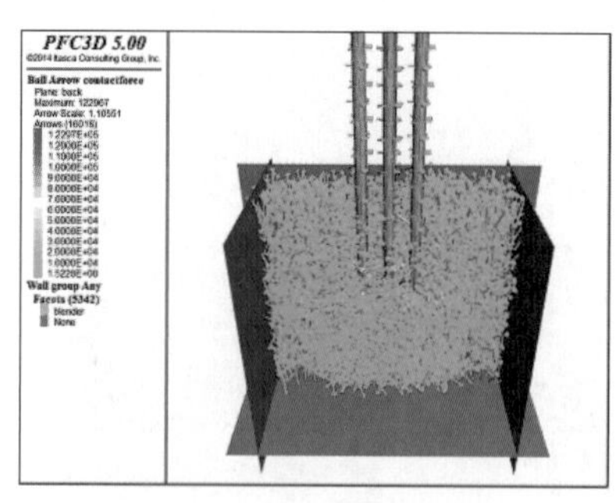
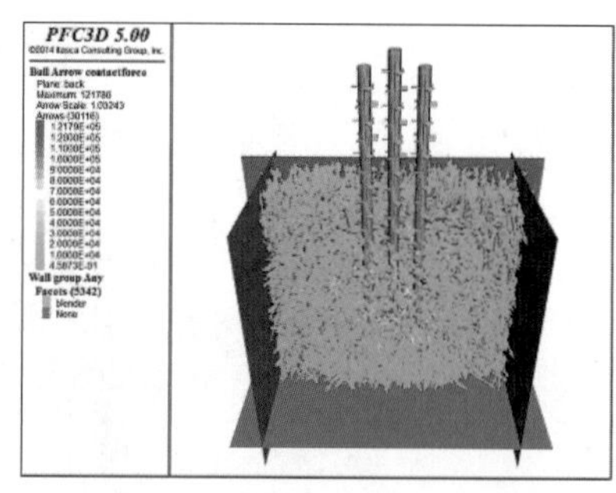

图 3-14　颗粒流模拟试验的颗粒接触力矢量图(h=5 m)

将三轴搅拌桩的三个钻杆从左到右分别标为 1# 钻杆,2# 钻杆以及 3# 钻杆。在整个数值模拟过程中,分别记录了三轴搅拌桩打穿珊瑚礁灰岩整个过程中三根钻杆所受到的竖向应力以及抵抗扭矩。由于提供三轴搅拌桩向下移动的动力来源于其自身重力,因此当钻杆所受的竖向阻力大于三轴搅拌桩自重时,搅拌桩将无法继续钻进,继而出现卡钻的情况,当钻头附近的岩土层提供的抵抗扭矩大于钻头自身的额定扭矩时,钻头也将会出现抱钻的不利情况。

根据三轴搅拌桩性能参数给出搅拌桩卡钻的条件:

$$F \geqslant G = \frac{W}{v} = 3.65 \times 10^5 \text{ N} \tag{3-4}$$

式中,F 为三轴搅拌桩钻头所受的力;G 为三轴搅拌桩的自重;W 为两台动力头的总功率;v 为钻头竖向钻进速度。

三轴搅拌桩出现抱钻的条件如下:

$$\begin{cases} M \geqslant 17.3 \text{ kN} \cdot \text{m} & (\text{中间搅拌桩}) \\ M \geqslant 15 \text{ kN} \cdot \text{m} & (\text{外侧搅拌桩}) \end{cases} \tag{3-5}$$

式中,M 为三轴搅拌桩受到的弯矩大小。

根据数值模拟过程中采集的大量数据并结合三轴搅拌桩卡钻、抱钻的条件,采用概率统计可得到三轴搅拌桩施工过程中出现卡钻、抱钻的概率。

由于每组数据多达 4 万组,一个个进行绘图处理显得较为繁琐,此处利用一些典型的数据点进行分析(图 3-15,图 3-16)。

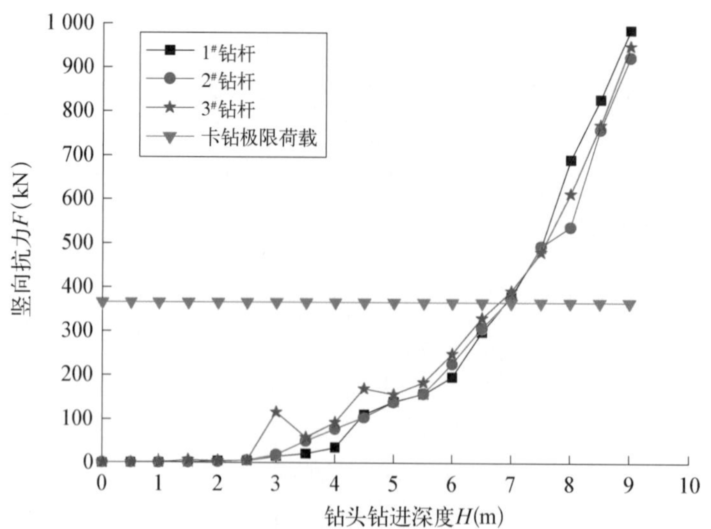

图 3-15　钻进深度与竖向抗力关系图(h=5 m)

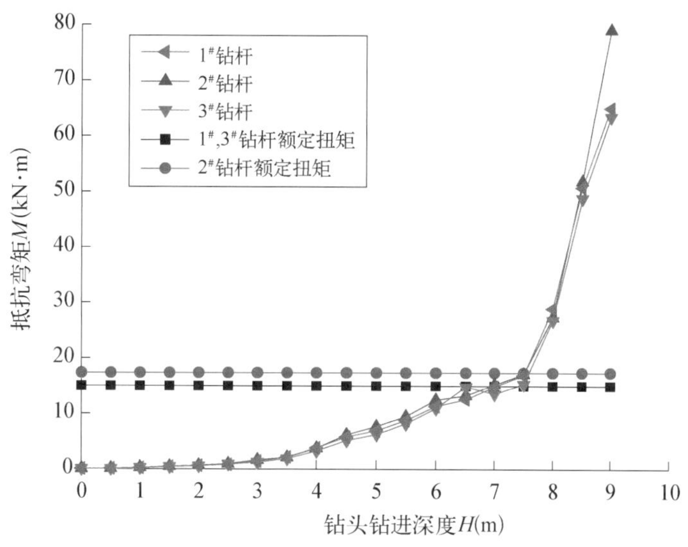

图 3-16　钻进深度与抵抗弯矩关系图(h=5 m)

从图中可以清楚地看出，三轴搅拌桩由于竖向动力不足的缘故在 7 m 处出现下沉搅拌困难的情况，但此时岩土体颗粒给予搅拌桩的抵抗弯矩不足以使三轴搅拌桩出现抱钻的情况，因此施工现场会出现三轴搅拌桩一直在转动却无法正常下潜的现象。随着钻头的长时间转动(在钻头不出现磨损可继续施工的情况下)，钻头下方的岩石会渐渐损坏，可在一定程度上得到一定的下沉空间。当三轴搅拌桩搅拌至 7.5 m 时，搅拌桩会出现卡钻、抱钻情况，将无法进一步施工，不但会严重磨损甚至损坏机械，更会造成施工进度的延误与大量的经济损失。因此需提前预判并采取规避措施，尽可能避免此种不利情况的出现。

(2) 厚度为 4 m 的模拟分析。

当灰岩强度为 6 MPa、厚度为 4 m、上覆土层为 4 m 时，在生成模型箱、岩土体颗粒以及三轴搅拌桩且自平衡完成后，对搅拌桩施加一定的竖向速度和扭矩，使其搅拌岩土体(图 3-17)。

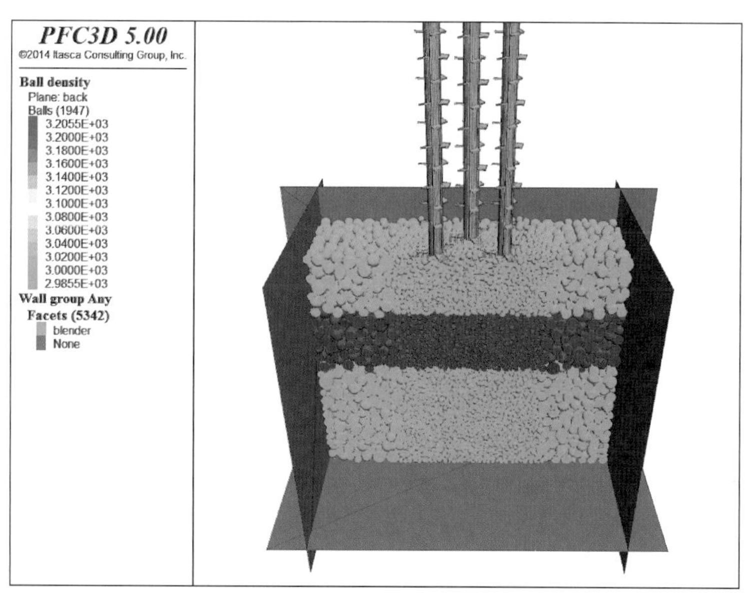

图 3-17　自平衡后的模型图(h=4 m)

几个典型阶段的颗粒分布图如图 3-18 所示。

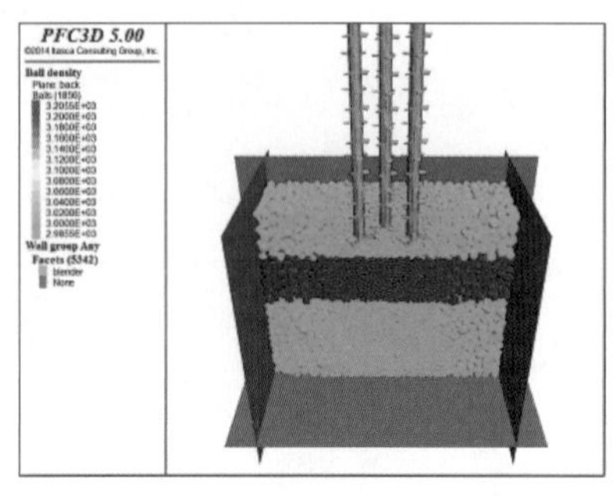
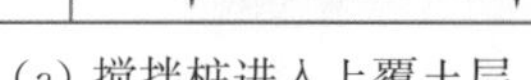
(a) 搅拌桩进入上覆土层

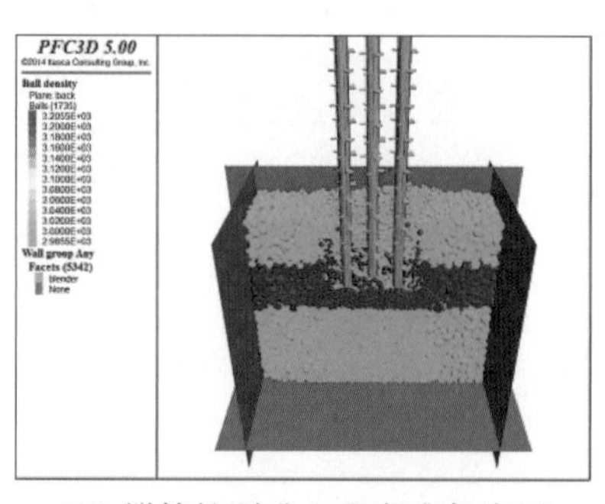
(b) 搅拌桩刚进入珊瑚礁灰岩层

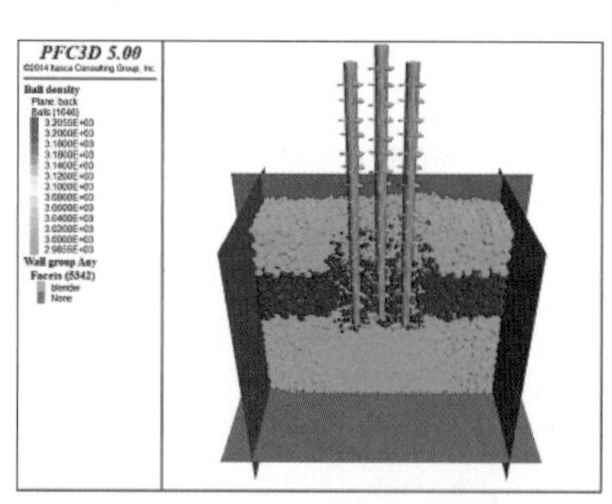
(c) 搅拌桩打穿珊瑚礁灰岩层

图 3-18 颗粒流模拟试验的颗粒分布图(h=4 m)

三个阶段的颗粒位移图以及颗粒位移矢量图分别如图 3-19 和图 3-20 所示。

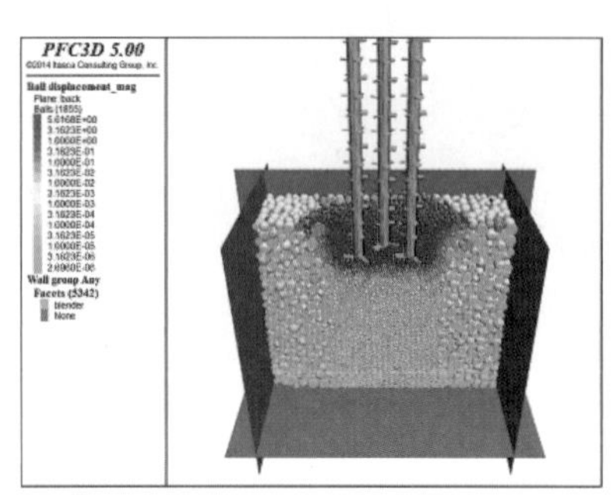
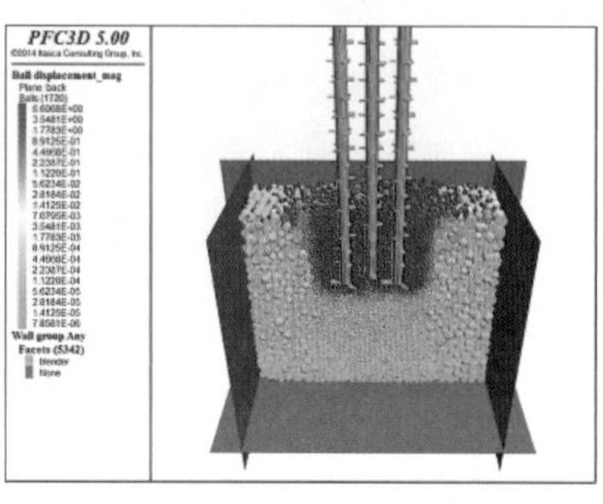
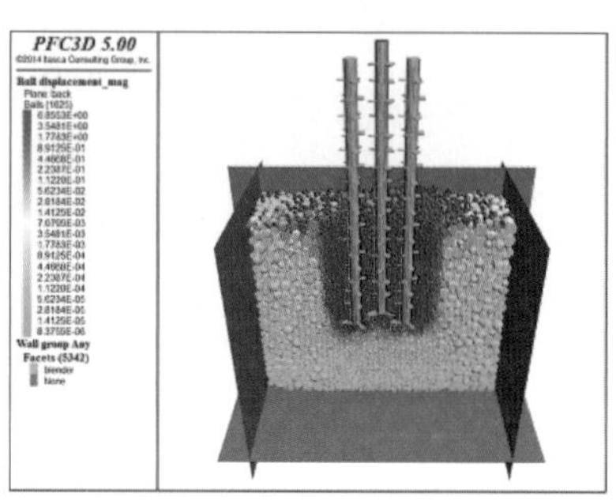

图 3-19 颗粒流模拟试验的颗粒位移图(h=4 m)

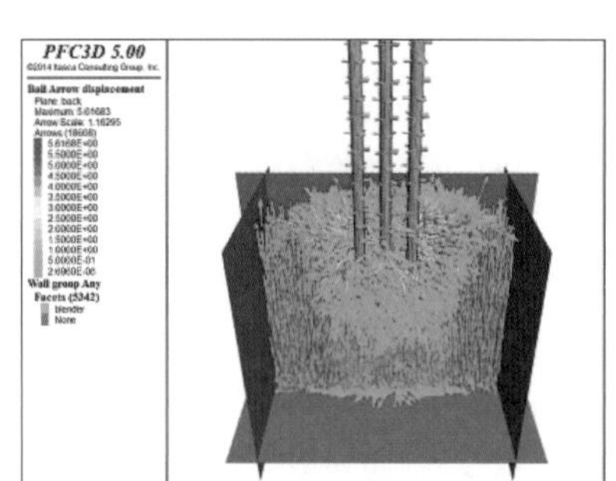
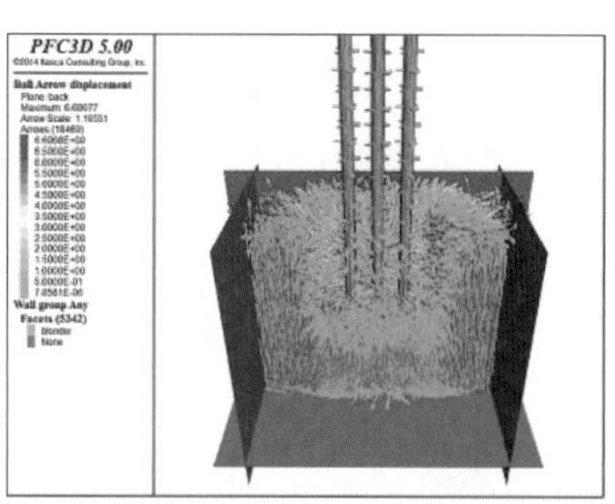
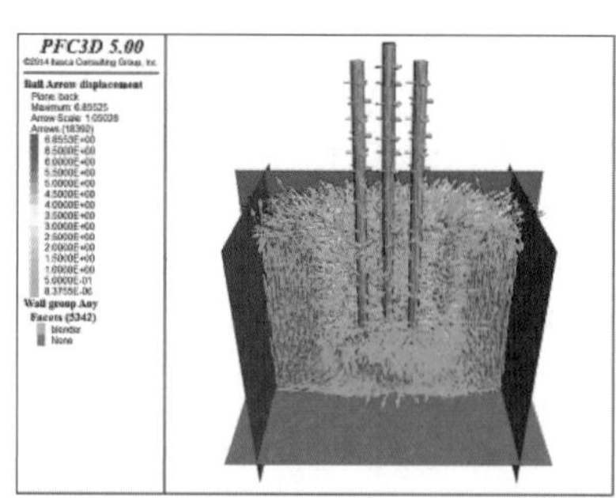

图 3-20 颗粒流模拟试验的颗粒位移矢量图(h=4 m)

从三个阶段颗粒的位移图可以看出：第一阶段颗粒的最大位移为 5.62 m，第二阶段最大位移为 6.60 m，第三阶段最大位移为 6.85 m；与 5 m 厚的珊瑚礁灰岩厚度的模拟结果相比，颗粒的最大的位移有所减小。三轴搅拌桩施工过程中水平方向的影响范围大致为 $2d$，垂直方向上的颗粒位移比水平方向上的位移小，影响范围距搅拌桩钻头下方约 d。

三个阶段的颗粒速度图以及颗粒速度矢量图分别如图 3-21 和图 3-22 所示。

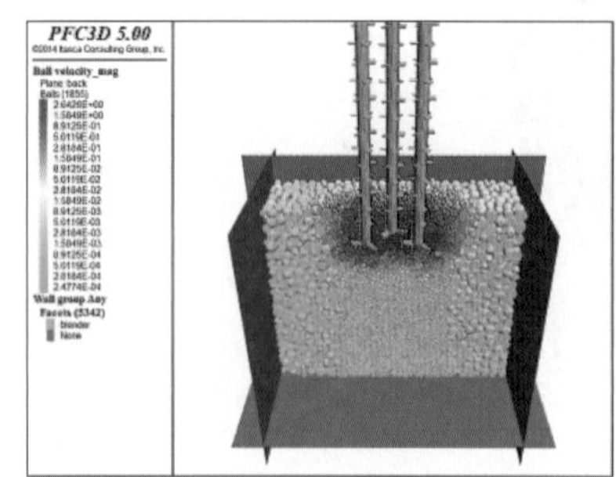
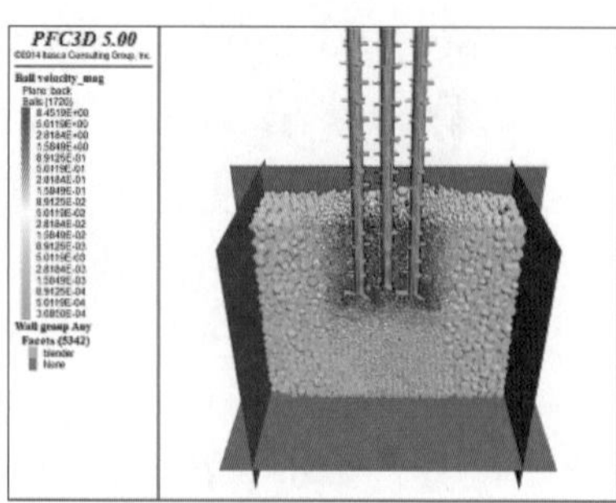
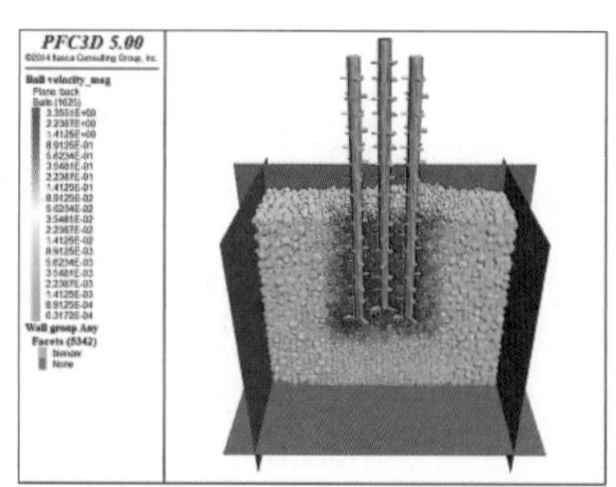

图 3-21 颗粒流模拟试验的颗粒速度图(h=4 m)

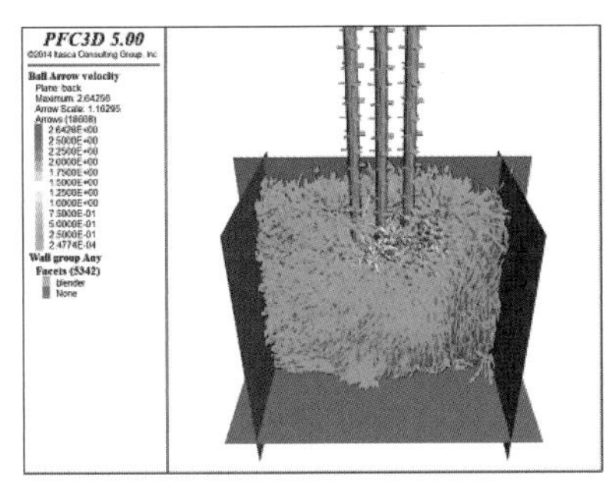

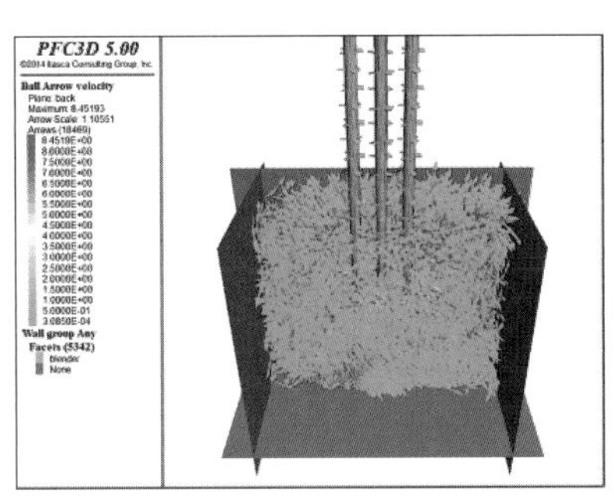

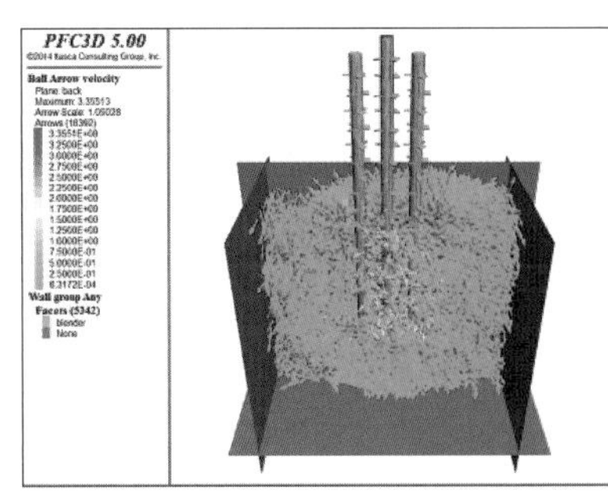

图 3-22 颗粒流模拟试验的颗粒速度矢量图(h=4 m)

从三个阶段颗粒的速度图可知：搅拌桩钻头附近颗粒的速度最大，离搅拌桩钻头越远颗粒的速度越小。在 $2d$ 范围外颗粒的速度很小，接近零。第一阶段颗粒最大速度达到 2.64 m/s，并上翻至地表面；第二阶段颗粒最大速度达到 2.82 m/s；第三阶段颗粒速度最大值达到 3.35 m/s。从三个阶段颗粒的速度矢量图发现：大部分颗粒的速度方向与搅拌桩垂直并相切，钻头附近以及地表附近的颗粒速度最大，运动最快。

三个阶段的颗粒接触力图以及颗粒接触力矢量图分别如图 3-23 和图 3-24 所示。

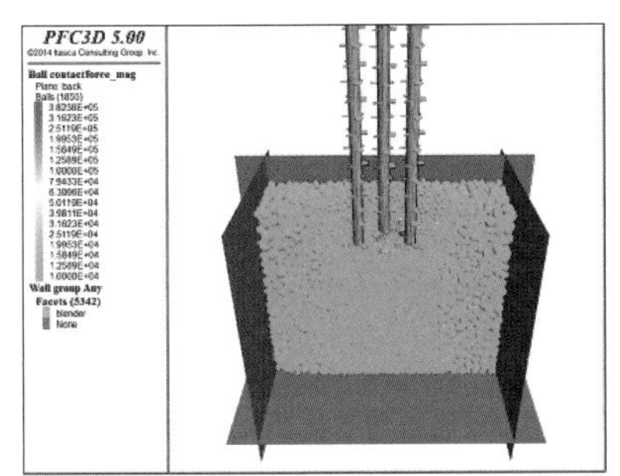

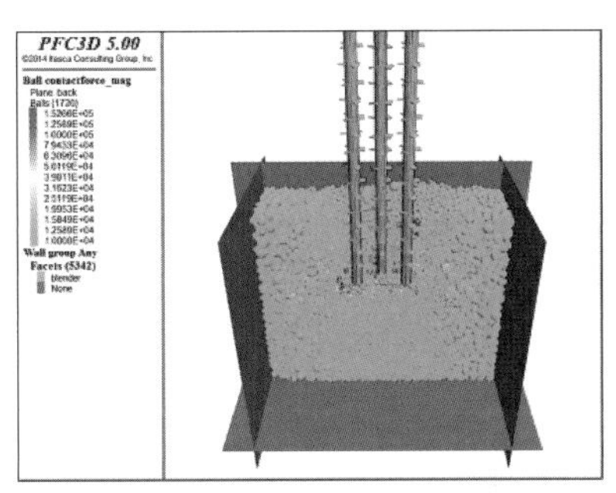

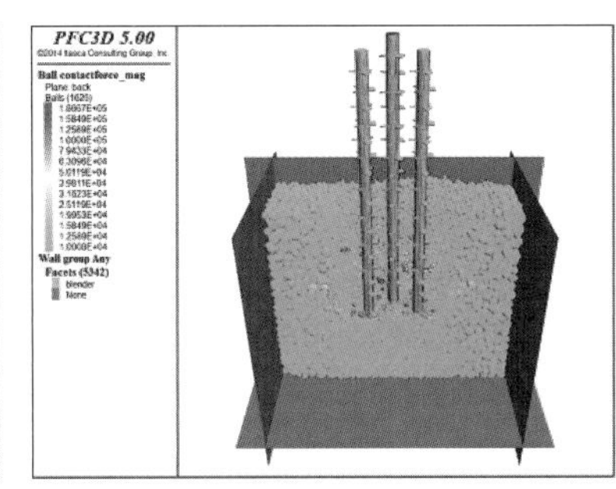

图 3-23 颗粒流模拟试验的颗粒接触力图(h=4 m)

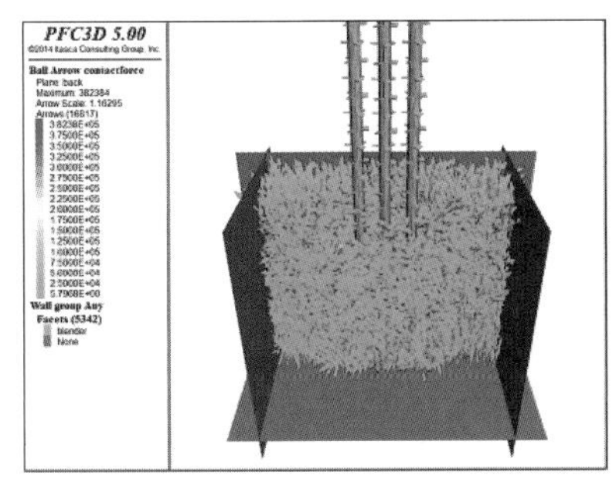

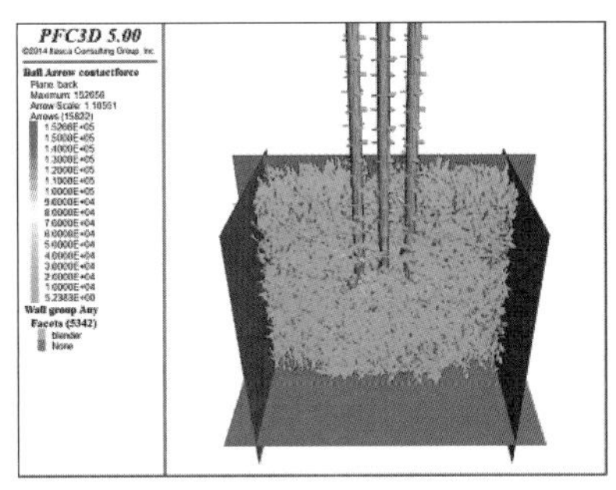

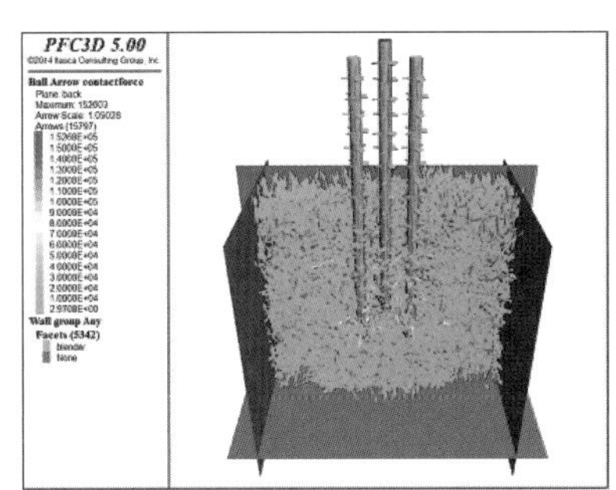

图 3-24 颗粒流模拟试验的颗粒接触力矢量图(h=4 m)

从颗粒接触力图可以看出：由于搅拌桩钻头与颗粒间的挤压，搅拌桩钻头底部附近的颗粒接触力较大，被搅拌桩搅动过的位置的颗粒接触力则相对较小。对比三个阶段颗粒接触力，可以发现与搅拌桩钻头同一深度范围内的颗粒的接触力最大，最大值分别为 79 kN，100 kN 以及126 kN。此外，由于搅拌桩在其重力作用下，钻头下部的颗粒接触力比被搅拌桩搅拌过的颗粒接触力明显大一些，但随着搅拌深度的增加，上覆岩土层逐渐变厚，搅拌桩搅拌过后的深层颗粒的接触力也会逐渐变大。从接触力矢量图来看，三轴搅拌桩钻头附近的颗粒接触力明显比其他位置的接触力大得多。

对搅拌桩所受的竖向抗力和抵抗扭矩分析分别如图 3-25 和图 3-26 所示。

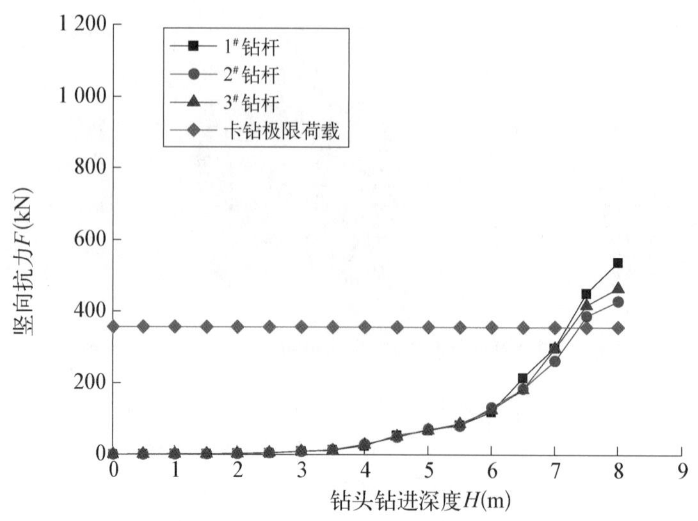

图 3-25　钻进深度与竖向抗力关系图(h=4 m)

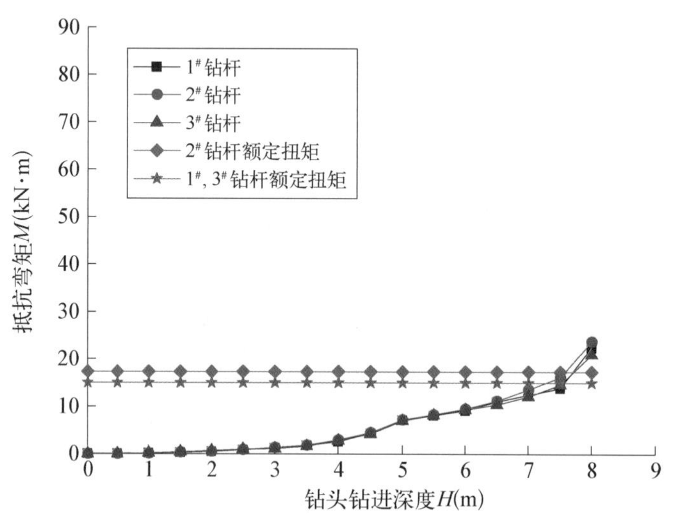

图 3-26　钻进深度与抵抗弯矩关系图(h=4 m)

从图中可以清楚地看出，三轴搅拌桩由于竖向动力不足的缘故在 7.2 m 处(即珊瑚礁灰岩深 2.2 m处)出现三轴搅拌桩桩机难以下沉的情况，需不断提升三轴搅拌桩桩机，更换角度继续施工。此时岩土体颗粒给予搅拌桩桩机的抵抗弯矩不足以使三轴搅拌桩桩机出现抱钻的情况，因此施工现场会出现三轴搅拌桩桩机一直在转动却无法下沉的现象。当三轴搅拌桩桩机搅拌至 7.5 m 时，搅拌桩桩机则会出现卡钻、抱钻情况。

(3) 厚度为 3 m 的模拟分析。

当灰岩强度为 6 MPa、厚度为 3 m、上覆土层为 4 m 时，在生成模型箱、岩土体颗粒以及三轴搅拌桩桩机且自平衡完成后，对搅拌桩桩机施加一定的竖向速度和扭矩，使其搅拌岩土体(图 3-27)。

在模拟试验过程中，每计算 1 000 步就记录一次三轴搅拌桩桩机与岩土体颗粒的相互作用的颗粒分布图，以下分别给出几个典型阶段的颗粒分布图(图 3-28)。

三个阶段的颗粒位移图以及颗粒位移矢量图分别如图 3-29 和图 3-30 所示。

从三个阶段颗粒的位移图可以看出：第一阶段颗粒的最大位移为 6.43 m，第二阶段最大位移为 7.00 m，第三阶段最大位移为 7.00 m。三轴搅拌桩施工过程中水平方向的影响范围大致为 $2d$，垂直方向上的颗粒位移比水平方向上的位移小，影响范围距搅拌桩钻头下方约 d。

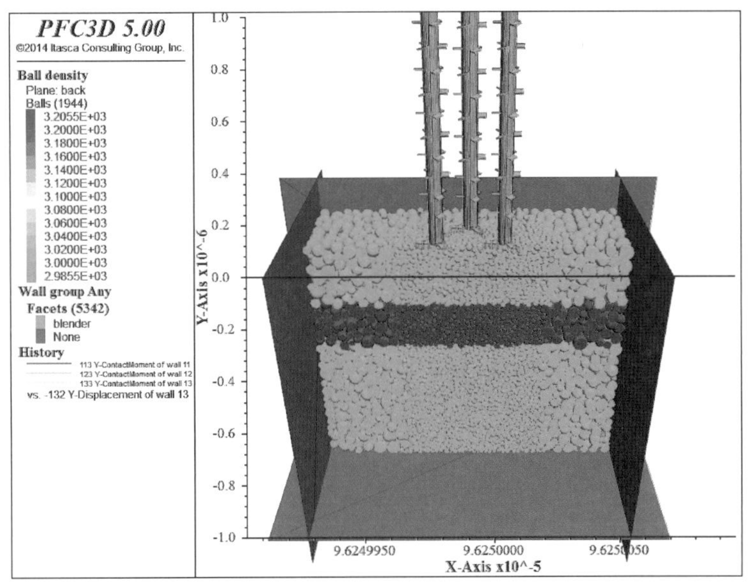

图 3-27 自平衡后的模型图(h=3 m)

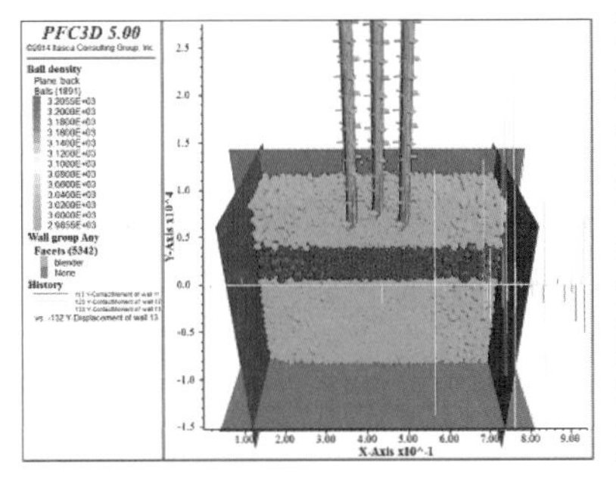

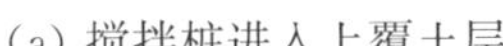

(a) 搅拌桩进入上覆土层

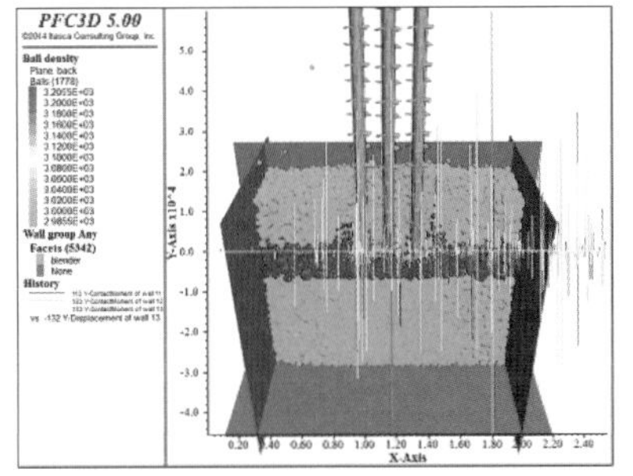

(b) 搅拌桩刚进入珊瑚礁灰岩层

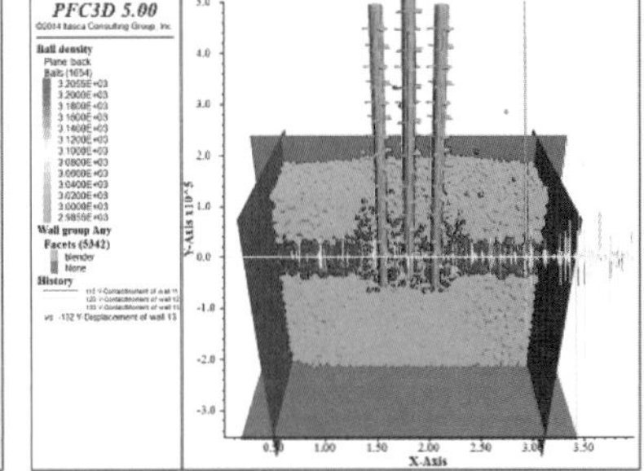

(c) 搅拌桩打穿珊瑚礁灰岩层

图 3-28 颗粒流模拟试验的颗粒分布图(h=3 m)

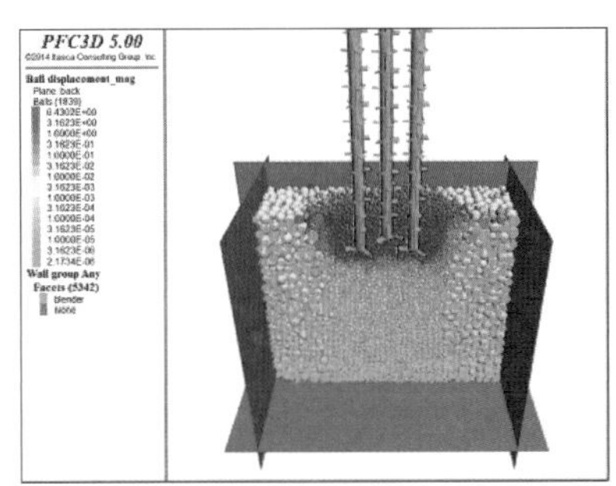

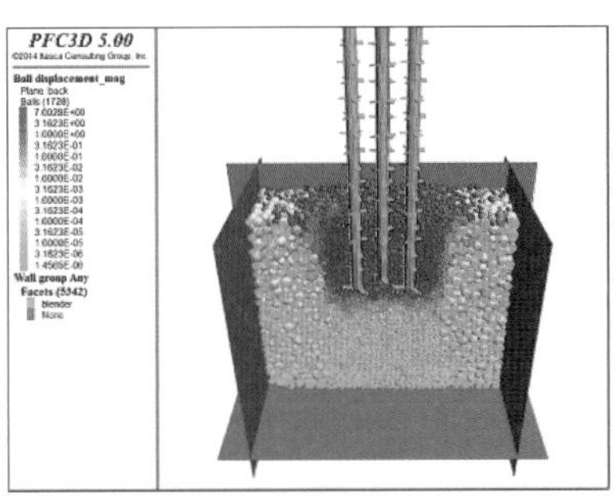

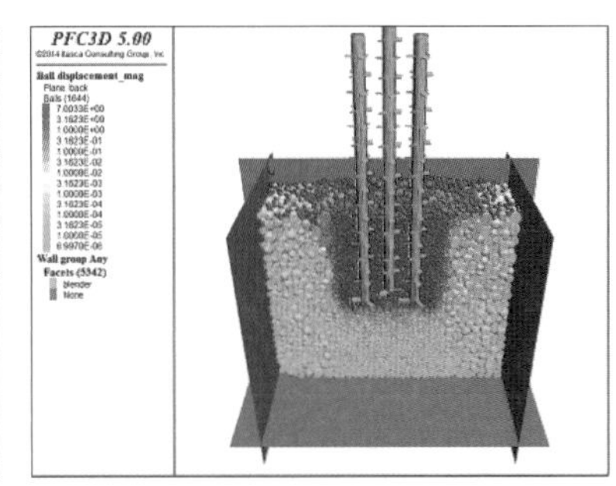

图 3-29 颗粒流模拟试验的颗粒位移图(h=3 m)

三个阶段的颗粒速度图以及颗粒速度矢量图分别如图 3-31 和图 3-32 所示。

从三个阶段颗粒的速度图可知：搅拌桩钻头附近颗粒的速度最大，离搅拌桩钻头越远颗粒的速度越小。在 $2d$ 范围外颗粒的速度很小，接近零。第一阶段颗粒最大速度达到 3.18 m/s，并上翻至地表面；第二阶段颗粒最大速度达到 3.94 m/s；第三阶段颗粒速度最大值达到 7.35 m/s。从三个阶段颗粒的速度矢量图发现：大部分颗粒的速度方向与搅拌桩垂直并相切，钻头附近以及地表附近的颗粒速度最大，运动最快。

三个阶段的颗粒接触力图以及颗粒接触力矢量图分别如图 3-33 和图 3-34 所示。

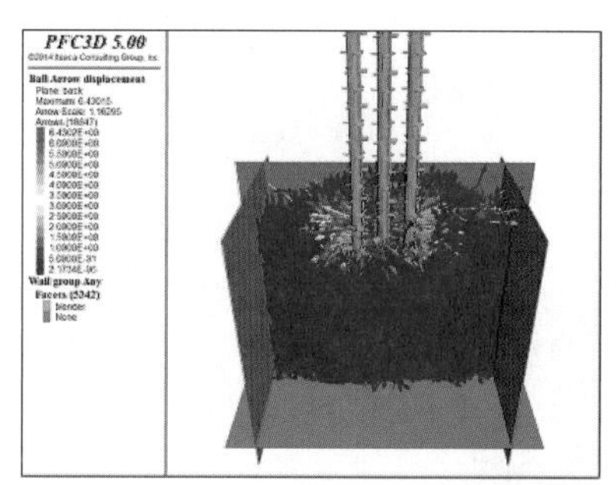
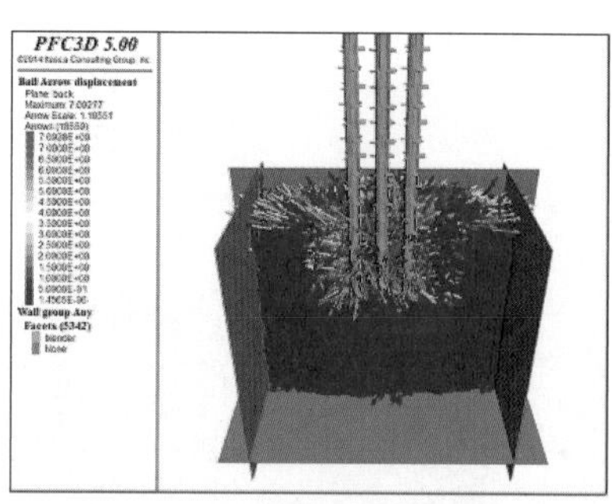
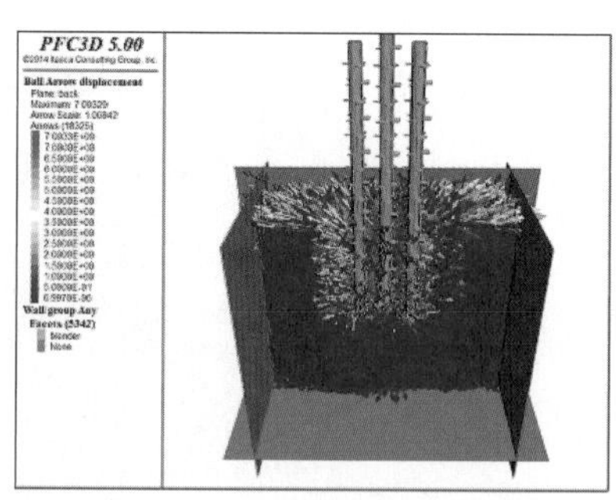

图 3－30 颗粒流模拟试验的颗粒位移矢量图(h=3 m)

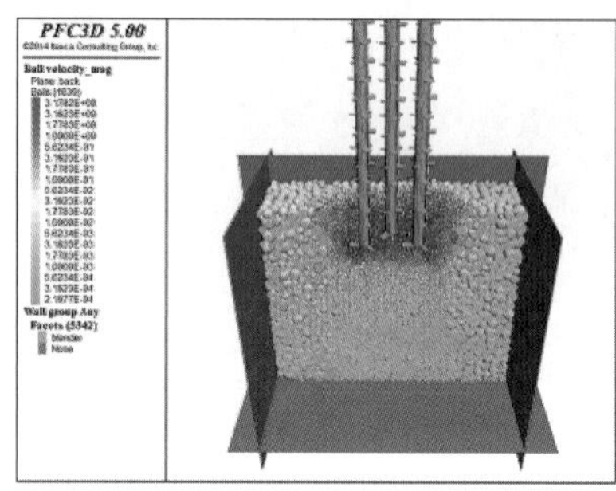
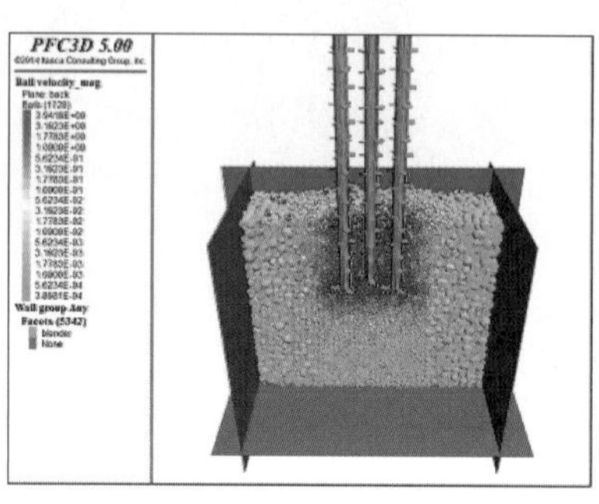
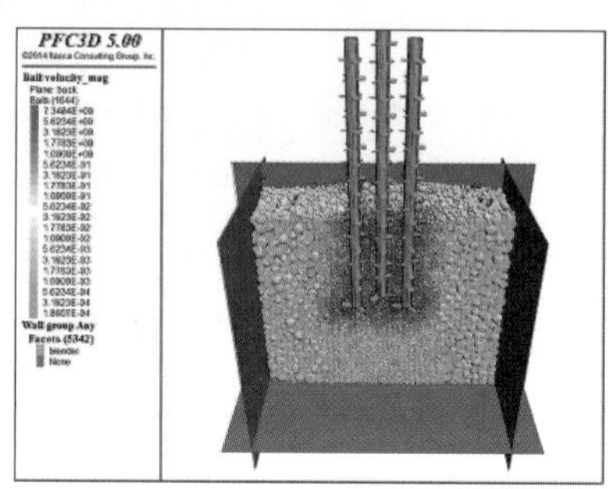

图 3－31 颗粒流模拟试验的颗粒速度图(h=3 m)

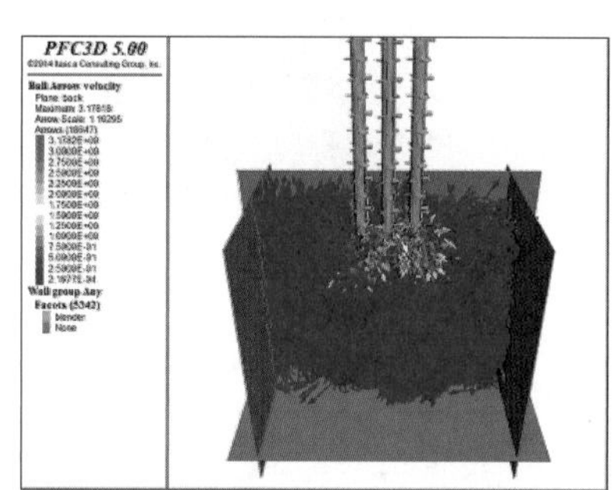
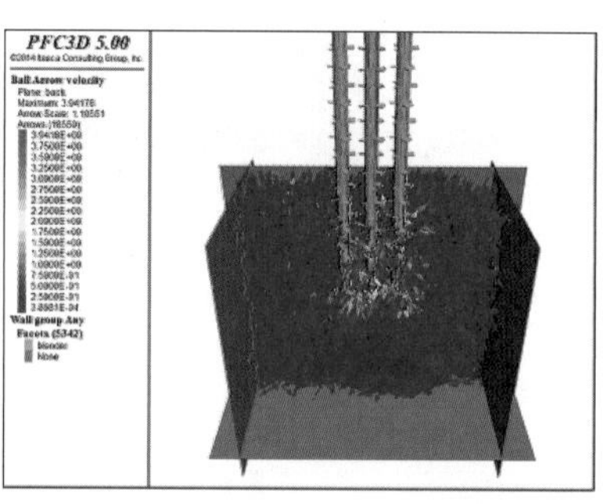
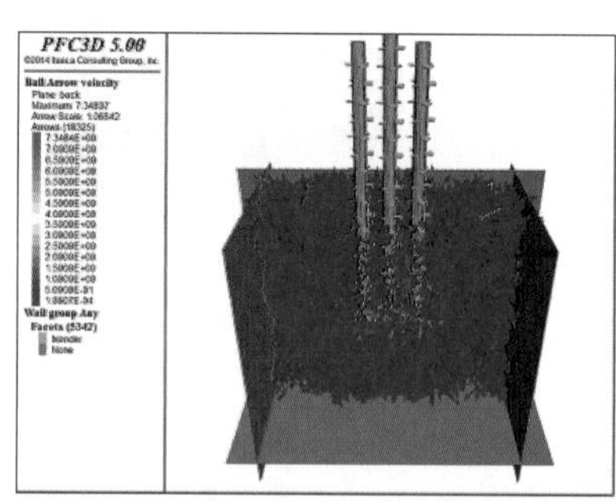

图 3－32 颗粒流模拟试验的颗粒速度矢量图(h=3 m)

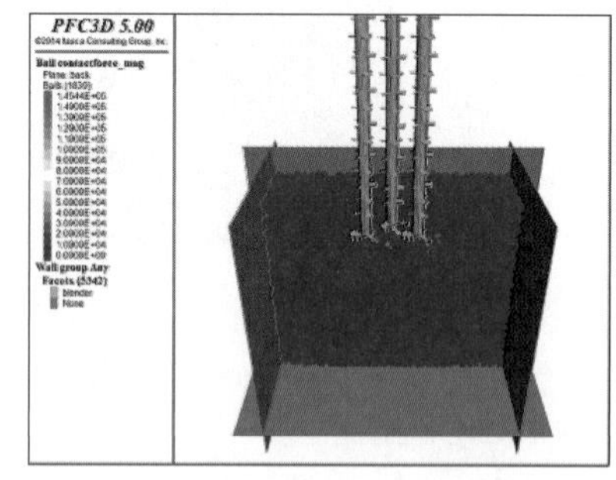
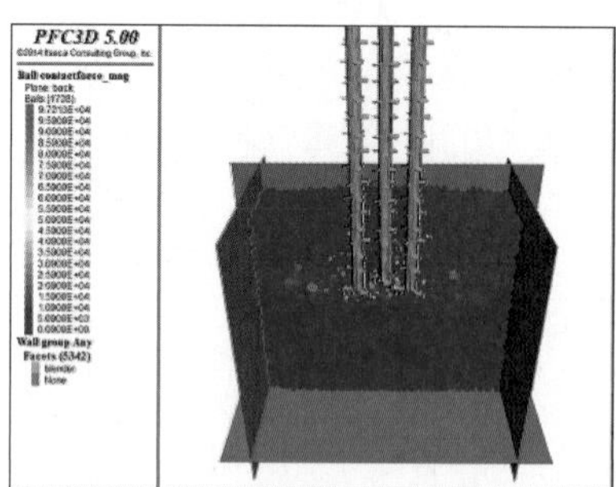
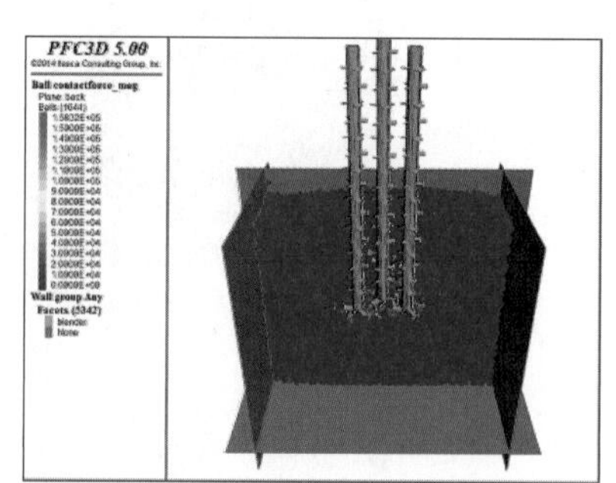

图 3－33 颗粒流模拟试验的颗粒接触力图(h=3 m)

从颗粒接触力图可以看出：由于搅拌桩钻头与颗粒间的挤压，搅拌桩钻头底部附近的颗粒接触力较大，被搅拌桩搅动过的位置的颗粒接触力则相对较小。对比三个阶段颗粒接触力，可以发现与搅拌桩钻头同一深度范围内的颗粒接触力最大，最大值分别为 70 kN，85 kN 以及 110 kN。此外，由于搅拌桩桩机在其重力作用下，钻头下部的颗粒接触力比被搅拌桩桩机搅拌过的颗粒接触力明显大一些，

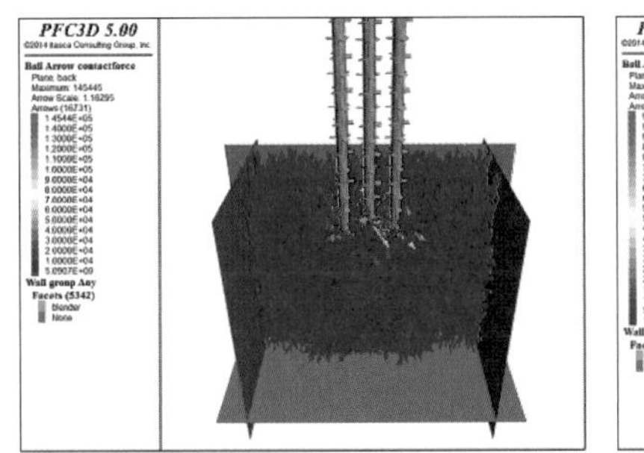
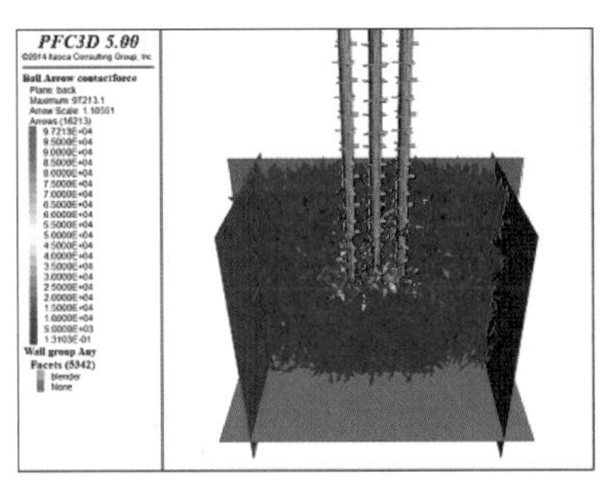
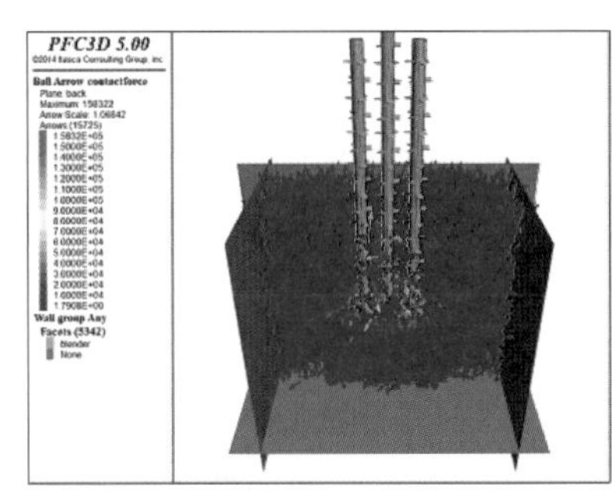

图 3-34 颗粒流模拟试验的颗粒接触力矢量图(h=3 m)

但随着搅拌深度的增加，上覆岩土层逐渐变厚，搅拌桩桩机搅拌过后的深层颗粒的接触力也会逐渐变大。从接触力矢量图来看，三轴搅拌桩桩机钻头附近的颗粒接触力明显比其他位置的接触力大得多。

对搅拌桩桩机所受的竖向抗力和抵抗扭矩分析分别如图 3-35 和图 3-36 所示。

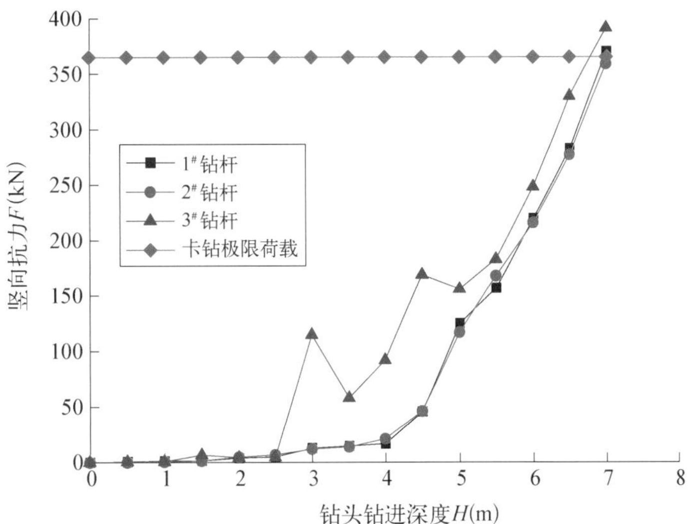

图 3-35 钻进深度与竖向抗力关系图(h=3 m)

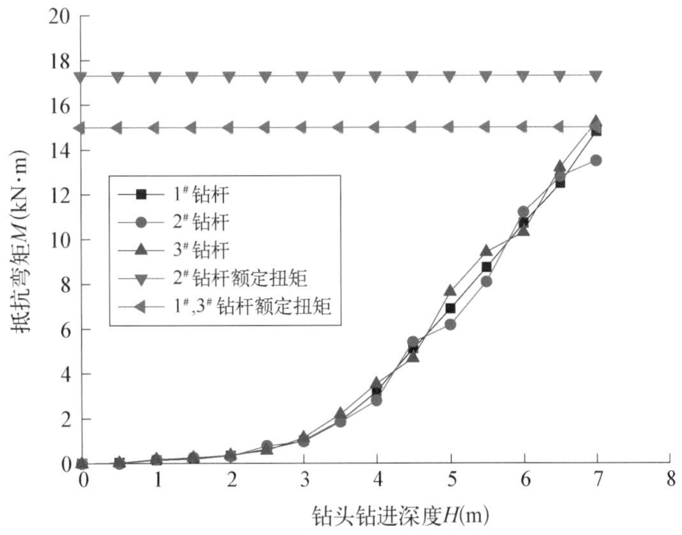

图 3-36 钻进深度与抵抗弯矩关系图(h=3 m)

从图中可以清楚地看出，三轴搅拌桩桩机由于竖向动力不足的缘故在 6.8 m 处出现三轴搅拌桩桩机较难下沉的情况，但此时岩土体颗粒给予搅拌桩的抵抗弯矩较小，没有达到搅拌桩卡钻、抱钻的极限。随着钻头的长时间转动(在钻头不出现磨损可继续施工的情况下)，钻头下方的岩石会被渐渐损坏可在一定程度上得到一定的下沉空间。因此在珊瑚礁灰岩厚度为 3 m 左右时，只要三轴搅拌桩桩机在后期无法下沉时采取上拔搅拌桩桩机再重打即可解决，从而达到完全打穿珊瑚礁灰岩层的效果。

(4) 厚度为 2 m 的模拟分析。

当灰岩强度为 6 MPa、厚度为 2 m、上覆土层为 4 m 时，在生成模型箱、岩土体颗粒以及三轴搅拌桩桩机且自平衡完成后，对搅拌桩施加一定的竖向速度和扭矩，使其搅拌岩土体(图 3－37)。

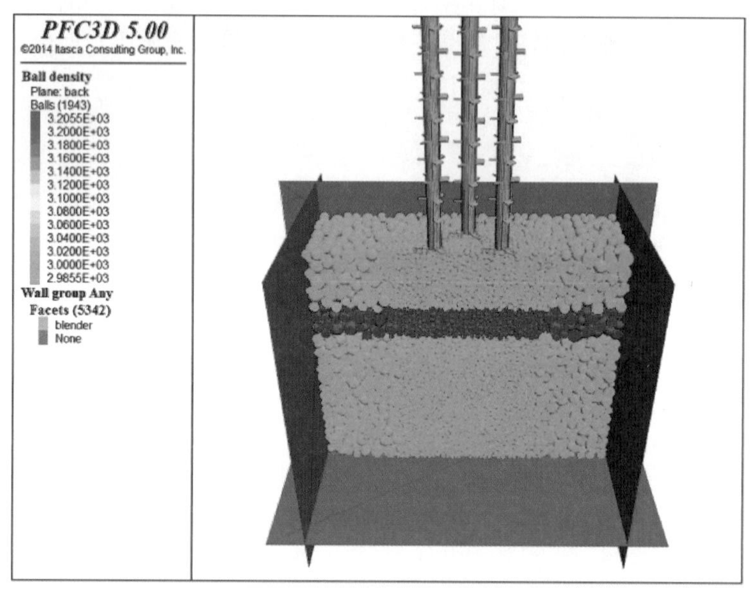

图 3－37　自平衡后的模型图(h=2 m)

在模拟试验过程中，每计算 1 000 步就记录一次三轴搅拌桩桩机与岩土体颗粒的相互作用颗粒分布图，以下分别给出几个典型阶段的颗粒分布图(图 3－38)。

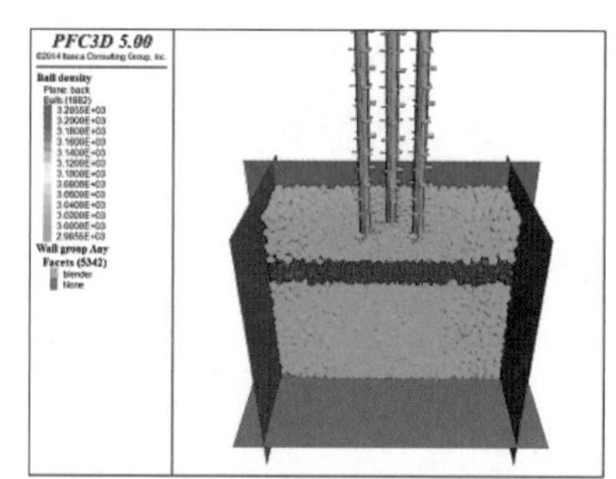

(a) 搅拌桩进入上覆土层

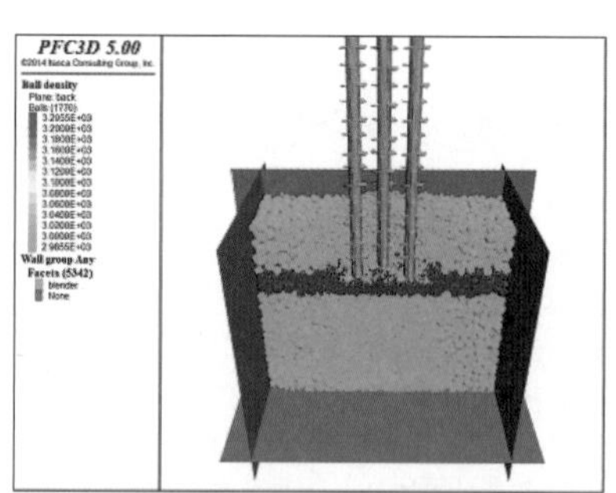

(b) 搅拌桩刚进入珊瑚礁灰岩层

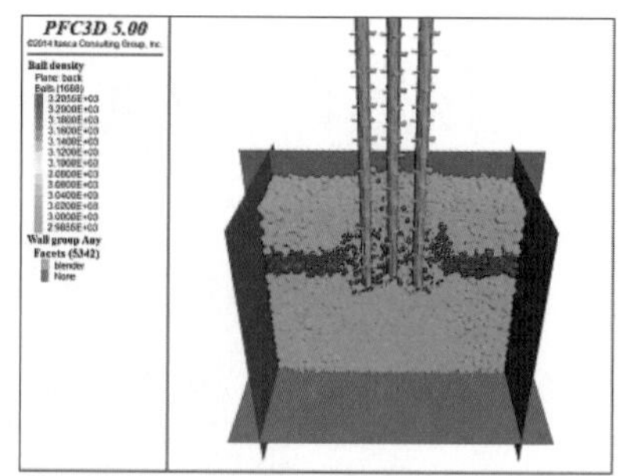

(c) 搅拌桩打穿珊瑚礁灰岩层

图 3－38　颗粒流模拟试验的颗粒分布图(h=2 m)

三个阶段的颗粒位移图以及颗粒位移矢量图分别如图 3－39 和图 3－40 所示。

从三个阶段颗粒的位移图可以看出：第一阶段颗粒的最大位移为 6.35 m，第二阶段最大位移为 6.42 m，第三阶段最大位移为 6.42 m。三轴搅拌桩施工过程中水平方向的影响范围大致为 $2d$，垂直方向上的颗粒位移比水平方向上的位移小，影响范围距搅拌桩桩机钻头下方约 d。

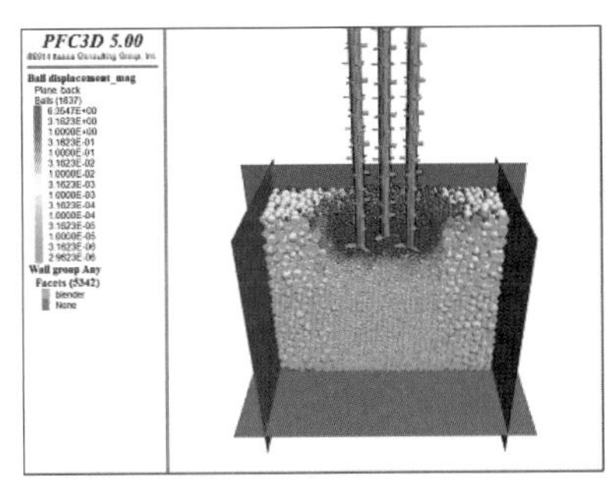

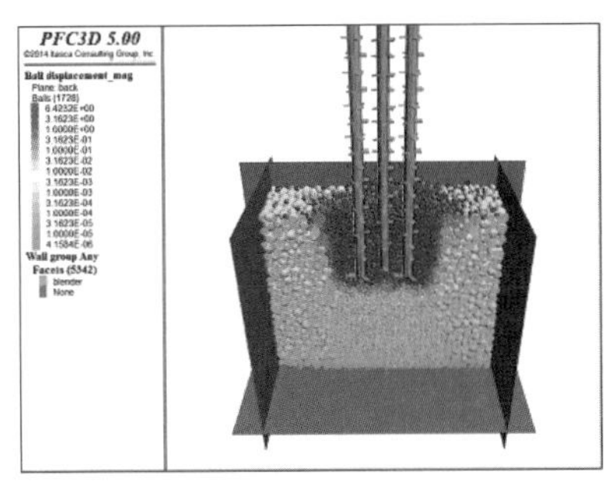

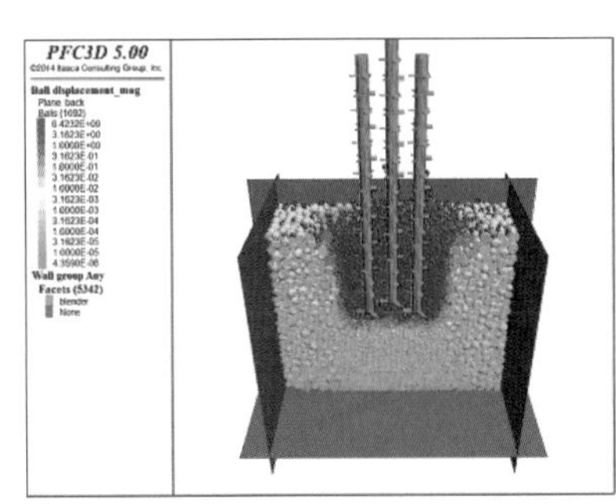

图 3-39　颗粒流模拟试验的颗粒位移图(h=2 m)

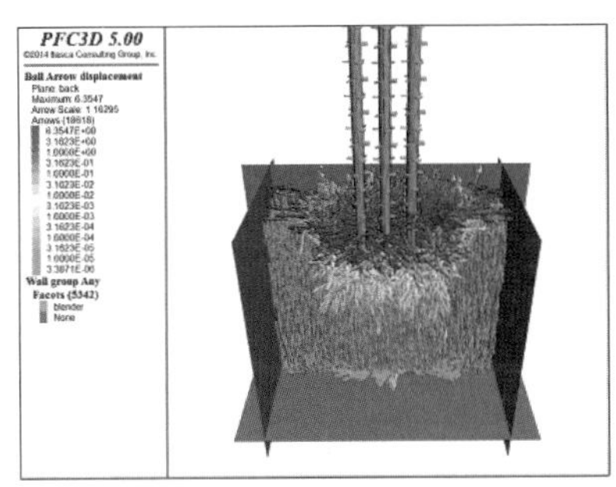

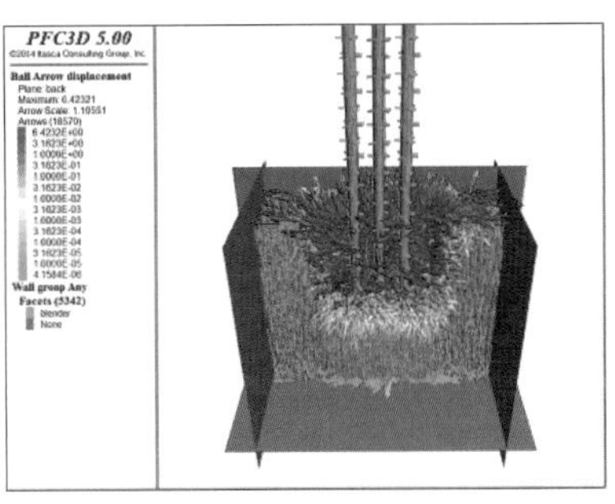

图 3-40　颗粒流模拟试验的颗粒位移矢量图(h=2 m)

三个阶段的颗粒速度图以及颗粒速度矢量图分别如图 3-41 和图 3-42 所示。

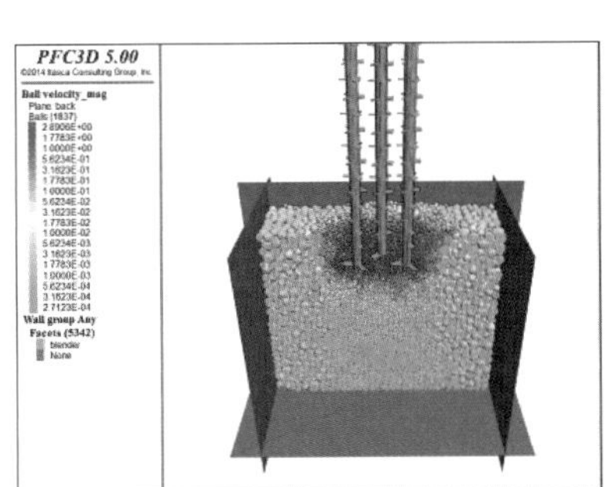

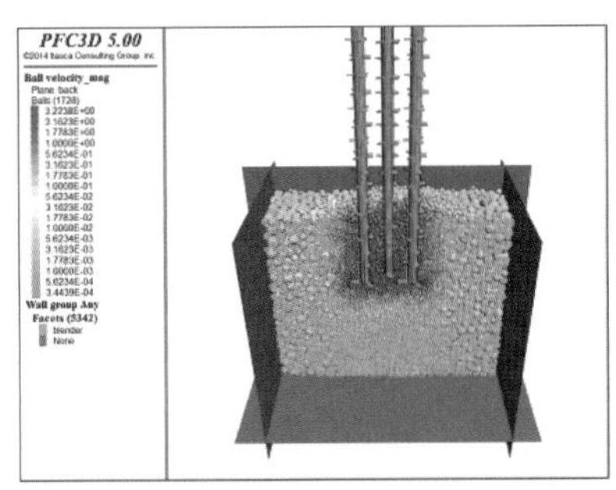

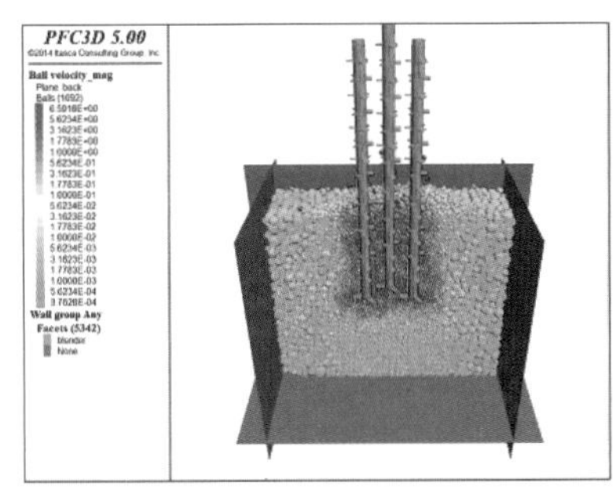

图 3-41　颗粒流模拟试验的颗粒速度图(h=2 m)

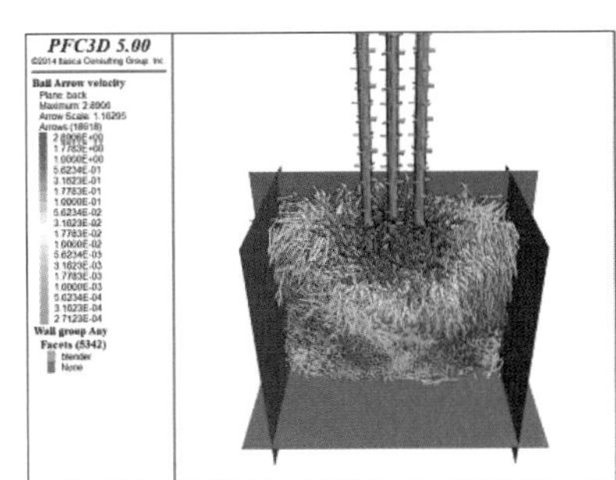

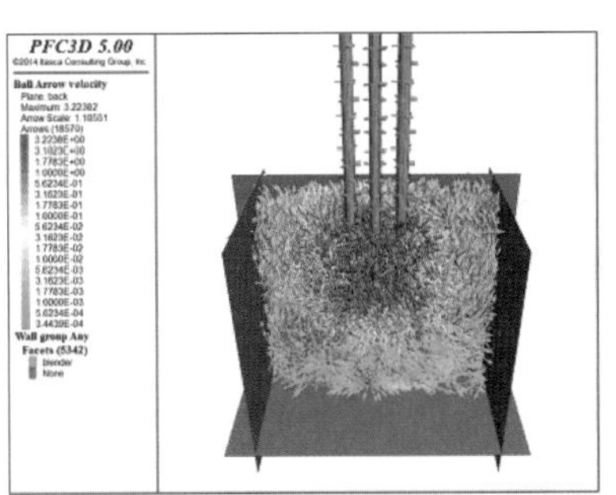

图 3-42　颗粒流模拟试验的颗粒速度矢量图(h=2 m)

从三个阶段颗粒的速度图可知：搅拌桩桩机钻头附近颗粒的速度最大，离搅拌桩桩机钻头越远颗粒的速度越小。在 $2d$ 范围外颗粒的速度很小，接近零。第一阶段颗粒最大速度达到 2.89 m/s，并上翻至地表面；第二阶段颗粒最大速度达到 3.22 m/s；第三阶段颗粒速度最大值达到 6.59 m/s。从三个阶段颗粒的速度矢量图发现：大部分颗粒的速度方向与搅拌桩桩机垂直并相切，钻头附近以及地表附近的颗粒速度最大，运动最快。

三个阶段的颗粒接触力图以及颗粒接触力矢量图分别如图 3-43 和图 3-44 所示。

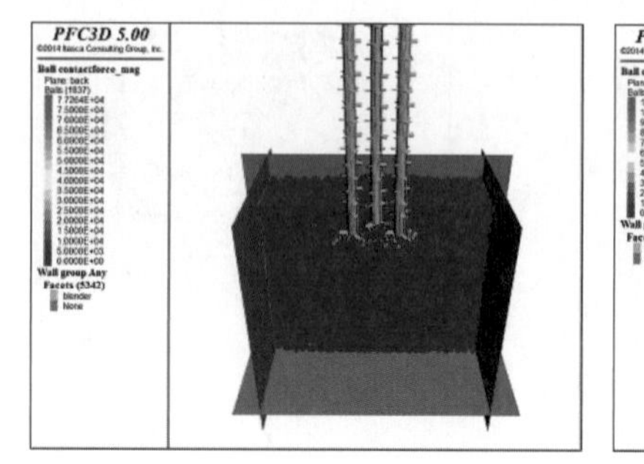
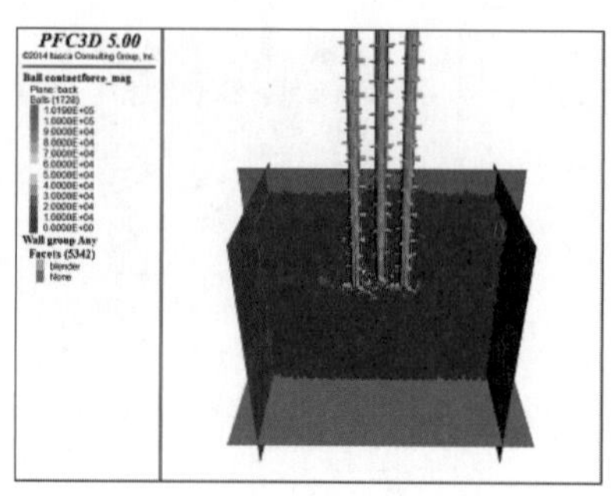
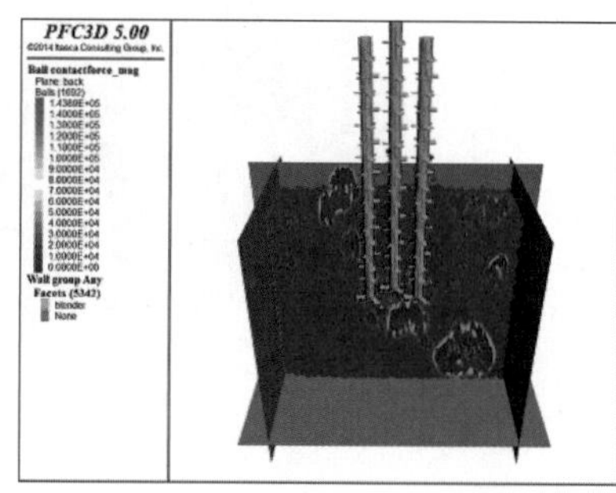

图 3-43 颗粒流模拟试验的颗粒接触力图(h=2 m)

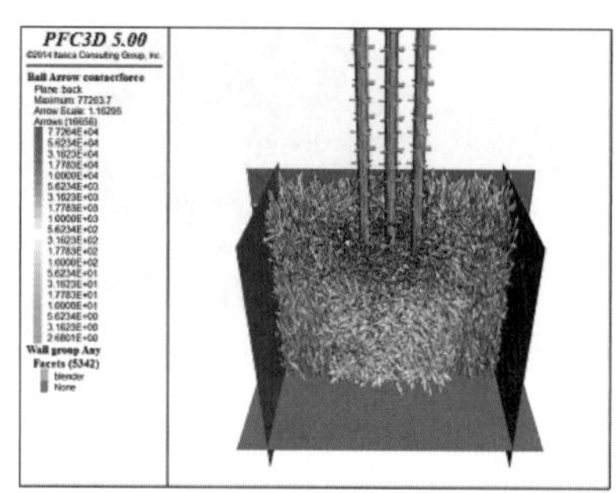
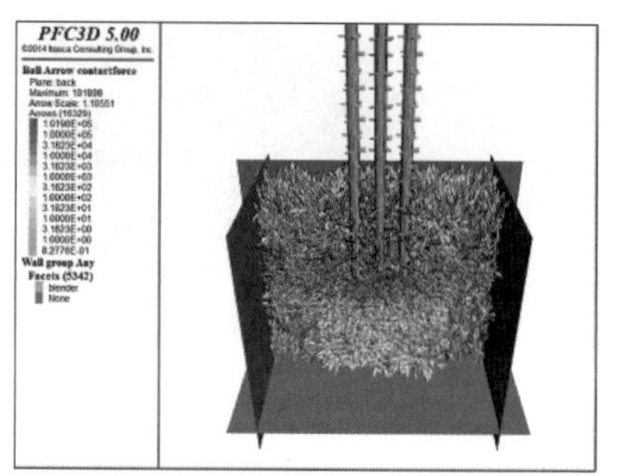

图 3-44 颗粒流模拟试验的颗粒接触力矢量图(h=2 m)

从颗粒接触力图可以看出：由于搅拌桩桩机钻头与颗粒间的挤压，搅拌桩桩机钻头底部附近的颗粒接触力较大，被搅拌桩桩机搅动过的位置的颗粒接触力则相对较小。对比三个阶段颗粒接触力，可以发现与搅拌桩桩机钻头同一深度范围内的颗粒接触力最大，最大值分别为 45 kN，60 kN 以及 85 kN。此外，由于搅拌桩桩机在其重力作用下，钻头下部的颗粒接触力比被搅拌桩桩机搅拌过的颗粒接触力明显大一些，但随着搅拌深度的增加，上覆岩土层逐渐变厚，搅拌桩搅拌过后的深层颗粒的接触力也会逐渐变大。从接触力矢量图来看，三轴搅拌桩桩机钻头附近的颗粒接触力明显比其他位置的接触力大得多。

对搅拌桩桩机所受的竖向抗力和抵抗扭矩分析分别如图 3-45 和图 3-46 所示。

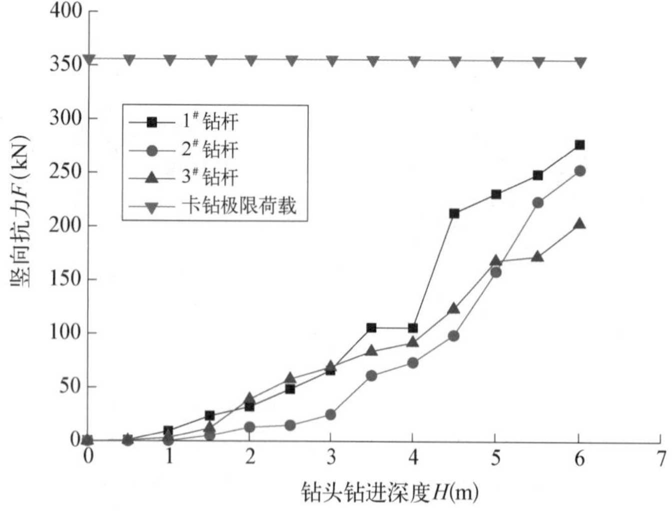

图 3-45 钻进深度与竖向抗力关系图(h=2 m)

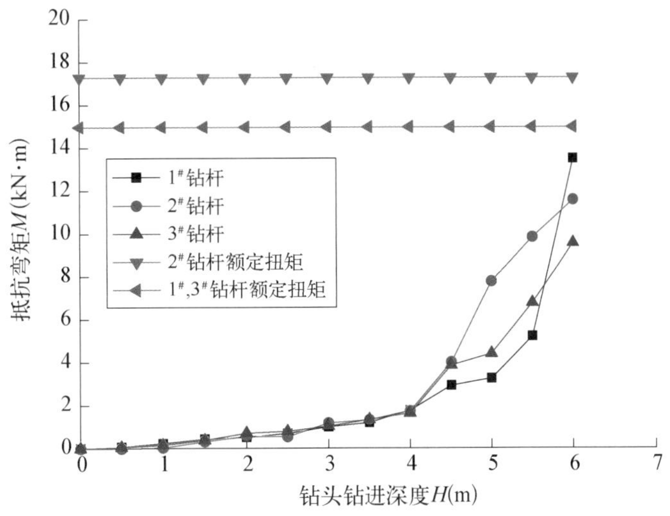

图 3-46 钻进深度与抵抗弯矩关系图(h=2 m)

从图中可以清楚地看出：当珊瑚礁灰岩层厚为 2 m 时，搅拌桩桩机在搅拌的整个过程中其受到的抵抗力以及抵抗弯矩均小于三轴搅拌桩自身提供的动力，施工过程中几乎没有出现卡钻、抱钻的不利情况。

(5) 卡钻、抱钻概率分析。

针对不同珊瑚礁灰岩层厚的数值模拟，得到了较多的模拟数据，根据数学概率分析方法分别计算出每种层厚条件下，三轴搅拌桩出现卡钻、抱钻的概率。当珊瑚礁灰岩层厚度为 5 m 时，利用软件采集到了共计 6 组约 24 万个数据(其中 3 组为三轴搅拌桩的竖向抗力，另外 3 组为三轴搅拌桩的抵抗弯矩，每组数据大于 4 万个)。针对上述数据采用数学概率分析，可得到三轴搅拌桩出现卡钻、抱钻的总概率。概率计算公式如下：

$$p=\frac{1}{2n}(p_{F1}+p_{F2}+\cdots p_{Fn})+\frac{1}{2n}(p_{M1}+p_{M2}+\cdots p_{Mn}) \tag{3-6}$$

式中，p 为三轴搅拌桩出现卡钻、抱钻的总概率；p_{Fn} 为第 n 根搅拌桩施工时因桩机竖向动力不足出现卡钻、抱钻的概率；p_{Mn} 为第 n 根搅拌桩施工时因桩机扭矩动力不足出现卡钻、抱钻的概率。

利用上述分析方法分别得到每种情况下的卡钻、抱钻的概率，并进行插值计算统计出综合概率，如表 3-5 所示。

表 3-5 不同灰岩厚度条件下三轴搅拌桩卡钻、抱钻概率

灰岩厚度	2 m 以下	2～3 m	3～4 m	4～5 m
概 率	0%	16.3%	25.8%	33.1%

对比 4 组不同厚度的珊瑚礁灰岩的数值模拟结果发现，随着灰岩厚度的逐步增加，三轴搅拌桩桩机出现卡钻、抱钻的概率骤然增加。在珊瑚礁灰岩厚度小于 2 m 的情况下，几乎不出现卡钻、抱钻的情况，现场可不予处理。厚度在 2～3 m 时，出现卡钻、抱钻的概率也只有 16.3%，可选择性地进行处理。当在厚度大于 4 m 后，出现卡钻、抱钻的概率越来越大，此时提前采取处理措施，显得尤为重要。

2) 珊瑚礁灰岩强度的影响分析

珊瑚礁灰岩强度对三轴搅拌桩可搅拌性的影响较大。若珊瑚礁灰岩强度较小时，三轴搅拌桩较易搅拌灰岩层，达到搅拌的最佳效果，但当珊瑚礁灰岩强度较大时，三轴搅拌桩极易出现卡钻、抱钻的不利情况。三轴搅拌桩卡入灰岩层不但会导致机械破坏，更会延误工期，造成更大的经济损失。因此，本次数值模拟有必要研究珊瑚礁灰岩层强度对于搅拌桩可搅拌性的影响。根据现场的珊瑚礁灰岩强度的实际情况，分成以下 4 组进行模拟(表 3－6)。

表 3－6　珊瑚礁灰岩强度变化的主要参数

组　　别	灰岩强度 f(MPa)	灰岩厚度 h(m)	上覆土层厚度 d(m)
1	3	4	4
2	6	4	4
3	9	4	4

(1) 强度为 3 MPa 数值模拟。

当灰岩强度为 3 MPa、厚度为 4 m、上覆土层为 4 m 时，在生成模型箱、岩土体颗粒以及三轴搅拌桩桩机且自平衡完成后，对搅拌桩施加一定的竖向速度和扭矩，使其搅拌岩土体(图 3－47)。

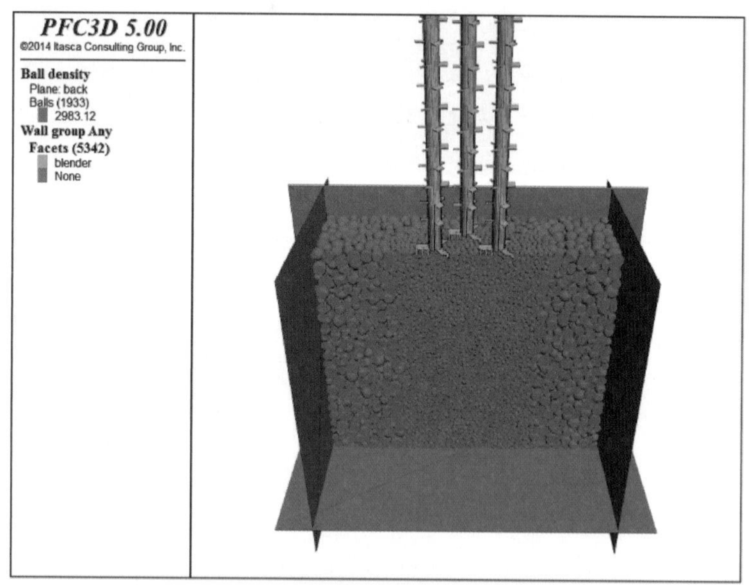

图 3－47　自平衡后的模型图(f=3 MPa)

在模拟试验过程中，每计算 1 000 步就记录一次三轴搅拌桩与岩土体颗粒的相互作用颗粒分布图，以下分别给出几个典型阶段的颗粒分布图(图 3－48)。

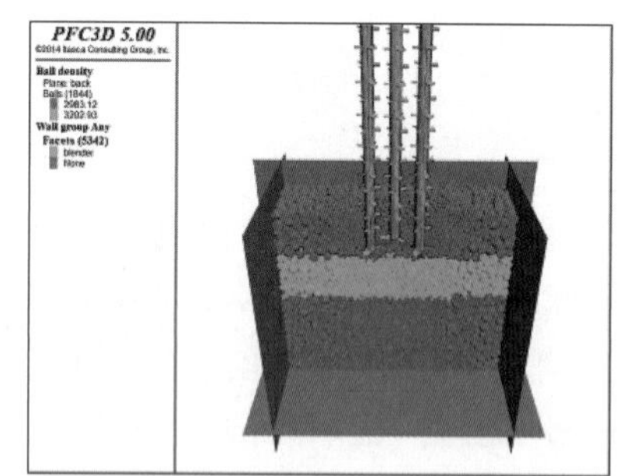

(a) 搅拌桩进入上覆土层

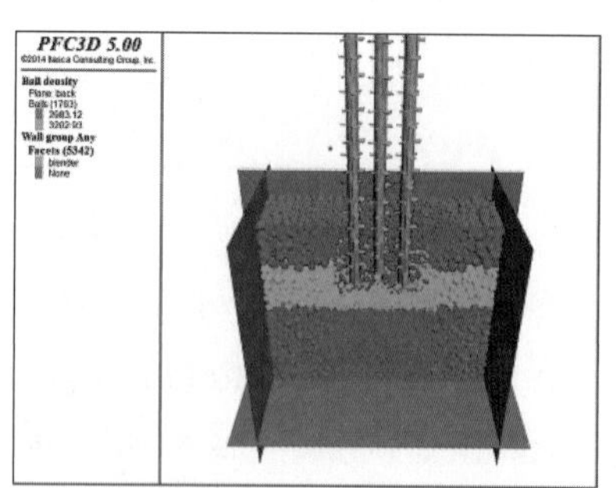

(b) 搅拌桩刚进入珊瑚礁灰岩层

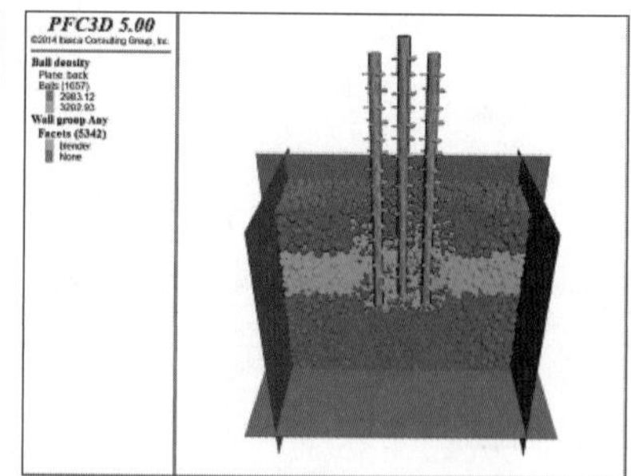

(c) 搅拌桩打穿珊瑚礁灰岩层

图 3－48　颗粒流模拟试验的颗粒分布图(f=3 MPa)

三个阶段的颗粒位移图以及颗粒位移矢量图分别如图 3－49 和图 3－40 所示。

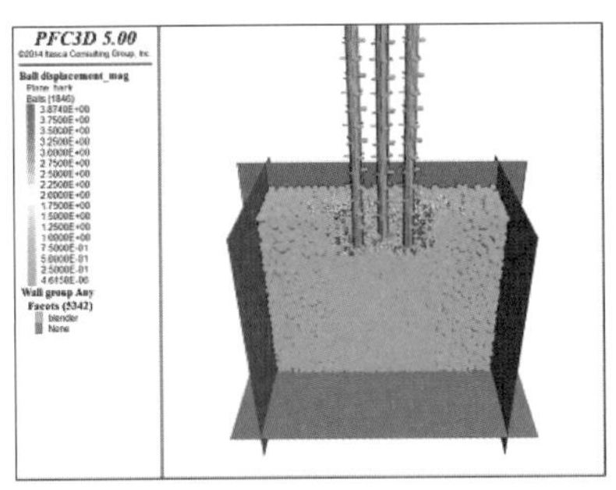

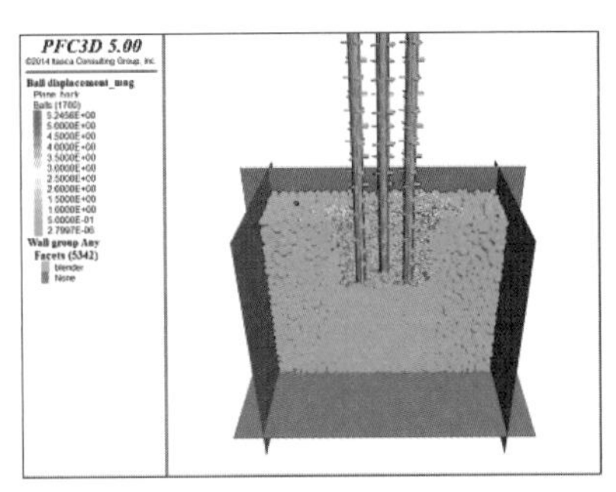

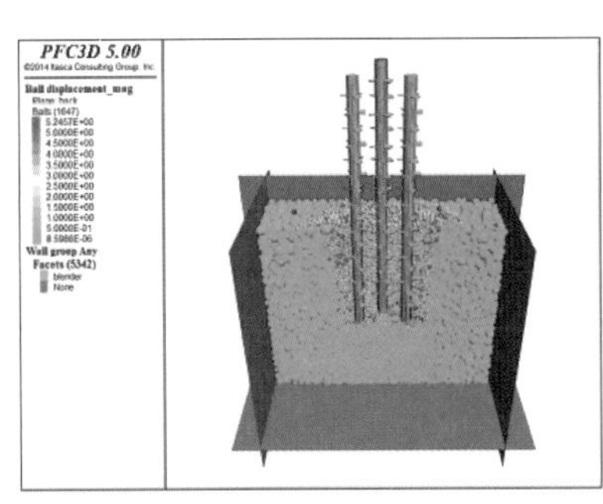

图 3-49 颗粒流模拟试验的颗粒位移图(f=3 MPa)

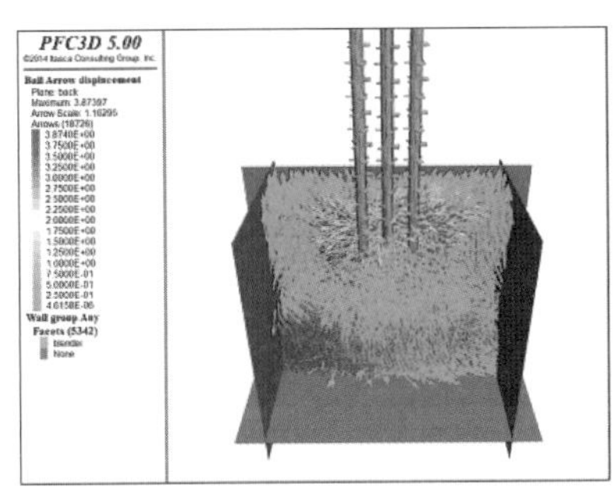

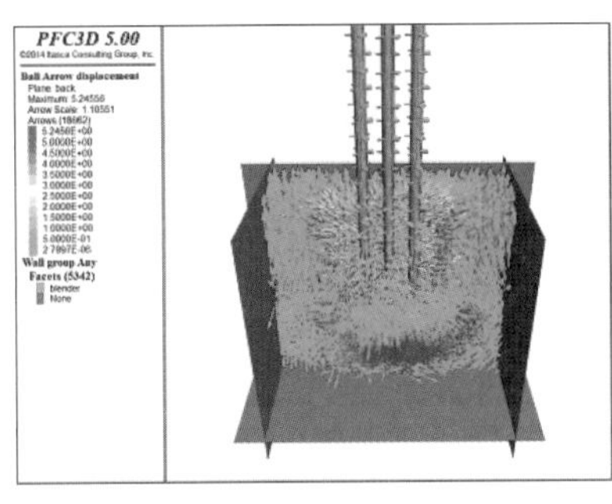

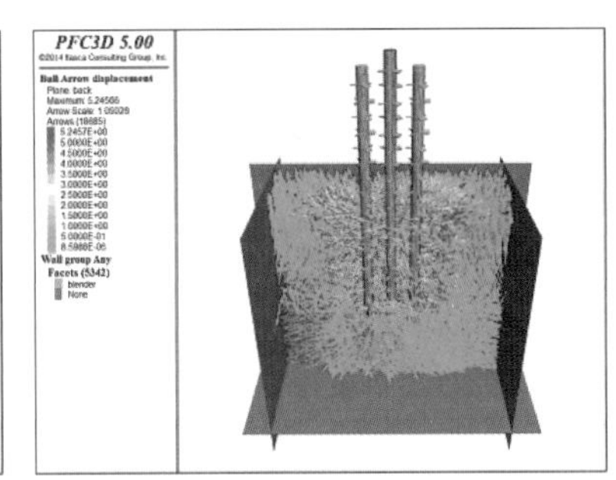

图 3-50 颗粒流模拟试验的颗粒位移矢量图(f=3 MPa)

从三个阶段颗粒的位移图可以看出：第一阶段颗粒的最大位移为 3.87 m,第二阶段最大位移为 5.24 m,第三阶段最大位移为 5.25 m。三轴搅拌桩施工过程中水平方向的影响范围大致为 $2d$,垂直方向上的颗粒位移比水平方向上的位移小,影响范围距搅拌桩钻头下方约 d。

三个阶段的颗粒速度图以及颗粒速度矢量图分别如图 3-51 和图 3-52 所示。

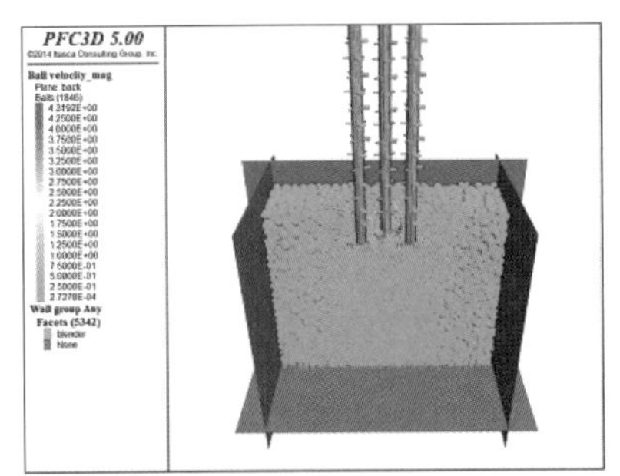

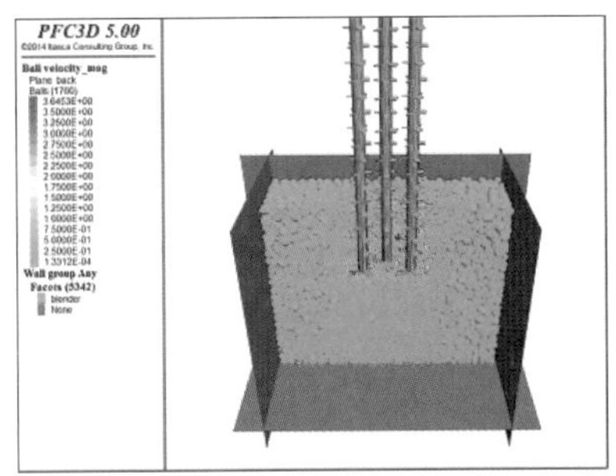

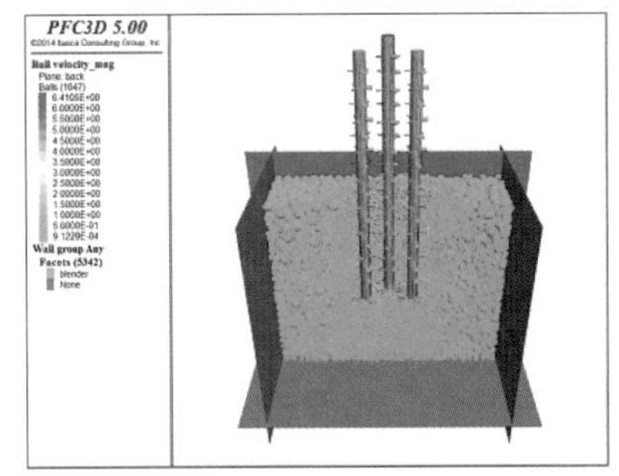

图 3-51 颗粒流模拟试验的颗粒速度图(f=3 MPa)

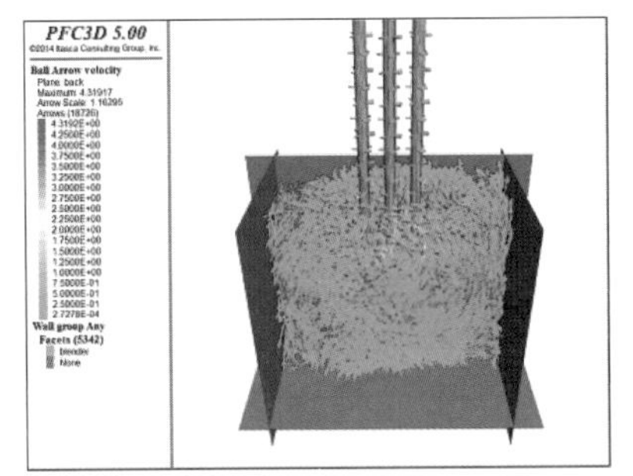

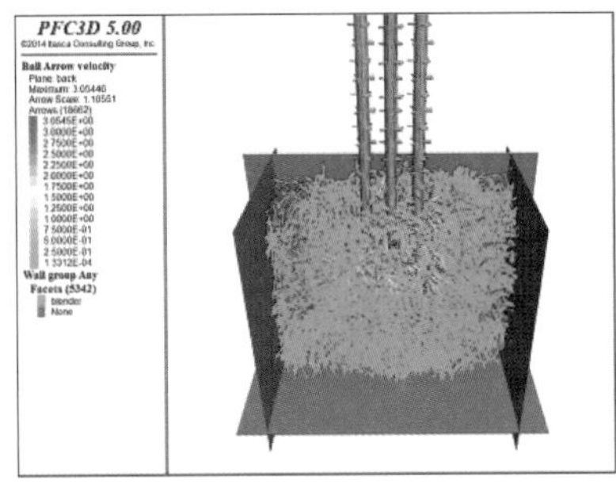

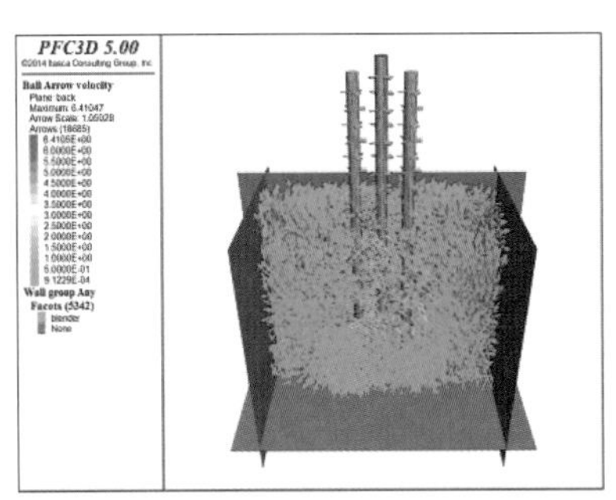

图 3-52 颗粒流模拟试验的颗粒速度矢量图(f=3 MPa)

从三个阶段颗粒的速度图可知：搅拌桩桩机钻头附近颗粒的速度最大,离搅拌桩桩机钻头越远颗粒的速度越小。在 $2d$ 范围外颗粒的速度很小,接近零。第一阶段颗粒最大速度达到 4.32 m/s,并上翻至地表面;第二阶段颗粒最大速度达到 3.05 m/s;第三阶段颗粒速度最大值达到 6.41 m/s。从三个阶段颗粒的速度矢量图发现:大部分颗粒的速度方向与搅拌桩桩机垂直并相切,钻头附近以及地表附近的颗粒速度最大,运动最快。

三个阶段的颗粒接触力图以及颗粒接触力矢量图分别如图 3－53 和图 3－54 所示。

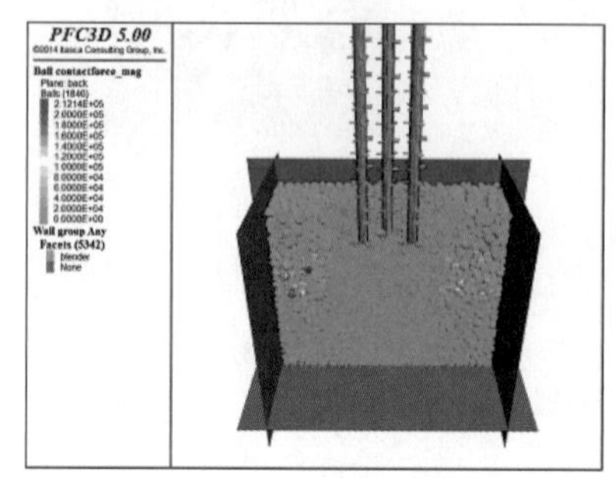

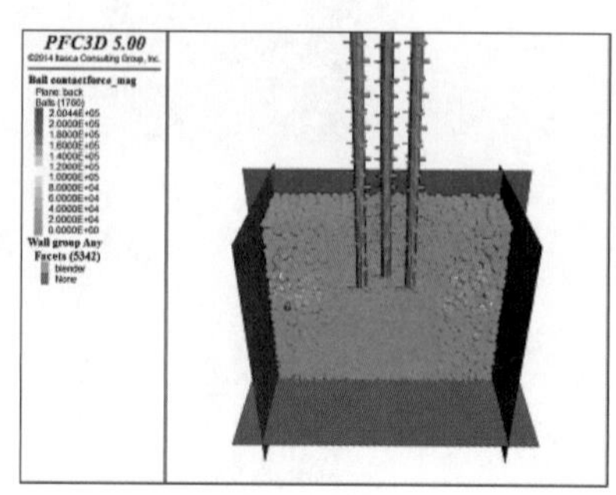

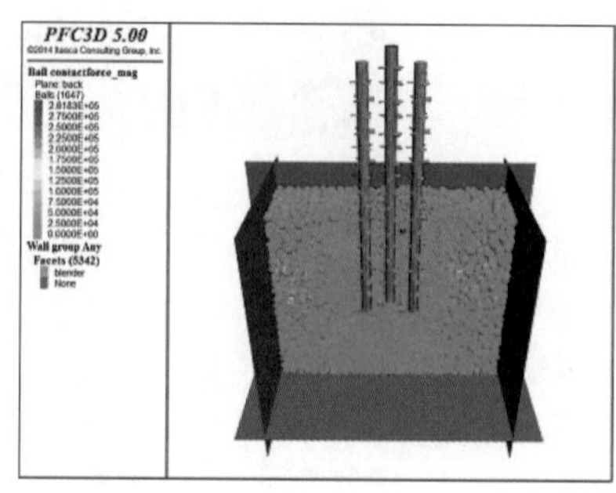

图 3－53 颗粒流模拟试验的颗粒接触力图(f=3 MPa)

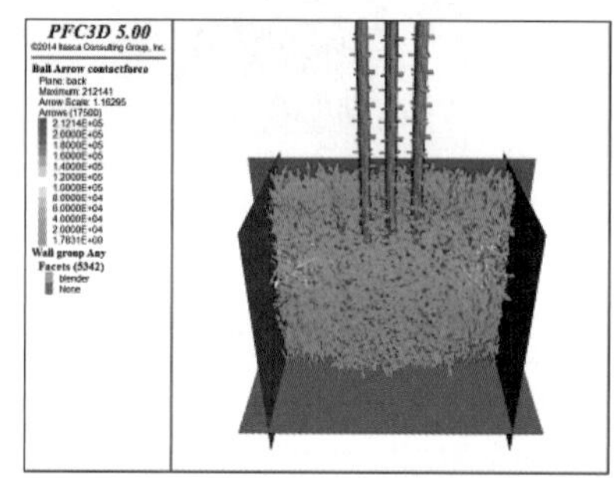

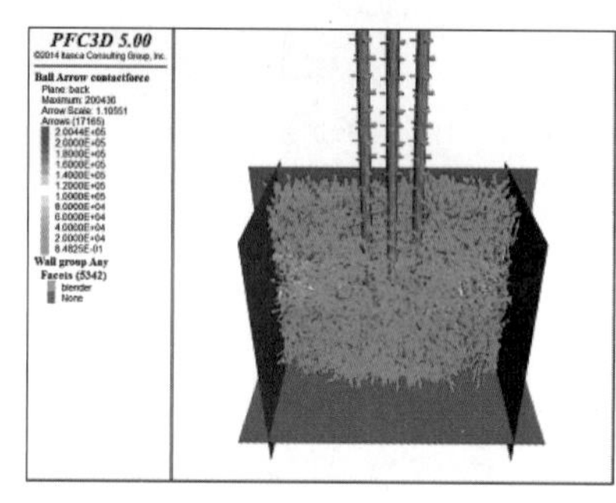

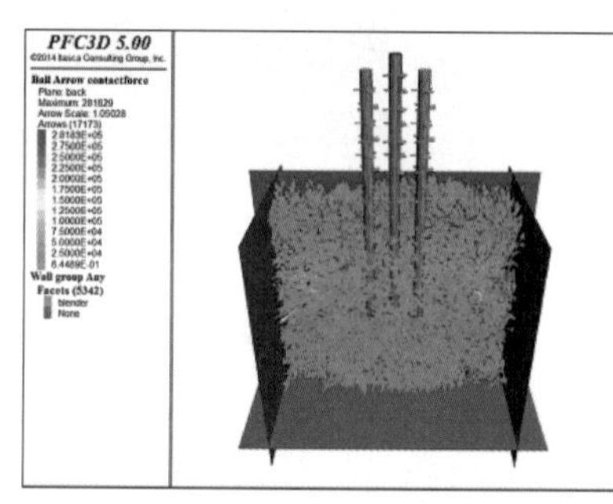

图 3－54 颗粒流模拟试验的颗粒接触力矢量图(f=3 MPa)

从颗粒接触力图可以看出:由于搅拌桩桩机钻头与颗粒间的挤压,搅拌桩桩机钻头底部附近的颗粒接触力较大,被搅拌桩搅动过的位置的颗粒接触力则相对较小。由于珊瑚礁灰岩层的强度较小,在搅拌桩搅拌过程中,对下方的岩层扰动较大,下方岩层颗粒所受到的接触力相比强度较大的颗粒接触力变大很多。对比三个阶段颗粒接触力,可以发现与搅拌桩桩机钻头同一深度范围内的颗粒接触力最大,最大值分别为 80 kN,100 kN 以及 125 kN。对搅拌桩桩机所受的竖向抗力和抵抗扭矩分析分别如图 3－55 和图 3－56 所示。

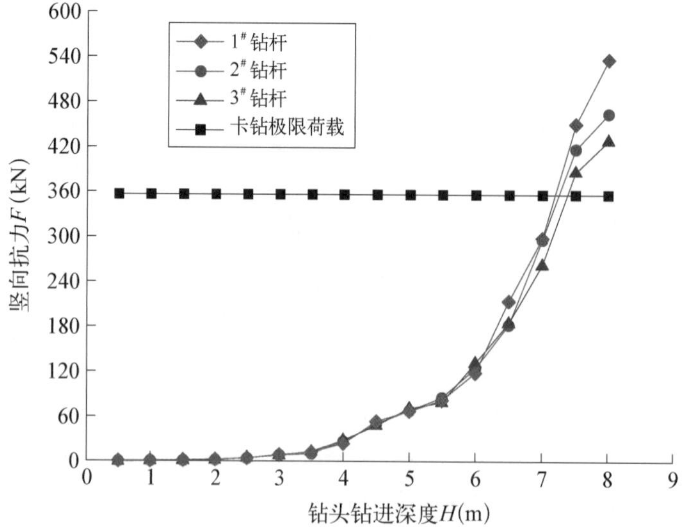

图 3－55 钻进深度与竖向抗力关系图(f=3 MPa)

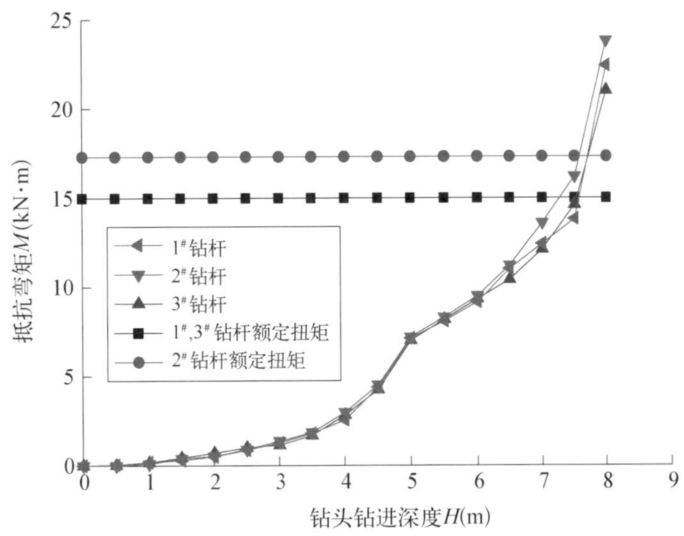

图 3-56 钻进深度与抵抗弯矩关系图(f=3 MPa)

通过图 3-55 和图 3-56 可以得到：当三轴搅拌桩搅拌至 7.5 m 后，便开始出现钻头下钻困难的情况，但随着不断上提搅拌桩等措施仍可保证搅拌桩桩机一定的下沉空间，而当搅拌桩搅拌至 7.8 m 的位置便开始出现卡钻乃至抱钻的情况。

(2) 强度为 6 MPa 数值模拟。

灰岩强度为 6 MPa、厚度为 4 m、上覆土层为 4 m 的模拟模型已在厚度影响分析中进行了阐述，此处不予以赘述。

(3) 强度为 9 MPa 数值模拟。

当灰岩强度为 9 MPa、厚度为 4 m、上覆土层为 4 m 时，在生成模型箱、岩土体颗粒以及三轴搅拌桩桩机且自平衡完成后，对搅拌桩施加一定的竖向速度和扭矩，使其搅拌岩土体(图 3-57)。

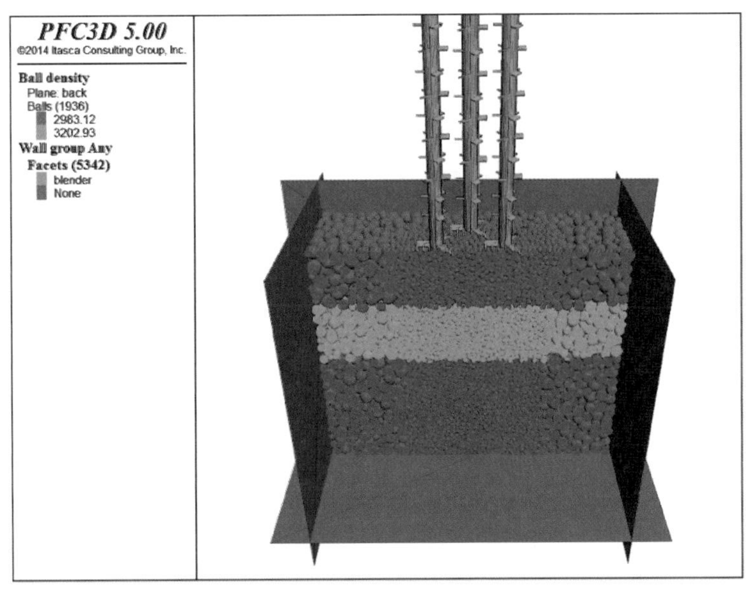

图 3-57 自平衡后的模型图(f=9 MPa)

在模拟试验过程中，每计算 1 000 步就记录一次三轴搅拌桩桩机与岩土体颗粒的相互作用颗粒分布图，以下分别给出几个典型阶段的颗粒分布图(图 3-58)。

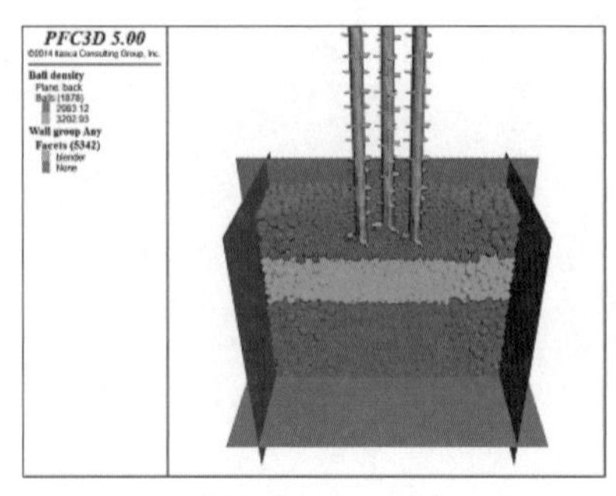

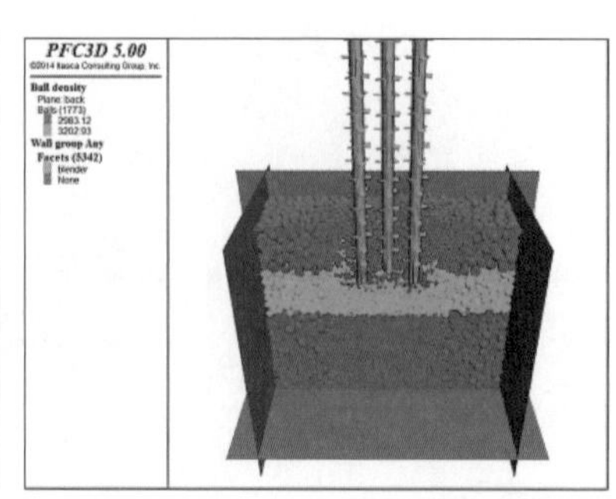

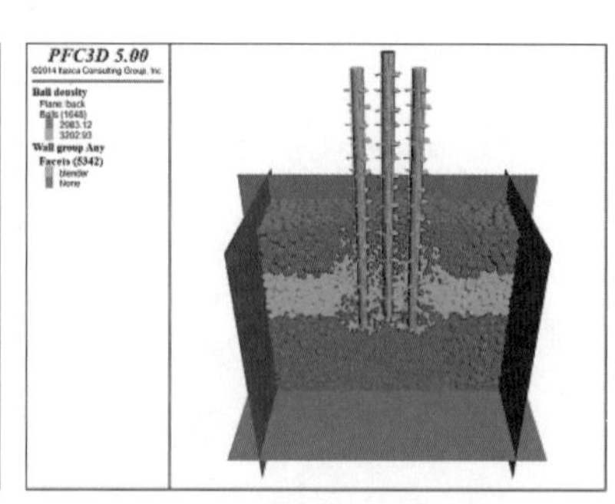

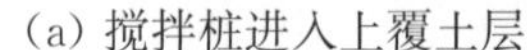
(a) 搅拌桩进入上覆土层　(b) 搅拌桩刚进入珊瑚礁灰岩层　(c) 搅拌桩打穿珊瑚礁灰岩层

图 3-58　颗粒流模拟试验的颗粒分布图(f=9 MPa)

三个阶段的颗粒位移图以及颗粒位移矢量图分别如图 3-59 和图 3-60 所示。

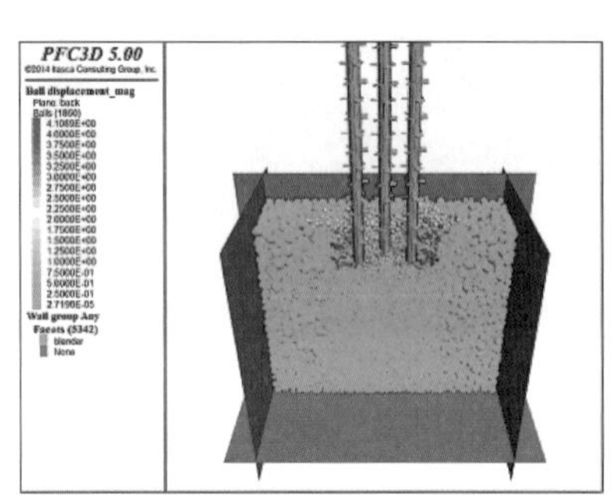

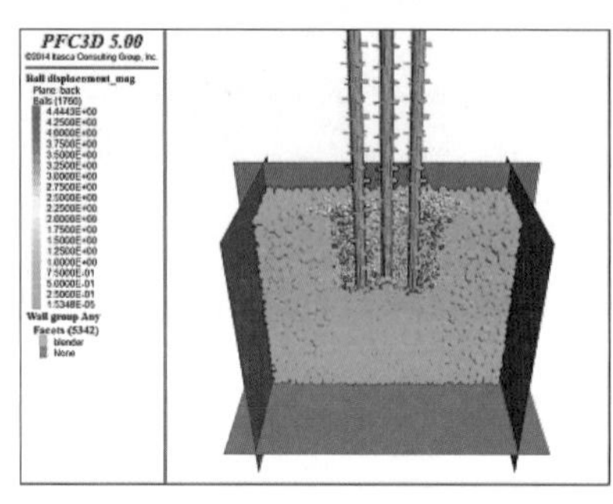

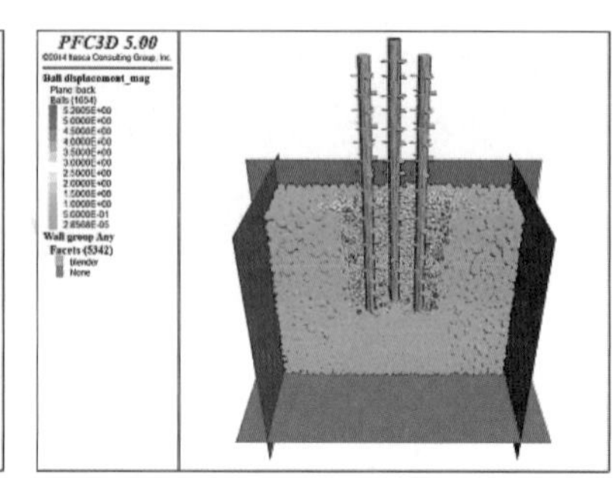

图 3-59　颗粒流模拟试验的颗粒位移图(f=9 MPa)

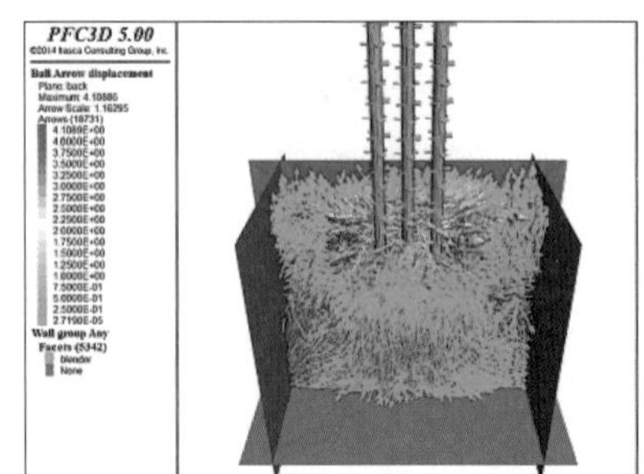

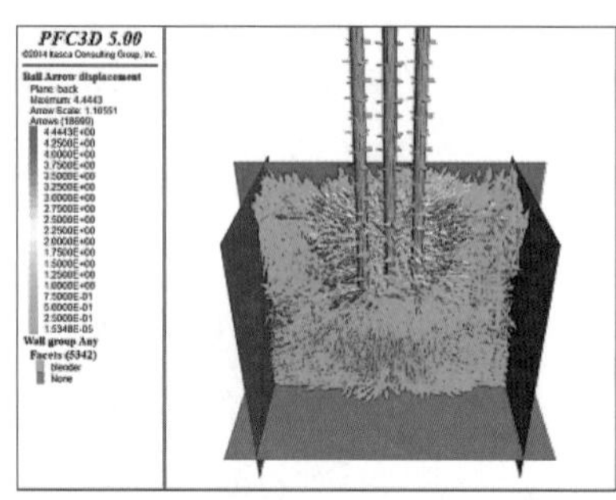

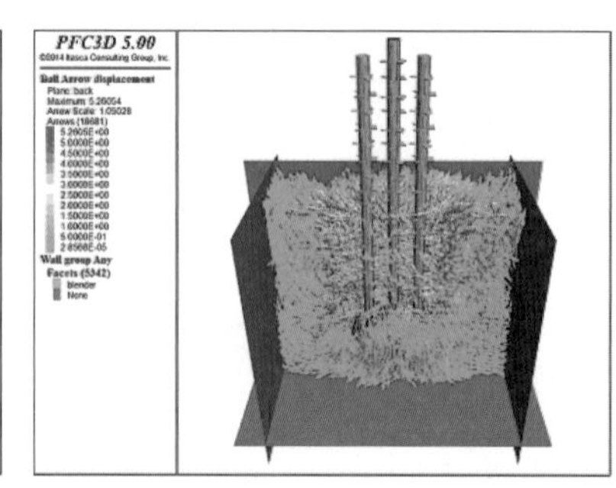

图 3-60　颗粒流模拟试验的颗粒位移矢量图(f=9 MPa)

从三个阶段颗粒的位移图可以看出：第一阶段颗粒的最大位移为 4.11 m，第二阶段最大位移为 4.44 m，第三阶段最大位移为 5.26 m。三轴搅拌桩施工过程中水平方向的影响范围大致为 $2d$，垂直方向上的颗粒位移比水平方向上的位移小，影响范围距搅拌桩钻头下方约 d。

三个阶段的颗粒速度图以及颗粒速度矢量图分别如图 3-61 和图 3-62 所示。

从三个阶段颗粒的速度图可知：搅拌桩桩机钻头附近颗粒的速度最大，离搅拌桩桩机钻头越远颗粒的速度越小。在 $2d$ 范围外颗粒的速度很小，接近零。第一阶段颗粒最大速度达到 3.54 m/s，并上翻至地表面；第二阶段颗粒最大速度达到 4.05 m/s；第三阶段颗粒速度最大值达到 4.22 m/s。从三个阶段颗粒的速度矢量图发现：大部分颗粒的速度方向与搅拌桩桩机垂直并相切，钻头附近以及地表附近的颗粒速度最大，运动最快。

三个阶段的颗粒接触力图以及颗粒接触力矢量图分别如图 3-63 和图 3-64 所示。

从颗粒接触力图可以看出：由于搅拌桩桩机钻头与颗粒间的挤压，搅拌桩桩机钻头底部附近的颗粒接触力较大，被搅拌桩桩机搅动过的位置的颗粒接触力则相对较小。对比三个阶段颗粒接触力，可

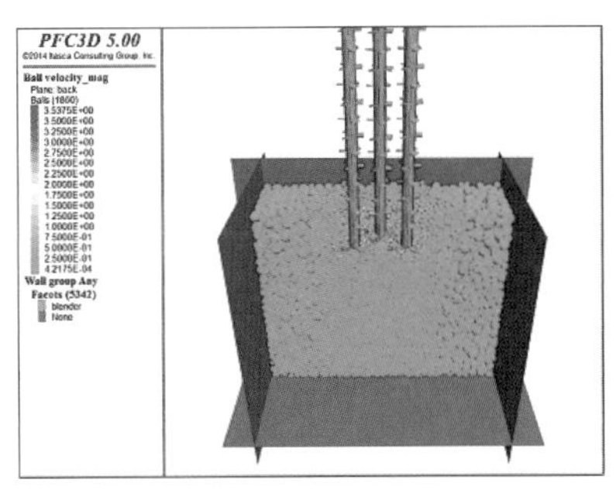

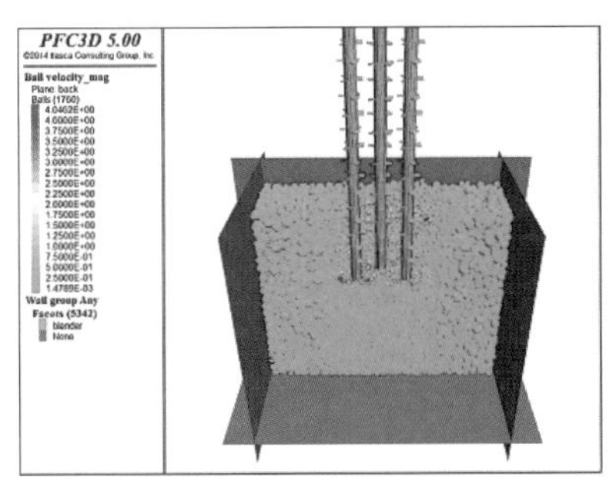

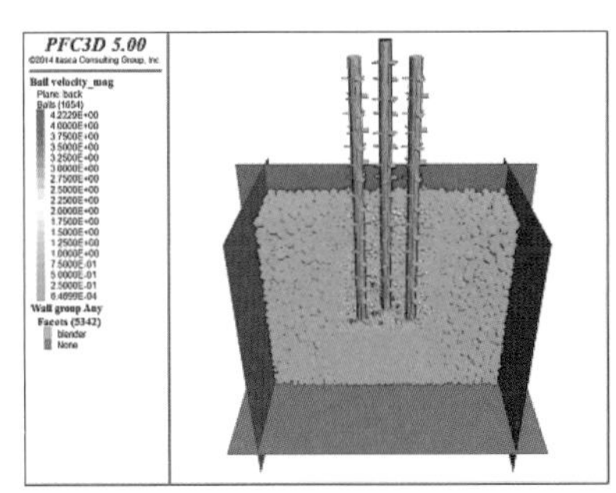

图 3-61 颗粒流模拟试验的颗粒速度图(f=9 MPa)

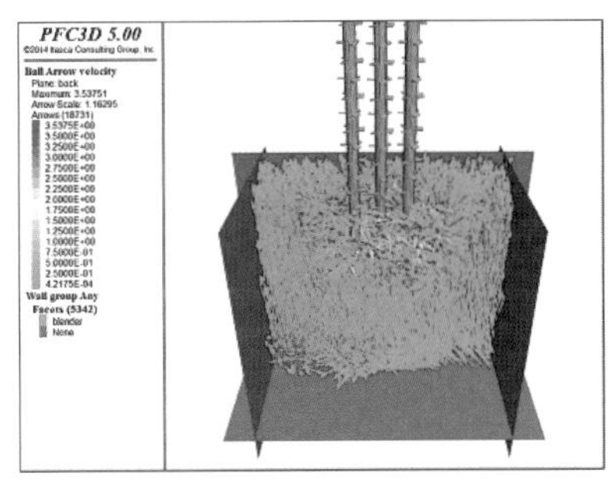

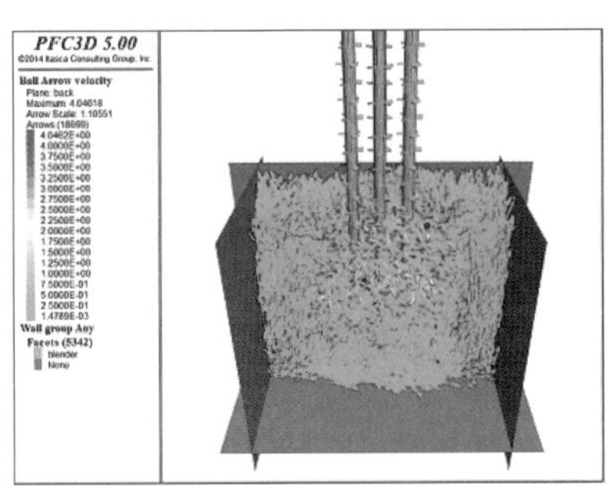

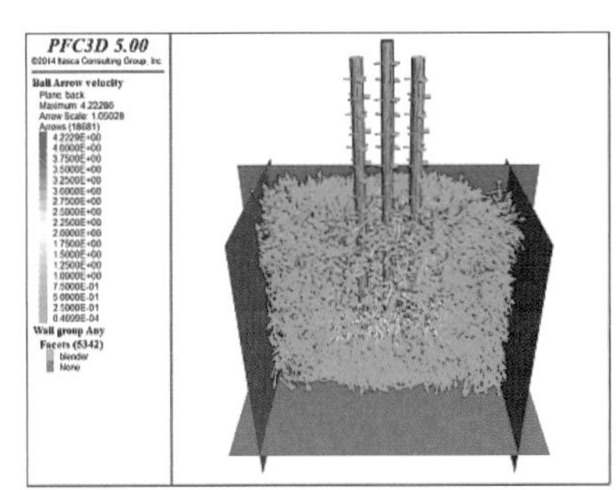

图 3-62 颗粒流模拟试验的颗粒速度矢量图(f=9 MPa)

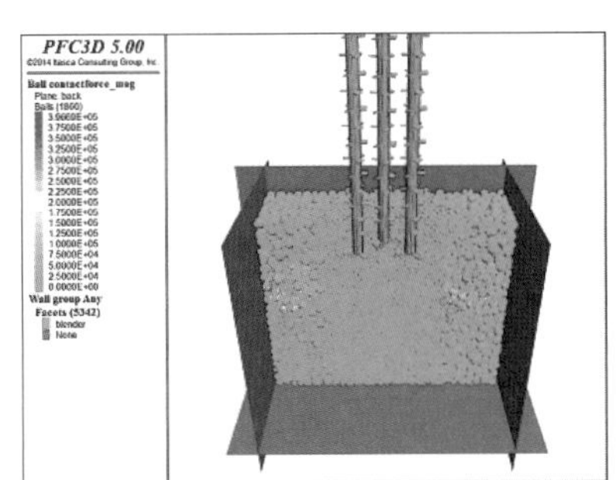

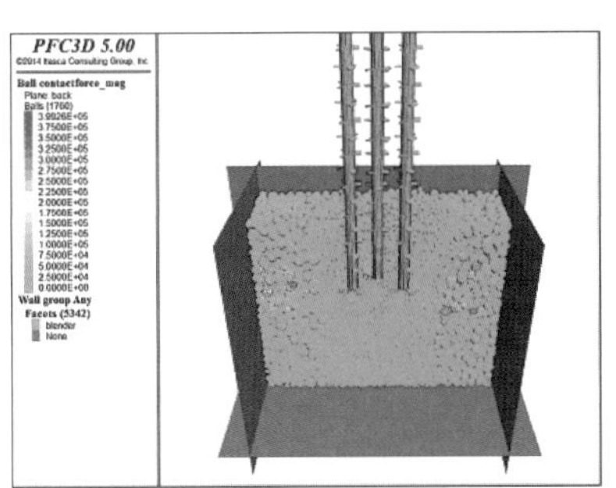

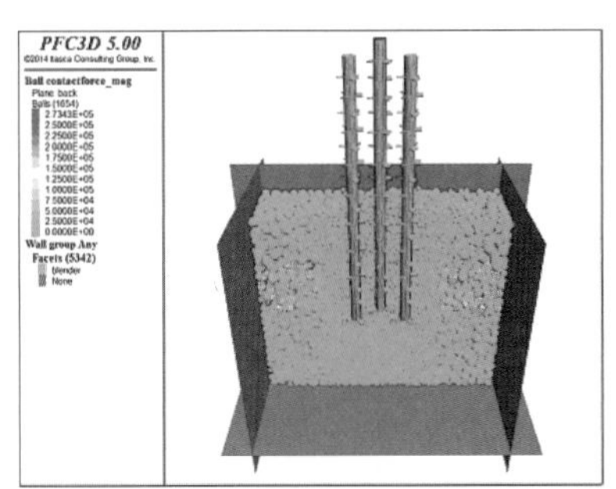

图 3-63 颗粒流模拟试验的颗粒接触力图(f=9 MPa)

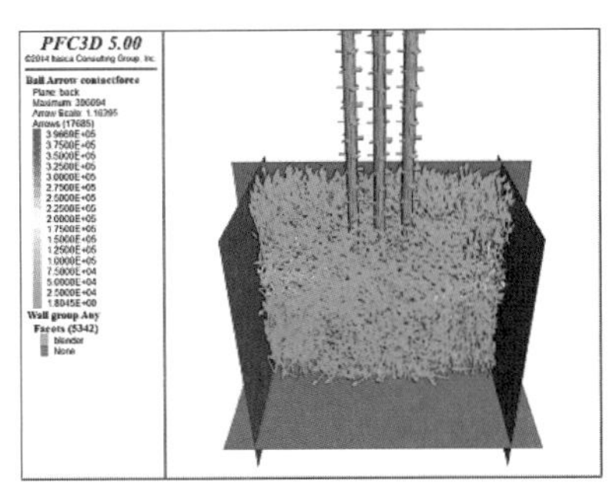

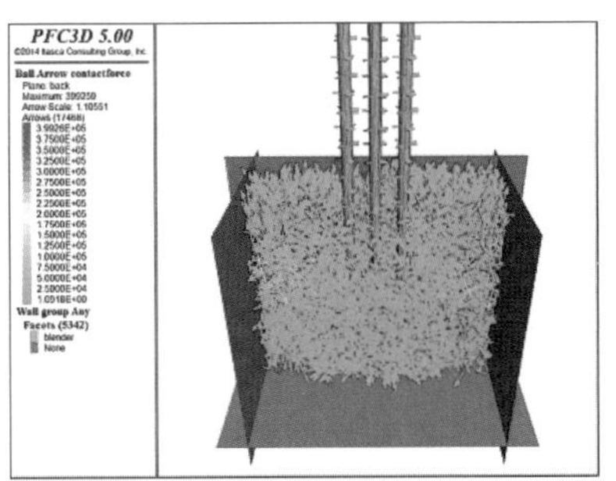

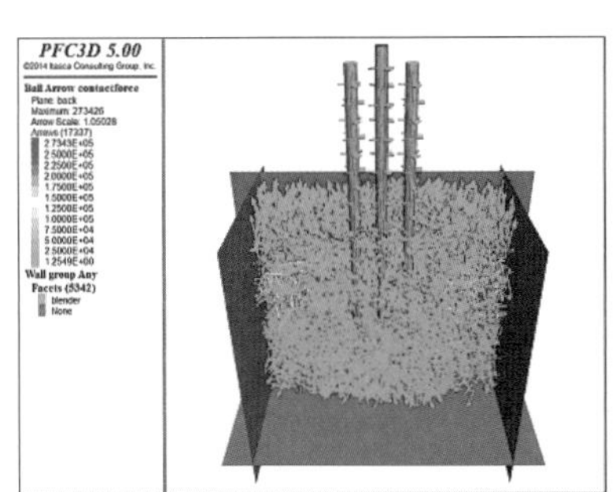

图 3-64 颗粒流模拟试验的颗粒接触力矢量图(f=9 MPa)

以发现与搅拌桩桩机钻头同一深度范围内的颗粒接触力最大,最大值分别为 75 kN,175 kN 以及 273 kN。此外,由于搅拌桩桩机在其重力作用下,钻头下部的颗粒接触力比被搅拌桩桩机搅拌过的颗粒接触力明显大一些,但随着搅拌深度的增加,上覆岩土层逐渐变厚,搅拌桩桩机搅拌过后的深层颗粒的接触力也会逐渐变大。从接触力矢量图来看,三轴搅拌桩桩机钻头附近的颗粒接触力明显比其他位置的接触力大得多。

对搅拌桩桩机所受的竖向抗力和抵抗扭矩分析分别如图 3－65 和图 3－66 所示。

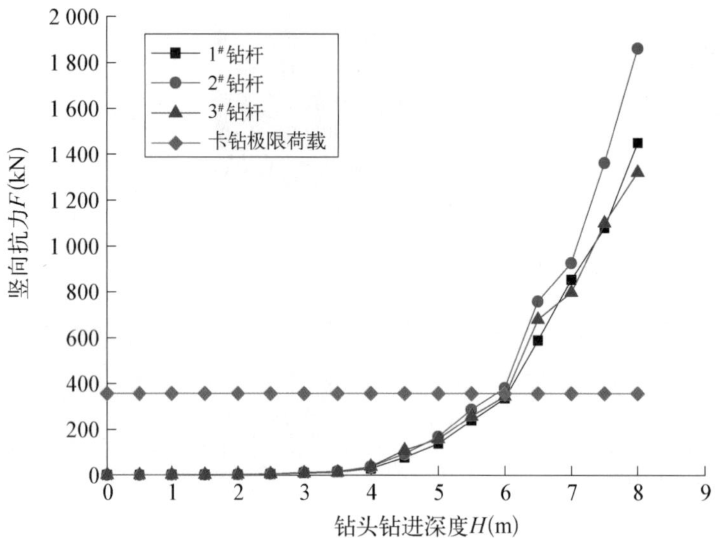

图 3－65　钻进深度与竖向抗力关系图(f=9 MPa)

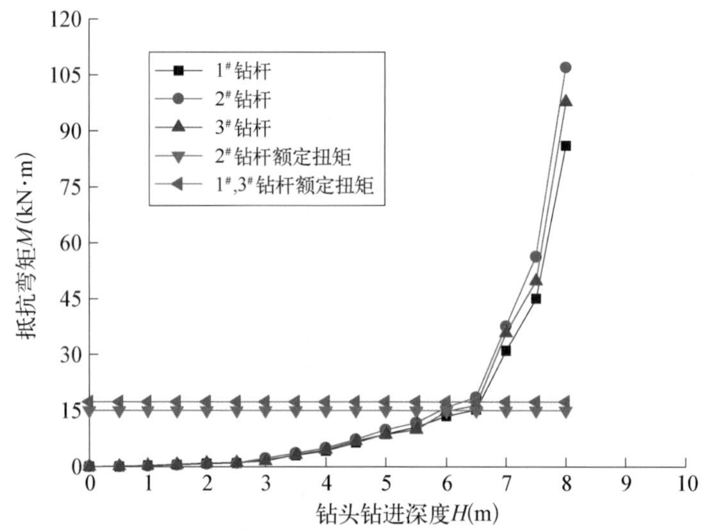

图 3－66　钻进深度与抵抗弯矩关系图(f=9 MPa)

通过图 3－65 和图 3－66 可以清楚地看出，三轴搅拌桩桩机由于竖向动力不足的缘故在 6.0 m 处出现卡钻情况，但此时岩土体颗粒给予搅拌桩桩机的抵抗弯矩不足以使三轴搅拌桩桩机出现抱钻的情况，因此施工现场会出现三轴搅拌桩一直在转动却无法下沉的现象。随着钻头的长时间转动(在钻头不出现磨损可继续施工的情况下)，钻头下方的岩石会被渐渐损坏，可在一定程度上得到一定的下沉空间。三轴搅拌桩桩机钻头搅拌至 6.5 m 时，搅拌桩桩机会出现抱钻情况，将无法进一步施工。不但会严重磨损甚至损坏机械，更会造成施工进度的延误与大量的经济损失。因此需提前预判并采取规避措施，尽可能避免此种不利情况的出现。

(4) 卡钻、抱钻概率分析。

利用数值模拟得到的大量数据，通过概率统计并结合插值计算方法得到每种情况下的卡钻、抱钻的概率，并进行插值计算统计出综合概率(表 3－7)。

表 3-7 不同灰岩强度条件下三轴搅拌桩卡钻、抱钻概率

灰岩强度	3 MPa 以下	3～6 MPa	6～9 MPa
概　率	26.6%	33.1%	55.8%

对比不同强度条件下珊瑚礁灰岩可搅拌性的数值模拟结果发现，随着灰岩强度的不断增加，三轴搅拌桩出现卡钻、抱钻的概率逐步增加，尤其是当灰岩强度达到 6～9 MPa 时，卡钻概率高达 55.8%。施工过程中将极易出现卡钻、抱钻的情况，将对施工造成极大的影响。面对此类情况，在施工之前应提前做好处理措施，排除卡钻、抱钻的各种风险，以便施工的顺利开展。

3) 上覆岩土层厚度的影响分析

上覆土层的厚度对珊瑚礁灰岩地区三轴搅拌桩可搅拌性也有一定的影响。若上覆土层厚度较小，三轴搅拌桩将较容易并能迅速地沉入珊瑚礁灰岩层，所受的阻力也将大大减小。若上覆土层承载力较大，同时土层厚度较大，三轴搅拌桩桩机沉入珊瑚礁灰岩层的难度也将大大增加。因此，分 3 组研究上覆土层厚度变化对珊瑚礁灰岩地区三轴搅拌桩可搅拌性的影响(表 3-8)。

表 3-8 上覆土层厚度变化的主要参数

组　别	灰岩强度 f(MPa)	灰岩厚度 h(m)	上覆土层厚度 d(m)
1	6	4	2
2	6	4	4
3	6	4	6

(1) 上覆土层厚度为 2 m 的数值模拟。

当灰岩强度为 6 MPa、厚度为 4 m、上覆土层为 2 m 时，在生成模型箱、岩土体颗粒以及三轴搅拌桩桩机且自平衡完成后，对搅拌桩施加一定的竖向速度和扭矩，使其搅拌岩土体(图 3-67)。

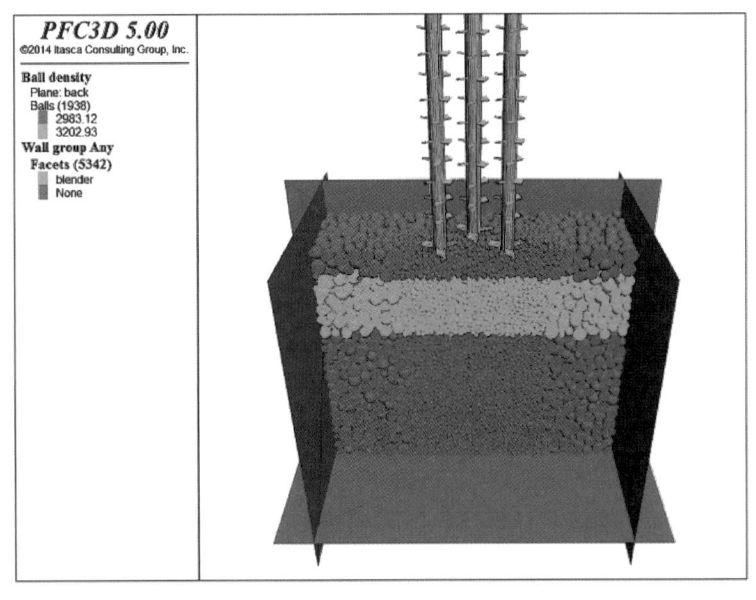

图 3-67 自平衡后的模型图(d=2 m)

在模拟试验过程中，每计算 1 000 步就记录一次三轴搅拌桩桩机与岩土体颗粒的相互作用的颗粒分布图，以下分别给出几个典型阶段的颗粒分布图(图 3 - 68)。

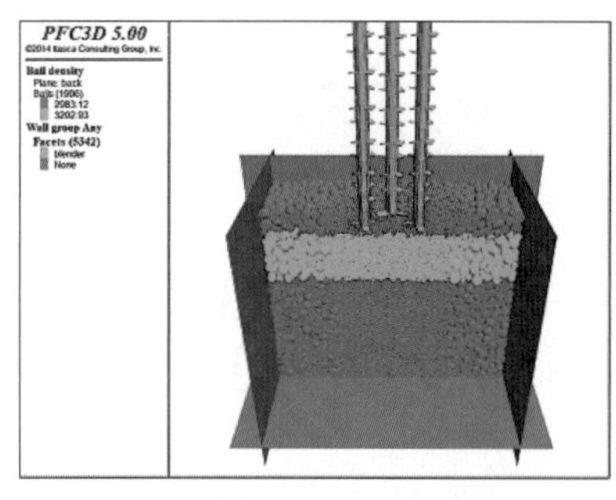

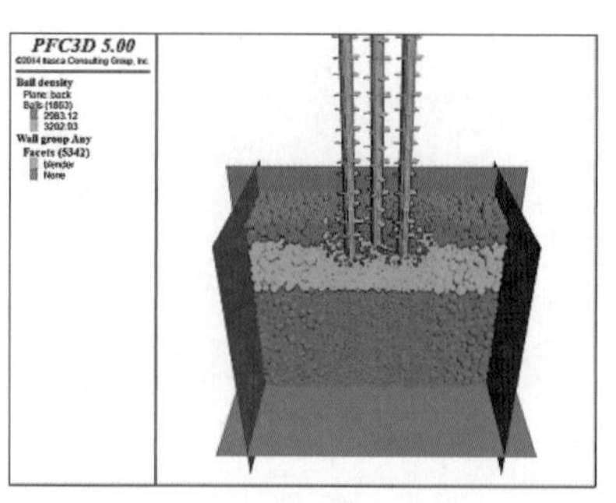

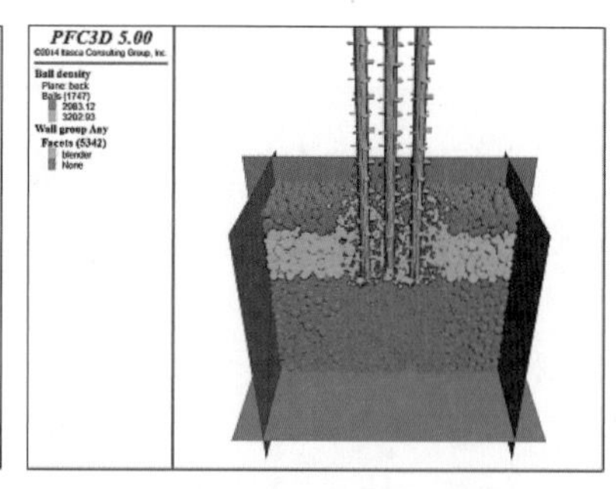

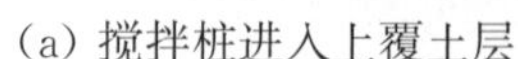

(a) 搅拌桩进入上覆土层　　(b) 搅拌桩刚进入珊瑚礁灰岩层　　(c) 搅拌桩打穿珊瑚礁灰岩层

图 3 - 68　颗粒流模拟试验的颗粒分布图(d=2 m)

三个阶段的颗粒位移图以及颗粒位移矢量图分别如图 3 - 69 和图 3 - 70 所示。

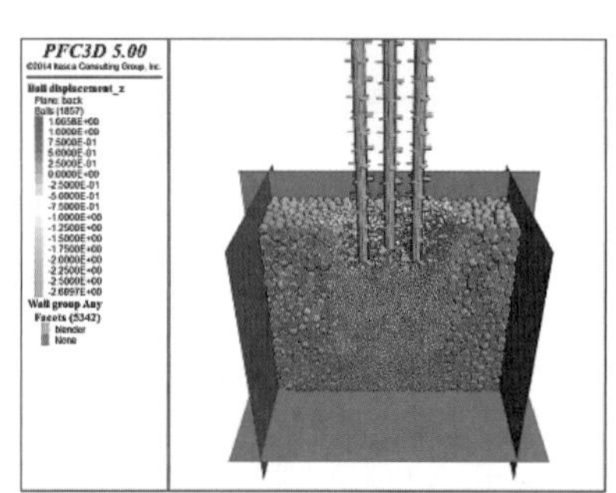

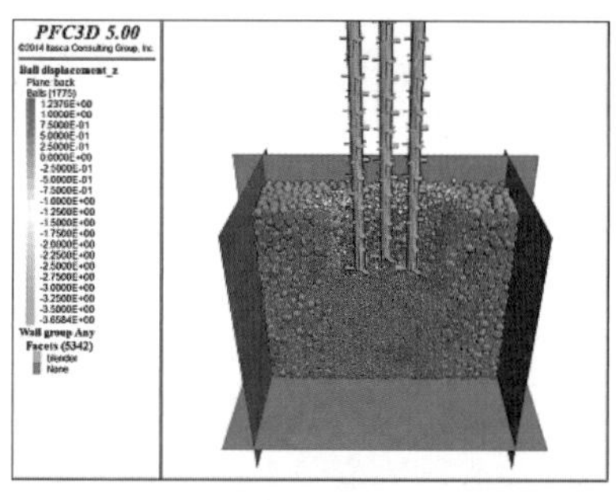

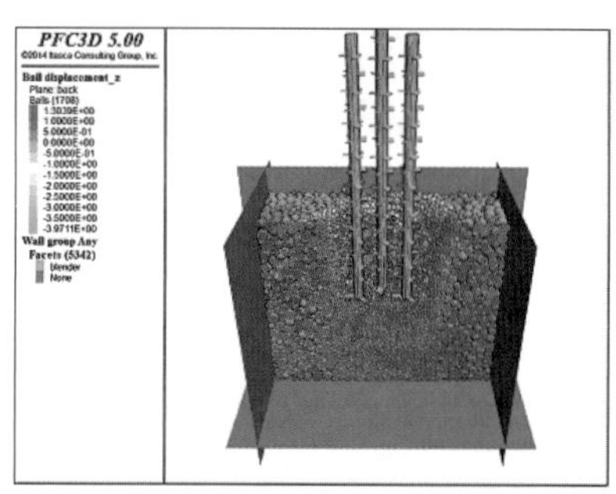

图 3 - 69　颗粒流模拟试验的颗粒位移图(d=2 m)

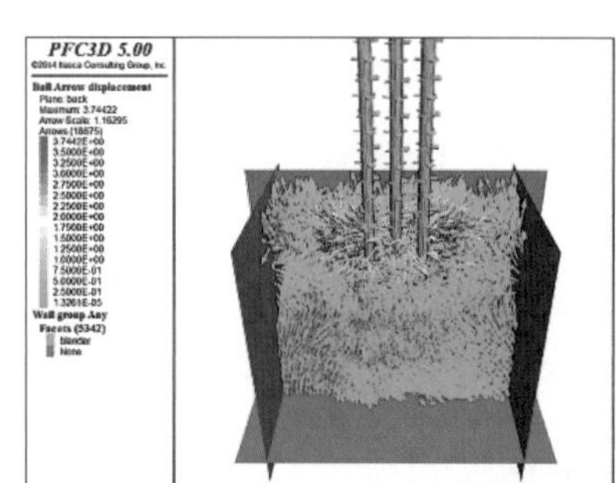

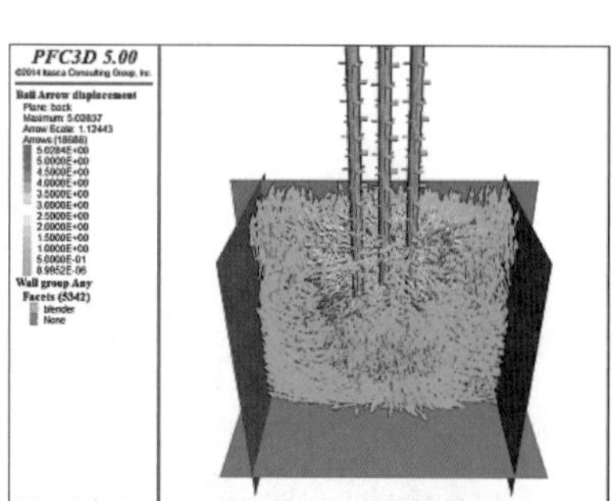

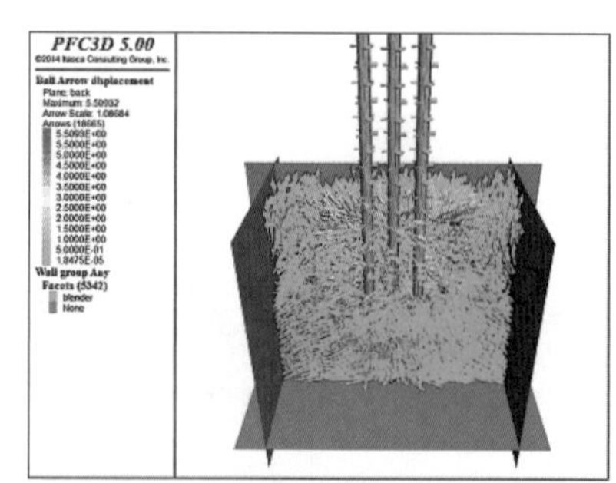

图 3 - 70　颗粒流模拟试验的颗粒位移矢量图(d=2 m)

从三个阶段颗粒的位移图可以看出：第一阶段颗粒的最大位移为 1. 06 m，第二阶段最大位移为 1. 24 m，第三阶段最大位移为 1. 30 m。三轴搅拌桩施工过程中水平方向的影响范围大致为 $2d$，垂直方向上的颗粒位移比水平方向上的位移小，影响范围距搅拌桩桩机钻头下方约 $0.5d$。由于上覆土层性质相比珊瑚礁灰岩的较差，很容易被三轴搅拌桩桩机搅动，因此上覆土层颗粒的位移相比其他机组的位移较小。

三个阶段的颗粒速度图以及颗粒速度矢量图分别如图 3 - 71 和图 3 - 72 所示。

从三个阶段颗粒的速度图可知：搅拌桩桩机钻头附近颗粒的速度最大，离搅拌桩桩机钻头越远颗粒的速度越小。在 $2d$ 范围外颗粒的速度很小，接近零。第一阶段颗粒最大速度达到 1. 62 m/s，并上翻至地表面；第二阶段颗粒最大速度达到 3. 39 m/s；第三阶段颗粒速度最大值达到 1. 84 m/s。从三

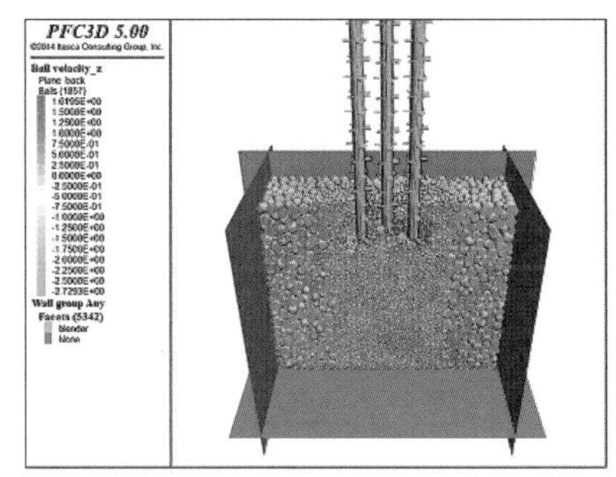
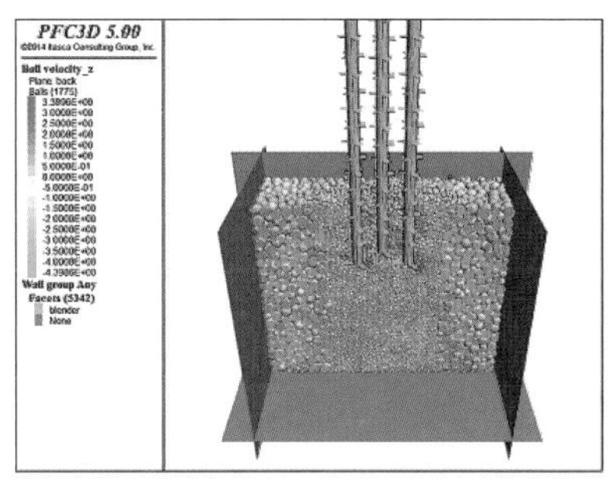
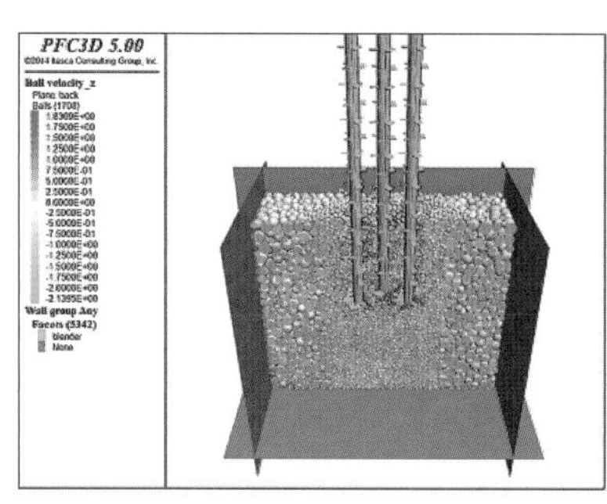

图 3-71 颗粒流模拟试验的颗粒速度图(d=2 m)

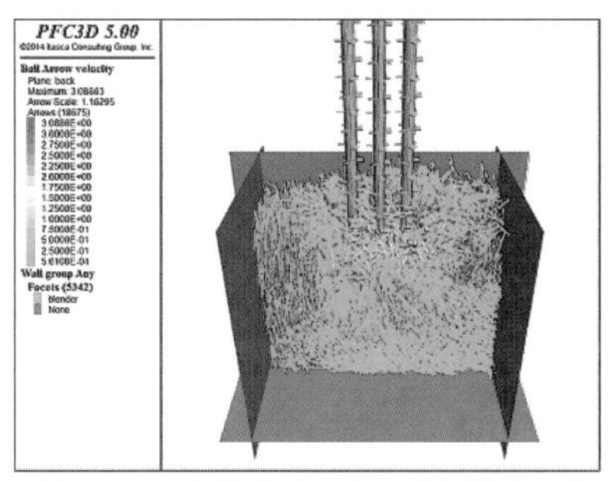
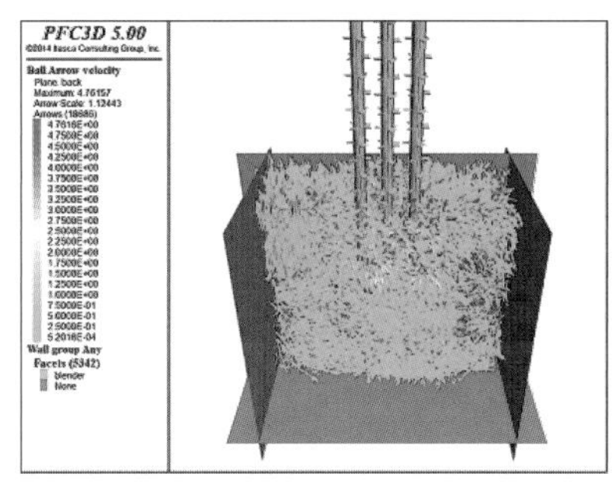
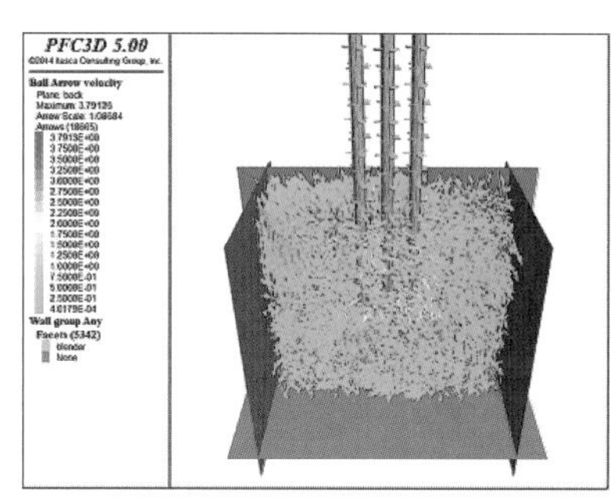

图 3-72 颗粒流模拟试验的颗粒速度矢量图(d=2 m)

个阶段颗粒的速度矢量图发现：大部分颗粒的速度方向与搅拌桩桩机垂直并相切，钻头附近以及地表附近的颗粒速度最大，运动最快。

三个阶段的颗粒接触力图以及颗粒接触力矢量图分别如图 3-73 和图 3-74 所示。

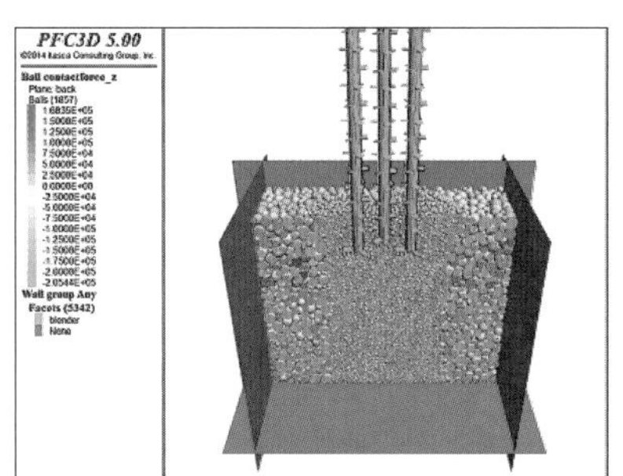
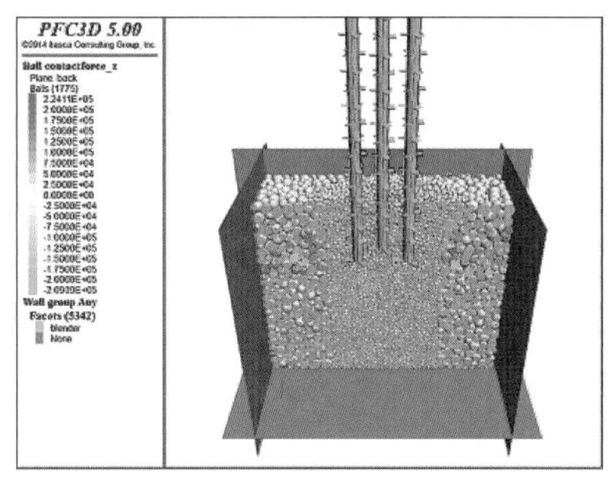
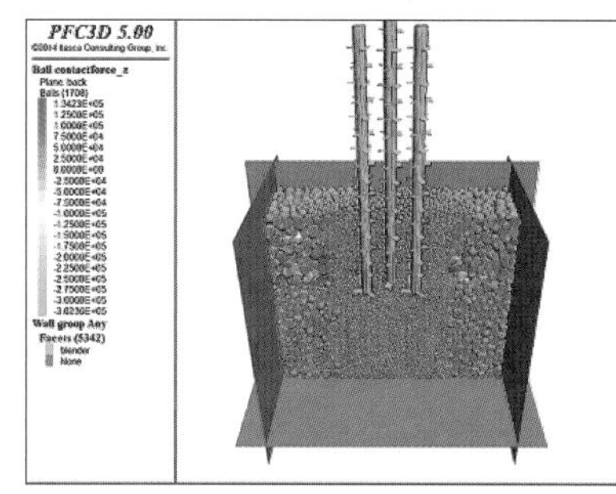

图 3-73 颗粒流模拟试验的颗粒接触力图(d=2 m)

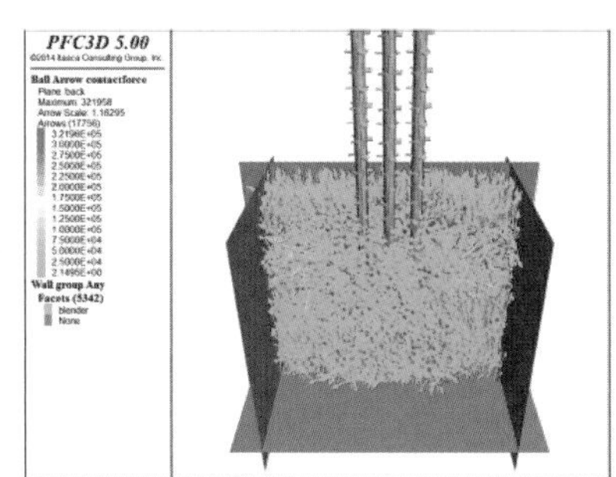
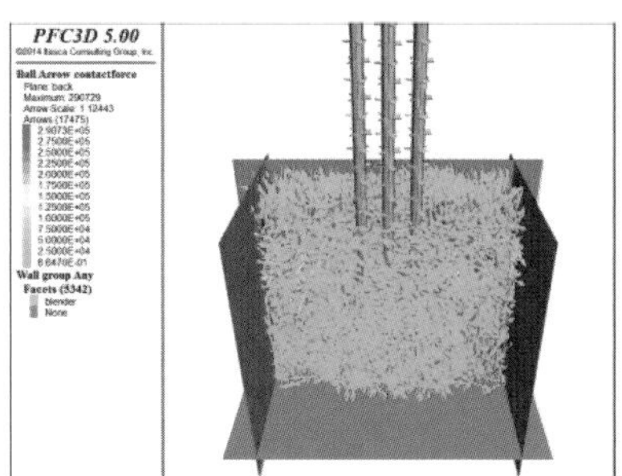
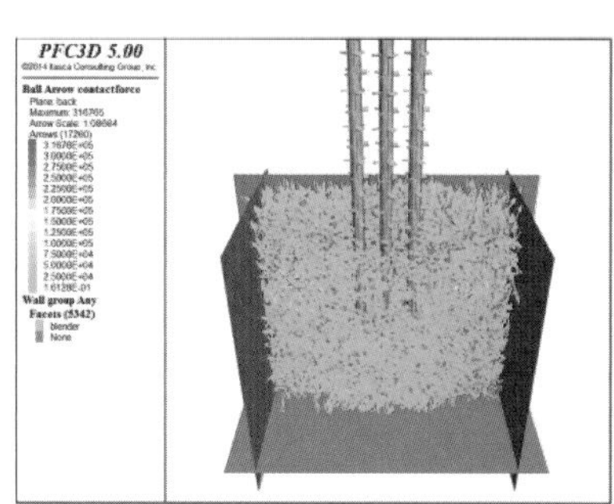

图 3-74 颗粒流模拟试验的颗粒接触力矢量图(d=2 m)

从颗粒接触力图可以看出：由于搅拌桩桩机钻头与颗粒间的挤压，搅拌桩桩机钻头底部附近的颗粒接触力较大，被搅拌桩桩机搅动过的位置的颗粒接触力则相对较小。由于珊瑚礁灰岩层的强度较小，在搅拌桩桩机搅拌过程中，对下方的岩层扰动较大，下方岩层颗粒所受到的接触力相比强度较大的颗粒接触力变大很多。对比三个阶段颗粒接触力，可以发现与搅拌桩桩机钻头同一深度范围内的颗粒接触力最大，最大值分别为 25 kN，50 kN 以及 80 kN。由于上覆土层搅拌，颗粒的接触力也明显降低。对搅拌桩桩机所受的竖向抗力和抵抗扭矩分析分别如图 3－75 和图 3－76 所示。

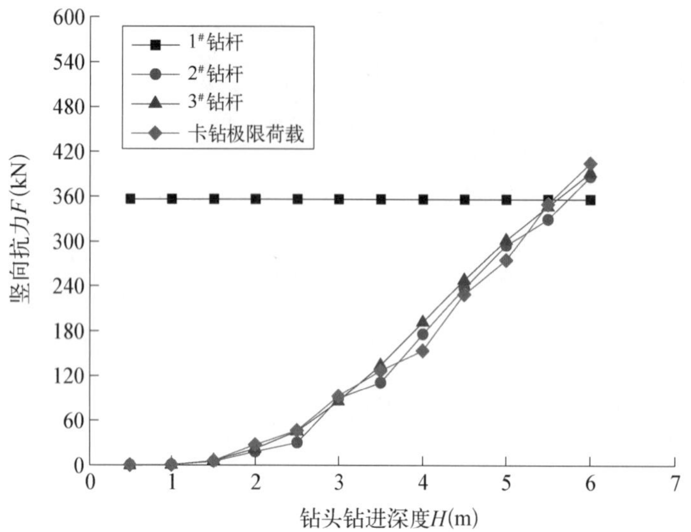

图 3－75 钻进深度与竖向抗力关系图(d=2 m)

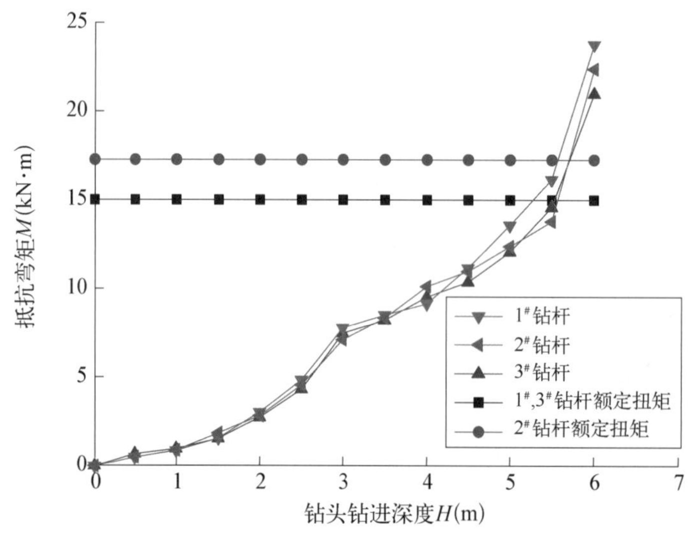

图 3－76 钻进深度与抵抗弯矩关系图(d=2 m)

通过图 3－75 和图 3－76 可以得到：当三轴搅拌桩搅拌至 5.5 m 后，便开始出现钻头下钻困难的情况，但随着不断上提搅拌桩桩机等措施仍可保证搅拌桩一定的下沉空间，而当搅拌桩搅拌至 5.7 m 的位置便开始出现卡钻乃至抱钻的情况。由于上覆土层厚度较小，三轴搅拌桩桩机出现卡钻、抱钻的概率有所降低。

(2) 上覆土层厚度为 4 m 的数值模拟。

灰岩强度为 6 MPa、厚度为 4 m、上覆土层为 4 m 的模拟模型已在珊瑚礁灰岩厚度影响分析中进行了阐述，此处则不予以赘述。

(3) 上覆土层厚度为 6 m 的数值模拟。

当灰岩强度为 6 MPa、厚度为 4 m、上覆土层为 6 m 时，在生成模型箱、岩土体颗粒以及三轴搅拌桩桩机且自平衡完成后，对搅拌桩施加一定的竖向速度和扭矩，使其搅拌岩土体(图 3－77)。

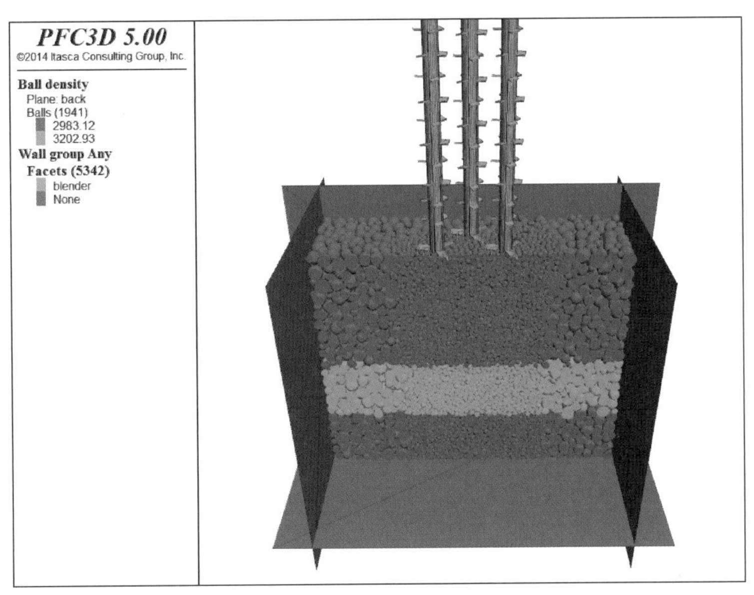

图 3－77　自平衡后的模型图(d=6 m)

在模拟试验过程中,每计算 1 000 步就记录一次三轴搅拌桩与岩土体颗粒的相互作用的颗粒分布图,以下分别给出几个典型阶段的颗粒分布图(图 3－78)。

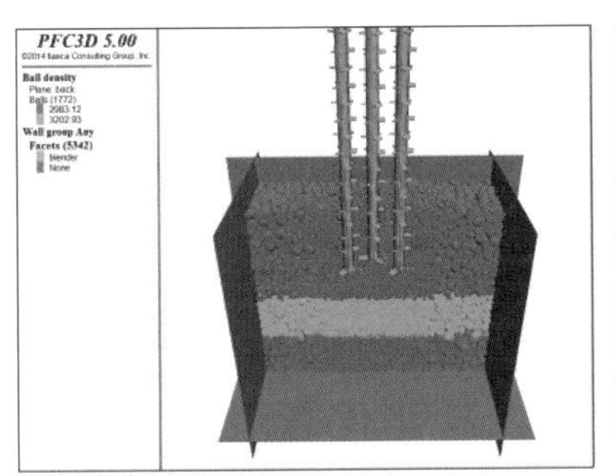

(a) 搅拌桩进入上覆土层

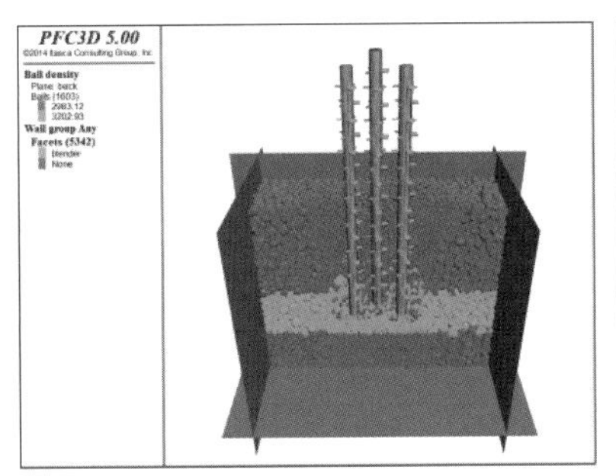

(b) 搅拌桩刚进入珊瑚礁灰岩层

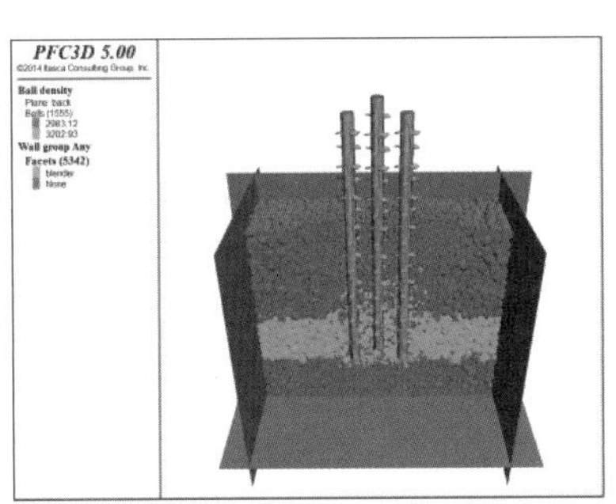

(c) 搅拌桩打穿珊瑚礁灰岩层

图 3－78　颗粒流模拟试验的颗粒分布图(d=6 m)

三个阶段的颗粒位移图以及颗粒位移矢量图分别如图 3－79 和图 3－80 所示。

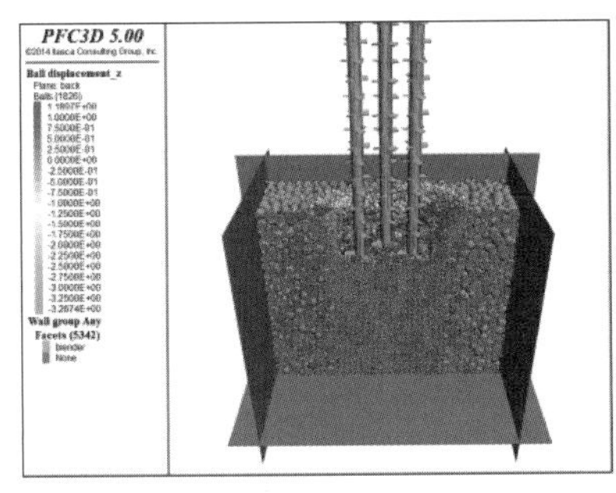

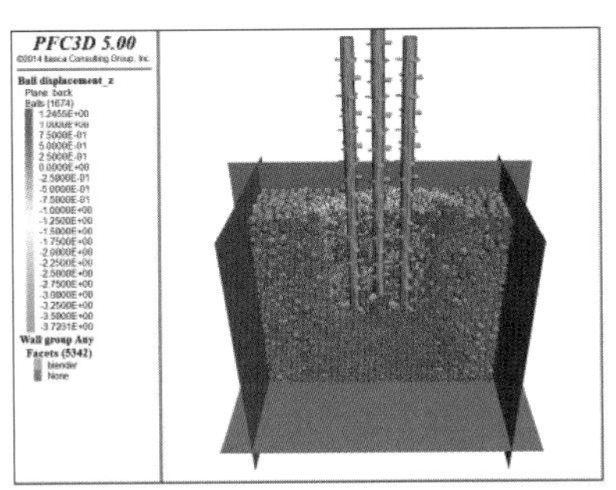

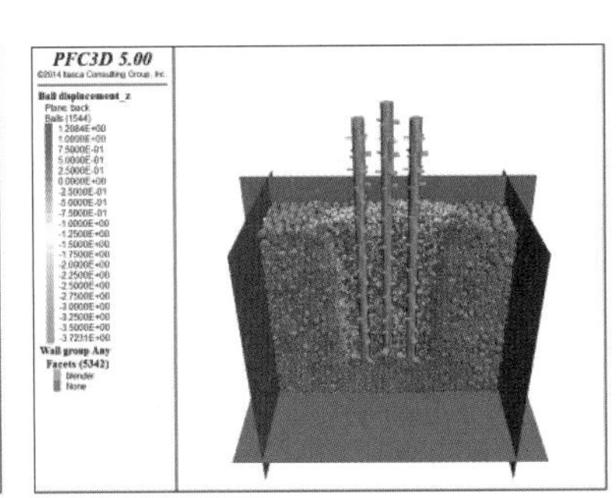

图 3－79　颗粒流模拟试验的颗粒位移图(d=6 m)

从三个阶段颗粒的位移图可以看出:第一阶段颗粒的最大位移为 1.19 m,第二阶段最大位移为 1.25 m,第三阶段最大位移为 1.21 m。三轴搅拌桩施工过程中水平方向的影响范围大致为 $2d$,垂直方向上的颗粒位移比水平方向上的位移小,影响范围距搅拌桩桩机钻头下方约 $0.5d$。由于上覆土层较厚且上覆土层性质较差,三轴搅拌桩在上覆土层位置施工较为顺利,搅拌桩桩机所受到的阻力和阻

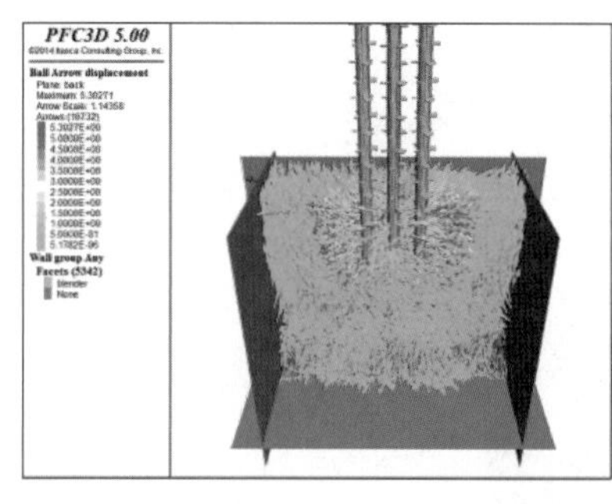

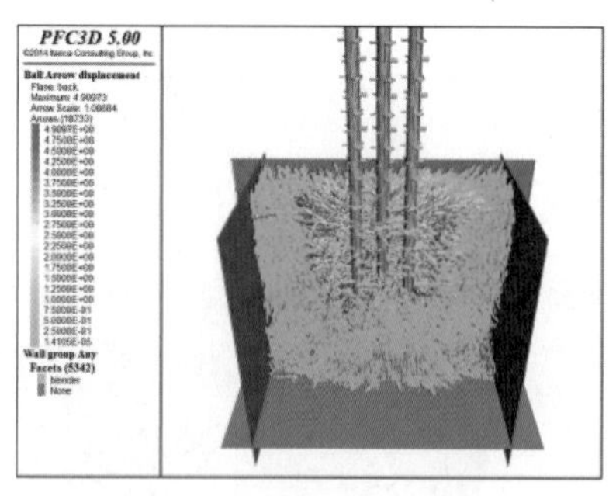

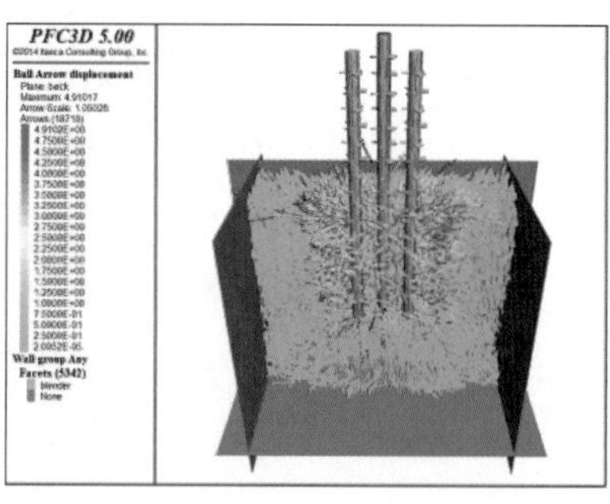

图 3-80 颗粒流模拟试验的颗粒位移矢量图(d=6 m)

抗弯矩均较小。待搅拌桩桩机进入珊瑚礁灰岩层后，由于珊瑚礁灰岩作用导致搅拌桩桩机所受抗力骤然增大，开始出现卡钻、抱钻情况。

三个阶段的颗粒速度图以及颗粒速度矢量图分别如图 3-81 和图 3-82 所示。

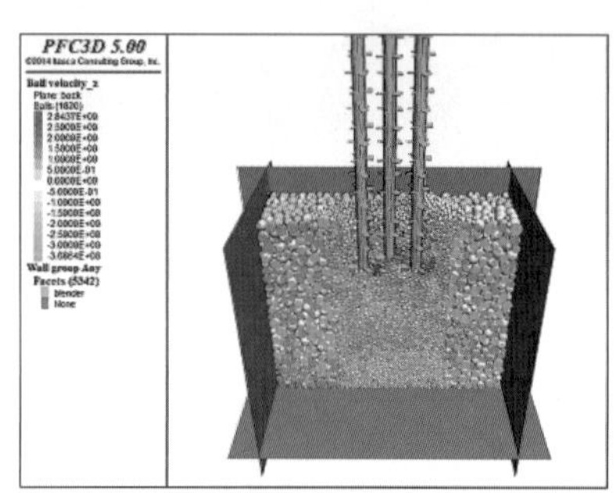

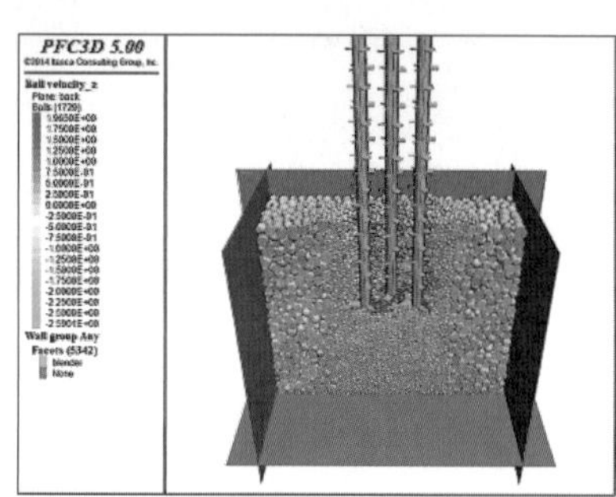

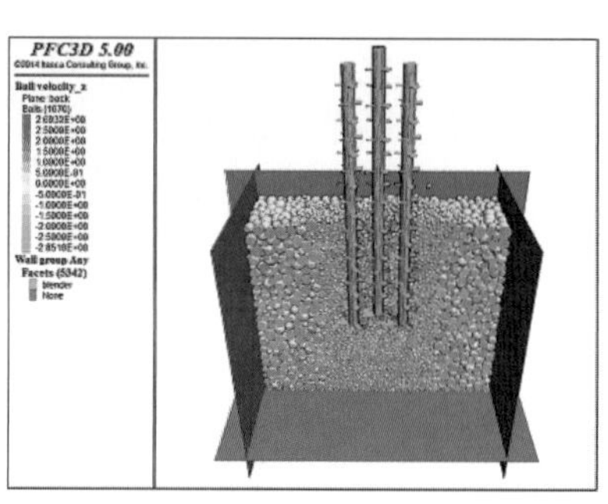

图 3-81 颗粒流模拟试验的颗粒速度图(d=6 m)

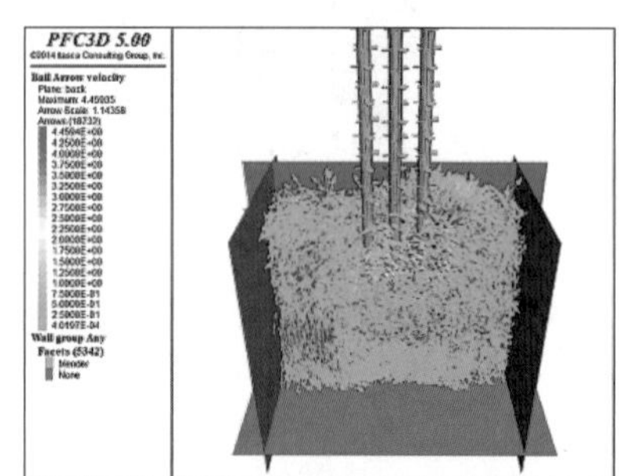

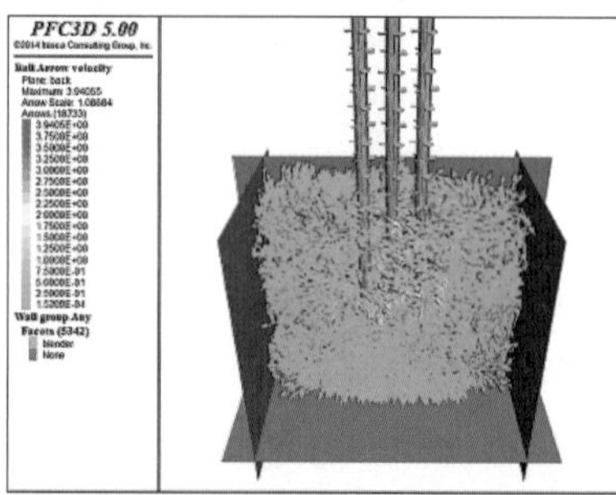

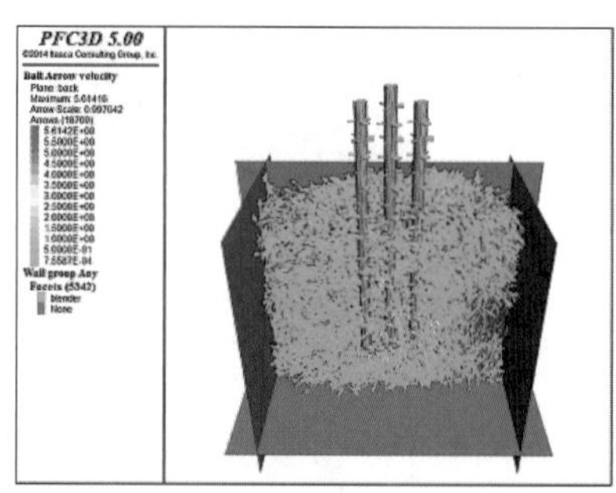

图 3-82 颗粒流模拟试验的颗粒速度矢量图(d=6 m)

从三个阶段颗粒的速度图可知：搅拌桩桩机钻头附近颗粒的速度最大，离搅拌桩桩机钻头越远颗粒的速度越小。在 $2d$ 范围外颗粒的速度很小，接近零。第一阶段颗粒最大速度达到 2.84 m/s，并上翻至地表面；第二阶段颗粒最大速度达到 1.96 m/s；第三阶段颗粒速度最大值达到 2.51 m/s。从三个阶段颗粒的速度矢量图发现：大部分颗粒的速度方向与搅拌桩垂直并相切，钻头附近以及地表附近的颗粒速度最大，运动最快。三轴搅拌桩在上覆土层较浅位置搅拌时所受到的阻力很小极易搅拌，颗粒的速度稍大于下层搅拌过程中颗粒的速度。

三个阶段的颗粒接触力图以及颗粒接触力矢量图分别如图 3-83 和图 3-84 所示。

从颗粒接触力图可以看出：由于搅拌桩钻头与颗粒间的挤压，搅拌桩钻头底部附近的颗粒接触力较大，被搅拌桩搅动过的位置的颗粒接触力则相对较小。对比三个阶段颗粒接触力，可以发现与搅拌桩桩机钻头同一深度范围内的颗粒的接触力最大，最大值分别为 50 kN，75 kN 以及 125 kN 左右。此外，由于搅拌桩桩机在其重力作用下，钻头下部的颗粒接触力比被搅拌桩搅拌过的颗粒接触力明显大

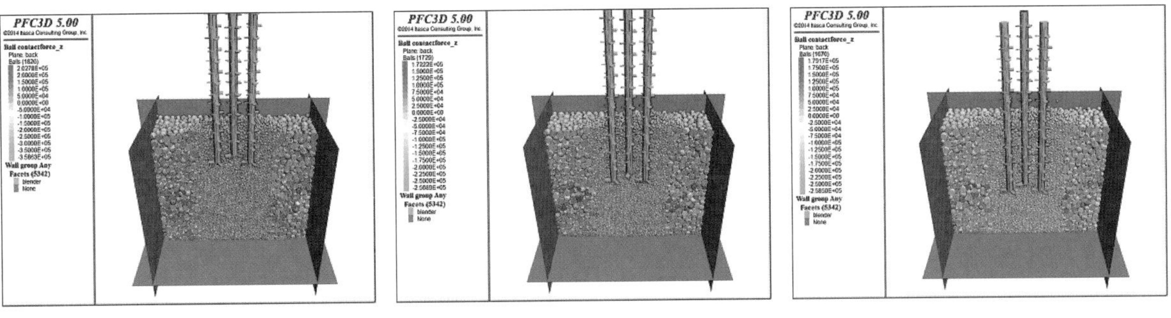

图 3-83 颗粒流模拟试验的颗粒接触力图(d=6 m)

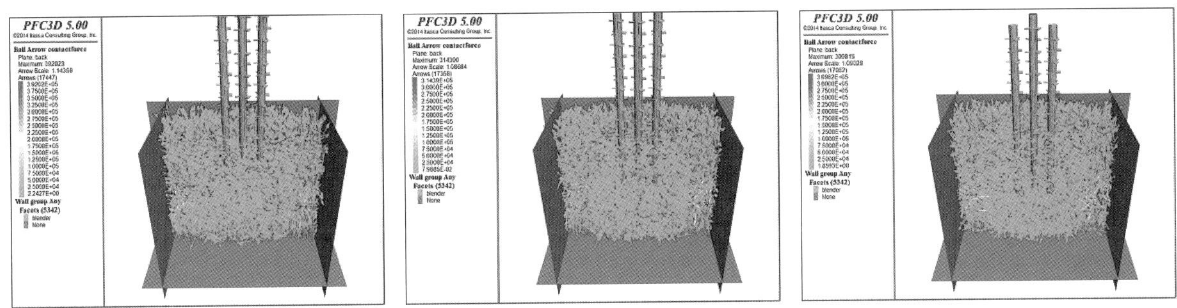

图 3-84 颗粒流模拟试验的颗粒接触力矢量图(d=6 m)

一些，但随着搅拌深度的增加，上覆岩土层逐渐变厚，搅拌桩桩机搅拌过后的深层颗粒的接触力也会逐渐变大。从接触力矢量图来看，三轴搅拌桩桩机钻头附近的颗粒接触力明显比其他位置的接触力大得多。

对搅拌桩桩机所受的竖向抗力和抵抗扭矩分析分别如图 3-85 和图 3-86 所示。

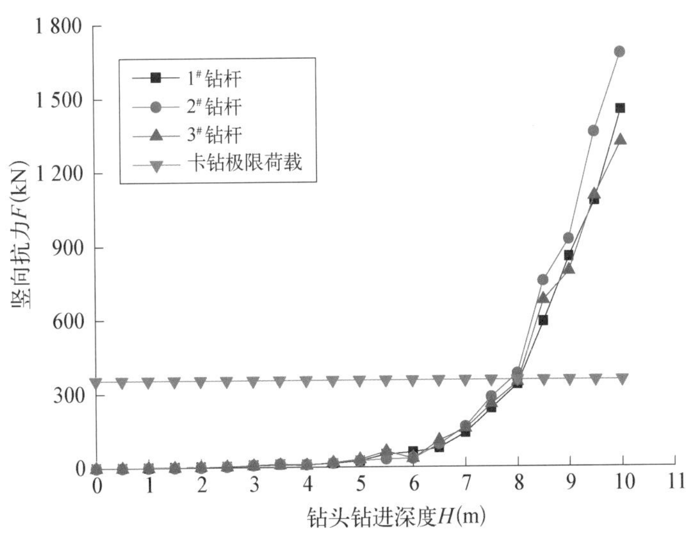

图 3-85 钻进深度与竖向抗力关系图(d=6 m)

通过图 3-85 和 3-86 可以清楚地看出，三轴搅拌桩施工过程中由于桩机竖向动力不足的缘故在 8.0 m 处出现卡钻情况，但此时岩土体颗粒给予搅拌桩桩机的抵抗弯矩不足以使三轴搅拌桩出现抱钻的情况，因此施工现场会出现三轴搅拌桩桩机一直在转动却无法下沉的现象。随着钻头的长时间转动(在钻头不出现磨损可继续施工的情况下)，钻头下方的岩石会被渐渐损坏，可在一定程度上得到一定的下沉空间。三轴搅拌桩搅拌至 8.5 m 时，搅拌桩桩机会出现抱钻情况，将无法进一步施工。不

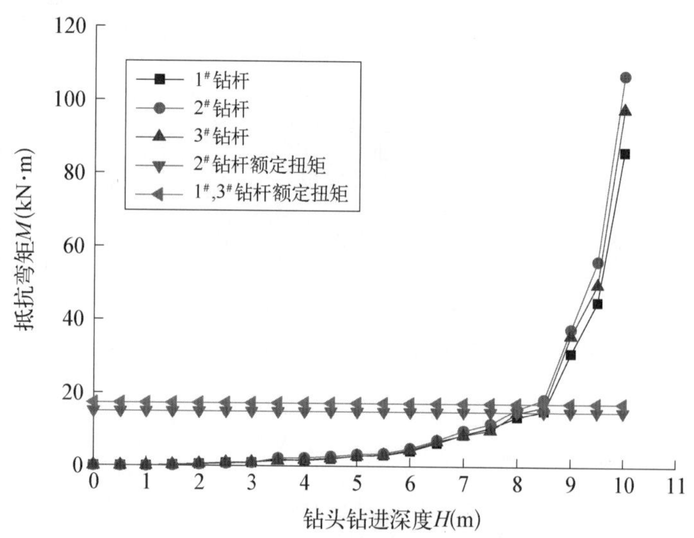

图 3-86 钻进深度与抵抗弯矩关系图(d=6 m)

但会严重磨损甚至损坏机械,更会造成施工进度的延误与大量的经济损失。因此需提前预判并采取规避措施,尽可能避免此种不利情况的出现。同时,相比于上覆土层为 4 m 的情况,三轴搅拌桩桩机在 6 m 的上覆土层中搅拌过程中出现卡钻、抱钻的概率极低,基本在都是在沉入珊瑚礁灰岩层 2 m 以后才频繁出现卡钻、抱钻的情况。上覆土层越厚,三轴搅拌桩桩机沉入越深所需的动力也就越大。

(4) 卡钻、抱钻概率分析。

利用数值模拟得到的大量数据,通过概率统计并结合插值计算方法得到每种情况下的卡钻、抱钻的概率,并进行插值计算统计出综合概率(表 3-9)。

表 3-9 不同上覆土层条件下三轴搅拌桩卡钻、抱钻概率

上覆土层厚度(m)	2	4	6
概　　率	24.6%	25.8%	27.9%

对比不同上覆土层厚度情况下,珊瑚礁灰岩可搅拌性的数值模拟结果发现。施工过程中卡钻、抱钻主要发生在珊瑚礁灰岩层,上覆土层区域几乎不出现卡钻、抱钻情况。但是上覆土层厚度越大,由于下部珊瑚礁灰岩颗粒较难上升外排出地表,下部珊瑚礁灰岩颗粒一直围绕在搅拌桩附近随着搅拌桩转动,这也加大了下部灰岩层卡钻、抱钻的概率,因此随着上覆土层厚度的逐渐增加,三轴搅拌桩出现卡钻、抱钻的概率缓慢增加。可见上覆土层厚度的增加对珊瑚礁灰岩地区三轴搅拌桩可搅拌性的影响并没有珊瑚礁灰岩自身性质(厚度、强度等)的影响大。

3.4.6 模拟规律与现场施工情况对比

2010 年在海南某工程三轴搅拌桩的施工现场,详细记录了三轴搅拌桩搅拌珊瑚礁灰岩层的施工过程。其中某一区域通过前期勘察获知详细地质信息如下:上覆土层厚度约为 4 m,珊瑚礁灰岩厚度约为 5 m,强度为 6 MPa。

三轴搅拌桩在上覆土层中搅拌时,分别在 2.8 m 和 3.5 m 处出现两次搅拌桩较难转动的情况,但通过上提搅拌桩桩机后再继续施打搅拌桩的措施,三轴搅拌桩得以继续施工并较易地打穿上覆土层进入珊瑚礁灰岩层。刚进入灰岩层时,三轴搅拌桩桩机的竖向下沉速度开始减小,处于缓慢下降状态,在 4.5 m 和 6.3 m 处出现了搅拌桩桩机空转,竖向位移极小的现象。通过上提搅拌桩桩机,运走部分较大灰岩的处理之后,搅拌桩桩机钻头顺利打入 7 m 左右处(即珊瑚礁灰岩深 3 m 处)。此后三轴搅拌桩桩机空转现象明显，竖向几乎没有下沉（几乎没有下沉空间）。通过多次桩机上提和外运岩土渣后，三轴搅拌桩才有微小的下沉可能，而且下沉速度极慢，施工较为困难。直到搅拌桩桩机打入7.5 m处，搅拌桩桩机直接卡钻、抱钻，无法上提和继续搅拌。只能通过外力措施凿至珊瑚礁灰岩层外运阻碍搅拌桩施工的较大珊瑚礁块体，三轴搅拌桩桩机才得以顺利上提。

根据现场的施工记录并对比数值模拟结果发现，模拟成果与现场的施工日志记录内容较为符合，在7 m位置处由于桩机竖向力不足的缘故，导致搅拌桩桩机不停空转，而下沉空间有限。但随着搅拌桩的继续施工，钻头下方的珊瑚礁灰岩开始慢慢破坏，搅拌桩桩机才得到微小的下沉空间。但随着搅拌桩桩机继续下沉至7.5 m处，三轴搅拌桩桩机直接无法转动，动弹不得，只能通过人为或者机械外力作用才能继续施工。

3.5 搅拌桩施工风险分析

3.5.1 多元线性回归

在回归分析中，如果有两个或两个以上的自变量，就称为多元回归。事实上，一种现象常常是与多个因素相联系的，由多个自变量的最优组合共同来预测或估计因变量，比只用一个自变量进行预测或估计更有效，更符合实际。因此多元线性回归比一元线性回归的实用意义更大。本章研究的珊瑚礁灰岩地区三轴搅拌桩可搅拌性分析的主要影响因素有珊瑚礁灰岩的厚度、强度以及上覆土层的厚度，有着较多的自变量，且根据自变量的变化，已经通过 PFC^{3D} 离散元软件得到了多组多因素综合作用下的三轴搅拌桩桩机卡钻、抱钻的概率。因此，通过多元线性回归可以很好地得到实际施工过程中在各个因素综合影响下的三轴搅拌桩桩机卡钻、抱钻的概率。

3.5.2 SPSS 多元线性回归分析

SPSS(Statistical Package for the Social Science)——社会科学统计软件包是世界著名的统计分析软件之一。20世纪60年代末，美国斯坦福大学的三位研究生研制开发了最早的统计分析软件SPSS，同时成立了SPSS公司，并于1975年在芝加哥组建了SPSS总部。SPSS的基本功能包括数据管理、统计分析、图表分析、输出管理等。SPSS统计分析过程包括描述性统计、均值比较、一般线性模型、相关性分析、回归分析、对数线性模型、聚类分析、数据简化、生存分析、时间序列分析、多重响应等几大类，每类中又分多个统计过程，比如回归分析中又分线性回归、曲线估计、Logistic回归、Probit回归、加权估计、两阶段最小二乘法、非线性回归等多个统计过程，而且每个过程中还允许用户选择不同的方法及参数。SPSS也有专门的绘图系统，可以根据数据绘制各种图形。SPSS for Windows的分析结果清晰、直观、易学易用，而且可以直接读取EXCEL及DBF数据文件，现已推广到多种各种操作系统的计算机上，它和SAS、BMDP并称为国际上最有影响的三大统计软件。本节主要是应用SPSS软件对数值模拟所得到的多组参数进行多元线性回归分析。

1）多元线性回归方程的建立

根据多元线性回归方程的定义以及本书研究的自变量的个数建立线性回归方程如下：

$$y = b_0 + b_1x_1 + b_2x_2 + b_3x_3 \tag{3-7}$$

式中，y 为三轴搅拌桩卡钻、抱钻的概率；x_1，x_2，x_3 分别为珊瑚礁灰岩厚度、强度以及上覆土层厚度；b_0，b_1，b_2，b_3 为待定常系数。

为避免多元线性回归过程中出现奇异解，将发生概率放大100倍，如表3-10—表3-12所示。

表 3-10 不同灰岩厚度条件下三轴搅拌桩桩机卡钻、抱钻概率

灰岩厚度(r_1)(m)	2	3	4	5
发生概率(%)	8.2	16.3	25.8	33.1

表 3-11 不同灰岩强度条件下三轴搅拌桩桩机卡钻、抱钻概率

灰岩强度(r_2)(MPa)	3	6	9
发生概率(%)	12.6	25.8	55.8

表 3-12 不同上覆土层厚度条件下三轴搅拌桩桩机卡钻、抱钻概率

上覆土层厚度(r_3)(m)	2	4	6
发生概率(%)	24.6	25.8	27.9

根据表 3-10—表 3-12 建立如下方程组：

$$\begin{cases} 8.2 = b_0 + 2b_1 + 6b_2 + 4b_3 \\ 16.3 = b_0 + 3b_1 + 6b_2 + 4b_3 \\ 25.8 = b_0 + 4b_1 + 6b_2 + 4b_3 \\ 33.1 = b_0 + 5b_1 + 6b_2 + 4b_3 \\ 12.6 = b_0 + 4b_1 + 3b_2 + 4b_3 \\ 25.8 = b_0 + 4b_1 + 6b_2 + 4b_3 \\ 55.8 = b_0 + 4b_1 + 9b_2 + 4b_3 \\ 24.6 = b_0 + 4b_1 + 6b_2 + 2b_3 \\ 25.8 = b_0 + 4b_1 + 6b_2 + 4b_3 \\ 27.9 = b_0 + 4b_1 + 6b_2 + 6b_3 \end{cases} \tag{3-8}$$

将式(3-8)利用 SPSS 进行多元线性回归，多元回归计算过程具体如下：

均值计算公式如下：

$$\tilde{x} = \frac{\sum_{i=1}^{n} x_i}{n} \tag{3-9}$$

标准偏差计算公式：

$$S = \sqrt{\frac{\sum (x_i - \tilde{x})^2}{n-1}} \tag{3-10}$$

通过式(3-9)和式(3-10)计算得到描述性统计量如表 3-13 所示。

表 3-13 描述性统计量

	均　值	标准偏差	n
概　率	25.590 0%	13.050 96%	10
灰岩厚度(m)	3.800 0	0.788 81	10
上覆土层厚度(m)	4.000 0	0.942 81	10
灰岩强度(MPa)	6.000 0	1.414 21	10

通过 SPSS 软件计算出各个因素的相关性并统计如表 3-14 所示。

表 3-14 各因素的相关性统计

		概　　率	灰岩厚度	上覆土层厚度	灰岩强度
Pearson 相关性	概　　率	1.000	0.557	0.060	0.780
	灰岩厚度	0.557	1.000	0.000	0.000
	上覆土层厚度	0.060	0.000	1.000	0.000
	灰岩强度	0.780	0.000	0.000	1.000
Sig.(单侧)	概　　率	1.000	0.047	0.435	0.004
	灰岩厚度	0.047	1.000	0.500	0.500
	上覆土层厚度	0.435	0.500	1.000	0.500
	灰岩强度	0.004	0.500	0.500	1.000

通过表 3-14 中 Sig 值可知：灰岩强度对三轴搅拌桩桩机卡钻、抱钻的概率的相关性为 0.004，灰岩厚度的相关性为 0.047，均满足 Sig≤0.05，而上覆土层厚度的 Sig 值为 0.435，显著大于 0.05。可见灰岩强度和厚度与三轴搅拌桩桩机卡钻、抱钻的概率有着显著的相关性，而灰岩强度的影响极大，上覆土层厚度的影响效应最小。

模型汇总及更改量分别如表 3-15 和表 3-16 所示。

表 3-15 模型汇总

模　　型	R	R^2	调整 R^2	标准估计的误差
1	0.960	0.922	0.883	4.458 99

表 3-16 模型汇总更改量统计

模　型	更改统计量					Durbin-Watson
	R^2 更改	F 更改	自由度 1	自由度 2	Sig. F 更改	
1	0.922	23.700	3	6	0.001	2.649

通过表 3-15，表 3-16 可以看出本次多元线性回归模型预测的准确度较高，能较好地进行本次的数据拟合。将拟合的方程进行回归和残差分析，结果统计如表 3-17 所示。

表 3-17 Anova 统计

模　型		平方和	自由度	均方差	F	Sig.
1	回归	1 413.654	3	471.218	23.700	0.001
	残差	119.295	6	19.883	—	—
	总计	1 532.949	9	—	—	—

通过 SPSS 软件的优化，得到标准系数如表 3-18 所列。

表 3-18 标准系数

模型	标准系数	标准误差	t	Sig.	相关性		
					零阶	偏	部分
(常量)	−55.911	11.523	−4.852	0.003	—	—	—
灰岩厚度(m)	9.211	1.884	4.888	0.003	0.557	0.894	0.557
上覆土层厚度(m)	0.825	1.576	0.523	0.620	0.060	0.209	0.060
灰岩强度(MPa)	7.200	1.051	6.851	0.000	0.780	0.942	0.780

最终通过 SPSS 软件进行多元线性回归得到的回归方程如下：

$$y = -55.911 + 9.211x_1 + 7.200x_2 + 0.825x_3 \tag{3-11}$$

式中，$0 \leqslant y \leqslant 100$；当 $y \leqslant 0$ 时，取 $y=0$；当 $y \geqslant 100$ 时，取 $y=100$。

2) 风险评价系统的建立

将珊瑚礁灰岩地区三轴搅拌桩桩机可能出现卡钻、抱钻风险进行等级划分，具体如表 3-19 所示。

表 3-19 风险等级划分

风险等级水平	风险发生概率(%)	风险评价决策准则
一级	0～10	影响极小，无需处理
二级	10～20	可接受且不必采取特别措施
三级	20～30	可接受，但须采取处理措施
四级	30～50	不可接受，必须排除或转移风险
五级	50～100	严重影响施工，造成较大的经济损失

3.5.3 工程实例预测

利用海南某拟建工程实际数据对上述施工风险评价系统进行预测。该基坑周长约 1 200 m，面积为 65 300 m^2，其中基坑大部分区域采用三轴搅拌桩止水加放坡、护坡进行基坑围护。考虑现场局部岩土层的差异性，需先将类似性质的岩土层进行细分归类，然后再利用式(3-11)对其进行评判。此处为简化计算，不妨以现场岩土层性质较为统一的某一区域进行分析。主要的岩土层性质如表 3-20 所列。

表 3-20 主要的岩土层性质参数

灰岩参数	灰岩厚度(m)	灰岩强度(MPa)	上覆土层厚度(m)
参数值	4.2	6	8

通过前述数值模拟发现，施工过程中三轴搅拌桩桩机在珊瑚礁灰岩层较为频繁地出现卡钻、抱钻情况。前期需要通过不断地提升钻头调整搅拌桩桩机下钻位置继续艰难地施工，随着桩机钻头继续下沉，后期搅拌桩桩机直接出现抱死状态，动弹不得，无法继续施工。严重影响到施工进度并造成机械的严重损耗。

为验证上述回归方程以及风险评判等级的准确性，此处采用式(3-11)对拟建工程实例进行综合评判，可计算得综合评判指标为 $y=32.575$，属于四级风险，不可接受，必须排除或转移风险。与拟建工程施工情况的数值模拟较为类似，较好地反映了拟建场地现场的状况，可为类似工程在施工前提供一定的风险预估。

3.6 结 论

本章首先简要介绍了数值离散元的发展历程并详细阐述了颗粒流相关理论。然后介绍了现阶段较为常见的多种颗粒流软件并给出其适用范围。最后利用相对成熟的 PFC^{3D}离散元软件对临海地区分布的珊瑚礁灰岩可搅拌性进行分析研究，并得到以下结论：

(1) 对于含珊瑚礁灰岩地区，影响其可搅拌性的因素较多，其中珊瑚礁灰岩成层厚度、岩体强度以及上覆土层的性质(厚度、强度等)对三轴搅拌桩的可搅拌性影响较大。

(2) 目前针对复杂地质条件下，三轴搅拌桩可搅拌性的研究鲜有报道，本书结合离散元软件 PFC^{3D}将岩土体离散成大小不同的颗粒，并模拟出珊瑚礁灰岩成层厚度、强度以及上覆土层厚度等影响因素影响下的三轴搅拌桩搅拌施工过程，并分析出各个因素对三轴搅拌桩搅拌施工的影响效应。

(3) 通过 PFC^{3D}离散元软件的计算分析结果发现：珊瑚礁灰岩的厚度、强度对于含珊瑚礁灰岩地区的三轴搅拌桩的可搅拌性影响极大，而上覆土层厚度的影响效应则较小。通过具体模拟数值发现，当珊瑚礁灰岩强度大于 6 MPa，厚度超过 3 m 时，在珊瑚礁灰岩层的三轴搅拌桩卡钻、抱钻的概率陡然增大。但随着上覆土层厚度的增加，三轴搅拌桩卡钻、抱钻的概率只是小幅增长。

(4) 针对 PFC^{3D}离散元软件的模拟结果得到的各个因素条件下发生卡钻、抱钻的概率，提出了一套三轴搅拌桩施工风险分析体系，通过简要的计算结果确定是否需要预先采取预防施工措施，用于提高三轴搅拌桩施工效率，确保三轴搅拌桩顺利施工，可为现场施工提供一定的参考作用和制订施工措施。

(5) 在影响珊瑚礁灰岩可搅拌性的三因素中，珊瑚礁灰岩厚度影响效应为第一位，珊瑚礁灰岩强度的影响为第二位，上覆土层的厚度的影响效应则最微小。因此，在实际施工过程中遇到成层厚度较大的珊瑚礁灰岩层时，现场应做好预先处理措施，如采用大口径的冲孔钻机破碎珊瑚礁灰岩，以免发生三轴搅拌桩机桩卡钻、抱钻等事故，造成施工进度延误和较大的经济损失。

3.7 程序代码示例

```
;fname:mL-param.dat  %fist%\\templates\\gen-2d, PFC2D
;程序需调用 PCF 软件自带的程序集 Fishtank。
; Must providc functions:{mg_set, mp_set}.
;
; Simple material.试样材料
;                    ===================================================define
mg_set;material generate 材料生成参数设置
  global mg_ts0 = -10.0e3; mg_ts0- target value of isotropic stress 各同性应力目标值
  global mg_dsN = 1     ;用于生产颗粒的分布种类数量 Number of distributions used to
generate the assembly

 global mg_set_param = array.create(mg_dsN,5)
  ;1st distribution
  mg_set_param(1,1) = 2.     ;最小半径 minradius,分米
```

```
  mg_set_param(1,2) = 5          ;半径比率 radiusratio
  mg_set_param(1,3) = 1          ;体积百分率 volumefraction
  mg_set_param(1,4) = 1          ;分组槽 group slot
  mg_set_param(1,5) = 'coarse'   ;组名 group name
 ;2st distribution
 ; mg_set_param(2,1) = 1.8       ;最小半径 minradius,分米
 ; mg_set_param(2,2) = 3         ;半径比率 radiusratio
 ; mg_set_param(2,3) = 0.3       ;体积百分率 volumefraction
 ; mg_set_param(2,4) = 1         ;分组槽 group slot
 ; mg_set_param(2,5) = 'coarse'  ;组名 group name

  ;细颗粒区组构
   global rm1 = 1.4              ;最小半径 minradius,单位分米
   global ra1 = 2.               ;半径比率 radiusratio
   global vf1 = 1.0              ;体积百分率 volumefraction
   global gs1 = 1                ;分组槽 group slot
   global gn1 = 'fine'           ;组名 group name

end
;
-----------------------------------
def mp_set;material property 材料特性设置
;普通土体的细观参数,取 20 分之一
global ba_bulk = 1               ;密度类型开关 0 颗粒密度,1 体积密度
global ba_rho  = 1900            ;密度
global ba_Ec   = 350e6           ;E50 弹性模量,由材料弹性模量标定
global ba_fric = 0.50            ;摩擦系数
global pb_krat = 0.25            ;水平/法向刚度比
;; -----
global pb_add = 1                ;平行黏结开关 0 无黏结,1 有平行黏结
global pb_Ec = 150e6             ;平行黏结弹性模量,由材料弹性模量标定
global pb_sn_mean = 300e3        ;平行黏结法向平均黏结力
global pb_sn_sdev = 30e3         ;平行黏结法向黏结力方差
global pb_coh_mean = 300e3       ;平行黏结黏聚力平均值
global pb_coh_sdev = 30e3        ;平行黏结黏聚力方差
global pb_phi       = 0.0        ;平行黏结摩擦角
end
; ===============================================================;EOF:
mL - param.dat

restore sW_mL - spc
```

```
def setup(rpm1,rpm2);设置转动参数
  global rp1_  = vector(-1.0,10,0);rotation point
  global rp2_  = vector(0,10,0);rotation point
  global rp3_  = vector(1.0,10,0);rotation point
  global spin_1 = vector(0,-1,0)*2*math.pi*rpm1/60.0;转动速度,两边
  global spin_2 = vector(0,-1,0)*2*math.pi*rpm2/60.0;转动速度,中间
  global vel_ = -1.5/60.0;下沉速度 1.5 m/min
end
;@setup(60,60);1 分钟(60 秒)多少圈,测试
@setup(38,33.2);1 分钟(60 秒)多少圈,4P
;@setup(19,16.6);1 分钟(60 秒)多少圈,8P

domain extent [-0.5 * expand * mv_Wx] [0.5 * expand * mv_Wx+10] ...
              [-0.5 * expand * mv_Hp] [0.5 * expand * mv_Hp+15] ...
              [-0.5 * expand * mv_Wz] [0.5 * expand * mv_Wz]

geom import blender_07.stl
geom copy s blender_07 t blender1
geom copy s blender_07 t blender3

wall import geom blender1 clean id 11 group blender name blender1
wall import geom blender_07 clean id 12 group blender name blender2
wall import geom blender3 clean id 13 group blender name blender3

wall  attribute position -1.0,9.08,0 range id 11
wall  attribute position 0,9.58,0 range id 12     ;中间桩与两侧高差 0.6
wall  attribute position 1.0,9.08,0 range id 13

wall delete wall range id 6

domain extent [-0.5 * expand * mv_Wx] [0.5 * expand * mv_Wx] ...
              [-0.5 * expand * mv_Hp] [0.5 * expand * mv_Hp+12] ...
              [-0.5 * expand * mv_Wz] [0.5 * expand * mv_Wz]
domain condition destroy destroy destroy

wall resolution full;全面检查接触
;@md_wallkn(11,10)
;@md_wallkn(12,10)
;@md_wallkn(13,10)
wall prop kn=2.0e12 ks=1.0e12 fric=0.5 range x -3 3 y 0 50 z -2 2
;wall prop kn=2.0e12 ks=1.0e12 fric=0.5 range id 12
;wall prop kn=2.0e12 ks=1.0e12 fric=0.5 range id 13
```

```
wall attr centrotation @rp1_ range id 11;旋转中心
wall attr centrotation @rp2_ range id 12;旋转中心
wall attr centrotation @rp3_ range id 13;旋转中心
wall attr spin @spin_1 range id 11;旋转速度向量,弧度,每秒
wall attr spin @spin_2 range id 12;旋转速度向量,弧度,每秒
wall attr spin @spin_1 range id 13;旋转速度向量,弧度,每秒

wall attr yvelocity @vel_ range id 11;下降速度
wall attr yvelocity @vel_ range id 12;下降速度
wall attr yvelocity @vel_ range id 13;下降速度

history nstep 100

history add id 111 wall ycontactforce id 11
history add id 112 wall ydisplacement id 11
history add id 113 wall ycontactmoment id 11
history add id 114 wall yspin id 11
history add id 115 wall xcontactforce id 11
history add id 116 wall xcontactmoment id 11
history add id 117 wall zcontactforce id 11
history add id 118 wall zcontactmoment id 11

history add id 121 wall ycontactforce id 12
history add id 122 wall ydisplacement id 12
history add id 123 wall ycontactmoment id 12
history add id 124 wall yspin id 12
history add id 125 wall xcontactforce id 12
history add id 126 wall xcontactmoment id 12
history add id 127 wall zcontactforce id 12
history add id 128 wall zcontactmoment id 12


history add id 131 wall ycontactforce id 13
history add id 132 wall ydisplacement id 13
history add id 133 wall ycontactmoment id 13
history add id 134 wall yspin id 13
history add id 135 wall xcontactforce id 13
history add id 136 wall xcontactmoment id 13
history add id 137 wall zcontactforce id 13
history add id 138 wall zcontactmoment id 13
```

```
save modelwithblender
; ================================================================
; eof:blender.p3 dat

; ================================================================
; bof:solve.p3 dat
restore modelwithblender
ball attribute displacement multiply 0.0
[den_up = 2040 / (1 - bg_poros)]
;高 4 m
ball attribute density @den_up range y -1 1
;contact method bond gap 0.1
contact method deform emod 7e9 krat @pb_krat  range y -1 1
contact method pb_deform emod 3e9  kratio @pb_krat range y -1 1
contact property pb_ten 6.0e6 pb_coh 6.0e6 pb_fa 0.0  range y -1 1

ball attr damp 0
set processors 20
set timestep fix 0.00005
;set timestep scale
;set timestep auto
;solve time 1
solve time 40;1 m
save result01
solve time 40;2 m
save result02
solve time 40;3 m
save result03
solve time 20;3.5 m
save result04
solve time 20;4 m
save result05
solve time 20;4.5 m
save result06
solve time 20;5 m
save result07
solve time 20;5.5 m
save result08

call plot.p3 dat
; ================================================================
; eof:04solve.p3 dat
```

4 珊瑚礁砂配比试验研究

4.1 概　述

我国已建的珊瑚礁工程在国民经济、国防建设、科学研究等方面已发挥重要作用，随着南海及南海诸岛海洋资源的开发和国防建设的需要，岛礁和海底现代化工程会更多、更大，技术要求会更高。现有工程尚存在一些亟待解决的问题，如渗漏、腐蚀等，其中由于珊瑚礁砂地区地下水丰富，基坑止水问题尤为重要。基坑施工引起周边地下水水位下降，危及建筑物及周边环境安全，宜在基坑周边设止水帷幕，而水泥土搅拌法就是利用搅拌机械，将原位土体和水泥强制拌合，利用水泥和土发生的物理化学反应，使之凝结成柱状加固土体墙，阻止坑内外地下水流通。实践证明，该工法不仅节约成本，并且可以较好地解决基坑止水问题。

本章依托现有工程材料，通过设计不同配比的正交试验，对珊瑚礁砂水泥土的强度以及抗渗性能进行室内试验研究，测试若干组不同水泥掺量、水灰比、搅拌时间及不同掺砂量的珊瑚礁砂水泥土无侧限抗压强度及抗渗性能，找出无侧限抗压强度最大、抗渗性能最好的配合比，指导施工配比的最优选择，并且分析各个因素的影响程度，为今后珊瑚礁灰岩地区防渗止水工程提供参考依据。

4.2 试验介绍

4.2.1 试验材料

试验用的珊瑚礁碎屑，取自建设场地，珊瑚礁碎屑质轻多孔，胶结情况差异大，天然密度为 1.11～1.72 g/cm^3。将珊瑚礁碎屑冲洗干净，风干后借助压路机等工具对其进行碾压破碎(图 4－1)。将压碎后的粒状珊瑚礁碎屑(砂)过 5 mm 筛(图 4－2)；试验用的砂土同样取自建设场地原位粉细砂，青灰色～灰黄色，中密，饱和，矿物成分以石英和长石为主，同时含有一定量的珊瑚礁砂成分，风干后过 5 mm 筛(图 4－3)；配比试验用水为现场地下水；试验用的水泥为普通硅酸盐水泥(P. O42.5)。试样基本物理力学参数如表 4－1 所列。

表 4－1　试样基本物理力学参数

	密度 ρ(g/cm^3)	摩擦角(°)	内聚力(kPa)	渗透系数(cm^2/s)
珊瑚礁砂	2.70～2.75	39	3	7×10^{-3}
粉细砂	2.55～2.65	30	—	4×10^{-3}

4.2.2 试验方法

为研究不同水泥掺量、水灰比以及不同掺砂量对珊瑚礁砂水泥土无侧限抗压强度及抗渗性能的影响，同时考虑搅拌时间因素，找出无侧限抗压强度最大、抗渗性能最好的配合比，制订水泥加固珊瑚礁砂的配比方案(表 4－2)。

图 4－1　碾压破碎珊瑚礁碎屑

图 4－2　压碎后的粒状珊瑚礁碎屑(砂)过 5 mm 筛

图 4－3　场地地层中粉细砂过 5 mm 筛

表 4－2　室内配比试验配比方案

组　号	水泥掺量(%)	水灰比	搅拌时间	粉细砂与珊瑚礁砂质量比
1	1(18%)	1(0.9)	1(2 min)	1(0∶1)
2	1	2(1.0)	2(3 min)	2(1∶10)
3	1	3(1.1)	3(4 min)	3(1∶5)
4	2(20%)	1	2	3
5	2	2	3	1
6	2	3	1	2
7	3(22%)	1	3	2
8	3	2	1	3
9	3	3	2	1
10	3	3	2	4(1∶0)

注：第 10 组设为平行试验，为纯粉细砂水泥土，与珊瑚礁砂水泥土进行对比分析。

关于试验因素及参数的选取解释如下：

(1) 水泥掺量：根据大量试验及施工经验，直接影响搅拌桩体的强度，必选。经过前期试验发现，当水泥掺量较低时，形成试块未能成为有机整体，不能达到试验标准，依据以往试验及施工经验，将水泥掺量的最低水平定为18%。

(2) 水灰比：影响水泥浆的流变性能、水泥浆凝聚结构及其硬化后的密实度，直接影响搅拌桩体的强度，必选。经过前期试验发现，当水灰比过低时，形成的试块较为干燥，易开裂，强度极低，为配合水泥掺量并且依据以往试验及施工经验，将水灰比的最低水平定为0.9。

(3) 珊瑚礁砂与粉细砂的质量比：由于场地地层为珊瑚礁灰岩与粉细砂互层，因此必须考虑珊瑚礁灰岩与粉细砂的质量比对桩体强度的影响，必选。因需要研究粉细砂的影响程度大小，所以粉细砂的掺量选取跨度可以放大，并专门设置第10组的对比试验。

(4) 搅拌时间：搅拌时间属于人为控制因素，施工中可以人工调整，必选。

(5) 养护条件：由于控制养护条件较为困难，并且施工中搅拌桩所处条件较单一，所以养护条件不作为重要影响因素，设定为以地下水为介质的水中养护。

1) 无侧限抗压试验

无侧限抗压试验采用SHT4605微机控制电液伺服万能试验仪，如图4-4所示。

图4-4 SHT4605微机控制电液伺服万能试验仪

图4-5 标准立方体试块

依据相关规范[121,122]，现场采集珊瑚礁灰岩并击碎，然后过5 mm的筛，颗粒最大粒径不超过5 mm，并与砂土按预定比例混合；按照配合比方案制作70.7 mm×70.7 mm×70.7 mm试块，每组方案每个龄期各3块；在水中养护条件下进行养护，每组试验试块分14 d，28 d及60 d进行养护，之后分别测定其无侧限抗压强度；取每组方案每种龄期3个试件测试值的算术平均值作为该组试件该龄期下的无侧限抗压强度值，如单个试件与平均值差值超过平均值的±15%，该试件的测试值予以剔除，取其余2个的平均值，如剔除后某组某龄期试件的测试值不足2个，则该组该龄期试验结果无效。试验试块如图4-5和图4-6所示。

2) 抗渗试验

抗渗试验采用HS-4抗渗试验仪，如图4-7所示。

依据相关规范[123]，采用逐级加压法进行试验。试验配比与抗压试验相同，根据表4-2的配比，制作顶面直径175 mm、底面直径185 mm、高150 mm的圆台体试块，每组方案每个龄期各

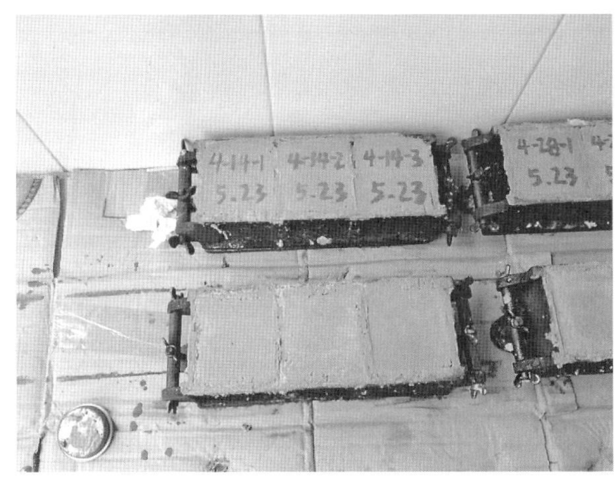

图 4-6 试块编号

图 4-7 HS-4 抗渗试验仪

6 块；在水中养护条件下对试块进行养护，每组试验试块分 28 d 及 60 d 进行养护；之后分别测试其抗渗性能，得到抗渗等级。抗渗等级按每组方案每个龄期 6 个试件中有 4 个未出现渗水时的最大压力来表示：

$$P = 10H - 1 \tag{4-1}$$

式中 P——抗渗等级；

H——每组方案每个龄期 6 个试件中有 4 个试件渗水时的水压力(MPa)。

试验试块如图 4-8 和图 4-9 所示。

图 4-8 标准圆台体试块

图 4-9 试块拆除模具

4.3 试验结果及分析

4.3.1 无侧限抗压试验结果及分析

无侧限抗压试验结果如表 4-3 所列。

1) *极差分析*

分别对 14 d，28 d 和 60 d 龄期水泥加固珊瑚礁砂试件无侧限抗压强度进行极差分析，结果如表 4-4—表 4-6 所列。

表 4-3 水泥土无侧限抗压强度试验结果

组 号	A：水泥掺量	B：水灰比	C：搅拌时间	D：粉细砂与珊瑚礁砂质量比	14 d 强度(MPa)	28 d 强度(MPa)	60 d 强度(MPa)
1	1(18%)	1(0.9)	1(2 min)	1(0∶1)	19.6	21.0	25.1
2	1	2(1.0)	2(3 min)	2(1∶10)	15.8	16.9	17.4
3	1	3(1.1)	3(4 min)	3(1∶5)	13.5	13.8	15.3
4	2(20%)	1	2	3	19.5	20.5	22.6
5	2	2	3	1	25.5	26.9	26.3
6	2	3	1	2	18.1	21.7	20.1
7	3(22%)	1	3	2	27.1	24.6	28.8
8	3	2	1	3	24.6	23.8	25.0
9	3	3	2	1	24.2	22.9	28.6
10	3	3	2	4(1∶0)	13.4	16.3	19.3

注：第 10 组设为平行试验，为纯粉细砂水泥土，与珊瑚礁砂水泥土进行对比分析。

表 4-4 14 d 水泥土无侧限抗压强度的极差分析

水 平	因素 A	因素 B	因素 C	因素 D
k_1	16.300	22.067	20.767	23.100
k_2	21.033	21.967	19.833	20.333
k_3	25.300	18.600	22.033	19.200
极 差	9.000	3.467	2.200	3.900

注：k_i 为第 i 个水平下试验值的平均值。

表 4-5 28 d 水泥土无侧限抗压强度的极差分析

水 平	因素 A	因素 B	因素 C	因素 D
k_1	17.233	22.033	22.167	23.600
k_2	23.033	22.533	20.100	21.067
k_3	23.767	19.467	21.767	19.367
极 差	6.534	3.066	2.067	4.233

表 4-6 60 d 水泥土无侧限抗压强度的极差分析

	因素 A	因素 B	因素 C	因素 D
k_1	19.267	25.500	23.400	26.667
k_2	23.000	22.900	22.867	22.100
k_3	27.467	21.333	23.467	20.967
极 差	8.200	4.167	0.600	5.700

由表 4-4—表 4-6，根据极差分析法可以判断，三个龄期的极差结果均反映出各因素中对水泥土无侧限抗压强度影响最大的因素是水泥掺量，且影响程度远高于其他三个因素，排名其次的是砂土与

珊瑚礁砂的质量比,再次是水灰比,影响最小的是搅拌时间。

根据试验结果及极差分析,可将各因素条件最优值汇总如下:水泥掺量 22%,水灰比 0.9,搅拌时间 4 min,砂土与珊瑚礁灰岩碎屑的质量比 0∶1。最佳施工配比条件即为以上四个最优水平的组合。

2) *方差分析法*

方差分析的基本思想是将数据的总变异分解成影响因素本身引起的变异和试验误差引起的变异两部分,构造 F 统计量检验,F 值越大,因素影响越明显,即可判断影响因素作用是否显著[124]。具体计算公式如下:

(1) 计算离差平方和。

$$S_j = \frac{1}{r}\sum_{i=1}^{m} K_{ij}^2 - \frac{(\sum_{i=1}^{n} x_i)^2}{n},\ j = 1,\ 2,\ \cdots,\ k \tag{4-2}$$

式中 K_{ij}——第 j 列因素 i 水平所对应的试验指标和;

r——每个水平重复次数;

m——每个因素水平数;

n——试验总次数;

x——试验数据。

(2) 计算因素自由度。

$f_j = m-1$, f_j 为第 j 列因素的自由度,为 m 为因素水平个数。

(3) 计算均方差。

$V_j = \frac{S_j}{f_j}$, V_j 为均方差。

(4) 计算显著性指标。

$F = \frac{V_j}{V_e}$, V_e 为误差均方差,F 为显著性指标。

利用相关方差分析软件来进行正交试验的方差分析。以 14 d 抗压强度值为例,进行方差分析,结果如表 4-7 所示。

表 4-7 14 d 无侧限抗压试验结果方差分析

源	Ⅲ型平方和	自由度	均方差
校正模型	176.436[a]	8	22.054
截 距	3 922.934	1	3 922.934
因素 A	121.609	2	60.804
因素 B	23.362	2	11.681
因素 C	7.316	2	3.658
因素 D	24.149	2	12.074
误 差	0.000	0	—
总 计	4 099.370	9	—
校正的总计	176.436	8	—

在本次统计中,A,B,C,D 这四个因素都被当成了处理因素,这种试验设计实际上没有考虑试验误差,在正交设计中,如果没有重复试验又无空白项时,常取各因素中离差平方和最小项作为误差估计[125]。本次试验中因素 C 的离差平方和远小于其他三个因素,因此可把它当作误差估计。经过误差

纠正后，各个龄期方差分析结果列于表 4-8—表 4-10。

表 4-8 14 d 龄期水泥土无侧限抗压强度各因素方差分析结果

因 素	离差平方和	自由度	均方差	F
A	121.609	2	60.804	16.623
B	23.362	2	11.681	3.193
D	24.149	2	12.074	3.301
误差(C)	7.316	2	3.658	—

表 4-9 28 d 龄期水泥土无侧限抗压强度各因素方差分析结果

因 素	离差平方和	自由度	均方差	F
A	76.862	2	38.431	10.662
B	16.242	2	8.121	2.253
D	27.229	2	13.614	3.777
误差(C)	7.209	2	3.604	—

表 4-10 60 d 龄期水泥土无侧限抗压强度各因素方差分析结果

因 素	离差平方和	自由度	均方差	F
A	101.129	2	50.564	155.849
B	26.576	2	13.288	40.955
D	54.629	2	27.314	84.188
误差(C)	0.649	2	0.324	—

对构造出的 F 统计量进行查表分析，并检验各因素的影响显著程度，结果如表 4-11 所示。

表 4-11 14 d、28 d 及 60 d 水泥土无侧限抗压强度各因素影响情况

	14 d 无侧限抗压强度方差分析	28 d 无侧限抗压强度方差分析	60 d 无侧限抗压强度方差分析
	F	F	F
A	16.623	10.662	155.849
B	3.193	2.253	40.955
D	3.301	3.777	84.188
汇总	影响程度 A>D>B>C。其中水泥掺量对水泥土无侧限抗压强度影响较显著($F_{0.05}>F>F_{0.1}$)，其他三个因素影响不显著	影响程度 A>D>B>C。其中水泥掺量对水泥土无侧限抗压强度影响较显著($F_{0.05}>F>F_{0.1}$)，其他三个因素影响不显著	影响程度 A>D>B>C。其中水泥掺量对水泥土无侧限抗压强度影响特别显著($F>F_{0.01}$)，水灰比与砂土质量比的影响显著($F_{0.01}>F>F_{0.05}$)，搅拌时间影响不明显

由表 4-8—表 4-11 可知，在不同养护龄期的条件下，各因素对试验结果的影响重要次序均为 A>D>B>C，即水泥掺量>粉细砂与珊瑚礁砂质量比>水灰比>搅拌时间，方差分析法与极差分析法所得影响程度排序结果一致。四个因素中水泥掺量(A)对水泥土无侧限抗压强度影响较显著($F_{0.05}>F>F_{0.1}$)，其他三个因素影响程度均不显著。本次试验结果也符合以往的试验结果及施工经验。

4.3.2 各因素对水泥土强度的影响分析

1）水泥掺量

如图 4-10 所示，根据极差分析结果可以看出，水泥掺量在各个龄期都是影响水泥土无侧限抗压强度最大的因素，水泥土的强度随着水泥掺量的增加而增大；通过方差分析可知水泥掺量的变化对水泥土强度影响显著，不同养护龄期的试块均反映出了强度与水泥掺量的正相关性，这一结论与普通水泥土的无侧限抗压强度研究结果[126,127]一致，说明水泥土中水泥掺量对强度起主导作用；另一方面，以珊瑚礁砂为原料的水泥土强度要比普通黏性土为原料的水泥土无侧限抗压强度高一个数量级，分析其原因可知在水泥加固珊瑚礁砂过程中，珊瑚礁砂本身具有一定强度，且内摩擦角大，表面因有孔隙所以粗糙不平[39]，这恰恰提高了珊瑚礁砂的整体性，珊瑚礁砂与水泥之间的摩擦力大，与水泥形成了有机整体，其发挥的作用类似于混凝土中细骨料，与水泥胶结程度好。

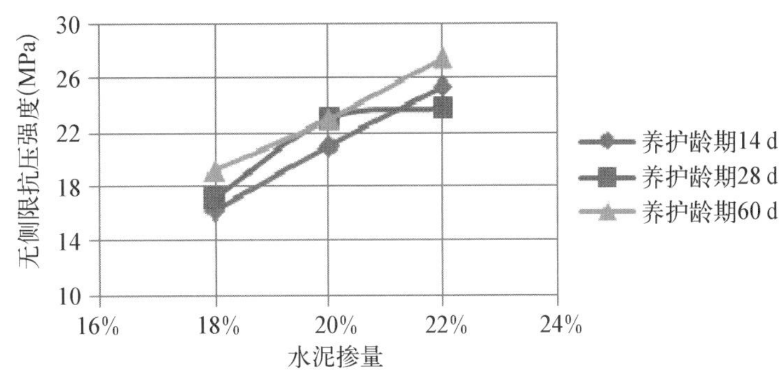

图 4-10 水泥掺量对水泥土无侧限抗压强度影响极差分析结果

2）水灰比

根据试块制作情况，当水灰比小于 0.9 时，水泥土试块不易成型，当水灰比大于 1.1 时，水泥土成型困难，这也符合以往试验结果及施工经验。如图 4-11 所示，根据极差分析结果可以看出，水泥土的强度随水灰比的增加而呈减小趋势，并且强度变化范围较小；通过方差分析可知水灰比对水泥土无侧限抗压强度的影响不是很显著。分析其原因可知，当水灰比过小时，水泥未完全水解水化，水泥土的强度没有完全发挥出来；当水灰比在适当范围增大时，水泥浆液的浓度较低，一系列水化反应后水泥土体内的多余游离水分会附着在珊瑚礁碎屑粗颗粒上，降低了黏结面积，黏结力下降，从而在一定程度上降低了加固体的强度。

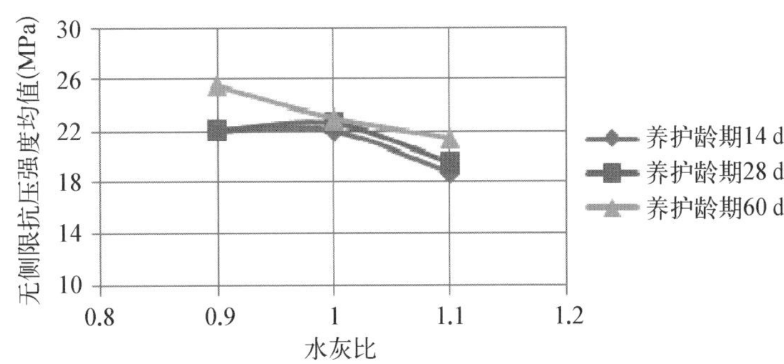

图 4-11 水灰比对水泥土无侧限抗压强度影响极差分析结果

3）搅拌时间

如图 4-12 所示，根据极差分析结果可以看出，水泥土的强度随着搅拌时间增加而略微呈上升趋势，但上升趋势并不明显；通过方差分析可知，搅拌时间的变化对水泥土强度几乎无影响，不同养护龄期的试块均反映出搅拌时间对水泥土强度影响微乎其微，在试验中可以忽略不计。但作为施工中的人为控制因素，须把握搅拌均匀的原则。

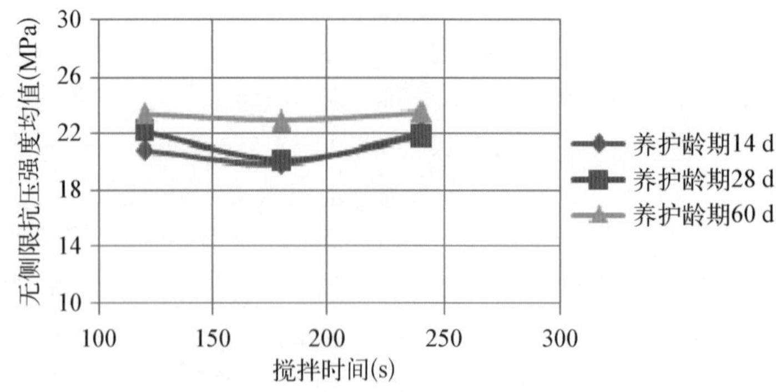

图 4-12　搅拌时间对水泥土无侧限抗压强度影响极差分析结果

4）砂土与珊瑚礁砂质量比

如图 4-13 所示，根据极差分析结果可以看出，水泥土的强度随着砂土质量比的增加而呈下降趋势；通过方差分析可知粉细砂与珊瑚礁砂质量比的变化对水泥土强度影响不显著。另外，如图 4-14 所示，通过第九组与第十组对比试验结果可以看出，在其他配比条件不变的情况下，以粉细砂为原料的水泥土无侧限抗压强度是以珊瑚礁砂为原料的水泥土无侧限抗压强度的 60%～70%，说明掺粉细砂量的提高会降低水泥土的强度。分析其原因为粉细砂的颗粒较珊瑚礁砂小，内聚力、内摩擦角及密度低，所以强度低，与水泥水化反应所得胶结物强度较低。但实际地层中各个土层分布情况复杂，多有间互或交叉分布现象，不可能完全去除粉细砂的影响，所以搅拌桩施工方案的设计需要建立在地质勘查报告的基础上，根据实际土层分布情况调整施工配比。

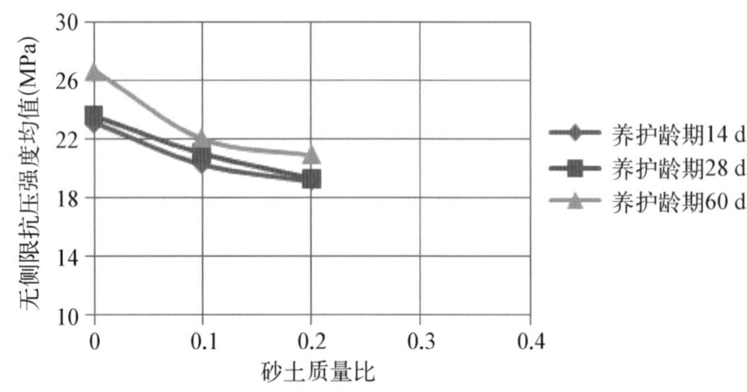

图 4-13　砂土质量比对水泥土无侧限抗压强度影响极差分析结果

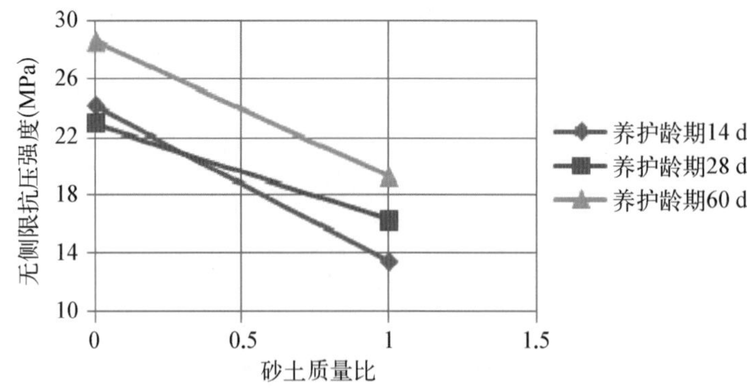

图 4-14　第 9 组与第 10 组试验结果对比分析

5）龄期

在同样的水泥掺量和水灰比下，水泥土的无侧限抗压强度随龄期的增长而增大；水泥土无侧限抗压强度随龄期增长幅度较为平缓，说明水泥土的早期强度增长较快，14 d 强度已经达到了一定水平，到 60 d 的强度增幅在 5%～20%，后期强度增长缓慢，但依旧呈上升趋势；不同配比的水泥土无侧限抗压强度在不同龄期的增长情况也不一样，水泥掺量低时，水泥土强度增长幅度略高一点，这与水泥水化反应的完成进度有关，水泥掺量低时，水泥水化反应在中期完成较为充分，水泥掺量高时，水泥水化反应完成还不充分，强度需要更长时间才能完全发挥。

4.3.3 抗渗试验结果及分析

表 4－12 给出了水泥加固珊瑚礁砂试件 28 d 和 60 d 龄期的抗渗试验结果。

表 4－12 水泥土抗渗试验结果

组 号	A：水泥掺量	B：水灰比	C：搅拌时间	D：粉细砂与珊瑚礁砂质量比	28 d 抗渗等级	60 d 抗渗等级
1	1(18%)	1(0.9)	1(2 min)	1(0：1)	8	6
2	1	2(1.0)	2(3 min)	2(1：10)	8	10
3	1	3(1.1)	3(4 min)	3(1：5)	6	6
4	2(20%)	1	2	3	10	10
5	2	2	3	1	10	10
6	2	3	1	2	10	10
7	3(22%)	1	3	2	10	10
8	3	2	1	3	10	10
9	3	3	2	1	10	10
10	3	3	2	4(1：0)	4	4

注：第 10 组设为平行试验，为纯粉细砂水泥土，与珊瑚礁砂水泥土进行对比分析。

1）极差分析

分别对 28 d 和 60 d 龄期水泥加固珊瑚礁砂试件抗渗性能进行极差分析，结果见表 4－13 和表 4－14。

表 4－13 28 d 水泥土抗渗试验结果极差分析

	因素 A	因素 B	因素 C	因素 D
k_1	7.333	9.333	9.333	9.333
k_2	10.000	9.333	9.333	9.333
k_3	10.000	8.667	8.667	8.667
极 差	2.667	0.666	0.666	0.666

表 4－14 60 d 水泥土抗渗试验结果极差分析

	因素 A	因素 B	因素 C	因素 D
k_1	7.333	8.667	8.667	8.667
k_2	10.000	10.000	10.000	10.000
k_3	10.000	8.667	8.667	8.667
极 差	2.667	1.333	1.333	1.333

由表 4-13 和表 4-14，根据极差分析法可以判断，两个龄期的极差结果均反映出各因素中对水泥土抗渗性能影响最大的因素是水泥掺量，其余三个因素影响程度较小。根据试验结果及极差分析，可将各因素条件最优值汇总如下：水泥掺量 22%，水灰比 0.9，搅拌时间 4 min，砂土与珊瑚礁灰岩碎屑的质量比 0：1。最佳施工配比条件即为以上四个最优水平的组合，与抗压试验所得结果一致。

2）*方差分析法*

本次试验中因素 C 的离差平方和远小于其他三个因素，因此可把它当作误差估计。经过误差纠正后，各个龄期方差分析结果列于表 4-15 和表 4-16。

表 4-15　28 d 龄期水泥土抗渗性能各因素方差分析结果

因　素	离差平方和	自由度	均方差	F
A	14.222	2	7.111	16.000
B	0.889	2	0.444	1.000
D	0.889	2	0.444	1.000
误差(C)	0.889	2	0.444	—

表 4-16　60 d 龄期水泥土抗渗性能各因素方差分析结果

因　素	离差平方和	自由度	均方差	F
A	14.222	2	7.111	4.000
B	3.556	2	1.778	1.000
D	3.556	2	1.778	1.000
误差(C)	3.556	2	1.778	—

对构造出的 F 统计量进行查表分析，并检验各因素的影响显著程度，结果见表 4-17。

表 4-17　28 d 和 60 d 水泥土抗渗性能各因素影响情况

	14 d 无侧限抗压强度方差分析	28 d 无侧限抗压强度方差分析
	F	F
A	16.000	4.000
B	1.000	1.000
D	1.000	1.000
汇　总	影响程度 A>D=B=C。其中水泥掺量对水泥土无侧限抗压强度影响较显著($F_{0.05}>F>F_{0.1}$)，其他三个因素影响不显著	影响程度 A>D=B=C。其中水泥掺量对水泥土无侧限抗压强度影响较显著($F_{0.05}>F>F_{0.1}$)，其他三个因素影响不显著

由表 4-15—表 4-17 可知，在不同养护龄期的条件下，各因素对试验结果影响的重要次序均为 A>D=B=C，即水泥掺量>粉细砂与珊瑚礁砂质量比=水灰比=搅拌时间，方差分析法与极差分析法所得影响程度排序结果一致。四个因素中水泥掺量(A)对水泥土无侧限抗压强度影响较显著($F_{0.05}>F>F_{0.1}$)，其他三个因素影响程度均不显著。

4.3.4 各因素对水泥土抗渗性能影响分析

从试验结果可以看出，水泥土的抗渗性能随着水泥掺量的增加而有所提高，通过方差分析可知水泥掺量的变化对水泥土强度影响较显著，不同养护龄期的试块均反映出了强度与水泥掺量的正相关性，说明水泥掺量对抗渗性能起主导作用；不同养护龄期的试块均反映出水灰比对水泥土抗渗性能影响不大，为次要影响因素；搅拌时间对水泥土抗渗性能影响不大，在配比试验中为可忽略影响因素，作为施工中的人为控制因素，须把握搅拌均匀的原则；水泥土的抗渗性能随着砂土质量比的增加而略微下降，通过方差分析可知砂土与珊瑚礁碎屑质量比的变化对水泥土抗渗性能影响不显著，不同养护龄期的试块均反映出水灰比对水泥土抗渗性能影响不大，为次要影响因素。通过第10组对比试验结果可以看出，在其他配比条件不变的情况下，以粉细砂为原料的水泥土抗渗等级比以珊瑚礁砂为原料的水泥土抗渗等级低很多，说明掺砂量的提高会降低水泥土的抗渗性能。

按照《地下工程防水技术规范》(GB 50108—2001)中第4.1.3条规定，防水混凝土的设计抗渗等级应符合表4-18的规定。

表4-18 防水混凝土的设计抗渗等级要求

工程埋置深度(m)	设计抗渗等级
＜10	P6
10～20	P8
20～30	P10
30～40	P12

根据表4-12中给出的试验结果可以看出，当水泥掺量达到20%以上时，水泥土的抗渗等级均达到甚至超过P10，满足30 m埋深以内的防水工程抗渗要求；当水泥掺量在18%时也能满足浅层(小于10 m)的防水工程抗渗要求。通过第10组对比试验可以看出，以砂土为原料的水泥土抗渗性能远低于以珊瑚礁灰岩为材料的水泥土；相比之下，珊瑚礁灰岩颗粒虽然孔隙率较高，但水泥浆液也能对孔隙进行充填，其胶结程度较好，形成的水泥土内部孔隙较少，抗渗性能更好。但表4-12的抗渗试验结果是基于室内试验条件得出的，实际工程中还需考虑工程地质条件和施工因素，以合理确定水泥掺入量。

4.3.5 抗压试验和抗渗试验结果对比分析

抗压试验及抗渗试验结果汇总如表4-19所示。

表4-19 抗压试验及抗渗试验结果汇总

组 号	无侧限抗压强度(MPa) 28 d	抗渗等级 28 d	无侧限抗压强度(MPa) 60 d	抗渗等级 60 d
1	21.0	8	25.1	6
2	16.9	8	17.4	10
3	13.8	6	15.3	6
4	20.5	10	22.6	10
5	26.9	10	26.3	10
6	21.7	10	20.1	10
7	24.6	10	28.8	10
8	23.8	10	25.0	10
9	22.9	10	28.6	10
10	16.3	4	19.3	4

两种试验数据趋势线如图 4-15—图 4-17 所示。

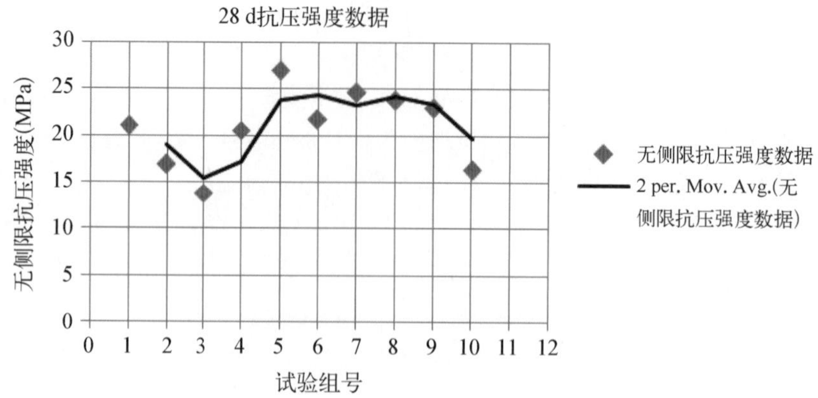

图 4-15　28 d 水泥土无侧限抗压强度结果趋势线

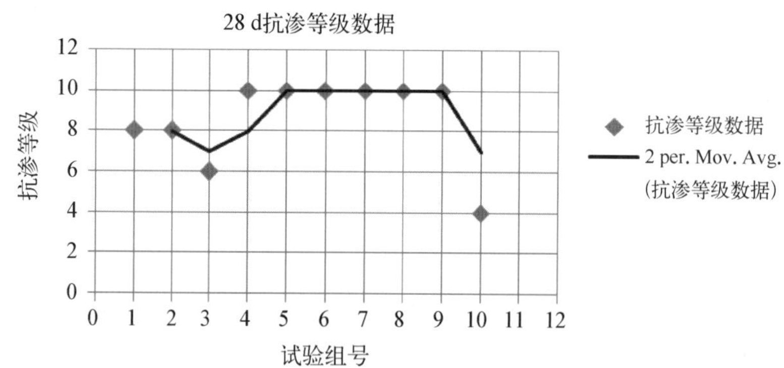

图 4-16　28 d 水泥土抗渗性能结果趋势线

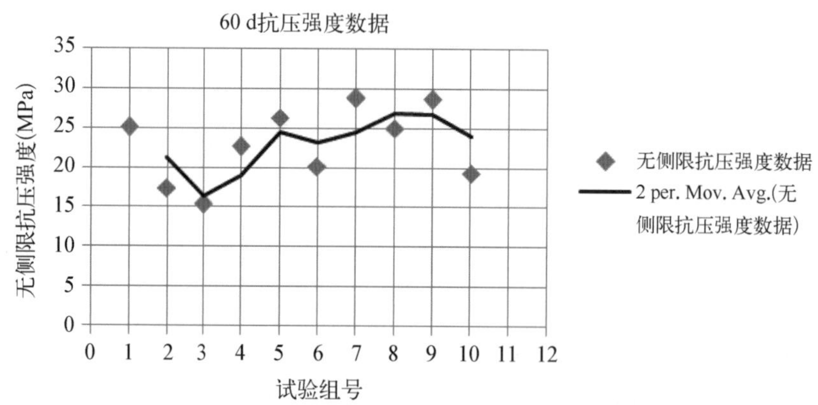

图 4-17　60 d 水泥土无侧限抗压强度结果趋势线

由图 4-15—图 4-18 对比可以看出：① 水泥土抗压强度趋势线与抗渗等级趋势线非常相似，拐点、级值等数学指标十分吻合，说明水泥土的抗压强度与抗渗等级在一定程度上有对应关系；② 当抗压强度值较低时，即前三组试验，抗渗等级也较低；③ 当抗压强度值稳定在较高水平时，即第 6～9 组，抗渗等级也进入稳定阶段，维持在较高等级；④ 通过平行试验数据，即第 10 组，抗压强度值与抗渗等级同时到达较低水平。

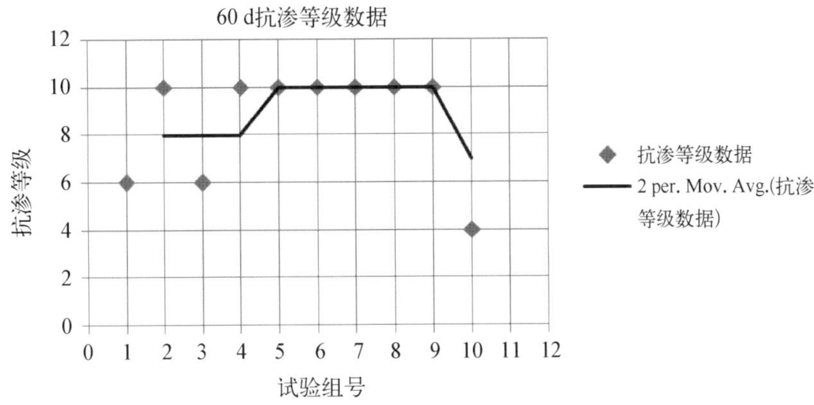

图 4-18 60 d 水泥土抗渗性能结果趋势线

4.4 结 论

依托现有工程项目，根据场地地层地质特征，并在总结、吸取已在类似地层环境下实施基坑围护体设计与施工工程案例的经验基础上，提出基坑围护体结构形式拟采用三轴搅拌桩加高压旋喷桩复合结构体。为研究水泥土搅拌法在珊瑚礁灰岩地区的防渗效果及影响因素，进行了多因素影响下水泥土的配比正交试验，定量分析了水泥掺量、水灰比、搅拌时间及掺砂量对水泥土力学性能及抗渗性能的影响，揭示了各种因素对水泥土抗压强度及抗渗性能的影响规律。配比试验结果表明：

(1) 通过水泥加固珊瑚礁砂的多因素正交配比试验结果的极差分析可知，各因素对试验结果的重要次序为水泥掺量＞粉细砂与珊瑚礁砂质量比＞水灰比＞搅拌时间；

(2) 方差分析结果显示，四个因素中水泥掺量对水泥土无侧限抗压强度及抗渗性能影响显著，在各个龄期都是影响水泥土无侧限抗压强度及抗渗性能最大的因素，其他三个因素影响不显著；

(3) 本书的配比试验研究表明，在实验室条件下，水泥加固珊瑚礁砂的最佳配合比为：水泥掺量 22%，水灰比 0.9，搅拌时间 4 min，砂土与珊瑚礁砂的质量比为 0∶1；

(4) 水泥加固珊瑚礁砂和粉细砂的对比试验结果表明，掺粉细砂量的提高会降低水泥土的强度和抗渗性能，但实际地层中各个土层分布情况复杂，不能完全去除粉细砂的影响，所以施工方案的设计需根据实际土层分布情况调整施工配比。

5 现场试验及分析

5.1 概　述

根据第 2 章的介绍，建设场地地层分布较为特殊，存在强透水层及强透水界面，并且基岩起伏较大，为了保证地下工程施工顺利进行，需解决的首要问题是基坑防渗止水问题。

根据建设场地地层地质特征，并在总结、吸取已在类似地层环境下实施基坑围护体设计与施工工程案例经验基础上，本基坑围护体结构形式拟采用的是三轴搅拌桩加高压旋喷桩复合结构体，即珊瑚碎屑及珊瑚礁岩以上第四系松散沉积物采用三轴搅拌桩止水，珊瑚碎屑及珊瑚礁岩及其与基岩交界面以下采用高压旋喷桩进行止水。设计三轴搅拌桩单轴抗压强度大于1.5 MPa，渗透系数小于 4×10^{-6} m/s。施工中三轴搅拌桩桩径 850 mm，1# 基坑止水帷幕水泥掺量 20%，水泥浆液水灰比 1.0；2# 基坑由于止水帷幕所处地层裂隙较发育，水泥掺量 22%，水泥浆液水灰比 1.1。

本次现场试验工作利用已有类似水文地质、工程地质条件、基坑止水方案相同的止水帷幕工程作为研究对象。目前，试验场区基坑四周止水帷幕施工已经结束，坑内无渗水情况出现。为进一步确定施工效果及止水帷幕的具体力学参数，需要进行现场试验来进一步分析。

本次现场试验的目的：① 通过在水泥土桩体内(三轴搅拌桩与高压旋喷桩)钻探取芯进行野外描述、岩芯拍照及取样进行室内无侧限抗压强度试验，进一步确定水泥土桩在干燥状态及饱和状态的单轴抗压强度；② 选取较破碎的桩体段作为试验段，进行抽水试验、压水试验，进一步确定破碎桩体的渗透系数；③ 与水泥土配比试验结果进行对比分析，找出二者的相关性及规律，验证室内配比试验结果，为今后类似场地施工提供理论依据。

5.2 试验介绍

5.2.1 试验工作量及试验器械

本次现场试验工作共计完成钻探总进尺 193.0 m(含成井钻探)，采取水泥土岩芯试样 24 组(每组 3 块)，成井 4 口(其中 3 口用于抽水试验，1 口用于观测水位恢复速度)，抽水试验 3 孔(9 个落程)、观测水位恢复速度 1 孔，压水试验 2 孔。室内试验工作委托指定单位承担，共计完成无侧限抗压强度试验 24 组。

1) 钻探取芯

本次钻探设备采用 XY－150 型工程钻机，采用自由回转钻进方法，控制回次进尺，采用岩芯钻具采取水泥土岩芯试样。钻机如图 5－1 和图 5－2 所示。

2) 抽水试验

采用 1150W 型清水自吸泵抽水。水泵如图 5－3 所示。

图 5-1 XY-150 型工程钻机

图 5-2 钻机及三脚架

图 5-3 1150W 型清水自吸泵

3) 压水试验

压水设备选用 BW160 高压泵，止水设备采用充气式 DMP-Ⅰ型纯压灌浆止水塞，利用 5 MPa 小型空压机充气，如图 5-4 和图 5-5 所示。

5.2.2 试验执行标准

(1) 国家标准《岩土工程勘察规范》(GB 50021—2001)(2009 年版)；
(2) 国家标准《土工实验方法标准》(GB/T 50123—1999)；
(3) 国家标准《供水水文地质勘察规范》(GB 50027—2001)；
(4) 国家标准《工程岩体试验方法标准》GB/T 50266—99；
(5) 行业标准《供水水文地质钻探与凿井操作规程》(CJJ 13—87)；
(6)《水利水电工程钻孔压水试验规程》(SL 31—2003)；
(7)《工程地质手册》(第四版)。

图 5-4 BW160 高压泵

图 5-5 充气式 DMP-Ⅰ型纯压灌浆止水塞

5.2.3 场地地质条件概况

现场试验所处地层各分层结构特征如下：

第①层：素填土，灰色，稍湿，松散，主要成分为中、细砂夹少量黏性土，厚度为 1.5 m 左右；

第②层：细砂夹珊瑚碎屑，顶部为黄色，含黏性土少，中部为灰黑色，含较多黏性土，下部夹较多珊瑚碎屑及珊瑚岩碎块，厚度约 14.3 m；

第③层，粉质黏土混砂，黄色，局部混褐红色，灰白色斑块，硬塑状态。该层成分不均匀，混有粉细砂、中砂、粉质黏土及珊瑚礁碎屑，呈砂混黏性土状，偶见大孤石，层厚不均，变化为 0.5～2 m。

第④层：花岗岩，地质年代为中生代侏罗纪中侏罗世(J_2)，根据风化程度可分为第$④_1$层强风化花岗岩及第$④_2$层中风化花岗岩；

第$④_1$层：强风化花岗岩，褐黄色，矿物基本风化成土状，局部夹少量碎块，岩芯破碎，层面埋深一般在 11.10～16.30 m，厚度约 1.90 m；

第$④_2$层：中风化花岗岩，灰白色，矿物成分主要为长石、石英，岩石强度高，岩芯完整，层面埋深一般为 11.40～17.20 m，厚度分布大，本次现场试验未钻穿。

根据现场钻探情况，本场区中的地下水主要为分布于第②层细砂夹珊瑚碎屑层及第$④_1$层强风化花岗岩层中的潜水，根据钻探所取岩芯分析，第②层顶部及下部细砂夹珊瑚碎屑透水性较强，根据本工程详细勘察报告提供，第②层渗透系数约为 70 m/d。

5.2.4 试验方案

本工程共分为两个基坑止水项目，两基坑相距 1 km，所处地质条件基本相同，基坑止水帷幕采用同种形式，即采用三轴搅拌桩加高压旋喷桩复合结构体。水泥土桩的无侧限抗压强度及压水试验需要先在施工完成的止水帷幕中钻探取芯，所以在两基坑四周均匀布置取芯点位，抽水试验点位布置于止水帷幕上及止水帷幕内侧，具体点位布置如图 5-6 和图 5-7 所示。

1) 取芯及无侧限抗压强度试验

根据 1# 建筑物试验区 9#、10#、11# 孔(其具体位置详见勘探孔平面布置图，图 5-6)所采取的水泥土桩芯分析，一般在上部深度为 7.80～8.80 m 以上的纯砂或含少量珊瑚碎屑段，水泥土桩成桩情况较好，桩芯较完整，桩芯强度较高；下部深度为 7.80～8.80 m 以下的中细砂夹珊瑚碎屑及强风化段水泥土桩成桩较差，桩芯破碎，强度较低。取出桩芯如图 5-8—图 5-10 所示。

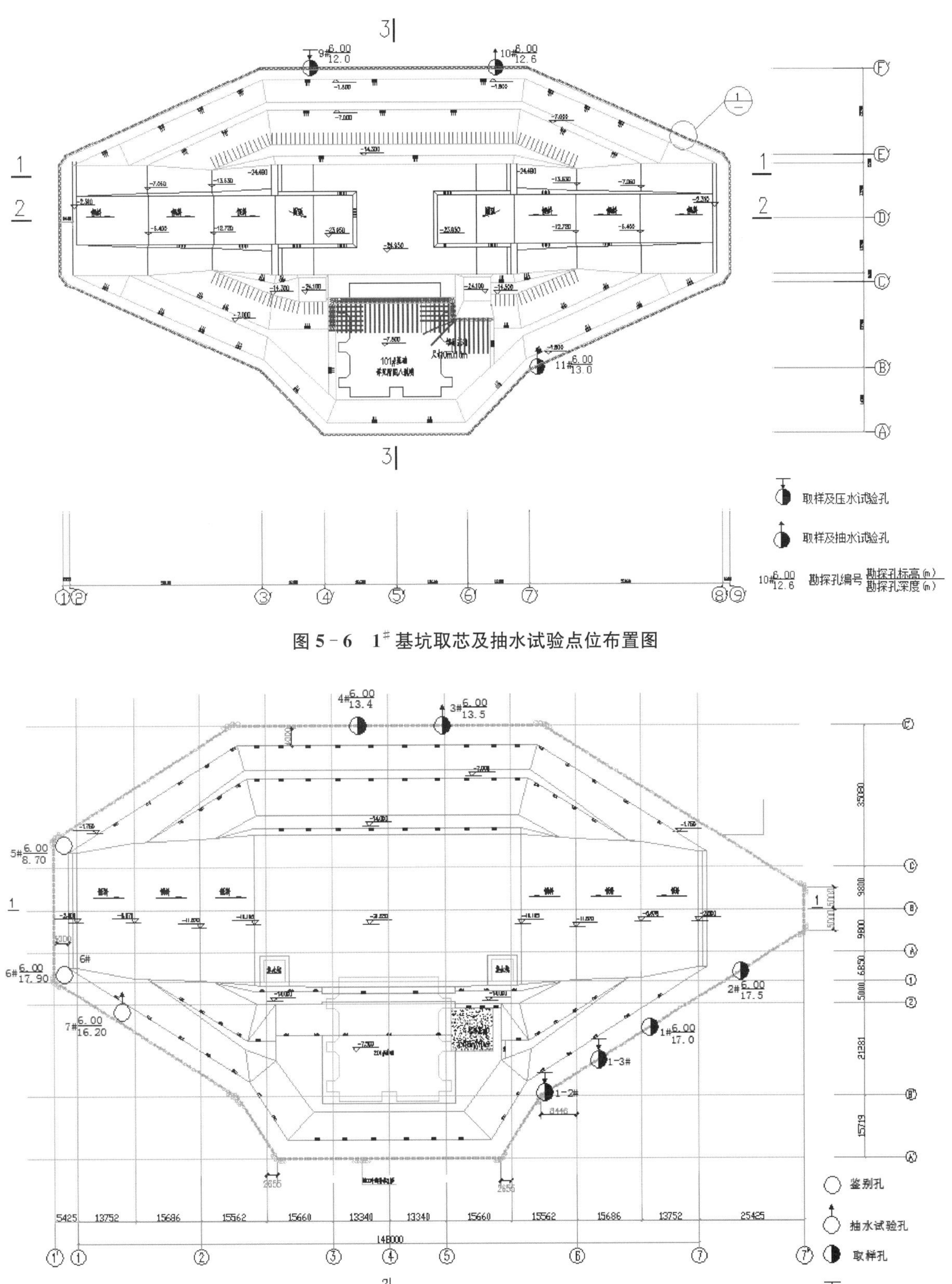

图 5-6 1# 基坑取芯及抽水试验点位布置图

图 5-7 2# 基坑取芯及抽水试验点位布置图

图 5 - 8　$9^{\#}$ 孔取出桩芯照片

图 5 - 9　$10^{\#}$ 孔取出桩芯照片

图 5 - 10　$11^{\#}$ 孔取出桩芯照片

根据 $2^{\#}$ 建筑物试验区 $1^{\#}$、$2^{\#}$、$3^{\#}$、$4^{\#}$、$1-2^{\#}$ 及 $1-3^{\#}$ 孔(其具体位置详见勘探孔平面布置图,图 5 - 7)所采取的水泥土桩芯分析,一般在上部深度为 8.60～11.30 m 以上的纯砂或含少量珊瑚碎屑段,水泥土桩成桩情况较好,桩芯较完整,桩芯强度较高;下部深度为 8.60～11.30 m 以下的中细砂夹珊瑚碎屑及强风化段水泥土桩成桩较差,桩芯破碎,强度较低,与 $1^{\#}$ 试验区所取桩芯情况类似。取出桩芯如下图 5 - 11 和图 5 - 12 所示。

图 5 - 11　$1^{\#}$ 孔取出桩芯照片

图 5 - 12　$2^{\#}$ 孔取出桩芯照片

水泥土桩无侧限抗压强度试验工作委托指定单位承担，共计完成无侧限抗压强度试验 24 组。

2) 抽水试验

(1) 抽水井的设计与布置。

本次抽水试验在 1# 建筑所在场地共布置 2 口抽水井，东北侧布置 1 口，即 10# 恢复水位井，南侧布置 1 口，即 11# 抽水井，均布置在止水帷幕桩中心(具体布置位置详见水文地质试验勘探点平面布置，图 5-6)，用以检验 1# 建筑所在场地止水帷幕下部(靠近基岩)桩体的成桩质量及渗透性。

在 2# 建筑所在场地共布置 2 口抽水井，北侧布置 1 口，即 3# 抽水井，西南角布置 1 口，即 7# 抽水井，其中 3# 抽水井布置在止水帷幕桩中心，7# 抽水井布置在止水帷幕桩内侧，即基坑内，西侧、南侧均邻止水帷幕(具体布置位置详见水文地质试验勘探点平面布置，图 5-7)，用以检验 2# 建筑所在场地止水帷幕下部(靠近基岩)桩体的成桩质量及渗透性。

(2) 试验方法及要求。

试验方法经试抽确定，如出水量较大则采用稳定流抽水试验(如 3# 井、7# 井及 11# 井)，如出水量较小，无法采用稳定流抽水试验时，则采用简易抽水试验。

本次抽水试验采用的是单井抽水试验法，稳定流抽水试验分为三个落程进行抽水；由于本次试验抽水井的直径较小，过滤器内径为 106 mm，故本次试验抽水设备采用功率为 1 150 W 的真空泵(清水自吸泵进行抽水试验，图 5-3)进行抽水，水位观测采用电测水位计进行测量；出水量采用与出水管连接的水表进行测量，观测方法如下：

① 动水位及涌水量观测。

抽水孔动水位、涌水量的观测工作需同时进行。在保证出水量基本为常量的前提下，按下列时间间距进行观测，记录观测数据：5 min，5 min，5 min，5 min，5 min，15 min，15 min，15 min，15 min，15 min，15 min，30 min，以后每 30 min 观测一次。

② 稳定水位观测。

要求每小时测定一次，三次所测数据相同或 4 h 内水位相差不超过 2 cm，即为稳定水位。

③ 恢复水位观测。

抽水试验结束或中途因故停泵，需进行恢复水位观测。观测时间间距为：1 min，3 min，5 min，10 min，15 min，30 min，以后每隔 30 min 观测一次，直至完全恢复，观测精度要求同稳定水位的观测。恢复水位观测井如图 5-13 所示。

图 5-13 恢复水位观测井

(3) 抽水试验注意事项。

① 在抽水井的钻进过程中，对抽水试验井的地层岩性(水泥土桩的完整性、裂隙等)进行详细的记录、描述，据此及时修正井的结构。

② 抽水过程中，须及时、准确地对抽水试验观测数据和异常现象进行详细记录。

③ 在出现异常现象后，抽水试验工作人员应根据现场具体的情况，采取合理的应对措施，保证抽水试验的正常进行。

④ 确保钻孔的垂直度和孔径要求符合设计。

⑤ 静止水位、动水位、恢复水位的观测应符合精度要求。

⑥ 钻孔清孔和洗井质量的好坏直接影响到抽水试验的最终成果质量，必须高度重视。

⑦ 注意找准井管的黏结位置，及时调整。

(4) 成井工艺。

施工工艺流程：测放井位—钻机就位—钻孔—清孔换浆—井管安装—填砾—洗井—置泵试抽水—正常抽水试验—井孔处理。

施工程序及技术质量要求：

① 井位测放：按照井位设计平面图测放。

② 钻机就位：将钻机底座调平，固定牢固。

③ 钻孔：钻进过程中，垂直度控制在1%以内，钻进至设计深度后方可终孔。

④ 清孔：终孔后应及时进行清孔，确保井管到预定位置。

⑤ 下井管：采用 ϕ110 mmPVC 管。管底采用60目滤网包滤料进行封底，防止抽水过程中砂土涌入井管中；要求逐节黏结且井管下在井孔中央。管顶应外露出地面 30 cm 左右。滤水管内径 ϕ106 mm，外径 ϕ110 mm，网眼排列呈梅花状，圆眼直径 20 mm，纵向眼距 60 mm，横向眼距 40 mm，外包尼龙砂网，网孔 0.25 mm。

⑥ 分层填滤料，用塑料布封住管口，软管接通水放入管井内，动水填砾。填砾时应用铁锹铲砾均匀抛撒在井管四周，保证填砾均匀，密实；填到地面为止。填砾粒径范围为 0.5～5.0 mm。

⑦ 洗井：填砾结束，应立即洗井。可采用空压机清洗。洗井要求破坏孔壁泥皮，洗通四周的渗透层。

⑧ 置泵抽水：水泵应按照降深要求确定，刚抽出的水浑浊含砂，应沉淀排放，当井出清水后，进行抽水试验。

3) 压水试验

(1) 压水井的设计与布置。

本次压水试验在1# 建筑物所在场地，共布置 1 口压水试验井，具体布设在北侧，止水帷幕桩中心，即 9#(具体井位布置位置详见水文地质试验勘探点平面布置，图 5-6)，用以检验 1# 建筑所在场地止水帷幕上部桩体的成桩质量。

在 2# 建筑物所在场地，共布置 1 口压水试验井，布设在场地东南部，止水帷幕桩中心，即 1-3#(具体井位布置位置详见水文地质试验勘探点平面布置，图 5-7)，用以检验 2# 建筑所在场地止水帷幕上部桩体的成桩质量。

(2) 试验方法及要求。

本次压水试验采用机械压水试验法；压水设备采用 BW160 高压泵(图 5-4)，止水设备采用充气式 DMP-Ⅰ型纯压灌浆止水塞(图 5-5)，压入流量采用量水箱测量。

试验流程如下：

① 压水试验孔定位，钻机就位，钻进至预定设计深度(其中开孔直径为 91 mm，预定止水段及压水试验段孔径为 76 mm)。

② 洗孔：

A. 采用压水法洗孔，钻具应下到孔底，流量应达到水泵的最大出水量。

B. 孔口回水清洁，肉眼观察无岩粉时方可结束。当孔口无回水时，洗孔时间不得少于 15 min。

③ 试验段隔离：

A. 下栓塞前应对压水试验工作管进行检查，不得有破裂、弯曲、堵塞等现象。接头处应采取严格的止水措施。

B. 充气压力达到空压机最大压力 5 MPa（止水栓塞承受最大压力 7 MPa）；在试验过程中充气（水）压力应保持不变。

C. 栓塞应安设在珊瑚礁水泥土较完整的部位，定位应准确。

④ 水位观测：

A. 在往孔内放下栓塞前，应首先观测 1 次孔内水位，试验段隔离后，再观测工作管内水位。

B. 工作管内水位观测应每 5 min 进行 1 次。当水位下降速度连续 2 次均小于 5 cm/min 时，观测工作即可结束，用最后的观测结果确定压力计算零线。

⑤ 压力和流量观测：

A. 向试验段送水前，应打开排气阀，待排气阀连续出水后，再将其关闭。

B. 在流量观测前，应调整调节阀门，使试验段压力达到预定值并保持稳定。

C. 流量观测工作应每隔 1 min 进行 1 次。当流量无持续增大趋势，且 5 次流量读数中最大与最小值之差小于最终值的 10%，或最大值与最小值之差小于 1 L/min 时，本阶段试验即可结束，取最终值作为计算值。

D. 将试验段压力调整到新的预定值，并重复上述过程，直到完成该试验段。

E. 试验结束前，应检查原始记录是否齐全、正确，发现问题必须及时纠正。

5.3 试验结果及分析

5.3.1 水泥土桩取芯无侧限抗压试验结果及分析

水泥土桩无侧限抗压强度试验由指定委托单位进行操作，使用试验仪器及试验过程如图 5-14—图 5-16 所示。

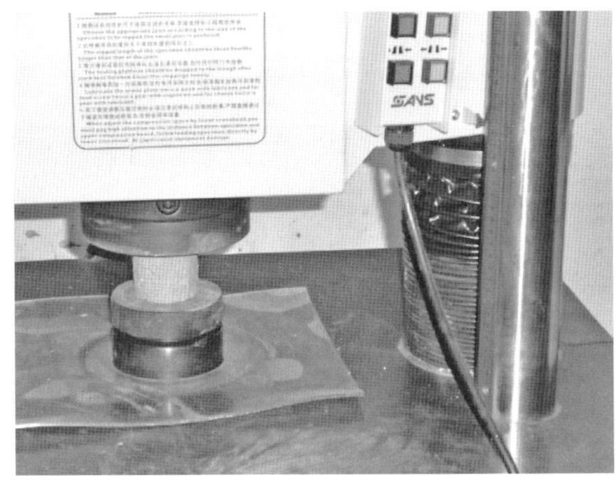

图 5-14 SHT4605 微机控制电液伺服万能试验仪及加载试块

图 5-15 计算机记录数据

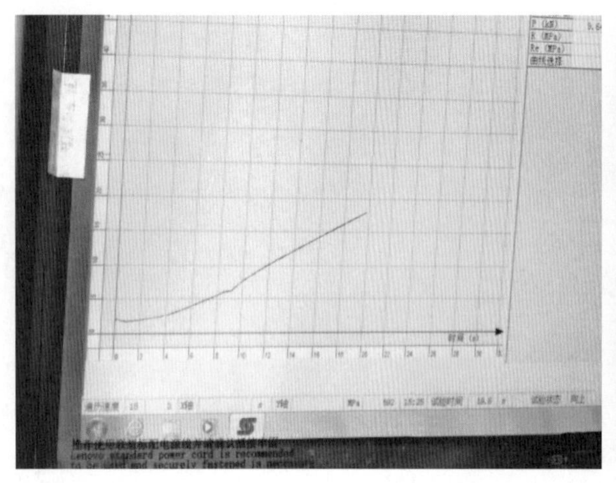
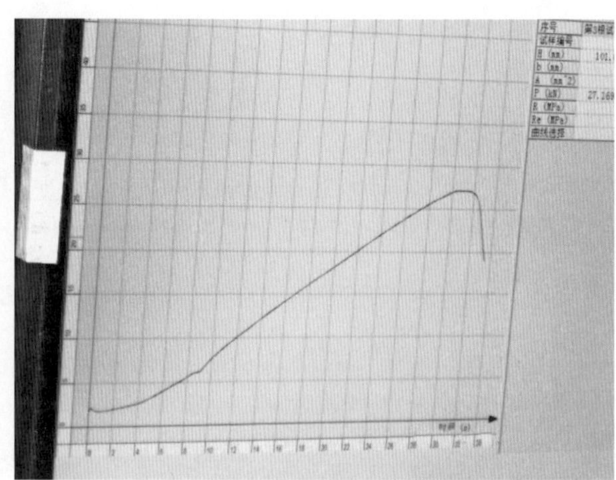

图 5-16 试块加载强度曲线

根据所取的水泥土桩芯试样在干燥状态及饱和状态下的无侧限抗压强度试验结果，经统计其结果详见表 5-1—表 5-4。

表 5-1 1# 建筑物水泥土桩芯试样 90 d 无侧限抗压强度统计

取样编号	取样起始深度(m)	名 称	饱和单轴抗压强度(MPa)	干燥状态单轴抗压强度(MPa)
9#-1	3.20~3.80	水泥土	2.75	—
9#-2	4.60~5.20	水泥土	—	6.46
9#-3	7.10~7.70	水泥土	4.25	—
9#-4	8.00~8.60	水泥土	—	6.43
10#-1	1.60~2.20	水泥土	2.71	—
10#-2	3.40~4.00	水泥土	—	3.91
10#-3	5.00~5.60	水泥土	3.65	—
10#-4	7.10~7.70	水泥土	—	5.65
11#-1	1.90~2.50	水泥土	—	3.57
11#-2	4.60~5.20	水泥土	3.04	—
11#-3	6.30~6.90	水泥土	—	5.32
11#-4	7.20~7.80	水泥土	5.07	—

表 5-2 统计结果

类 别	数据个数	平均值	最小值	最大值	标准差	变异系数	统计修正系数	标准值
饱和单轴抗压强度	6	3.58	2.71	5.07	0.939	0.262	0.784	2.81
干燥状态单轴抗压强度	6	5.38	3.57	6.56	1.349	0.251	0.793	4.26

根据统计结果，1# 建筑基坑止水帷幕水泥土桩芯饱和单轴抗压强度一般为 2.71~5.07 MPa，均值为 3.58 MPa，饱和单轴抗压强度标准值为 2.81 MPa；干燥单轴抗压强度一般为3.57~ 6.56 MPa，

平均值为 5.38 MPa，干燥单轴抗压强度标准值为 4.26 MPa。

表 5-3 2# 建筑物水泥土桩芯试样无侧限抗压强度统计

取样编号	取样起始深度(m)	名 称	饱和单轴抗压强度(MPa)	干燥状态单轴抗压强度(MPa)
3#-1	6.80～7.80	水泥土	3.72	—
4#-1	1.20～1.60	水泥土	—	5.12
1-2#-1	1.20～1.80	水泥土	1.69	—
1-2#-2	8.00～8.60	水泥土	—	1.68
1#-1	2.00～2.60	水泥土	—	4.06
1#-2	5.80～6.40	水泥土	4.47	—
1#-3	9.20～9.80	水泥土	—	7.34
1#-4	14.30～14.90	水泥土	5.81	—
1-3#-1	1.90～2.50	水泥土	2.92	—
1-3#-2	4.70～5.30	水泥土	—	4.41
1-3#-3	7.00～7.60	水泥土	3.89	—
1-3#-4	9.20～9.80	水泥土	—	5.85

表 5-4 统计结果

类 别	数据个数	平均值	最小值	最大值	标准差	变异系数	统计修正系数	标准值
饱和单轴抗压强度	6	3.75	1.69	5.81	1.394	0.372	0.693	2.60
干燥状态单轴抗压强度	6	4.74	1.68	7.34	1.901	0.401	0.669	3.17

根据统计结果，2# 建筑基坑止水帷幕水泥土桩岩芯饱和单轴抗压强度一般为 1.69～5.81 MPa，平均值为 3.75 MPa，饱和单轴抗压强度标准值为 2.60 MPa；干燥单轴抗压强度一般为 1.68～7.34 MPa，平均值为 4.74 MPa，干燥单轴抗压强度标准值为 3.17 MPa。

由试验数据可知：

(1) 无论饱和单轴抗压强度还是干燥抗压强度都超过了基坑止水帷幕初始设计值 1.5 MPa，达到了基坑止水帷幕的承载力要求；

(2) 两基坑水泥土桩芯无侧限抗压强度试验结果均反映出相同深度内，桩芯干燥状态强度明显高于饱和状态下强度值，这与以往试验结果相同，说明地下水对水泥土搅拌桩强度值的影响较明显，需要谨慎考虑；

(3) 同一个基坑止水帷幕不同点位所取得的水泥土桩芯在相同深度范围内无侧限抗压强度值差距较小，说明成桩质量较稳定；

(4) 不同基坑止水帷幕不同点位所取得的水泥土桩芯在相同深度范围内无侧限抗压强度值也十分接近，在小于 4 m 范围内，桩芯饱和强度值较低，小于 3 MPa；在 4～15 m 范围内，桩芯饱和强度值较高，均高于 3 MPa；

(5) 水泥土桩芯无侧限抗压强度在测试范围内，随埋深增加而增大，分析可知，由于地下水埋深大于 1.5 m，并且珊瑚礁砂多孔隙，吸水能力较好，所以桩体上部水泥浆液并未充分发挥水泥强度，而下部土体内水分充足，水泥强度发挥充分；

(6) 但同时可以看出当桩长达到 15 m 以上时，水泥与土体基本不能成桩，这与地下水的流速流量有关，需要把控施工质量。

5.3.2 抽水试验结果及分析

抽水试验确定土体渗透系数的公式很多，具体要根据含水层的厚度及过滤器的安装位置、抽水井的结构等因素确定。本次抽水试验主要为潜水非完整井及潜水完整井模式，过滤器安装在含水层下部，且下部桩体破碎，可近似与周围土层视为均质。下面仅对本次计算用到的几个方法做一简介。

1) 利用稳定流抽水试验计算渗透系数

潜水完整井，单井抽水，无观测孔，$Q-s$ 关系曲线呈直线时，利用抽水量及水位下降资料计算渗透系数，计算公式如下：

$$k=\frac{0.732Q(\lg R-\lg r_w)}{(2H-s_w)s_w} \tag{5-1}$$

潜水非完整井，过滤器安装在含水层底部，单井抽水，无观测孔，$Q-s$ 关系曲线呈直线时，利用抽水量及水位下降资料计算渗透系数，计算公式如下：

$$k=\frac{0.732Q(\lg R-\lg r_w)}{(H+l)s_w} \tag{5-2}$$

式中　Q——单井出水量(m^3)；

R——影响半径(m)；

r_w——抽水井半径(m)；

H——潜水含水层的厚度(m)；

s_w——水位降深(m)；

l——过滤器长度(m)。

2) 影响半径计算

影响半径计算公式如下：

$$R=2s_w\times\sqrt{H\times k} \tag{5-3}$$

式中　R——影响半径(m)；

s_w——水位降深(m)；

k——渗透系数(m/s)。

以下将分别以 11#、3# 和 7# 抽水井为例，进行抽水试验及分析。

1) 11# 抽水井抽水试验

11# 抽水井位于 1# 建筑物南侧，期间共计进行了三个落程的稳定流抽水试验。抽水井及渗流模式如图 5-17 所示。

(1) 11# 抽水井第一落程计算成果。

11# 抽水井抽水试验数据记录列于表 5-5。

表 5-5　11# 抽水井基本情况

试验井号	落　程	稳定水位埋深(m)	滤水段半径(m)	试验段	含水层厚度 H(m)	滤水段长度 l(m)
11#	1	2.538	0.053	中细砂、珊瑚礁岩	11.162	5.04

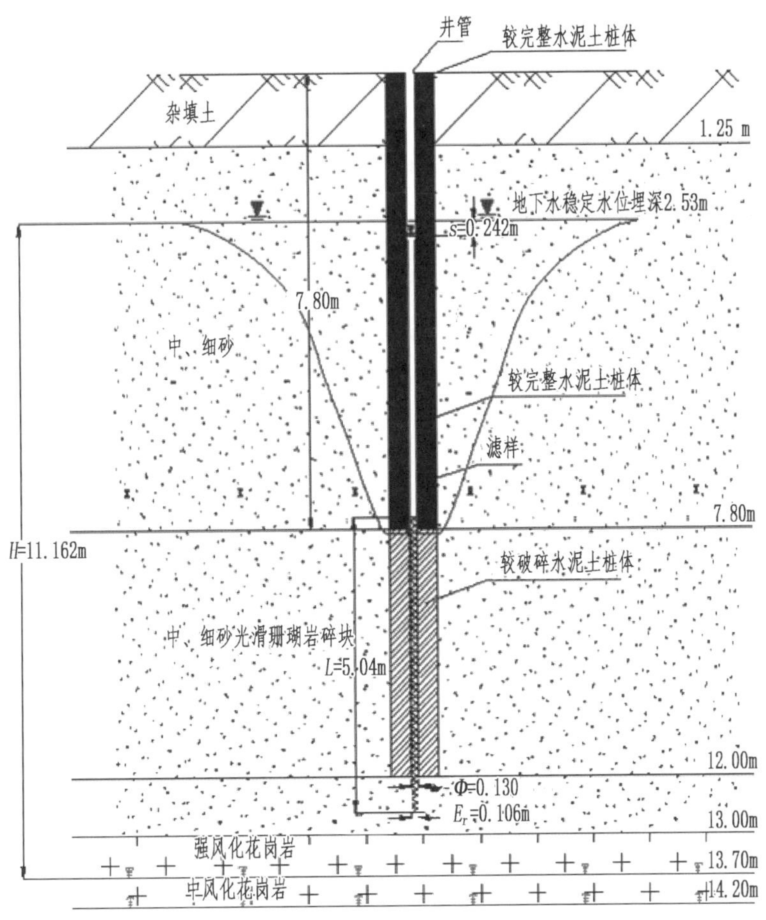

图 5-17 11[#] 抽水井及渗流模式

11[#] 抽水井第一落程流量统计列于表 5-6。

表 5-6 11[#] 抽水井第一落程流量统计

T(min)	Q(L/s)	Q(m^3/d)	s(m)
0	0.00	0.00	0.000
5	0.48	41.47	0.192
10	0.81	69.98	0.207
15	0.81	69.98	0.202
20	0.81	69.98	0.207
25	0.81	69.98	0.207
30	0.80	69.12	0.229
45	0.80	69.12	0.252
60	0.81	69.98	0.227
75	0.82	70.85	0.229
90	0.79	68.26	0.227
105	0.80	69.12	0.225
120	0.80	69.12	0.227
150	0.81	69.98	0.237

续　表

T(min)	Q(L/s)	Q(m^3/d)	s(m)
180	0.80	69.12	0.232
210	0.80	69.12	0.232
240	0.81	69.98	0.234
270	0.82	70.85	0.242
300	0.79	68.26	0.234
330	0.80	69.12	0.238
360	0.80	69.12	0.227
平均值	0.79	68.12	0.225

$Q-t$、$s-t$ 关系曲线如图 5-18 和图 5-19 所示。

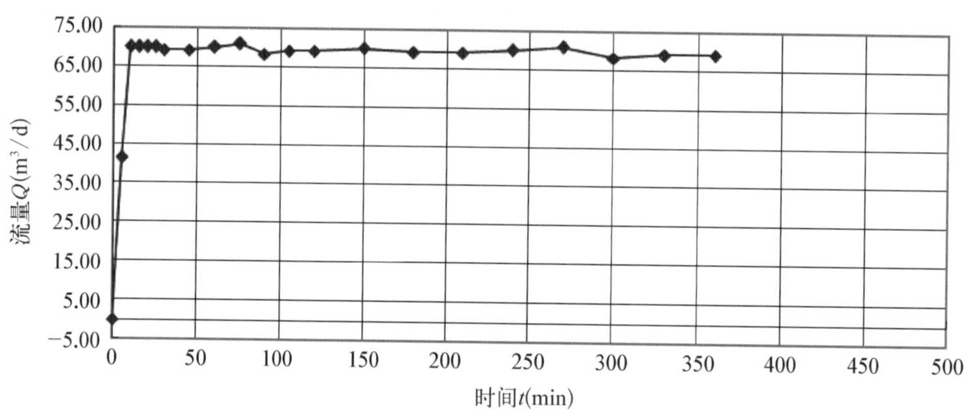

图 5-18　11# 抽水井第一落程抽水试验 $Q-t$ 曲线

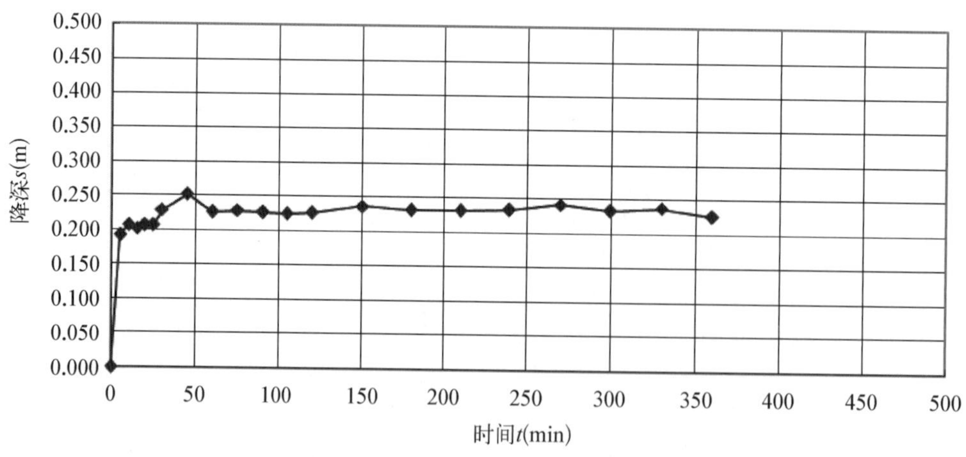

图 5-19　11# 抽水井第一落程抽水试验 $s-t$ 曲线

因为本井为潜水非完整井模式，所以将数据代入公式(5-2)和式(5-3)计算得：

$$R=11.2\ \text{m},k=3.5\times10^{-2}\ \text{cm/s}$$

(2) 11# 抽水井第二落程计算成果。

11# 抽水井抽水试验数据记录列于表 5-7。

表 5 - 7　11# 抽水井基本情况

试验井号	落　程	稳定水位埋深(m)	滤水段半径(m)	试验段	含水层厚度 H(m)	滤水段长度 l(m)
11#	2	2.560	0.053	中细砂、珊瑚礁岩	11.162	5.04

11# 抽水井第二落程流量统计列于表 5 - 8。

表 5 - 8　11# 抽水井第二落程流量统计

T(min)	Q(L/s)	Q(m^3/d)	s(m)
0	0.00	0.00	0.000
5	0.43	37.15	0.202
10	0.91	78.62	0.220
15	0.55	47.52	0.212
20	1.23	106.27	0.210
25	0.90	77.76	0.215
30	1.25	108.00	0.225
45	0.78	67.39	0.222
60	0.89	76.90	0.230
75	0.90	77.76	0.230
90	0.80	69.12	0.235
105	1.01	87.26	0.250
120	0.87	75.17	0.255
150	0.91	78.62	0.260
180	0.88	76.03	0.270
210	0.88	76.03	0.273
240	0.89	76.90	0.280
270	0.89	76.90	0.290
300	0.89	76.90	0.295
330	0.88	76.03	0.297
360	0.88	76.03	0.305
390	0.88	76.03	0.310
420	0.89	76.90	0.314
平均值	0.88	76.38	0.255

$Q-t$、$s-t$ 关系曲线如图 5 - 20 和图 5 - 21 所示。

因为本井为潜水非完整井模式，所以将数据代入公式(5 - 2)和式(5 - 3)计算得：

$$R=13.5\ \text{m},k=3.0\times10^{-2}\ \text{cm/s}$$

(3) 11# 抽水井第三落程计算成果。

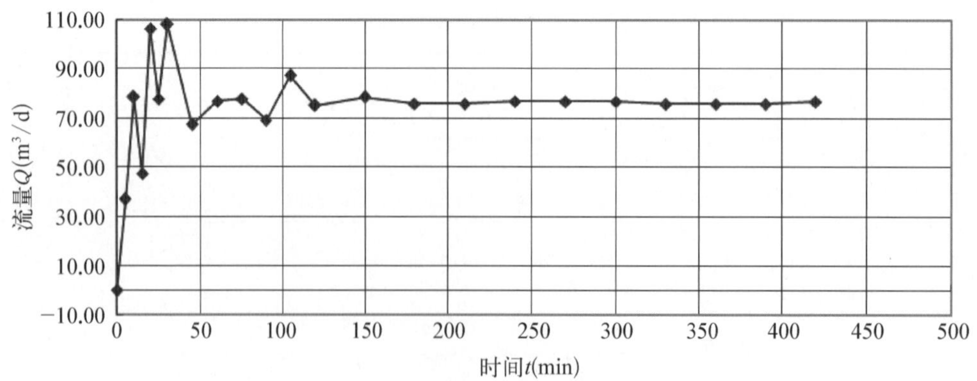

图 5-20 11# 抽水井第二落程抽水试验 $Q-t$ 曲线

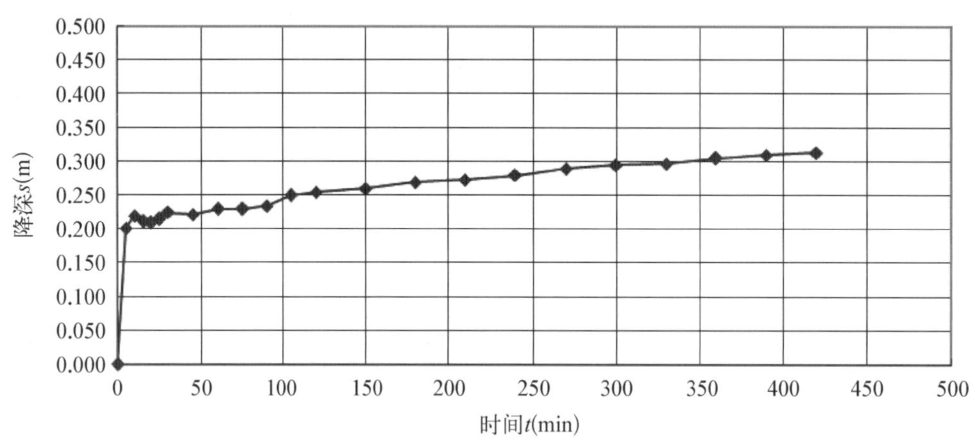

图 5-21 11# 抽水井第二落程抽水试验 $s-t$ 曲线

11# 抽水井抽水试验数据记录列于表 5-9。

表 5-9 11# 抽水井基本情况

试验井号	落 程	稳定水位埋深(m)	滤水段半径(m)	试验段	含水层厚度 H(m)	滤水段长度 l(m)
11#	3	2.670	0.053	中细砂、珊瑚礁岩	11.162	5.04

11# 抽水井第三落程流量统计列于表 5-10。

表 5-10 11# 抽水井第三落程流量统计

T(min)	Q(L/s)	Q(m³/d)	s(m)	T(min)	s(m)
0	0.00	0.00	0.000	368	−0.02
5	0.83	71.71	0.195	371	−0.025
10	0.85	73.44	0.207	374	−0.025
15	0.86	74.30	0.210	377	−0.038
20	0.58	50.11	0.212	380	−0.038
25	0.86	74.30	0.212	385	−0.036
30	0.91	78.62	0.208	390	−0.045

续 表

T(min)	Q(L/s)	Q(m³/d)	s(m)	T(min)	s(m)
45	0.88	76.03	0.220	395	−0.050
60	0.88	76.03	0.227	400	−0.05
75	0.88	76.03	0.229	405	−0.05
90	0.88	76.03	0.215	410	−0.05
105	0.76	65.66	0.210	420	−0.055
120	0.87	75.17	0.210		
150	0.88	76.03	0.210		
180	0.88	76.03	0.215		
210	0.88	76.03	0.210		
240	0.88	76.03	0.200		
270	0.89	76.90	0.200		
300	0.88	76.03	0.200		
330	0.89	76.90	0.195		
360	0.89	76.90	0.190		
362			−0.005		
363			−0.012		
364			−0.015		
365			−0.015		
平均值	0.85	73.91	0.172		

$Q-t$、$s-t$ 关系曲线如图 5－22 和图 5－23 所示。

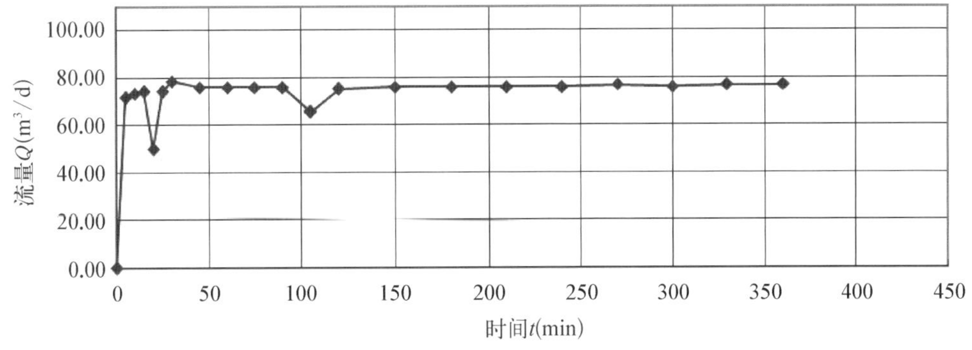

图 5－22　11# 抽水井第三落程抽水试验 $Q-t$ 曲线

因为本井为潜水非完整井模式，所以将数据代入公式(5－2)和式(5－3)计算得：

$$R=10.6\ \text{m},\ k=6.5\times10^{-2}\ \text{cm/s}$$

11# 抽水井抽水试验计算成果列于表 5－11。

2) 3# 抽水井抽水观测试验

3# 抽水井位于 2# 建筑物北侧，期间共计进行了三个落程的稳定流抽水试验。抽水井及渗流模式如图 5－24 所示。

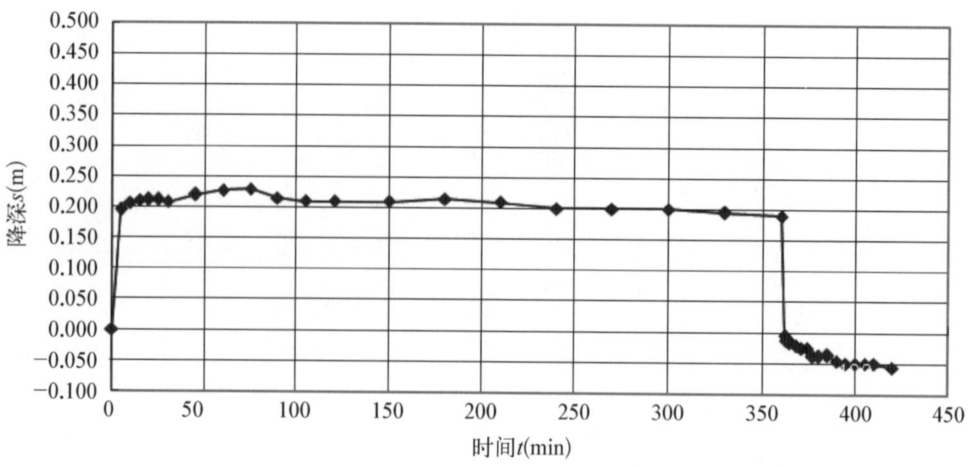

图 5-23 11# 抽水井第三落程抽水试验 $s-t$ 曲线

表 5-11 11# 抽水井抽水试验计算成果

流量	渗透系数		影响半径 R(m)
	m/d	cm/s	
$Q_1=69.12\ m^3/d$	30.0	3.5×10^{-2}	11.2
$Q_2=76.38\ m^3/d$	26.4	3.0×10^{-2}	13.5
$Q_3=75.17\ m^3/d$	56.4	6.5×10^{-2}	10.6

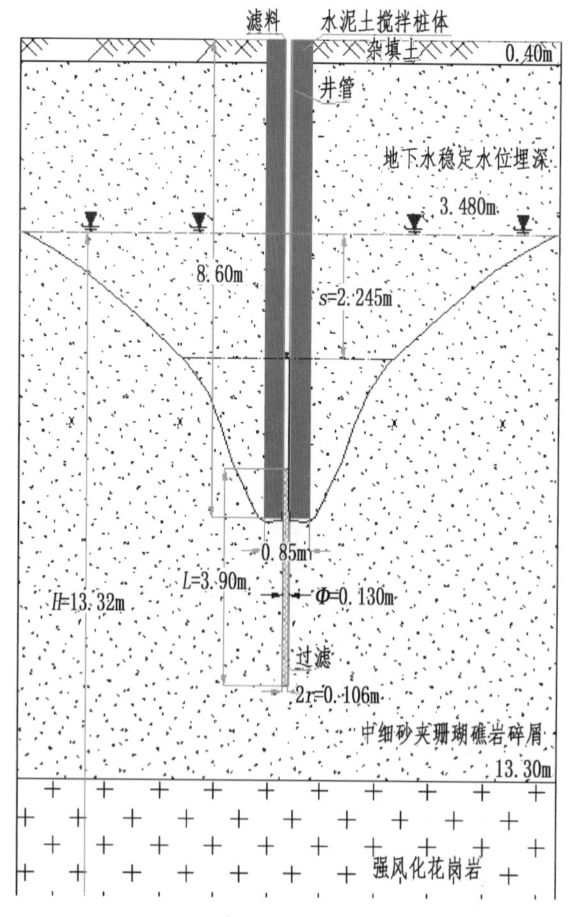

图 5-24 3# 抽水井结构及渗流模型

(1) 3# 抽水井第一落程计算成果。

3# 抽水井抽水试验数据记录列于表 5-12。

表 5-12 3# 抽水井基本情况

试验井号	落　程	稳定水位埋深(m)	滤水段半径(m)	试验段	含水层厚度 H(m)	滤水段长度 l(m)
3#	1	3.480	0.053	中细砂、珊瑚礁岩	13.320	3.90

3# 抽水井第一落程流量统计列于表 5-13。

表 5-13 3# 抽水井第一落程流量统计

T(min)	Q(L/s)	Q(m^3/d)	s(m)
0	0.00	0.00	0.000
5	0.27	23.33	1.070
10	0.57	49.25	1.270
15	0.51	44.06	1.320
20	0.53	45.79	1.365
25	0.53	45.79	1.400
30	0.54	46.66	1.390
45	0.49	42.34	1.455
60	0.56	48.38	1.505
75	0.52	44.93	1.600
90	0.57	49.25	1.770
105	0.57	49.25	1.815
120	0.57	49.25	1.792
150	0.57	49.25	1.915
180	0.56	48.38	1.940
210	0.56	48.38	1.935
240	0.56	48.38	1.935
270	0.56	48.38	2.010
300	0.55	47.52	2.040
330	0.55	47.52	2.110
360	0.60	51.84	2.075
390	0.49	42.34	2.080
420	0.54	46.66	2.210
450	0.55	47.52	2.210
480	0.53	45.79	2.245
平均值	0.51	46.26	1.769

$Q-t$、$s-t$ 关系曲线如图 5-25 和图 5-26 所示。

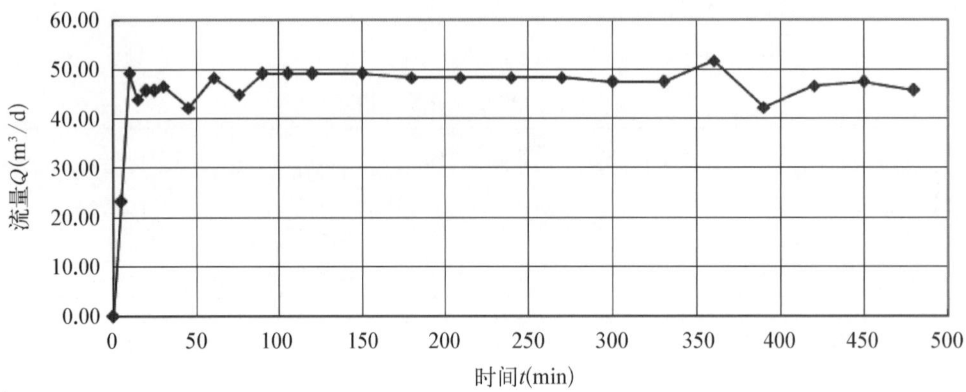

图 5-25 3# 抽水井第一落程抽水试验 $Q-t$ 曲线

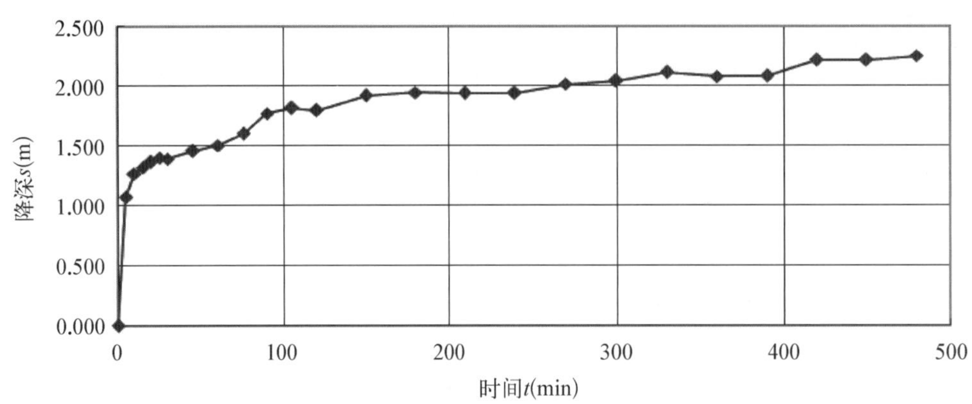

图 5-26 3# 抽水井第一落程抽水试验 $s-t$ 曲线

因为本井为潜水非完整井模式，所以将数据代入公式(5-2)和式(5-3)计算得：

$$R=25.4\ \text{m}, k=2.8\times10^{-3}\ \text{cm/s}$$

(2) 3# 抽水井第二落程计算成果。

3# 抽水井抽水试验数据记录列于表 5-14。

表 5-14 3# 抽水井基本情况

试验井号	落　程	稳定水位埋深(m)	滤水段半径(m)	试验段	含水层厚度 H(m)	滤水段长度 l(m)
3#	2	3.450	0.053	中细砂、珊瑚礁岩	13.320	3.90

3# 抽水井第二落程流量统计列于表 5-15。

表 5-15 3# 抽水井第二落程流量统计

T(min)	Q(L/s)	Q(m³/d)	s(m)	T(min)	s(m)
0	0.00	0.00	0.000	485	0.065
5	0.63	54.43	1.690	490	0.030
10	0.53	45.79	1.700	495	0.010

续 表

T(min)	Q(L/s)	Q(m^3/d)	s(m)	T(min)	s(m)
15	0.58	50.11	1.785	500	−0.005
20	0.59	50.98	1.835	505	−0.005
25	0.59	50.98	1.850	510	−0.007
30	0.57	49.25	1.865	525	−0.015
45	0.58	50.11	1.915	530	−0.023
60	0.58	50.11	1.940		
75	0.57	49.25	1.980		
90	0.59	50.98	1.960		
105	0.57	49.25	1.995		
120	0.58	50.11	2.025		
150	0.57	49.25	2.045		
180	0.57	49.25	2.085		
210	0.57	49.25	2.075		
240	0.58	50.11	2.095		
270	0.56	48.38	2.085		
300	0.57	49.25	2.120		
330	0.56	48.38	2.140		
360	0.56	48.38	2.150		
390	0.56	48.38	2.165		
420	0.56	48.38	2.160		
450	0.57	49.25	2.135		
480	0.56	48.38	2.180		
平均值	0.57	49.499	1.455		

$Q-t$、$s-t$ 关系曲线如图 5-27 和图 5-28 所示。

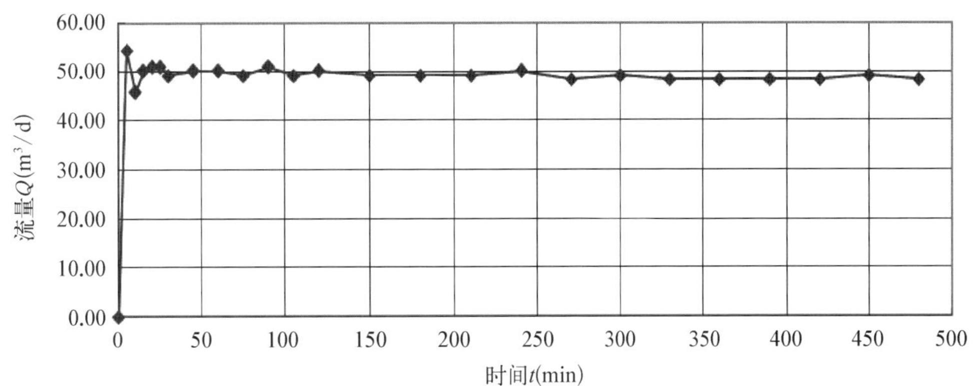

图 5-27　3# 抽水井第二落程抽水试验 $Q-t$ 曲线

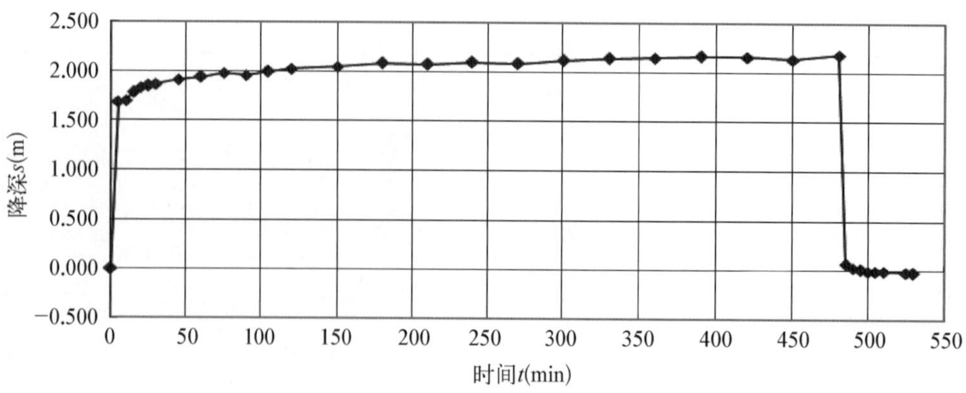

图 5-28 3# 抽水井第二落程抽水试验 $s-t$ 曲线

因为本井为潜水非完整井模式，所以将数据代入公式(5-2)和式(5-3)计算得：

$$R=25.7\ \text{m},\ k=3.0\times10^{-3}\ \text{cm/s}$$

(3) 3# 抽水井第三落程计算成果。

3# 抽水井抽水试验数据记录列于表 5-16。

表 5-16 3# 抽水井基本情况

试验井号	落　程	稳定水位埋深(m)	滤水段半径(m)	试验段	含水层厚度 H(m)	滤水段长度 l(m)
3#	3	3.395	0.053	中细砂、珊瑚礁岩	13.320	3.90

3# 抽水井第三落程流量统计列于表 5-17。

表 5-17 3# 抽水井第三落程流量统计

T(min)	Q(L/s)	Q(m^3/d)	s(m)
0	0.00	0.00	0.000
5	0.66	57.02	1.725
10	0.57	49.25	1.810
15	0.61	52.70	1.825
20	0.60	51.84	1.850
25	0.60	51.84	1.878
30	0.59	50.98	1.890
45	0.59	50.98	1.920
60	0.60	51.84	1.950
75	0.59	50.98	1.975
90	0.59	50.98	2.008
105	0.59	50.98	2.015
120	0.58	50.11	2.025
150	0.58	50.11	2.052

续 表

T(min)	Q(L/s)	Q(m^3/d)	s(m)
180	0.58	50.11	2.060
210	0.58	50.11	2.065
240	0.58	50.11	2.070
270	0.58	50.11	2.070
300	0.58	50.11	2.060
330	0.58	50.11	2.095
360	0.63	54.43	2.185
390	0.57	49.25	2.125
420	0.52	44.93	2.125
450	0.58	50.11	2.135
480	0.63	54.43	2.130
平均值	0.566	50.98	2.002

$Q-t$、$s-t$ 关系曲线如图 5－29 和图 5－30 所示。

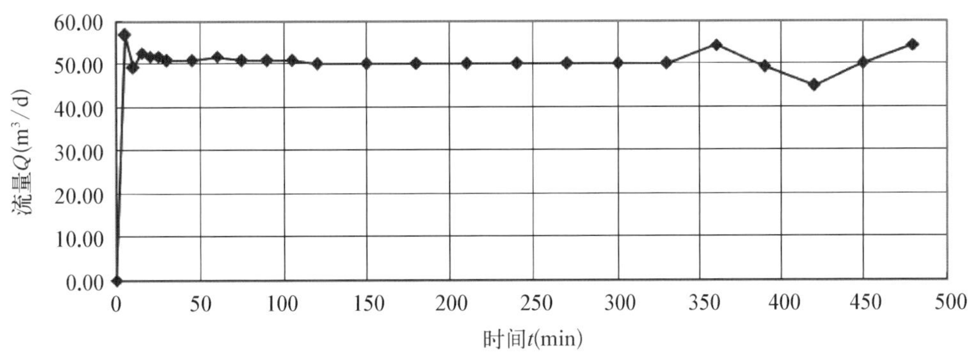

图 5－29　3[#] 抽水井第三落程抽水试验 $Q-t$ 曲线

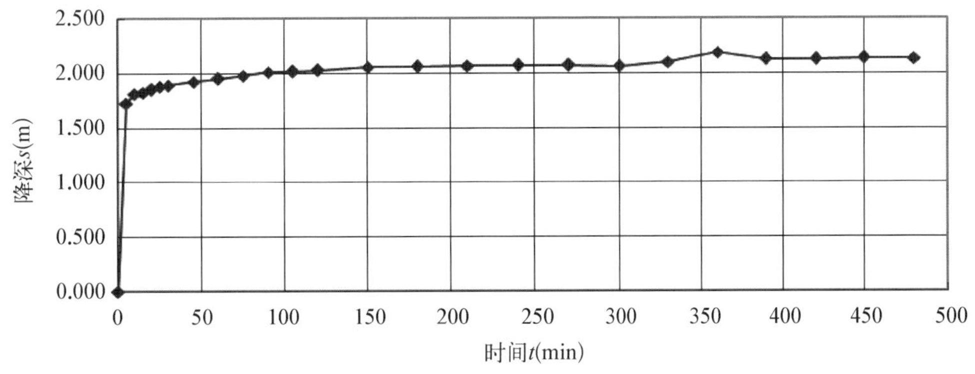

图 5－30　3[#] 抽水井第三落程抽水试验 $s-t$ 曲线

因为本井为潜水非完整井模式，所以将数据代入公式(5－2)和式(5－3)计算得：

$$R=25.6\ \text{m},k=3.1\times10^{-3}\ \text{cm/s}$$

3[#] 抽水井抽水试验计算成果列于表 5－18。

表 5-18 3# 抽水井抽水试验计算成果表

流　量	渗透系数		影响半径 R(m)
	m/d	cm/s	
$Q_1=47.26\ m^3/d$	2.4	2.8×10^{-3}	25.4
$Q_2=49.51\ m^3/d$	2.6	3.0×10^{-3}	25.7
$Q_3=50.98\ m^3/d$	2.7	3.1×10^{-3}	25.6

3) 7# 抽水井抽水观测试验

7# 抽水井位于 2# 建筑物西南侧，完整井，期间共计进行了三个落程的稳定流抽水试验。抽水井及渗流模式如图 5-31 所示。

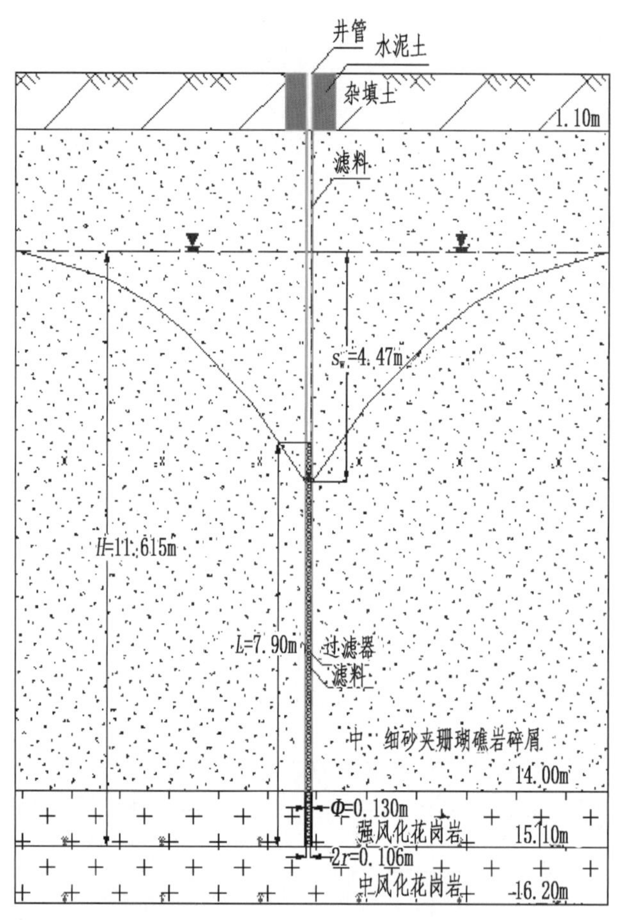

图 5-31 7# 抽水井结构及渗流模型

(1) 7# 抽水井第一落程计算成果。

7# 抽水井抽水试验数据记录列于表 5-19。

表 5-19 7# 抽水井基本情况

试验井号	落　程	稳定水位埋深(m)	滤水段半径(m)	试验段	含水层厚度 H(m)	滤水段长度 l(m)
7#	1	3.500	0.053	中细砂、珊瑚礁岩	11.600	7.90

7# 抽水井第一落程流量统计列于表 5-20。

表 5-20 7# 抽水井第一落程流量统计

T(min)	Q(L/s)	Q(m^3/d)	s(m)
0	0.00	0.00	0.000
5	0.16	13.82	3.630
10	0.41	35.42	4.235
15	0.39	33.70	4.225
20	0.37	31.97	4.225
25	0.36	31.10	4.220
30	0.37	31.97	4.220
45	0.36	31.10	4.135
60	0.35	30.24	4.220
75	0.35	30.24	4.240
90	0.35	30.24	4.100
105	0.41	35.42	3.945
120	0.40	34.56	4.170
150	0.39	33.70	4.220
180	0.37	31.97	4.570
210	0.35	30.24	4.643
240	0.34	29.38	4.650
270	0.34	29.38	4.715
300	0.34	29.38	4.767
330	0.38	32.83	4.775
360	0.28	24.19	4.805
390	0.32	27.65	4.855
420	0.33	28.51	4.860
450	0.32	27.65	4.880
480	0.32	27.65	4.910
平均值	0.35	30.10	4.426

$Q-t$、$s-t$ 关系曲线如图 5-32 和图 5-33 所示。

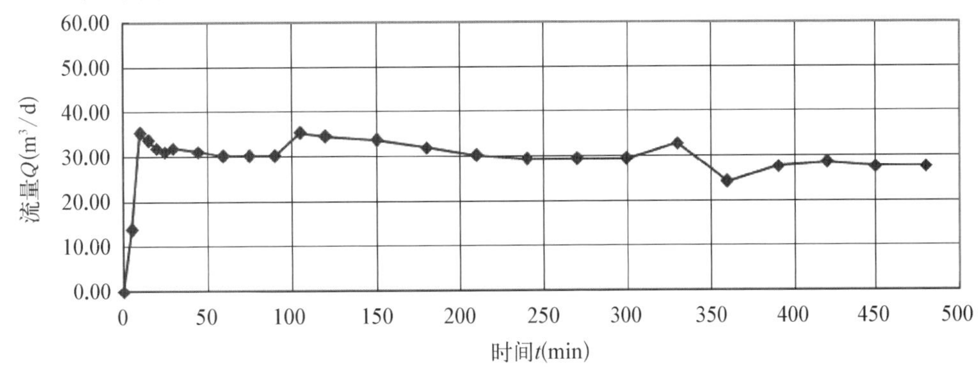

图 5-32 7# 抽水井第一落程抽水试验 $Q-t$ 曲线

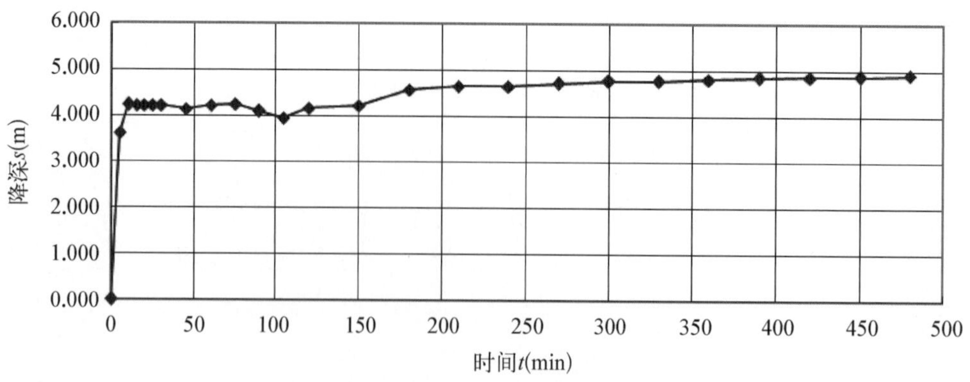

图 5-33 7# 抽水井第一落程抽水试验 s-t 曲线

因为本井为潜水完整井模式，所以将数据代入公式(5-1)和式(5-3)计算得：

$$R=25.9\ \mathrm{m},\ k=8.1\times10^{-4}\ \mathrm{cm/s}$$

(2) 7# 抽水井第二落程计算成果。

7# 抽水井抽水试验数据记录列于表 5-21。

表 5-21 7# 抽水井基本情况

试验井号	落 程	稳定水位埋深(m)	滤水段半径(m)	试验段	含水层厚度 H(m)	滤水段长度 l(m)
7#	2	3.485	0.053	中细砂、珊瑚礁岩	11.600	7.90

7# 抽水井第二落程流量统计列于表 5-22。

表 5-22 7# 抽水井第二落程流量统计

T(min)	Q(L/s)	Q(m³/d)	s(m)	T(min)	s(m)
0	0.00	0.00	0.000	485	0.515
5	0.49	42.34	3.613	490	0.375
10	0.46	39.74	3.750	495	0.350
15	0.46	39.74	3.830	500	0.310
20	0.43	37.15	3.867	505	0.305
25	0.44	38.02	3.948	510	0.295
30	0.42	36.29	3.985	525	0.265
45	0.43	37.15	4.035	540	0.250
60	0.42	36.29	4.015		
75	0.42	36.29	4.149		
90	0.41	35.42	4.145		
105	0.41	35.42	4.223		
120	0.40	34.56	4.250		
150	0.40	34.56	4.287		
180	0.40	34.56	4.330		

续 表

T(min)	Q(L/s)	Q(m^3/d)	s(m)	T(min)	s(m)
210	0.39	33.70	4.353		
240	0.38	32.83	4.377		
270	0.39	33.70	4.391		
300	0.38	32.83	4.420		
330	0.38	32.83	4.430		
360	0.38	32.83	4.450		
390	0.37	31.97	4.460		
420	0.37	31.97	4.465		
450	0.37	31.97	4.465		
480	0.37	31.97	4.470		
平均值	0.38	35.17	4.196		

$Q-t$、$s-t$ 关系曲线如图 5-34 和图 5-35 所示。

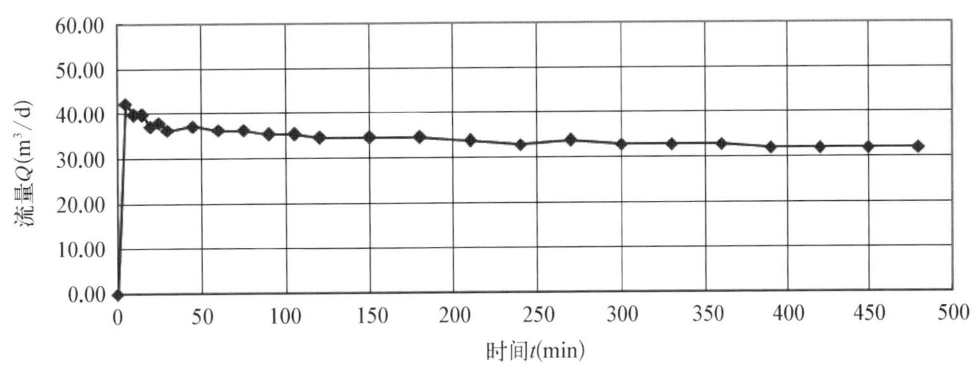

图 5-34 7# 抽水井第二落程抽水试验 $Q-t$ 曲线

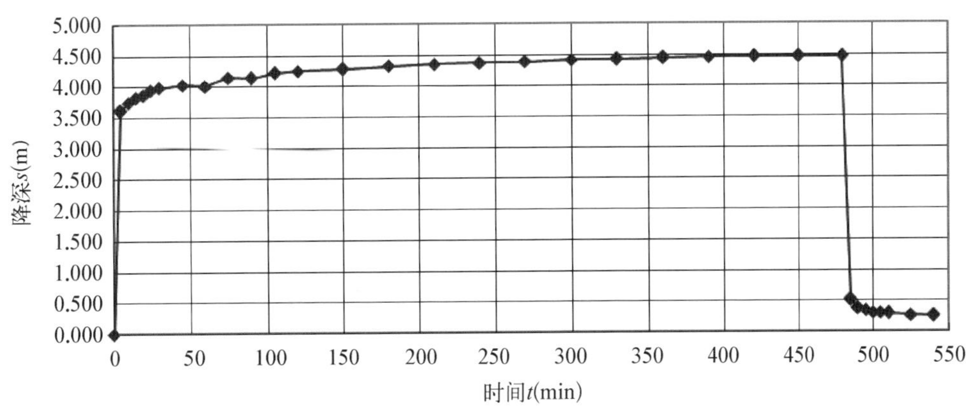

图 5-35 7# 抽水井第二落程抽水试验 $s-t$ 曲线

因为本井为潜水完整井模式，所以将数据代入公式(5-1)和式(5-3)计算得：

$$R=25.5\ \text{m},\ k=9.2\times10^{-4}\ \text{cm/s}$$

(3) 7# 抽水井第三落程计算成果。

$7^{\#}$抽水井抽水试验数据记录列于表 5－23。

表 5－23　$7^{\#}$抽水井基本情况

试验井号	落　程	稳定水位埋深(m)	滤水段半径(m)	试验段	含水层厚度 H(m)	滤水段长度 l(m)
$7^{\#}$	3	3.445	0.053	中细砂、珊瑚礁岩	11.600	7.90

$7^{\#}$抽水井第三落程流量统计列于表 5－24。

表 5－24　$7^{\#}$抽水井第三落程流量统计

T(min)	Q(L/s)	Q(m^3/d)	s(m)
0	0.00	0.00	0.000
5	0.53	45.79	3.330
10	0.49	42.34	3.500
15	0.48	41.47	3.567
20	0.47	40.61	3.595
25	0.47	40.61	3.617
30	0.48	41.47	3.645
45	0.46	39.74	3.687
60	0.46	39.74	3.745
75	0.45	38.88	3.780
90	0.46	39.74	3.809
105	0.45	38.88	3.825
120	0.45	38.88	3.838
150	0.45	38.88	3.880
180	0.44	38.02	3.938
210	0.44	38.02	3.968
240	0.43	37.15	3.973
270	0.44	38.02	4.010
300	0.43	37.15	4.012
330	0.42	36.29	4.022
360	0.42	36.29	4.045
390	0.42	36.29	4.062
420	0.42	36.29	4.067
450	0.42	36.29	4.077
480	0.42	36.29	4.070
平均值	0.45	38.88	3.836

$Q-t$、$s-t$ 关系曲线如图 5－36 和图 5－37 所示。

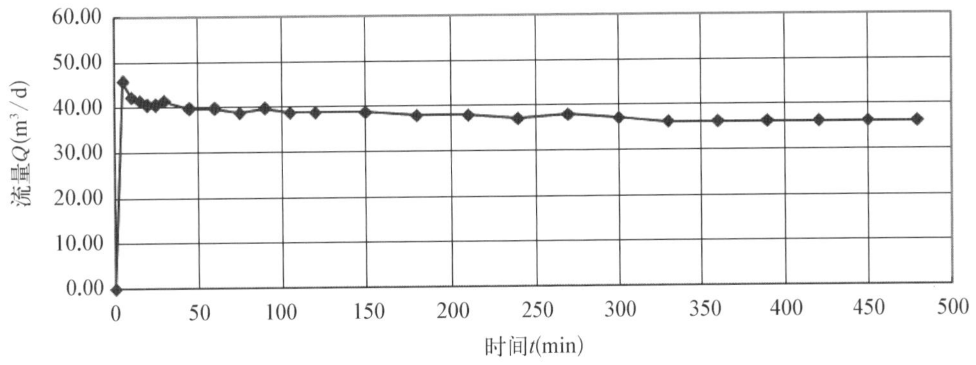

图 5-36 7[#] 抽水井第三落程抽水试验 $Q-t$ 曲线

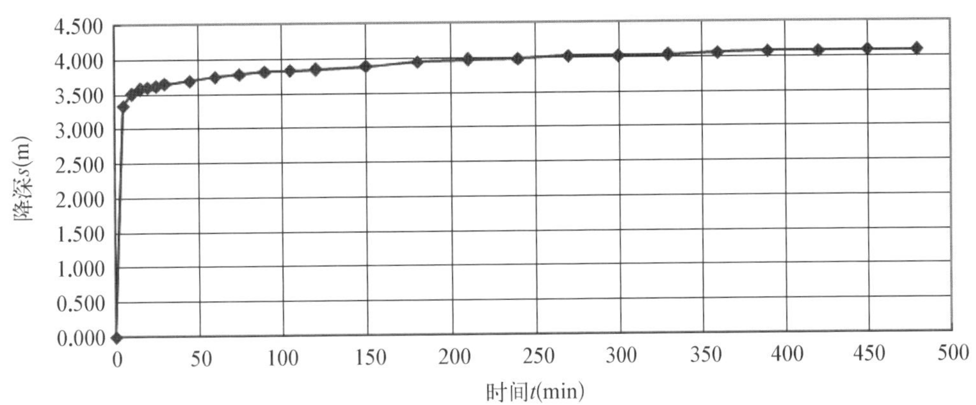

图 5-37 7[#] 抽水井第三落程抽水试验 $s-t$ 曲线

因为本井为潜水完整井模式，所以将数据代入公式(5-1)和式(5-3)计算得：

$$R=24.9\ \text{m},\ k=1.15\times10^{-3}\ \text{cm/s}$$

7[#] 抽水井抽水试验计算成果列于表 5-25。

表 5-25 7[#] 抽水井抽水试验计算成果表

流 量	渗 透 系 数		影响半径 R(m)
	m/d	cm/s	
$Q_1=31.10\ \text{m}^3/\text{d}$	0.7	8.1×10^{-4}	25.9
$Q_2=35.40\ \text{m}^3/\text{d}$	0.8	9.2×10^{-4}	25.5
$Q_3=38.88\ \text{m}^3/\text{d}$	1.0	1.15×10^{-3}	24.9

4) 试验结果汇总分析

根据 1[#] 建筑物东南部 11[#] 井所取得的水泥土桩芯鉴别，7.80 m 以上水泥土桩体较完整，7.80～13.70 m(中风化花岗岩面)水泥土桩体较破碎，且水泥土中夹较多珊瑚礁岩碎块，其水泥土岩芯见图 5-38。

7.80～13.70 m 段水泥土渗透性较大，根据 11[#] 井抽水试验结果得出渗透系数为：3.0×10^{-2}～6.5×10^{-2} cm/s，这与勘察报告中第②层细砂夹珊瑚碎屑的渗透系数相近，说明 7.80～13.70 m 的范围内桩体没有起到止水作用。分析其原因可知，地层中第②层为强透水层，渗透系数大，在三轴搅拌桩灌浆过程中半数浆液被地下水冲走；并且在成桩过程中由于水分过多，高于正常水灰比，致使成桩质量较差。上部桩体成桩完整，根据无侧限抗压强度可知桩体质量较好，渗透性需要压水试验测得。

根据1#建筑物东北部10#井所取得的水泥土桩芯鉴别，8.60 m以上水泥土桩体较完整，8.60～10.52 m(中风化花岗岩面)水泥土桩体较破碎，且水泥土中夹较多珊瑚礁岩碎块及粉细砂，其水泥土岩芯见图5-39。

图5-38 11#桩芯照片

图5-39 10#桩芯照片

根据2#建筑物北部3#井所取的水泥土岩芯鉴别，8.60 m以上水泥土桩体较完整，8.60～13.30 m(强风化花岗岩面)水泥土桩体较破碎，且水泥土中夹较多珊瑚礁岩碎块，其水泥土桩芯见图5-40。

图5-40 3#桩芯照片

8.60～13.30 m段水泥土渗透性较大，根据3#井抽水试验结果得出渗透系数为：$2.8\times10^{-3}\sim3.1\times10^{-3}$ cm/s，这比勘察报告中第②层细砂夹珊瑚碎屑的渗透系数要低，说明桩体已经开始起到了止水作用，但同样由于地下水较发育，下部桩体质量与上部相比较差。

2#建筑物西南部7#抽水井位于止水帷幕内侧(基坑内，7#井的结构详见图5-31)，根据7#抽水井抽水试验结果，中细砂夹珊瑚礁岩碎屑的渗透系数为$8.1\times10^{-4}\sim1.15\times10^{-3}$ cm/s，明显低于勘察报告中第②层细砂夹珊瑚碎屑的渗透系数，分析其原因可知，由于7#抽水井位于止水帷幕内侧，西侧及南侧止水帷幕起到了止水作用，所以含水层(中细砂夹珊瑚礁岩碎屑)的渗透性相对较小。

综上所述，两基坑止水帷幕均存在上部桩体质量较好，下部桩体因受到地下水的影响质量较差的现象，但由于2#建筑物止水帷幕的水泥掺量要高于1#建筑物，故3#、7#抽水井所测得的渗透系数要明显低于11#抽水井所测得的渗透系数，故建议施工时在下部中细砂夹珊瑚礁岩层提高水泥掺量，有效解决下部桩体质量较差的问题。

5.3.3 压水试验结果及分析

压水试验一般采用逐级加压法，根据各级压力(P1～P5)所对应的压入流量及$Q-P$曲线的类型利用公式计算渗透系数，根据《工程地质手册》(第四版)，其计算公式如下：

$$k=\frac{2.3Q(\lg L-\lg r)}{2\pi HL} \tag{5-4}$$

式中 k——岩体的渗透系数(m/d)；

Q——压入流量(m^3/d)；

H——试验水头(m)；

R——钻孔半径(m)；

L——试验段的长度(m)。

当 Q-P 曲线为A型(层流)时，式(5-4)中的 Q、H 分别取第三阶段的压入流量和第三阶段的试验段压力对应水头值；当试验段位于地下水水位以下时，渗透性较小，Q-P 曲线为B型(紊流)时，可用第一阶段的压入流量及第一阶段的试验段压力对应水头值，利用式(5-4)计算渗透系数。

1) 9#压水试验井压水试验

9#压水井位于1#建筑物北侧，压水井及渗流模式见图5-41。

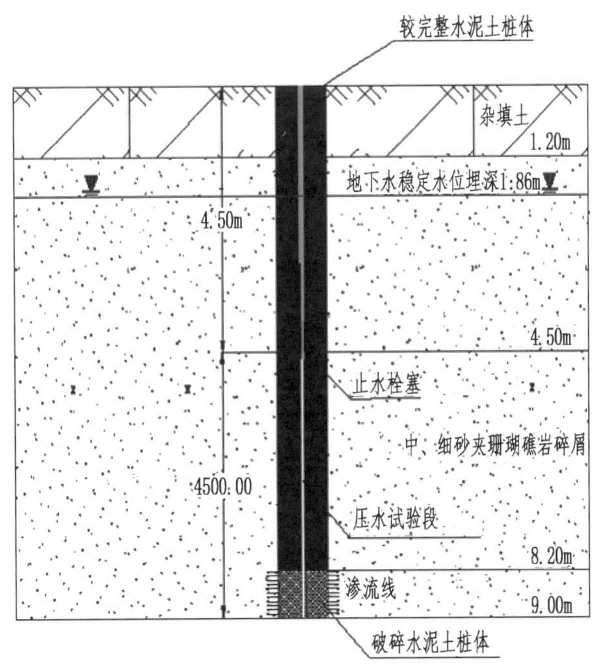

图5-41 9#压水井结构及渗流模型

9#压水井压力及流量列于表5-26。

表5-26 9#压水井压力及流量表

压力等级	P(MPa)	Q(L/s)
—	0	0
P1	0.1	1.506
P2	0.2	3.765
P3	0.3	5.271
P4	0.2	4.016
P5	0.1	1.757

根据所得数据描绘 Q-P 曲线如图5-42所示。

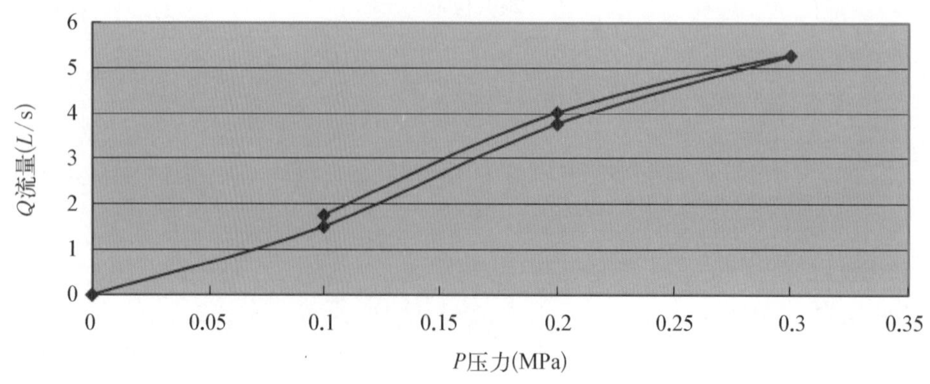

图 5-42 9# 压水井 Q-P 曲线

根据上述曲线可以判断 $Q-P$ 曲线为 B 型(紊流)，利用第一阶段压力(换算成水头值，以米计)和流量，根据公式(5-4)计算得 $k=3.33\times10^{-5}$ cm/s。

2) 1-3# 压水试验井压水试验

1-3# 压水试验井位于 2# 建筑物东南侧，选取完整水泥土段作为试验段，目的是为了测试水泥土桩的渗透性，1-3# 井水泥土岩芯见图 5-43。

图 5-43 1-3# 水泥土桩芯照片

第一次试验止水段为 3.53～4.66 m，试验段为 4.66～8.00 m，根据钻孔所取的岩芯，试验段岩芯完整，试压时当高压泵压力表指示 0.5 MPa 时止水栓塞顶起(钻杆上移)，说明试验段孔壁完整，基本不透水；第二次试验将止水栓塞下移至 4.03～5.16 m，试验段为 5.16～8.00 m，高压泵送水加压，压力表指示 0.3 MPa 时，孔口反水，说明止水栓塞段孔壁水泥土被压碎，止水失效(由于止水栓塞利用空压机充气，充气压力达 5.0 MPa)；第三次将止水栓塞下移至 4.37～5.50 m，试验段为 5.50～8.00 m，高压泵送水加压，压力无法增大，压力表指示小于 0.1 MPa，且孔口不反水，说明试验段孔壁水泥土完全破坏。

由于第一次加压已经超过了 0.5 MPa，此时水泥土桩基本不透水，没有流量 Q 的数值，所以可视水泥土桩为不透水层，达到了止水效果。

3) 试验结果汇总分析

根据 9# 压水井及 1-3# 压水井的试验数据可知，水泥土桩芯的渗透系数达到了设计标准，但前提是成桩质量要好，从图 5-8 及图 5-43 可以看出 9# 井及 1-3# 井所取得的桩芯在 8 m 以内都成桩完整，质量较高，渗透系数很小，但接近 10 m 的位置成桩质量较差，成桩不完整，桩强度低，渗透系数较大。但是由于 2# 建筑物止水帷幕水泥掺量较高，所以成桩质量更好，渗透性更弱。

与抽水试验、单轴抗压试验结合起来分析可知，1# 建筑区止水帷幕一般在上部深度为 7.80～8.80 m 以上的水泥土桩成桩情况较好，桩芯较完整，桩芯强度较高，饱和单轴抗压强度标准值为 2.81 MPa，干燥状态单轴抗压强度标准值为 4.26 MPa，渗透性极弱，满足设计要求。下部深度为 7.80～8.80 m 以下的中细砂夹珊瑚碎屑及强风化段水泥土桩成桩较差，桩芯破碎，强度较低，无法取得完整桩芯，渗透性相对较大，止水帷幕下部桩体渗透系数一般为 3.0×10^{-2}～6.5×10^{-2} cm/s。2# 建筑区止水帷幕一般在上部深度为 8.60～11.30 m 以上的水泥土桩成桩情况较好，桩芯较完整，桩芯强度较高，饱和单轴抗压强度标准值为 2.60 MPa，干燥状态单轴抗压强度标准值为 3.17 MPa，渗透性极弱，下部深度为 8.60～11.30 m 以下的中细砂夹珊瑚碎屑及强风化段水泥土桩成桩较差，桩芯破碎，强度较低，无法取得完整岩芯，渗透性相对较大，北部场区止水帷幕下部桩体渗透系数一般为 $2.8\times10^{-3}\sim3.1\times10^{-3}$ cm/s，西南部场区止水帷幕下部桩体渗透系数一般为 $8.1\times10^{-4}\sim1.15\times10^{-3}$ cm/s。综合评价，2# 建筑区域止水帷幕的止水效果更佳。

综上所述，三轴搅拌桩用作止水帷幕完全可行，能满足强度及渗透性要求。但是通过对比 1#、2# 建筑区的试验数据可知，在地下水较发育的珊瑚礁地区，需要提高水泥掺量才能保证成桩质量，达到止水要求。在施工过程中，为了避免水泥浆液被地下水冲走，可以增加喷射次数，具体可采用复喷或三喷来保证搅拌桩下部桩体的成桩质量。

5.4 现场试验与室内配比试验结果对比分析

现场试验与室内试验相比，因素可选性、可控性较弱，并且很依赖于施工质量。施工材料，例如珊瑚礁砂的级配及粉细砂的掺入量等因素，都无法提前控制，搅拌的均匀性与室内配比试验相比较差。但水泥浆液的配比以及搅拌时间等可以提前控制，所以与室内试验在数据的规律上有可对比性。图 5-44 为桩芯中的珊瑚礁碎屑。

图 5-44 桩芯中的珊瑚礁碎屑

1) 水泥掺量的影响

根据室内试验分析出的结果可以知道，水泥掺量在各个龄期都是影响水泥土无侧限抗压强度和抗渗性能最大的因素，水泥土的强度和抗渗性能随着水泥掺量的增加而增大，水泥掺量的变化对水泥土强度影响显著，不同养护龄期的试块均反映出强度与水泥掺量的正相关性，这一结论与普通水泥土的无侧限抗压强度研究结果一致，说明水泥土中水泥掺量对强度起主导作用。

由于地层中裂隙的发育程度不同，2# 建筑区域止水帷幕的水泥掺量和 1# 建筑区域止水帷幕的水泥掺量不同，1# 建筑区域桩芯饱和单轴抗压强度均值为 3.58 MPa，而 2# 建筑区域桩芯饱和单轴抗压强度平均值为 3.75 MPa，略高于 1# 建筑区，只是因为其中 1-2# 井所取得的桩芯较破碎，抗压强度较低所以出现了大的变异，但 2# 建筑区域其他井位取得的桩芯强度均在较高水平；而渗透系数方面，1# 建筑区域所测得搅拌桩渗透系数为 3.33×10^{-5} cm/s，而 2# 建筑区域在水压超过 0.5 MPa 时还无渗水，说明渗透系数更小，抗渗性能更好。由此可见水泥掺量的提高可以有效提高水泥土搅拌桩的强度及抗渗性能，这一点与室内试验所得结果一致，并且在地下水十分发育的珊瑚礁砂地区，提高水泥掺量能较好地避免由于水分过多以及地下水冲走浆液的情况。所以在前期完备勘察报告的基础上，根据地层中裂隙发育程度需要适当提高水泥掺量，本基坑中建议水泥掺量达到22%及以上。

2）掺砂量对水泥土的影响

根据室内配比试验结果可以看出，因粉细砂的颗粒较珊瑚礁砂小，内聚力、内摩擦角及密度低，所以与水泥水化反应所得胶结物强度较低。试验结果也反映出水泥土的强度和抗渗等级随着砂土质量比的增加而呈下降趋势，说明掺粉细砂量的提高会降低水泥土的强度和抗渗性能。

通过现场勘察报告可知地层中第②层为粉细砂夹珊瑚碎屑，厚度约14.3 m，其下就是基岩，三轴搅拌桩基本全部桩身都受到了粉细砂的影响，从现场试验结果可以看出，搅拌桩桩芯干燥状态单轴抗压强度为1.68～7.34 MPa，而室内配比试验中不掺砂或掺少量粉细砂时无侧限抗压强度可以达到15 MPa以上，说明过多的粉细砂会影响水泥土桩的抗压强度，而通过配比试验可知抗压强度和抗渗性能有正相关性，所以水泥土搅拌桩的抗渗性能必然也会受到粉细砂的影响。但实际地层中各个土层分布情况复杂，多有间互或交叉分布现象，不可能完全去除粉细砂的影响，所以搅拌桩施工方案的设计需要建立在地质勘察报告基础上，根据实际土层分布情况调整施工配比。

3）水灰比的影响

根据室内配比试验结果可以看出，当水灰比过小时，水泥未完全水解水化；水灰比过大时，水泥浆液的浓度较低，一系列水化反应后水泥土体内的多余游离水分会附着在珊瑚礁碎屑粗颗粒上，降低了黏结面积，黏结力下降，从而在一定程度上降低了加固体的强度。所以水灰比的选择要和水泥掺量相匹配才能发挥出水泥浆液的最佳效果。

而三轴搅拌桩的施工是提前配置好水泥浆液，在钻机搅入地层的过程中灌浆。这种方法因为不能控制地下水与水泥浆液的反应，因而在地下水十分发育的珊瑚礁砂地区，很难控制成桩质量，从1#、2#建筑区域止水帷幕的取芯照片均可以看出，在地下水发育的地层下部，成桩质量明显较差，强度及抗渗性能不能达到设计标准。这与室内配比试验所得结论一致，所以建议在此种地层中进行三轴搅拌桩施工时可以降低水泥浆液中的水灰比，充分利用地下水与水泥的反应来发挥水泥土的作用。

4）搅拌时间的影响

根据室内配比试验的结果可以看出，搅拌时间对水泥土的几乎没有影响，只要把握均匀性即可。通过现场取芯照片可以看出，水泥土搅拌基本均匀。作为人为控制因素，需要在施工中严格控制。

5.5 结　论

本次现场试验通过在水泥土桩体内（三轴搅拌桩与高压旋喷桩）钻探取芯进行野外描述、岩芯拍照及取样进行室内无侧限抗压强度试验，进一步确定水泥土桩在干燥状态及饱和状态的单轴抗压强度；选取较破碎的桩体段作为试验段进行抽水试验及压水试验，进一步确定破碎桩体的渗透系数；与水泥土配比试验结果进行对比分析，找出了二者的相关性及规律，验证室内配比试验结果，为今后类似场地施工提供理论依据。结论总结如下。

（1）通过对两个基坑止水帷幕的取芯结果，可以看出所采取的水泥土桩芯，一般在上部深度为7.80～8.80 m以上的纯砂或含少量珊瑚碎屑段，水泥土桩成桩情况较好，桩芯较完整，桩芯强度较高；下部深度为7.80～8.80 m以下的中细砂夹珊瑚碎屑及强风化段水泥土桩成桩较差，桩芯破碎，强度较低。

（2）根据所取桩芯的无侧限抗压强度试验可以看出，无论饱和单轴抗压强度还是干燥抗压强度都超过了基坑止水帷幕初始设计值1.5 MPa，达到了基坑止水帷幕的承载力要求，并且成桩质量较稳定，但在地下水发育的地层下部，桩身质量较差。

(3) 根据现场抽水试验可知，1# 建筑区下部中细砂夹珊瑚礁岩碎屑层渗透系数一般为 $3.0\times10^{-2}\sim6.5\times10^{-2}$ cm/s；2# 建筑区北部场区下部中细砂夹珊瑚礁岩碎屑层渗透系数一般为 $2.8\times10^{-3}\sim3.1\times10^{-3}$ cm/s，西南部场区中细砂夹珊瑚礁岩碎屑的渗透系数一般为 $8.1\times10^{-4}\sim1.15\times10^{-3}$ cm/s。

两基坑止水帷幕均存在上部桩体质量较好，下部桩体因受到地下水的影响质量较差的现象，但由于 2# 建筑物止水帷幕的水泥掺量要高于 1# 建筑物，故 3#、7# 抽水井所测得的渗透系数要明显低于 11# 抽水井所测得的渗透系数。虽然基坑并未出现渗流、漏水的情况，但下部桩体(接近基岩面)并没有起到止水作用，故建议施工时在下部中细砂夹珊瑚礁岩层提高水泥掺量，有效解决下部桩体质量较差的问题。

(4) 根据现场压水试验可知，水泥土桩上部桩体的渗透系数达到了设计标准，三轴搅拌桩用作止水帷幕完全可行。但是通过对比 1#、2# 建筑区的试验数据可知，在地下水较发育的珊瑚礁地区，需要提高水泥掺量才能保证成桩质量，达到强度及止水要求。在施工过程中，为了避免水泥浆液被地下水冲走，也可以增加喷射次数，具体可采用复喷或三喷来保证搅拌桩下部桩体的成桩质量。

(5) 通过对比分析室内配比试验及现场试验的结果可知，水泥掺量是影响水泥土强度以及抗渗性能的关键因素，提高水泥掺量，能有效提高水泥土的强度及抗渗性，这与以往水泥土试验及施工经验相符合；掺砂量的提高会影响到水泥土的强度及抗渗性能，所以搅拌桩施工方案的设计需要建立在地质勘察报告基础上，根据实际土层分布情况调整施工配比；室内配比试验及现场试验均反映出过高的水灰比会降低水泥土的强度及抗渗性能，尤其在地下水发育的地层下部，成桩质量明显较差，强度及抗渗性能不能达到设计标准，所以建议在此种地层中进行三轴搅拌桩施工时可以降低水泥浆液中的水灰比，充分利用地下水与水泥的反应来发挥水泥土的作用。

6 施工难度的超前地质预报

6.1 概　述

21 世纪是我国由陆地经济向海洋经济转变的重要机遇期。为发展海洋经济，就必须在临海地区开展基础设施建设和发展城市建设，也必须开展运输、军事工程建设。工程建设有时涉及深基坑工程和桩基工程。

鉴于临海地区特殊地质条件，施工深基坑工程的防渗止水帷幕体的难度主要在于地层地质条件的复杂性。对于大型深基坑，施工周界长，基坑开挖深度大，有时必须进入基岩。这样，一个基坑有可能遇到上覆土体和基岩等多种岩土层。临海地区的地层富含地下水，而且与海水存在水力联系，还受潮汐作用影响，这些因素又使施工难度进一步加大。防渗止水帷幕体设计前都要进行地质勘察，但由于岩土工程勘察工作量的限制，在施工过程中所遇到的不良地质条件远较初期岩土勘察时复杂。如岩土勘察资料不准确不仅会导致设计的不合理，还会给后期施工带来许多无法预知的困难和危害，甚至会给施工带来灾难，轻则影响工期，增加投资，重则造成人员伤亡，设备损坏。国内外屡屡有因地质条件不明而造成施工事故的报道。

因此，在勘察设计阶段进行的详细岩土工程勘察的基础上，在施工过程中进一步进行地质超前预报，按设计方案，根据施工设备的成桩间距，探测施工轴线的地层分布就显得非常必要。地质超前预报是根据地质条件的变化及时调整施工方法、施工参数，采取相应的预防和处理措施，及时动态优化施工方案，完善地质资料，保证施工人员和财产安全。合理有效的地质超前预报方法能避免很多损失。

目前，地质超前预报多用于隧道工程和地下工程施工，用于深基坑工程还未发现有报道的施工案例，但基坑工程施工发生问题时，一般都从地质条件或勘察报告查起，因勘察失误或因未查明地质条件而导致深基坑工程事故的案例屡有发生。这说明地质超前预报，对于临海复杂地质条件的地区深基坑防渗止水帷幕体施工的指导性和重要性。

6.2 超前地质预报方法概述[128,129]

6.2.1 超前地质预报的发展与应用

超大超深基坑超前地质预报是指在基坑设计之后，正式施工之前对基坑所在的地层情况做出超前预报，并根据超前预报结果进行基坑围护以及防渗水止水系统的施工技术方案和施工措施进行优化。此前超前地质预报已经在隧道施工方面有了几十年的长足发展，国外如英、法、日、德均已将其列为隧道工程建设的重要研究内容。1972 年 8 月在美国芝加哥召开了快速掘进与隧道工程会议，在迄今为止的多次的类似会议中，隧道施工地质预报一直受到重视，20 世纪 80 年代世界各国都将这类问题列为重点研究课题。在我国超前预报的研究始于 20 世纪 50 年代末，但真正应用到隧道工程建设当中是在 20 世纪 70 年代初。

在滨海地区地质条件与水环境复杂，大型民用军用设施的建设将面临严峻的工程挑战。尤其对临海的大型基坑而言，简单地照搬其他工程的设计方案与设计思路不一定能行之有效。对于这种超大超深的临海基坑的施工之前，有必要做一定的超前地质预报工作，以便于更好更快地优化设计方案，减小施工难度，大量减少施工费用。临海基坑项目超前预报的根本目的和预报内容分为两个主要部分，一是主要地质条件的预报，二是施工地质灾害预报。通过各种超前地质预报技术方法(地质分析预测法和地球物理探测法等)进行主要地质条件预报。主要地质条件的预报包括岩土层的地层分布、各层的交互情况、珊瑚礁灰岩及珊瑚礁碎屑等不利岩层的分布情况、地层岩性、强风化带、地下水状况等。预报的重点是珊瑚礁灰岩分布情况、基岩面起伏情况、强风化层厚度等不良地质体对施工的影响。施工地质灾害预报主要指珊瑚礁灰岩抱钻、卡钻，探孔、引孔过程中发生的塌孔等事故。

6.2.2 超前地质预报方法概述

从目前国内外的研究现状来看，各种超前预报技术方法已经做过很多的研究工作，但是各种超前预报的技术方法各有优缺点，超前地质预报技术方法目前主要可以分为地质分析预测法和地球物理预测法两大类。

1) 地质分析预测法

(1) 超前水平、竖向钻孔。

根据钻进速度的变化、钻孔取芯鉴定、钻孔冲洗液颜色、气味、岩粉及遇到的其他情况来预报。此法可以反映岩体的大概情况，比较直观，施工人员可根据实际地质情况进行下步设计与施工组织。它是超前预报最有效方法之一，但也存在不足之处：对垂直向的地质结构面预报效果较好，而水平向的结构面预报较差;需占用较长的施工作业时间，费用较高。目前国内一般采用这种方法进行超前预报工作。

(2) 地面地质调查法。

工程地质调查法是隧道地质预报中使用最早的方法。该方法是通过调查与分析地表工程地质条件，了解工程所处地段的地质结构特征，根据类似的邻近的工程项目推断此处的地质情况。调查的内容包括地层与岩性的产出特征、断裂构造与节理的发育规律、岩溶带发育的部位、走向、形态等，预测场地内的不良地质体可能的类型、出露部位、规模大小等，以便设计施工过程中采取合理的工艺与措施，避免事故。这种预报方法在工程埋深较浅、构造不太复杂的情况下有很高的准确性，但是在构造比较复杂地区，该方法工作难度较大，准确性较差。这种方法目前在一些地层变化不大的地区仍有所应用。

(3) 断层参数预测法。

断层参数预测法的原理是基于苏联著名地质学家 H. C. 葛尔比耳的断层影响带理论，由刘志刚结合地质力学理论总结出来的一套超前预报隧道隧洞断层的预报方法。该方法是在确定了断层破碎带厚度(宽度)与两个异常带展布厚度(宽度)关系的经验公式以后，应用经验公式超前预报工作面前方隐伏断层的位置和破碎带厚度(宽度)，并且通过断层产状与隧道走向和隧道断面高度及宽度资料预测其影响隧道的长度。

2) 地球物理预测法

地球物理的超前预报方法多种多样，目前应用较多的主要有地质雷法和 TSP(Tunnel Seismic Prediction)地震反射波法。而瞬变电磁探测技术和电法超前探测技术(简称 BEAM)则是新近引入的两种超前预报方法，这两种方法对水体敏感，是具有相当的发展前景的岩溶地质环境的隧道施工超前预报新技术。

(1) 声波测试。

声波测试超前地质预报应用了声波在介质中传播的固有特性。声波在介质中传播时如果遇到裂隙就会发生反射、折射以及绕射等介面效应，波能被损耗，波速减缓，波形也变得复杂。除此之外，声波的传播速度也跟介质岩体的强度有关。声波测试的最主要的方法有孔内测试和岩面测试。按照发射源与接收器是否放在一个孔中,孔内测试可以分为双孔测试和单孔测试两种方式:双孔测试是把发射源与接收器放在不同的钻孔中,测试的波速是两孔之间的岩体的波速;而单孔测试是把发射源与接收器同放在一个孔中,测量的地质范围大约在钻孔周边一倍波长以内。

(2) 红外探测。

所有的物体每时每刻都在发射红外线能量,红外线是肉眼所不可见的。物体的红外线能量的发射率取决于物体的物质构成与表面状况。红外探测法地质超前预报正是利用了这一物理现象。红外探测是专门用来探测前方是否含水的一种地质超前预报方法。红外探测法地质超前预报测量速度快,探测仪器操作比较简单,占用施工时间少,资料分析快,测完就能初步得到结果,能够预测 30 m 范围内是否存在含水构造或隐伏水体。

(3) 弹性波法。

当弹性波向围岩中传播时,如果前方围岩均匀,不会发生反射现象,而如果遇到波阻抗不同的地层界面时便会发生反射现象,并遵循波的反射定律,反射回来的信号强度与介质的波阻抗差异度成正比,这就是弹性波法地质超前预报的原理。按照观测系统的不同,弹性波法地质超前预报主要分为 TSP 超前预报法、水平声波剖面法和地震反射法(又叫做地震负视速度法)。

地震反射法地质超前预报的优点是预报距离长,一次预报能达到 100～200 m,对大的地质构造反映比较明显,对软硬岩的交界面也有较好的反映。目前被广泛采用。

(4) 电磁波法。

这种地质超前预报方法与地震反射法地质超前预报方法都是利用波在不同介质中产生透射以及反射判别介质的变化。区别在于,地震反射法是利用地震波,而电磁波法是利用电磁波。地震波的传播需要介质,但是电磁波在任何介质中传播都会变得越来越微弱。目前最常用的电磁波方法是地质雷达探测法。地质雷达探测法被认为是目前分辨率最高的地球物理方法,近年来在地质超前预报中被广泛采用。

6.2.3 超前地质预报的适用范围

为了取得更高的准确率,在实际预报工作中必须提倡综合方法,提倡地质分析与工程物探相结合,地震方法与地磁方法相结合,共同解决不良地质构造、含水构造等超前预报问题。

地质法是不可忽视的基础。地下工程地质情况虽然复杂,但是并非毫无规律可循。李四光提出的"一切构造形迹都是成群发生的"构造体系概念包含了丰富的内容,揭示了地壳构造系统运动分布与传递的机制,特别是关于地质构造运动的相关性、有序性、层次性的思想。地质法包括较多内容,采用的都是地质学的基本原理,一个地区的地质构造主导了该地区的地质现象,通过地质分析掌握该地区的地层岩性和地质规律是超前预报的基础。在地质法地质超前预报方法中,超前钻孔法是比较直接有效的,不过也存在费用高,占用施工时间长,钻探距离较短,在地质条件复杂的地区准确率也不能保证的缺点。物探法也不是万能方法。通过对目前常用的各种地质超前预报方法的比较可以发现,物探法是建立在波的传播理论以及假定同一介质各向同性均匀的基础上的,严密而精确。虽然物探方法自身发展非常迅速,趋向于成熟,但是由于地质体极为复杂,长期的构造运动使不同的地层、岩性受到的影响程度千差万别,这就导致了同种地质体介质的非均匀性,进而影响预报准确率。具体到各种物探方法而言,各种物探方法都不能避免自身的弊端。声测法不占用太多施工时间,但对富水带等不良地质情况预报准确度不高,且对现场施工也有比较大的干扰。红外探水只能探知是否含水,对岩层变化、溶洞、断层带等不能做预报,对水量与水压大小、水体规模等也不能做出准确判断。地质雷达具有分辨率高、对场地无损伤、操作方便、机动灵活、抗干扰能力强、探测过程和数据处理过程速度快等优点,但是也存在预报距离较短的缺点,较准确预报的距离往往只有十几米,在富水区探测距离会变得更短,同时图像存在多解性,需要有经验并且地质专业知识丰富的人员才能做出较好的判释。TSP 法属于地震反射法,是一种快速、有效的地震反射技术。它的优点是预报距离长,能够达到100～200 m,缺点是只能得到如地震波波速、泊松比等有关岩石的物理特性，所以也存在多解性的特点，对场地施工的干扰比较大。

6.2.4 存在问题与解决途径

一般情况下，超前地质预报是应用于隧道施工工程，利用综合分析方法可以较为准确地进行工程地质预报。但对于基坑围护体施工，只能借鉴隧道的超前地质预报思路，而非完全照搬照抄超前地质预报方法，不能完全引用，这就对科研技术人员提出了新要求。隧道施工方向是线状，长度大，所涉及的地质体范围大，而深基坑防渗止水帷幕体是沿基坑四周布置的，超前地质预报主要是沿基坑防渗止水帷幕体轴线从垂直方向查明地质体情况，因而，可以选用地质法的钻孔、地球物理方法中的地质雷达方法来查明基岩面的埋深，为三轴搅拌桩施打停打深度提供依据。为此，结合防渗止水帷幕体施工设备选型和施工桩距，采用常规地质钻机去探孔、引孔，不但施工设备易得，施工方便，造价不高，而且能彻底解决超前地质预报问题。受采用勘察方法的限制，应该综合钻机钻探和地球物理方法(如地质雷达等)来查明基岩面的分布和基岩面以上土体有无成层珊瑚礁灰岩、孤石等异常情况存在，这样，既能沿基坑防渗止水帷幕体施工轴线查明基岩面以上地层分布情况，相对而言所需费用要少得多，同时可以用钻探方法进行验证。

6.3 场地施工难易程度的初步评价

6.3.1 概　述

工程场地是指工程限定的边界范围以内的区域，以及规定界限以外确实用于建筑或拆毁的其他中间准备区域。工程场地是建筑施工的核心区域，工程场地的好坏将直接影响到施工质量、施工进度以及工程造价。因此，在选择施工场地之前应作适当的评估，根据评估结果考虑是否使用该场地抑或是更换场地。在用地紧张无法避让不利地质场地的情况下，应先对工程场地做设计、施工前的评价，以便提前规避施工风险，尽可能加快施工进度，节约设计、施工成本。

在基坑围护设计前，需要进行地质勘察以获得相应的地质条件，一般情况下，钻孔间距为 15～20 m，尽管设计前的勘察不能完全满足施工的需求，但能根据岩土勘察所得到的地质资料进行分析，初步评价场地施工难易程度，为接下来的设计、施工提供必要依据。

6.3.2 影响场地施工难度的因素分析

临海入岩深基坑防渗止水帷幕体施工有三个重要的施工环节，也是施工质量控制的三大难点：① 三轴搅拌桩施工；② 高压旋喷桩施工；③ 防渗止水帷幕体施工质量检测和加固处理。场地施工难度初步评价是单纯从场地地质条件出发，具体结合施工工艺、施工设备去分析施工难度。

根据施工实际情况、地层分布情况以及结合计算分析适应性，按场地地质条件可将施工难易等级值分为四级，如表 6－1 所示。

表 6－1　施工难易分级

难易级别	等级指针值	等级区域	描　　述
1	10	0～25	较易
2	35	25～50	一般
3	60	50～70	较难
4	85	70～90	很难

通过研究分析，从地质条件来看，影响场地施工难易的主要因素如下：① 上覆土层的厚度；② 基岩面的起伏程度；③ 珊瑚礁灰岩分布；④ 上覆土层的均匀性；⑤ 强风化土层的分布。

1）上覆土层的厚度

因搅拌桩桩机受其机架高度、动力等限制，工程场地的上覆土层厚度对搅拌桩桩机的施工难度具有不同的影响，土层厚度越大，搅拌桩施工难度越大，施工质量也越差，对于厚度大于 30 m 的土体，搅拌桩桩机施工很难，甚至不可搅拌。

2）基岩面的起伏程度

在工程勘察过程中，经常发现临海地区工程场地基岩面不平整，起伏较大，20 m 左右的相邻钻孔基岩面高差可达到 3～5 m，基岩面的起伏度越大，相邻钻孔的高差越大，进而施工难度就越大。通过统计相邻钻孔不同高差的比例，对不同高差范围分别赋值，再进行归一化处理，最终与基岩面起伏度级别进行比较，得出对应的基岩面起伏度级别，进而对相应剖面的基岩面进行判断。

3）珊瑚礁灰岩分布

在岩土勘察施工过程中，有部分钻孔会遇到珊瑚礁灰岩，成层分布的珊瑚礁灰岩会对三轴搅拌桩施工造成较大的困难，有时必须采用冲孔钻机进行破碎处理，再施打搅拌桩。遇到珊瑚礁灰岩的钻孔比例越大，施工难度越大。

4）上覆土层的均匀性

上覆土层的均匀性对施工参数的确定影响很大，土层不均匀，搅拌桩机提升速度、水泥掺量、搅拌次数等均难以确定。分析过程中，统计场地地质钻探时不同单个钻孔所遇到的土层变化次数，进行归一化处理得到单孔地质剖面的上覆土层的均匀性级别，进而对整个场地的施工难度进行判断。

5）强风化土层分布

强风化土层分布与基岩面和上覆土层之间，因基岩面起伏大，强风化层厚度变化较大，其分布厚度变化越大，搅拌桩停打深度、高压旋喷桩施工标高等施工过程中，其层位越不易控制，施工参数不易确定，施工难度越大。

6）地质因素综合分析

考虑到是对场地施工难易程度的初步评价，对每个单项地质因素赋予相等权重，综合各单项地质因素来考虑地质条件对施工难度的影响。

6.3.3 影响场地施工难度的模糊数学评价

临海入岩深基坑的防渗止水帷幕体是垂直向三轴搅拌桩和高压旋喷桩复合体，对于三轴搅拌桩施工来说，因基岩面上覆土体含有珊瑚礁碎屑和珊瑚礁灰岩，要研究解决三轴搅拌桩可搅拌性问题和成桩质量均匀性问题。基岩面起伏对三轴搅拌桩停打深度有影响。对于高压旋喷桩，强风化层分布及基岩面埋深对其施工参数控制、施工标高控制等影响极大。为此，通过某工程实例具体介绍施工场地施工难度的初步评价。

1）工程场地概况

某临海入岩深基坑位于海南省某临海地区，本区属于剥蚀残山-海湾沉积过度的海岸地貌，剥蚀残山、海岸悬崖、不规则海滨平原和海滩潮间带等地貌单元均有分布。工程跨越了内村村庄陆地和村前海湾两个部分。场地具体的地形地貌、地质条件、岩层划分及空间分布见第 2 章(2.2.2 场地地层分布情况)。

场地特殊性岩土(珊瑚碎屑、珊瑚礁灰岩和黏土质蚀变岩和软弱风化岩)种类多，基岩埋深变化大，勘察区域具体位置及周边、海底地形情况具体地质剖面图如图 6－1 所示，土层主要包括$①_3$、$①_4$、$②_1$、$②_2$、$②_3$、$②_4$、$③_1$、$③_{1\text{-}1}$、$④_1$、$④_2$、$④_3$层。

2）场地施工难易程度分析

根据图 6－1 所示的地质剖面，利用上述分析方法，对场地防渗止水帷幕体施工难度分析如下。

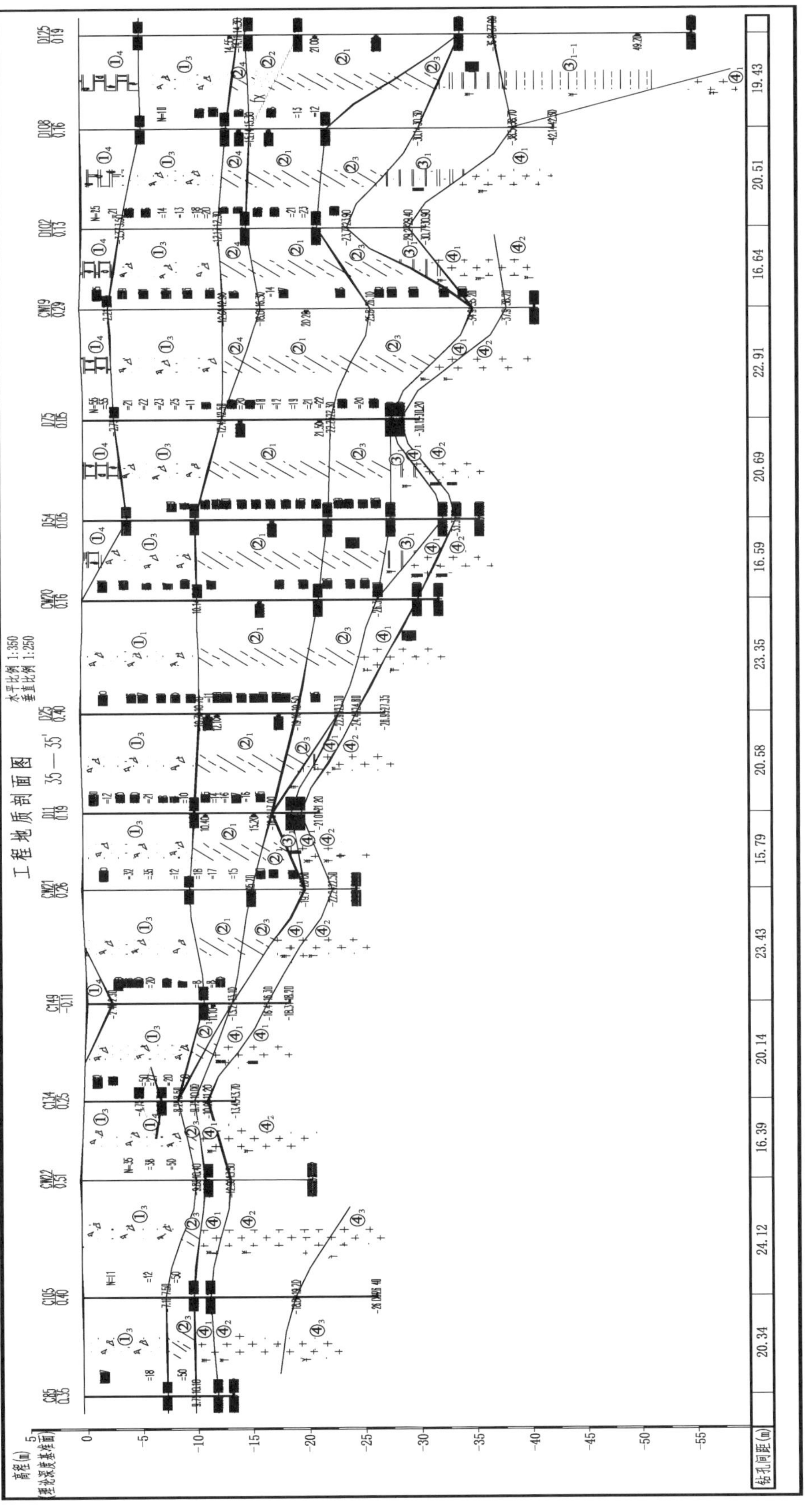
工程地质剖面图 35—35'
水平比例 1:350
垂直比例 1:250
钻孔间距(m)
20.34
24.12
16.39
20.14
23.43
15.79
20.58
23.35
16.59
20.69
22.91
16.64
20.51
19.43

图 6-1 地质剖面图

(1) 上覆土层的厚度。

根据地质剖面，对工程场地基岩面上覆土层厚度进行统计，计算出平均厚度，再根据土层厚度越大，施工难度越大的原则，分析计算场地土层厚度对场地施工难度的影响，详见表 6-2 和表 6-3。

表 6-2 上覆土层厚度描述

影响因素	桩　名	厚度(m)	归一化分项值	总　值
上覆土层的厚度	单桩 1	12.1	0.81	26.59
	单桩 2	11.5	0.77	
	单桩 3	13.5	0.90	
	单桩 4	11.2	0.75	
	单桩 5	16.3	1.09	
	单桩 6	22.5	1.50	
	单桩 7	19.6	1.31	
	单桩 8	24.8	1.65	
	单桩 9	30.0	2.00	
	单桩 10	33.4	2.23	
	单桩 11	28.5	1.90	
	单桩 12	38.2	2.55	
	单桩 13	40.0	2.67	
	单桩 14	42.3	2.82	
	单桩 15	55.0	3.67	

表 6-3 上覆土层厚度等级

影响因素	厚度(m)	级　别	总　值	判断等级	难易等级值
上覆土层厚度	0～10	1	26.59	3	60
	10～20	2			
	20～30	3			
	＞30	4			

(2) 基岩面的起伏程度。

统计相邻钻孔不同高差的比例，对不同高差范围分别赋值，再进行归一化处理，最终与基岩面起伏度级别进行比较，得出对应的基岩面起伏度级别，进而对相应剖面的基岩面起伏对场地施工难度影响进行判断，详见表 6-4 和表 6-5。

表 6-4 基岩面起伏程度描述

影响因素	相邻钻孔高差(m)	基　数	总基数	比例(%)	赋　值	分项值	总　值
基岩面起伏程度	＜1.5	0	14	0.00	1	0.00	7.86
	1.5～4.5	0		0.00	3	0.00	
	4.5～7.5	4		0.29	5	1.43	
	＞7.5	10		0.71	9	6.43	

表 6－5 基岩面起伏程度级别

影响因素	归一化值	级 别	总 值	判断等级	难易等级值
基岩面起伏程度	<1.5	1	7.86	4	85
	1.5～4.5	2			
	4.5～7.5	3			
	>7.5	4			

(3) 珊瑚礁灰岩分布。

统计在岩土勘察的地质剖面中成层珊瑚礁灰岩出现的比例，珊瑚礁灰岩出现比例越大，施工难度越大。具体统计计算结果如表 6－6 所示。

表 6－6 珊瑚礁灰岩分布级别

影响因素	比例(%)	级 别	描 述	剖面比例	判断等级	难易等级值
珊瑚礁灰岩分布	<10	1	较易	46.7	4	85
	10～20	2	一般			
	20～30	3	较难			
	>30	4	很难			

(4) 上覆土层的均匀性。

根据岩土勘察报告所提供的地质剖面，统计单孔所遇到的土层的变化次数，进行归一化处理得到剖面的上覆土层的均匀性级别，进而对场地的施工难度进行判断，详见表 6－7 和表 6－8。

(5) 强风化土层分布。

强风化土层的厚度影响三轴搅拌桩停打深度，影响高压旋喷桩施工标高控制，其厚度大小直接影响施工难度。场地的强风化层厚度对施工难度的影响分析详见表 6－9 和表 6－10。

表 6－7 上覆土层的均匀性描述

影响因素	桩 名	变化次数	归一化分项值	总 值
上覆土层的均匀性	单桩 1	5	0.33	6.13
	单桩 2	5	0.33	
	单桩 3	4	0.27	
	单桩 4	6	0.40	
	单桩 5	6	0.40	
	单桩 6	6	0.40	
	单桩 7	6	0.40	
	单桩 8	5	0.33	
	单桩 9	5	0.33	
	单桩 10	7	0.47	
	单桩 11	7	0.47	
	单桩 12	8	0.53	
	单桩 13	7	0.47	

续 表

影响因素	桩　名	变化次数	归一化分项值	总　值
上覆土层的均匀性	单桩 14	7	0.47	6.13
	单桩 15	8	0.53	

表 6-8　上覆土层的均匀性级别

影响因素	归一化值	级　别	总　值	判断等级	难易等级值
上覆土层的均匀性	<2	较易	6.13	4	85
	2～4	一般			
	4～6	较难			
	>6	很难			

表 6-9　强风化土层分布描述

影响因素	桩　名	厚度(m)	归一化分项值	总　值
强风化土层分布	单桩 1	2	0.13	1.92
	单桩 2	1.5	0.10	
	单桩 3	2.3	0.15	
	单桩 4	1.2	0.08	
	单桩 5	3.2	0.21	
	单桩 6	2.5	0.17	
	单桩 7	0.9	0.06	
	单桩 8	1.5	0.10	
	单桩 9	3.5	0.23	
	单桩 10	1.2	0.08	
	单桩 11	0.9	0.06	
	单桩 12	3	0.20	
	单桩 13	1.5	0.10	
	单桩 14	3.6	0.24	
	单桩 15	0	0.00	

表 6-10　强风化土层分布级别

影响因素	厚度(m)	级　别	总　值	判断等级	难易等级值
强风化土层分布	>5	1	1.92	3	60
	3～5	2			
	1～3	3			
	<1	4			

(6) 地质因素综合分析。

对每个单项地质因素赋予相等权重，综合各项单地质因素对场地施工难度的影响，得到如表6-11所示的计算结果。

表 6-11 场地施工难易级别

地质因素	权 重	难易等级值	综合等级值	难易等级	描 述
上覆土层厚度	0.2	60	75	4	很难
基岩面的起伏	0.2	85			
珊瑚礁灰岩分布	0.2	85			
上覆土层的均匀性	0.2	85			
强风化土层的分布	0.2	60			

从以上计算结果可以看出，单纯从场地地质条件角度来看，本场地各单项施工难度都大于3级，最后评价结果是深度施工难度等级为4级，很难。

6.3.4 小 结

通过对场地地质条件分析，根据上覆土层厚度、基岩面起伏、珊瑚礁灰岩分布、上覆土体均匀性和强风化层分布等因素，将场地施工难易程度划分为四个等级，最后得到本场地施工难度为很难。说明必须采用合适的施工设备，采取必要的施工措施，才能顺利完成施工，确保施工质量。

6.4 基于AHP-TOPSIS评判模型的防渗止水帷幕体施工难度预测

第6.3节单纯从场地地质条件出发去初步评价防渗止水帷幕体的施工难度。因影响场地施工难度的因素有内、外因之分，场地地质条件是内因，是客观条件，起着决定性作用。但如设备选择合理，施工措施到位，施工难度会相对下降，变施工难为较难，变不可能为可能。为综合考虑施工难度，必须全面考虑影响施工难度的因素，对内、外因进行综合分析。所以，本节采用AHP-TOPSIS评判模型对防渗止水帷幕体施工难度进行预测分析。

6.4.1 概 述

临海地区的入岩深基坑施工难度一直是基础施工人员研究、关注的问题。相对于其他地区，突出的问题是基岩面上覆土体均匀性差，施工参数难以确定，有时还会碰到珊瑚礁灰岩，如不谨慎会发生卡钻、抱钻等情况。防渗止水帷幕体进入基岩也是施工难题之一，首先要研究解决入岩设备选择问题，如采用大型设备冲孔钻机，进入35 MPa的中风化花岗岩50 cm所需的时间为2～3 d，施工工效低，设备投入大，工期长，造价高。如采用高压旋喷桩施工，设备小，工期短，最大优点是能满足基岩面起伏大的工程场地施工要求，但必须要引孔，且引孔要到位，这样才能保证高压旋喷桩施工质量和搭接效果。由于临海入岩深基坑施工案例较少，可供参考的施工经验也少，对各种影响施工质量的因素分析缺乏，所以，有必要通过理论研究和工程实例应用，进一步分析、总结临海入岩深基坑防渗止水帷幕体的施工质量影响因素，施工设备选型和施工条件，施工措施等。

有鉴于此，本节在分析已有研究成果基础上，将层次分析法(Analytic Hierarchy Process, AHP)和逼近理想解排序法[130](Technique for Order Preference by Similarity to an Ideal Solution, TOPSIS)相结合应用于防渗止水帷幕体施工难度预测中，先运用层次分析法将各因素划分成有序层次，科学分配权重，再结合理想解排序法构建 AHP－TOPSIS 综合评判模型。TOPSIS 法能够根据有限个评价对象与理想化目标的接近程度进行排序，但在多因素分析的情况下，确定指标权重难度较大[131]，而 AHP 法可以较为客观地给出各影响因素的权重，二者结合使用为提高防渗止水帷幕体施工难度预测的准确性创造了条件。

6.4.2 AHP 法确定指标权重

AHP 法在决策分析时，可将一个由众多因素构成的相互关联、相互制约的复杂系统从不同角度进行评价，根据系统的决策目标将问题层次化、条理化，建立递阶层次结构并形成一个多层次的分析结构模型，一般由高到低可分为目标层、准则层和指标层，利用下层对上层的相对重要性来评价因子的权重。

1）比较标度

依据两两比较的标度和判断原理，采用二元对比法对同层次的相关指标进行比较赋值，赋值标准如表 6－12 所示。标准值 2，4，6，8 表示相比因子的重要性介于 2 个相邻等级之间。若 $W_{ij}=r_i/r_j$，则 $1/W_{ij}=r_j/r_i$。

表 6－12 指标重要程度分级赋值标准

标 准 值	定 义	说 明
1	同等重要	因素 r_i 与 r_j 重要性相同
3	稍微重要	因素 r_i 与 r_j 重要性稍高
5	比较重要	因素 r_i 与 r_j 重要性较高
7	明显重要	因素 r_i 与 r_j 重要性明显高
9	绝对重要	因素 r_i 与 r_j 重要性绝对高

2）构造判断矩阵

设判断矩阵为 $\boldsymbol{R}$，由于每一层指标因素都以相邻上一层各指标因素为参照物，因此按两两比较标度方法可构造判断矩阵：

$$\boldsymbol{R}=\begin{bmatrix} A_{11} & A_{12} & \cdots & A_{1n} \\ A_{21} & A_{22} & \cdots & A_{2n} \\ \vdots & \vdots & & \vdots \\ A_{m1} & A_{m2} & \cdots & A_{mn} \end{bmatrix}=\begin{bmatrix} \frac{A_1}{A_1} & \frac{A_1}{A_2} & \cdots & \frac{A_1}{A_n} \\ \frac{A_2}{A_1} & \frac{A_2}{A_2} & \cdots & \frac{A_2}{A_n} \\ \vdots & \vdots & & \vdots \\ \frac{A_n}{A_1} & \frac{A_n}{A_2} & \cdots & \frac{A_n}{A_n} \end{bmatrix} \tag{6-1}$$

式中，$\boldsymbol{R}$ 为正定互反矩阵，对于正定互反矩阵，其最大特征值 λ_{max} 存在且唯一。实际上，判断矩阵 $\boldsymbol{R}$ 的准确特征值和特征向量 $\boldsymbol{W}$ 的求解十分困难，只能得出近似值，通常采用方根法求解：对每一列向量归一化，求出对应的最大特征根 λ_{max} 及特征向量 $\boldsymbol{W}$，并对 $\boldsymbol{W}$ 归一化，即可得到各因素的权重，计算公式如下：

$$\widetilde{W}_{ij}=a_{ij}/\sum_{j=1}^{n}a_{ij} \tag{6-2}$$

$$W_i = \sqrt[n]{\prod_{j=1}^{n} \widetilde{W}_{ij}} / \sum_{i=1}^{n} \sqrt[n]{\prod_{j=1}^{n} \widetilde{W}_{ij}} \tag{6-3}$$

$$\lambda_{\max} = \sum_{i=1}^{n} \frac{(RW)_i}{nW_i} \tag{6-4}$$

3）一致性检验及计算权重向量

由于系统工程的复杂性和主观上的片面性，判断矩阵难免存在误差，为求证权重分配是否合理，需要对判断矩阵进行一致性检验。定义一致性检验的公式为

$$CR = \frac{CI}{RI} = \frac{\lambda_{\max} - n}{(n-1)RI} \tag{6-5}$$

式中，n 为成对比较因子的阶数，CI 为一致性检验指标，RI 为平均随机一致性指标，根据成对比较因子的阶数取不同的值，取值标准如表 6－13 所示。认为判断矩阵的一致性满足要求，否则需要调整权重使判断矩阵符合一致性检验。

表 6－13　平均随机一致性指标赋值标准

阶　数	1	2	3	4	5	6	7	8	9	10
RI	0.00	0.00	0.58	0.90	1.12	1.24	1.32	1.41	1.45	1.49

若判断矩阵满足一致性检验，说明多层次判断矩阵的构造符合数学逻辑，可以依据该矩阵进行权值的计算，求得权值向量。

6.4.3　TOPSIS 综合评判模型

TOPSIS 法的基本原理是借助多目标决策问题中的正理想解和负理想解的距离来对评判对象进行排序。正理想解的各个指标均达到最优，可以理解为一个虚拟的最优解，而负理想解与之完全相反。TOPSIS 法根据评判对象与理想化目标的接近程度进行排序，对现有对象进行相对优劣的评价，若评判对象最靠近正理想解，则为最优值，否则为最差值。TOPSIS 法是多目标决策分析中一种常用的有效方法。

1）初始评判矩阵

设方案集 $P = \{P_1, P_2, \cdots, P_m\}$，每个方案评判指标集 $r = \{r_1, r_2, r_3, \cdots, r_n\}$，评判指标 r_{ij} 表示第 i 个方案的第 j 个评判指标，其中 $i \in [1, m]$，$j \in [1, n]$，初始评判矩阵可以表示为

$$\boldsymbol{P} = (r_{ij})_{m\times n} = \begin{bmatrix} r_{11} & r_{12} & \cdots & r_{1n} \\ r_{21} & r_{22} & \cdots & r_{2n} \\ \vdots & \vdots & & \vdots \\ r_{m1} & r_{m2} & \cdots & r_{mn} \end{bmatrix} \tag{6-6}$$

2）标准化决策矩阵

评判指标可分为消耗性指标和收益性指标，对于消耗性指标，值越小越好，对于收益性指标，值越大越好。由于各评判指标具有不同的量纲和量纲单位，不具备可比度，为了消除指标的不可公度性，需要对评判指标进行量纲一化处理。对于标准化决策矩阵 $\boldsymbol{B} = (b_{ij})_{m\times n}$，计算公式为：

对于收益性指标，有

$$b_{ij} = \frac{r_{ij} - \min\limits_{j}(r_{ij})}{\max\limits_{j}(r_{ij}) - \min\limits_{j}(r_{ij})} \tag{6-7}$$

对于消耗性指标，有

$$b_{ij}=\frac{\min\limits_{j}(r_{ij})-r_{ij}}{\max\limits_{j}(r_{ij})-\min\limits_{j}(r_{ij})} \tag{6-8}$$

3）加权标准化决策矩阵

将矩阵 $\boldsymbol{B}$ 的列向量与 AHP 法确定的指标层层次总排序权重 $\boldsymbol{W}$ 相乘，可得加权标准化决策矩阵 $\boldsymbol{R}$ 为

$$\boldsymbol{R}=(r_{ij})_{m\times n}=\begin{bmatrix} w_1b_{11} & w_2b_{12} & \cdots & w_nb_{1n} \\ w_1b_{21} & w_2b_{22} & \cdots & w_nb_{2n} \\ \vdots & \vdots & & \vdots \\ w_1b_{m1} & w_2b_{m2} & \cdots & w_nb_{mn} \end{bmatrix} \tag{6-9}$$

4）贴近度分析

收益性指标集 J_1 的正理想解为行向量的最大值，负理想解为行向量的最小值，消耗性指标集 J_2 的取值与之相反，可表示为

$$\left.\begin{aligned} R^{+}&=\{(\max_{n} w_nb_{mn}\mid m\in J_1),(\min_{n} w_nb_{mn}\mid m\in J_2)\} \\ R^{-}&=\{(\min_{n} w_nb_{mn}\mid m\in J_1),(\max_{n} w_nb_{mn}\mid m\in J_2)\} \end{aligned}\right\} \tag{6-10}$$

式中，R^{+} 与 R^{-} 分别为正理想解和负理想解。评判对象与理想解的距离为

$$\left.\begin{aligned} D_i^{+}&=\sqrt{\sum_{j=1}^{n}(r_{ij}-r_j^{+})^2} \\ D_i^{-}&=\sqrt{\sum_{j=1}^{n}(r_{ij}-r_j^{-})^2} \end{aligned}\right\} \tag{6-11}$$

式中，D_i^{+}，D_i^{-} 分别为评判对象与正理想解和负理想解的距离；r_i^{+}，r_i^{-} 分别为 R^{+} 与 R^{-} 相对应的元素。

贴近度分析的计算公式为

$$C_i^{+}=D_i^{-}/(D_i^{+}+D_i^{-}),\ 0\leqslant C_i^{+}\leqslant 1 \tag{6-12}$$

当评判对象为正理想解时，$C_i^{+}=1$，当评判对象为负理想解时，$C_i^{+}=0$，一般情况下评判对象贴近度 C_i^{+} 取值为(0, 1)，反映了评判对象贴近正理想解的程度。

5）AHP－TOPSIS 评判模型

由 TOPSIS 法的贴近度分析构造出评判矩阵，结合 AHP 法计算得到的权重，评判对象综合评判结果向量 $\boldsymbol{Q}$ 为

$$\boldsymbol{Q}=\boldsymbol{W}\times\boldsymbol{C} \tag{6-13}$$

式中，$\boldsymbol{C}$ 为各评判对象与正理想解的贴近度形成的评判矩阵，$\boldsymbol{W}$ 为 AHP 法计算得到的准则层权重。

6.4.4 施工难度预测实例应用

1）影响因素

临海地区入岩深基坑施工难点在于场地地质条件的复杂性，具体表现在：基岩面上覆土

体的厚度、基岩面起伏大、上覆土体土性不均匀、局部分布有珊瑚礁灰岩、基岩面上强风化层厚度分布极不均匀等。复杂的地质条件是决定基坑防渗止水帷幕体施工难度的内因，是第一位的，外因是施工设备的选择和施工措施是否到位。施工设备涉及搅拌桩桩机、高压旋喷桩桩机、探孔和引孔钻机的选型问题，以及预备电源、水源等；施工措施涉及试成桩、探孔和引孔、下管等。

这些因素的指标有的可以根据地质勘察报告获得，有的如设备选型和施工措施到位与否就不能用准确的数据去刻画描述，这就要依靠离散性数据去刻画。如搅拌桩桩机选用单轴的桩机施工，对于超过 20 m 厚度的土体既不经济，也不可行，描述这种设备施工难度较为困难。如此类推，所以刻画各因素的数值要通过对比才能量化。对于施工设备选型和施工措施可按表 6－14 和表 6－15 取值。

表 6－14　施工设备选型等级取值

难度等级	搅拌桩桩机	高压旋喷桩桩机	探孔、引孔钻机	水、电备用条件	描　　述
N_1(较易)	7	7	7	7	设备选择合理，完全满足施工要求
N_2(较难)	3	3	3	3	设备选择不尽合理，通过采取措施才能满足施工要求
N_3(很难)	1	1	1	1	设备选择不合理，不能完全满足施工要求

表 6－15　施工措施等级取值

难度等级	试成桩	探　孔	引　孔	下　管	描　述
N_1(较易)	7	7	7	7	措施到位，完全满足设计要求
N_2(较难)	3	3	3	3	措施不尽到位，通过采取补救措施才能满足设计要求
N_3(很难)	1	1	1	1	措施不到位，完全不满足设计要求

2) 施工难度等级判据

通过研究分析，上述影响因素按照数值大小将施工难度划分为四个等级，分别为较易、一般、较难、很难。施工难易等级评价准则如表 6－16—表 6－18 所示，表示的是施工难易等级的临界状态。

表 6－16　施工难度等级评价准则一

难度等级	土体厚度(m)	基岩起伏(相邻钻孔高差)	土体均匀性	珊瑚礁灰岩分布(%)	强风化层分布(厚度，m)
N_1(较易)	10	1.5	2	10	5
N_2(较难)	20	4.5	4	20	3
N_3(很难)	30	7.5	6	30	1
待评价场地地质条件数据 N	26.6	7.86	6.13	46.7	1.92

工程实例选择海南某临海入岩深基坑防渗止水帷幕体施工作为研究对象，通过计算分析，利用 AHP－TOPSIS 法预测某待施工的深基坑工程防渗止水帷幕体施工难度。由表 6－16 可知，难度等级 N_1 表示施工无难度，容易施工，N_2 表示施工较难，N_3 表示施工很难。以这 3 组临界数据为判断标准对施工难度数据 N 进行预测，如 $N<N_1$，则施工容易；如 $N_1<N<N_2$，则说明施工难度一般；如 $N_2<N<N_3$，则说明施工较难；$N>N_3$，则说明施工难度大，施工很难。

表 6－17　施工难度等级评价准则二

难 度 等 级	搅拌桩桩机	高压旋喷桩桩机	探孔、引孔钻机	水、电备用条件
N_1（较易）	7	7	7	7
N_2（较难）	3	3	3	3
N_3（很难）	1	1	1	1
待评价施工设备数据 N	8	7.5	8.5	7.2

表 6－18　施工难度等级评价准则三

难 度 等 级	试成桩	探　孔	引　孔	下　管
N_1（较易）	7	7	7	7
N_2（较难）	3	3	3	3
N_3（很难）	1	1	1	1
待评价施工措施数据 N	8.5	8.2	7.5	7.4

3）层次结构分析

施工难度的判断有些是定性的，有些是定量的，不同判据对施工难易影响程度大小不同，存在差异，权重分配是否科学合理会决定施工难度预测结果的准确性。为此，采用 AHP 法根据地质条件、设备条件和施工措施设定 3 个准则建立施工难度的层次结构模型，如图 6－2 所示，并计算各自权重。

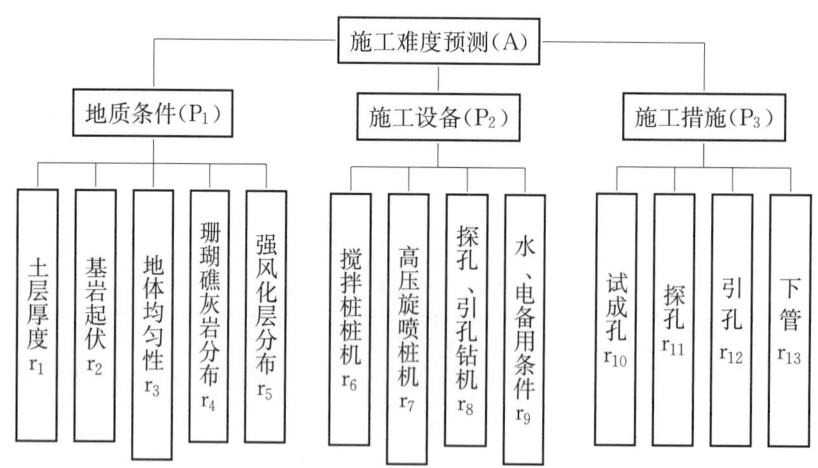

图 6－2　评价指标层次结构图

4）确定权重分配

对指标进行重要度评价，构造准则层 P 和指标层 R 各因素的判断矩阵。A－P、P_1－R、P_2－R、P_3－R 判断矩阵分别如表 6－19—表 6－23 所示。

表 6－19　A－P 判断矩阵

A－P	P_1	P_2	P_3
P_1	1	3	3
P_2	1/3	1	2
P_3	1/3	1/2	1

特征向量为：[0.594　0.249　0.157]；最大特征值为：3.047；随机一致性比率为：0.045＜0.1。

表 6－20　P_1－R 判断矩阵

P_1－R	r_1	r_2	r_3	r_4	r_5
r_1	1	1/3	1/2	1/5	1/4
r_2	3	1	5	1/2	3
r_3	2	1/5	1	1/4	1/5
r_4	5	2	4	1	2
r_5	4	1/3	5	1/2	1

特征向量为：[0.060　0.292　0.07　0.379　0.199]；最大特征值为：5.356；随机一致性比率为：0.080＜0.1。

表 6－21　P_2－R 判断矩阵

P_2－R	r_6	r_7	r_8	r_9
r_6	1	1/3	1/2	1/3
r_7	3	1	3	5
r_8	2	1/3	1	4
r_9	1/3	1/5	1/4	1

特征向量为：[0.166　0.512　0.251　0.071]；最大特征值为：4.105；随机一致性比率为：0.039＜0.1。

表 6－22　P_3－R 判断矩阵

P_3－R	r_{10}	r_{11}	r_{12}	r_{13}
r_{10}	1	1/3	1/4	1/4
r_{11}	3	1	1/2	1/3
r_{12}	4	2	1	2
r_{13}	4	3	1/2	1

特征向量为：[0.079　0.175　0.418　0.328]；最大特征值为：4.156；随机一致性比率为：0.058＜0.1。

最后，得到表 6－23 所示的施工难度预测权重。

表 6-23 层次总排序结果

P-R	A-P 排序			层次总排序权值
	$P_1=0.594$	$P_2=0.249$	$P_3=0.157$	
r_1	0.060			0.036
r_2	0.292			0.173
r_3	0.070			0.042
r_4	0.379			0.225
r_5	0.199			0.118
r_6		0.166		0.041
r_7		0.512		0.127
r_8		0.251		0.062
r_9		0.071		0.018
r_{10}			0.079	0.012
r_{11}			0.175	0.027
r_{12}			0.418	0.066
r_{13}			0.328	0.051

从表 6-23 可以看出，在影响施工难易程度的 3 个因素中，地质条件为第一位的，施工设备选择是第二位，施工措施起到辅助作用。在地质条件中，珊瑚礁灰岩分布影响最大，基岩面起伏情况影响次之；在设备选择上，高压旋喷桩桩机选择最为重要；在施工措施上，主要是引孔、下管是否到位。总之，高压旋喷桩施工难度和施工质量问题必须引起重视，是决定施工成败的关键。

5）TOPSIS 法指标综合评判

（1）地质条件评判。

根据表 6-16 构建地质条件的初始判断矩阵：

$$\boldsymbol{P}=\begin{bmatrix}10 & 1.5 & 2 & 10 & 5\\ 20 & 4.5 & 4 & 20 & 3\\ 30 & 7.5 & 6 & 30 & 1\\ 26.6 & 7.86 & 6.13 & 46.7 & 1.92\end{bmatrix} \tag{6-14}$$

地质条件中土层厚度、基岩起伏、土体均匀性和珊瑚礁灰岩分布属于消耗性指标，值越小越好；强风化层分布属于收益性指标，值越大越好。经计算加权标准化决策矩阵：

$$\boldsymbol{B}=\begin{bmatrix}1.00 & 1.00 & 1.00 & 1.00 & 1.00\\ 0.50 & 0.53 & 0.52 & 0.73 & 0.50\\ 0.00 & 0.06 & 0.03 & 0.46 & 0.00\\ 0.17 & 0.00 & 0.00 & 0.00 & 0.23\end{bmatrix} \tag{6-15}$$

$$\boldsymbol{W}_n=[0.036\quad 0.173\quad 0.042\quad 0.225\quad 0.118] \tag{6-16}$$

则由加权标准化决策矩阵 $\boldsymbol{R}=\boldsymbol{B}\times\boldsymbol{W}_n$ 得：

$$\boldsymbol{R}=\begin{bmatrix}0.036 & 0.173 & 0.042 & 0.225 & 0.118\\0.018 & 0.091 & 0.022 & 0.164 & 0.059\\0.000 & 0.010 & 0.001 & 0.102 & 0.000\\0.006 & 0.000 & 0.000 & 0.000 & 0.027\end{bmatrix} \tag{6-17}$$

其正理想解与负理想解如下：

$$\boldsymbol{R}^{+}=[0.000 \quad 0.000 \quad 0.000 \quad 0.000 \quad 0.118] \tag{6-18}$$

$$\boldsymbol{R}^{-}=[0.036 \quad 0.173 \quad 0.042 \quad 0.225 \quad 0.000] \tag{6-19}$$

计算得到施工难度评价等级与正理想解和负理想解的距离以及相应的贴近度如表 6 - 24 所列。

表 6 - 24　层次总排序结果

难度等级	D_i^+	D_i^-	C_i^+	排　序
N_1	0.289	0.118	0.290	1
N_2	0.199	0.121	0.379	2
N_3	0.157	0.211	0.574	3
N	0.091	0.290	0.761	4

（2）施工设备评判。

根据表 6 - 17 构建地质条件的初始判断矩阵：

$$\boldsymbol{P}=\begin{bmatrix}7.00 & 7.00 & 7.00 & 7.00\\3.00 & 3.00 & 3.00 & 3.00\\1.00 & 1.00 & 1.00 & 1.00\\8.00 & 7.50 & 8.50 & 7.20\end{bmatrix} \tag{6-20}$$

施工设备均属于消耗性指标，值越小越好；强风化层分布属于收益性指标，值越大越好。因此，经计算加权标准化决策矩阵：

$$\boldsymbol{B}=\begin{bmatrix}0.14 & 0.08 & 0.20 & 0.03\\0.71 & 0.69 & 0.73 & 0.68\\1.00 & 1.00 & 1.00 & 1.00\\0.00 & 0.00 & 0.00 & 0.00\end{bmatrix} \tag{6-21}$$

$$\boldsymbol{W}_n=[0.041 \quad 0.127 \quad 0.062 \quad 0.018] \tag{6-22}$$

则由加权标准化决策矩阵 $\boldsymbol{R}=\boldsymbol{B}\times\boldsymbol{W}_n$ 得：

$$\boldsymbol{R}=\begin{bmatrix}0.006 & 0.010 & 0.012 & 0.001\\0.029 & 0.088 & 0.045 & 0.012\\0.041 & 0.127 & 0.062 & 0.018\\0.000 & 0.000 & 0.000 & 0.000\end{bmatrix} \tag{6-23}$$

其正理想解与负理想解如下：

$$\boldsymbol{R}^{+}=[0.041 \quad 0.127 \quad 0.062 \quad 0.018] \tag{6-24}$$

$$\boldsymbol{R}^{-}=[0.000 \quad 0.000 \quad 0.000 \quad 0.000] \tag{6-25}$$

计算得到施工难度评价等级与正理想解和负理想解的距离以及相应的贴近度如表 6-25 所列。

表 6-25 层次总排序结果

难度等级	D_i^+	D_i^-	C_i^+	排　序
N_1	0.133	0.017	0.112	2
N_2	0.044	0.104	0.701	3
N_3	0.000	0.148	1.000	4
N	0.148	0.000	0.000	1

(3) 施工措施评判。

根据表 6-18 构建地质条件的初始判断矩阵：

$$\boldsymbol{P}=\begin{bmatrix}7.00 & 7.00 & 7.00 & 7.00\\ 3.00 & 3.00 & 3.00 & 3.00\\ 1.00 & 1.00 & 1.00 & 1.00\\ 8.50 & 8.20 & 7.50 & 7.40\end{bmatrix} \tag{6-26}$$

施工措施均属于消耗性指标，值越小越好；强风化层分布属于收益性指标，值越大越好。因此，经计算加权标准化决策矩阵：

$$\boldsymbol{B}=\begin{bmatrix}0.20 & 0.17 & 0.08 & 0.06\\ 0.73 & 0.72 & 0.69 & 0.69\\ 1.00 & 1.00 & 1.00 & 1.00\\ 0.00 & 0.00 & 0.00 & 0.00\end{bmatrix} \tag{6-27}$$

$$\boldsymbol{W}_n=[0.012\quad 0.027\quad 0.066\quad 0.051] \tag{6-28}$$

则由加权标准化决策矩阵 $\boldsymbol{R}=\boldsymbol{B}\times\boldsymbol{W}_n$ 得：

$$\boldsymbol{R}=\begin{bmatrix}0.002 & 0.005 & 0.005 & 0.003\\ 0.009 & 0.020 & 0.046 & 0.035\\ 0.012 & 0.027 & 0.066 & 0.051\\ 0.000 & 0.000 & 0.000 & 0.000\end{bmatrix} \tag{6-29}$$

其正理想解与负理想解如下：

$$\boldsymbol{R}^+=[0.012\quad 0.027\quad 0.066\quad 0.051] \tag{6-30}$$

$$\boldsymbol{R}^-=[0.000\quad 0.000\quad 0.000\quad 0.000] \tag{6-31}$$

计算得到施工难度评价等级与正理想解和负理想解的距离以及相应的贴近度如表 6-26 所列。

表 6-26 层次总排序结果

难度等级	D_i^+	D_i^-	C_i^+	排　序
N_1	0.081	0.008	0.088	2
N_2	0.027	0.061	0.694	3
N_3	0.000	0.088	1.000	4
N	0.088	0.000	0.000	1

6.4.5 施工难度等级预测

通过 AHP 法计算得到的准则层各评判指标的权重为：

$$\boldsymbol{W}=[0.594 \quad 0.249 \quad 0.157] \tag{6-32}$$

根据 TOPSIS 法得到的各评判指标贴近度构造的评判矩阵为：

$$\boldsymbol{C}=\begin{bmatrix}0.290 & 0.379 & 0.574 & 0.761\\ 0.112 & 0.701 & 1.000 & 0.000\\ 0.088 & 0.694 & 1.000 & 0.000\end{bmatrix} \tag{6-33}$$

则将式(6-32)和式(6-33)代入式(6-13)可得：

$$\boldsymbol{Q}=\boldsymbol{W}\times\boldsymbol{C}=[0.214 \quad 0.508 \quad 0.747 \quad 0.452] \tag{6-34}$$

综上可得各施工难易等级的综合评判结果分别为：

$$N_1=21.4\%, N_2=50.8\%, N_3=74.7\%, N=45.2\%$$

其中，$N\in(N_1, N_2)$，由预测结果得到施工难度等级为 N_2(一般)，说明可以利用 AHP-TOPSIS 法评判模型预测施工难度。但上述计算是在设备配备最为合理，施工措施得当的条件下所做出的预测，尽管本场地的地质条件十分复杂、施工难度大，预测结果仍是施工难度一般，充分说明施工设备和施工措施的重要作用，对此必须高度重视。如上述前提不存在，其他的都无从谈起。所以，必须首先对场地地质条件进行分析，然后针对场地地质条件以及施工难度的评判结果，有条件地选择施工设备，采取有效、必要的施工措施。

6.4.6 讨　论

因施工场地的地质条件是不随人们意志所转移的，一旦场地选定就无法改变，所以，如要顺利完成施工就必须在设备选择和施工措施上想办法。为此，特作如下讨论。

文章前面的选型是初步选型，接下来的选型讨论比较见表 6-27 和表 6-28。

表 6-27　施工设备难度选型

难度等级	搅拌桩桩机	高压旋喷桩桩机	探孔、引孔钻机	水、电备用条件
N_1(较易)	7	7	7	7
N_2(较难)	3	3	3	3
N_3(很难)	1	1	1	1
待评价施工设备数据 N	8	7.5	8.5	7.2
讨论情况 1	5	5.5	5	7.2
讨论情况 2	6.5	6	6.5	7.2

表 6-28　施工措施难度选型

难度等级	试成桩	探　孔	引　孔	下　管
N_1(较易)	7	7	7	7
N_2(较难)	3	3	3	3
N_3(很难)	1	1	1	1

续 表

难度等级	试成桩	探 孔	引 孔	下 管
待评价施工措施数据 N	8.5	8.2	7.5	7.4
讨论情况 3	2.5	5.5	5	5
讨论情况 4	5.5	6.5	6.5	6.5

1) 改变单因素

(1) 改变施工设备。

① 讨论情况 1。

施工设备改变情况如表 6-29 所示，其他数据不变。

表 6-29 施工设备难度选型

难度等级	搅拌桩桩机	高压旋喷桩桩机	探孔、引孔钻机	水、电备用条件
N_1(较易)	7	7	7	7
N_2(较难)	3	3	3	3
N_3(很难)	1	1	1	1
讨论情况 1	5	5.5	5	7.2

根据表 6-29 构建地质条件的初始判断矩阵：

$$\boldsymbol{P}=\begin{bmatrix}7.00 & 7.00 & 7.00 & 7.00\\ 3.00 & 3.00 & 3.00 & 3.00\\ 1.00 & 1.00 & 1.00 & 1.00\\ 5.00 & 5.50 & 5.00 & 7.20\end{bmatrix} \tag{6-35}$$

施工设备均属于消耗性指标，值越小越好；强风化层分布属于收益性指标，值越大越好。因此，经计算加权标准化决策矩阵：

$$\boldsymbol{B}=\begin{bmatrix}0.00 & 0.00 & 0.00 & 0.03\\ 0.67 & 0.67 & 0.67 & 0.68\\ 1.00 & 1.00 & 1.00 & 1.00\\ 0.33 & 0.25 & 0.33 & 0.00\end{bmatrix} \tag{6-36}$$

$$\boldsymbol{W}_n=[0.041\quad 0.127\quad 0.062\quad 0.018] \tag{6-37}$$

则由加权标准化决策矩阵 $\boldsymbol{R}=\boldsymbol{B}\times\boldsymbol{W}_n$ 得：

$$\boldsymbol{R}=\begin{bmatrix}0.000 & 0.000 & 0.000 & 0.001\\ 0.027 & 0.085 & 0.041 & 0.012\\ 0.041 & 0.127 & 0.062 & 0.018\\ 0.014 & 0.032 & 0.021 & 0.000\end{bmatrix} \tag{6-38}$$

其正理想解与负理想解如下：

$$\boldsymbol{R}^{+}=[0.041\quad 0.127\quad 0.062\quad 0.018] \tag{6-39}$$

$$\boldsymbol{R}^{-}=[0.000\quad 0.000\quad 0.000\quad 0.000] \tag{6-40}$$

计算得到施工难度评价等级与正理想解和负理想解的距离以及相应的贴近度如表 6-30 所列。

表 6-30 层次总排序结果

难度等级	D_i^+	D_i^-	C_i^+	排序
N_1	0.148	0.001	0.004	1
N_2	0.049	0.099	0.667	3
N_3	0.000	0.148	1.000	4
讨论情况 1	0.109	0.040	0.270	2

通过 AHP 法计算得到的准则层各评判指标的权重为：

$$\boldsymbol{W}=[0.594 \quad 0.249 \quad 0.157] \tag{6-41}$$

根据 TOPSIS 法得到的各评判指标贴近度构造的评判矩阵为：

$$\boldsymbol{C}=\begin{bmatrix} 0.290 & 0.379 & 0.574 & 0.761 \\ 0.004 & 0.667 & 1.000 & 0.270 \\ 0.088 & 0.694 & 1.000 & 0.000 \end{bmatrix} \tag{6-42}$$

则将式(6-41)和式(6-42)代入式(6-13)可得：

$$\boldsymbol{Q}=\boldsymbol{W}\times\boldsymbol{C}=[0.187 \quad 0.500 \quad 0.747 \quad 0.519] \tag{6-43}$$

综上可得各施工等级的综合评判结果分别为：

$$N_1=18.7\%, N_2=50.0\%, N_3=74.7\%, N=51.9\%$$

其中，$N\in(N_2, N_3)$，由预测结果得到施工难度等级为较难，说明施工设备选择对场地施工难度预测有较大的影响。

② 讨论情况 2。

施工设备改变情况如表 6-31 所示，其他数据不变。

表 6-31 施工设备难度选型

难度等级	搅拌桩桩机	高压旋喷桩桩机	探孔、引孔钻机	水、电备用条件
N_1(较易)	7	7	7	7
N_2(较难)	3	3	3	3
N_3(很难)	1	1	1	1
讨论情况 2	6.5	6	6.5	7.2

根据表 6-31 构建地质条件的初始判断矩阵：

$$\boldsymbol{P}=\begin{bmatrix} 7.00 & 7.00 & 7.00 & 7.00 \\ 3.00 & 3.00 & 3.00 & 3.00 \\ 1.00 & 1.00 & 1.00 & 1.00 \\ 6.5 & 6 & 6.5 & 7.2 \end{bmatrix} \tag{6-44}$$

施工设备均属于消耗性指标，值越小越好；强风化层分布属于收益性指标，值越大越好。因此，经计算加权标准化决策矩阵：

$$\boldsymbol{B}=\begin{bmatrix}0.00 & 0.00 & 0.00 & 0.03\\0.67 & 0.67 & 0.67 & 0.68\\1.00 & 1.00 & 1.00 & 1.00\\0.08 & 0.17 & 0.08 & 0.00\end{bmatrix} \tag{6-45}$$

$$\boldsymbol{W}_n=[0.041 \quad 0.127 \quad 0.062 \quad 0.018] \tag{6-46}$$

则由加权标准化决策矩阵 $\boldsymbol{R}=\boldsymbol{B}\times\boldsymbol{W}_n$ 得：

$$\boldsymbol{R}=\begin{bmatrix}0.000 & 0.000 & 0.000 & 0.001\\0.027 & 0.085 & 0.041 & 0.012\\0.041 & 0.127 & 0.062 & 0.018\\0.003 & 0.021 & 0.005 & 0.000\end{bmatrix} \tag{6-47}$$

其正理想解与负理想解如下：

$$\boldsymbol{R}^{+}=[0.041 \quad 0.127 \quad 0.062 \quad 0.018] \tag{6-48}$$

$$\boldsymbol{R}^{-}=[0.000 \quad 0.000 \quad 0.000 \quad 0.000] \tag{6-49}$$

计算得到施工难度评价等级与正理想解和负理想解的距离以及相应的贴近度如表 6 - 32 所列。

表 6 - 32 层次总排序结果

难度等级	D_i^+	D_i^-	C_i^+	排　序
N_1	0.148	0.001	0.004	1
N_2	0.049	0.099	0.667	3
N_3	0.000	0.148	1.000	4
讨论情况 2	0.127	0.022	0.148	2

通过 AHP 法计算得到的准则层各评判指标的权重为：

$$\boldsymbol{W}=[0.594 \quad 0.249 \quad 0.157] \tag{6-50}$$

根据 TOPSIS 法得到的各评判指标贴近度构造的评判矩阵为：

$$\boldsymbol{C}=\begin{bmatrix}0.290 & 0.379 & 0.574 & 0.761\\0.004 & 0.667 & 1.000 & 0.148\\0.088 & 0.694 & 1.000 & 0.000\end{bmatrix} \tag{6-51}$$

则将式(6 - 50)和式(6 - 51)代入式(6 - 13)可得：

$$\boldsymbol{Q}=\boldsymbol{W}\times\boldsymbol{C}=[0.187 \quad 0.500 \quad 0.747 \quad 0.489] \tag{6-52}$$

综上可得各施工等级的综合评判结果分别为：

$$N_1=18.7\%, N_2=50.0\%, N_3=74.7\%, N=48.9\%$$

其中，$N\in(N_1, N_2)$，由预测结果得到施工难度等级为一般，说明施工设备的改善可以降低施工难度。

(2) 改变施工措施。

① 讨论情况 3。

施工措施改变情况如表 6 - 33 所示，其他数据不变。

表 6-33 施工措施难度选型

难度等级	试成桩	探　孔	引　孔	下　管
N_1(较易)	7	7	7	7
N_2(较难)	3	3	3	3
N_3(很难)	1	1	1	1
讨论情况 3	2.5	5.5	5	5

根据表 6-33 构建地质条件的初始判断矩阵：

$$\boldsymbol{P}=\begin{bmatrix}7.00 & 7.00 & 7.00 & 7.00\\ 3.00 & 3.00 & 3.00 & 3.00\\ 1.00 & 1.00 & 1.00 & 1.00\\ 6.5 & 6 & 6.5 & 7.2\end{bmatrix} \tag{6-53}$$

施工设备均属于消耗性指标，值越小越好；强风化层分布属于收益性指标，值越大越好。因此，经计算加权标准化决策矩阵：

$$\boldsymbol{B}=\begin{bmatrix}0.00 & 0.00 & 0.00 & 0.00\\ 0.67 & 0.67 & 0.67 & 0.67\\ 1.00 & 1.00 & 1.00 & 1.00\\ 0.75 & 0.25 & 0.33 & 0.33\end{bmatrix} \tag{6-54}$$

$$\boldsymbol{W}_n=[0.012 \quad 0.027 \quad 0.066 \quad 0.051] \tag{6-55}$$

则由加权标准化决策矩阵 $\boldsymbol{R}=\boldsymbol{B}\times\boldsymbol{W}_n$ 得：

$$\boldsymbol{R}=\begin{bmatrix}0.000 & 0.000 & 0.000 & 0.000\\ 0.008 & 0.018 & 0.044 & 0.034\\ 0.012 & 0.027 & 0.066 & 0.051\\ 0.009 & 0.007 & 0.022 & 0.017\end{bmatrix} \tag{6-56}$$

其正理想解与负理想解如下：

$$\boldsymbol{R}^{+}=[0.012 \quad 0.027 \quad 0.066 \quad 0.051] \tag{6-57}$$

$$\boldsymbol{R}^{-}=[0.000 \quad 0.000 \quad 0.000 \quad 0.000] \tag{6-58}$$

计算得到施工难度评价等级与正理想解和负理想解的距离以及相应的贴近度如表 6-34 所列。

表 6-34 层次总排序结果

难度等级	D_i^{+}	D_i^{-}	C_i^{+}	排　　序
N_1	0.088	0.000	0.000	1
N_2	0.029	0.059	0.667	3
N_3	0.000	0.088	1.000	4
讨论情况 3	0.059	0.030	0.336	2

通过AHP法计算得到的准则层各评判指标的权重为：

$$\boldsymbol{W}=[0.594\quad 0.249\quad 0.157] \tag{6-59}$$

根据TOPSIS法得到的各评判指标贴近度构造的评判矩阵为：

$$\boldsymbol{C}=\begin{bmatrix}0.290 & 0.379 & 0.574 & 0.761\\ 0.112 & 0.701 & 1.000 & 0.000\\ 0.000 & 0.667 & 1.000 & 0.336\end{bmatrix} \tag{6-60}$$

则将式(6-59)和式(6-60)代入式(6-13)可得：

$$\boldsymbol{Q}=\boldsymbol{W}\times\boldsymbol{C}=[0.200\quad 0.504\quad 0.747\quad 0.505] \tag{6-61}$$

综上可得各施工等级的综合评判结果分别为：

$$N_1=20.0\%,N_2=50.4\%,N_3=74.7\%,N=50.5\%$$

其中，$N\in(N_2,N_3)$，由预测结果得到施工难度等级为较难，说明施工措施采取不尽合理、有效，应改变施工措施。

② 讨论情况4。

施工措施改变情况如表6-35所示，其他数据不变。

表6-35 施工措施难度选型

难度等级	试成桩	探　孔	引　孔	下　管
N_1(较易)	7	7	7	7
N_2(较难)	3	3	3	3
N_3(很难)	1	1	1	1
讨论情况4	5.5	6.5	6.5	6.5

根据表6-35构建地质条件的初始判断矩阵：

$$\boldsymbol{P}=\begin{bmatrix}7.00 & 7.00 & 7.00 & 7.00\\ 3.00 & 3.00 & 3.00 & 3.00\\ 1.00 & 1.00 & 1.00 & 1.00\\ 5.5 & 6.5 & 6.5 & 6.5\end{bmatrix} \tag{6-62}$$

施工设备均属于消耗性指标，值越小越好；强风化层分布属于收益性指标，值越大越好。因此，经计算加权标准化决策矩阵：

$$\boldsymbol{B}=\begin{bmatrix}0.00 & 0.00 & 0.00 & 0.00\\ 0.67 & 0.67 & 0.67 & 0.67\\ 1.00 & 1.00 & 1.00 & 1.00\\ 0.25 & 0.08 & 0.08 & 0.08\end{bmatrix} \tag{6-63}$$

$$\boldsymbol{W}_n=[0.012\quad 0.027\quad 0.066\quad 0.051] \tag{6-64}$$

则由加权标准化决策矩阵$\boldsymbol{R}=\boldsymbol{B}\times\boldsymbol{W}_n$得：

$$\boldsymbol{R}=\begin{bmatrix}0.000 & 0.000 & 0.000 & 0.000\\ 0.008 & 0.018 & 0.044 & 0.034\\ 0.012 & 0.027 & 0.066 & 0.051\\ 0.003 & 0.002 & 0.006 & 0.004\end{bmatrix} \tag{6-65}$$

其正理想解与负理想解如下：

$$\boldsymbol{R}^{+}=[0.012 \quad 0.027 \quad 0.066 \quad 0.051] \tag{6-66}$$

$$\boldsymbol{R}^{-}=[0.000 \quad 0.000 \quad 0.000 \quad 0.000] \tag{6-67}$$

计算得到施工难度评价等级与正理想解和负理想解的距离以及相应的贴近度如表 6-36 所列。

表 6-36 层次总排序结果

难度等级	D_i^+	D_i^-	C_i^+	排　序
N_1	0.088	0.000	0.000	1
N_2	0.029	0.059	0.667	3
N_3	0.000	0.088	1.000	4
讨论情况 4	0.081	0.008	0.089	2

通过 AHP 法计算得到的准则层各评判指标的权重为：

$$\boldsymbol{W}=[0.594 \quad 0.249 \quad 0.157] \tag{6-68}$$

根据 TOPSIS 法得到的各评判指标贴近度构造的评判矩阵为：

$$\boldsymbol{C}=\begin{bmatrix}0.290 & 0.379 & 0.574 & 0.761\\ 0.112 & 0.701 & 1.000 & 0.000\\ 0.000 & 0.667 & 1.000 & 0.089\end{bmatrix} \tag{6-69}$$

则将式(6-68)和式(6-69)代入式(6-13)可得：

$$\boldsymbol{Q}=\boldsymbol{W}\times\boldsymbol{C}=[0.200 \quad 0.504 \quad 0.747 \quad 0.466] \tag{6-70}$$

综上可得各施工等级的综合评判结果分别为：

$$N_1=20.0\%, N_2=50.4\%, N_3=74.7\%, N=46.6\%$$

其中，$N\in(N_1, N_2)$，由预测结果得到施工难度等级为一般，说明如改善施工措施，则能降低施工难度。

2) 改变双因素

① 讨论情况 1+讨论情况 3。

参数取值详见表 6-37 和表 6-38，其他数据不变。

表 6-37 施工设备难度选型

难度等级	搅拌桩桩机	高压旋喷桩桩机	探孔、引孔钻机	水、电备用条件
N_1(较易)	7	7	7	7
N_2(较难)	3	3	3	3
N_3(很难)	1	1	1	1
讨论情况 1	5	5.5	5	7.2

表 6-38 施工措施难度选型

难度等级	试成桩	探　孔	引　孔	下　管
N_1(较易)	7	7	7	7
N_2(较难)	3	3	3	3
N_3(很难)	1	1	1	1
讨论情况 3	2.5	5.5	5	5

根据表 6-37 和表 6-38 构建地质条件的初始判断矩阵，通过 AHP 法计算得到的准则层各评判指标的权重为：

$$\boldsymbol{W}=[0.594\quad 0.249\quad 0.157] \tag{6-71}$$

根据 TOPSIS 法得到的各评判指标贴近度构造的评判矩阵为：

$$\boldsymbol{C}=\begin{bmatrix}0.290 & 0.379 & 0.574 & 0.761\\ 0.004 & 0.667 & 1.000 & 0.270\\ 0.000 & 0.667 & 1.000 & 0.336\end{bmatrix} \tag{6-72}$$

则将式(6-71)和式(6-72)代入式(6-13)可得：

$$\boldsymbol{Q}=\boldsymbol{W}\times\boldsymbol{C}=[0.173\quad 0.496\quad 0.747\quad 0.572] \tag{6-73}$$

综上可得各施工等级的综合评判结果分别为：

$$N_1=17.3\%,N_2=49.6\%,N_3=74.7\%,N=57.2\%$$

其中，$N\in(N_2,N_3)$，由预测结果得到施工难度等级为较难，说明如设备选择和采取的施工措施均不最优，将会加大施工难度。

② 讨论情况 1+讨论情况 4。

施工设备和施工措施改变情况如表 6-39 和表 6-40 所示，其他数据不变。

表 6-39 施工设备难度选型

难度等级	搅拌桩桩机	高压旋喷桩桩机	探孔、引孔钻机	水、电备用条件
N_1(较易)	7	7	7	7
N_2(较难)	3	3	3	3
N_3(很难)	1	1	1	1
讨论情况 1	5	5.5	5	7.2

表 6-40 施工措施难度选型

难度等级	试成桩	探　孔	引　孔	下　管
N_1(较易)	7	7	7	7
N_2(较难)	3	3	3	3
N_3(很难)	1	1	1	1
讨论情况 4	5.5	6.5	6.5	6.5

根据表 6-39 和表 6-40 构建地质条件的初始判断矩阵，通过 AHP 法计算得到的准则层各评判

指标的权重为：

$$\boldsymbol{W}=[0.594 \quad 0.249 \quad 0.157] \tag{6-74}$$

根据 TOPSIS 法得到的各评判指标贴近度构造的评判矩阵为：

$$\boldsymbol{C}=\begin{bmatrix} 0.290 & 0.379 & 0.574 & 0.761 \\ 0.004 & 0.667 & 1.000 & 0.270 \\ 0.000 & 0.667 & 1.000 & 0.089 \end{bmatrix} \tag{6-75}$$

则将式(6－74)和式(6－75)代入式(6－13)可得：

$$\boldsymbol{Q}=\boldsymbol{W}\times\boldsymbol{C}=[0.173 \quad 0.496 \quad 0.747 \quad 0.533] \tag{6-76}$$

综上可得各施工等级的综合评判结果分别为：

$$N_1=17.3\%, N_2=49.6\%, N_3=74.7\%, N=53.3\%$$

其中，$N\in(N_2, N_3)$，由预测结果得到施工难度等级为较难，说明施工设备适应性和施工措施的有效性对施工难度有较大的影响。

③ 讨论情况 2＋讨论情况 3。

施工设备和施工措施参数见表 6－41 和表 6－42，其他数据不变。

表 6－41　施工设备难度选型

难度等级	搅拌桩桩机	高压旋喷桩桩机	探孔、引孔钻机	水、电备用条件
N_1(较易)	7	7	7	7
N_2(较难)	3	3	3	3
N_3(很难)	1	1	1	1
讨论情况 2	6.5	6	6.5	7.2

表 6－42　施工措施难度选型

难度等级	试成桩	探　孔	引　孔	下　管
N_1(较易)	7	7	7	7
N_2(较难)	3	3	3	3
N_3(很难)	1	1	1	1
讨论情况 3	2.5	5.5	5	5

根据表 6－41 和表 6－42 构建地质条件的初始判断矩阵，通过 AHP 法计算得到的准则层各评判指标的权重为：

$$\boldsymbol{W}=[0.594 \quad 0.249 \quad 0.157] \tag{6-77}$$

根据 TOPSIS 法得到的各评判指标贴近度构造的评判矩阵为：

$$\boldsymbol{C}=\begin{bmatrix} 0.290 & 0.379 & 0.574 & 0.761 \\ 0.004 & 0.667 & 1.000 & 0.148 \\ 0.000 & 0.667 & 1.000 & 0.336 \end{bmatrix} \tag{6-78}$$

则将式(6－77)和式(6－78)代入式(6－13)可得：

$$\boldsymbol{Q}=\boldsymbol{W}\times\boldsymbol{C}=[0.173\quad 0.496\quad 0.747\quad 0.542] \tag{6-79}$$

综上可得各施工等级的综合评判结果分别为：

$$N_1=17.3\%, N_2=49.6\%, N_3=74.7\%, N=54.2\%$$

其中，$N\in(N_2, N_3)$，由预测结果得到施工难度等级为较难。

④ 讨论情况 2+讨论情况 4。

参数取值详见表 6-43 和表 6-44，其他数据不变。

表 6-43 施工设备难度选型

难度等级	搅拌桩桩机	高压旋喷桩桩机	探孔、引孔钻机	水、电备用条件
N_1(较易)	7	7	7	7
N_2(较难)	3	3	3	3
N_3(很难)	1	1	1	1
讨论情况 2	6.5	6	6.5	7.2

表 6-44 施工措施难度选型

难度等级	试成桩	探　孔	引　孔	下　管
N_1(较易)	7	7	7	7
N_2(较难)	3	3	3	3
N_3(很难)	1	1	1	1
讨论情况 4	5.5	6.5	6.5	6.5

根据表 6-43 和表 6-44 构建地质条件的初始判断矩阵，通过 AHP 法计算得到的准则层各评判指标的权重为：

$$\boldsymbol{W}=[0.594\quad 0.249\quad 0.157] \tag{6-80}$$

根据 TOPSIS 法得到的各评判指标贴近度构造的评判矩阵为：

$$\boldsymbol{C}=\begin{bmatrix}0.290 & 0.379 & 0.574 & 0.761\\ 0.004 & 0.667 & 1.000 & 0.148\\ 0.000 & 0.667 & 1.000 & 0.089\end{bmatrix} \tag{6-81}$$

则将式(6-80)和式(6-81)代入式(6-13)可得：

$$\boldsymbol{Q}=\boldsymbol{W}\times\boldsymbol{C}=[0.173\quad 0.496\quad 0.747\quad 0.503] \tag{6-82}$$

综上可得各施工等级的综合评判结果分别为：

$$N_1=17.3\%, N_2=49.6\%, N_3=74.7\%, N=50.3\%$$

其中，$N\in(N_2, N_3)$，由预测结果得到施工难度等级为较难。

通过以上讨论可以看出，在对场地地质条件作初步分析的基础上，应根据场地地质条件复杂程度选择施工设备，采取施工措施，只有这样才能降低施工难度，应对施工难题。

6.4.7 小　结

运用层次分析法(AHP)和逼近理想解排序法(TOPSIS)相结合预测防渗止水帷幕体施工难度，

先运用层次分析法将各因素划分成有序层次，科学分配权重，再结合理想解排序法构建 AHP-TOPSIS 综合评判模型，具体结论如下：

(1) 通过 AHP 法的基本原理构造出施工难度综合评价指标体系，从地质条件、施工设备和施工措施三个方面确定了施工难度影响因素的 13 个评判指标，并对各个指标进行科学分配，得出相应的权重评判矩阵。该方法简单易懂，通过大量数据可以得出相对准确的评判指标。

(2) 根据施工难度等级评价准则，运用 TOPSIS 法得出各个评判指标的相应数值，进而构造评判矩阵，通过实例进行分析，可以预测施工难度。

(3) 将 AHP-TOPSIS 法运用到施工难度分析预测上，减少了主观因素的影响，可以做出较为准确的判断。

6.5 结　论

本章通过上述研究分析，可以得出如下结论。

(1) 对于临海复杂地质条件的地区深基坑防渗止水帷幕体施工，合理有效的地质超前预报能避免很多损失，对克服施工难题具有指导作用。

(2) 目前，地质超前预报多用于隧道工程和地下工程施工，用于深基坑工程还未发现有报道的施工案例。对于临海复杂地质条件，超前地质预报就是搅拌桩施工前的探孔和高压旋喷桩施工前的引孔。结合探孔、引孔，可动态调整施工参数，采取必要施工措施应对复杂地质条件变化。

(3) 通过对场地地质条件分析，根据上覆土层厚度、基岩面起伏、珊瑚礁灰岩分布、上覆土体均匀性和强风化层分布等因素，将场地施工难易程度划分为四个等级，最后得到拟建场地施工难度为很难。说明单纯从地质条件出发去评判施工难度有一定的局限，在选择合适的施工设备和采取必要的施工措施，是能顺利完成施工，确保施工质量的。所以，场地施工难度初步分析是必要的，对施工设备选择和施工措施的采取起到预测和指导作用。

(4) 在影响施工难易程度的 3 个因素中，地质条件为第一位，施工设备选择是第二位，施工措施起到辅助作用。在地质条件中，珊瑚礁灰岩分布影响最大，基岩面起伏情况影响次之；在设备选择上，高压旋喷桩桩机选择最为重要；在施工措施上，主要是引孔、下管是否到位。总之，高压旋喷桩施工难度和施工质量问题必须引起重视，是决定施工成败的关键。

(5) 通过 AHP 法的基本原理构造出施工难度综合评价指标体系，从地质条件、施工设备和施工措施三个方面确定了施工难度影响因素的 13 个评判指标，并对各个指标进行科学分配，得出相应的权重评判矩阵，并将 AHP-TOPSIS 法运用到施工难度分析预测上。该方法简单易懂，而且减少了主观因素的影响，可以做出较为准确的判断。

(6) 通过讨论分析可知，对于特定的施工场地，其地质条件不可改变，而施工设备和施工措施应针对场地地质条件的复杂程度作相应的选择，如选择过于富余，则造成设备功能浪费，提高造价；如功能不能满足要求，则无法施工。所以，应根据地质条件评判结果选择合理的设备和准备有效的施工措施。

7 基坑工程施工风险分析与控制

7.1 概 述

7.1.1 临海地区地层特点

临海地区的地层按基岩面的埋深和工程性质通常分为两大类，第一类是基岩埋深很大，一般情况下在 100 m 以上，如上海市、天津市等地区，深基坑设计与施工涉及不到基岩；第二类是基岩面埋深在 10～30 m，深基坑工程设计与施工必须涉及基岩面及基岩岩体。第二类型的地层又根据基岩面上覆土体的性质分为软土、非软土地区。如海南岛、山东青岛等地区的临海地层，其基岩面上覆土体以承载力较大的砂性土为主，深基坑工程的设计与施工难点在于防渗止水；而在江苏连云港、浙江台州、福建平潭等地区，其基岩面上覆土体以承载力较小的淤泥质土为主，深基坑设计与施工的难点在于如何确保基坑边坡稳定性。

自 21 世纪初，随着我国经济发展，临海地区的工程建设发展迅猛，深基坑工程设计与施工已成为必须攻克的难题。如 2001 年设计与施工的位于江苏省连云港市的田湾核电站，站区所处的基岩面埋深在 8～20 m，基岩面以上的土层均为淤泥质软土。第一期工程由两台 1 000 MW 的机组组成，其核心构筑物必须置于基岩面上，深基坑挖深为 15 m，由于部分区域基岩面埋深较深，需要进行基坑围护设计后先开挖至基岩面再回填混凝土至设计标高。这样，深基坑围护设计就成为基础施工的必备条件。而本工程设计与施工的难点主要是基坑边坡稳定性，也就是强度问题。2008 年开始设计与施工的三门核电站也是位于临海基岩面埋深较浅的淤泥质软土地区。三门核电站位于浙江省东部台州市三门县境内，三门湾南岸一带，场地地貌单元属浙东丘陵滨海岛屿区，为天台山脉余脉，属山前滨海海积地貌。地层基岩面埋深起伏较大，为 6～26 m，上覆土体为淤泥质软土。深基坑开挖深度为 21.5 m，显然，有的部位要进入基岩，有的部位设计标高未进入基岩，但因构筑物必须置于基岩上，也必须开挖至基岩面以下。深基坑设计与施工的难点仍然是基坑边坡稳定性问题，即强度问题。从上述两例来看，对于上覆土体为软土的入岩深基坑来说，深基坑设计与施工的难点与重点是基坑边坡稳定性问题。

对于临海地区基岩面上覆土层为承载力较大的砂性土，由于地层富含地下水，而且又接受大气降水的补给，与海洋有水力联系，入岩深基坑设计与施工的难题是防渗止水问题，基坑边坡稳定性因上覆土体强度高而退至次要位置。如海南省文昌市卫星发射基地的入岩深基坑工程，其深基坑设计与施工所关注的难点、重点始终是基坑防渗止水问题。

对于周边环境有限制要求的临海地区深基坑工程，不论其地层如何，都必须考虑基坑变形控制问题，这时基坑设计与施工的难点和重点是以变形控制为主要要求来设计支护方案，编制施工组织设计。

本课题所研究的对象位于临海地区基岩面上覆土层为承载力较大的砂性土，土体的渗透性较强，基岩面起伏较大。深基坑入岩，而且开挖面积大，均超过 1 万 m^2。地层特征决定了基坑围护体设计与施工难点和重点，也决定了深基坑施工风险分析要素。

7.1.2　临海地区基坑设计特征

为分析临海地区的深基坑设计与施工特征，收集了部分案例如表 7-1 所示。

表 7-1　部分临海地区深基坑设计案例

序号	工　程	地层分布	基坑特点	设计与施工	引用文献
1	田湾常规岛深基坑支护工程	淤泥层、淤泥质黏土、强风化岩、中风化岩、微风化岩和新鲜基岩	① 基坑开挖深度 21.5 m，属于超深的软土深基坑；② 地质条件差；③ 基坑长度和宽度都很大	① 深层搅拌桩防渗；② 水泥土墙与拉锚式排桩相结合的组合支护模式	[131]
2	三门核电站泵房基坑支护工程的设计	回填土、淤泥及淤泥质黏土、含砾粉质黏土、灰质砂岩	① 基坑开挖深度 32 m，属于超深的软土深基坑；② 临海，将有海水渗透和高浪潮的威胁；③ 回填石层厚度大，且富含地下水，形成巨大荷载；④ 淤泥层呈软-流塑状，易发生滑动失稳；⑤ 微风化基岩埋深大，并向外倾斜，坡度陡	① 围堰设计，满足稳定及防潮浪，防渗；② 深层搅拌桩加固淤泥；③ 采用无黏结、压缩型岩锚	[132]
3	大连一号线港湾广场基坑支护工程	人工堆积层、黏土、含卵石黏土、白云质灰岩、黏土层含卵石	① 基坑开挖深度 16.6～18.9 m，属于超深的软土深基坑；② 临海，将有海水渗透；③ 基坑长度大	三管旋喷桩防渗，集水、气喷射和浆液灌注搅拌混合喷射	[133]
4	山海云天基坑支护工程	填土、淤泥、黏土、灰岩	① 基坑开挖深度 10.4 m，属于超深的软土深基坑；② 临海，距离河流入海口近；③ 受潮汐影响大	① 进行基坑降水、排水，防渗；② 边坡支护结构增加加固措施	[134]
5	青岛奥运帆船中心基坑支护工程	人工填土、粉细砂、粗砂、粉质黏土和碎石土	① 基坑开挖深度 12 m，属于超深的软土深基坑；② 临海复杂地质条件；③ 对基岩面超深的部位实施开挖将加大支护及止水帷幕的风险	止水帷幕，防渗，采用旋喷桩施工工艺	[135]
6	珠海电厂循环水泵房深基坑支护工程	块石填土、海砂、淤泥、淤泥质黏土	① 工程坐落在人工填海的块石层上，处理块石难度大；② 地下水位受海水潮汐作用；③ 工期紧	① 为抵御台风及海浪，修建临时围堰；② 高压喷射注浆止水帷幕	[136]
7	福州市闽江世纪广场基坑工程	人工填土、粗砂、中砂	① 深基坑工程；② 临海地区；③ 周边环境复杂	① 水下基坑砂土用铲斗；② 水下混凝土施工	[137]
8	青岛远雄国际广场基坑工程	土岩复合地层，回填土、花岗岩	① 基坑开挖深度 21.4 m，属于超深的软土深基坑；② 地质条件、环境条件及结构形式复杂	采用吊脚桩＋超前钢管桩＋预应力锚索的支护体系	[138]

续 表

序号	工　程	地层分布	基 坑 特 点	设计与施工	引用文献
9	青岛地铁换乘站李村站基坑工程	人工填土、粗砂、花岗岩	① 基坑开挖深度约 25.4 m； ② 周边环境复杂	① 旋喷桩止水； ② 风化岩面以下采用直壁开挖锚喷，挂钢筋网支护	[139]
10	某核电厂排水隧道闸门井基坑工程	回填砂、珊瑚礁混砂、花岗岩	① 珊瑚礁特有地层； ② 地下水位受海水影响	进行防渗止水，旋喷桩止水帷幕	[140]
11	海南省某基坑工程	填土、细砂、含砂生物碎屑	① 地质结构复杂； ② 地下水位与海水存在联系	水泥土搅拌桩止水	[141]

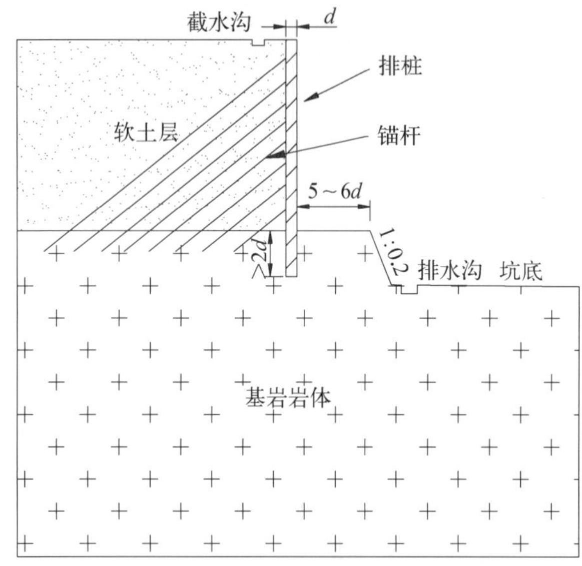

图 7－1　基岩面埋深较浅的软土地区入岩基坑支护设计剖面

从表 7－1 可以看出，临海地区的深基坑设计可以分为两大类，一类是基岩面以上为软土，这一类又分为图 7－1 和图 7－2 两种情况。图 7－1 是指基岩面埋深较浅，外拉锚可以直接拉到基岩岩体内；图7－2 是指基岩面埋深较深，如设计将外拉锚直接拉到基岩面以下的岩体，排桩和外拉锚的工作量较大，造价高，而且排桩及拉锚过长均不利于施工和承受荷载，所以在周边环境较宽松的情况下，一般采用重力坝加放坡、护坡和排桩、拉锚等支护形式。图 7－3 是指在基岩面以上土体为强度较高的砂性土时，入岩深基坑围护形式采用止水帷幕体加放坡、护坡形式，基坑支护的重点在于隔断地下水，基坑边坡自身稳定性系数较大，一般按 1∶1.5 坡度放坡能保证基坑边坡稳定性。

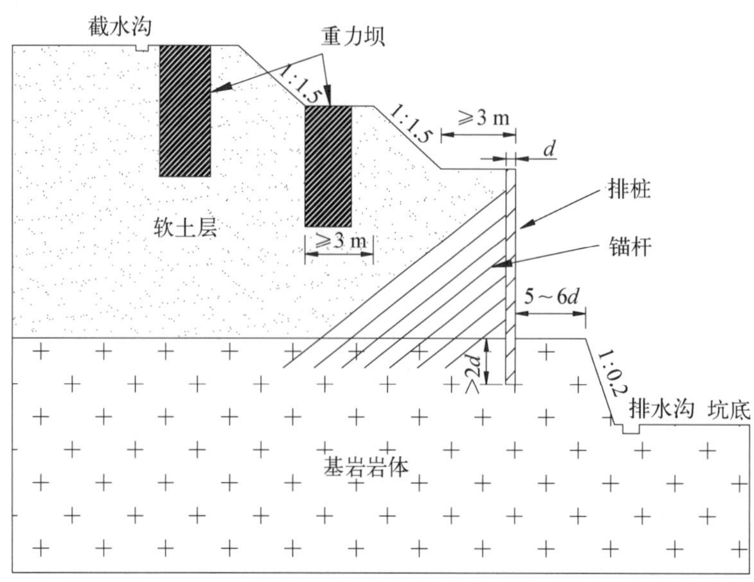

图 7－2　基岩面埋深较大的软土地区基坑支护设计剖面

本章研究对象所采用的深基坑围护形式如图 7－3 所示。

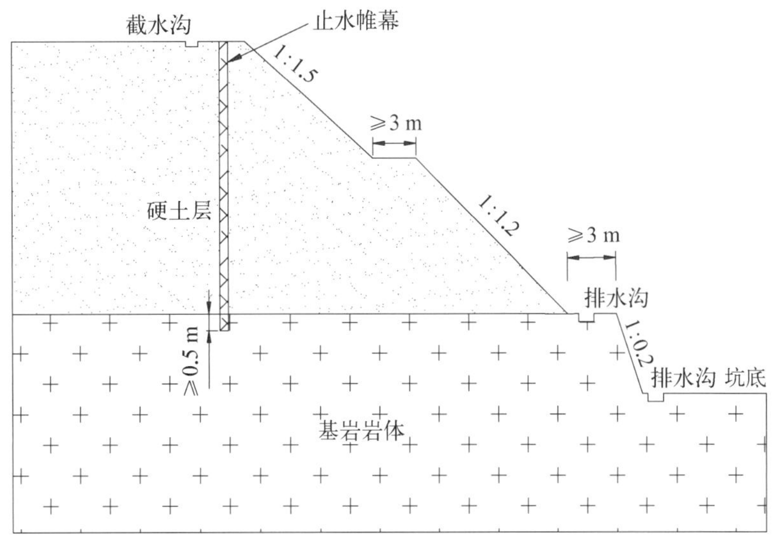

图 7－3　基岩面埋深较大的硬土地区基坑围护设计剖面

7.1.3　临海地区基坑施工特点

临海地区入岩深基坑工程施工的内容有：围护体施工、降水与排水、开挖，放坡与护坡等。基坑要入岩，采用内支撑不现实，一般均采用放坡或外拉锚。与软土地区深基坑相比，具有如下特点。

（1）围护体要求进入基岩，施工方法、设备选择比软土地区的要复杂，施工难度也大，工期较长，造价高；

（2）因考虑采用爆破开挖基岩，采用内支撑不现实，只能采用外拉锚等形式，外拉锚要进入基岩一定长度才能保证边坡稳定性，进入基岩的外拉锚施工比较困难；

（3）临海地区基坑防渗止水系统的施工质量要求较高，而基岩面起伏、上覆土体的不均匀性都会影响防渗止水帷幕的施工质量；

（4）临海地区施工常常受到恶劣天气的影响，也会受到潮汐作用的影响，特别是受潮汐作用，基坑夜间渗漏情况突出，深基坑排水工作尤其是夜间排水工作难度大。

7.1.4　国内外风险研究现状

1）国外风险研究的发展

据历史文献记载，公元前 916 年的共同海损制度，以及公元前 400 年的船货押贷制度，就已经涉及风险问题的研究，揭开了人类探索风险的序幕。随着社会发展，在经营规模日益增大的形势下，对风险的认识进一步深入，产生了通过风险管理减少风险损失的一系列理念和方法[142]。

18 世纪产业革命时期，法国的经营管理理论创始人亨瑞・法约尔（Henri Fayol）在《一般管理和工业管理》一书中第一次把面临风险的管理列为企业管理的重要职能之一，自此，风险管理思想被正式引进企业经营领域[143]。

1931 年美国管理协会成立，最先倡导风险管理，并开展一系列的风险管理研究和咨询活动，从此，风险管理的理论探讨和初步实践逐步展开。

1963 年，梅尔（Mehr）和赫奇斯（Hedges）合著的《企业的风险管理》（*Risk Management in Business Enterprise*）成为该学科领域影响最为深远的历史文献，引起欧洲各国的普遍重视，此后，对风险管理的研究逐步趋向系统化，专门化，使风险管理逐渐成为企业管理中一门独立学科[144]。

同时，风险管理方面的课程及论著数量大增，20世纪70年代中期，美国大多数大学的工商管理学院普遍开设了风险管理课程，美国还设立了ARM(Associate in Risk Management)证书，授予通过风险管理资格考试者，获得证书即表明已在风险管理领域取得一定的资格。

1983年在美国风险与保险管理协会年会上通过了“101条风险管理准则”，作为各国风险管理的一般原则(其中包括风险识别和衡量、风险控制、风险财务处理、索赔管理、职工福利、退休年金、国际风险管理、行政事务处理、保险单条款安排技巧、管理哲学等)[145]，标志着风险管理已达到一个新的水平。

美国被公认为是风险管理的发源地，风险管理以美国的发展为最快，目前，风险管理咨询已经成为了一项成熟的技术在美国企业界得到应用，其风险研究主要侧重于风险分析方法的研究及其在企业管理和保险领域的应用。

德国的风险管理起步也比较早，德国学者是从风险管理政策角度进行的，侧重于理论性研究，即以存在风险为前提，合理地提供经营经济行为和处理办法，强调通过风险的控制、分散、补偿、转嫁、防止、回避等手段解决风险问题。

法国是首先把风险管理思想引入企业经营体系的国家，1978年考夫出版了《风险控制学》，把控制意外风险的职能作为企业经营管理的核心而开展了一场法国式的经营管理研究，形成了独立的风险管理体系[146]。

英国的风险研究也有自己的特色，南安普顿大学C. B. Chapman教授在*Risk Analysis for Large Projects: Models, Methods and Cases*中提出了“风险工程”的概念[147,148]，认为风险工程是对各种风险分析技术的集成，这种框架模型的构建弥补了单一过程的风险分析技术的不足，使得在较高层次上大规模应用风险分析领域的研究成果成为可能。

日本的风险管理是从美国引入，但发展很快，逐渐形成了一套适合日本本国的理论体系，关西大学龟井利明教授相继出版了《风险管理的理论和实务》《海上风险管理和保险制度》以及《风险管理学》等专著[149]。

进入20世纪90年代以后，风险管理出现了全球化发展的趋势，随着跨国公司的扩张和垄断资本的输出，风险管理也被带到了发展中国家和地区。

2) 国内风险研究的发展

风险管理和风险分析引入我国比较晚，我国在20世纪70年代末80年代初方引进项目管理的理论和方法，但受我国经济发展水平的制约及计划经济思想的束缚，当时只引进了项目管理的基本理论、方法与程序，未能同时引入风险管理。随着改革开放的进一步深化及社会主义市场经济体制的不断完善，对风险管理的研究开始在学术界成为了一个热点，在工程项目、国际工程、金融、房地产等领域逐步开展应用研究，取得了重大的进展。

随着风险研究在国内不断深入，许多学者也出版了一些关于风险管理方面的著作。清华大学的郭仲伟教授可以说是国内引入风险分析理论的主要代表，他在1987年所撰写的《风险分析与决策》[150]一书详细地介绍了风险分析的理论和方法，对国内外研究成果做了全面的综述，时至今日仍有极大的参考价值。天津大学于九如教授结合三峡工程风险分析成果，撰写了《投资项目风险分析》[151]一书，为风险分析理论在大型工程中的应用作了理论上的探讨。姜青舫在其《风险度量原理》[152]一书中，对风险的定义提出了新的数学描述，结合效用理论用数学的方法给出了风险度量的理论方法。

3) 基坑工程施工风险研究现状

基坑工程施工风险伴随着基坑工程从设计到施工整个过程，风险分析与控制也是人们研究和一直试图努力解决的主要问题。文献[153]将耦合概念引入地铁车站深基坑施工风险管理领域，总结了明挖车站深基坑施工中的自然灾害(地震、洪水和风暴)和意外事故(地质勘察、设计、施工、监测和火灾)风险的演化规律,研究地铁车站深基坑施工风险耦合模型。通过案例实证,一定程度上证实了风险度法和耦合度模型的适用性。文献[154]结合北京地铁4号线灵境胡同站附属工程基坑开挖的施工实例,指出基坑施工中存在的主要风险,包括施工环境、地质条件和水文地质条件,提出风险预防措施及应急预案,并总结了深基坑施工的风险控制的系统思路,可供实际工程借鉴。李俊松[155]以新建铁路北京至石家庄客运专线石家庄隧道工程为依托,结合城市铁路大跨隧道施工安全技术研究课题,综合运用调查研究、现场测试、仿真模拟和可靠度理论方法,在独立研究和归纳总结的基础上对新建大型基坑临近既有建筑物时的施工安全风险评估与管理技术进行了研究。

文献[156]根据基坑工程所处地质和周边环境情况及所采用的施工方案采用WBS法对其进行识别,然后利用层次分析法建立三级风险评价指标体系,通过构造判断矩阵对各级指标得出权重,利用模糊集法确定隶属函数,得到评价指标体系中各因素风险评估值并划分风险等级。

文献[157]以上海地区某紧邻地铁枢纽的超深基坑作为分析对象,着重讨论不同开挖方案对紧邻地铁的超深基坑施工风险的影响,以土体和支护墙体的位移以及基坑稳定性等作为考察的主要指标。采用模糊综合评判法对该基坑工程进行施工风险分析,并将基坑自身风险和周边的环境风险作为整体来考虑,从风险定量的角度来比较不同开挖方案的差异。

文献[158]指出岩石地区不同于软土地区的地铁车站基坑工程施工受多种不确定因素影响,具有模糊性和随机性。依托青岛地铁3号线某车站基坑工程,运用事故树法对土岩组合地质条件下地铁基坑施工进行风险识别并建立风险评价指标体系。基于层次分析法和模糊集法建立三级模糊综合评判计算模型对该车站基坑施工风险进行评估,计算结果表明该方法合理有效,可为同类工程参考借鉴。

文献[159]通过对上海地区当前超深基坑施工的一些主要特点分析,结合南京西路紧邻运营地铁2号线沿线超深基坑工程实例,围绕超深基坑施工暗藏的高风险,运用深基坑施工的一些新技术、新工艺,探讨分析超深基坑的风险控制管理,减少基坑的变形和降低对运营地铁等周边环境的影响,为类似工程的质量监管提供有益借鉴。

文献[160]以黄淮冲击平原地质条件下的郑州地铁车站超深基坑为例,采用事故树风险分析理论,从施工技术的角度分析了地铁超深基坑施工中存在的各种风险并探寻引发风险的因素,初步总结出具有针对性的风险预控措施,以期为类似工程的施工与风险管理提供借鉴。

文献[161]引入物元和可拓集合理论,参考肯特评分改进方法,建立了深基坑施工风险定量评定的计算模型,确定了人的素质、施工管理、设计因素和周围环境4个主要评价要素,以及各风险特征评分及权重赋值的计算方法。

文献[162]提出实际施工和管理过程中,风险管理的理论与方法同具有丰富工程经验的专家意见进行有机结合,并督促施工方将风险控制措施落到实处,为青草沙原水过江管工程的隧道施工与后期运营奠定了坚实的基础。其中相关经验可为今后上海长江边类似超深基坑工程施工提供有意义的参考。

文献[163]综合考虑不同风险因素对风险评价结果的影响,包括环境风险、技术风险、管理风险、偶然风险,建立了基于证据理论的深基坑工程施工风险综合评价方法。首先,在风险识别的基础上建立深基坑工程施工风险评价指标体系;然后,提出基于证据理论的风险综合评价模型,利用层次分析法确定指标的权重,根据专家评语计算指标mass函数,通过线性加权法对指标mass函数进行合成,建立了基于风险等级信度的决策规则。

文献[164]中,上海市轨道交通13号线世博园区专用交通联络线盾构措施井深达28 m,且紧邻正在营运中的打浦路隧道,考虑复杂地质条件带来的基坑风险因素、基坑变形风险因素、施工中其他风险因素,通过方案优化和实施一系列技术措施。

文献[165]以宁波南站北广场基坑群为例,分析了群坑开挖过程中的施工风险主要包括基坑群内各基坑的开挖顺序、支撑拆除和封堵墙凿除时的受力体系转换及基坑降水等，并针对上述风险提出了相应的控制措施。

昆明地铁文化宫站基坑属于大型异形超深基坑。文献[166]结合工程环境条件，对基坑开挖过程中存在的风险进行了分析，具体包括围护结构施工质量、周边建筑、管线、基坑降水、半盖挖区围护结构应急抢险、异形基坑、开挖顺序及进度协调和支撑体系施工，根据分析结论，提出了在基坑施工过程中可以采取的应对措施。

文献[167]通过分析地铁施工对周围环境风险因素的影响，建立了风险分析的灰色层次模型。利用灰色理论中的灰色白化权函数将信息不完全的工程风险灰色系统白化，使定性分析通过数理方法转化为定量分析，进而判断出地铁施工的安全等级。

文献[168]结合南京地铁2号线一期工程车站基坑工程，考虑地质条件及周围环境的影响，对地铁车站基坑工程的建设施工风险进行了识别。在风险识别的基础上，运用风险指数法对风险进行了分析评估，确定了风险发生的概率以及影响的大小。

文献[169]通过对深基坑在开挖过程中变形受力特性的力学机理研究，结合基坑施工中各参数指标间的力学相关性及其统计关系，定量确定多参数之间协调关系和所对应的风险情况，提出融合多参数的风险评估预警方法并编制多参数风险评估程序。

文献[170]考虑到地下工程极具不确定性致使风险定量分析相对困难，结合软土地区基坑工程风险管理经验，从工程应用的角度，提出了一种半定量的风险评估方法。风险评估准则主要通过对基坑工程的工程特征、工程地质与水文条件、周边环境和施工工艺、工序及施工能力等四个方面的详细分析，制订对应于基坑工程总体和各个工序的相应分类标准，然后根据各属性之间不同的类别组合赋予相应的风险等级而形成。

文献[171]根据深基坑工程风险管理的一般流程，通过工程实例，识别了深基坑工程施工过程中的风险因素，用专家调查法和层次分析法对深基坑工程施工期风险进行了评估，讨论了深基坑工程中风险处理的常用方法。

文献[172]基于深大基坑减压降水运行风险分析，采用分布式无线水位数据采集与远程传输系统、交互式智能电源备用系统以及备用井智能控制系统，构建深大基坑减压降水运行风险智能化控制系统。

上述文献与研究成果可以看出，目前基坑工程施工风险分析主要集中在基坑工程施工对周边环境的影响方面，软土地区基坑工程案例较多，而施工本身风险分析关注不多。临海地区基坑工程施工的风险主要是防渗止水帷幕体施工，且处于天气条件恶劣环境，风险源与城市地区、软土地区有较大的区别。开展临海地区深基坑施工风险研究有其独特性和示范指导意义。

4) 临海地区深基坑工程施工风险研究存在的问题

临海地区深基坑工程由于地质环境复杂，基础信息缺乏，加之勘察手段等各方面的限制，基坑围护设计前不可能将施工中的地质状况完全掌握，必须通过施工过程中所揭示的具体地质条件对原设计与施工方案进行必要的调整和修正。因此临海地区深基坑工程的设计无法确保在施工前做到万无一失，工程的施工存在着很大的不确定性和高风险性。但目前关于临海深基坑工程施工风险研究的进展相对较缓慢，还存在一些问题：

(1) 基础资料缺乏，风险辨识困难。我国基坑工程方面的风险研究近几年引起各科研院校及相关单位的重视，并取得了一定的成果，但临海地区地质环境复杂，而且还受到潮汐作用的影响，我国基坑工程风险研究起步晚，且缺乏类似地区、类似工程案例等这些方面资料，造成目前进行临海深基坑工程风险分析时无历史资料可借鉴。这样一来给深基坑风险识别及风险估计带来困难，使得风险评价结果误差较大。

(2) 施工项目组和工程管理部门的风险意识不强。随着我国经济实力的增强及社会发展的需要，工程施工项目的风险分析和管理越来越受到高度关注，并且把风险分析评价列为重大工程立项中一项不可或缺的组成部分。但在追求短期经济效益的利益驱动下，大部分施工单位和项目建设方不愿增加风险管理费用，仅是把风险分析评价作为报告中一项锦上添花的项目，并未真正落实风险分析评价的结果，实行科学的风险管理，这成了制约施工风险管理在中国发展的主要障碍。

(3) 研究结果的应用性较差。在我国，目前的风险分析或评价中，基本上是以研究单位为主体，设计施工单位以及决策部门共同参与的局面，但由于科研单位缺少具体的实际工程经验，风险分析过程和结果的被认可程度低。

7.1.5 本章主要内容

本章以某施工的风险管理全过程为研究对象，综合运用风险管理各个过程的多种方法进行系统分析与论述。

(1) 以风险管理全过程为研究对象，对风险管理的每个过程进行分析探讨，找出适合临海地区含珊瑚碎屑及珊瑚礁岩地层入岩深基坑工程施工特点的风险管理模型。

(2) 针对我国临海地区深基坑工程施工经验少，历史资料及数据缺乏，提出适合临海地区含珊瑚碎屑及珊瑚礁岩地层入岩深基坑工程施工的风险识别方法，并建立客观、合理、有效的风险评价指标体系。

(3) 针对深基坑工程风险估计的模糊性，且量化困难，提出有效的风险估计方法解决临海地区含珊瑚碎屑及珊瑚礁岩地层入岩深基坑工程施工风险估计的模糊性及其量化问题。

(4) 建立客观、有效的风险评价模型，确定临海地区含珊瑚碎屑及珊瑚礁岩地层入岩深基坑工程施工的各层次因素的风险等级及整体风险等级。

(5) 针对临海地区含珊瑚碎屑及珊瑚礁岩地层入岩深基坑工程施工的特点，根据风险分析评价的结果，提出各风险因素的应对措施，并提出合适的风险监控方法。

7.2 工程概况

7.2.1 工程简介

某船坞建设场地位于剥蚀残山-海湾沉积过渡的海岸地貌，面向大海，建筑物纵轴垂直海岸，一部分进入大海，大部分嵌入海岸。根据现场勘察钻孔情况，场地岩土体从上到下可分为 4 个大层 13 个亚层，第一大层为珊瑚碎屑、珊瑚礁灰岩，埋深从地表到地下 15 m；第二大层为粉质黏土和粉细砂，埋深为－7～－47 m；第三大层为强风化到中风化石英砂岩，埋深为－3～－54 m；第四大层为强风化、中风化到微分化的花岗岩，埋深地表到以下 57 m。从整个场地地层特征分析，场区岩土工程条件复杂，岩土种类多，特殊性岩土(珊瑚碎屑、珊瑚礁灰岩和黏土质蚀变岩)分布广泛，基岩埋深变化大，同时处在两种岩性接触交错部位。

本工程因体量大、施工周期长，基坑开挖要深入基岩，揭露基岩与上覆土体，特别是强渗透性的基岩面附近的交界面，而且工程属性重要，为确保施工安全，拟采用围堰内干施工。因本工程基坑平面位置部分在陆地、部分在海里。在陆地部分的基坑又部分要进入基岩面以下，基岩面以上的地层分布有珊瑚礁、珊瑚碎屑层，透水性极强；基岩面为极强透水层，而且基岩面又高低起伏较大，局部会有孤石存在。在陆地部分，主要解决两个问题：① 基岩面以上，在分布有珊瑚礁、珊瑚碎屑层中止水帷幕施工可行性和实际施工后止水效果的研究；② 采用合理可行的工法解决基岩面渗透问题。在海里部分，主要也是解决两个问题：① 先研究解决围堰坝体施工问题，可利用海底吹砂的办法形成坝体，主要解决围护体稳定问题；② 再在围堰坝体内施工三轴搅拌桩，主要解决围堰坝体的止水问题。这样，可形成一个封闭、稳定的止水帷幕和围堰坝体以满足基础长时间的干施工条件的要求。

本书主要是研究陆地区域基坑的防渗止水帷幕体设计与施工问题。根据场地地层地质特征，并在总结已在类似地层环境下成功实施基坑围护体设计与施工工程案例基础上，提出本基坑围护体结构形式拟采用三轴搅拌桩加高压旋喷桩复合结构体，即基岩面以上采用三轴搅拌桩，用高压旋喷桩对上覆土体与基岩交界面进行加固。这样，三轴搅拌桩施工可行性及工后止水效果必须研究定论，通过研究确定是否可以参照海南省文昌市卫星发射基地基坑设计与施工的方法来实施本项目基坑止水防渗帷幕工程。

7.2.2 工程施工条件

场地地形、地貌，气象条件，工程地质与水文地质条件详见第 2 章。

7.2.3 工程特点

1）建设项目性质特殊，工程意义重大

本项目的建设为提高我国近海、远海防卫能力，提高我国海军整体装备水平，发展海洋经济和保证我国远洋运输、商贸能力提供基础设施与保证。该工程设计标准高，技术复杂，同时也是一项世界级工程，它的建成将展示我国工程技术的发展和实力，对推进我国国防建设技术的进步起到里程碑式的作用。因此，研究和解决设计与施工过程中的技术难题，总结建设和使用管理新经验，具有重大的现实意义。

2）地质复杂，施工难度大

临海地层含珊瑚礁碎屑和珊瑚礁灰岩，基岩面以上土层极不均匀，基岩面起伏较大，防渗止水帷幕体入岩难度大。入岩深基坑边坡安全稳定性主要是受基岩面以上土体边坡稳定性和渗漏破坏的影响。防渗止水帷幕体的施工质量对基坑边坡安全和施工环境的影响至关重要，而防渗止水帷幕体的设计选型和施工质量控制是亟需解决的难题。

3）场地气象条件恶劣，还受到潮汐作用

场地位于临海区域，台风、热带风暴等常常光顾，因临海，场地处于潮汐作用所引起的地下水水位变化带内。这些不利因素皆对基坑设计与施工安全带来不利影响，也是基坑设计与施工必须考虑解决的难题。

4）基坑开挖面积大，工期长

基坑开挖面积达 3 万～5 万 m^2，施工工期大于 2 年。如此面积大、工期长的入岩深基坑，必然加大了基坑防渗止水帷幕设计与施工的风险。

5）施工风险大，施工经验缺乏

因基岩面以上土层分布不均匀，基坑止水帷幕体设计前所进行的大孔距地质勘察不能满足施工需要，施工可能遇到未预测到的不良地质情况风险较大。加之，缺乏类似地区施工案例和施工经验，施工参数不易确定，遇到突发施工故障难以处理应对。

6）施工质量难以控制，难以检测

因缺乏成熟的操作规范与要求，施工参数确定也不能完全适合地区地层的特征，施工队伍也缺乏类似场地施工经验，导致防渗止水帷幕体施工质量不易控制。目前，对防渗止水帷幕体施工质量的检测方法研究不多，施工质量检测往往投入大，工期长，检测效果不理想，无法提供有针对性、切合实际的检测成果。

7）基坑如出现渗漏，开挖期间很难加固处理

因基坑采用放坡、护坡形式，当基坑开挖到基岩面后，如出现渗漏，上覆土体的渗漏通道难以检测

出来，渗漏封堵十分困难，常常是投入了设备、人力、物力，但仍不能解决问题。

7.2.4 主要施工措施

(1) 超前地质预报：在施工三轴搅拌桩前，采用与三轴搅拌桩每幅桩施工长度一致的 1.2 m 间距来探孔，查明每幅桩施工区域的基岩面上覆土层和基岩面具体埋深；在高压旋喷桩施工前，采用与高压旋喷桩桩间距等长度的间距来引孔，一是确保每根高压旋喷桩施工质量，二是查明每根桩桩位所在部位的地层情况，及时调整施工参数。

(2) 试成桩确定施工参数：无论是三轴搅拌桩还是高压旋喷桩，在正式施工前均采用试成桩的方式，调整、确定施工参数，主要是三轴搅拌桩的水泥掺量、搅拌次数、水灰比等；高压旋喷桩的水泥掺量、水灰比、水压参数、搭接处的停留时间要求等。

(3) 高压旋喷桩采用下导管施工：为防止高压旋喷桩施工不到位，先引孔，查明基岩面埋深，确定高压旋喷桩施工长度，然后下放低强度的 PVC 导管，确保高压旋喷桩能进入基岩面以下。

(4) 成桩质量检测：对防渗止水帷幕体施工质量采用声波 CT 成像方法进行检测。本方法结合了钻孔取芯和声波测试二者的优点，按 10～15 m 间距沿防渗止水帷幕体轴线进行钻孔、下管、测试。这样可有效检测防渗止水帷幕体的成桩质量，为加固处理提供依据。

(5) 开挖前加固处理：一旦基坑开挖后，发现渗漏再去加固就十分被动，一是渗漏通道很难寻找，二是堵漏施工后拖延工期，三是基坑暴露时间过长会危及基坑安全。所以，在基坑防渗止水帷幕体检测后发现有薄弱部位，就应分情况进行有效加固处理。

7.2.5 深基坑施工风险管理的意义

临海地区入岩深基坑由于地质条件复杂，工程经验较少，施工工艺不尽成熟等因素，与其他地区设计与施工经验丰富的基坑工程项目相比，具有隐蔽性、复杂性和不确定性等突出的特点，施工风险较大。尤其是在地质条件如此复杂的地质情况下，基坑工程施工必然涉及许多影响进度、成本、环境、健康与安全的因素，如果决策时考虑不周，极有可能产生重大的损失和不良的社会负面影响。因此临海入岩深基坑施工过程中的决策问题已经成为亟待解决的关键问题，风险评估、分析和决策的理论和方法是解决这一问题的重要工具。风险评估与分析可以对那些不确定性因素进行分析，将不可预见的风险因素转化为定量的指标，帮助相关单位完成最后的决策，降低各种风险，包括工期风险、费用风险、环境风险等，以达到安全、经济、高效的管理目标。

通过施工风险分析，可以为设计和施工在确保基坑安全稳定、控制和转移风险以及制订风险防范措施提供重要依据。风险管理的最终目的是为各管理层决策者的决策提供依据，为工程进展情况的掌控以及对资金流向的有效控制提供帮助，把决策变得简单化、准确化以及专业化，有助于决策者进行科学化的风险管理，及时防范和化解工程风险，减少施工风险事故的发生，不断提高我国临海地区深基坑工程施工管理水平和经济效益，具有十分重要的意义。

7.3 风险管理的基本原理和方法

7.3.1 风险机理分析

风险分析是一个非常复杂的课题，应针对不同的问题采用不同的分析模式。而分析模式与风险的产生机理相关，为此首先讨论风险的产生机理。

在对风险产生过程进行描述之前，先对相关的专业术语进行名词解释。

1) 孕险环境(Risk-pregnant Environment)

所谓孕险环境,指可能会产生事故的区域和环境。在临海地区深基坑施工过程中,,存在不良地质状况的土层环境,潮汐作用,恶劣的大气环境,这些均构成了孕险环境。如果临海地区的基岩面起伏不大,防渗止水帷幕体的三轴搅拌桩和高压旋喷桩施工的事故发生率将下降很多。因此,孕险环境是风险的客观基础,是决定风险事故是否发生的根本性因素,也可以称之为风险的内因[173]。

2) 致险因子(Risk-inducing Factors)

致险因子是风险事故产生的直接原因,与孕险环境构成了风险事故的两个必备要素。如果说孕险环境是风险的基础,是一个“火药桶”,那么致险因子就可以说是风险的外因,是“导火索”[174]。例如三轴搅拌桩施工遇到珊瑚礁灰岩,高压旋喷桩施工遇到基岩面起伏很大区域,如此等等都是风险事故的致险因子。

3) 风险事故(Risk Events)

风险事故是在孕险环境和致险因子作用下,发生的偏离目标期望的事件。工程项目中,风险事故往往是指会给项目带来损失的事件。这些事件有时可能比较严重,会被称为工程事故,但更多的情况下,只是一些会造成损失的工程问题[175],如三轴搅拌桩抱钻、卡钻等。

4) 承险体(Risk-affected Element)

承险体是指承担风险损失的对象,如机械设备,防渗止水帷幕体,建筑物,路面系统,地下管线,包括社会群体、生态环境等[176]。各类承险体构成了整个项目的承险体系统。

5) 易损性(Vulnerability)

承险体的易损性指承险体抵抗损失的能力,换句话说,就是风险一旦来临,可能发生的损坏程度。易损性分析的关键目标是得到承险体的最大损失可能[177]。

6) 风险损失(Risk Loss)

风险损失是指风险事故发生后所产生的一系列问题,由于风险分析是事前进行,风险损失的分析就带有预测的成分。而且,风险损失也不一定就是一种,可能牵涉到承险体多方面的损失,例如工期、防渗止水帷幕体止水效果、环境影响等。同一类风险事件在不同工程中所发生的风险损失往往带有很大的差异性[178],因此,风险损失的分析就变得异常复杂,也是影响风险分析的可信度的最重要因素。

风险损失可分为直接损失和间接损失。直接损失是指对正在进行的工程项目所造成的损失,这种损失并不一定会马上表现出来,比如使用寿命的损失可能要过很长一段时间才能发现。而间接损失是指由于工程的建设、运营而造成的其他对象的损失,按照保险学的观点,这属于第三者责任问题。

另外,在工程项目风险分析与管理中,决策者往往希望分析结果尽量简化,因此可能就需要将直接经济损失、工期损失、使用寿命损失、环境影响损失、社会影响损失、生态环境破坏损失以及人员安全损失进行替换,以统一的标尺衡量各种风险损失。

7) 风险效益(Risk Benefit)

所谓风险效益是指对风险事故采取某项措施而产生的风险改善效果,即风险的减小程度。风险效益的产生来自两方面的原因,一个是风险概率的降低,另一个是风险损失的减少。相对来说,后者比较难以控制,因此,风险效益主要来自对孕险环境和致险因子的控制[179],从而达到降低风险概率及风险损失的目的。

8) 风险成本(Risk Cost)

风险成本可分为广义风险成本与狭义风险成本。广义的风险成本,既包括风险本身造成的损失费用,也包括对风险的前期预防费用以及后续的风险处置费用,用公式表示为:

$$CR = CP + CL + CM \tag{7-1}$$

式中，CR 为广义风险成本；CP 为预防费用；CL 为风险实际损失；CM 为风险处置费用。

广义风险成本的特点是立足于考虑从风险产生到风险处理的全过程，分析和计算因风险而发生的全部费用。狭义的风险成本仅仅指风险发生时引发的实际损失，即 CL。狭义风险成本建立在考察风险实际损失基础之上，只分析风险造成的实际损失，以局部为着眼点，表现出较强的针对性。狭义风险成本的大小只取决于风险本身的影响程度和范围。

临海入岩深基坑的风险事故产生机理可以简单地描述为：由于孕险环境的存在，加上致险因子的诱导，就有可能引发风险事故的发生，进一步对各种承险体造成损失。风险事故的损失分析由于是在事故发生前进行的，对项目决策者来说属于潜在损失。而这种潜在损失是不确定的，同时随着工程项目的不断进展，这种潜在损失的状态也会随着外界情况的变化而产生波动。那么，这种潜在损失的发生、发展、变化过程也就可以认为是工程项目风险发生、发展、变化的过程。即风险分析就是以潜在损失为主体目标的研究。以本书研究的临海深基坑施工风险为例，承险体包括防渗止水帷幕体、基础结构、周边环境、施工设备等、社会群体和生态环境，其发生的损失模式也是不同的，可以用图 7-4 来表示这一过程。

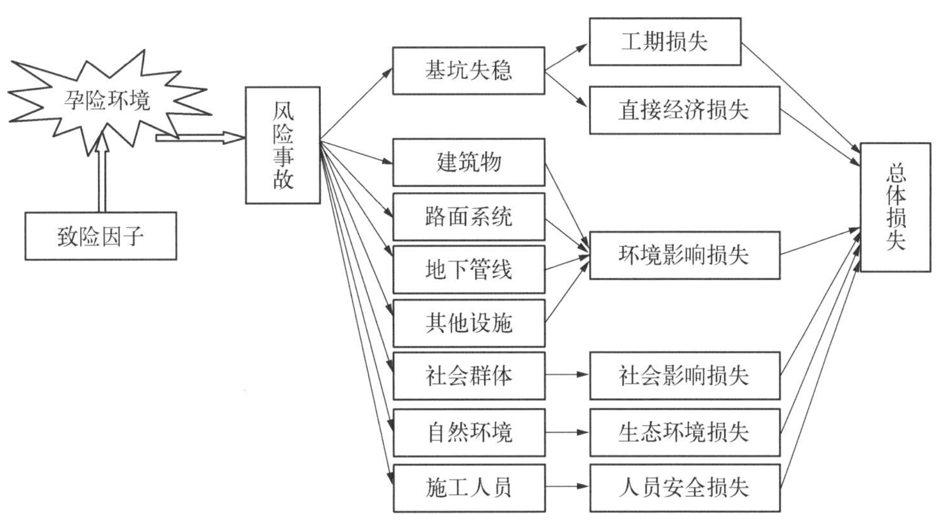

图 7-4 临海地区深基坑工程施工风险产生机理

7.3.2 风险管理的主要步骤及方法

风险管理是研究风险发生规律和风险控制技术的一门新兴学科，指经济单位通过对风险的认识、衡量和分析，选择最有效的方式，主动地、有目的地、有计划地处理风险，以最小成本争取获得最大安全保证的管理方法。

工程项目所面临的风险种类很多，如政治风险、经济风险、法律风险、自然风险、合同风险和合作者风险等，而且，风险在整个项目的生命周期中都存在，如可行性研究中可能存在方案的失误；技术设计中可能存在地质条件的不确定性；施工中可能有物价上涨和气候条件变化；运行中可能存在运行达不到设计要求和操作失误等[180]。工程风险管理也称项目风险管理，是风险管理在项目中的应用。

工程项目施工的风险管理步骤(图 7-5)主要包括风险识别、风险估计，风险评价、风险应对及风险监控五个环节，并且是一个不断循环往复的过程，下面分别进行介绍分析。

1) 风险识别

风险识别是风险管理的第一步，是整个风险管理系统的基础。风险识别就是从系统的观点出发，

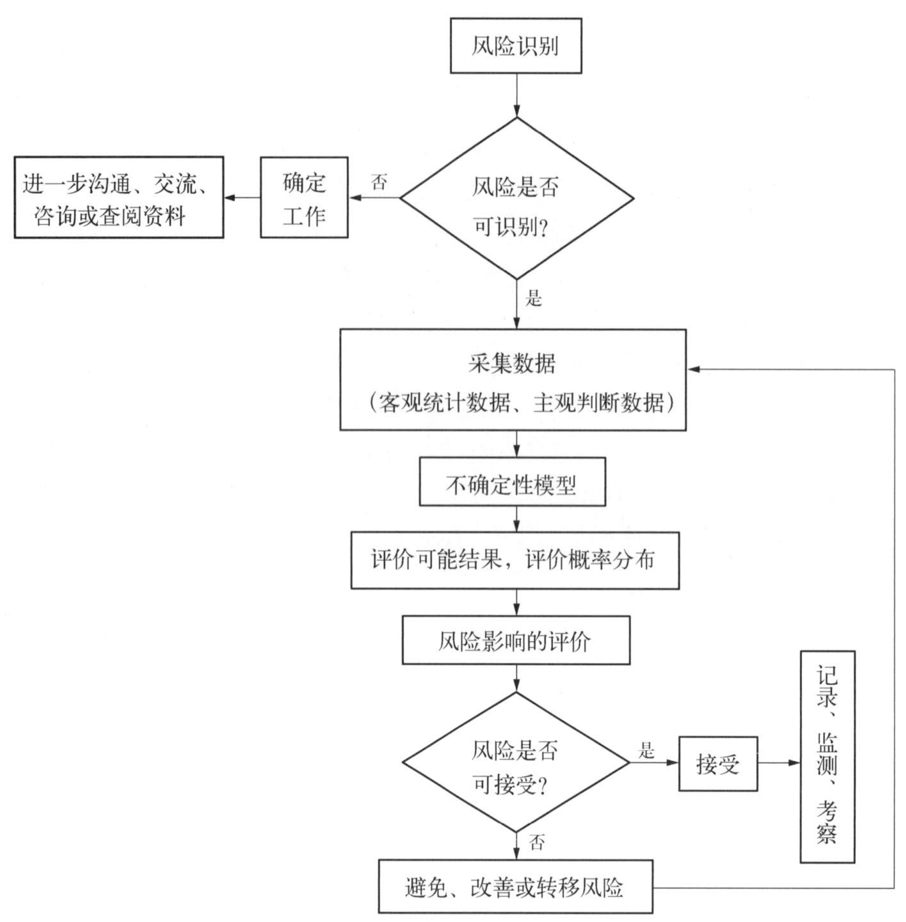

图 7-5　风险管理的主要步骤

横观工程项目所涉及的各个方面，纵观项目建设的发展过程，将复杂的事务分解成比较简单的、容易被人识别的基本单元，对潜在的和客观存在的各种风险进行系统地、连续地识别和归类，并分析产生风险事故的原因[181]。风险识别的目的是帮助决策者发现风险和识别风险，为决策减少风险损失，提高决策的科学性、安全性和稳定性。

风险识别一般分三步进行：第一步，收集资料，主要包括工程项目环境方面的数据资料、类似工程的历史数据、工程的设计施工文件及外界部门的风险信息等；第二步，估计项目风险形势；第三步，根据直接或间接的症状将潜在的风险识别出来。

风险识别的主要方法有检查表法、头脑风暴法、流程图法、德尔菲法、SWOT 分析法、幕景分析法、事件树法、事故树法等，需要有经验的专家进行系统分析，在具体应用过程中要结合项目的具体情况，组合起来应用这些方法。

2) 风险估计

风险估计就是对识别的风险源进行估计，估计潜在损失的规模和损失发生的可能性，即估算损失发生的可能性和严重性，以便于评价各种潜在损失的相对重要性，从而为确定风险管理对策的最佳组合提供依据。风险估计就是要给出某一危险发生的概率及其后果的性质，即在过去损失资料分析的基础上，运用概率论和数理统计方法对某一个或某几个特定风险事故发生的概率和风险事故发生后可能造成损失的严重程度做出定量或定性分析。风险估计流程如图 7-6 所示。

3) 风险评价

在风险识别和风险估计的基础上，建立风险评价模型，然后确定项目的风险等级。

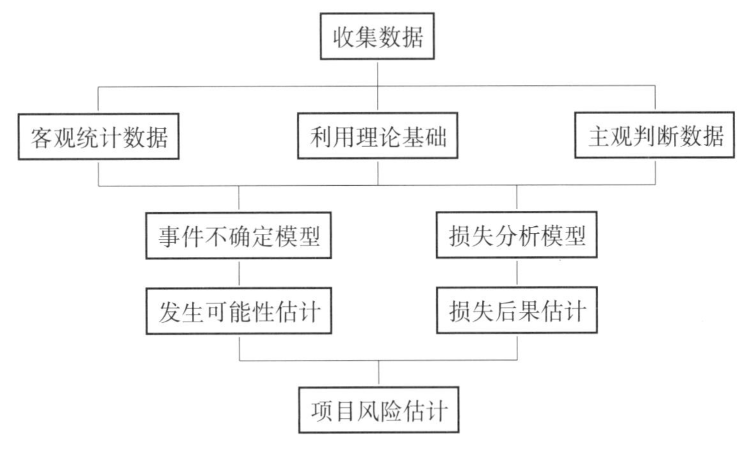

图 7-6 风险估计程序

4）风险应对

一般来讲，风险应对主要有以下三个过程：① 确定风险管理目标。以最小的成本获得最大的收益是风险管理的总目标，也是风险管理必须遵循的基本原则。② 拟定风险处理方案。风险处理方案是指所选择的风险处理手段的有机结合。③ 选择最佳风险处理方案。

工程项目常用的风险应对措施包括风险控制、风险转移、风险缓解以及这些策略的组合。

5）风险监控

风险监控是指通过对项目风险发展变化的观察和掌握，评估风险危险程度和风险处理策略和措施的效果，并针对出现的问题及时采取措施的过程。在项目的实施过程中，风险会不断发生变化，可能会出现许多未预料到的新情况，因此必须反复进行风险识别，风险分析与评估，细化风险应对措施，及时修改风险应对计划，实现消除或减轻风险的目标[185]。

工程项目风险监控的主要内容有：① 工程项目风险处理措施是否按计划正在实施，是否像预期的那样有效，是否需要制订新的风险处理措施。② 对工程项目施工环境的预期分析以及对工程项目整体目标实现可能性的预期分析是否仍然成立；③ 工程项目风险的发展变化是否与预期的一致，对工程项目风险的发展变化作出分析判断；④ 已识别的工程项目风险哪些已发生、哪些正在发生、哪些可能在后面发生；⑤ 是否出现了新的风险因素和新的风险事件，它们的发展变化趋势如何。

工程项目风险监控方法主要有：审核检查法、横道图法、S 曲线法、控制图法、费用偏差分析法和风险图表示法等。

7.3.3 风险管理的主要方法

1）风险识别

采用基于分解结构法的专家函询法，并运用层次分析法建立本项目的风险评价指标体系。先运用分解结构法从系统的观点出发，横观项目所涉及的各个方面，纵观项目建设的全过程，将包含风险的极其复杂的活动分解成比较简单的、容易被认识和理解的基本单元，从错综复杂的关系中找出因素间的本质联系。再充分利用专家的知识及经验，发挥专家的集体智慧，对临海入岩深基坑的防渗止水帷幕体施工存在的风险进行预测，并通过多次信息交换、筛选，使各位专家的意见趋向一致，再将专家的意见运用逻辑推理的方法进行综合、归纳，得到本项目的主要风险因素。在专家函询法得到的风险因素基础上，运用层次分析法把复杂的风险问题分解为各个组成因素，将这些因素按支配关系分组形成有序的递阶层次结构，通过两两比较的方式确定层次中诸因素的相对重要性，然后综合人的判断来决定诸因素相对重要性的总顺序。

2）风险估计

运用基于模糊理论的模糊估计法进行风险估计，既能充分利用专家的经验及知识对风险估计给出一个定性的指导，又能利用模糊数学的科学性解决风险估计的定量化问题，从而得到各风险因素的发生概率及风险损失。

3）风险评价

本研究利用 $R = P \times C$ 模型，综合考虑工程项目风险因素的发生概率和损失后果，从而确定基本风险因素的风险等级。再运用模糊综合评价法原理建立一个多层次模糊综合评判的风险评价模型，确定各层次风险因素的风险大小及整体项目的风险等级。

4）风险应对

在风险评价的基础上，利用效用理论、损失期望值等风险决策法合理选择风险应对措施，制订风险处理方案，采取项目保险、承包分包、工程措施、预备风险金等措施，对项目风险进行转移、缓解或自留等。

5）风险监控

本项目采用审核检查法、风险图表示法、费用偏差分析法等综合风险控制法，对项目管理的三大目标“成本、质量、进度”进行综合控制，提高防渗止水帷幕体施工的抗风险能力。

7.3.4 小　结

本节首先深入分析了防渗止水帷幕体施工风险的产生机理，接着对风险管理的全过程进行详细的分析介绍，并列举了各过程的主要方法，然后提出了防渗止水帷幕体施工的风险管理模型。

7.4 施工风险识别

7.4.1 风险识别的主要理论

1）分解结构法

临海入岩深基坑工程的施工风险分析是一个非常复杂的系统工程，按风险的相互关系分解成若干个子系统，分解的深度是使人们较为容易地识别出在施工阶段的风险，使风险具有较高的准确性、完整性和系统性。风险分解有多种方法，有按风险因素划分，有按施工阶段划分，还有按施工工序划分等[186]。本研究按风险因素对施工风险进行分解。风险因素是指基坑工程所处的环境(包括自然环境和社会环境)，是所有外在因素的总和，环境的各因素之间存在一定的逻辑关系，复杂且有序。尽管可以对风险系统进行有效的分解，但是由于系统内在风险因素的复杂性，各个风险因素交织在一起，如果一个风险的估计可能会影响到另一个风险的估计，这两种风险就相关的。各种风险的相关性是普遍存在的。当进行风险评估时，必须考虑各变量之间的相关性，其类型有不相关、部分相关和完全相关。

本研究的风险因素主要是考虑直接的施工风险因素，不考虑因国家政策变化、投标合同的不合理性、物价变化等非直接的施工风险因素，将施工单位作为研究的主体，参考以往相似基坑工程的资料及数据[187]，将施工风险因素大致分为六大类，分别是地质条件风险、设计风险、施工技术风险、施工管理风险、环境保护风险和自然灾害风险。

2）专家函询法

(1) 成立专家小组。

成立包括施工单位、设计单位、监理单位、科研单位各层次的专家小组，共 30 人，并根据专家的经验及能力分为四类，并赋予各类专家不同的权重(表 7－2)。

(2) 初次信息索取。

根据分解结构法得到的六类风险因素，构造调查表(表 7－3)，以函询的方式向专家们索取信息。

表 7-2 专家分类

级 别	一 类	二 类	三 类	四 类
专家分级说明	① 基坑工程领域元老级专家；② 施工单位项目经理；③ 驻地高级监理；④ 设计负责人	① 高级职称以上的施工技术人员；② 高级职称以上的科研人员；③ 高级职称以上的监理人员；④ 高级职称以上的设计人员	① 中级职称的施工技术人员；② 中级职称的科研人员；③ 中级职称以上的监理人员；④ 中级职称的设计人员	① 初级职称的施工技术人员；② 初级职称的科研人员；③ 初级职称以上的监理人员；④ 初级职称的设计人员
专家权重(γ)	1.0	0.8	0.5	0.3
人数	5	10	10	5

表 7-3 临海地区入岩深基坑止水帷幕体施工风险因素调查表

风险类别	风险因素	风 险 影 响	信心指数
地质条件风险			
设计风险			
施工技术风险			
施工管理风险			
环境保护风险			
自然灾害风险			

注：1. 本表主要是调查入岩深基坑工程施工中存在的主要风险；
2. 风险影响主要是对各风险因素对工程施工产生的影响进行描述；
3. 信心指数指专家对其认定的风险因素存在的信心，最高为 10 分。

(3) 初步调查结果的汇总整理。

根据专家反馈的信息进行归纳整理，将各风险因素进行合并计算，根据式(7-2)得出各风险因素的平均信心指数 χ_i。

$$\chi_i^l = \frac{\sum_{j=1}^{n} \lambda_j \chi_{ij}^l}{\sum_{j=1}^{n} \lambda_j} \tag{7-2}$$

式中 χ_i^l ——第一次调查第 i 个风险因素的平均信心指数；

χ_{ij} ——第一次调查第 j 个专家对第 i 个风险因素的信心指数；

λ_j ——第 j 个专家的权重。

(4) 再次信息索取。

根据初步归纳整理的风险因素，再次构造调查表，再采用函询的方式向专家进行调查，各位专家可以根据初次整理的各风险因素的信心指数，作出进一步判断，给出自己第二次的信心指数。

(5) 调查结果的再次汇总整理。

根据专家反馈的信息进行归纳整理，得出各风险因素的平均信心指数 χ_i^2，若 $\chi_i^2>5$，则认为该风险因素有效。

3) *层次分析法*

在专家调查法识别出的风险因素的基础上，要进行风险评价，需构建一个合理的评价指标体系，充分考虑各风险因素之间的相互关系和影响。风险评价指标体系的设计直接关系到评价结果的客观性、准确性和有效性。根据指标体系的设计原则，本书采用层次分析法建立施工风险评价指标体系。

层次分析法(Analytical Hierarchy Process, AHP)是美国数学家 A. L. Saaty 在 20 世纪 70 年代提出的，是一种定性分析和定量分析相结合的方法，在项目风险评价中运用灵活、易于理解，而又具有较高的精度。AHP 法评价的基本思路是：把复杂的风险问题分解为各个组成因素，将这些因素按支配关系分组形成有序的递阶层次结构，通过两两比较的方式确定层次中诸因素的相对重要性，然后综合人的判断确定诸因素相对重要性的总顺序[188]。AHP 法体现了决策思维的基本特征，即分解、判断、综合。AHP 法既可以用于评价台风、不良地质等单项风险水平，又可用于评价整个工程项目的综合风险水平。通过 AHP 法，建立防渗止水帷幕体及基坑开挖施工风险评价指标体系，并得到同一层次的指标因素相对上一层次准则层的权重，这是进行下一步风险估计及评价的基础。运用 AHP 法解决问题，大体可以分为以下四个步骤：

(1) 建立问题递阶层次结构。

这是 AHP 法中最重要的一步。首先，把复杂问题分解成称之为元素的各组成部分，把这些元素按不同属性分成若干组，形成不同层次。同一层次的元素作为准则，对下一层次的某些元素起支配作用，同时它又受上一层次元素的支配。这种从上至下的支配关系形成了一个递阶层次。处于最上面的层次通常只有一个元素，一般是分析问题的预定目标或理想结果。中间的层次一般是准则、子准则，最低一层为基本风险因素。层次之间元素的支配关系不一定是完全的，即可以存在这样的元素，它并不支配下一层次的所有元素。

一个好的层次结构对于解决问题是极为重要的。层次结构是建立在评价者对所面临的问题具有全面深入认识的基础上，如果在层次的划分和确定层次之间的支配关系上举棋不定，最好重新分析问题，弄清问题各部分之间相互的关系[189]。

(2) 构造两两比较判断矩阵。

在建立递阶层次结构以后，上下层次之间元素的隶属关系就确定了。假定上一层次的元素 C_k 作为准则，对下一层次的元素 A_1, A_2, …, A_n 有支配关系，目的是在准则 C_k 之下按其相对重要性赋予 A_1, A_2, …, A_n 相应的权重。这一步中，要反复回答问题：针对准则 C_k，两个元素 A_i 和 A_j 哪一个更重要些，重要多少。需要对重要多少赋予一定数值。本书使用 1～9 的比例标度，其定义见表 7-4。

表 7-4　项目风险评价分值表

分值 a_{ij}	定　　义
1	i 因素与 j 因素同样重要
3	i 因素比 j 因素略重要
5	i 因素比 j 因素稍重要
7	i 因素比 j 因素重要得多
9	i 因素比 j 因素重要很多
2,4,6,8	i 与 j 两因素比较结果处于以上结果中间
倒数	i 与 j 两因素比较结果是 i 与 j 两因素重要性比较结果的倒数

1～9 的标度方法是将思维判断数量化的一种方法。首先，在区分事物的差别时，人们总是用相同、较强、强、很强、极强的语言，再进一步细分，可以在相邻的两级中插入折衷的提法，因此对于大多数评价判断来说 1～9 级的标度是适用的。其次，心理学的实验表明，大多数人对不同事物在相同属性上的差别的分辨能力在 5～9 级之间，采用 1～9 的标度反映多数人的判断能力。最后，当被比较的元素属性处于不同的数量级，一般需要将较高数量级的元素进一步分解，这样可以保证被比较元素在所考虑的属性上有同一个数量级或比较接近，从而适用于 1～9 的标度[190]。例如，准则是地质风险，子准则可分为不良地质条件风险和勘探准确性风险。如果认为不良地质风险比勘探准确性风险明显重要，则不良地质风险对于勘探准确性风险的比例标度取 5。而勘探准确性风险对于不良地质风险的比例标度则取 1/5。对于 n 个元素来说，得到两两比较判断矩阵 **A**（表 7-5）。

$$\mathbf{A} = (a_{ij})_{n\times n} \tag{7-3}$$

表 7-5　两两判断矩阵 A

	A_1　A_2　…　A_n
A_1	a_{11}　a_{12}　…　a_{1n}
A_2	a_{21}　a_{22}　…　a_{2n}
…	…　…　…　…
A_n	a_{n1}　a_{n2}　…　a_{nn}

判断矩阵具有如下性质：

$$a_{ij} > 0;\ a_{ij} = \frac{1}{a_{ji}};\ a_{ii} = 1 \tag{7-4}$$

根据式(7-4)可知，**A** 为正的互反矩阵。由于判断矩阵的性质，事实上，对于 n 阶判断矩阵仅需对其上(下)三角元素共 $\frac{n(n-1)}{2}$ 个给出判断。**A** 的元素不一定具有传递性，即等式(7-5)未必成立：

$$a_{ij}a_{jk} = a_{ik} \tag{7-5}$$

式(7-5)成立时,则称 $\boldsymbol{A}$ 为一致性矩阵。在说明由判断矩阵导出元素排序权值时,一致性矩阵有重要意义。

(3) 单一准则下元素的相对权重。

这一步要解决在准则 C_k 下,n 个元素 A_1, A_2, …, A_n 排序权重的计算问题,并进行一致性检验。对于 A_1, A_2, …, A_n 通过两两比较得到判断矩阵 $\boldsymbol{A}$,解特征根问题

$$\boldsymbol{A}w = \lambda_{\max} w \tag{7-6}$$

所得到的 w 经正规化后作为元素 A_1, A_2, …, A_n 在准则 C_k 下的排序权重,这种方法称为排序权向量计算的特征根方法。$\lambda_{\max}$ 存在且唯一,w 可以由正分量组成,除了常数倍数不同外,w 是唯一的。$\lambda_{\max}$ 和 w 的计算可采用幂法,步骤为:

① 设初值向量 w_0,可假定 $w_0 = \left(\frac{1}{n}, \frac{1}{n}, \cdots, \frac{1}{n}\right)^{\mathrm{T}}$;

② 对于 $k = 1, 2, 3, \cdots$ 计算

$$\bar{w}_k = \boldsymbol{A} w_{k-1} \tag{7-7}$$

式中,w_{k-1} 为经归一化所得到的向量。

③ 对于事先给定的计算精度,若

$$\max \mid w_{ki} - w_{(k-1)i} \mid < \varepsilon \tag{7-8}$$

成立则计算停止,否则继续计算新的 $\bar{w}_i$。式中,w_{ki} 表示 w_k 的第 i 个分量。

④ 计算

$$\lambda_{\max} = \frac{1}{n} \sum_{i=1}^{n} \frac{\bar{w}_{ki}}{w_{(k-1)i}} \tag{7-9}$$

$$w_{ki} = \frac{\bar{w}_{ki}}{\sum_{j=1}^{n} \bar{w}_{kj}} \tag{7-10}$$

在精度要求不高的情况下,可以近似方法计算 $\lambda_{\max}$ 和 w,本书采用方根法近似计算:

① 将 $\boldsymbol{A}$ 的元素按行相乘;

② 所得到的乘积分别开 n 次方;

③ 将方根向量归一化,即得排序权向量 w;

④ 按式(7-11)计算 $\lambda_{\max}$:

$$\lambda_{\max} = \sum_{i=1}^{n} \frac{(Aw)_i}{n \cdot w_i} \tag{7-11}$$

在判断矩阵的构造中,并不要求判断具有一致性,即不要求式(7-5)成立,这是为客观事物的复杂性与人的认识多样性所决定的。但要求判断有大体的一致性却是应该的,出现甲比乙极端重要,乙比丙极端重要,而丙比甲极端重要的情况一般是违反常识的。而且,当判断偏离一致性过大时,排序权向量计算结果作为评价依据将出现某些问题。因此在得到 $\lambda_{\max}$ 后,需要进行一致性检验,其步骤如下:

① 计算一致性指标 CI:

$$CI = \frac{\lambda_{\max} - n}{n - 1} \tag{7-12}$$

式中，n 为判断矩阵的阶数。

② 平均随机一致性指标 RI：

RI 是多次(500 次以上)重复进行随机判断矩阵特征值的计算之后取算术平均数得到的。许树柏得出的 1～15 阶重复计算 1 000 次的平均随机一致性指标如表 7-6 所示。

表 7-6 平均随机一致性指标

阶数	1	2	3	4	5	6	7	8	9	10	11	12	13	14	15
RI	0	0	0.52	0.89	1.12	1.26	1.36	1.41	1.46	1.49	1.52	1.54	1.56	1.58	1.59

③ 计算一致性比例 CR：

$$CR = CI/RI \tag{7-13}$$

若 $CR < 0.1$，则认为判断矩阵的一致性是可以接受的。

(4) 各层元素的组合权重。

为了得到递阶层次结构中每一层次中所有元素相对于总目标的相对权重，需要把第(3)步的计算结果进行适当的组合，并进行总的判断一致性检验。这一步骤是由上而下逐层进行的。

假定已经计算出第 $k-1$ 层元素相对于总目标的组合排序权重向量。$a^{k-1} = (a_1^{k-1}, a_2^{k-1}, \cdots, a_m^{k-1})^{\mathrm{T}}$，第 k 层在第 $k-1$ 层第 j 个元素作为准则下元素的排序权重向量为 $B_j^k = (B_{1j}^k, B_{2j}^k, \cdots, B_{nj}^k)^{\mathrm{T}}$，其中不受支配(即与 $k-1$ 层第 j 个元素无关)的元素权重为零。令 $B^k = (b_1^k, b_2^k, \cdots, b_m^k)^{\mathrm{T}}$，则第 k 层 n 个元素相对于总目标的组合排序权重向量由式(7-14)给出：

$$a^k = B^k a^{k-1} \tag{7-14}$$

更一般地，有排序的组合权重公式：

$$a^k = B^k \cdots B^3 a^2 \tag{7-15}$$

式中，a^2 为第二层次元素的排序向量，$3 \leqslant k \leqslant h$，$h$ 为层次数。

对于递阶层次组合判断的一致性检验，需要类似地逐层计算 CI。若分别得到了第 $k-1$ 层次的计算结果 CI，RI 和 CR，则第 k 层的相应指标为：

$$CI_k = (CI_k^1, \cdots, CI_k^m)a^{k-1} \tag{7-16}$$

$$RI_k = (RI_k^1, \cdots, RI_k^m)a^{k-1} \tag{7-17}$$

$$CR_k = CR_{k-1} + CI_k/RI_k \tag{7-18}$$

式中，CI_k^i 和 RI_k^i 分别为在 $k-1$ 层第 i 个准则下判断矩阵的一致性指标和平均随机一致性指标。当 $CR_k < 0.1$ 时，认为递阶层次在 k 层水平上整个判断有满意的一致性。

7.4.2 施工风险因素

1) 地质条件风险

(1) 不良地质条件。

① 基岩面上覆土层厚度：三轴搅拌桩施工能力有限，当基岩面上覆地层厚度超过 30 m 时，施工难度加大，桩体端部施工质量不良。因此，当基岩面上覆土体厚度大于 30 m 时，存在的风险主要有：搅拌桩搅拌困难，有可能抱钻；施工的桩体质量不满足设计要求；高压旋喷桩施工质量较难控制；基坑开挖时，可能出现渗漏。

② 上覆土层土性不均匀：三轴搅拌桩施工参数难以调节、控制，施工质量不良，基坑开挖时会出现渗漏。

③ 上覆土层存在珊瑚礁灰岩：珊瑚礁灰岩的存在使得三轴搅拌桩施工更加困难，甚至不能施工，会发生抱钻、卡钻等事故，严重影响工期和造价。

④ 基岩面起伏大：基岩面起伏大会影响三轴搅拌桩的停打深度，影响高压旋喷桩的施工质量，导致高压旋喷桩与三轴搅拌桩搭接不足、进入基岩面深度等不足，基坑开挖期间会产生渗漏。

⑤ 强风化层分布不均匀：基岩面以上的强风化层是入岩深基坑产生渗漏的主要可能通道，临海地区这一层普遍发育。但其厚度不均，成分不均，施工参数较难控制。如施工质量不良，极可能在基坑开挖期间成为渗漏通道。

（2）地质勘探不确定性。

① 珊瑚礁灰岩的分布范围大大超过预期值：由于设计前进行的地质勘探条件的限制，不可能准确地确定珊瑚礁灰岩地层的分布情况，实际施工时进行探孔发现珊瑚礁灰岩分布范围可能大大超过预期值，将导致施工工序的改变，施工成本增加，工期滞后。

② 未探明基岩面埋深：临海地区基岩面埋深变化大，三轴搅拌桩施工前的探孔可能发现与设计前的勘察资料存在较大差异，这样导致施工参数变化和工作量变化，施工成本上升，同时将影响工程的进度。

③ 超前地质预报精度低：三轴搅拌桩施工前采用探孔、高压旋喷桩施工前采用引孔，由于受技术限制，加之操作质量控制不严，有可能提供的地质情况不准，影响施工技术人员对地质情况作出正确的判断分析，施工时会发生一定程度的质量问题，调整、补救会改变施工工序，增加施工成本，延长施工工期，同时也会给基坑开挖产生质量、安全隐患。

④ 高压旋喷桩引孔未入基岩：高压旋喷桩施工质量决定于引孔、下管的施工质量。如引孔不到位，下管未进入基岩，将导致高压旋喷桩未隔断渗漏通道，基坑开挖时会发生渗漏。

2）设计风险

（1）设计基坑防渗止水帷幕选型不当：设计选型正确与否是决定基坑围护成功的关键。如选型不当，不仅不能满足施工条件的要求，甚至会产生基坑边坡破坏，危及施工人员的安全。

（2）设计对施工要求没有针对性：设计要转化为成功的工程实例，施工是主要环节。在设计时，应针对工艺，详细提出施工要求，包括提出施工质量检测要求以及加固措施，确保施工质量满足设计要求。

（3）降、排水设计不当：降、排水设计不符合实际情况，不能及时将地下水排出，影响施工进度，同时也会对基坑边坡安全产生不利影响。

（4）设计变更、修改和审核不及时：由于现场条件的改变，部分设计需进行变更或修改，以适应现场情况，若不能及时进行变更，修改或审核，将影响施工的进展，在不良地质情况下，未能及时变更设计，可能发生施工质量不满足要求，需要加固处理等不良后果。

3）施工技术风险

（1）三轴搅拌桩施工。

① 施工前未试成桩：施工前试成桩是三轴搅拌桩正式施工的必备条件。通过试成桩可以进一步确定施工参数，完善施工工艺。如施工前未试成桩，导致施工桩体质量不均匀，会增加基坑开挖阶段的渗漏风险。

② 珊瑚礁灰岩处理不到位：对成层分布的珊瑚礁灰岩需先用冲孔钻机破碎，回填后再施打三轴搅拌桩。如珊瑚礁灰岩地层处理不到位会影响三轴搅拌桩成桩质量或不能施打三轴搅拌桩，这样都会增加基坑开挖阶段的渗漏风险。

③ 施工设备安排不当：三轴搅拌桩设备安排应根据土体厚度、土体均匀性和珊瑚礁灰岩的分布情况来选择。如设备动力不足、机身扭矩不足等都会影响成桩施工质量。

（2）高压旋喷桩施工。

① 施工前未试成桩：施工前试成桩也是高压旋喷桩正式施工的必备条件。通过试成桩可以进一步确定施工参数，完善施工工艺。如施工前未试成桩，导致施工桩体质量不均匀，会增加基坑开挖阶段的渗漏风险。

② 引孔、下管不到位：引孔、下管是确保高压旋喷桩施工质量的关键环节。受施工队伍素质和质量监控部门管理力度的影响，引孔、下管不到位的情况时有发生，这样大大降低了高压旋喷桩防渗止水效果。

③ 施工设备安排不当：高压旋喷桩施工不能采用单管法，应采用双管或三管法。

④ 上下搭接不良：高压旋喷桩上要与三轴搅拌桩有效搭接、下要进入基岩，如在施工过程中，搭接处长度不足，或施打时停留时间不够而喷浆量不足，这些都将影响高压旋喷桩成桩质量。

（3）放坡、护坡。

① 放坡坡度不满足设计要求：入岩深基坑的土体、岩体放坡坡度均根据实践经验和计算得到的，如放坡坡度不满足设计要求，要么过缓而增加开挖量，要么过陡而危及边坡稳定性。前者有增加造价、工期之风险，后者有危及边坡安全稳定性之风险。

② 放坡平台不满足设计要求：放坡平台是多级放坡的要求，主要是考虑边坡稳定性。对于临海深基坑，放坡平台还要考虑明排水的需要。基坑坑底要留有基础施工空间和排水空间。如放坡平台宽度不满足设计要求，要么过宽而增加开挖量，要么过窄而危及边坡稳定性、不方便明排水。前者有增加造价、工期之风险，后者有危及边坡安全稳定性、不方便施工之风险。

③ 护坡施工质量不良：护坡施工未按设计要求操作，护坡厚度不均，这些都会造成护坡坡面的整体强度下降，在降雨期会发生局部或大面积坍塌的破坏，危及边坡稳定性。

④ 底腰梁施工质量不良：底腰梁对整体边坡稳定性和堵填基岩面附近的渗漏通道起着重要作用。底腰梁施工要根据基岩面起伏情况作调整，一定要全周长、全封闭施工。如施工时未按要求施工，可能导致边坡失稳或渗漏量不能有效控制。

（4）降、排水施工。

① 截、排水沟施工不当：导致地表水向基坑内流淌，或基坑内排水距离设计不当，基坑内排水反流进入基坑。基坑内积水不能及时排出。

② 降水效果不良：降水不到位影响基坑开挖工作，延长施工工期，增加基坑施工造价，增加基坑边坡失稳风险。

③ 排水能力不足：排水设备不到位，排水系统失效，排水施工组织不当，致使排水能力不满足要求，不能及时排除基坑渗漏积水及降雨，以及潮汐作用引起的地下水渗漏积水，影响基坑开挖或爆破开挖，延长工期，增加造价，加大基坑失稳风险。

（5）检测、监测不到位。

① 止水帷幕施工质量检测结果有效性不足：检测结果与实际施工质量不符，不能有效反映止水帷幕体的真正施工质量，导致对施工质量评价有误，加固处理方案无针对性，加固处理效果差。

② 基坑位移监测结果有误：基坑位移监测是确保基坑安全稳定性的重要手段，监测结果有误会导致对基坑边坡稳定性的误判，会危及基坑安全，丧失加固处理的最佳时机，加大基坑边坡破坏失稳风险。

③ 基坑渗漏情况监测有误：会导致基坑渗漏量增加，加大排水设备、人员的投入，延误工期，增加造价，严重时会危及基坑边坡安全稳定性。

4）施工管理风险

（1）供水供电不稳定：不能提供稳定的供水供电，经常发生停水、停电，增加施工成本，影响工程的施工进度。

(2) 施工组织协调不力：防渗止水帷幕体施工分四道工序，工序之间相互时间搭接、工作面的安排等，若不能有效组织协调，将造成资源浪费，增加施工成本，影响工程的施工进度。

(3) 进度安排不合理：不合理的进度安排，导致施工成本增加，进度受影响。

(4) 安全管理方面。

① 施工用电不规范：施工时，由于用电不规范、电源的不可靠、高压电源缺少保护等施工用电不规范引发对人员及设备损害的风险。

② 施工机械风险：由于操作不规范，不遵守安全防护措施，在设备运输、安装、拆除、吊装等过程将会造成人员伤害等风险。

(5) 材料设备方面。

① 材料设备供应不足：由于材料或设备供应不足导致施工进度延缓。

② 材料设备质量或规格不合格：由于材料或设备在质量或规格方面不符合要求，导致施工进度缓慢或施工质量差的风险。

③ 新材料、新设备：由于对新材料、新设备的性能不了解，导致施工质量得不到保证，施工进度缓慢。

5) 环境保护风险

(1) 职业病风险：施工产生的粉尘、噪声、振动等易造成尘肺、职业性噪声聋、眼部灼伤以及电光性眼炎等职业病风险。

(2) 生态破坏：施工存在高压旋喷注浆对地下水造成污染，地下水的排放造成地下水水位下降，废渣等排放对海水的污染等生态破坏风险。

6) 自然灾害风险

(1) 台风、暴雨：海南地区属于亚热带海洋气候，降水十分丰富，雨季、台风时期长且大：7—10 月为台风季节，最大台风可达 12 级，一般刮台风的同时会带来暴雨，可能导致海水或地表水向隧道内倒灌。

(2) 潮汐作用：海南地区潮汐属于混合潮型，在基坑开挖期间，潮汐作用会引起每天 2:00—4:00 地下水水位上升，基坑内地下水渗漏量加大，增加明排水工作量。

通过以上分析，得到如图 7-7 所示的施工风险层次分析结构模型。

7.4.3 风险评价指标体系

根据 7.4.2 节风险识别得出的防渗止水系统施工风险因素，结合层次分析法，建立施工风险评价指标体系，并运用 1～9 标度法得到各风险因素的权重 w_i。具体计算过程如表 7-7—表 7-21 所示。

表 7-7 施工层次

施工风险因素	A	B	C	D	E	F
A	1	2	3	3	5	3
B	1/2	1	1/2	1/2	3	4
C	1/3	2	1	1	5	3
D	1/3	2	1	1	1	1/2
E	1/5	1/3	1/3	1/5	1	1/2
F	1/3	1/4	1/3	1/3	2	1

特征向量为：[0.343 0.144 0.198 0.198 0.048 0.069]；

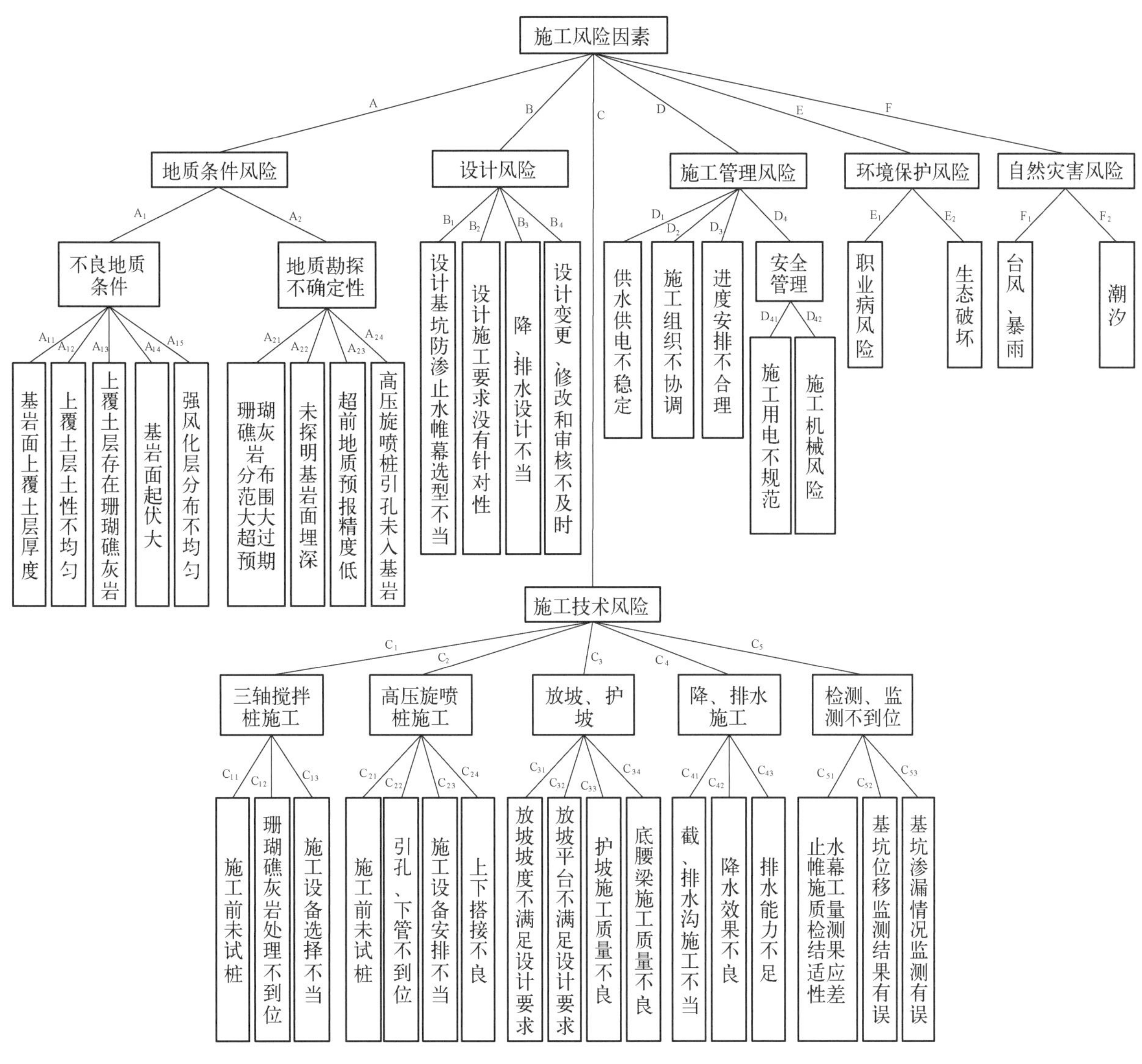

图 7-7 施工风险层次分析结构模型

最大特征值为：6.405；随机一致性比率为：0.065<0.1。

表 7-8 地质条件层次

A	A_1	A_2
A_1	1	2
A_2	1/2	1

特征向量为：[0.667 0.333]；最大特征值为：2.0。

表 7-9 不良地质条件层次

A_1	A_{11}	A_{12}	A_{13}	A_{14}	A_{15}
A_{11}	1	2	1/2	3	1/2
A_{12}	1/2	1	1/4	2	1
A_{13}	2	4	1	5	3

续 表

A_1	A_{11}	A_{12}	A_{13}	A_{14}	A_{15}
A_{14}	1/3	1/2	1/5	1	1/2
A_{15}	2	1	1/3	2	1

特征向量为：[0.182　0.128　0.438　0.074　0.178]；最大特征值为：5.19；随机一致性比率为：0.043<0.1。

表 7-10　地质勘探不确定性层次

A_2	A_{21}	A_{22}	A_{23}	A_{24}
A_{21}	1	3	5	1
A_{22}	0.33	1	2	1
A_{23}	0.2	0.5	1	0.5
A_{24}	1	0.5	2	1

特征向量为：[0.434　0.199　0.104　0.262]；最大特征值为：4.130；随机一致性比率为：0.048<0.1。

表 7-11　设计层次

B	B_1	B_2	B_3	B_4
B_1	1	5	3	8
B_2	1/5	1	2	5
B_3	1/3	1/2	1	5
B_4	1/8	1/5	1/5	1

特征向量为：[0.579　0.208　0.167　0.046]；最大特征值为：4.244；随机一致性比率为：0.091<0.1。

表 7-12　施工技术层次

C	C_1	C_2	C_3	C_4	C_5
C_1	1	1/3	2	5	3
C_2	3	1	7	6	4
C_3	1/2	1/7	1	2	1/3
C_4	1/5	1/6	1/2	1	1/4
C_5	1/3	1/4	3	4	1

特征向量为：[0.228　0.501　0.078　0.048　0.145]；最大特征值为：5.27；随机一致性比率为：0.061<0.1。

表 7－13　三轴搅拌桩施工层次

C_1	C_{11}	C_{12}	C_{13}
C_{11}	1	1/3	1/2
C_{12}	3	1	3
C_{13}	2	1/3	1

特征向量为：[0.157　0.594　0.249]；最大特征值为：3.047；随机一致性比率为：0.045<0.1。

表 7－14　高压旋喷桩施工层次

C_2	C_{21}	C_{22}	C_{23}	C_{24}
C_{21}	1	1/5	1/3	1/4
C_{22}	5	1	2	1/2
C_{23}	3	1/2	1	1/3
C_{24}	4	2	3	1

特征向量为：[0.073　0.305　0.171　0.451]；最大特征值为：4.0978；随机一致性比率为：0.036<0.1。

表 7－15　放坡、护坡层次

C_3	C_{31}	C_{32}	C_{33}	C_{34}
C_{31}	1	2	3	1/2
C_{32}	1/2	1	1/2	1/3
C_{33}	1/3	2	1	1/2
C_{34}	2	3	2	1

特征向量为：[0.294　0.120　0.170　0.416]；最大特征值为：4.159；随机一致性比率为：0.060<0.1。

表 7－16　降、排水施工层次

C_4	C_{41}	C_{42}	C_{43}
C_{41}	1	0.33	0.33
C_{42}	3	1	0.5
C_{43}	3	2	1

特征向量为：[0.139　0.333　0.528]；最大特征值为：3.047；随机一致性比率为：0.045<0.1。

表 7－17　检测、监测层次

C_5	C_{51}	C_{52}	C_{53}
C_{51}	1	3	2
C_{52}	1/3	1	1/2
C_{53}	1/2	2	1

特征向量为：[0.540　0.163　0.297]；最大特征值为：3.005；随机一致性比率为：0.005<0.1。

表 7-18 施工管理层次

D	D_1	D_2	D_3	D_4
D_1	1	1/5	1/2	1/4
D_2	5	1	3	1/3
D_3	2	1/3	1	1/2
D_4	4	3	2	1

特征向量为：[0.082 0.307 0.156 0.455]；最大特征值为：4.256；随机一致性比率为：0.096<0.1。

表 7-19 安全管理层次

D_4	D_{41}	D_{42}
D_{41}	1	1
D_{42}	1	1

特征向量为：[0.5 0.5]；最大特征值为：2.0。

表 7-20 环境保护层次

E	E_1	E_2
E_1	1	2
E_2	1/2	1

特征向量为：[0.667 0.333]；最大特征值为：2.0。

表 7-21 自然灾害层次

F	F_1	F_2
F_1	1	2
F_2	1/2	1

特征向量为：[0.667 0.333]；最大特征值为：2.0。

最后，得到表 7-22 所示的风险分析权重。

通过表 7-22 可以看出，施工风险因素中，地质条件风险是第一位的，其中基岩面上覆土体存在珊瑚礁灰岩和高压旋喷桩引孔未入基岩风险最大；施工管理和施工技术方案是第二位，设计风险和环境与自然灾害风险居于次要位置，施工技术风险主要是高压旋喷桩施工质量风险，体现在上下搭接不良所造成的渗漏风险最大。

7.4.4 小 结

本节运用分解结构法将防渗止水系统施工的风险因素大致分为六个子系统，地质条件风险、设计风险、施工技术风险、施工管理风险、环境保护风险、自然灾害风险，再通过专家函询的方式，得到防渗止水系统施工的主要风险因素。

本节运用层次分析法，将已识别的风险因素按支配关系分组形成有序的递阶层次结构，并利用1～9标度法通过两两比较的方式确定层次中诸因素的相对重要性。通过分析，施工风险因素中，地质条件风险是第一位的，施工管理和施工技术方案是第二位，设计风险和环境与自然灾害风险居于次要位置。

表 7-22 施工风险分析权重

<table>
<tr><td rowspan="30">施工风险(U)</td><td rowspan="9">地质条件风险(U1)($w_1=0.343$)</td><td rowspan="5">不良地质条件(U11)($w_{11}=0.667$)</td><td>基岩面上覆土层厚度(U111)($w_{111}=0.182$)</td></tr>
<tr><td>上覆土层土性不均匀(U112)($w_{112}=0.128$)</td></tr>
<tr><td>上覆土层存在珊瑚礁灰岩(U113)($w_{113}=0.438$)</td></tr>
<tr><td>基岩面起伏大(U114)($w_{114}=0.074$)</td></tr>
<tr><td>强风化层分布不均匀(U115)($w_{115}=0.178$)</td></tr>
<tr><td rowspan="4">地质勘探不确定性(U12)($w_{12}=0.333$)</td><td>珊瑚礁灰岩分布范围大大超过预期值(U121)($w_{121}=0.434$)</td></tr>
<tr><td>未探明基岩面埋深(U122)($w_{122}=0.199$)</td></tr>
<tr><td>超前地质预报精度低(U123)($w_{123}=0.105$)</td></tr>
<tr><td>高压旋喷桩引孔未入基岩(U124)($w_{124}=0.262$)</td></tr>
<tr><td rowspan="4">设计风险(U2)($w_2=0.144$)</td><td>设计基坑防渗止水帷幕选型不当(U21)($w_{21}=0.578$)</td><td></td></tr>
<tr><td>设计施工要求没有针对性(U22)($w_{22}=0.208$)</td><td></td></tr>
<tr><td>降、排水设计不当(U23)($w_{23}=0.167$)</td><td></td></tr>
<tr><td>设计变更、修改和审核不及时(U24)($w_{25}=0.047$)</td><td></td></tr>
<tr><td rowspan="17">施工技术风险(U3)($w_3=0.198$)</td><td rowspan="3">三轴搅拌桩施工(U31)($w_{31}=0.228$)</td><td>施工前未试桩(U311)($w_{311}=0.157$)</td></tr>
<tr><td>珊瑚礁灰岩处理不到位(U312)($w_{312}=0.594$)</td></tr>
<tr><td>施工设备选择不当(U313)($w_{313}=0.249$)</td></tr>
<tr><td rowspan="4">高压旋喷桩施工(U32)($w_{32}=0.501$)</td><td>施工前未试成桩(U321)($w_{321}=0.073$)</td></tr>
<tr><td>引孔、下管不到位(U322)($w_{322}=0.305$)</td></tr>
<tr><td>施工设备安排不当(U323)($w_{323}=0.171$)</td></tr>
<tr><td>上下搭接不良(U324)($w_{324}=0.451$)</td></tr>
<tr><td rowspan="4">放坡、护坡(U33)($w_{33}=0.078$)</td><td>放坡坡度不满足时间要求(U331)($w_{331}=0.294$)</td></tr>
<tr><td>放坡平台不满足时间要求(U332)($w_{332}=0.120$)</td></tr>
<tr><td>护坡施工质量不良(U333)($w_{333}=0.170$)</td></tr>
<tr><td>底腰梁施工质量不良(U334)($w_{334}=0.416$)</td></tr>
<tr><td rowspan="3">降、排水施工(U34)($w_{34}=0.049$)</td><td>截、排水沟施工不当(U341)($w_{341}=0.139$)</td></tr>
<tr><td>降水效果不良(U342)($w_{342}=0.333$)</td></tr>
<tr><td>排水能力不足(U343)($w_{343}=0.528$)</td></tr>
<tr><td rowspan="3">检测、监测不到位(U35)($w_{35}=0.144$)</td><td>止水帷幕施工质量检测适应性差(U351)($w_{351}=0.540$)</td></tr>
<tr><td>基坑位移监测结果有误(U352)($w_{352}=0.163$)</td></tr>
<tr><td>基坑渗漏监测情况有误(U353)($w_{353}=0.297$)</td></tr>
</table>

续 表

<table>
<tr><td rowspan="9">施工风险(U)</td><td rowspan="5">施工管理风险(U4)
(w_4=0.198)</td><td>供水供电不稳定(U41)
(w_{41}=0.082)</td><td></td></tr>
<tr><td>施工组织不协调(U42)
(w_{42}=0.307)</td><td></td></tr>
<tr><td>进度安排不合理(U43)
(w_{43}=0.156)</td><td></td></tr>
<tr><td rowspan="2">安全管理(U44)
(w_{44}=0.455)</td><td>施工用电不规范(U441)(w_{441}=0.5)</td></tr>
<tr><td>施工机械风险(U442)(w_{442}=0.5)</td></tr>
<tr><td rowspan="2">环境保护风险(U5)
(w_5=0.048)</td><td>职业病风险(U51)
(w_{51}=0.667)</td><td></td></tr>
<tr><td>生态破坏(U52)
(w_{52}=0.333)</td><td></td></tr>
<tr><td rowspan="2">自然灾害(U6)
(w_6=0.069)</td><td>台风、暴雨(U61)
(w_{61}=0.667)</td><td></td></tr>
<tr><td>潮汐作用(U62)
(w_{62}=0.333)</td><td></td></tr>
</table>

7.5 施工风险估计

7.5.1 风险估计的主要理论

施工风险估计是对识别出来的施工风险因素的发生概率及损失的严重性进行估计，是施工风险评价的基础，但风险概率和风险后果并不能很容易精确估计出来。风险概率的估计有两种方法：一种方法是利用过去的或类似的基坑工程施工项目风险数据和信息资料，估计当前工程项目风险概率。但由于临海地区入岩深基坑施工的复杂性和特殊性，且缺乏有效的历史资料及数据，因此不能采用此方法来精确反映当前工程项目的风险概率[191]。另一种方法是通过有经验的项目风险管理者或风险专家，主观估计项目风险概率。但由于估计的主观性，项目风险管理者或风险专家对项目风险概率很难给出精确的大小，而只能给出模糊的大小，因此在这种情况下，项目风险管理者或风险专家更喜欢用"可能地""偶尔地"等比较模糊的语言来反映项目风险概率[192]。同理，估计出的风险损失也应该是模糊的大小。由于基坑工程施工风险的度量具有模糊性，因此本研究引入模糊理论来表现临海深基坑工程施工风险度量的模糊性。

1）模糊数学

模糊集合的概念是美国学者 L. A. Zadeh 于 1965 年首次提出，对模糊的行为和活动建立模型。模糊数学从二值逻辑的基础上转移到连续逻辑上来，把绝对的"是"与"非"变为更加灵活的概念，在相当的域值上去相对地划分"是"与"非"，这并非让数学放弃它的严格性去迁就模糊性，相反，是以严格的数学方法去处理模糊现象。

模糊数学的优势在于：它为现实世界中普遍存在的模糊、不清晰的问题提供了一种充分的概念化结构，并以数学的语言去分析和解决它们。它特别适合用于处理那些模糊、难以定义的并难以用数字描述而易于用语言描述的变量。深基坑施工过程中潜含的各种风险因素很大一部分难以用数字来准确地加以定量描述，但都可以利用历史经验或专家知识，用语言生动地描述出它们的性质及其可能的影响结果。并且，现有的绝大多数风险分析模型都是需要数字的定量技术，而与风险分析相关的大部分信息却是很难用数字表示的，但易于用文字或句子来描述，这种性质最适合采用模糊数学模型来解决问题[193]。

模糊数学处理非数字化、模糊、难定义的变量有独到之处，并能提供合理的数学规则去解决变量问题，相应得出的数学结果又能通过一定的方法转为语言描述。这一特性极适于解决临海深基坑施工过程中普遍存在的潜在风险。

(1) 模糊集。

设 X 是论域，称映射 $\mu_{\underset{\sim}{A}}: X \to [0, 1]; x \mapsto \mu_{\underset{\sim}{A}}(x)$。

确定了 X 的一个模糊子集，简称模糊集，记为 $\widetilde{A}$。$\mu_{\underset{\sim}{A}}$ 称为模糊集 $\widetilde{A}$ 的隶属函数，$\mu_{\underset{\sim}{A}}(x)$ 称为元素 X 隶属于 $\widetilde{A}$ 的程度，简称隶属度。

(2) 隶属函数。

隶属函数的确定是模糊理论的基础，隶属函数的确定带有人为主观因素，但决不可以任意臆造，而必须以客观规律为基础。隶属函数的确定通常先初步确定粗略的隶属函数，然后通过不断的实践检验，逐渐修正和完善，最终达到主观和客观的一致。

隶属函数的确定有许多方法，例如：五点法、三分法、选择法、遗传算法、专家经验法、典型函数法、模糊统计法、可变模型法、相对选择法、二元对比排序法、人工神经元网络学习法等。本书采用专家经验法确定风险因素的损失概率和损失值。专家经验法是根据专家的经验和学识来确定隶属函数的方法。

(3) 模糊数。

模糊数是一种特殊的模糊集，是模糊化的区间数，它不但能表示区间全体，而且还能表示区间内各元素对该区间的隶属度。模糊数的表示方式和模糊集的表示方式相同。

定义：设 $\widetilde{I}$ 为实数域 $\mathbf{R}$ 上的模糊集，$\mu_{\mathrm{T}}(u)$ 是它的隶属函数，设 $\beta = Sup\mu_{\mathrm{T}}(u)$ [符号 Sup 表示 $\widetilde{I}$ 的上模，即 $\mu_{\mathrm{T}}(u)$ 的极大值]，若对任意 $\lambda \in (0, \beta)$，$I_\lambda = \{u \mid \mu_{\mathrm{T}}(u) \geqslant \lambda\}$ 都是一个闭区间，则称 $\widetilde{I}$ 是一个模糊数。

若 $\widetilde{A} = (a, b, c, d)$，其中 a, b, c, d 是实数，则称 $\widetilde{A}$ 为梯形模糊数，梯形模糊数 $\widetilde{A}$ 是实数集 $\mathbf{R}$ 的模糊子集，其隶属函数 $\mu_{\widetilde{A}}$ 满足下列条件：

$$\mu_{\widetilde{\lambda}}(x) = \begin{cases} \dfrac{x-a}{b-a}, & a \leqslant x \leqslant b \\ 1, & b \leqslant x \leqslant c \\ \dfrac{x-d}{c-d}, & c \leqslant x \leqslant d \\ 0, & \text{其他} \end{cases} \tag{7-19}$$

(4) 模糊集的重心。

当论域 $U = \{u_1, u_2, \cdots, u_n\} \subset \mathbf{R}$ ($\mathbf{R}$ 为实数域)时，U 上模糊集 $\widetilde{A}$ [隶属函数为 $\mu_{\widetilde{\lambda}}(u)$] 的重心定义为：

$$G_{\widetilde{\lambda}}=\frac{\sum_{i=1}^{n}\mu_{\widetilde{\lambda}}(u_i)\cdot u_i}{\sum_{i=1}^{n}\mu_{\widetilde{A}}(u_i)} \tag{7-20}$$

其中，$\sum_{i=1}^{n}\mu_{\widetilde{A}}(u_i)\neq 0$。

模糊集的重心是模糊集的固有属性，它反映了模糊集的隶属度在论域 U 内集中的地方[194]。

2) 基本风险概率的模糊估计

(1) 确定专家权重。

本研究采用加权平均法对专家经验法得到的数据进行处理，确定风险概率的隶属度。根据专家的年龄、资历、经验等，将专家大致分为四类，专家权重分别取 1.0，0.8，0.5，0.3，其中一类专家所做出的判断是最可靠的，数据所反映的信息是最真实的。

(2) 风险概率分级。

本研究根据国际通用的风险发生概率定性的定级方法，将风险发生概率 P 分为五级(表 7-23)。

表 7-23　风险概率分级

级　别	事件频率	发生概率
A	不可能	<0.01%
B	难得地	0.01%～0.1%
C	偶尔地	0.1%～1%
D	可能地	1%～10%
E	频繁地	>10%

(3) 专家模糊估计。

第 i 个专家对第 j 个风险因素的 5 个发生概率等级隶属度作出评价，可用式(7-21)表示：

$$P_{ij}=\frac{u_{PAij}}{A}+\frac{u_{PBij}}{B}+\frac{u_{PCij}}{C}+\frac{u_{PDij}}{D}+\frac{u_{PEij}}{E} \tag{7-21}$$

其中

$$\sum_{k=A}^{E}u_{Pkij}=1 \tag{7-22}$$

(4) 基本风险因素发生概率的隶属度。

根据 n 个专家对某基本风险因素 j 的概率隶属度评价结果，进行加权平均，得到基本风险因素 j 发生概率的模糊集：

$$P_j=\frac{u_{PAj}}{A}+\frac{u_{PBj}}{B}+\frac{u_{PCj}}{C}+\frac{u_{PDj}}{D}+\frac{u_{PEj}}{E} \tag{7-23}$$

其中

$$u_{Pkj}=\frac{\sum_{i=1}^{n}\gamma_i u_{Pkij}}{\sum_{i=1}^{n}\gamma_i}(k=A,\ B,\ C,\ D,\ E) \tag{7-24}$$

式中，n 代表专家个数。

3）风险损失的模糊估计

临海深基坑工程施工风险损失的类别，根据承险体的不同，一共有六类损失，包括工期损失、直接经济损失、人员伤亡损失、环境影响损失、社会影响损失和生态环境破坏损失。直接经济损失是指由于工程事故产生的设备损坏、加固处理等造成的费用损失，这也是深基坑工程最主要的损失；工期损失是指由于各种工程事故产生后，事故处理、返工及重建加固对工期的延误；人员伤亡损失是指各种工程事故产生的人员伤害；环境影响损失是指基坑施工对周边构筑物产生的影响，例如房屋倒塌、道路开裂、管线破坏等造成的损失；社会影响损失是指施工过程对人民生活产生的影响，例如施工噪声、污水排放问题等等都可能引起群众的不满，造成不良的社会影响；生态环境损失是指基坑施工对土壤、地下水、空气等自然环境造成的影响[195]。以上不同损失类别，通过转换，可以用同一指标进行表示。但由于估计的主观性，项目风险管理者或风险专家对项目风险的各类损失很难给出精确的大小，而只能给出模糊的大小，如用“严重地”“较轻地”等比较模糊的语言来反映项目风险损失。本书根据国际通用的风险后果定性的定级方法，将风险损失分为四级（表 7－24）。

表 7－24　风险损失分级

级　别	后 果 描 述	定　　　义
1	后果可忽略	基坑变形和渗漏量均较小，环境破坏轻微，不伤人、轻微的职业病害
2	后果较轻	基坑变形较大、渗漏可控，轻微机械事故或环境破坏，轻度伤人、轻度职业病害
3	后果严重	基坑局部失稳、渗漏严重，机械事故或环境破坏，重度伤人、重度职业病
4	灾难性后果	基坑失稳、严重的机械事故或环境毁坏，人员伤亡

7.5.2 深基坑工程施工的基本风险因素的概率估计

根据上述原理，计算过程如表 7－25—表 7－35 所示。

1）地质条件风险

表 7－25　不良地质条件风险概率估计

基本风险因素	专家级别	总人数	权重	总基数	风险概率等级					合计
					一	二	三	四	五	
A_{11}	一类	5	1	19.5	2	1	2	0	0	5
	二类	10	0.8		4	4	2	0	0	10
	三类	10	0.5		5	2	2	1	0	10
	四类	5	0.3		2	1	1	1	0	5
	基本风险因素的概率估计				0.426	0.282	0.251	0.041	0.000	1.000
基本风险因素	专家级别	总人数	权重	总基数	风险概率等级					合计
					一	二	三	四	五	
A_{12}	一类	5	1	19.5	3	2	0	0	0	5
	二类	10	0.8		4	3	3	0	0	10
	三类	10	0.5		5	3	2	0	0	10
	四类	5	0.3		2	2	1	0	0	5
	基本风险因素的概率估计				0.477	0.333	0.190	0.000	0.000	1.000

续 表

基本风险因素	专家级别	总人数	权重	总基数	风险概率等级					合计
					一	二	三	四	五	
A_{13}	一类	5	1	19.5	4	1	0	0	0	5
	二类	10	0.8		6	2	2	0	0	10
	三类	10	0.5		5	2	3	0	0	10
	四类	5	0.3		3	2	0	0	0	5
	基本风险因素的概率估计				0.626	0.215	0.159	0.000	0.000	1.000
基本风险因素	专家级别	总人数	权重	总基数	风险概率等级					合计
					一	二	三	四	五	
A_{14}	一类	5	1	19.5	2	3	0	0	0	5
	二类	10	0.8		6	3	1	0	0	10
	三类	10	0.5		4	2	4	0	0	10
	四类	5	0.3		4	0	1	0	0	5
	基本风险因素的概率估计				0.513	0.328	0.159	0.000	0.000	1.000
基本风险因素	专家级别	总人数	权重	总基数	风险概率等级					合计
					一	二	三	四	五	
A_{15}	一类	5	1	19.5	1	2	1	1	0	5
	二类	10	0.8		2	4	3	1	0	10
	三类	10	0.5		1	2	5	2	0	10
	四类	5	0.3		1	3	1	0	0	5
	基本风险因素的概率估计				0.174	0.364	0.318	0.144	0.000	1.000

表 7-26　地质勘探不确定性风险概率估计

基本风险因素	专家级别	总人数	权重	总基数	风险概率等级					合计
					一	二	三	四	五	
A_{21}	一类	5	1	19.5	3	2	0	0	0	5
	二类	10	0.8		4	2	4	0	0	10
	三类	10	0.5		3	5	2	0	0	10
	四类	5	0.3		1	2	1	1	0	5
	基本风险因素的概率估计				0.410	0.344	0.231	0.015	0.000	1.000
基本风险因素	专家级别	总人数	权重	总基数	风险概率等级					合计
					一	二	三	四	五	
A_{22}	一类	5	1	19.5	2	2	1	0	0	5
	二类	10	0.8		4	3	2	1	0	10
	三类	10	0.5		2	4	2	2	0	10
	四类	5	0.3		1	2	1	1	0	5
	基本风险因素的概率估计				0.333	0.359	0.200	0.108	0.000	1.000

续 表

基本风险因素	专家级别	总人数	权重	总基数	风险概率等级					合计
					一	二	三	四	五	
A_{23}	一类	5	1	19.5	2	2	1	0	0	5
	二类	10	0.8		3	4	2	1	0	10
	三类	10	0.5		2	2	4	2	0	10
	四类	5	0.3		1	1	2	1	0	5
	基本风险因素的概率估计				0.292	0.333	0.267	0.108	0.000	1.000

基本风险因素	专家级别	总人数	权重	总基数	风险概率等级					合计
					一	二	三	四	五	
A_{24}	一类	5	1	19.5	3	2	0	0	0	5
	二类	10	0.8		2	4	2	2	0	10
	三类	10	0.5		4	3	2	1	0	10
	四类	5	0.3		2	1	1	1	0	5
	基本风险因素的概率估计				0.369	0.359	0.149	0.123	0.000	1.000

2）设计风险

表 7-27 设计风险概率估计

基本风险因素	专家级别	总人数	权重	总基数	风险概率等级					合计
					一	二	三	四	五	
B_1	一类	5	1	19.5	1	1	1	2	0	5
	二类	10	0.8		2	2	1	5	0	10
	三类	10	0.5		3	1	2	4	0	10
	四类	5	0.3		1	1	1	2	0	5
	基本风险因素的概率估计				0.226	0.174	0.159	0.441	0.000	1.000

基本风险因素	专家级别	总人数	权重	总基数	风险概率等级					合计
					一	二	三	四	五	
B_2	一类	5	1	19.5	1	2	1	1	0	5
	二类	10	0.8		4	3	2	1	0	10
	三类	10	0.5		2	3	2	3	0	10
	四类	5	0.3		1	1	1	2	0	5
	基本风险因素的概率估计				0.282	0.318	0.200	0.200	0.000	1.000

基本风险因素	专家级别	总人数	权重	总基数	风险概率等级					合计
					一	二	三	四	五	
B_3	一类	5	1	19.5	1	1	2	1	0	5
	二类	10	0.8		2	2	3	3	0	10
	三类	10	0.5		1	3	3	2	1	10
	四类	5	0.3		1	1	1	2	0	5
	基本风险因素的概率估计				0.174	0.226	0.318	0.256	0.026	1.000

续 表

基本风险因素	专家级别	总人数	权重	总基数	风险概率等级					合计
					一	二	三	四	五	
B_4	一类	5	1	19.5	1	2	1	1	0	5
	二类	10	0.8		2	3	1	2	2	10
	三类	10	0.5		2	1	3	4	0	10
	四类	5	0.3		1	2	1	1	0	5
	基本风险因素的概率估计				0.200	0.282	0.185	0.251	0.082	1.000

3）施工技术风险

表 7－28　三轴搅拌桩施工风险概率估计

基本风险因素	专家级别	总人数	权重	总基数	风险概率等级					合计
					一	二	三	四	五	
C_{11}	一类	5	1	19.5	2	1	1	1	0	5
	二类	10	0.8		4	3	3	0	0	10
	三类	10	0.5		2	4	2	2	0	10
	四类	5	0.3		1	1	2	1	0	5
	基本风险因素的概率估计				0.333	0.292	0.256	0.118	0.000	1.000
基本风险因素	专家级别	总人数	权重	总基数	风险概率等级					合计
					一	二	三	四	五	
C_{12}	一类	5	1	19.5	1	2	1	1	0	5
	二类	10	0.8		2	4	3	1	0	10
	三类	10	0.5		3	2	2	3	0	10
	四类	5	0.3		1	1	1	2	0	5
	基本风险因素的概率估计				0.226	0.333	0.241	0.200	0.000	1.000
基本风险因素	专家级别	总人数	权重	总基数	风险概率等级					合计
					一	二	三	四	五	
C_{13}	一类	5	1	19.5	3	2	0	0	0	5
	二类	10	0.8		2	4	2	2	0	10
	三类	10	0.5		3	2	3	2	0	10
	四类	5	0.3		1	1	2	1	0	5
	基本风险因素的概率估计				0.328	0.333	0.190	0.149	0.000	1.000

表 7－29　高压旋喷桩施工风险概率估计

基本风险因素	专家级别	总人数	权重	总基数	风险概率等级					合计
					一	二	三	四	五	
C_{21}	一类	5	1	19.5	2	2	1	0	0	5
	二类	10	0.8		3	4	3	0	0	10
	三类	10	0.5		2	3	2	3	0	10
	四类	5	0.3		1	2	1	1	0	5
	基本风险因素的概率估计				0.292	0.374	0.241	0.092	0.000	1.000

续 表

基本风险因素	专家级别	总人数	权重	总基数	风险概率等级					合计
					一	二	三	四	五	
C_{22}	一类	5	1	19.5	2	3	0	0	0	5
	二类	10	0.8		3	4	3	0	0	10
	三类	10	0.5		2	5	3	0	0	10
	四类	5	0.3		1	2	1	1	0	5
	基本风险因素的概率估计				0.292	0.477	0.215	0.015	0.000	1.000

基本风险因素	专家级别	总人数	权重	总基数	风险概率等级					合计
					一	二	三	四	五	
C_{23}	一类	5	1	19.5	2	2	1	0	0	5
	二类	10	0.8		3	4	3	0	0	10
	三类	10	0.5		2	3	3	2	0	10
	四类	5	0.3		1	1	2	1	0	5
	基本风险因素的概率估计				0.292	0.359	0.282	0.067	0.000	1.000

基本风险因素	专家级别	总人数	权重	总基数	风险概率等级					合计
					一	二	三	四	五	
C_{24}	一类	5	1	19.5	3	2	0	0	0	5
	二类	10	0.8		4	3	3	0	0	10
	三类	10	0.5		5	2	3	0	0	10
	四类	5	0.3		1	2	2	0	0	5
	基本风险因素的概率估计				0.462	0.308	0.231	0.000	0.000	1.000

表 7-30 放坡、护坡风险概率估计

基本风险因素	专家级别	总人数	权重	总基数	风险概率等级					合计
					一	二	三	四	五	
C_{31}	一类	5	1	19.5	1	1	1	2	0	5
	二类	10	0.8		2	3	2	3	0	10
	三类	10	0.5		1	4	2	3	0	10
	四类	5	0.3		1	1	1	2	0	5
	基本风险因素的概率估计				0.174	0.292	0.200	0.333	0.000	1.000

基本风险因素	专家级别	总人数	权重	总基数	风险概率等级					合计
					一	二	三	四	五	
C_{32}	一类	5	1	19.5	2	1	1	1	0	5
	二类	10	0.8		3	2	3	2	0	10
	三类	10	0.5		1	4	2	3	0	10
	四类	5	0.3		1	2	1	1	0	5
	基本风险因素的概率估计				0.267	0.267	0.241	0.226	0.000	1.000

续 表

基本风险因素	专家级别	总人数	权重	总基数	风险概率等级					合计
					一	二	三	四	五	
C_{33}	一类	5	1	19.5	1	1	2	1	0	5
	二类	10	0.8		2	4	2	2	0	10
	三类	10	0.5		1	3	3	3	0	10
	四类	5	0.3		1	1	2	1	0	5
	基本风险因素的概率估计				0.174	0.308	0.292	0.226	0.000	1.000

基本风险因素	专家级别	总人数	权重	总基数	风险概率等级					合计
					一	二	三	四	五	
C_{34}	一类	5	1	19.5	2	2	1	0	0	5
	二类	10	0.8		3	4	3	0	0	10
	三类	10	0.5		2	2	3	3	0	10
	四类	5	0.3		1	1	2	1	0	5
	基本风险因素的概率估计				0.292	0.333	0.282	0.092	0.000	1.000

表 7-31 降、排水施工风险概率估计

基本风险因素	专家级别	总人数	权重	总基数	风险概率等级					合计
					一	二	三	四	五	
C_{41}	一类	5	1	19.5	1	2	1	1	0	5
	二类	10	0.8		2	4	6	1	0	13
	三类	10	0.5		1	3	4	2	0	10
	四类	5	0.3		1	1	2	1	0	5
	基本风险因素的概率估计				0.174	0.359	0.431	0.159	0.000	1.123

基本风险因素	专家级别	总人数	权重	总基数	风险概率等级					合计
					一	二	三	四	五	
C_{42}	一类	5	1	19.5	1	3	1	0	0	5
	二类	10	0.8		2	3	3	2	0	10
	三类	10	0.5		1	4	3	2	0	10
	四类	5	0.3		1	1	2	1	0	5
	基本风险因素的概率估计				0.174	0.395	0.282	0.149	0.000	1.000

基本风险因素	专家级别	总人数	权重	总基数	风险概率等级					合计
					一	二	三	四	五	
C_{43}	一类	5	1	19.5	2	3	0	0	0	5
	二类	10	0.8		4	2	3	1	0	10
	三类	10	0.5		4	3	2	1	0	10
	四类	5	0.3		1	1	2	1	0	5
	基本风险因素的概率估计				0.385	0.328	0.205	0.082	0.000	1.000

表 7-32　检测、监测不到位风险概率估计

基本风险因素	专家级别	总人数	权重	总基数	风险概率等级					合计
					一	二	三	四	五	
C_{51}	一类	5	1	19.5	3	2	0	0	0	5
	二类	10	0.8		2	5	3	0	0	10
	三类	10	0.5		4	3	3	0	0	10
	四类	5	0.3		2	1	2	0	0	5
	基本风险因素的概率估计				0.369	0.400	0.231	0.000	0.000	1.000
基本风险因素	专家级别	总人数	权重	总基数	风险概率等级					合计
					一	二	三	四	五	
C_{52}	一类	5	1	19.5	1	2	2	0	0	5
	二类	10	0.8		2	3	2	3	0	10
	三类	10	0.5		1	4	3	2	0	10
	四类	5	0.3		1	1	2	1	0	5
	基本风险因素的概率估计				0.174	0.344	0.292	0.190	0.000	1.000
基本风险因素	专家级别	总人数	权重	总基数	风险概率等级					合计
					一	二	三	四	五	
C_{53}	一类	5	1	19.5	1	3	1	0	0	5
	二类	10	0.8		2	4	3	1	0	10
	三类	10	0.5		1	5	2	2	0	10
	四类	5	0.3		1	1	2	1	0	5
	基本风险因素的概率估计				0.174	0.462	0.256	0.108	0.000	1.000

4）施工管理风险

表 7-33　施工管理风险概率估计

基本风险因素	专家级别	总人数	权重	总基数	风险概率等级					合计
					一	二	三	四	五	
D_1	一类	5	1	19.5	1	2	2	0	0	5
	二类	10	0.8		3	2	3	2	0	10
	三类	10	0.5		1	4	3	2	0	10
	四类	5	0.3		1	1	2	1	0	5
	基本风险因素的概率估计				0.215	0.303	0.333	0.149	0.000	1.000
基本风险因素	专家级别	总人数	权重	总基数	风险概率等级					合计
					一	二	三	四	五	
D_2	一类	5	1	19.5	1	2	1	0	0	4
	二类	10	0.8		1	3	4	2	0	10
	三类	10	0.5		2	4	3	1	0	10
	四类	5	0.3		1	1	2	1	0	5
	基本风险因素的概率估计				0.159	0.344	0.323	0.123	0.000	0.949

续 表

基本风险因素	专家级别	总人数	权重	总基数	风险概率等级					合计
					一	二	三	四	五	
D_3	一类	5	1	19.5	1	2	1	1	0	5
	二类	10	0.8		4	3	2	1	0	10
	三类	10	0.5		2	4	3	1	0	10
	四类	5	0.3		1	1	2	1	0	5
	基本风险因素的概率估计				0.282	0.344	0.241	0.133	0.000	1.000
基本风险因素	专家级别	总人数	权重	总基数	风险概率等级					合计
					一	二	三	四	五	
D_{41}	一类	5	1	19.5	1	2	2	0	0	5
	二类	10	0.8		2	4	4	0	0	10
	三类	10	0.5		3	4	2	1	0	10
	四类	5	0.3		1	2	1	1	0	5
	基本风险因素的概率估计				0.226	0.400	0.333	0.041	0.000	1.000
基本风险因素	专家级别	总人数	权重	总基数	风险概率等级					合计
					一	二	三	四	五	
D_{42}	一类	5	1	19.5	1	2	2	0	0	5
	二类	10	0.8		2	4	4	0	0	10
	三类	10	0.5		3	4	2	1	0	10
	四类	5	0.3		1	2	1	1	0	5
	基本风险因素的概率估计				0.226	0.400	0.333	0.041	0.000	1.000

5）环境保护风险

表 7－34 环境保护风险概率估计

基本风险因素	专家级别	总人数	权重	总基数	风险概率等级					合计
					一	二	三	四	五	
E_1	一类	5	1	19.5	0	2	3	0	0	5
	二类	10	0.8		1	5	4	0	0	10
	三类	10	0.5		1	3	5	1	0	10
	四类	5	0.3		1	1	2	1	0	5
	基本风险因素的概率估计				0.082	0.400	0.477	0.041	0.000	1.000
基本风险因素	专家级别	总人数	权重	总基数	风险概率等级					合计
					一	二	三	四	五	
E_2	一类	5	1	19.5	1	1	2	1	0	5
	二类	10	0.8		1	4	3	2	0	10
	三类	10	0.5		1	3	4	2	0	10
	四类	5	0.3		1	1	2	1	0	5
	基本风险因素的概率估计				0.133	0.308	0.359	0.200	0.000	1.000

6）自然灾害风险

表 7-35 自然灾害风险概率估计

基本风险因素	专家级别	总人数	权重	总基数	风险概率等级					合计
					一	二	三	四	五	
F_1	一类	5	1	19.5	1	2	2	0	0	5
	二类	10	0.8		2	4	3	1	0	10
	三类	10	0.5		1	5	2	2	0	10
	四类	5	0.3		1	1	2	1	0	5
	基本风险因素的概率估计				0.174	0.410	0.308	0.108	0.000	1.000
基本风险因素	专家级别	总人数	权重	总基数	风险概率等级					合计
					一	二	三	四	五	
F_2	一类	5	1	19.5	1	3	1	0	0	5
	二类	10	0.8		2	4	3	1	0	10
	三类	10	0.5		1	5	2	2	0	10
	四类	5	0.3		1	1	2	1	0	5
	基本风险因素的概率估计				0.174	0.462	0.256	0.108	0.000	1.000

最后，得到表 7-36 所示的基本风险因素的概率估计结果。

表 7-36 基本风险因素的概率估计结果

风 险 因 素				概 率 等 级				
				一	二	三	四	五
U	A	A_1	A_{11}	0.426	0.282	0.251	0.041	0.000
			A_{12}	0.477	0.333	0.190	0.000	0.000
			A_{13}	0.626	0.215	0.159	0.000	0.000
			A_{14}	0.513	0.328	0.159	0.000	0.000
			A_{15}	0.174	0.364	0.318	0.144	0.000
		A_2	A_{21}	0.410	0.344	0.231	0.015	0.000
			A_{22}	0.333	0.359	0.200	0.108	0.000
			A_{23}	0.292	0.333	0.267	0.108	0.000
			A_{24}	0.369	0.359	0.149	0.123	0.000
	B	B_1		0.226	0.174	0.159	0.441	0.000
		B_2		0.282	0.318	0.200	0.200	0.000
		B_3		0.174	0.226	0.318	0.256	0.026
		B_4		0.200	0.282	0.185	0.251	0.082
	C	C_1	C_{11}	0.333	0.292	0.256	0.118	0.000
			C_{12}	0.226	0.333	0.241	0.200	0.000
			C_{13}	0.328	0.333	0.190	0.149	0.000

续 表

<table>
<tr><th colspan="4" rowspan="2">风 险 因 素</th><th colspan="5">概 率 等 级</th></tr>
<tr><th>一</th><th>二</th><th>三</th><th>四</th><th>五</th></tr>
<tr><td rowspan="23">U</td><td rowspan="14">C</td><td rowspan="4">C_2</td><td>C_{21}</td><td>0.292</td><td>0.374</td><td>0.241</td><td>0.092</td><td>0.000</td></tr>
<tr><td>C_{22}</td><td>0.292</td><td>0.477</td><td>0.215</td><td>0.015</td><td>0.000</td></tr>
<tr><td>C_{23}</td><td>0.292</td><td>0.359</td><td>0.282</td><td>0.067</td><td>0.000</td></tr>
<tr><td>C_{24}</td><td>0.462</td><td>0.308</td><td>0.231</td><td>0.000</td><td>0.000</td></tr>
<tr><td rowspan="4">C_3</td><td>C_{31}</td><td>0.174</td><td>0.292</td><td>0.200</td><td>0.333</td><td>0.000</td></tr>
<tr><td>C_{32}</td><td>0.267</td><td>0.267</td><td>0.241</td><td>0.226</td><td>0.000</td></tr>
<tr><td>C_{33}</td><td>0.174</td><td>0.308</td><td>0.292</td><td>0.226</td><td>0.000</td></tr>
<tr><td>C_{34}</td><td>0.292</td><td>0.333</td><td>0.282</td><td>0.092</td><td>0.000</td></tr>
<tr><td rowspan="3">C_4</td><td>C_{41}</td><td>0.174</td><td>0.359</td><td>0.431</td><td>0.159</td><td>0.000</td></tr>
<tr><td>C_{42}</td><td>0.174</td><td>0.395</td><td>0.282</td><td>0.149</td><td>0.000</td></tr>
<tr><td>C_{43}</td><td>0.385</td><td>0.328</td><td>0.205</td><td>0.082</td><td>0.000</td></tr>
<tr><td rowspan="3">C_5</td><td>C_{51}</td><td>0.369</td><td>0.400</td><td>0.231</td><td>0.000</td><td>0.000</td></tr>
<tr><td>C_{52}</td><td>0.174</td><td>0.344</td><td>0.292</td><td>0.190</td><td>0.000</td></tr>
<tr><td>C_{53}</td><td>0.174</td><td>0.462</td><td>0.256</td><td>0.108</td><td>0.000</td></tr>
<tr><td rowspan="5">D</td><td colspan="2">D_1</td><td>0.215</td><td>0.303</td><td>0.333</td><td>0.149</td><td>0.000</td></tr>
<tr><td colspan="2">D_2</td><td>0.159</td><td>0.344</td><td>0.323</td><td>0.123</td><td>0.000</td></tr>
<tr><td colspan="2">D_3</td><td>0.282</td><td>0.344</td><td>0.241</td><td>0.133</td><td>0.000</td></tr>
<tr><td rowspan="2">D_4</td><td>D_{41}</td><td>0.226</td><td>0.400</td><td>0.333</td><td>0.041</td><td>0.000</td></tr>
<tr><td>D_{42}</td><td>0.226</td><td>0.400</td><td>0.333</td><td>0.041</td><td>0.000</td></tr>
<tr><td rowspan="2">E</td><td colspan="2">E_1</td><td>0.082</td><td>0.400</td><td>0.477</td><td>0.041</td><td>0.000</td></tr>
<tr><td colspan="2">E_2</td><td>0.133</td><td>0.308</td><td>0.359</td><td>0.200</td><td>0.000</td></tr>
<tr><td rowspan="2">F</td><td colspan="2">F_1</td><td>0.174</td><td>0.410</td><td>0.308</td><td>0.108</td><td>0.000</td></tr>
<tr><td colspan="2">F_2</td><td>0.174</td><td>0.462</td><td>0.256</td><td>0.108</td><td>0.000</td></tr>
</table>

通过表 7－38 可以看出，对于不良地质条件，上覆土层存在珊瑚礁灰岩所造成的风险最大，基岩面起伏大次之；对于地质勘探不确定性，珊瑚礁灰岩分布范围大大超过预期值所造成的风险最大；设计风险较小；施工技术风险处于二至三级，突出体现在高压旋喷桩施工搭接质量上；施工管理风险处于二至三级；环境保护和自然灾害风险也处于二至三级，突出表现在台风、暴雨和潮汐作用上。

7.5.3 深基坑工程施工的基本风险因素的损失估计

根据上述原理，基本风险因素损失估计的具体计算过程如表 7－37—表 7－47 所示。

1）地质条件风险

表 7－37　不良地质条件风险的损失估计

基本风险因素	专家级别	总人数	权重	总基数	风险损失等级				合计
					一	二	三	四	
A_{11}	一类	5	1	19.5	0	0	2	3	5
	二类	10	0.8		0	3	3	4	10
	三类	10	0.5		1	2	4	3	10
	四类	5	0.3		1	1	2	1	5
	基本风险因素的损失估计				0.041	0.190	0.359	0.410	1.000

基本风险因素	专家级别	总人数	权重	总基数	风险损失等级				合计
					一	二	三	四	
A_{12}	一类	5	1	19.5	0	2	2	1	5
	二类	10	0.8		1	4	3	2	10
	三类	10	0.5		2	3	4	1	10
	四类	5	0.3		1	2	1	1	5
	基本风险因素的损失估计				0.108	0.374	0.344	0.174	1.000

基本风险因素	专家级别	总人数	权重	总基数	风险损失等级				合计
					一	二	三	四	
A_{13}	一类	5	1	19.5	0	0	2	3	5
	二类	10	0.8		0	2	4	4	10
	三类	10	0.5		0	2	5	3	10
	四类	5	0.3		0	2	1	2	5
	基本风险因素的损失估计				0.000	0.164	0.410	0.426	1.000

基本风险因素	专家级别	总人数	权重	总基数	风险损失等级				合计
					一	二	三	四	
A_{14}	一类	5	1	19.5	0	0	3	2	5
	二类	10	0.8		0	2	4	4	10
	三类	10	0.5		1	2	4	3	10
	四类	5	0.3		0	2	2	1	5
	基本风险因素的损失估计				0.026	0.164	0.451	0.359	1.000

基本风险因素	专家级别	总人数	权重	总基数	风险损失等级				合计
					一	二	三	四	
A_{15}	一类	5	1	19.5	0	1	3	1	5
	二类	10	0.8		1	3	4	2	10
	三类	10	0.5		1	4	3	2	10
	四类	5	0.3		1	2	1	1	5
	基本风险因素的损失估计				0.082	0.308	0.410	0.200	1.000

表 7－38 地质勘探不确定性风险的损失估计

基本风险因素	专家级别	总人数	权重	总基数	风险损失等级				合计
					一	二	三	四	
A_{21}	一类	5	1	19.5	0	0	1	4	5
	二类	10	0.8		0	2	3	5	10
	三类	10	0.5		0	3	3	4	10
	四类	5	0.3		0	2	1	2	5
	基本风险因素的损失估计				0.000	0.190	0.267	0.544	1.000
基本风险因素	专家级别	总人数	权重	总基数	风险损失等级				合计
					一	二	三	四	
A_{22}	一类	5	1	19.5	0	2	2	1	5
	二类	10	0.8		1	2	4	3	10
	三类	10	0.5		1	3	4	2	10
	四类	5	0.3		1	1	2	1	5
	基本风险因素的损失估计				0.082	0.277	0.400	0.241	1.000
基本风险因素	专家级别	总人数	权重	总基数	风险损失等级				合计
					一	二	三	四	
A_{23}	一类	5	1	19.5	0	2	2	1	5
	二类	10	0.8		1	2	4	3	10
	三类	10	0.5		0	3	5	2	10
	四类	5	0.3		1	1	2	1	5
	基本风险因素的损失估计				0.056	0.277	0.426	0.241	1.000
基本风险因素	专家级别	总人数	权重	总基数	风险损失等级				合计
					一	二	三	四	
A_{24}	一类	5	1	19.5	0	0	1	4	5
	二类	10	0.8		0	3	4	3	10
	三类	10	0.5		0	3	3	4	10
	四类	5	0.3		0	2	2	1	5
	基本风险因素的损失估计				0.000	0.231	0.323	0.446	1.000

2）设计风险

表 7－39 设计风险的损失估计

基本风险因素	专家级别	总人数	权重	总基数	风险损失等级				合计
					一	二	三	四	
B_1	一类	5	1	19.5	0	0	1	4	5
	二类	10	0.8		0	2	3	5	10
	三类	10	0.5		0	2	4	4	10
	四类	5	0.3		0	2	2	1	5
	基本风险因素的损失估计				0.000	0.164	0.308	0.528	1.000

续 表

基本风险因素	专家级别	总人数	权重	总基数	风险损失等级				合计
					一	二	三	四	
B_2	一类	5	1	19.5	0	2	2	1	5
	二类	10	0.8		0	2	3	5	10
	三类	10	0.5		0	3	3	4	10
	四类	5	0.3		0	2	2	1	5
	基本风险因素的损失估计				0.000	0.292	0.333	0.374	1.000
基本风险因素	专家级别	总人数	权重	总基数	风险损失等级				合计
					一	二	三	四	
B_3	一类	5	1	19.5	0	0	2	3	5
	二类	10	0.8		0	2	4	4	10
	三类	10	0.5		0	2	5	3	10
	四类	5	0.3		0	2	2	1	5
	基本风险因素的损失估计				0.000	0.164	0.426	0.410	1.000
基本风险因素	专家级别	总人数	权重	总基数	风险损失等级				合计
					一	二	三	四	
B_4	一类	5	1	19.5	1	2	1	1	5
	二类	10	0.8		0	3	4	3	10
	三类	10	0.5		0	3	3	4	10
	四类	5	0.3		0	2	2	1	5
	基本风险因素的损失估计				0.051	0.333	0.323	0.292	1.000

3）施工技术风险

表 7-40 三轴搅拌桩施工风险的损失估计

基本风险因素	专家级别	总人数	权重	总基数	风险损失等级				合计
					一	二	三	四	
C_{11}	一类	5	1	19.5	0	0	2	3	5
	二类	10	0.8		0	4	2	4	10
	三类	10	0.5		0	2	5	3	10
	四类	5	0.3		0	2	2	1	5
	基本风险因素的损失估计				0.000	0.246	0.344	0.410	1.000
基本风险因素	专家级别	总人数	权重	总基数	风险损失等级				合计
					一	二	三	四	
C_{12}	一类	5	1	19.5	0	0	3	2	5
	二类	10	0.8		0	3	3	4	10
	三类	10	0.5		0	3	5	2	10
	四类	5	0.3		0	2	2	1	5
	基本风险因素的损失估计				0.000	0.231	0.436	0.333	1.000

续 表

基本风险因素	专家级别	总人数	权重	总基数	风险损失等级				合计
					一	二	三	四	
C_{13}	一类	5	1	19.5	0	0	2	3	5
	二类	10	0.8		0	2	4	4	10
	三类	10	0.5		0	2	5	3	10
	四类	5	0.3		0	2	2	1	5
	基本风险因素的损失估计				0.000	0.164	0.426	0.410	1.000

表 7-41 高压旋喷桩施工风险的损失估计

基本风险因素	专家级别	总人数	权重	总基数	风险损失等级				合计
					一	二	三	四	
C_{21}	一类	5	1	19.5	0	0	2	3	5
	二类	10	0.8		0	2	4	4	10
	三类	10	0.5		0	2	5	3	10
	四类	5	0.3		0	2	2	1	5
	基本风险因素的损失估计				0.000	0.164	0.426	0.410	1.000

基本风险因素	专家级别	总人数	权重	总基数	风险损失等级				合计
					一	二	三	四	
C_{22}	一类	5	1	19.5	0	0	1	4	5
	二类	10	0.8		0	2	4	4	10
	三类	10	0.5		0	2	5	3	10
	四类	5	0.3		0	2	1	2	5
	基本风险因素的损失估计				0.000	0.164	0.359	0.477	1.000

基本风险因素	专家级别	总人数	权重	总基数	风险损失等级				合计
					一	二	三	四	
C_{23}	一类	5	1	19.5	0	0	2	3	5
	二类	10	0.8		0	2	4	4	10
	三类	10	0.5		0	1	6	3	10
	四类	5	0.3		0	2	2	1	5
	基本风险因素的损失估计				0.000	0.138	0.451	0.410	1.000

基本风险因素	专家级别	总人数	权重	总基数	风险损失等级				合计
					一	二	三	四	
C_{24}	一类	5	1	19.5	0	0	1	4	5
	二类	10	0.8		0	2	3	5	10
	三类	10	0.5		0	2	4	4	10
	四类	5	0.3		0	1	2	2	5
	基本风险因素的损失估计				0.000	0.149	0.308	0.544	1.000

表 7-42 放坡、护坡风险的损失估计

基本风险因素	专家级别	总人数	权重	总基数	风险损失等级				合计
					一	二	三	四	
C_{31}	一类	5	1	19.5	0	1	2	2	5
	二类	10	0.8		0	3	3	4	10
	三类	10	0.5		0	3	4	3	10
	四类	5	0.3		0	1	2	2	5
	基本风险因素的损失估计				0.000	0.267	0.359	0.374	1.000
基本风险因素	专家级别	总人数	权重	总基数	风险损失等级				合计
					一	二	三	四	
C_{32}	一类	5	1	19.5	0	2	2	1	5
	二类	10	0.8		3	2	3	2	10
	三类	10	0.5		3	1	2	4	10
	四类	5	0.3		1	1	1	2	5
	基本风险因素的损失估计				0.215	0.226	0.292	0.267	1.000
基本风险因素	专家级别	总人数	权重	总基数	风险损失等级				合计
					一	二	三	四	
C_{33}	一类	5	1	19.5	0	2	2	1	5
	二类	10	0.8		1	3	4	2	10
	三类	10	0.5		1	2	3	4	10
	四类	5	0.3		0	2	2	1	5
	基本风险因素的损失估计				0.067	0.308	0.374	0.251	1.000
基本风险因素	专家级别	总人数	权重	总基数	风险损失等级				合计
					一	二	三	四	
C_{34}	一类	5	1	19.5	0	0	2	3	5
	二类	10	0.8		0	2	4	4	10
	三类	10	0.5		0	3	4	3	10
	四类	5	0.3		0	2	2	1	5
	基本风险因素的损失估计				0.000	0.190	0.400	0.410	1.000

表 7-43 降、排水施工风险的损失估计

基本风险因素	专家级别	总人数	权重	总基数	风险损失等级				合计
					一	二	三	四	
C_{41}	一类	5	1	19.5	0	2	2	1	5
	二类	10	0.8		1	3	4	2	10
	三类	10	0.5		1	2	3	4	10
	四类	5	0.3		1	1	2	1	5
	基本风险因素的损失估计				0.082	0.292	0.374	0.251	1.000

续 表

基本风险因素	专家级别	总人数	权重	总基数	风险损失等级				合计
					一	二	三	四	
C_{42}	一类	5	1	19.5	0	2	2	1	5
	二类	10	0.8		1	2	4	3	10
	三类	10	0.5		1	3	2	4	10
	四类	5	0.3		1	1	1	2	5
	基本风险因素的损失估计				0.082	0.277	0.333	0.308	1.000
基本风险因素	专家级别	总人数	权重	总基数	风险损失等级				合计
					一	二	三	四	
C_{43}	一类	5	1	19.5	0	0	2	3	5
	二类	10	0.8		0	1	5	4	10
	三类	10	0.5		1	2	4	3	10
	四类	5	0.3		1	1	2	1	5
	基本风险因素的损失估计				0.041	0.108	0.441	0.410	1.000

表 7-44 检测、监测不到位风险的损失估计

基本风险因素	专家级别	总人数	权重	总基数	风险损失等级				合计
					一	二	三	四	
C_{51}	一类	5	1	19.5	0	0	3	2	5
	二类	10	0.8		1	2	4	3	10
	三类	10	0.5		0	2	4	4	10
	四类	5	0.3		0	1	2	2	5
	基本风险因素的损失估计				0.041	0.149	0.451	0.359	1.000
基本风险因素	专家级别	总人数	权重	总基数	风险损失等级				合计
					一	二	三	四	
C_{52}	一类	5	1	19.5	2	2	1	0	5
	二类	10	0.8		3	3	2	2	10
	三类	10	0.5		1	4	2	3	10
	四类	5	0.3		1	2	1	1	5
	基本风险因素的损失估计				0.267	0.359	0.200	0.174	1.000
基本风险因素	专家级别	总人数	权重	总基数	风险损失等级				合计
					一	二	三	四	
C_{53}	一类	5	1	19.5	0	1	2	2	5
	二类	10	0.8		0	3	3	4	10
	三类	10	0.5		0	3	5	2	10
	四类	5	0.3		1	1	2	1	5
	基本风险因素的损失估计				0.015	0.267	0.385	0.333	1.000

4）施工管理风险

表 7-45 施工管理风险的损失估计

基本风险因素	专家级别	总人数	权重	总基数	风险损失等级				合计
					一	二	三	四	
D_1	一类	5	1	19.5	0	3	1	1	5
	二类	10	0.8		2	4	2	2	10
	三类	10	0.5		2	3	4	1	10
	四类	5	0.3		1	2	1	1	5
	基本风险因素的损失估计				0.149	0.426	0.251	0.174	1.000
基本风险因素	专家级别	总人数	权重	总基数	风险损失等级				合计
					一	二	三	四	
D_2	一类	5	1	19.5	0	2	2	1	5
	二类	10	0.8		0	3	4	3	10
	三类	10	0.5		1	3	4	2	10
	四类	5	0.3		1	1	2	1	5
	基本风险因素的损失估计				0.041	0.318	0.400	0.241	1.000
基本风险因素	专家级别	总人数	权重	总基数	风险损失等级				合计
					一	二	三	四	
D_3	一类	5	1	19.5	0	1	2	2	5
	二类	10	0.8		1	4	2	3	10
	三类	10	0.5		1	3	4	2	10
	四类	5	0.3		0	2	2	1	5
	基本风险因素的损失估计				0.067	0.323	0.318	0.292	1.000
基本风险因素	专家级别	总人数	权重	总基数	风险损失等级				合计
					一	二	三	四	
D_{41}	一类	5	1	19.5	0	1	2	2	5
	二类	10	0.8		1	4	2	3	10
	三类	10	0.5		2	2	2	4	10
	四类	5	0.3		1	1	2	1	5
	基本风险因素的损失估计				0.108	0.282	0.267	0.344	1.000
基本风险因素	专家级别	总人数	权重	总基数	风险损失等级				合计
					一	二	三	四	
D_{42}	一类	5	1	19.5	0	2	2	1	5
	二类	10	0.8		1	2	3	4	10
	三类	10	0.5		1	3	4	2	10
	四类	5	0.3		1	2	1	1	5
	基本风险因素的损失估计				0.082	0.292	0.344	0.282	1.000

5）环境保护风险

表 7-46 环境保护风险的损失估计

基本风险因素	专家级别	总人数	权重	总基数	风险损失等级				合计
					一	二	三	四	
E_1	一类	5	1	19.5	2	2	1	0	5
	二类	10	0.8		3	3	3	1	10
	三类	10	0.5		2	4	2	2	10
	四类	5	0.3		1	2	1	1	5
	基本风险因素的损失估计				0.292	0.359	0.241	0.108	1.000
基本风险因素	专家级别	总人数	权重	总基数	风险损失等级				合计
					一	二	三	四	
E_2	一类	5	1	19.5	0	1	2	2	5
	二类	10	0.8		1	2	4	3	10
	三类	10	0.5		1	2	3	4	10
	四类	5	0.3		1	2	1	1	5
	基本风险因素的损失估计				0.082	0.215	0.359	0.344	1.000

6）自然灾害风险

表 7-47 自然灾害风险的损失估计

基本风险因素	专家级别	总人数	权重	总基数	风险损失等级				合计
					一	二	三	四	
F_1	一类	5	1	19.5	0	1	2	2	5
	二类	10	0.8		0	4	3	3	10
	三类	10	0.5		0	4	4	2	10
	四类	5	0.3		0	2	2	1	5
	基本风险因素的损失估计				0.000	0.349	0.359	0.292	1.000
基本风险因素	专家级别	总人数	权重	总基数	风险损失等级				合计
					一	二	三	四	
F_2	一类	5	1	19.5	0	0	2	3	5
	二类	10	0.8		0	2	4	4	10
	三类	10	0.5		0	2	5	3	10
	四类	5	0.3		0	2	2	1	5
	基本风险因素的损失估计				0.000	0.164	0.426	0.410	1.000

最后得到表 7-48 所示的基本风险因素的损失估计结果。

表 7-48 基本风险因素的损失估计结果

风险因素				损失等级			
				一	二	三	四
U	A	A_1	A_{11}	0.041	0.19	0.359	0.41
			A_{12}	0.108	0.374	0.344	0.174
			A_{13}	0	0.164	0.41	0.426
			A_{14}	0.026	0.164	0.451	0.359
			A_{15}	0.082	0.308	0.41	0.2
		A_2	A_{21}	0	0.19	0.267	0.544
			A_{22}	0.082	0.277	0.4	0.241
			A_{23}	0.056	0.277	0.426	0.241
			A_{24}	0	0.231	0.323	0.446
	B	B_1		0	0.164	0.308	0.528
		B_2		0	0.292	0.333	0.374
		B_3		0	0.164	0.426	0.41
		B_4		0.051	0.333	0.323	0.292
	C	C_1	C_{11}	0	0.246	0.344	0.41
			C_{12}	0	0.231	0.436	0.333
			C_{13}	0	0.164	0.426	0.41
		C_2	C_{21}	0	0.164	0.426	0.41
			C_{22}	0	0.164	0.359	0.477
			C_{23}	0	0.138	0.451	0.41
			C_{24}	0	0.149	0.308	0.544
		C_3	C_{31}	0	0.267	0.359	0.374
			C_{32}	0.215	0.226	0.292	0.267
			C_{33}	0.067	0.308	0.374	0.251
			C_{34}	0	0.19	0.4	0.41
		C_4	C_{41}	0.082	0.292	0.374	0.251
			C_{42}	0.082	0.277	0.333	0.308
			C_{43}	0.041	0.108	0.441	0.41
		C_5	C_{51}	0.041	0.149	0.451	0.359
			C_{52}	0.267	0.359	0.2	0.174
			C_{53}	0.015	0.267	0.385	0.333
	D	D_1		0.149	0.426	0.251	0.174
		D_2		0.041	0.318	0.4	0.241
		D_3		0.067	0.323	0.318	0.292
		D_4	D_{41}	0.108	0.282	0.267	0.344
			D_{42}	0.082	0.292	0.344	0.282
	E	E_1		0.292	0.359	0.241	0.108
		E_2		0.082	0.215	0.359	0.344
	F	F_1		0.108	0.349	0.359	0.292
		F_2		0	0.164	0.426	0.41

通过表 7 - 48 可以看出，地质条件风险所造成的损失位于三至四级别，对于不良地质条件，上覆土层存在珊瑚礁灰岩所造成的风险损失最大，基岩面起伏大次之；对于地质勘探不确定性，珊瑚礁灰岩分布范围大大超过预期值所造成的风险损失最大；设计风险所造成的损失在三至四级，以四级为多，其中防渗止水帷幕选型不当所造成的损失最大；施工技术风险所造成的损失处于三至四级，突出体现在高压旋喷桩施工搭接质量上；施工管理风险所造成的损失处于二至三级；环境保护和自然灾害风险所造成的损失也处于二至三级，突出表现在台风、暴雨和潮汐作用上。

7.5.4 小　结

本节鉴于施工风险估计存在的模糊性问题，应用模糊估计方法，解决了风险估计中的模糊性及量化问题，得到了深基坑工程施工风险因素的概率及损失估计结果，并详细分析了造成风险的主要因素估计了风险等级和损失等级。

7.6 施工风险评价

7.6.1 风险评价的主要理论

深基坑工程施工风险综合评价就是对受各种因素影响的事物或对象，做出一个总的评价。在模糊估计的基础上，如何把这种模糊性加以解析化和定量化，使风险分析建立在科学基础之上，这就需要应用模糊综合评价法。本研究根据临海入岩深基坑工程施工的特点，建立了一个基于多层次模糊综合评价的工程施工风险评价模型来确定施工风险的大小。在确定的基本风险因素的风险概率模糊集和风险损失模糊集基础上，基于$R=P\times C$模型，综合考虑风险发生概率及后果对风险评价的影响，建立风险评估矩阵及风险等级区域，得到基本风险因素的评价指标，采用加权平均法对评价指标进行处理，最终确定深基坑工程施工过程中的基本风险因素的风险水平等级，同时利用模糊分布法，得到基本风险因素的风险等级的分布状态。通过多级模糊综合评价模型，确定高层次风险因素及各施工阶段的风险评价指标，从而确定高层次风险因素及整体风险水平等级。

1）模糊综合评价理论

(1) 建立因素集。

因素集是影响评价对象的各种风险因素所组成的一个普通集合。即$U=\{u_1, u_2, \cdots, u_m\}$，其中，$U$是因素集，$u_i(i=1, 2, \cdots, m)$代表各风险因素。这些因素，通常都具有不同程度的模糊性。风险因素u_i为第一层次（最高层次）风险中的第i个因素，它又是由第二层次风险中的几个因素决定，即$u_i=\{u_{i1}, u_{i2}, \cdots, u_{in}\}$，$u_{ij}(j=1, 2, \cdots, n)$为第二层次风险因素，$u_{ij}$还可以由第三层次的风险因素决定。每个风险因素的下一层次因素的数目不一定相等。本研究在第 7.3 节中通过层次分析法已建立风险评价因素的指标体系。

(2) 建立风险因素权重集。

在因素集中，各风险因素的重要程度是不一样的。为了反映各风险因素的重要程度，对各个风险因素$u_i(i=1, 2, \cdots, m)$应赋予一个相应的权数$w_i(i=1, 2, \cdots, m)$。由各权数所组成的集合：$\widetilde{W}=\{w_1, w_2, \cdots, w_m\}$称为因素权重集，简称权重集。

通常，各权数$w_i(i=1, 2, \cdots, m)$应满足归一性和非负性条件：

$$\sum_{i=1}^{m} w_i=1;\ w_i\geqslant 0,\ i=1, 2, \cdots, m \tag{7-25}$$

w_i 可视为各风险因素 $u_i(i=1, 2, \cdots, m)$ 对“重要”的隶属度。因此，权重集可视为因素集上的模糊子集，并可表示为

$$\tilde{A}=w_1/u_1+w_2/u_2+\cdots+w_m/u_m \tag{7-26}$$

本研究是在层次分析法建立的评价指标体系上，利用 1～9 标度法确定各风险因素的权重 w_i。

(3) 建立备择集。

备择集是评价者对评价对象可能作出的各种总的评价结果所组成的集合。通常用 V 表示，即 $V=\{v_1, v_2, \cdots, v_n\}$。各元素 $v_i(i=1, 2, \cdots, n)$ 代表各种可能的总评价结果。模糊评价的目的就是在综合考虑所有风险因素的基础上，从备择集中，得出一个最佳的评价结果。评价结果是从 V 中得出一个最合理的风险等级。显然，v_i 对 V 的关系也是普通集合关系。因此，备择集也是一个普通集合。

(4) 单因素模糊评价。

单独从一个基本风险因素出发进行评价，以确定评价对象对备择集元素的隶属程度，便称为单因素模糊评价。

设评价对象为因素集中第 i 个因素 u_i，对备择集中第 j 个元素 V_j 的隶属度为 r_{ij}，则按第 i 个因素 u_i 评价的结果。可用模糊集合表示为：

$$\tilde{R}_i=(r_{i1}, r_{i2}, \cdots, r_{in}) \tag{7-27}$$

式中，$\tilde{R}_i$ 称为单因素评价集。

将各基本因素评价集的隶属度为行向量组成的矩阵为 $\tilde{R}$，$\tilde{R}$ 称为单因素评价矩阵。

$$\tilde{R}=\begin{bmatrix} r_{11} & r_{12} & \cdots & r_{1n} \\ r_{21} & r_{22} & \cdots & r_{2n} \\ \cdots & \cdots & \cdots & \cdots \\ r_{m1} & r_{m2} & \cdots & r_{mn} \end{bmatrix} \tag{7-28}$$

(5) 初级模糊评价。

单因素模糊评价，仅反映了一个基本风险因素对评价对象的影响。这显然是不够的。综合考虑所有基本风险因素的影响，得出对上一层次风险因素科学的评价结果，这便是模糊综合评价。

从单因素评价矩阵 $\tilde{R}$ 可以看出：$\tilde{R}$ 的第 i 行，反映了第 i 个风险因素影响评价对象取各个备择元素的程度；$\tilde{R}$ 的第 j 列，则反映了所有风险因素影响评价对象取第 j 个备择元素的程度。在 $\tilde{R}$ 的各项作用以相应因数的权数 $w_i(i=1, 2, \cdots, m)$，便能合理地反映所有风险因素的综合影响。因此，模糊综合评价，可表示为

$$\tilde{B}=\tilde{W}\cdot\tilde{R}\tilde{B}=\tilde{W}\cdot\tilde{R} \tag{7-29}$$

权重集 $\tilde{A}$ 可视为 1 行 m 列的模糊矩阵，式(7-29)可按模糊矩阵乘法进行运算，即

$$\begin{aligned}\tilde{B}&=(w_1, w_2, \cdots, w_n)\cdot\begin{bmatrix} r_{11} & r_{12} & \cdots & r_{1n} \\ r_{21} & r_{22} & \cdots & r_{2n} \\ \cdots & \cdots & \cdots & \cdots \\ r_{m1} & r_{m2} & \cdots & r_{mn} \end{bmatrix}\\&=(b_1, b_2, \cdots, b_n)\end{aligned} \tag{7-30}$$

式中，$\tilde{B}$ 为模糊综合评价集；$b_j(j=1, 2, \cdots, n)$ 为模糊综合评价指标，简称评价指标。b_j 的含义是：综合考虑上一层次风险因素下面的所有基本风险因素的影响时，评价对象对备择集中第 j 个元素的隶属度。

(6) 多层次模糊综合评价。

通过初级模糊综合评价，可以得到基本风险因素上一层次风险因素对备择集中第 j 个元素的隶属度。再将上一层次风险因素下的所有风险因素对备择集的隶属度为行向量组成新的矩阵为 $\widetilde{R}'$，再将 $\widetilde{R}'$ 的各项作用以相应因数的权数 $w_i(i=1, 2, \cdots, m)$，得到该层次风险因素的评价指标。同理，可得到评价指标体系中各层次风险因素的评价指标。

(7) 评价指标的处理。

得到评价指标 $b_j(j=1, 2, \cdots, n)$ 之后，便可根据以下几种方法确定评价对象的具体结果。

① 最大隶属度法。

取与最大的评价指标 $\max b_j$ 相对应的备择元素 V_L 为评价的结果，即

$$V=\{v_L \mid v_L \mid \rightarrow \max b_j\} \tag{7-31}$$

最大隶属度法仅考虑了最大评价指标的贡献，舍去了其他指标所提供的信息，这是很可惜的；另外，当最大的评价指标不止一个时，用最大隶属度法便很难决定具体的评价结果。因此，通常都采用加权平均法。

② 加权平均法。

$$V=\sum_{j=1}^{n} b_j v_j \tag{7-32}$$

③ 模糊分步法。

这种方法直接把评价指标作为评价结果，或将评价指标归一化，用归一化的评价指标作为评价结果。归一化的具体做法如下：

先求各评价指标之和，即

$$b=b_1+b_2+\cdots+b_n=\sum_{j=1}^{n} b_j \tag{7-33}$$

再用 b 除原来的各个评价指标：$\underset{\sim}{B}'=\left(\frac{b_1}{b}, \frac{b_2}{b}, \cdots, \frac{b_n}{b}\right)=(b_1', b_2', \cdots, b_n')$，$\underset{\sim}{B}'$ 为归一化的模糊综合评价集；$b_j(j=1, 2, \cdots, n)$ 为归一化的模糊综合评价指标，即 $\sum_{j=1}^{n} b_j'=1$。

各个评价指标，具体反映了评价对象在所评价的特性方面的分布状态，使评价者对评价对象有更深入的了解，并能作各种灵活的处理。

本研究采用加权平均法及模糊分布法对评价指标进行处理。

2) 风险评价过程

(1) 建立风险评估矩阵。

根据 $R=P\times C$，其中，R 是风险水平级别，P 是风险发生概率，C 是风险后果，可以建立风险评估矩阵(表 7-49)，并根据“二八法则” 确定 4 个风险等级的区域及指标值(表 7-50)。

表 7-49 风险评估矩阵

风险频率		损失分类			
		一	二	三	四
		可忽略的	较轻的	严重的	灾难性的
A	罕有	1A	2A	3A	4A
B	难得	1B	2B	3B	4B

续 表

风险频率		损失分类			
		一	二	三	四
		可忽略的	较轻的	严重的	灾难性的
C	偶尔	1C	2C	3C	4C
D	可能	1D	2C	3C	4C
E	频繁	1E	2E	3E	4E

表 7-50 风险水平分级

风险水平等级	等级值	风险等级区域	风险评价决策准则
一级	20	0～25	可接受且不必采取特别措施
二级	45	25～50	可接受，但需加强控制和管理
三级	70	50～75	不希望发生； 必须采取措施降低风险或转移风险
四级	95	75～100	不可接受； 必须排除或转移风险

(2) 计算风险水平评价指标。

由风险评估矩阵可得到基本风险因素 j 的评价指标：

$$R'_j = \frac{u'_{R1j}}{V_1} + \frac{u'_{R2j}}{V_2} + \frac{u'_{R3j}}{V_3} + \frac{u'_{R4j}}{V_4} \tag{7-34}$$

$$u_{R1j} = u_{C1j} \cdot u_{PAj} + u_{C1j} \cdot u_{PBj} + u_{C1j} \cdot u_{PCj} \tag{7-35}$$

$$u_{R2j} = u_{C1j} \cdot u_{PDj} + u_{C1j} \cdot u_{PCj} + u_{C2j} \cdot u_{PAj} + u_{C2j} \cdot u_{PBj} + u_{C3j} \cdot u_{PAj} + u_{C4j} \cdot u_{PAj} \tag{7-36}$$

$$u_{R3j} = u_{C2j} \cdot u_{PCj} + u_{C2j} \cdot u_{PDj} + u_{C3j} \cdot u_{PBj} + u_{C3j} \cdot u_{PCj} + u_{C4j} \cdot u_{PBj} \tag{7-37}$$

$$u_{R4j} = u_{C2j} \cdot u_{PEj} + u_{C3j} \cdot u_{PDj} + u_{C3j} \cdot u_{PEj} + u_{C4j} \cdot u_{PCj} + u_{C4j} \cdot u_{PDj} + u_{C4j} \cdot u_{PEj} \tag{7-38}$$

$$\text{模糊集 } R_j = \frac{u_{R1j}}{V_1} + \frac{u_{R2j}}{V_2} + \frac{u_{R3j}}{V_3} + \frac{u_{R4j}}{V_4} \tag{7-39}$$

(3) 确定风险水平等级。

本研究采用加权平均法对评判指标进行处理：

$$v_j = \sum_{k=1}^{4} u_{Rkj} \cdot V_k \tag{7-40}$$

则 v_j 对应的风险等级范围即为基本风险因素 j 评判的风险水平等级。

(4) 整体风险评价。

将同一层次下的基本因素评价集的评价指标为行向量形成评价矩阵 $\widetilde{R}$。

$$\widetilde{R} = \begin{bmatrix} r_{11} & r_{12} & \cdots & r_{1n} \\ r_{21} & r_{22} & \cdots & r_{2n} \\ \vdots & \vdots & & \vdots \\ r_{m1} & r_{m2} & \cdots & r_{mn} \end{bmatrix} \tag{7-41}$$

根据模糊综合评价步骤过程，逐级进行模糊综合评价，即可得高层次风险因素评价指标及总体风险的评价指标，对评价指标进行处理，即可得各风险因素及整体风险的评价等级。

7.6.2 风险评价结果

风险评价结果如表 7 - 51—表 7 - 64 所示。

1）地质条件风险

表 7 - 51 不良地质条件风险评价

风险因素	风险频率		损失分类				风险等级	数值	评价等级
			一	二	三	四			
			0.041	0.190	0.359	0.410			
A_{11}	一	0.159	0.007	0.030	0.057	0.065	一	0.034	三
	二	0.344	0.014	0.065	0.123	0.141	二	0.223	
	三	0.323	0.013	0.061	0.116	0.133	三	0.465	
	四	0.123	0.005	0.023	0.044	0.050	四	0.227	
	五	0.000	0.000	0.000	0.000	0.000	风险水平	64.830	
风险因素	风险频率		损失分类				风险等级	数值	评价等级
			一	二	三	四			
			0.108	0.374	0.344	0.174			
A_{12}	一	0.477	0.051	0.179	0.164	0.083	一	0.108	三
	二	0.333	0.036	0.125	0.115	0.058	二	0.550	
	三	0.190	0.020	0.071	0.065	0.033	三	0.309	
	四	0.000	0.000	0.000	0.000	0.000	四	0.033	
	五	0.000	0.000	0.000	0.000	0.000	风险水平	51.684	
风险因素	风险频率		损失分类				风险等级	数值	评价等级
			一	二	三	四			
			0.000	0.164	0.410	0.426			
A_{13}	一	0.626	0.000	0.103	0.257	0.266	一	0.000	三
	二	0.215	0.000	0.035	0.088	0.092	二	0.661	
	三	0.159	0.000	0.026	0.065	0.068	三	0.271	
	四	0.000	0.000	0.000	0.000	0.000	四	0.068	
	五	0.000	0.000	0.000	0.000	0.000	风险水平	55.167	
风险因素	风险频率		损失分类				风险等级	数值	评价等级
			一	二	三	四			
			0.359	0.451	0.164	0.026			
A_{14}	一	0.513	0.184	0.231	0.084	0.013	一	0.359	二
	二	0.328	0.118	0.148	0.054	0.008	二	0.477	
	三	0.159	0.057	0.072	0.026	0.004	三	0.160	
	四	0.000	0.000	0.000	0.000	0.000	四	0.004	
	五	0.000	0.000	0.000	0.000	0.000	风险水平	40.232	
风险因素	风险频率		损失分类				风险等级	数值	评价等级
			一	二	三	四			
			0.026	0.164	0.451	0.359			
A_{15}	一	0.174	0.004	0.029	0.079	0.063	一	0.022	三
	二	0.364	0.009	0.060	0.164	0.131	二	0.233	
	三	0.318	0.008	0.052	0.143	0.114	三	0.514	
	四	0.144	0.004	0.024	0.065	0.052	四	0.230	
	五	0.000	0.000	0.000	0.000	0.000	风险水平	68.831	

续 表

风险因素	风险等级				风险水平	评价等级
	一	二	三	四		
A_1	0.050	0.477	0.286	0.117	53.567	三

最后得到不良地质条件风险等级为三级。

表 7-52 地质勘察不确定性风险评价

风险因素	风险频率		损失分类				风险等级	数值	评价等级
			一	二	三	四			
			0.000	0.190	0.267	0.544			
A_{21}	一	0.410	0.000	0.078	0.109	0.223	一	0.000	一
	二	0.344	0.000	0.065	0.092	0.187	二	0.475	
	三	0.231	0.000	0.044	0.062	0.125	三	0.387	
	四	0.015	0.000	0.003	0.004	0.008	四	0.138	
	五	0.000	0.000	0.000	0.000	0.000	风险水平	0.000	
风险因素	风险频率		损失分类				风险等级	数值	评价等级
			一	二	三	四			
			0.082	0.277	0.400	0.241			
A_{22}	一	0.333	0.027	0.092	0.133	0.080	一	0.073	一
	二	0.359	0.029	0.099	0.144	0.087	二	0.414	
	三	0.200	0.016	0.055	0.080	0.048	三	0.395	
	四	0.108	0.009	0.030	0.043	0.026	四	0.117	
	五	0.000	0.000	0.000	0.000	0.000	风险水平	0.000	
风险因素	风险频率		损失分类				风险等级	数值	评价等级
			一	二	三	四			
			0.056	0.277	0.426	0.241			
A_{23}	一	0.292	0.016	0.081	0.124	0.070	一	0.050	一
	二	0.333	0.019	0.092	0.142	0.080	二	0.374	
	三	0.267	0.015	0.074	0.114	0.064	三	0.439	
	四	0.108	0.006	0.030	0.046	0.026	四	0.136	
	五	0.000	0.000	0.000	0.000	0.000	风险水平	0.000	
风险因素	风险频率		损失分类				风险等级	数值	评价等级
			一	二	三	四			
			0.000	0.231	0.323	0.446			
A_{24}	一	0.369	0.000	0.085	0.119	0.165	一	0.000	一
	二	0.359	0.000	0.083	0.116	0.160	二	0.452	
	三	0.149	0.000	0.034	0.048	0.066	三	0.387	
	四	0.123	0.000	0.028	0.040	0.055	四	0.161	
	五	0.000	0.000	0.000	0.000	0.000	风险水平	0.000	

风险因素	风险等级				风险水平	评价等级
	一	二	三	四		
A_2	0.020	0.429	0.402	0.138	60.962	三

经计算，得到地质勘察不确定性风险等级为三级。在上述计算基础上，计算地质条件风险等级(表 7－53)。

表 7－53 地质条件风险评价

风险因素	风险等级				风险水平	评价等级
	一	二	三	四		
A_1	0.050	0.477	0.286	0.117	53.567	三
A_2	0.020	0.429	0.402	0.138	60.962	三
A	0.040	0.461	0.325	0.124	56.029	三

最后得到地质条件风险等级为三级。

2）设计风险

表 7－54 设计风险评价

风险因素	风险频率		损失分类				风险等级	数值	评价等级
			一	二	三	四			
			0.000	0.164	0.308	0.528			
B_1	一	0.226	0.000	0.037	0.069	0.119	一	0.000	三
	二	0.174	0.000	0.029	0.054	0.092	二	0.254	
	三	0.159	0.000	0.026	0.049	0.084	三	0.293	
	四	0.441	0.000	0.072	0.136	0.233	四	0.453	
	五	0.000	0.000	0.000	0.000	0.000	风险水平	74.959	

风险因素	风险频率		损失分类				风险等级	数值	评价等级
			一	二	三	四			
			0.000	0.292	0.333	0.374			
B_2	一	0.282	0.000	0.082	0.094	0.106	一	0.000	三
	二	0.318	0.000	0.093	0.106	0.119	二	0.375	
	三	0.200	0.000	0.058	0.067	0.075	三	0.409	
	四	0.200	0.000	0.058	0.067	0.075	四	0.216	
	五	0.000	0.000	0.000	0.000	0.000	风险水平	66.036	

风险因素	风险频率		损失分类				风险等级	数值	评价等级
			一	二	三	四			
			0.000	0.164	0.426	0.410			
B_3	一	0.174	0.000	0.029	0.074	0.072	一	0.000	三
	二	0.226	0.000	0.037	0.096	0.093	二	0.211	
	三	0.318	0.000	0.052	0.135	0.130	三	0.418	
	四	0.256	0.000	0.042	0.109	0.105	四	0.370	
	五	0.026	0.000	0.004	0.011	0.011	风险水平	73.976	

风险因素	风险频率		损失分类				风险等级	数值	评价等级
			一	二	三	四			
			0.051	0.333	0.323	0.292			
B_4	一	0.200	0.010	0.067	0.065	0.058	一	0.034	三
	二	0.282	0.014	0.094	0.091	0.082	二	0.297	
	三	0.185	0.009	0.062	0.060	0.054	三	0.379	
	四	0.251	0.013	0.084	0.081	0.073	四	0.286	
	五	0.082	0.004	0.027	0.027	0.024	风险水平	67.741	

续 表

风险因素	风险等级				风险水平	评价等级
	一	二	三	四		
B	0.002	0.274	0.342	0.382	72.600	三

最后得到设计风险等级为三级。

3）施工技术风险

表 7-55　三轴搅拌桩施工风险评价

风险因素	风险频率		损失分类				风险等级	数值	评价等级
			一	二	三	四			
			0.000	0.246	0.344	0.410			
C_{11}	一	0.333	0.000	0.082	0.115	0.137	一	0.000	三
	二	0.292	0.000	0.072	0.100	0.120	二	0.405	
	三	0.256	0.000	0.063	0.088	0.105	三	0.401	
	四	0.118	0.000	0.029	0.041	0.048	四	0.194	
	五	0.000	0.000	0.000	0.000	0.000	风险水平	64.721	
风险因素	风险频率		损失分类				风险等级	数值	评价等级
			一	二	三	四			
			0.000	0.231	0.436	0.333			
C_{12}	一	0.226	0.000	0.052	0.098	0.075	一	0.000	三
	二	0.333	0.000	0.077	0.145	0.111	二	0.303	
	三	0.241	0.000	0.056	0.105	0.080	三	0.463	
	四	0.200	0.000	0.046	0.087	0.067	四	0.234	
	五	0.000	0.000	0.000	0.000	0.000	风险水平	68.291	
风险因素	风险频率		损失分类				风险等级	数值	评价等级
			一	二	三	四			
			0.000	0.164	0.426	0.410			
C_{13}	一	0.328	0.000	0.054	0.140	0.135	一	0.000	三
	二	0.333	0.000	0.055	0.142	0.137	二	0.383	
	三	0.190	0.000	0.031	0.081	0.078	三	0.415	
	四	0.149	0.000	0.024	0.063	0.061	四	0.202	
	五	0.000	0.000	0.000	0.000	0.000	风险水平	65.481	

风险因素	风险等级				风险水平	评价等级
	一	二	三	四		
C_1	0.000	0.339	0.441	0.220	67.031	三

三轴搅拌桩施工风险等级为三级。

表 7－56 高压旋喷桩施工风险评价

<table>
<tr><th rowspan="3">风险因素</th><th rowspan="3" colspan="2">风险频率</th><th colspan="4">损失分类</th><th rowspan="3">风险等级</th><th rowspan="3">数值</th><th rowspan="3">评价等级</th></tr>
<tr><th>一</th><th>二</th><th>三</th><th>四</th></tr>
<tr><th>0.000</th><th>0.164</th><th>0.426</th><th>0.410</th></tr>
<tr><td rowspan="5">C_{21}</td><td>一</td><td>0.292</td><td>0.000</td><td>0.048</td><td>0.124</td><td>0.120</td><td>一</td><td>0.000</td><td rowspan="5">三</td></tr>
<tr><td>二</td><td>0.374</td><td>0.000</td><td>0.061</td><td>0.159</td><td>0.154</td><td>二</td><td>0.354</td></tr>
<tr><td>三</td><td>0.241</td><td>0.000</td><td>0.040</td><td>0.103</td><td>0.099</td><td>三</td><td>0.470</td></tr>
<tr><td>四</td><td>0.092</td><td>0.000</td><td>0.015</td><td>0.039</td><td>0.038</td><td>四</td><td>0.176</td></tr>
<tr><td>五</td><td>0.000</td><td>0.000</td><td>0.000</td><td>0.000</td><td>0.000</td><td>风险水平</td><td>65.558</td></tr>
<tr><th rowspan="3">风险因素</th><th rowspan="3" colspan="2">风险频率</th><th colspan="4">损失分类</th><th rowspan="3">风险等级</th><th rowspan="3">数值</th><th rowspan="3">评价等级</th></tr>
<tr><th>一</th><th>二</th><th>三</th><th>四</th></tr>
<tr><th>0.000</th><th>0.164</th><th>0.359</th><th>0.477</th></tr>
<tr><td rowspan="5">C_{22}</td><td>一</td><td>0.292</td><td>0.477</td><td>0.215</td><td>0.015</td><td>0.000</td><td>一</td><td>0.477</td><td rowspan="5">四</td></tr>
<tr><td>二</td><td>0.318</td><td>0.000</td><td>0.052</td><td>0.114</td><td>0.152</td><td>二</td><td>0.283</td></tr>
<tr><td>三</td><td>0.200</td><td>0.000</td><td>0.033</td><td>0.072</td><td>0.095</td><td>三</td><td>0.403</td></tr>
<tr><td>四</td><td>0.200</td><td>0.000</td><td>0.033</td><td>0.072</td><td>0.095</td><td>四</td><td>0.263</td></tr>
<tr><td>五</td><td>0.000</td><td>0.000</td><td>0.000</td><td>0.000</td><td>0.000</td><td>风险水平</td><td>75.439</td></tr>
<tr><th rowspan="3">风险因素</th><th rowspan="3" colspan="2">风险频率</th><th colspan="4">损失分类</th><th rowspan="3">风险等级</th><th rowspan="3">数值</th><th rowspan="3">评价等级</th></tr>
<tr><th>一</th><th>二</th><th>三</th><th>四</th></tr>
<tr><th>0.000</th><th>0.138</th><th>0.451</th><th>0.410</th></tr>
<tr><td rowspan="5">C_{23}</td><td>一</td><td>0.292</td><td>0.000</td><td>0.040</td><td>0.132</td><td>0.120</td><td>一</td><td>0.000</td><td rowspan="5">三</td></tr>
<tr><td>二</td><td>0.359</td><td>0.000</td><td>0.050</td><td>0.162</td><td>0.147</td><td>二</td><td>0.342</td></tr>
<tr><td>三</td><td>0.282</td><td>0.000</td><td>0.039</td><td>0.127</td><td>0.116</td><td>三</td><td>0.485</td></tr>
<tr><td>四</td><td>0.067</td><td>0.000</td><td>0.009</td><td>0.030</td><td>0.027</td><td>四</td><td>0.173</td></tr>
<tr><td>五</td><td>0.000</td><td>0.000</td><td>0.000</td><td>0.000</td><td>0.000</td><td>风险水平</td><td>65.778</td></tr>
<tr><th rowspan="3">风险因素</th><th rowspan="3" colspan="2">风险频率</th><th colspan="4">损失分类</th><th rowspan="3">风险等级</th><th rowspan="3">数值</th><th rowspan="3">评价等级</th></tr>
<tr><th>一</th><th>二</th><th>三</th><th>四</th></tr>
<tr><th>0.000</th><th>0.149</th><th>0.308</th><th>0.544</th></tr>
<tr><td rowspan="5">C_{24}</td><td>一</td><td>0.462</td><td>0.000</td><td>0.069</td><td>0.142</td><td>0.251</td><td>一</td><td>0.000</td><td rowspan="5">三</td></tr>
<tr><td>二</td><td>0.308</td><td>0.000</td><td>0.046</td><td>0.095</td><td>0.167</td><td>二</td><td>0.507</td></tr>
<tr><td>三</td><td>0.231</td><td>0.000</td><td>0.034</td><td>0.071</td><td>0.125</td><td>三</td><td>0.367</td></tr>
<tr><td>四</td><td>0.000</td><td>0.000</td><td>0.000</td><td>0.000</td><td>0.000</td><td>四</td><td>0.125</td></tr>
<tr><td>五</td><td>0.000</td><td>0.000</td><td>0.000</td><td>0.000</td><td>0.000</td><td>风险水平</td><td>60.454</td></tr>
</table>

风险因素	风险等级				风险水平	评价等级
	一	二	三	四		
C_2	0.145	0.399	0.406	0.179	66.307	三

高压旋喷桩施工风险等级为三级。

表 7-57 放坡、护坡风险评价

风险因素	风险频率		损失分类				风险等级	数值	评价等级
			一	二	三	四			
			0.000	0.267	0.359	0.374			
C_{31}	一	0.174	0.000	0.046	0.063	0.065	一	0.000	三
	二	0.292	0.000	0.078	0.105	0.109	二	0.252	
	三	0.200	0.000	0.053	0.072	0.075	三	0.428	
	四	0.333	0.000	0.089	0.120	0.125	四	0.319	
	五	0.000	0.000	0.000	0.000	0.000	风险水平	71.675	

风险因素	风险频率		损失分类				风险等级	数值	评价等级
			一	二	三	四			
			0.215	0.226	0.292	0.267			
C_{32}	一	0.267	0.477	0.215	0.015	0.000	一	0.586	三
	二	0.267	0.057	0.060	0.078	0.071	二	0.340	
	三	0.241	0.052	0.054	0.070	0.064	三	0.325	
	四	0.226	0.049	0.051	0.066	0.060	四	0.190	
	五	0.000	0.000	0.000	0.000	0.000	风险水平	67.830	

风险因素	风险频率		损失分类				风险等级	数值	评价等级
			一	二	三	四			
			0.067	0.308	0.374	0.251			
C_{33}	一	0.174	0.012	0.054	0.065	0.044	一	0.052	三
	二	0.308	0.021	0.095	0.115	0.077	二	0.272	
	三	0.292	0.019	0.090	0.109	0.073	三	0.461	
	四	0.226	0.015	0.069	0.084	0.057	四	0.215	
	五	0.000	0.000	0.000	0.000	0.000	风险水平	65.973	

风险因素	风险频率		损失分类				风险等级	数值	评价等级
			一	二	三	四			
			0.000	0.190	0.400	0.410			
C_{34}	一	0.292	0.000	0.055	0.117	0.120	一	0.000	三
	二	0.333	0.000	0.063	0.133	0.137	二	0.356	
	三	0.282	0.000	0.054	0.113	0.116	三	0.454	
	四	0.092	0.000	0.018	0.037	0.038	四	0.191	
	五	0.000	0.000	0.000	0.000	0.000	风险水平	65.874	

风险因素	风险等级				风险水平	评价等级
	一	二	三	四		
C_3	0.079	0.309	0.432	0.232	67.831	三

放坡、护坡施工风险等级为三级。

表 7-58 降、排水施工风险评价

风险因素	风险频率		损失分类				风险等级	数值	评价等级
			一	二	三	四			
			0.082	0.292	0.374	0.251			
C_{41}	一	0.174	0.014	0.051	0.065	0.044	一	0.079	三
	二	0.359	0.029	0.105	0.134	0.090	二	0.278	
	三	0.431	0.035	0.126	0.161	0.108	三	0.558	
	四	0.159	0.013	0.046	0.060	0.040	四	0.208	
	五	0.000	0.000	0.000	0.000	0.000	风险水平	72.902	
风险因素	风险频率		损失分类				风险等级	数值	评价等级
			一	二	三	四			
			0.082	0.277	0.333	0.308			
C_{42}	一	0.174	0.014	0.048	0.058	0.054	一	0.070	三
	二	0.395	0.032	0.109	0.132	0.121	二	0.282	
	三	0.282	0.023	0.078	0.094	0.087	三	0.466	
	四	0.149	0.012	0.041	0.050	0.046	四	0.182	
	五	0.000	0.000	0.000	0.000	0.000	风险水平	64.020	
风险因素	风险频率		损失分类				风险等级	数值	评价等级
			一	二	三	四			
			0.041	0.108	0.441	0.410			
C_{43}	一	0.385	0.016	0.041	0.170	0.158	一	0.038	三
	二	0.328	0.013	0.035	0.145	0.135	二	0.408	
	三	0.205	0.008	0.022	0.090	0.084	三	0.401	
	四	0.082	0.003	0.009	0.036	0.034	四	0.154	
	五	0.000	0.000	0.000	0.000	0.000	风险水平	61.778	

风险因素	风险等级				风险水平	评价等级
	一	二	三	四		
C_4	0.054	0.348	0.445	0.171	64.071	三

降、排水施工风险等级为三级。

表 7-59 检测、监测不到位风险评价

风险因素	风险频率		损失分类				风险等级	数值	评价等级
			一	二	三	四			
			0.041	0.149	0.451	0.359			
C_{51}	一	0.369	0.015	0.055	0.167	0.133	一	0.041	三
	二	0.400	0.016	0.059	0.181	0.144	二	0.414	
	三	0.231	0.009	0.034	0.104	0.083	三	0.463	
	四	0.000	0.000	0.000	0.000	0.000	四	0.083	
	五	0.000	0.000	0.000	0.000	0.000	风险水平	59.680	

续 表

风险因素	风险频率		损失分类				风险等级	数值	评价等级
			一	二	三	四			
			0.267	0.359	0.200	0.174			
C_{52}	一	0.174	0.046	0.063	0.035	0.030	一	0.216	三
	二	0.344	0.092	0.123	0.069	0.060	二	0.302	
	三	0.292	0.078	0.105	0.058	0.051	三	0.360	
	四	0.190	0.051	0.068	0.038	0.033	四	0.122	
	五	0.000	0.000	0.000	0.000	0.000	风险水平	54.702	

风险因素	风险频率		损失分类				风险等级	数值	评价等级
			一	二	三	四			
			0.015	0.267	0.385	0.333			
C_{53}	一	0.174	0.003	0.046	0.067	0.058	一	0.014	三
	二	0.462	0.007	0.123	0.178	0.154	二	0.296	
	三	0.256	0.004	0.068	0.099	0.085	三	0.527	
	四	0.108	0.002	0.029	0.041	0.036	四	0.163	
	五	0.000	0.000	0.000	0.000	0.000	风险水平	65.973	

风险因素	风险等级				风险水平	评价等级
	一	二	三	四		
C_5	0.061	0.361	0.465	0.113	60.738	三

检测、监测不到位风险等级为三级。

在上述计算基础上计算施工技术风险等级(表 7-60)。

表 7-60 施工技术风险评价

风险因素	风险等级				风险水平	评价等级
	一	二	三	四		
C_1	0.000	0.339	0.441	0.220	67.031	三
C_2	0.145	0.399	0.406	0.179	66.307	三
C_3	0.079	0.309	0.432	0.232	67.831	三
C_4	0.054	0.348	0.445	0.171	64.071	三
C_5	0.061	0.361	0.465	0.113	60.738	三
C	0.091	0.370	0.426	0.183	65.680	三

最后,施工技术风险等级为三级。

4) 施工管理风险

表 7-61 施工管理风险评价

风险因素	风险频率		损失分类				风险等级	数值	评价等级
			一	二	三	四			
			0.149	0.426	0.251	0.174			
D_1	一	0.215	0.032	0.092	0.054	0.038	一	0.127	三
	二	0.303	0.045	0.129	0.076	0.053	二	0.334	
	三	0.333	0.050	0.142	0.084	0.058	三	0.418	
	四	0.149	0.022	0.063	0.037	0.026	四	0.121	
	五	0.000	0.000	0.000	0.000	0.000	风险水平	58.349	

续 表

风险因素	风险频率		损失分类				风险等级	数值	评价等级
			一	二	三	四			
			0.041	0.318	0.400	0.241			
D_2	一	0.159	0.007	0.051	0.064	0.038	一	0.034	三
	二	0.344	0.014	0.109	0.137	0.083	二	0.267	
	三	0.323	0.013	0.103	0.129	0.078	三	0.491	
	四	0.123	0.005	0.039	0.049	0.030	四	0.157	
	五	0.000	0.000	0.000	0.000	0.000	风险水平	61.967	

风险因素	风险频率		损失分类				风险等级	数值	评价等级
			一	二	三	四			
			0.067	0.323	0.318	0.292			
D_3	一	0.282	0.019	0.091	0.090	0.082	一	0.058	三
	二	0.344	0.023	0.111	0.109	0.100	二	0.383	
	三	0.241	0.016	0.078	0.077	0.070	三	0.407	
	四	0.133	0.009	0.043	0.042	0.039	四	0.152	
	五	0.000	0.000	0.000	0.000	0.000	风险水平	61.328	

风险因素	风险频率		损失分类				风险等级	数值	评价等级
			一	二	三	四			
			0.108	0.282	0.267	0.344			
D_{41}	一	0.226	0.024	0.064	0.060	0.078	一	0.103	三
	二	0.400	0.043	0.113	0.107	0.137	二	0.319	
	三	0.333	0.036	0.094	0.089	0.115	三	0.439	
	四	0.041	0.004	0.012	0.011	0.014	四	0.140	
	五	0.000	0.000	0.000	0.000	0.000	风险水平	60.361	

风险因素	风险频率		损失分类				风险等级	数值	评价等级
			一	二	三	四			
			0.082	0.292	0.344	0.282			
D_{42}	一	0.226	0.019	0.066	0.078	0.064	一	0.079	三
	二	0.400	0.033	0.117	0.137	0.113	二	0.327	
	三	0.333	0.027	0.097	0.115	0.094	三	0.474	
	四	0.041	0.003	0.012	0.014	0.012	四	0.120	
	五	0.000	0.000	0.000	0.000	0.000	风险水平	60.872	

风险因素	风险等级				风险水平	评价等级
	一	二	三	四		
D_4	0.091	0.323	0.456	0.130	60.617	三

施工管理风险等级为三级。

5）环境保护风险

表 7－62 环境保护风险评价

风险因素	风险频率		损失分类				风险等级	数值	评价等级
			一	二	三	四			
			0.292	0.359	0.241	0.108			
E_1	一	0.082	0.024	0.029	0.020	0.009	一	0.280	三
	二	0.400	0.117	0.144	0.096	0.043	二	0.214	
	三	0.477	0.139	0.171	0.115	0.051	三	0.440	
	四	0.041	0.012	0.015	0.010	0.004	四	0.066	
	五	0.000	0.000	0.000	0.000	0.000	风险水平	52.285	
风险因素	风险频率		损失分类				风险等级	数值	评价等级
			一	二	三	四			
			0.082	0.215	0.359	0.344			
E_2	一	0.133	0.477	0.215	0.015	0.000	一	0.532	四
	二	0.308	0.025	0.066	0.110	0.106	二	0.313	
	三	0.359	0.029	0.077	0.129	0.123	三	0.465	
	四	0.200	0.016	0.043	0.072	0.069	四	0.264	
	五	0.000	0.000	0.000	0.000	0.000	风险水平	82.384	

风险因素	风险等级				风险水平	评价等级
	一	二	三	四		
E	0.364	0.247	0.449	0.132	62.308	三

环境保护风险等级为三级。

6）自然灾害风险

表 7－63 自然灾害风险评价

风险因素	风险频率		损失分类				风险等级	数值	评价等级
			一	二	三	四			
			0.000	0.349	0.359	0.292			
F_1	一	0.174	0.000	0.061	0.063	0.051	一	0.000	三
	二	0.410	0.000	0.143	0.147	0.120	二	0.317	
	三	0.308	0.000	0.107	0.110	0.090	三	0.522	
	四	0.108	0.000	0.038	0.039	0.031	四	0.160	
	五	0.000	0.000	0.000	0.000	0.000	风险水平	66.066	
风险因素	风险频率		损失分类				风险等级	数值	评价等级
			一	二	三	四			
			0.000	0.164	0.426	0.410			
F_2	一	0.174	0.477	0.215	0.015	0.000	一	0.477	四
	二	0.462	0.000	0.076	0.196	0.189	二	0.307	
	三	0.256	0.000	0.042	0.109	0.105	三	0.555	
	四	0.108	0.000	0.018	0.046	0.044	四	0.195	
	五	0.000	0.000	0.000	0.000	0.000	风险水平	80.705	

续 表

风险因素	风险等级				风险水平	评价等级
	一	二	三	四		
F	0.159	0.314	0.533	0.172	70.941	三

自然灾害风险等级为三级。

7）总风险等级确定

表 7-64 总风险等级评价

风险因素	风险等级				风险水平	评价等级
	一	二	三	四		
A	0.040	0.461	0.325	0.124	56.029	三
B	0.002	0.274	0.342	0.382	72.600	三
C	0.091	0.370	0.426	0.183	65.680	三
D	0.077	0.314	0.448	0.145	60.840	三
E	0.364	0.247	0.449	0.132	62.308	三
F	0.159	0.314	0.533	0.172	70.941	三
施工风险	0.076	0.308	0.485	0.158	64.373	三

施工总风险等级为三级。

7.6.3 小 结

本节基于$P=R\times C$模型，运用多层次模糊综合评价法，得到各层次风险因素的风险等级，临海入岩深基坑工程施工的整体风险等级为三级，必须采取措施降低风险或转移风险。从评价结果看，在地质条件、设计、施工技术风险方面，风险等级均为三级，较高，其中设计风险最高；而施工管理、环境保护和自然灾害的风险等级虽为三级，只有自然灾害风险等级较高，充分反映了临海大气条件所产生的影响。所以，在入岩深基坑设计选型和对施工提出的要求上，一定要切合实际，同时要加强施工管理，应采取有力措施控制施工质量，降低或转移施工风险。

7.7 风险应对

7.7.1 风险应对的主要方法

1）风险控制

风险控制包括所有为避免或减少项目风险发生的可能性及潜在损失的各种措施。

(1) 风险回避：通过回避项目风险因素来回避可能产生的潜在损失。风险回避经常作为一种规定出现，如禁止使用对人体有害的建筑材料、禁止在施工场所吸烟等。

(2) 风险预防：在损失发生前为了避免或减少可能引起损失的各项风险因素而采取的策略，减少损失发生的概率。主要有以下 3 种方法：

① 工程法：以工程技术为手段。消除物质性风险威胁的方法。措施：工程施工前，采取一定措施，减少风险因素；减少已存在的风险因素；将风险因素同人、财、物在时间和空间上隔离，以达到减少

损失的目的。

② 教育法：对工程项目管理者和其他有关人员进行风险管理教育，以提高其风险意识的方法。

③ 程序法：以标准化、制度化、规范化的方式进行工程项目施工，以减少损失的方法。

(3) 风险减轻：在项目风险事件发生时或发生后，采取应急或补救措施，以减轻损失范围和损失程度的策略。常见方式有如下3种：

① 控制风险损失：在损失不可避免地要发生的情况下，通过各种措施来抑制损失继续扩大或限制其扩展范围。

② 分散风险：通过增加风险承担者来减轻个体损失。

③ 后备应急措施：在风险事件发生后，采用事先考虑好的后备应急措施来减轻损失程度。

2) 风险自留

风险自留是一种重要的财务性管理技术，业主将承担项目风险所致的损失。风险自留分为两种：非计划性风险自留和计划性风险自留。

非计划性风险自留是当风险管理人员没有意识到项目风险的存在，或者没有处理项目风险的准备，风险自留是非计划的或被动的。事实上，对于一个大型复杂的工程项目，风险管理人员不可能识别出所有的项目风险，非计划风险自留是经常出现的，但风险管理人员应尽量减少风险识别和风险分析过程的失误，并及时实施决策，避免承担重大项目风险。计划性风险自留是指风险管理人员经过合理的分析和评价，有意识地用项目参与方尤其是业主的自有资金来弥补损失。

风险自留技术应与风险控制技术结合使用，实行风险自留技术时，应尽可能地保证重大项目风险已经进行工程保险或实施风险控制计划。

3) 风险转移

风险转移是指风险转移方通过财务手段得到另外一个风险承受方对潜在损失的全部或部分进行支付的承诺，主要分为两种形式：合同转移方式和工程保险。

(1) 合同转移。

业主通过与设计方、承包商等分别签订的合同，明确规定双方的风险责任，从而将活动本身转移给对方、减少业主对对方损失的责任和对第三方损失的责任。但需要明确的是，风险的合同转移与保险转移方式一样，并不是没有代价的，业主如果想让承包商承担更多的风险，就意味着承包商投标时会要求更高的工程投标价格。

一般地，业主不可能通过合同转移而必须自身承担的风险有：政治法律风险、自然环境风险中无法预测和防范的自然力和其他不可抗力导致的风险，如由于地震所造成的损失等。这些承包商无法控制的项目风险一旦发生并造成损失，承包商不承担任何责任，并有权要求业主对由此而造成的工程、材料设备等损失支付款项和合理的利润。

(2) 工程保险。

工程保险的目的在于通过把伴随工程进行而发生的部分风险作为保险对象，减轻有关参与者的损失负担以及这种损失所引发的纠纷，消除工程进行的某些障碍，使工程顺利完成。虽然投保者将为这种服务付出额外的一笔工程保险费，但由于因此提高了损失控制效率，以及损失发生后能得到及时的补偿，使项目实施能不中断地进行，从而保证项目的进度和质量，降低了工程总费用，所以，国外发达国家，如德国、英国的绝大多数项目在实施前都要购买相关的工程保险，我国目前的工程保险市场也在稳步扩大。

购买工程保险进行风险转移，风险管理人员应考虑如下几点：第一，保险的安排方式是承包商控制的保险计划还是业主控制的保险计划；第二，投保方式是总体保险还是单险种保险；第三，确定所要投保的风险内容，包括建筑(安装)工程一切险的基本条款、附加条款以及其他被保险人认为需要投保的风险；第四，合理估算保险合同的免赔额、保险金额、赔偿限额和保险费。

工程保险在实施过程中总是与风险控制有密切的关系。与工程保险有关的风险控制包括保险前的风险控制和保险实施后的风险控制。保险前的风险控制指对于可保风险，要通过风险控制手段降低风险量，改善工程保险条件，从而节省保险费。保险实施后的风险控制，指在签订保险合同后，保险商从减少保险赔款的自身利益出发，根据长期保险经营中掌握的风险发生原因和规律，经常对承保风险进行跟踪分析，并拟定损失控制计划，帮助投保人增添防灾设施，进行安全检查等，提供风险控制措施以减少所保项目风险发生的频率和风险发生后对项目造成的损失程度。

7.7.2 施工风险的应对措施

针对入岩深基坑工程设计与施工风险，应采取“细致准备，精心设计，周密组织，严格施工”的原则。

① 细致准备：主要工作为设计基坑防渗止水帷幕体前，查明场地地质条件及周边环境，查明场地地下水赋存条件及与海水之间的水力联系；收集类似工程案例与资料，认真总结成功经验，吸取失败教训；对类似工程施工条件、施工队伍等做必要的调查研究。

② 精心设计：基坑设计选型系关成功与否，是施工成功的前提。选型研究一定要结合场地地质条件和施工条件，在满足施工安全的前提下尽可能经济、合理和缩短工期。

③ 周密组织：施工单位要根据设计方案、施工技术要求认真编制施工组织设计，重点分析施工的难点、重点和关键技术要点，有针对性地采取对策。合理确定施工工序、机械设备、工期安排。对施工过程中可能遇到的问题要有预案，做到有备无患。

④ 严格施工：施工前，要求施工队伍认真阅读设计与施工要求，做好施工技术交底；施工单位要制订施工操作指导书，准备好施工过程中所需的各类表格和准备资料；在技术准备、设备准备、人员准备、材料准备等条件到位后才可施工。

施工风险的具体应对措施如下。

1）地质条件风险

（1）不良地质条件。

① 基岩面上覆土层厚度：因三轴搅拌桩施工动力和桩机高度有限，当基岩面上覆地层厚度超过 30 m 时，施工难度大，桩体端部施工质量不良。对策：选用较大功率的电动机，增加设备的搅拌能力；适当加长桩机机高。

② 上覆土层土性不均匀：加强地质勘察资料分析，按区域划分地质分区，设计施工参数。

③ 上覆土层存在珊瑚礁灰岩：对成层珊瑚礁灰岩采用 1.2 m 口径的冲孔钻机作破碎处理，分层回填夯实后再施打三轴搅拌桩。

④ 基岩面起伏大：施打三轴搅拌桩前采用探孔的方式确定三轴搅拌桩停打深度，防止基岩面起伏对三轴搅拌桩桩机损坏；在高压旋喷桩施工前引孔，进一步查明基岩面的埋深，根据引孔资料具体确定每根桩的入岩深度。

⑤ 强风化层分布不均匀：通过探孔和引孔资料的对比分析，确定强风化层的厚度，以便确定三轴搅拌桩停打深度，高压旋喷桩的施工标高控制。

（1）地质勘探不确定性。

① 珊瑚礁灰岩的分布范围大大超过预期值：施工前应尽量提前探孔，如发现珊瑚礁灰岩分布范围可能大大超过预期值，应及时分析，提出处理方法，及时施工，尽量缩短处理时间，避免延误三轴搅拌桩施工工期。

② 未探明基岩面埋深：严格控制探孔、引孔施工精度，要求误差不得大于 0.1 m。

③ 超前地质预报精度低：做好技术交底，制订操作规程，严格检查，要求施工班组认真填写一孔一表，施工技术管理人员要检查取芯情况，并拍照留存。

④ 高压旋喷桩引孔未入基岩：明确引孔、下管的施工要求，技术人员拍照留存。规范施工、规范施工人员的操作和记录。

2）设计风险

① 设计基坑防渗止水帷幕选型不当：要按基坑优化选型程序比选基坑防渗止水帷幕体的设计。以安全为第一要求，满足此条件下，再考虑经济、工期和环境保护。

② 设计对施工要求没有针对性：在设计时，应针对工艺，详细提出施工要求，包括提出施工质量检测要求以及加固措施，确保施工质量满足设计要求。

③ 降、排水设计不当：根据临海地区地质条件，结合基坑开挖深度，合理设计降、排水方案。可以首先考虑集水坑明抽水方式。

④ 设计变更、修改和审核不及时：加强沟通，建立设计、施工和监理等单位参加的工程例会制度，及时沟通，及时处理施工过程中所遇到的设计修改等问题。

3）施工技术风险

（1）三轴搅拌桩施工。

① 施工前未试成桩：施工前应安排试成桩，确定施工参数。并在整个工程筹划中要有计划。

② 珊瑚礁灰岩处理不到位：用冲孔钻机破碎成层分布的珊瑚礁灰岩不存在施工难度问题，施工时要严格控制，破碎后要及时分层回填，注意回填密实度。

③ 施工设备安排不当：应根据土体厚度、土体均匀性和珊瑚礁灰岩的分布情况来初步选择三轴搅拌桩设备。再通过试成桩确定。

（2）高压旋喷桩施工。

① 施工前未试成桩：施工前应试成桩，通过试成桩可以进一步确定施工参数，完善施工工艺。施工单位应做好计划安排。

② 引孔、下管不到位：根据要求，引孔、下管都必须做到一孔一表，拍照留存。加强对施工队伍的管理，制订必要的奖罚制度，确保施工质量。

③ 施工设备安排不当：高压旋喷桩施工不能采用单管法，应采用双管或三管法，再通过试成桩确定设备型号。

④ 上下搭接不良：严格控制施工质量，规范操作，同时如发现问题及时整改。

（3）放坡、护坡。

① 放坡坡度不满足设计要求：准确放线，并经复核后施工。开挖四周边坡时应预留一定距离，临边开挖要人工施工，严禁超挖时回填、修理边坡。

② 放坡平台不满足设计要求：准确放线，并经复核后施工。按设计要求，控制放坡平台宽度。对于临海深基坑，放坡平台要满足明排水的需要。基坑坑底要留有基础施工空间和排水空间。

③ 护坡施工质量不良：严格要求护坡施工按设计要求操作；注意护坡厚度均匀情况，控制边坡面的平整度，分二次喷浆，每次厚度要满足要求。

④ 底腰梁施工质量不良：开挖到基岩面时，要根据开挖揭露的基岩面标高调整底腰梁设计根据基岩面起伏情况调整施工工作量，一定要全周长、全封闭施工。

（4）降、排水施工。

① 截、排水沟施工不当：严格按图施工，如发现基坑内排水距离设计不当，基坑内排水反流进入基坑、基坑内积水不能及时排出等情况，要及时调整，返工。

② 降水效果不良：发现降水不到位时，增加集水坑，增加抽水设备，直至确保降水效果为止。

③ 排水能力不足：要根据排水要求安排排水设备，并留有余量，特别是预见到暴雨等天气，要检查排水设备和排水系统完好情况，安排好排水施工人员和值班人员，必要时启动应急预案。

（5）检测、监测不到位。

① 止水帷幕施工质量检测结果有效性不足：通过比较，选择结合钻孔取芯和声波试验优点的声波 CT 成像技术检测防渗止水帷幕体的施工质量，真实反映施工质量状况，为评价施工质量和提出合理、有效的加固处理方案打下基础。

② 基坑位移监测结果有误：严格监控检测操作要求实施基坑位移监测，发现异常情况，及时反馈监测信息，及时采取对策，确保基坑边坡安全。

③ 基坑渗漏情况监测有误：安排监测人员密切关注基坑渗漏量变化，预测渗漏量的增减变化趋势，对排水设备、人员的投入提出建议，确保基坑积水不影响施工，更不能危及基坑边坡安全稳定性。

4) 施工管理风险

(1) 供水供电不稳定：改善供电设施，预备发电机设备，如停电，及时启动预备设备；供水相对较易解决。

(2) 施工组织协调不利：施工前，认真筹划施工组织，合理安排施工工序、工序搭接、工作面等。

(3) 进度安排不合理：施工前，根据人员、设备、材料和场地施工作业条件，合理安排进度。尽量不抢工期，不突击施工。

(4) 安全管理方面。

① 施工用电不规范：施工时，规范用电，按时检查电源的可靠性、高压电源保护措施等，预防施工用电不规范而引发对人员及设备的损害。

② 施工机械风险：要求施工人员，特别是特殊工种的施工人员要严格执行相关操作规范，在设备运输、安装、拆除、吊装等过程中遵守安全防护措施，杜绝发生人体伤害等事故。

(5) 材料设备方面

① 材料设备供应不足：施工前，对材料、设备供应做好计划，并提前预告、通知，发现问题，及时反馈信息，及时解决。

② 材料设备质量或规格不合格：做好进场材料、设备的检测工作，并提前预告、通知，发现问题，及时反馈信息，及时解决。

③ 新材料、新设备：加强技术交底和施工示范，使施工班组熟悉新材料、新设备的性能，保证施工质量。

5) 环境保护风险

(1) 职业病风险：按生产保护要求，配备劳动防护用品，严格遵守劳动防护规程，规范操作，预防职业病。

(2) 生态破坏：尽量采用污染轻的水泥等施工材料，施工污水、废渣等排放要符合要求，减少对海水的污染等生态破坏。

6) 自然灾害风险

(1) 台风、暴雨：认真收集台风、暴雨等天气预报信息，制订应急预案，按级别启动预案，应对台风、暴雨袭击。

(2) 潮汐作用：查明场地潮汐类型，在基坑开挖期间，有针对性地安排抽水设备、人员，并配备备用电源。

7.7.3 应急预案

1) 目的

针对基坑工程施工过程中可能发生的台风暴雨、大体量的渗漏、潮汐作用和基坑边坡失稳等重大事故或灾害，保证迅速、有序有效地开展应急与救援行动，提高应急快速反应能力，最大限度地降低危害程度和经济损失，保障国家、企业和员工生命财产安全，制订应急预案。本研究主要介绍基坑工程施工过程中发生渗漏、边坡失稳、台风暴雨等三种情况的应急预案。

2）应急领导机构及职责

（1）项目部成立应急救援组织机构。

（2）项目部应急救援领导小组主要职责。

应急救援领导小组组长由项目经理担任，常务副经理、项目书记和总工程师担任副组长，成员由项目各部门负责人、各队队长、各班组长组成。设置值班室及24小时值班应急电话。

应急救援领导小组负责建立健全本项目重大危险源监控方法与程序，对安全事故隐患和重大危险源实施监控；负责本项目相关信息收集、分析和处理，并按月报、季度报和年报的要求，定期向上级公司应急领导小组报送有关信息。

应急救援领导小组组长负责向当地政府部门、建设单位、上级公司应急救援（响应）领导小组报告。

应急救援领导小组应根据国家有关法律法规的规定、当地建设行政主管部门制定的应急救援预案和上级公司及本单位的应急救援预案，组织开展事故应急知识培训教育和宣传工作。在接到事故现场人员的报告后，迅速查清事故发生的位置、环境、规模及可能发生的危害；迅速沟通应急领导机构、应急队伍、辅助人员以及灾区内部人员之间的联络；迅速启动各类应急设施、调动应急人员奔赴现场；迅速组织医疗、后勤、保卫等队伍各司其职；迅速通报事故或灾害的情况，通知邻区做好各项必要准备。领导小组成员必须根据应急预案的内容、结合现场实际、制订抢险救援具体方案，迅速到达事故发生现场，组织指挥现场应急抢险救援人员开展应急救援，并采取措施控制危害源，防止事故的进一步扩大，最大限度地减少事故造成的人身伤亡和财产损失，保护好事故现场并应按有关规定及时向上级公司应急救援领导小组报告事故情况。

（3）抢险救援组主要职责。

负责做好事故的抢险和伤员救护工作，与技术保障组共同拟定抢险方案和措施。抢险人员应当根据事先拟定的抢险方案，在确保抢险人员安全，做好自我防护的前提下，以最快的速度及时排除险情、迅速救出被困人员，并参加相关的事故调查。

（4）对外联络组主要职责。

根据实际情况与当地通信部门协商，共同建立应急救援通信保障体系，确保事故发生后应急救援指挥通信畅，通参加相关的事故调查。

负责向社会救援机构报警，请求提供帮助，报警时要清楚说明事故发生时间、地点、方位、事故是否造成人员伤亡等情况。报警后，要立即派人在现场的道口迎接救护车、救援人员、救援车辆的进入。负责事故处理中各救援队伍之间的通信联系，参加相关的事故调查。

（5）现场医疗组主要职责。

负责现场的医疗救护组，组织救护车辆及医务人员、器材进入指定地点，组织现场抢救伤员，对事故中的负伤人员进行包扎救治，人工呼吸、心肺复苏等应急处置措施，对伤情严重的，应立即和当地医疗机构联系，专人负责送至附近医院，办理入院手续，实施紧急抢救，参加相关的事故调查。

（6）现场保卫组主要职责。

事故发生时，负责现场周围人员和群众安全疏散工作，避免二次伤害，设置警戒线，保护现场，维持现场秩序，保证现场道路畅通，禁止无关人员、车辆通行和进入，参加相关的事故调查。

（7）后勤保障组主要职责。

负责抢险救灾所需的机械、装备、材料、防护用品、生活保障物资的供应、组织调集工作，并确保供应渠道畅通、便捷，参加相关的事故调查。

（8）善后处理组主要职责。

负责伤亡人员的亲属接待、安抚和善后理赔工作，保障社会稳定，积极稳妥深入细致地做好善后处理工作，包括：稳定员工、受伤者及其家属的情绪；对安全事故或突发应急事件中的伤亡人员、应急处置工作人员按有关规定给予抚恤或赔偿;与保险单位一起做好伤亡人员及财产损失的理赔工作等,参加相关的事故调查。

(9) 技术保障组主要职责。

负责施工中出现安全事故的现场补救及应急处置方案和保证措施,提供各类地质灾害现场处置的技术工作和事故现场安全状态的监测,参加相关的事故调查。

3) 突发大量渗漏的应急抢险措施

(1) 发现有大量渗漏水先兆,且极其危险时:

① 必须立即停止施工,现场值班领导、领工员、工班长或值班安全员要立即组织人员、机械迅速撤离危险区域,若基坑内部分无法迅速撤离的机械设备,则以人为主,先撤人,直至撤出基坑外,保证人员生命安全。同时做好安全防护,确保人员生命安全及财产不受损失。

② 撤离危险场所(一般撤离至基坑外)后,立即清点现场施工人员数量,查看有无人员未逃离现场,并立即上报有关情况给项目部领导。

③ 项目经理部领导接到通知后,应立即启动应急救灾程序,组织人力、物力全力抢险救灾,降低灾害损失。

④ 当发生人员伤亡时,按紧急抢险方案及时进行救援工作。在确保救援工作人员无生命安全威胁的情况下进行抢救工作,若自身无救援能力时,及时上报当地政府或相关部门进行救援,同时做好相关配合救援工作。

⑤ 当抢救出伤员时,根据伤员人数、受伤程度,由医务人员在现场采取相应的急救措施后,按照“先重后轻”的原则,及时将伤员送到医院进行抢救、治疗。

现场采取安全警戒线或隔离措施,防止其他人员进入危险区域,避免灾害损失的扩大。

(2) 安排堵漏,控制渗漏量。

① 迅速查明渗漏通道,制订堵漏方案。

② 及时组织人员、材料、设备,实施堵漏施工,控制渗漏发展。

(3) 当渗漏量得到控制后,及时安排抽水设备、人员排水,恢复施工。

4) 边坡失稳应急抢险措施

(1) 当发现边坡局部坍塌时,发现人应及时发出警告信号,在危险区域的人员立即撤离,同时禁止其他工作人员接近或进入危险区域。

(2) 工作人员撤离至安全位置后,及时清点现场施工人员数量,查看有无人员伤亡情况。

(3) 现场负责人或值班安全员、工班长等立即报告项目经理部领导,并立即启动应急抢险程序。

(4) 当发生人员伤亡时,立即采取紧急救援工作,救援时必须2人以上进行防护,在确保救援人员无生命安全威胁的情况下进行抢救工作;若边坡坍塌继续无法救援时,则在安全位置守候待命,以便及时进行抢救,抢救过程中一定要保证抢救人员的生命安全,防止坍塌损害进一步扩大。

(5) 边坡失稳塌方可能对受害者造成两种严重的后果:一是土埋窒息,迅速造成死亡;二是土方石块压埋肢体,引起挤压综合征。石块土方压埋肢体时间较长,大腿等肌肉丰满处细胞易坏死,产生有毒物质,人一旦被救出,肢体重压解除,毒素就进入血液循环,会引起急性肾功能衰竭。其表现为伤部边缘出现红斑,肢体肿胀,伤员口干舌燥,恶心呕吐,厌食、烦躁乱动,因此,发现边坡失稳坍塌要及时抢救。

(6) 救出险境。抢救全身被土埋者,根据伤员所处的方向,确定部位,先挖去其头部的土物,使被埋者尽量露出头部,迅速清洁其口、鼻周围的泥土,保持呼吸畅通,进行人工呼吸,然后再挖出身体的其他部位。

(7) 对呼吸、心脏停止者,应立即进行人工呼吸和胸部按压。

(8) 对各种外伤进行现场处理。

(9) 如果局部肢体受挤压，在局部解除压力后，应立即用夹板将伤肢牢牢地固定住，严禁不必要的肢体活动，伤部应暴露在凉爽空气中。

(10) 当抢救出伤员时，根据伤员人数、受伤程度，由医务人员在现场采取相应的救治措施，采取"先重后轻"的原则及时将伤员送到医院进行抢救、治疗。

(11) 若坍塌特别严重，自身救援能力有限时，应立即上报地方政府或相关救助部门，请求紧急救援，同时做好相关配合救援工作。

(12) 现场采取与坍塌程度及范围相对应的施工技术措施，控制坍塌的进一步发展。在确保施工人员安全的环境下，积极进行坍塌处理，尽快恢复正常施工生产。

5) 台风、洪灾的应急措施

(1) 当台风正在发展，预计有可能影响到施工现场时，当地气象台发布台风消息，当地人民政府防汛抗旱指挥部发布"关于××年××号预防 01 号通知"，接到通知后采取如下措施：

① 应急救援领导小组安排专人注意收听收看天气预报，主动与当地气象台及海洋站保持联系，密切注视台风和风暴潮情况。及时将台风及潮位消息向项目经理部报告，并通知各作业队及有关部门，注意做好防台风的各项准备工作。

② 对已完成或正在施工的构筑物等，各作业队组织力量抓紧施工或采取其他防护措施。

③ 对现场的机械设备、材料、各项设施采取抗台风措施加以保护。

(2) 当台风正向施工现场逼近，48 h 内将有影响时，当地气象台发布台风警报，当地人民政府防汛抗旱指挥部发布"关于××年××号台风预防 02 号通知"，接到通知后采取如下措施：

① 项目经理部应急救援领导小组人员立即到位，各级部门负责人要按职责分工到位指挥，根据当时实际情况研究部署当地的防御台风的各项准备工作。

② 密切关注气象台每隔 3 h 作出的台风影响范围和风力、雨量等级的预报，及时向各级指挥部门通报。

③ 作好施工现场的抗台风、抗洪抢险工作，对易受洪涝淹没地区的房屋、仓库、器材设备等要做好撤离的准备。施工现场的机械设备及有关材料、半成品等及时加固。

④ 对已完成或正在施工的构筑物，各作业队抓紧突击施工完成，来不及的要因地制宜采取不同防护措施，减少损失。

⑤ 各作业队组织好抢险队伍待命，并做好抢险物料的准备。发现险情立即加固抢修。各有关部门要按照分工职责，落实各自防御台风的各项准备工作。

⑥ 加强与业主、上级的防汛抗台风指挥部的联系，及时汇报工地情况。

(3) 当台风在 24 h 内可能袭击施工现场或者在附近约 150 km 的范围内的沿海地区登陆，对施工现场将有严重影响时，当地气象台发布台风紧急警报，当地人民政府防汛抗旱指挥部发布"关于××年××号台风预防 03 号通知"。接到通知后采取如下防范措施：

① 项目经理部应急救援领导小组成员坚持 24 h 值班，组长坐镇指挥，各级现场施工负责人坚守岗位，统一指挥调度，并进一步检查各项防御措施的落实情况。

② 各工作面停止施工，各级抢险组要处于临战状态，救护组待命救护。各部门发动职工做好风暴潮的防范工作。

③ 密切关注气象部门台风及风暴潮的预测报，作好人员及时撤离避难的措施。

④ 加强与业主、上级的防汛抗台风指挥部的联系，及时汇报工地情况。

(4) 当台风已登陆并减弱为低气压，对施工场地不再有影响时，由当地气象台发布台风警报解除，当地人民政府防汛抗旱指挥部发布"关于××年××号台风预防 04 号通知"。接到通知后采取如下措施：

① 项目经理部根据实际情况进一步部署防洪排涝工作，对受灾职工，加强情绪安抚工作，安定

情绪。

② 全面检查施工现场水毁及受灾情况，重点检查工程构筑物、材料机具、电力和通信线路、生活、生产房屋等设施，制订修复计划，对可抢修的工程组织力量抢修。

③ 及时收集受损、受灾情况，并做好卫生防疫工作。

④ 妥善安置灾后各项工作，并报监理工程师、业主批准，尽快恢复生产。

7.7.4 小 结

本节针对第 7.6 节的风险评价结果，组合运用风险应对的几种方法，结合深基坑施工特点，提出各风险因素的应对措施，并制定了深基坑施工几个主要风险事故的应急措施。

本节提出的降低风险的主要措施：

(1) 确定原则，针对入岩深基坑工程设计与施工风险，应采取“细致准备，精心设计，周密组织，严格施工”的原则。

(2) 采用相应的技术措施，控制施工质量，减小和避免各种施工风险。

(3) 要增强风险意识，从建设过程全过程控制设计与施工风险，包括：规划、勘察、设计、施工等环节。特别是强调设计前调查、研究工作。

7.8 施工风险监控

风险监控是风险管理实施过程中的一项重要工作，风险监控实际是监视项目的进展和项目环境。风险监控的目的主要有两个方面：① 核对工程项目风险处理策略和措施的实际效果是否与预期的相同，如果不相同，根据实际情况对其进行调整，并获取反馈信息，以便将来制订风险处理策略和措施更符合实际；② 对已识别的风险和新出现的风险进行跟踪、监视，如果风险超出了可接受风险水平，则对其采取风险处理措施，如果风险水平降低或消失则调整或取消风险处理措施。本研究根据入岩深基坑施工风险的特点，介绍四种监控方法。

7.8.1 审核检查法

对基坑工程，应对工程项目的技术要求、工程项目的招标文件、计划文件、实施计划、必要的实验都需要审核。审核时要查出错误、疏漏、不准确、前后矛盾、不一致之处。审核还应发现以前或他人未注意或未想到的地方和问题。审核可以以项目进展到某个节点时以开会形式进行。审核会议要有明确的目标、提出的问题要具体、要请多方面的人员参加。参加者不要审核自己负责的那部分工作。审核结束后，要把发现的问题及时交代给原来负责的人员，让他们马上采取措施，予以解决，问题解决后要签字验收。

检查是在项目实施过程中进行，而不是在项目告一段落时进行。检查是为了把各方面来的反馈意见立刻通知有关人员，一般以已完成的工作成果为对象，包括项目的设计文件、实施计划、试验计划、试验结果、在施的工程、运到现场的材料设备等。检查与审核不同，一般在项目的实施阶段进行。检查要有统一的记录表，信息应及时反馈，以便进行分析调查。

7.8.2 风险图表示法

风险图表示法就是根据风险评价的结果，从项目的所有风险中挑选出几个，例如将风险等级为三级的风险列入监控范围。然后每月对这几种风险进行检查，同时写出风险规避计划，说明用于规避风险的策略和措施是否取得了成功。与此同时，画一张图表，列出当月风险等级为三级的风险。其中每种风险都写上当月的优先顺序号、上个月的优先顺序号以及该风险在这张表上出现了几个星期，如果发现表上出现了以前未出现过的新风险，或者有的风险情况变化很小，那么就要考虑是否需要重新进行风险分析，要注意尽早发现问题，不要让风险由小变大，进而失去控制，同样重要的是，要及时注意和发现风险应对措施取得的进展，把已成功控制住的风险记录在图表中。

另外，还要跟踪列入图表中风险等级为三级的风险类别的变化。如果新列入图表的风险以前未被划入未知或不可预见的类别，那么，就预示着有很大可能要出现问题，这种情况还表明原来做的风险分析不准确，项目实施面临的风险要比当初考虑的风险要大。

项目在日常进展中，一定会显露出一些风险迹象，管理人员应当积极地捕捉，把有关风险的新信息、资料收集起来，来自其他部门的一些资料，包括合同、人事、财务、营销等，都会帮助管理人员抓住风险迹象。

7.8.3 费用偏差分析法

费用偏差分析法是一种测量项目预算实施情况的方法，又称为赢得值原理。该方法用实际上已完成的项目工作同计划的项目进行比较，确定项目在费用支出和时间进度方面是否符合原定计划的要求。该法计算、收集三种基本数据，即计划工作的预算费用(BCWS)、已完成工作实际费用(ACWP)和已完成工作预算费用(BCWP)。BCWS是在项目费用估算阶段编制项目资金使用计划时确定的，它是项目进度时间的函数，是累计值，随着项目的进展而增加，在项目完成时达到最大值，即项目的总费用。若将此函数画在以时间为横坐标、费用为纵坐标的图上，则函数曲线一般层呈S状，俗称S曲线。ACWP是在项目进展过程中对已完成工作实际测量的结果，也是进度时间的函数，是累计值，随着项目的进展而增加，ACWP是费用，不是实际工作量。用项目实施过程中任一时刻的BCWP与该时刻此项任务的BCWS相对比，以监测和控制进度的执行效果，同时将BCWP与该时刻此项任务的ACWP相对比，监测费用的效果。

差值CV=BCWP−ACWP叫作费用偏差。CV大于、小于或等于0时，分别表示完成某工作量时，实际资源消耗低于、高于或等于计划值。

差值SV=BCWP−BCWS叫作进度偏差，SV大于、小于或等于0时，分别表示实际完成预算值超过、小于或等于计划预算值。

费用偏差分析法既能反映费用消耗情况，又能反映工作进度情况，具有反映进度和费用执行效果的双重特性，既可最佳分析综合效益，又能有效减少相关风险，能否合理使用费用偏差分析法进行项目管理和风险控制，已成为国际上衡量工程管理公司的项目管理能力和风险控制能力的标志之一。

7.8.4 综合控制法

基坑工程是一个开放的复杂大系统，面临的风险种类繁多，各种风险之间的相互关系错综复杂，必须运用综合控制系统分析的方法，对项目管理的三大指标“成本，质量、进度”进行综合控制，以实现基坑工程管理的抗风险和高效益。

成本/质量/进度综合控制系统分析是在运用费用偏差分析法进行费用/进度双控制中引入一个中间度量“已获价值质量QBCWP”。QBCWP=BCWP×Q，质量水平指数Q=(实际质量水平/计划质量水平)×100%。

成本/质量/进度系统分析，引入“已获得价值质量”，可分析项目成本、质量和进度的计划完成情况，能预计项目现状对未来发展的影响(包括项目进度变动对成本带来的影响，项目质量变动对进度和成本带来的影响，项目资源消耗量与价格变动对进度和成本带来的影响，项目进度、成本、质量变动趋势与结果的预测，以及项目要按期完成需采取的纠偏措施)及全面提高项目的综合效益和系统控制项目的相关风险，使基坑工程项目风险管理获得抗风险和高效益的结果。

7.9 结　论

临海入岩深基坑工程，施工场地地质条件复杂，施工风险大。由于临海，地层富含地下水，而且受潮汐作用，在其施工过程中存在着大量的不确定性、不可预见的因素，且风险产生的后果严重、影响深远。因此开展临海入岩深基坑施工风险管理研究具有十分重要的意义。

本研究得出以下主要几点结论：

(1) 结合深基坑施工特点，从设计与施工角度出发，重点以基坑施工的风险管理全过程为研究对象，首先全面阐述了风险管理的全过程和方法，提出了临海入岩深基坑施工的风险管理模型。

(2) 运用分解结构法按风险的相互关系分解成地质条件、设计风险、施工技术、施工管理、环境保护、自然灾害六个子系统。再运用专家函询法，充分利用各位专家的丰富经验与知识，识别出深基坑施工的主要风险因素。利用层次分析法建立深基坑施工风险评价的指标体系，形成一个有序的递阶层次结构，并结合 1～9 标度法确定层次中诸因素的相对重要性。

(3) 引入模糊数学理论解决风险估计中存在的模糊性、不确定性，得到深基坑施工基本风险因素的概率及损失的定量估计结果。

(4) 基于 $R=P\times C$ 模型综合考虑风险因素发生概率及损失对风险评价的影响，将评价结果分为四个风险等级，并考虑到风险管理中存在的“二八法则”，确定四个风险等级的判定区域及指针值，从而判定各基本风险因素的等级。再运用模糊综合评价法，确定各层次风险因素的风险等级，同时判定临海入岩深基坑施工风险等级为三级，风险较严重，须采取有效措施加以控制。

(5) 在风险分析的基础上，结合多种风险应对方法，针对各个风险因素的具体情况，提出相应的应对措施。根据深基坑施工的特点，提出四种风险监控的建议方法。

8 基于地质特征研究的施工工期和造价的风险分析

8.1 概 述

临海地区存在其特有的地质特征，主要受地质构造和地质运动所控制，其基岩面上覆土层厚度变化大，珊瑚碎屑和珊瑚礁灰岩分布极不均匀，基岩面埋深起伏大，基岩面上覆强风化层的厚度分布也极不均匀，这些地质条件均对入岩深基坑防渗止水帷幕体设计与施工带来不可回避的难题。

防渗止水系统设计前按国家相关规范要求必须进行场地岩土工程详细勘查，为基坑防渗止水帷幕体设计与施工提供地质勘察资料。由于我国幅员辽阔，全国勘察规范很难对含珊瑚碎屑及珊瑚礁岩地层的勘察进行详细规定，沿海省份的岩土勘察规范对此涉及也很少。由于该类场地地质条件研究不多，类似工程案例较少，在勘察方法、勘察内容等方面的确定没有针对性，尤其是勘察孔距的确定、基岩面埋深变化情况和珊瑚礁灰岩分布情况等，在实际工作中，往往不是未查明，就是分析结论无针对性。这样，按目前的岩土工程勘察资料无法对场地珊瑚礁灰岩分布和基岩面起伏情况进行详细了解，也不满足施工设计方案的编制和工程施工组织设计的编制。

针对临海入岩深基坑防渗止水系统设计，经研究采用三轴搅拌桩和高压旋喷桩垂直向组合方式比较符合实际施工要求，工期短，造价低，一般为优先考虑的设计方案。如采用上述方案，对于三轴搅拌桩施工来说，影响其施工工期和造价的主要因素是基岩面埋深和珊瑚礁灰岩的分布情况；对于高压旋喷桩施工来说，影响其施工工期和造价的主要因素是基岩面起伏情况和基岩面埋深。所以，对于整个防渗止水帷幕体的施工来说，影响其施工工期和施工造价的主要因素是：珊瑚礁灰岩分布情况、基岩面起伏变化情况。为评价施工工期和施工造价的风险，必须根据目前已有的岩土工程勘察资料进行充分研究，尽管按常规的勘察规范进行勘察所取得的资料不尽详细，不能完全满足设计和施工的要求，但通过采取有效的研究方法去认真分析能够得到规律性的认识，以此作进一步的施工工期和施工造价风险分析，对其作出预估，并采取相应对策，可降低或规避施工工期和施工造价风险。

本章主要在详细研究影响施工工期和造价因素特征的基础上，分析施工工期、施工造价风险。主要研究场地珊瑚礁灰岩分布的概率特征和基岩面形状变化特征，从而定量评价影响施工工期和造价的风险。

8.2 研究现状

建设工程项目的施工工期和造价一直是人们关注的重要问题。隆青玲[196]将项目风险管理理论与工程造价风险管理理论相结合，站在施工企业角度，从施工项目工程造价风险识别出发，界定了施工项目工程造价风险的内涵，构建了施工项目工程造价风险的管理体系，根据施工项目工程造价风险识别的流程，分析了施工企业在其施工项目投标阶段、施工阶段以及结算阶段的主要风险及其原因，结合解释结构模型将施工项目工程造价风险的因素进行了聚类，建立了施工项目工程造价风险评价指标体系。运用三角模糊数的基本原理，结合层次分析综合评价法，建立了基于三角模糊数的模糊层次综合评价模型，并结合案例分析了施工企业施工项目工程造价风险控制措施。

沈青英[197]对工程造价及风险管理进行了论述，在对施工企业工程造价风险识别及评估进行论述的基础上，针对工程造价风险防范提出了若干策略，以期对工程实践起到一定的参考作用。

朱秀段[198]通过分析认为基础设施建设项目具有投资额度高、规模大和施工环境复杂等特点，这将导致项目的前期造价存在很大的风险性。要合理确定基建项目前期造价，必须对其存在的风险进行有效管理，为后期造价控制提供可靠依据，进行项目前期造价风险管理正好可以实现这一目标。建立基于蒙特卡洛模拟法的风险性造价度量模型。选定三角分布来拟合风险性造价的实际概率分布。然后对蒙特卡洛模拟法度量过程进行设计，并详细分析过程中涉及的关键技术如子项造价三角概率分布的建立、随机模拟过程的实现等。最后，结合实际案例验证该模型的可行性和实用性，并对项目造价风险做评价。

韦春晓[199]在对工程造价以及工程造价风险管理的国内外现状、经验做法进行研究的基础上，对我国建筑施工企业工程造价风险管理存在的问题进行了探讨，并提出了一些意见和建议，认为建筑施工企业一是要设立工程造价风险管理部门，强化工程造价风险管理意识；二是要对招投标进行科学控制，实现理性报价；三是要利用合同合理约定风险范围，降低不可预见性风险；四是建筑企业在施工过程中，一定要实现全面管理。

汪梦如[200]根据大型基坑工程造价风险的具体特点，以博弈论和激励相容理论为基础，从流程方案设计和报价方案设计两个方面，提出有针对性的控制措施。

任传普[201]以工程造价风险为研究对象，从主观风险和客观风险两个角度构建工程造价风险评价指标体系，在此基础上构建工程造价风险评估的蒙特卡洛模型。

朱勇华等[202]根据极端事件风险的理论和工程造价风险分析的实际，提出了由左尾分布、原始分布和右尾分布组成的工程造价风险分析的组合分布模型，给出了确定尾分布类型的具体方法，建立了组合分布模型的参数估计的加权最优化模型，并运用它来预测工程造价的风险。实例计算表明，组合分布模型能较好地反映超标造价事件的风险。

胡兰等[203]考虑围岩变更对工程工期与造价的影响，选取各级围岩的变更概率、每延米施工耗时及造价参数为随机变量，首次从围岩变更的角度构建了基于蒙特卡洛模拟的隧道工期与造价模型。通过对某双线隧道进行实证研究，验证了模型的实用性与可行性，对合理确定及评价隧道工期与造价提供了一条新的思路。

韩涛[204]利用蒙特卡洛法对工程项目造价中不确定因素进行模拟，根据不确定因素的概率分布设定随机抽样函数，将随机抽样样本代入造价计算公式获得造价模拟结果，对模拟结果进行统计得出造价风险值，并对该值进行分析，为项目造价风险管理提供判断数据。

陈田彬等[205]认为建设项目的不确定性是不可避免的，但是建设项目的风险事件大多数是可以控制的，采用一定的风险识别方法对各阶段的造价风险进行分析，完成对建设项目风险识别与度量后，基于层次分析法和模糊综合评价方法对风险进行评价，根据评估结果，进行风险控制及管理，从而达到全过程管理的目标。

李庆中[206]借助项目风险管理理论，从工程造价风险识别出发，界定了工程造价风险的内涵、构建了工程造价风险的管理体系，根据施工企业工程造价风险识别的流程，分析了施工企业在项目实施各阶段的风险及其原因，并提出了相应的造价风险的评估方法。并以蒙特卡洛法为例，运用工程造价风险评估软件“水晶球软件”模拟了工程项目费用风险评估。最后根据造价管理全程性、动态性的特点，提出了施工企业工程造价的风险防范措施。

闫瑞娟[207]通过对工程造价的构成及特性分析，论证了工程项目实施过程中可能存在的风险因素。利用典型工程特征因素的评价信息，合理地反映工程的特性。在对风险管理的理论、方法和技术研究的基础上，提出了较全面的风险识别程序，建立了工程造价风险估算模型，并对工程造价风险处理和监控的方法进行了探讨，强调了蒙特卡洛模拟在工程造价风险评估中的应用，并通过案例分析，进行实证，从而提出了可资借鉴和参考的工程造价风险管理的方法、技术与组织措施。

通过上述综述，建设项目工期和造价的风险分析主要是要结合项目的施工工艺和施工特点，分析影响施工工期、造价的关键因素，再根据概率理论、蒙特卡洛法等计算分析方法来评价施工工期、造价风险，为工程建设项目的建设周期、投资风险控制提供理论分析依据。

8.3 场地地质条件特征研究

根据前面的讨论，对于整个防渗止水帷幕体的施工来说，影响其施工工期和施工造价的主要因素是：珊瑚礁灰岩分布情况和基岩面起伏变化情况。所以，本节主要通过对珊瑚礁灰岩分布情况和基岩面形状的研究，分析场地地质条件对施工工期和造价影响的风险大小。

8.3.1 珊瑚礁岩分布情况研究

临海地区的工程场地分布有珊瑚礁灰岩，而且其分布极不均匀，编制施工方案时，只能借助于场地岩土工程勘察报告，按整个场地的钻孔中珊瑚礁灰岩出现的概率和珊瑚礁灰岩分布情况进行统计分析，再提出因珊瑚礁灰岩的存在而需变更工期和造价的预测评价建议。

根据第 3 章、第 6 章和第 9 章的讨论，对于珊瑚礁灰岩的处理，主要是根据其分布厚度大小进行分类处理，对于厚度小于 1.5 m 的珊瑚礁岩不需处理；对于厚度在 1.5～4 m 的珊瑚礁岩，需用孔径为 1.2 m 的冲孔钻机破碎，难度一般；对于厚度大于 4 m 的成层珊瑚礁灰岩，必须用孔径 1.2 m 的冲孔钻机破碎，难度大。具体处理建议如表 8－1 所示。

表 8－1 珊瑚礁岩分类处理方法及对施工工期、造价影响

珊瑚礁灰岩厚度(m)	处 理 方 法	对工期、造价的影响(难度系数 K)
0	未发现	$K_1=1.0$
＜1.5	不需处理	$K_2=1.1$
1.5～4	需用孔径 1.2 m 的冲孔钻机破碎，难度一般	$K_3=1.3$
＞4	必须用孔径 1.2 m 的冲孔钻机破碎，难度大	$K_4=1.45$

8.3.2 基岩面形状研究

假定基岩面形状如图 8－1 所示。

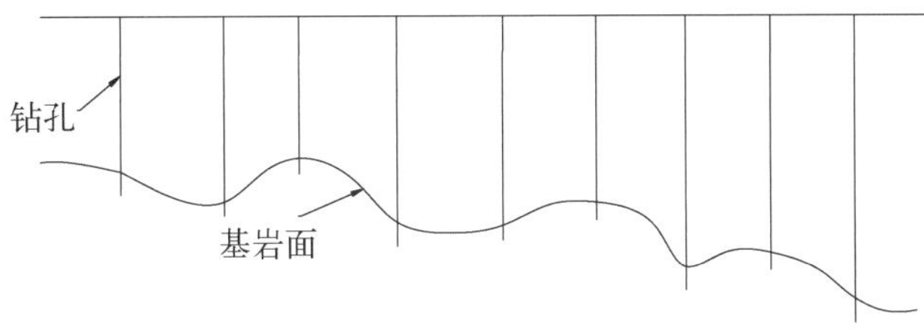

图 8－1 基岩面形状示意图

根据已有的地质剖面钻孔数据，基于蒙特卡洛法进行随机数样条取值，拟合基岩面形状函数，具体的分析理论方法有分形理论和多项式理论。

1）分形理论

分形理论是一种描述非常复杂但具有标度不变性系统的非线性科学理论，由于其在处理复杂系统方面的优势，在物理、化学、生物、计算机科学、材料科学、医学、地学等学科中获得成功的应用[13]。研究表明，分形方法也可作为基岩面变异性定量化描述的有效工具，而功能强大的多重分形方法则更表现出剖析复杂基岩面变异系统的独特应用优势。

分形理论引入到基岩面空间变异研究中的重要意义是刻画基岩空间变异规律，扩展了岩土体空间变异研究的指导思想和理论方法。目前分形理论已成为空间分析研究中进行尺度转换的重要理论基础之一。

对于分形维数的计算[14]，可以给出如下定义：设一分形曲线的生成元是一条由 N 条等长的直线段接成的折线段，若生成元两端的距离与这些直线段的长度之比为 l/r（r 为相似比），则该分形曲线的维数为：

$$D=\frac{\lg N}{\lg(1/r)} \tag{8-1}$$

2）多项式拟合

根据计算的分形维度进行多项式拟合，形式如下：

$$y=a+bx+cx^2+dx^3+\cdots \tag{8-2}$$

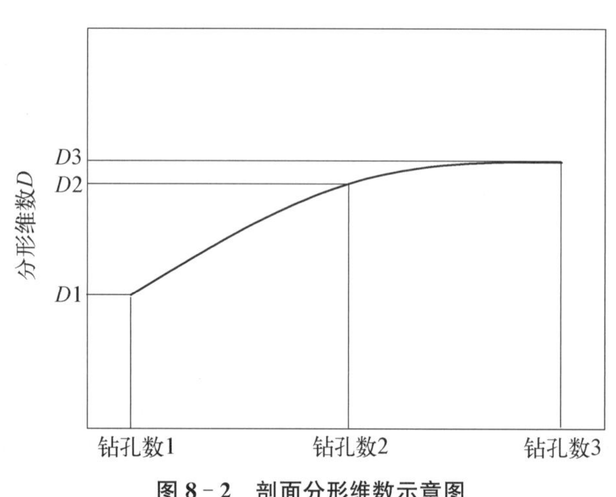

图 8-2 剖面分形维数示意图

根据拟合的曲线与实际的工程数据进行计算，可以判断二者之间的误差比，进而对工程实际项目可以提供预测参考，具有较高的经济效应。

3）分形理论研究模型原理

选取地质剖面的钻孔深度，假设剖面有15个钻孔，分别计算钻孔个数为5，10，15的分级维数，近似得到分级维数的收敛解，如图8-2所示。

由图8-2可得剖面钻孔孔数与分形维数 D 的关系，得到分形维数最终的近似收敛解，由得到的分形维数近似收敛解判断拟合曲线的多项式的次数。

8.4 施工工期、造价变更的风险评估

本节主要讨论珊瑚礁灰岩分布情况和基岩面起伏变化情况影响防渗止水帷幕体施工工期、造价的主要形式和风险评价。

8.4.1 影响工期、造价的实质性因素

1）珊瑚礁灰岩分布

珊瑚礁灰岩分布对施工的影响主要是增加三轴搅拌桩施工难度，主要体现在：对于厚度小于

1.5 m的珊瑚礁灰岩分布区，由于珊瑚礁灰岩的存在使探孔、三轴搅拌桩施工等造成施工困难，提高了施工难度，增加了机械和人工投入；对于厚度大于 1.5 m 的成层珊瑚礁灰岩，需用孔径为 1.2 m 的冲孔钻机破碎，回填砂土，由于珊瑚礁灰岩的存在必须增加冲孔钻机的投入，增加冲孔破碎和回填砂土等施工环节，这样不仅增加工期，还要增加造价。所以，影响因素增加的主要是机械、人力的投入，用料的投入增加不多，是次要影响因素。

2）基岩面埋深变化

对于防渗止水帷幕体施工来说，钻孔孔距过大不能满足施工要求，所以本研究建议在三轴搅拌桩施工前增加探孔环节，主要是查明基岩面埋深变化情况，确定三轴搅拌桩停打深度。工作量的变化会使人、料、机等投入全部增加。所以，可以按原工作量计价方法计费和计算增加的工期。

3）基岩面起伏程度

根据第 6 章的研究，认为基岩面起伏会加大施工难度。如施工三轴搅拌桩，停打深度为基岩面以上 1 m，具体到每根桩，则根据探孔所得的基岩面埋深确定每根桩的停打位置。如基岩面起伏大，施工三轴搅拌桩时要不断调整停打深度，使操作复杂程度增加，机械使用工效降低。所以，基岩面起伏对施工的影响具体体现在：设备施工工效降低，人力投入增加为主要因素；用料的增加是次要因素。所以，对基岩面起伏对工期、造价的影响就用施工难度系数来刻画。

8.4.2 工期、造价变更计算

为反映上述三因素对整个防渗止水帷幕体的施工工期和造价的影响，必须构造工期、造价变更计算式，这样，才能定量计算评估。

1）珊瑚礁灰岩分布

珊瑚礁灰岩对施工工期、造价的影响是通过采取施工措施来消除的，在计算上是通过难度系数来反映的。难度系数的确定可见表 8-1。

假定原工作总量为 M_0，则调整后工作量增加量的计算公式如下：

$$M_1 = K_1 M_{11} + K_2 M_{12} + K_3 M_{13} + K_4 M_{14} - M_0 \tag{8-3}$$

$$M_{11} = K_{11} \sum_{i=1}^{n} L_i \tag{8-4}$$

$$M_{12} = K_{22} \sum_{i=1}^{n} L_i \tag{8-5}$$

$$M_{13} = K_{33} \sum_{i=1}^{n} L_i \tag{8-6}$$

$$M_{14} = K_{44} \sum_{i=1}^{n} L_i \tag{8-7}$$

式中，M_1 为珊瑚礁灰岩分布所引起的工作量的增加量；$M_{11} \sim M_{14}$ 为各难度等级下的工作量；$K_{11} \sim K_{44}$ 为珊瑚礁灰岩在各种厚度条件下出现的概率值；$K_1 \sim K_4$ 为难度系数，取值见表 8-1。

2）基岩面埋深变化

考虑到分形理论在大孔距、有限的钻孔孔数的情况下不能完全刻画基岩面的形状，此处采用基于已有的钻孔数据，进行曲线拟合，再按假定的间距进行线性插值计算，计算基岩面埋深，以此描述基岩面形状，计算预估工作量变化。

首先根据地质剖面计算分形维数，假定 D 代表某地质剖面基岩面形状的分形维数计算值，如按某

一规定的间距($S=0.6$ m 或 1.2 m)进行探孔，则基岩面埋深实际数据(L_i)与按拟合曲线以同样间距($S=0.6$ m 或 1.2 m)进行插值计算所得的基岩面埋深数据(LL_i)之差值(ΔL)的绝对值之和($\sum|\Delta L|$)为基岩面实际埋深累计数值($\sum L_i$)的 $k(D-1)$倍。k 值代表变更长度绝对值之和的修正系数，按拟合曲线计算值与基岩面埋深实际数据的比值定义修正变化区间 $\Sigma\Delta L/\Sigma L_i$，$k$ 值大小代表在原有的差值计算数据的基础上加上修正变化区间进行定义。

$$\Delta L = L_i - LL_i \tag{8-8}$$

$$k = 1 + \Sigma\Delta L/\Sigma L_i \tag{8-9}$$

$$\sum|\Delta L| = k(D-1)\sum_{i=1}^{n} L_i \tag{8-10}$$

式中，n 为钻孔孔数；i 为钻孔序号。

工作量的变化，最后按式(8-11)进行计算。

$$M_2 = k(D-1)\sum_{i=1}^{n} L_i \tag{8-11}$$

式中，M_2为基岩面起伏所引起的工作量变化值。

3) 基岩面起伏程度

根据前后相邻钻孔的孔深 ZK_1和 ZK_2的数据，按式(8-8)计算基岩面起伏程度 f 数值。

$$f = \frac{2|ZK_1 - ZK_2|}{ZK_1 + ZK_2} \tag{8-12}$$

然后，计算因基岩面起伏对施工难度增加所引起的工作量变更计算。假定原工作总量为 M_0，则因施工难度增加所造成的工作量增加量为：

$$M_3 = \sum_{i=0}^{n} \frac{1+2f_i}{1+f_i}L_i - M_0 \tag{8-13}$$

式中，M_3为基岩面起伏程度所引起的工作量变化总值；L_i 为按 1.2 m 或 0.6 m 间距所探孔或预成孔所得到的基岩面埋深数据。

4) 计算公式

根据前面分析研究，经过调整，最后工作量总的变化值 M 为：

$$M = M_1 + M_2 + M_3 \tag{8-14}$$

则调整后工作量变化比例为：

$$b = \frac{M}{M_0} = \frac{M_1 + M_2 + M_3}{M_0} = b_1 + b_2 + b_3 \tag{8-15}$$

式中，b 为工作量变化总幅度；b_1，b_2，b_3 分别为分项变化幅度比例。

8.4.3 工期、造价风险评价

前面已计算地质条件复杂性所引起的施工工作量变化，工作量的变化势必引起施工工期、造价的变化。因原工期、造价的确定主要是根据工作量的大小作为依据，所以，在计算出调整后的工作总量后就能预估工期、造价的增加。

根据工程施工经验，可按表 8－2 来评价工期、造价风险。

表 8－2 地质条件对施工工期、造价影响的风险评价

工作量变化幅度(b)	风 险 描 述	对 策	风险等级
0～0.2	风险小，完全接受	准确计量	一
0.2～0.4	风险较小，可以接受	严格计量	二
0.4～0.6	风险较大，有条件接受	补充勘察、局部重新计量	三
>0.6	风险大，不可接受	重新勘察、评价地质条件	四

8.5 工程实例

以海南三亚某基地入岩深基坑的施工场地为例，研究场地珊瑚礁灰岩分布、基岩面形状等地质特征，分析施工工期、造价风险。

8.5.1 珊瑚礁岩分布情况研究

在钻孔施工过程中，钻孔有一定概率会遇到珊瑚礁灰岩，这就加大了施工难度，为了更好地评估施工难度，建立了根据珊瑚礁灰岩厚度所确定的难度系数评价标准。基于拟建工程场地的勘察报告，按钻孔施工过程中所遇到珊瑚礁灰岩的概率进行统计，详见表 8－3—表 8－5 和图 8－3。

表 8－3 遇到珊瑚礁灰岩钻孔概率统计

剖 面	钻孔数总数	遇到珊瑚礁灰岩的钻孔数	探孔数和 n	遇到珊瑚礁灰岩的钻孔数和 m	概率 m/n	钻孔数范围	统计平均概率
1—1′	3	1	3	1	0.33	<15	0.46
2—2′	3	2	6	3	0.50		
3—3′	12	7	18	10	0.56		
4—4′	10	4	28	14	0.50	15～70	0.51
5—5′	15	7	43	21	0.49		
9—9′	13	8	56	29	0.52		
12—12′	14	7	70	36	0.51		
15—15′	11	3	81	39	0.48	70～150	0.44
16—16′	17	2	98	41	0.42		
33—33′	20	7	118	48	0.41		
35—35′	15	8	133	56	0.42		
36—36′	14	10	147	66	0.45		
37—37′	7	1	154	67	0.44		

续 表

剖 面	钻孔数总数	遇到珊瑚礁灰岩的钻孔数	探孔数和 n	遇到珊瑚礁灰岩的钻孔数和 m	概率 m/n	钻孔数范围	统计平均概率
38—38′	10	7	164	74	0.45	>150	0.44
40—40′	2	1	166	75	0.45		
41—41′	6	1	172	76	0.44		
42—42′	7	1	179	77	0.43		
43—43′	4	0	183	77	0.42		

表 8-4 遇到珊瑚礁灰岩钻孔的长度

剖 面	遇到珊瑚礁灰岩的钻孔数	遇到珊瑚礁灰岩的钻孔总数	珊瑚礁灰岩的钻孔个数		
			0～1.5 m	1.5～4.0 m	>4.0 m
1—1′	1	10	4	3	3
2—2′	2				
3—3′	7				
4—4′	4	36	10	21	5
5—5′	7				
9—9′	8				
12—12′	7				
15—15′	3	67	15	47	5
16—16′	2				
33—33′	7				
35—35′	8				
36—36′	10				
37—37′	1				
38—38′	7	77	19	51	7
40—40′	1				
41—41′	1				
42—42′	1				
43—43′	0				

表 8-5 遇到珊瑚礁灰岩钻孔的概率

钻孔数范围	珊瑚礁灰岩厚度概率			
	0 m	0～1.5 m	1.5～4.0 m	>4.0 m
<15	0.54	0.18	0.14	0.14
15～70	0.49	0.14	0.30	0.07
70～150	0.56	0.10	0.31	0.03
>150	0.56	0.11	0.29	0.04

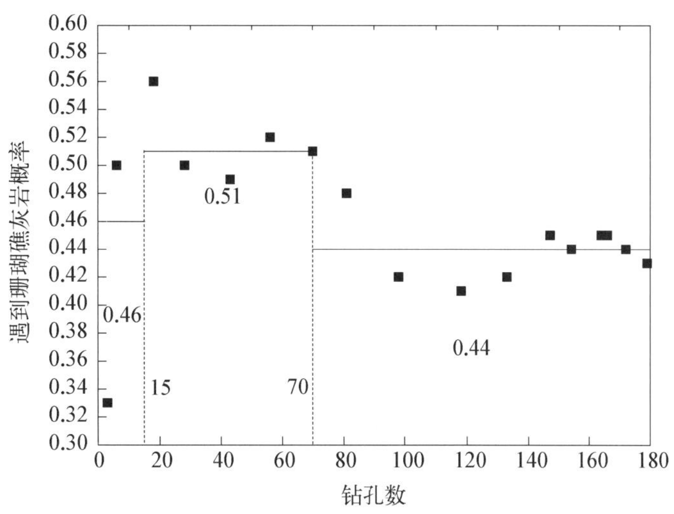

图 8-3　钻孔遇到珊瑚礁灰岩的概率统计

根据表 8-5 的统计概率可以得到相应钻孔剖面的钻孔遇到珊瑚礁灰岩的概率，以及相应珊瑚礁灰岩厚度的统计概率，为计算相应的珊瑚礁施工难度系数计算提供依据。从表 8-5 和图 8-3 可以看出，统计孔数越多，概率越趋于一致。

8.5.2　基岩面形状研究

1）地质剖面基岩面形状的分形维数研究

根据场地岩土勘察报告，某场地临海区域的钻探点平面布置如图 8-4 所示。

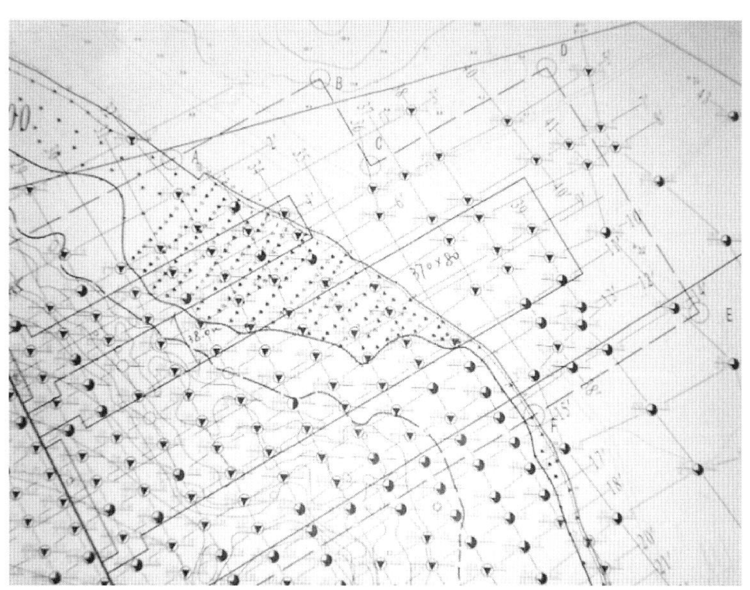

图 8-4　某拟建场地钻探孔平面位置示意图

(1) 平行于海岸线剖面。

① 剖面 35—35′。

根据图 8-5 所示的地质剖面，利用上述分析原理，分别计算探孔个数为 5，10，15 的分形维数，以判断拟合曲线多项式的次数，剖面钻孔数据详见表 8-6。

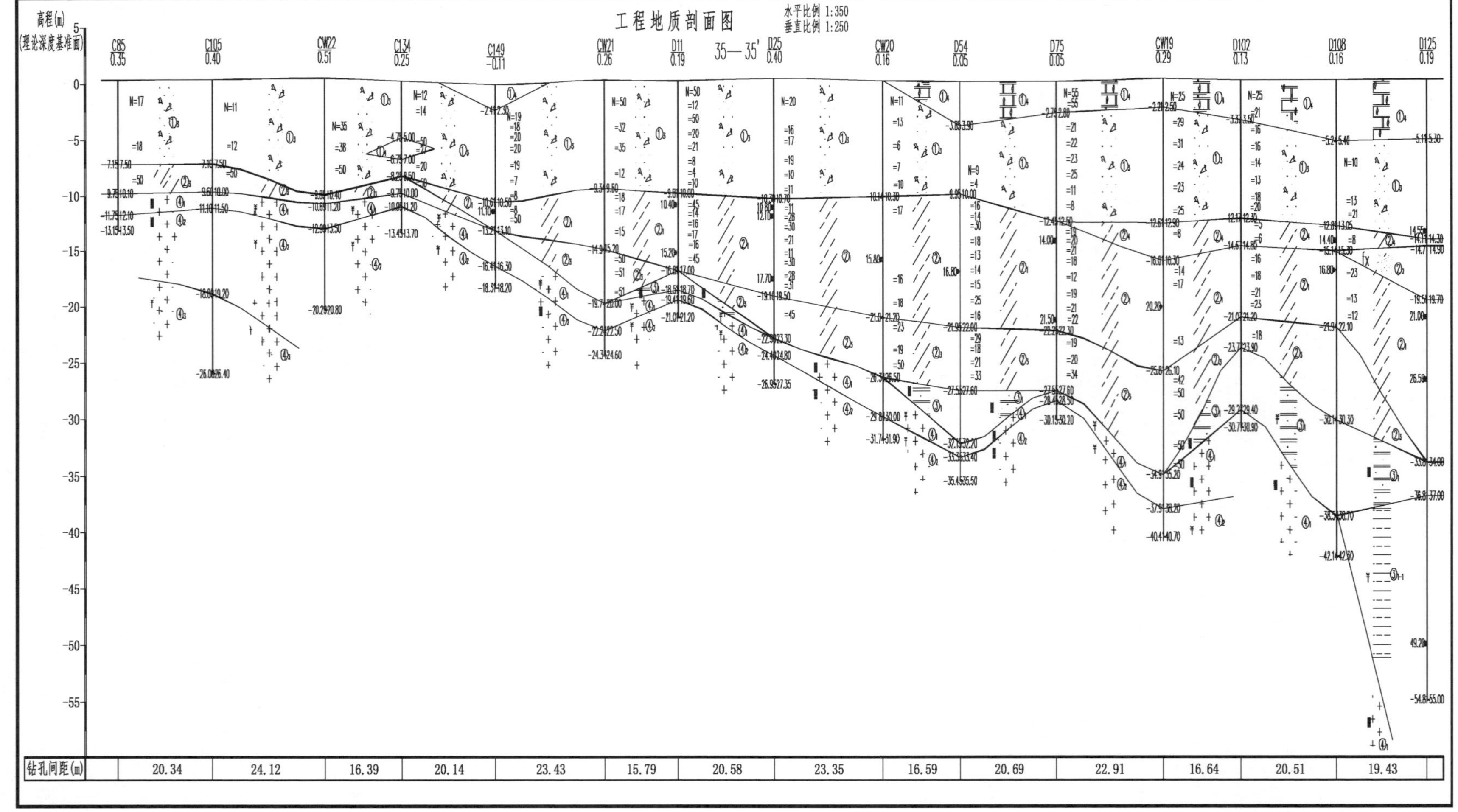
工程地质剖面图
35—35'
水平比例 1:350
垂直比例 1:250
高程(m)
(理论深度基准面)
C85 0.35
C105 0.40
CW22 0.51
C134 0.25
C149 -0.11
CW21 0.26
D11 0.19
D25 0.40
CW20 0.16
D54 0.05
D75 0.05
CW19 0.29
D102 0.13
D108 0.16
D125 0.19
钻孔间距(m)
20.34
24.12
16.39
20.14
23.43
15.79
20.58
23.35
16.59
20.69
22.91
16.64
20.51
19.43

图 8-5 地质剖面图

表 8-6　剖面钻孔数据

钻孔序号	相邻钻孔水平间距(m)	X 轴坐标(m)	Y 轴深度坐标(m)
1	—	0	13.50
2	20.34	20.34	26.40
3	24.12	44.46	20.80
4	16.39	60.85	13.70
5	20.14	80.99	18.20
6	23.43	104.42	24.60
7	15.79	120.21	21.20
8	20.58	140.79	27.35
9	23.35	164.14	31.90
10	16.59	180.73	35.50
11	20.69	201.42	30.20
12	22.91	224.33	40.70
13	16.64	240.97	30.90
14	20.51	261.48	42.30
15	19.43	280.91	55.00

A. 钻探孔个数为 5。

首先提取地质剖面 5 个钻探孔的数据，序号分别为 3，6，9，12，15，详见表 8-7。

表 8-7　剖面钻孔数据

钻孔序号	X 轴坐标(m)	Y 轴深度坐标(m)	相邻钻孔	相邻钻孔孔底间距(m)
3	44.46	20.80	—	—
6	104.42	24.60	3—6	60.08
9	164.14	31.90	6—9	60.16
12	224.33	40.70	9—12	60.83
15	280.91	55.00	12—15	58.36
间距均值(m)	59.86			
首尾间距(m)	238.91			
$1/r$	3.99			
分形维数 D	1.00			

如表 8-7 所示，近似分形曲线的生成元是一条由 $N=4$ 条等长的直线段接成的折线段，长度取均值 59.86 m，若生成元两端的距离与这些直线段的长度之比为 3.99，分形维数 $D=1.00$。

B. 钻探孔个数为 10。

提取地质剖面 10 个钻探孔的数据，序号分别为 1，3，5，6，7，8，10，12，13，15，详见表 8-8。

表 8-8 剖面钻孔数据

钻孔序号	X 轴坐标(m)	Y 轴深度坐标(m)	相邻钻孔	相邻钻孔孔底间距(m)
1	0	13.5	—	—
3	44.46	20.8	1—3	45.06
5	80.99	18.2	3—5	36.62
6	104.42	24.6	5—6	24.29
7	120.21	21.2	6—7	16.15
8	140.79	27.35	7—8	21.48
10	180.73	35.5	8—10	40.76
12	224.33	40.7	10—12	43.91
13	240.97	30.9	12—13	19.31
15	280.91	55	13—15	46.65
间距均值(m)	32.69			
首尾间距(m)	283.96			
$1/r$	8.69			
分形维数 D	1.02			

如表 8-8 所示,近似分形曲线的生成元是一条由 $N=9$ 条等长的直线段接成的折线段,长度取均值 32.69 m,若生成元两端的距离与这些直线段的长度之比为 8.69,分形维数 $D=1.02$。

C. 钻孔个数为 15。

提取地质剖面 15 个钻孔的数据,详见表 8-9。

表 8-9 剖面钻孔数据

钻孔序号	X 轴坐标(m)	Y 轴深度坐标(m)	相邻钻孔	相邻钻孔孔底间距(m)
1	0	13.5	—	—
2	20.34	26.4	1—2	24.09
3	44.46	20.8	2—3	24.76
4	60.85	13.7	3—4	17.86
5	80.99	18.2	4—5	20.64
6	104.42	24.6	5—6	24.29
7	120.21	21.2	6—7	16.15
8	140.79	27.35	7—8	21.48
9	164.14	31.9	8—9	23.79
10	180.73	35.5	9—10	16.98
11	201.42	30.2	10—11	21.36
12	224.33	40.7	11—12	25.20
13	240.97	30.9	12—13	19.31
14	261.48	42.3	13—14	23.47
15	280.91	55	14—15	23.21

续 表

钻孔序号	X 轴坐标(m)	Y 轴深度坐标(m)	相邻钻孔	相邻钻孔孔底间距(m)
间距均值(m)	21.61			
首尾间距(m)	283.96			
$1/r$	13.14			
分形维数 D	1.02			

如表 8-9 所示，近似分形曲线的生成元是一条由 $N=14$ 条等长的直线段接成的折线段，长度取均值 21.61 m，若生成元两端的距离与这些直线段的长度之比为 13.14，分形维数 $D=1.02$。

由图 8-6 所示，随着钻孔孔数的增加，地质剖面的分形维数逐渐趋于收敛，最后收敛于 1.02。

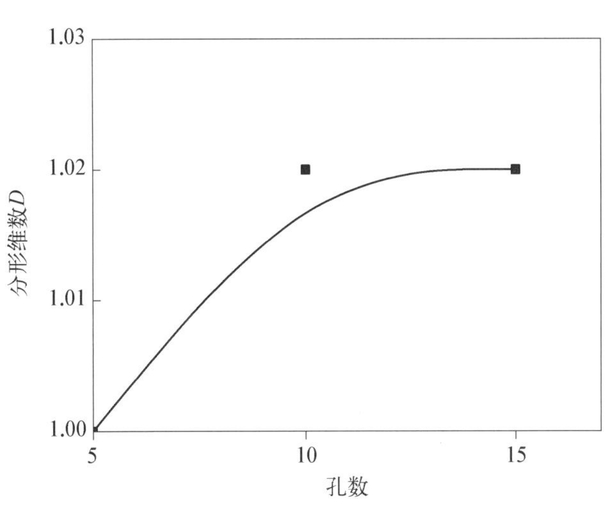

图 8-6 分形维数变化图

② 剖面 36—36′。

根据图 8-7 所示地质剖面，利用上面分析原理，分别计算钻孔个数为 5,10,14 的分形维数，以判断拟合曲线多项式的次数，剖面钻孔数据详见表 8-10。

表 8-10 剖面钻孔数据

钻 孔 序 号	相邻钻孔水平间距(m)	X 轴坐标(m)	Y 轴深度坐标(m)
1	—	0	12.1
2	19.81	19.81	27.40
3	103.77	123.58	29.40
4	20.1	143.68	20.80
5	20.25	163.93	29.80
6	19.33	183.26	24.50
7	19.69	202.95	24.50
8	20.19	223.14	35.80
9	19.66	242.8	35.70
10	20.58	263.38	45.00
11	22.38	285.76	33.40
12	20.05	305.81	64.00
13	20.6	326.41	45.40
14	21.9	348.31	64.00

A. 钻孔个数为 5。

首先提取地质剖面 5 个钻孔的数据，序号分别为 3,6,9,12,14，详见表 8-11。

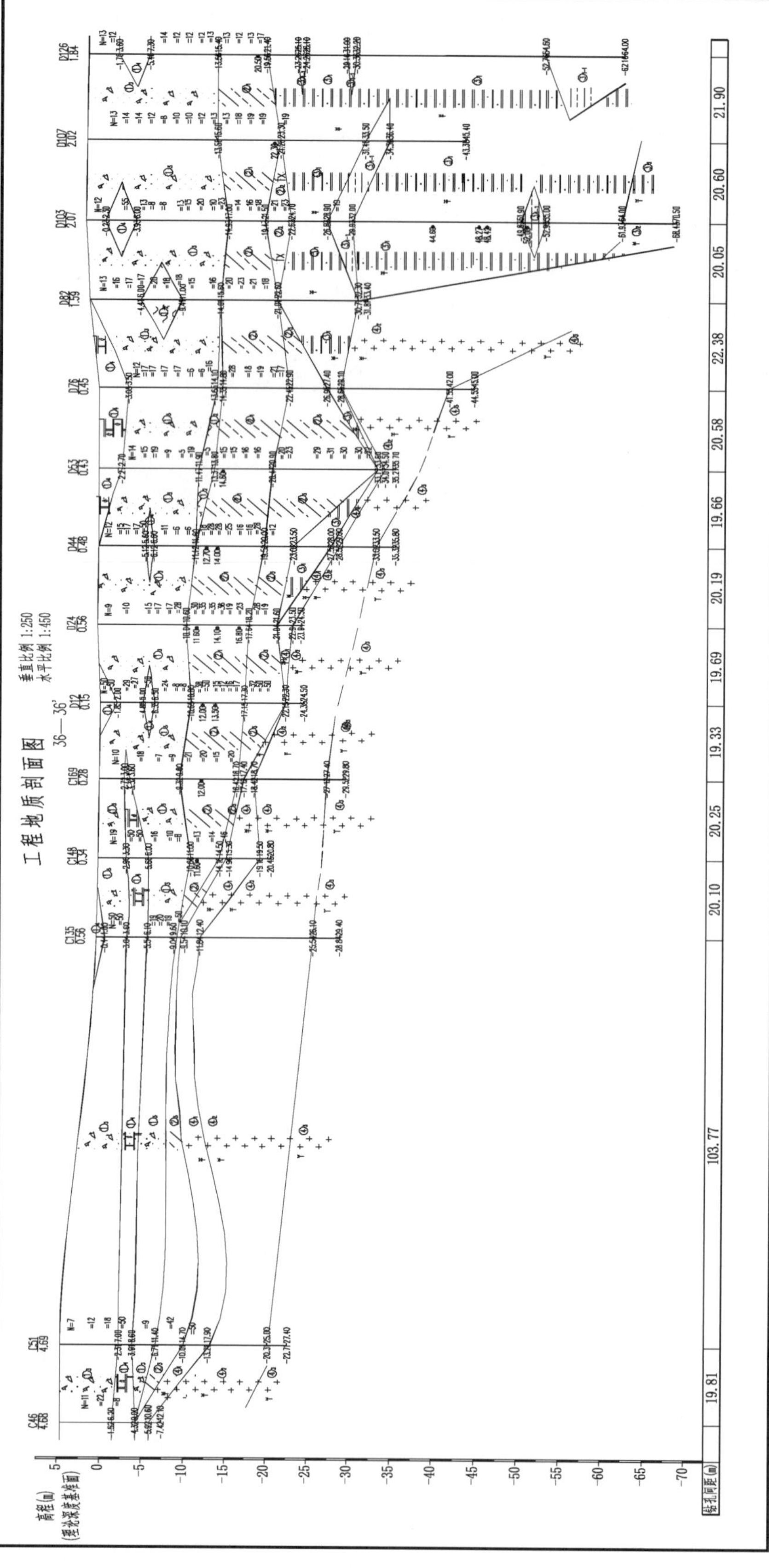

图 8－7 地质剖面图

表 8-11 剖面钻孔数据

钻孔序号	X 轴坐标(m)	Y 轴深度坐标(m)	相邻钻孔	相邻钻孔孔底间距(m)
3	123.58	20.80	—	—
6	183.26	24.50	3—6	59.79
9	242.8	45.00	6—9	62.97
12	305.81	45.40	9—12	63.01
14	348.31	64.00	12—14	46.39
间距均值(m)	58.04			
首尾间距(m)	228.84			
$1/r$	3.94			
分形维数 D	1.01			

如表 8-11 所示，近似分形曲线的生成元是一条由 $N=4$ 条等长的直线段接成的折线段，长度取均值 58.04 m，若生成元两端的距离与这些直线段的长度之比为 3.94，分形维数 $D=1.01$。

B. 钻孔个数为 10。

提取地质剖面 10 个钻孔的数据，序号分别为 1，3，5，6，7，8，10，12，13，14，详见表 8-12。

表 8-12 剖面钻孔数据

钻孔序号	X 轴坐标(m)	Y 轴深度坐标(m)	相邻钻孔	相邻钻孔孔底间距(m)
1	1	0	12.1	—
3	3	3	29.40	1—3
5	5	8	29.80	3—5
6	6	14	24.50	5—6
7	7	21	24.50	6—7
8	8	29	35.80	7—8
10	10	39	45.00	8—10
12	12	51	64.00	10—12
13	13	64	45.40	12—13
15	14	78	64.00	13—14
间距均值(m)	14.83			
首尾间距(m)	93.69			
$1/r$	6.32			
分形维数 D	1.19			

如表 8-12 所示，近似分形曲线的生成元是一条由 $N=9$ 条等长的直线段接成的折线段，长度取均值 14.83 m，若生成元两端的距离与这些直线段的长度之比为 6.32，分形维数 $D=1.19$。

C. 钻孔个数为 14。

提取地质剖面 14 个钻孔的数据，详见表 8-13。

表 8-13　剖面钻孔数据

钻孔序号	X 轴坐标(m)	Y 轴深度坐标(m)	相邻钻孔	相邻钻孔孔底间距(m)
1	0	12.1	—	—
2	2	27.40	1—2	15.43
3	5	29.40	2—3	3.61
4	9	20.80	3—4	9.48
5	14	29.80	4—5	10.30
6	20	24.50	5—6	8.01
7	27	24.50	6—7	7.00
8	35	35.80	7—8	13.85
9	44	35.70	8—9	9.00
10	54	45.00	9—10	13.66
11	65	33.40	10—11	15.99
12	77	64.00	11—12	32.87
13	90	45.40	12—13	22.69
14	104	64.00	13—14	23.28
间距均值(m)	14.24			
首尾间距(m)	116.23			
$1/r$	8.16			
分形维数 D	1.22			

如表 8-13 所示，近似分形曲线的生成元是一条由 $N=13$ 条等长的直线段接成的折线段，长度取均值 14.24 m，若生成元两端的距离与这些直线段的长度之比为 8.16，分形维数 $D=1.22$。

由图 8-8 所示，随着钻孔孔数的增加，地质剖面的分形维数逐渐趋于收敛，最后收敛于 1.22。

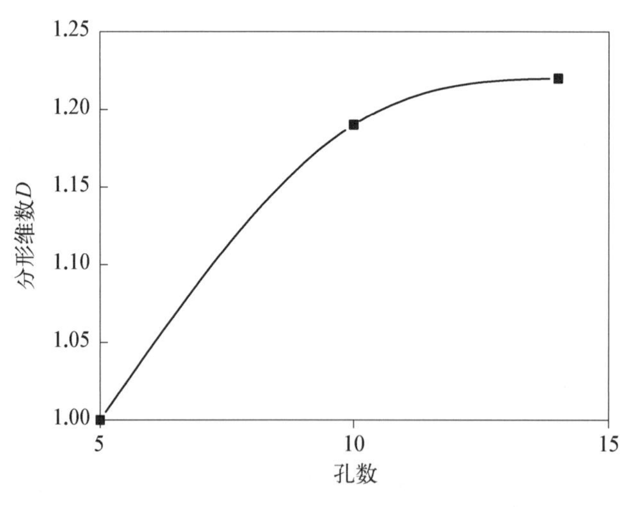

图 8-8　分形维数变化图

③ 剖面 37—37′。

根据图 8-9 所示的地质剖面，利用上面分析原理计算分形维数，以判断拟合曲线多项式的次数，剖面钻孔数据详见表 8-14。

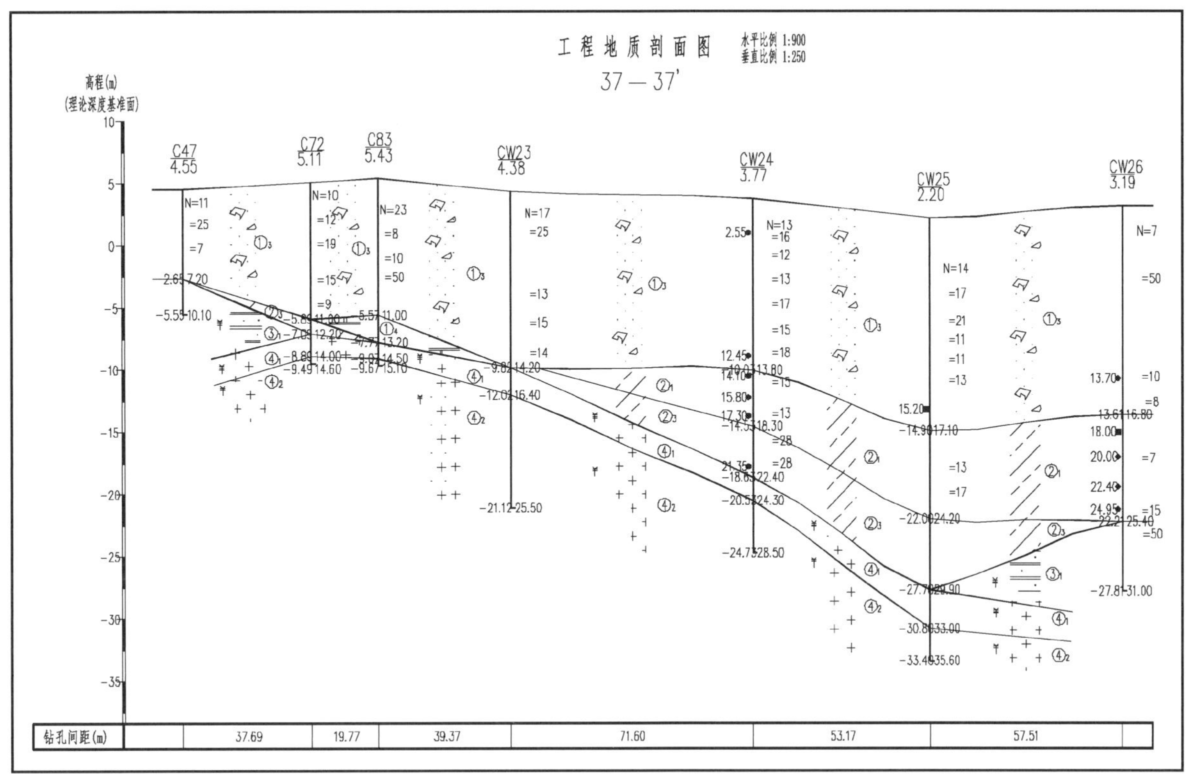

图 8-9　地质剖面图

表 8-14　剖面钻孔数据

钻孔序号	相邻钻孔水平间距(m)	X 轴坐标(m)	Y 轴深度坐标(m)
1	—	0	10.1
2	37.69	37.69	14.60
3	19.77	57.46	15.10
4	39.37	96.83	25.50
5	71.6	168.43	28.50
6	53.17	221.6	35.60
7	57.51	279.11	31.00

提取地质剖面所有钻孔的数据，详见表 8-15。

表 8-15　剖面钻孔数据

钻孔序号	X 轴坐标(m)	Y 轴深度坐标(m)	相邻钻孔	相邻钻孔孔底间距(m)
1	0	10.1	—	—
2	37.69	14.60	1—3	37.96
3	57.46	15.10	3—5	19.78
4	96.83	25.50	5—6	40.72
5	168.43	28.50	6—7	71.66

续 表

钻孔序号	X 轴坐标(m)	Y 轴深度坐标(m)	相邻钻孔	相邻钻孔孔底间距(m)
6	221.6	35.60	7—8	53.64
7	279.11	31.00	8—10	57.69
间距均值(m)	46.91			
首尾间距(m)	279.89			
$1/r$	5.97			
分形维数 D	1.00			

如表 8-15 所示，近似分形曲线的生成元是一条由 $N=6$ 条等长的直线段接成的折线段，长度取均值 46.91 m，若生成元两端的距离与这些直线段的长度之比为 5.97，分形维数 $D=1.00$。

④平行于海岸线剖面分形维数。

上述三个地质剖面均平行于海岸线，三个剖面的分形维数分别为 1.02，1.22 和 1.00，平均值为 1.08，则在进行平行于海岸线地质剖面的基岩面形状复杂程度描述上可用一维进行刻画。

(2) 垂直于海岸线剖面。

① 剖面 5—5′。

根据图 8-10 所示的地质剖面，利用上面分析原理，分别计算钻孔个数为 5，10，15 的分形维数，以判断拟合曲线多项式的次数，地质剖面钻孔数据详见表 8-16。

表 8-16 剖面钻孔数据

钻 孔 序 号	相邻钻孔水平间距(m)	X 轴坐标(m)	Y 轴深度坐标(m)
1	—	0	17.02
2	25.02	25.02	17.40
3	24.54	49.56	15.30
4	24.69	74.25	13.20
5	25.08	99.33	20.50
6	30.09	129.42	15.90
7	30.01	159.43	9.30
8	30.62	190.05	7.60
9	29.48	219.53	10.30
10	30.01	249.54	27.50
11	64.26	313.8	12.10
12	26.27	340.07	10.10
13	29.17	369.24	8.90
14	57.32	426.56	9.50
15	75.02	501.58	7.80

A. 钻孔个数为 5。

首先提取地质剖面 5 个钻孔的数据，序号分别为 3，6，9，12，15，详见表 8-17。

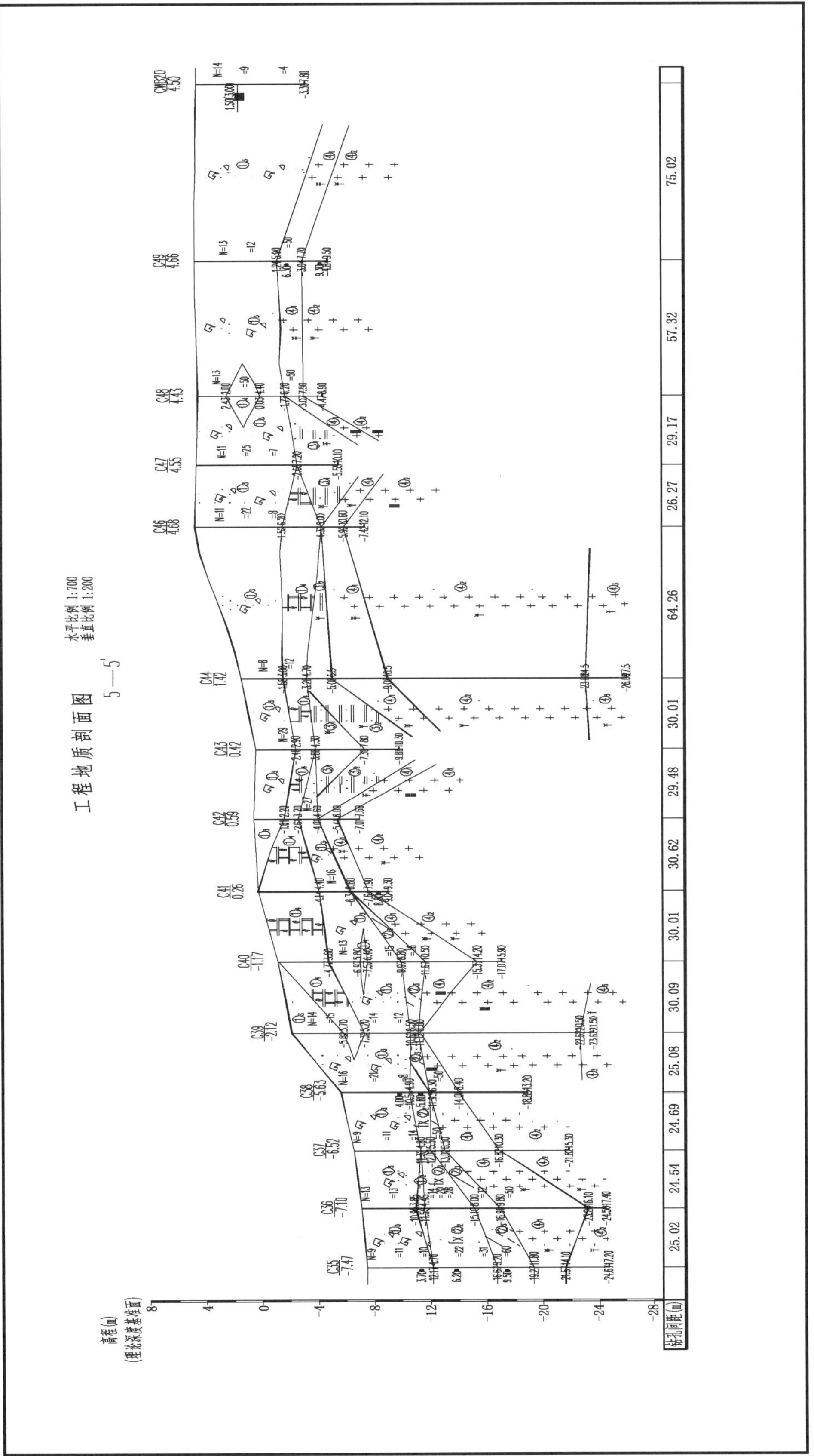
工程地质剖面图
5—5'
水平比例 1:700
垂直比例 1:200
高程(m)
(黄海高程基准面)
钻孔间距(m)
25.02
24.54
24.69
25.08
30.09
30.01
30.62
29.48
30.01
64.26
26.27
29.17
57.32
75.02

图 8-10 地质剖面图

表 8-17 剖面钻孔数据

钻孔序号	X 轴坐标(m)	Y 轴深度坐标(m)	相邻钻孔	相邻钻孔孔底间距(m)
3	49.56	15.30	—	—
6	129.42	15.90	3—6	79.86
9	219.53	10.30	6—9	90.28
12	340.07	10.10	9—12	120.54
15	501.58	7.80	12—15	161.53
间距均值(m)	113.05			
首尾间距(m)	452.08			
$1/r$	4.00			
分形维数 D	1.00			

如表 8-17 所示,近似分形曲线的生成元是一条由 $N=4$ 条等长的直线段接成的折线段,长度取均值 113.05 m,若生成元两端的距离与这些直线段的长度之比为 4.00,分形维数 $D=1.00$。

B. 钻孔个数为 10。

提取地质剖面 10 个钻孔的数据,序号分别为 1,3,5,6,7,8,10,12,13,15,详见表 8-18。

表 8-18 剖面钻孔数据

钻孔序号	X 轴坐标(m)	Y 轴深度坐标(m)	相邻钻孔	相邻钻孔孔底间距(m)
1	0	17.02	—	—
3	49.56	15.3	1—3	49.59
5	99.33	20.5	3—5	50.04
6	129.42	15.9	5—6	30.44
7	159.43	9.3	6—7	30.73
8	190.05	7.6	7—8	30.67
10	249.54	27.5	8—10	62.73
12	340.07	10.1	10—12	92.19
13	369.24	8.9	12—13	29.19
15	501.58	7.8	13—15	132.34
间距均值(m)	56.44			
首尾间距(m)	501.66			
$1/r$	8.89			
分形维数 D	1.01			

如表 8-18 所示,近似分形曲线的生成元是一条由 $N=9$ 条等长的直线段接成的折线段,长度取均值 56.44 m,若生成元两端的距离与这些直线段的长度之比为 8.89,分形维数 $D=1.01$。

C. 钻孔个数为 15。

提取地质剖面 15 个探孔的数据,详见表 8-19。

表 8-19 剖面钻孔数据

钻孔序号	X 轴坐标(m)	Y 轴深度坐标(m)	相邻钻孔	相邻钻孔孔底间距(m)
1	0	17.02	—	—
2	25.02	17.4	1—2	25.02
3	49.56	15.3	2—3	24.63
4	74.25	13.2	3—4	24.78
5	99.33	20.5	4—5	26.12
6	129.42	15.9	5—6	30.44
7	159.43	9.3	6—7	30.73
8	190.05	7.6	7—8	30.67
9	219.53	10.3	8—9	29.60
10	249.54	27.5	9—10	34.59
11	313.8	12.1	10—11	66.08
12	340.07	10.1	11—12	26.35
13	369.24	8.9	12—13	29.19
14	426.56	9.5	13—14	57.32
15	501.58	7.8	14—15	75.04
间距均值(m)	36.47			
首尾间距(m)	501.66			
$1/r$	13.76			
分形维数 D	1.01			

如表 8-19 所示,近似分形曲线的生成元是一条由 $N=14$ 条等长的直线段接成的折线段,长度取均值 36.47 m,若生成元两端的距离与这些直线段的长度之比为 13.76,分形维数 $D=1.01$。

由图 8-11 所示,随着钻孔桩数的增加,地质剖面的分形维数逐渐趋于收敛,最后收敛于 1.01。

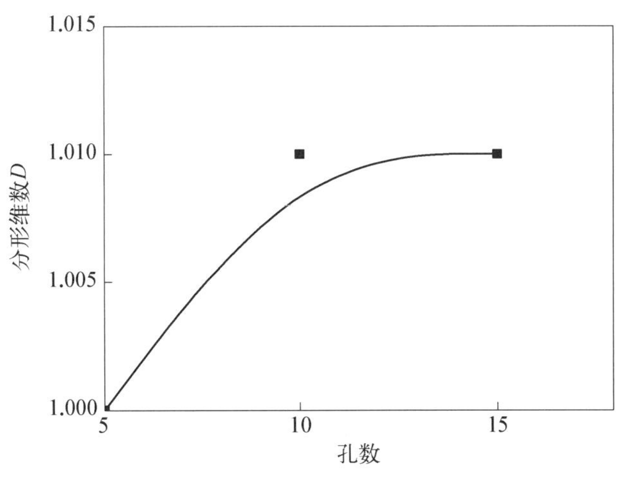

图 8-11 分形维数变化图

② 剖面 9—9′。

根据图 8-12 所示的地质剖面,利用上面分析原理,分别计算探孔个数为 5,10,13 的分形维数,以判断拟合曲线多项式的次数,剖面钻孔数据详见表 8-20。

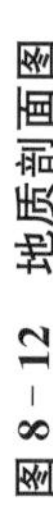

图 8-12 地质剖面图

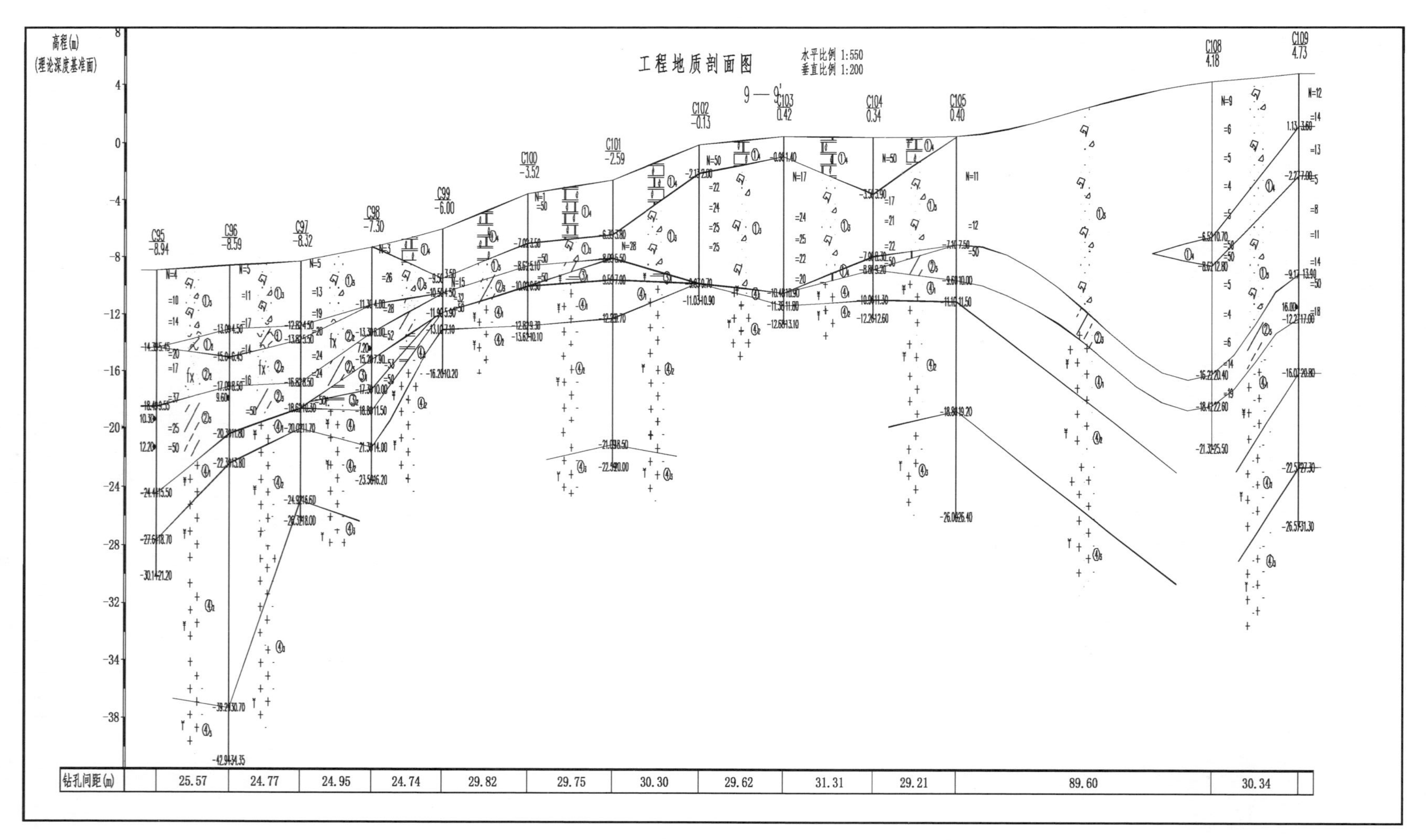

表 8-20 剖面钻孔数据

钻孔序号	相邻钻孔水平间距(m)	X 轴坐标(m)	Y 轴深度坐标(m)
1	—	0	17.02
2	25.02	25.02	17.40
3	24.54	49.56	15.30
4	24.69	74.25	13.20
5	25.08	99.33	20.50
6	30.09	129.42	15.90
7	30.01	159.43	9.30
8	30.62	190.05	7.60
9	29.48	219.53	10.30
10	30.01	249.54	27.50
11	64.26	313.8	12.10
12	26.27	340.07	10.10
13	29.17	369.24	8.90

A. 钻孔个数为 5。

首先提取地质剖面 5 个钻孔的数据,序号分别为 3,6,9,12,13,详见表 8-21。

表 8-21 剖面钻孔数据

钻孔序号	X 轴坐标(m)	Y 轴深度坐标(m)	相邻钻孔	相邻钻孔孔底间距(m)
3	50.34	20.80	—	—
6	129.85	24.60	3—6	79.60
9	219.52	31.90	6—9	89.97
12	369.64	40.70	9—12	150.38
15	399.98	30.90	12—13	31.88
间距均值(m)	87.96			
首尾间距(m)	349.79			
$1/r$	3.98			
分形维数 D	1.00			

如表 8-21 所示,近似分形曲线的生成元是一条由 $N=4$ 条等长的直线段接成的折线段,长度取均值 87.96 m,若生成元两端的距离与这些直线段的长度之比为 3.98,分形维数 $D=1.00$。

B. 钻孔个数为 10。

提取地质剖面 10 个钻孔的数据,序号分别为 1,2,3,5,6,7,8,10,12,13,详见表 8-22。

表 8-22 剖面钻孔数据

钻孔序号	X 轴坐标(m)	Y 轴深度坐标(m)	相邻钻孔	相邻钻孔孔底间距(m)
1	0	13.5	—	—
2	25.57	26.4	1—2	28.64

续 表

钻孔序号	X 轴坐标(m)	Y 轴深度坐标(m)	相邻钻孔	相邻钻孔孔底间距(m)
3	50.34	20.8	2—3	25.40
5	100.03	18.2	3—5	49.76
6	129.85	24.6	5—6	30.50
7	159.6	21.2	6—7	29.94
8	189.9	27.35	7—8	30.92
10	250.83	35.5	8—10	61.47
12	369.64	40.7	10—12	118.92
13	399.98	30.9	12—13	31.88
间距均值(m)	45.27			
首尾间距(m)	400.36			
$1/r$	8.84			
分形维数 D	1.01			

如表 8-22 所示，近似分形曲线的生成元是一条由 $N=9$ 条等长的直线段接成的折线段，长度取均值 45.27 m，若生成元两端的距离与这些直线段的长度之比为 8.84，分形维数 $D=1.01$。

C. 探孔个数为 13。

提取地质剖面 13 个钻孔的数据，详见表 8-23。

表 8-23 剖面钻孔数据

钻孔序号	X 轴坐标(m)	Y 轴深度坐标(m)	相邻钻孔	相邻钻孔孔底间距(m)
1	0	13.5	—	—
2	25.57	26.4	1—2	28.64
3	50.34	20.8	2—3	25.40
4	75.29	13.7	3—4	25.94
5	100.03	18.2	4—5	25.15
6	129.85	24.6	5—6	30.50
7	159.6	21.2	6—7	29.94
8	189.9	27.35	7—8	30.92
9	219.52	31.9	8—9	29.97
10	250.83	35.5	9—10	31.52
11	280.04	30.2	10—11	29.69
12	369.64	40.7	11—12	90.21
13	399.98	30.9	12—13	31.88
间距均值(m)	34.15			
首尾间距(m)	400.36			
$1/r$	11.72			
分形维数 D	1.01			

如表 8-23 所示，近似分形曲线的生成元是一条由 $N=12$ 条等长的直线段接成的折线段，长度取均值 34.15 m，若生成元两端的距离与这些直线段的长度之比为 11.72，分形维数 $D=1.01$。

由图 8-13 所示，随着钻孔孔数的增加，地质剖面的分形维数逐渐趋于收敛，最后收敛于 1.01。

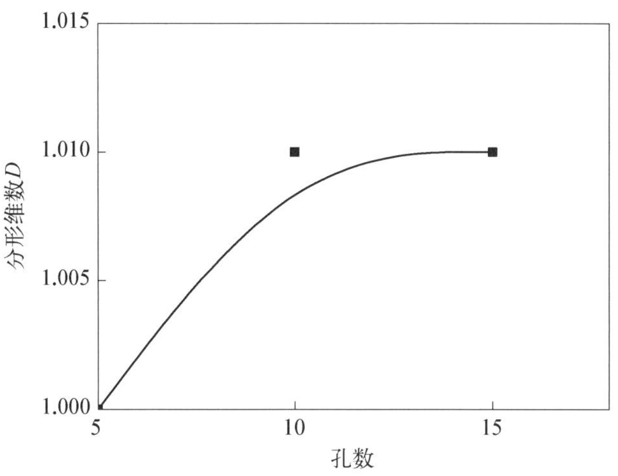

图 8-13 分形维数变化图

③ 剖面 15—15′。

根据图 8-14 所示的地质剖面，利用上面分析原理，分别计算钻孔个数为 5，11 的分级维数，以判断拟合曲线多项式的次数，剖面钻孔数据详见表 8-24。

表 8-24 剖面钻孔数据

钻 孔 序 号	相邻钻孔水平间距(m)	X 轴坐标(m)	Y 轴深度坐标(m)
1	—	0	20.60
2	24.84	24.84	10.10
3	25.27	50.11	12.40
4	25.04	75.15	12.40
5	24.47	99.62	11.60
6	30.1	129.72	13.40
7	30.26	159.98	13.40
8	60.04	220.02	22.00
9	30.46	250.48	28.00
10	30.39	280.87	27.35
11	29.42	310.29	24.50

A. 钻孔个数为 5。

首先提取剖面 5 个钻孔的数据，序号分别为 2，4，6，8，10，详见表 8-25。

表 8-25 剖面钻孔数据

钻孔序号	X 轴坐标(m)	Y 轴深度坐标(m)	相邻钻孔	相邻钻孔孔底间距(m)
2	24.84	10.10	—	—
4	75.15	12.40	2—4	50.36

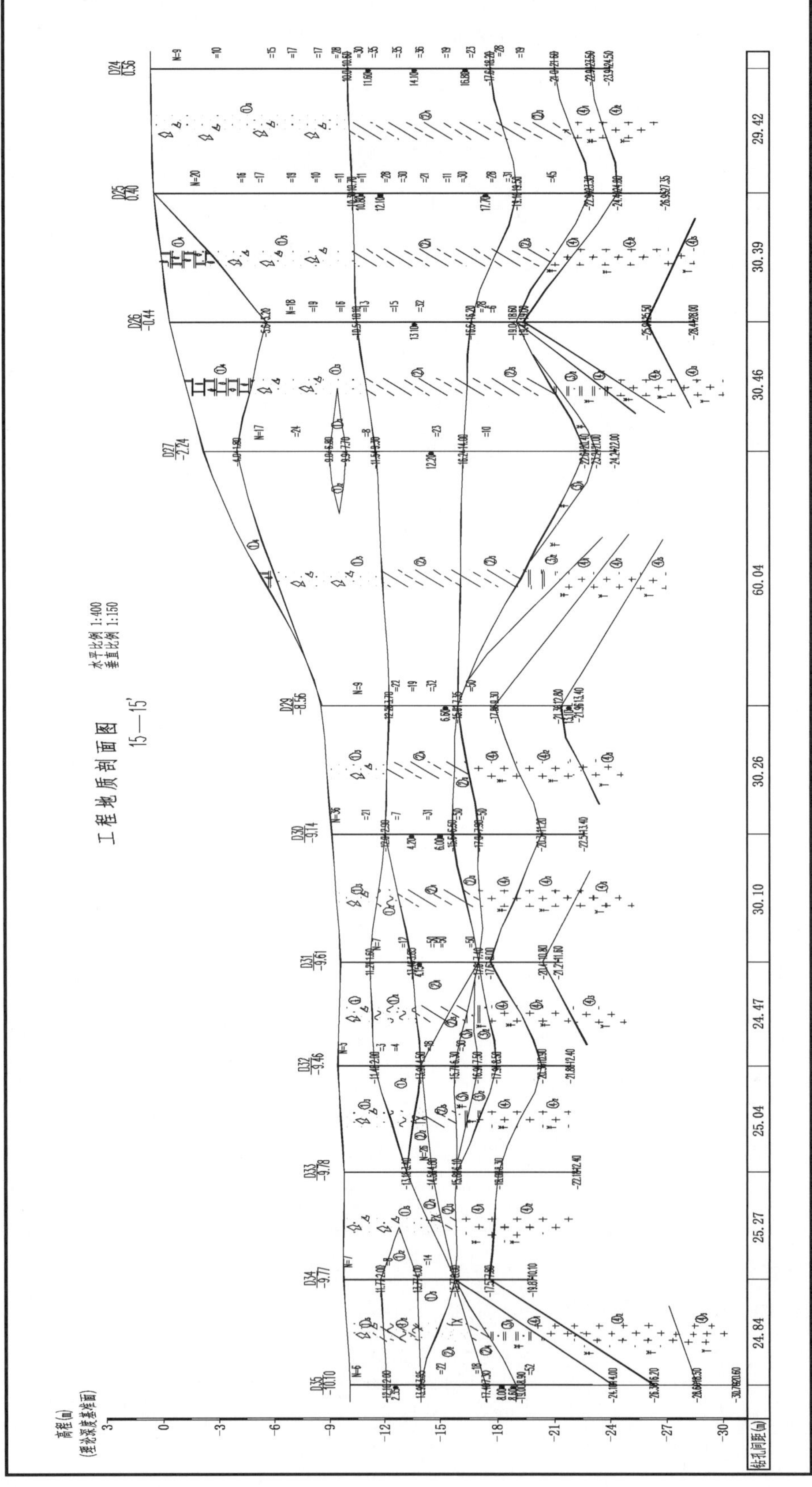
工程地质剖面图
15—15'
水平比例 1:400
垂直比例 1:150
高程(m)
钻孔间距(m)
D35 -10.10
D34 -9.77
D33 -9.78
D32 -9.46
D31 -9.61
D30 -9.14
D23 -8.56
D27 -2.24
D26 -0.44
D25 0.40
D24 0.56
24.84
25.27
25.04
24.47
30.10
30.26
60.04
30.46
30.39
29.42

图 8-14 地质剖面图

续 表

钻孔序号	X 轴坐标(m)	Y 轴深度坐标(m)	相邻钻孔	相邻钻孔孔底间距(m)
6	129.72	13.40	4—6	54.58
8	220.02	22.00	6—8	90.71
10	280.87	27.35	8—10	61.08
间距均值(m)	64.18			
首尾间距(m)	256.61			
$1/r$	4.00			
分形维数 D	1.00			

如表 8－25 所示，近似分形曲线的生成元是一条由 $N=4$ 条等长的直线段接成的折线段，长度取均值 64.18 m，若生成元两端的距离与这些直线段的长度之比为 4.00，分形维数 $D=1.00$。

B. 钻孔个数为 7。

提取地质剖面 7 个钻孔的数据，序号分别为 1，2，3，5，7，9，11，详见表 8－26。

表 8－26 剖面钻孔数据

钻孔序号	X 轴坐标(m)	Y 轴深度坐标(m)	相邻钻孔	相邻钻孔孔底间距(m)
1	0	20.60	—	—
2	24.84	10.10	1—2	26.97
3	50.11	12.40	2—3	25.37
5	99.62	11.60	3—5	49.52
7	159.98	13.40	5—7	60.39
9	250.48	28.00	7—9	91.67
11	310.29	24.50	9—11	59.91
间距均值(m)	52.30			
首尾间距(m)	310.31			
1/r	5.93			
分形维数 D	1.01			

如表 8－26 所示，近似分形曲线的生成元是一条由 $N=6$ 条等长的直线段接成的折线段，长度取均值 52.30 m，若生成元两端的距离与这些直线段的长度之比为 5.93，分形维数 $D=1.01$。

C. 钻孔个数为 11。

提取地质剖面所有钻孔的数据，详见表 8－27。

表 8－27 剖面钻孔数据

钻孔序号	X 轴坐标(m)	Y 轴深度坐标(m)	相邻钻孔	相邻钻孔孔底间距(m)
1	0	20.6	—	—
2	24.84	10.1	1—2	26.97
3	50.11	12.4	2—3	25.37

续 表

钻孔序号	X 轴坐标(m)	Y 轴深度坐标(m)	相邻钻孔	相邻钻孔孔底间距(m)
4	75.15	12.4	3—4	25.04
5	99.62	11.6	4—5	24.48
6	129.72	13.4	5—6	30.15
7	159.98	13.4	6—7	30.26
8	220.02	22	7—8	60.65
9	250.48	28	8—9	31.05
10	280.87	27.35	9—10	30.40
11	310.29	24.5	10—11	29.56
间距均值(m)	28.54			
首尾间距(m)	310.31			
1/r	10.87			
分形维数 D	1.04			

如表 8-27 所示，近似分形曲线的生成元是一条由 $N=10$ 条等长的直线段接成的折线段，长度取均值 28.54 m，若生成元两端的距离与这些直线段的长度之比为 10.87，分形维数 $D=1.04$。

由图 8-15 所示，随着钻孔孔数的增加，地质剖面的分形维数逐渐趋于收敛，最后收敛于 1.04。

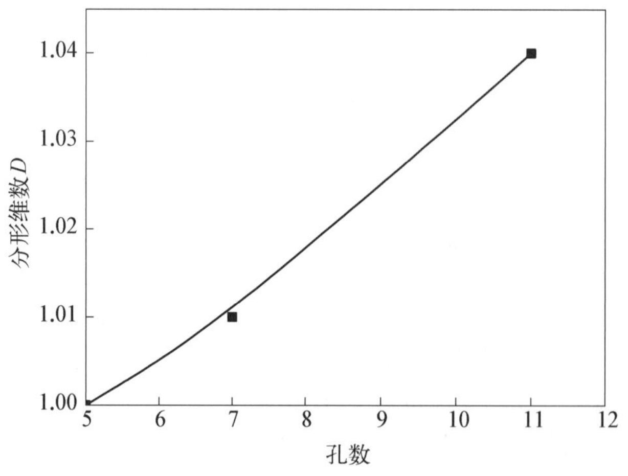

图 8-15 分形维数变化图

④ 垂直于海岸线剖面的分形维数。

通过三个垂直于海岸线地质剖面的分形维数计算，分形维数分别为 1.01，1.01 和 1.04，平均值为 1.02，则在进行垂直于海岸线地质剖面的基岩面形状复杂程度刻画上，可以用一维来进行刻画。

2) 钻孔剖面曲线拟合

(1) 平行于海岸线地质剖面基岩面形状的曲线拟合。

按前面的分形维数计算，进行一阶刻画，再分别拟合三阶和五阶多项式，对比三者之间的误差，如图 8-16 和表 8-28 所示。

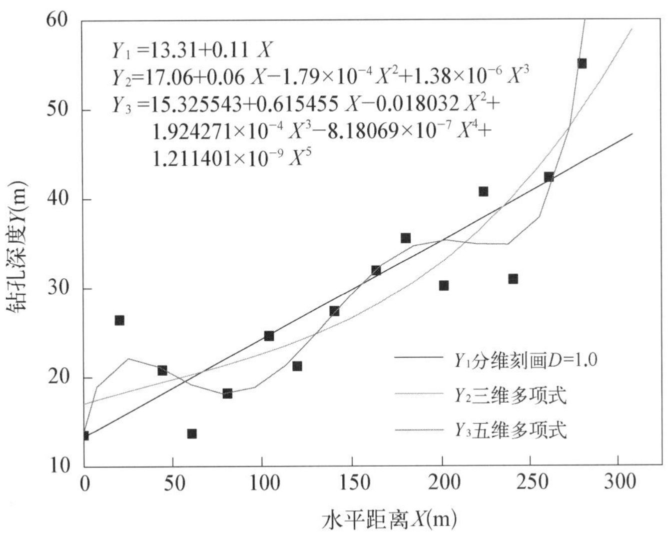

图 8-16 钻孔地质剖面基岩面形状拟合曲线示意图

表 8-28 拟合曲线差值 （单位：m）

典型剖面	X 轴坐标	Y 轴深度坐标	Y_1	Y_2	Y_3	误差 $\lvert\Delta y_1\rvert$	误差 $\lvert\Delta y_2\rvert$	误差 $\lvert\Delta y_3\rvert$
35—35′	0.00	13.50	13.31	17.06	15.33	0.19	3.56	1.83
	20.34	26.40	15.55	18.22	21.87	10.85	8.18	4.53
	44.46	20.80	18.20	19.50	20.97	2.60	1.30	0.17
	60.85	13.70	20.00	20.36	19.16	6.30	6.66	5.46
	80.99	18.20	22.22	21.48	18.14	4.02	3.28	0.06
	104.42	24.60	24.80	22.94	19.84	0.20	1.66	4.76
	120.21	21.20	26.53	24.08	22.57	5.33	2.88	1.37
	140.79	27.35	28.80	25.81	27.13	1.45	1.54	0.22
	164.14	31.90	31.37	28.19	31.99	0.53	3.71	0.09
	180.73	35.50	33.19	30.20	34.28	2.31	5.30	1.22
	201.42	30.20	35.47	33.16	35.26	5.27	2.96	5.06
	224.33	40.70	37.99	37.09	34.71	2.71	3.61	5.99
	240.97	30.90	39.82	40.43	34.97	8.92	9.53	4.07
	261.48	42.30	42.07	45.18	40.02	0.23	2.88	2.28
	280.91	55.00	44.21	50.38	55.68	10.79	4.62	0.68
$\sum$	—	432.25	—			61.70	61.68	37.80
误差比例	—					0.14	0.14	0.09

由图 8-16 和表 8-28 可知，对与海岸线平行的地质剖面基岩面形状刻画三种拟合曲线误差值进行比较，当多项式刻画阶数越大时，越能贴近实际勘探值，误差比例越小。说明基岩面形状复杂，远非线性形状。

(2) 垂直于海岸线地质剖面基岩面形状的曲线拟合。

按前面的分形维数计算，进行一阶刻画，再分别拟合三阶和五阶多项式，对比三者之间的误差，如

图 8-17 和表 8-29 所示。

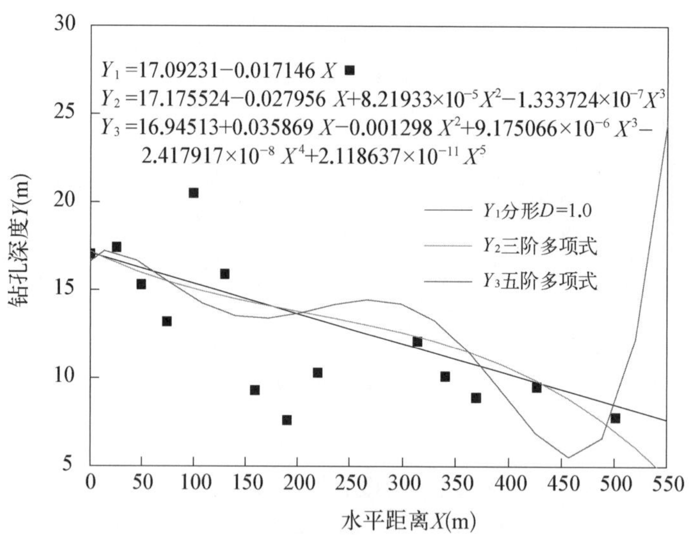

图 8-17 钻孔地质剖面基岩面形状拟合曲线示意图

表 8-29 拟合曲线差值 （单位：m）

典型剖面	X 轴坐标	Y 轴深度坐标	Y_1	Y_2	Y_3	差值 $\|\Delta y_1\|$	差值 $\|\Delta y_2\|$	差值 $\|\Delta y_3\|$
5—5′	0.00	17.02	17.09	17.18	16.95	0.07	0.16	0.07
	25.02	17.40	16.66	16.53	17.16	0.74	0.87	0.24
	49.56	15.30	16.24	15.98	16.51	0.94	0.68	1.21
	74.25	13.20	15.82	15.50	15.52	2.62	2.30	2.32
	99.33	20.50	15.39	15.08	14.54	5.11	5.42	5.96
	129.42	15.90	14.87	14.65	13.72	1.03	1.25	2.18
	159.43	9.30	14.36	14.27	13.41	5.06	4.97	4.11
	190.05	7.60	13.83	13.92	13.57	6.23	6.32	5.97
	219.53	10.30	13.33	13.59	13.98	3.03	3.29	3.68
	249.54	27.50	12.81	13.25	14.38	14.69	14.25	13.12
	313.80	12.10	11.71	12.38	13.91	0.39	0.28	1.81
	340.07	10.10	11.26	11.93	12.85	1.16	1.83	2.75
	369.24	8.90	10.76	11.34	11.08	1.86	2.44	2.18
	426.56	9.50	9.78	9.85	6.88	0.28	0.35	2.62
	501.58	7.80	8.49	7.00	8.38	0.69	0.80	0.58
$\sum$	—	202.42	—			43.90	45.21	48.80
误差比例	—					0.22	0.22	0.24

由图 8-17 和表 8-29 可知，用三种拟合曲线去计算基岩面埋深，计算误差值相近，均超过 20%，说明垂直于海岸线的地质剖面基岩面形状更为复杂。所以，按分形理论计算的维度不能完全刻画基岩面形状的复杂程度。

3）变更长度计算

考虑到分形理论在大孔距、有限的钻孔孔数的情况下不能完全刻画基岩面的形状，此处采用基于已有的钻孔数据，进行曲线拟合，再按假定的间距进行线性插值计算，计算基岩面埋深，以此描述基岩面形状，计算预估工作量变化。

为了判断变更值的大小范围，将差值计算之后的变更值累计值（正、负值相加）与实际钻孔的长度累计值进行比较分析，规定差值率范围，来分析评价基岩面形状变化的复杂程度，以及对工期、造价的影响。变更后的差值是考虑变更正值与变更负值之和，变更正值是增加钻孔长度，说明插值计算所得的数值大于钻孔深度；变更负值是减少实际钻孔长度，说明插值计算所得的计算数据小于实际钻孔深度。差值率范围＝（变更值累计值－实际钻孔长度累计值）/实际钻孔长度累计值。

对于变更为正值与变更为负值的概率计算，计算原则为：变更正值概率＝前后钻孔变更正值之和/（前钻孔变更值绝对值＋后钻孔变更值绝对值）；变更负值概率＝前后钻孔变更负值之和/（前钻孔变更值绝对值＋后钻孔变更值绝对值）；变更正值概率＋变更负值概率＝1。

根据工程实践经验，将差值率范围划分四个等级，其风险描述如表 8－30 所示。

表 8－30　拟合曲线差值风险等级

风险等级	差值率范围（%）	描述准则
一	＜5	完全可接受
二	5～10	可接受
三	10～20	不可接受
四	＞20	完全不可接受

根据上述讨论，以 5 阶拟合曲线为例来计算分析两个剖面的探孔长度变更值的风险等级。

（1）剖面 35—35′的探孔长度变更计算（表 8－31—表 8－46，表中坐标和长度以米计）。

按已有钻孔数据进行线性插值，施工现场探孔间距取 1.2 m 进行计算。

表 8－31　修正系数 k 值

典型剖面	X 轴坐标	Y 轴深度坐标	Y_3	误差 Δy_3
35—35′	0.00	13.50	15.33	1.83
	20.34	26.40	21.87	−4.53
	44.46	20.80	20.97	0.17
	60.85	13.70	19.16	5.46
	80.99	18.20	18.14	−0.06
	104.42	24.60	19.84	−4.76
	120.21	21.20	22.57	1.37
	140.79	27.35	27.13	−0.22
	164.14	31.90	31.99	0.09
	180.73	35.50	34.28	−1.22
	201.42	30.20	35.26	5.06
	224.33	40.70	34.71	−5.99
	240.97	30.90	34.97	4.07

续 表

典型剖面	X轴坐标	Y轴深度坐标	Y_3	误差 Δy_3
35—35′	261.48	42.30	40.02	−2.28
	280.91	55.00	55.68	0.68
$\sum$	—	432.25	—	0.34
k值	1.001			

表 8-32 探孔长度(标段 1)

35—35′探孔数据标段 1

X轴坐标	Y轴深度坐标	误差 Δy_3	变更正值概率	变更负值概率	分级维数 D	变更长度比例 $k(D-1)$
0.00	13.50	1.83	0.287	0.713	1.02	0.02
20.34	26.40	−4.53				

插值数据

X轴坐标	Y轴深度坐标	变更长度	变更正值	变更负值	变更后长度	实际探孔长
0.00	13.50	0.27	0.08	0.19	13.39	17.30
1.20	14.26	0.29	0.08	0.20	14.14	16.15
2.40	15.02	0.30	0.09	0.21	14.89	17.46
3.60	15.78	0.32	0.09	0.23	15.65	19.19
4.80	16.54	0.33	0.09	0.24	16.40	19.17
6.00	17.31	0.35	0.10	0.25	17.16	13.73
7.20	18.07	0.36	0.10	0.26	17.91	22.78
8.40	18.83	0.38	0.11	0.27	18.67	21.32
9.60	19.59	0.39	0.11	0.28	19.42	18.94
10.80	20.35	0.41	0.12	0.29	20.18	25.32
12.00	21.11	0.42	0.12	0.30	20.93	23.90
13.20	21.87	0.44	0.13	0.31	21.69	26.77
14.40	22.63	0.45	0.13	0.32	22.44	21.18
15.60	23.39	0.47	0.13	0.33	23.19	27.40
16.80	24.15	0.48	0.14	0.34	23.95	26.22
18.00	24.92	0.50	0.14	0.36	24.70	32.04
19.20	25.68	0.51	0.15	0.37	25.46	32.35
20.40	26.44	0.53	0.15	0.38	26.21	26.97
$\sum$	359.44	7.19	2.06	5.12	356.38	408.17

差值	差值率(%)	风险判断
51.79	12.69	风险等级三,不可接受

表 8-33 探孔长度(标段 2)

35—35′探孔数据标段 2

X 轴坐标	Y 轴深度坐标	误差 Δy_3	变更正值概率	变更负值概率	分级维数 D	变更长度比例 k(D−1)
20.34	26.40	−4.53	0.036	0.964	1.02	0.02
44.46	20.80	0.17				

插值数据

X 轴坐标	Y 轴深度坐标	变更长度	变更正值	变更负值	变更后长度	实际探孔长
21.60	26.11	0.52	0.02	0.50	25.59	25.84
22.80	25.83	0.52	0.02	0.50	25.31	25.54
24.00	25.55	0.51	0.02	0.49	25.04	30.27
25.20	25.27	0.51	0.02	0.49	24.77	30.98
26.40	24.99	0.50	0.02	0.48	24.49	31.82
27.60	24.71	0.49	0.02	0.48	24.22	30.59
28.80	24.44	0.49	0.02	0.47	23.95	30.22
30.00	24.16	0.48	0.02	0.47	23.67	26.28
31.20	23.88	0.48	0.02	0.46	23.40	28.30
32.40	23.60	0.47	0.02	0.46	23.13	24.44
33.60	23.32	0.47	0.02	0.45	22.85	25.52
34.80	23.04	0.46	0.02	0.44	22.58	23.79
36.00	22.76	0.46	0.02	0.44	22.31	27.40
37.20	22.49	0.45	0.02	0.43	22.04	25.85
38.40	22.21	0.44	0.02	0.43	21.76	26.18
39.60	21.93	0.44	0.02	0.42	21.49	21.72
40.80	21.65	0.43	0.02	0.42	21.22	18.59
42.00	21.37	0.43	0.02	0.41	20.94	19.40
43.20	21.09	0.42	0.02	0.41	20.67	18.07
44.40	20.81	0.42	0.01	0.40	20.40	18.89
$\sum$	469.21	9.38	0.34	9.05	459.83	509.67

差值	差值率(%)	风险判断
49.84	9.78	风险等级二,可接受

表 8-34 探孔长度(标段 3)

35—35′探孔数据标段 3

X 轴坐标	Y 轴深度坐标	误差 Δy_3	变更正值概率	变更负值概率	分级维数 D	变更长度比例 k(D−1)
44.46	20.80	0.17	1.000	0.000	1.02	0.02
60.85	13.70	5.46				

续 表

插值数据						
X 轴坐标	Y 轴深度坐标	变更长度	变更正值	变更负值	变更后长度	实际探孔长
45.60	20.31	0.41	0.41	0.00	19.90	23.67
46.80	19.79	0.40	0.40	0.00	19.39	21.47
48.00	19.27	0.39	0.39	0.00	18.88	22.14
49.20	18.75	0.37	0.37	0.00	18.37	23.24
50.40	18.23	0.36	0.36	0.00	17.86	18.61
51.60	17.71	0.35	0.35	0.00	17.35	17.85
52.80	17.19	0.34	0.34	0.00	16.84	20.32
54.00	16.67	0.33	0.33	0.00	16.33	18.06
55.20	16.15	0.32	0.32	0.00	15.82	19.74
56.40	15.63	0.31	0.31	0.00	15.32	19.86
57.60	15.11	0.30	0.30	0.00	14.81	15.35
58.80	14.59	0.29	0.29	0.00	14.30	16.21
60.00	14.07	0.28	0.28	0.00	13.79	15.42
$\sum$	223.43	4.47	4.47	0.00	218.96	251.93
差值		差值率(%)		风险判断		
32.96		13.08		风险等级三,不可接受		

表 8-35 探孔长度(标段 4)

35—35′探孔数据标段 4						
X 轴坐标	Y 轴深度坐标	误差 Δy_3	变更正值概率	变更负值概率	分级维数 D	变更长度比例 $k(D-1)$
60.85	13.70	5.46	0.988	0.012	1.02	0.02
80.99	18.20	−0.06				
插值数据						
X 轴坐标	Y 轴深度坐标	变更长度	变更正值	变更负值	变更后长度	实际探孔长
61.20	13.78	0.28	0.27	0.003	13.50	16.43
62.40	14.05	0.28	0.28	0.003	13.77	17.39
63.60	14.31	0.29	0.28	0.003	14.03	14.16
64.80	14.58	0.29	0.29	0.003	14.29	18.27
66.00	14.85	0.30	0.29	0.003	14.55	16.23
67.20	15.12	0.30	0.30	0.003	14.82	17.65
68.40	15.39	0.31	0.30	0.004	15.08	18.28
69.60	15.66	0.31	0.31	0.004	15.34	18.26

续 表

X 轴坐标	Y 轴深度坐标	变更长度	变更正值	变更负值	变更后长度	实际探孔长
70.80	15.92	0.32	0.31	0.004	15.60	19.26
72.00	16.19	0.32	0.32	0.004	15.87	17.79
73.20	16.46	0.33	0.33	0.004	16.13	20.94
74.40	16.73	0.33	0.33	0.004	16.39	20.16
75.60	17.00	0.34	0.34	0.004	16.66	19.02
76.80	17.26	0.35	0.34	0.004	16.92	20.28
78.00	17.53	0.35	0.35	0.004	17.18	12.85
79.20	17.80	0.36	0.35	0.004	17.44	15.73
80.40	18.07	0.36	0.36	0.004	17.71	13.91
$\sum$	270.69	5.41	5.35	0.06	265.28	296.63
差值		差值率(%)		风险判断		
31.35		10.57		风险等级三,不可接受		

表 8-36 探孔长度(标段 5)

35—35′探孔数据标段 5

X 轴坐标	Y 轴深度坐标	误差 Δy_3	变更正值概率	变更负值概率	分级维数 D	变更长度比例 $k(D-1)$
80.99	18.20	−0.06	0.000	1.000	1.02	0.02
104.42	24.60	−4.76				

插值数据

X 轴坐标	Y 轴深度坐标	变更长度	变更正值	变更负值	变更后长度	实际探孔长
81.60	18.37	0.37	0.00	0.37	18.00	21.76
82.80	18.69	0.37	0.00	0.37	18.32	23.74
84.00	19.02	0.38	0.00	0.38	18.64	19.64
85.20	19.35	0.39	0.00	0.39	18.96	19.14
86.40	19.68	0.39	0.00	0.39	19.28	19.15
87.60	20.01	0.40	0.00	0.40	19.61	23.39
88.80	20.33	0.41	0.00	0.41	19.93	21.01
90.00	20.66	0.41	0.00	0.41	20.25	25.07
91.20	20.99	0.42	0.00	0.42	20.57	26.14
92.40	21.32	0.43	0.00	0.43	20.89	24.18
93.60	21.64	0.43	0.00	0.43	21.21	22.19
94.80	21.97	0.44	0.00	0.44	21.53	24.68
96.00	22.30	0.45	0.00	0.45	21.85	21.67

续 表

X 轴坐标	Y 轴深度坐标	变更长度	变更正值	变更负值	变更后长度	实际探孔长
97.20	22.63	0.45	0.00	0.45	22.18	26.85
98.40	22.96	0.46	0.00	0.46	22.50	19.15
99.60	23.28	0.47	0.00	0.47	22.82	26.94
100.80	23.61	0.47	0.00	0.47	23.14	28.59
102.00	23.94	0.48	0.00	0.48	23.46	20.85
103.20	24.27	0.49	0.00	0.49	23.78	25.50
104.40	24.59	0.49	0.00	0.49	24.10	30.86
$\sum$	429.61	8.59	0.00	8.59	421.02	470.50
差值		差值率(%)		风险判断		
49.48		10.52		风险等级三,不可接受		

表 8-37 探孔长度(标段 6)

35—35′探孔数据标段 6						
X 轴坐标	Y 轴深度坐标	误差 Δy_3	变更正值概率	变更负值概率	分级维数 D	变更长度比例 $k(D-1)$
104.42	24.60	−4.76	0.224	0.776	1.02	0.02
120.21	21.20	1.37				
插值数据						
X 轴坐标	Y 轴深度坐标	变更长度	变更正值	变更负值	变更后长度	实际探孔长
105.60	24.35	0.49	0.11	0.38	23.86	28.29
106.80	24.09	0.48	0.11	0.37	23.61	24.90
108.00	23.83	0.48	0.11	0.37	23.35	16.96
109.20	23.57	0.47	0.11	0.37	23.10	27.84
110.40	23.31	0.47	0.10	0.36	22.85	23.82
111.60	23.05	0.46	0.10	0.36	22.59	24.42
112.80	22.80	0.46	0.10	0.35	22.34	17.53
114.00	22.54	0.45	0.10	0.35	22.09	28.67
115.20	22.28	0.45	0.10	0.35	21.83	24.92
116.40	22.02	0.44	0.10	0.34	21.58	26.98
117.60	21.76	0.44	0.10	0.34	21.33	19.37
118.80	21.50	0.43	0.10	0.33	21.07	27.05
120.00	21.25	0.42	0.10	0.33	20.82	24.99
$\sum$	296.34	5.93	1.33	4.60	290.42	315.74
差值		差值率(%)		风险判断		
25.32		8.02		风险等级二,可接受		

表 8－38　探孔长度(标段 7)

35—35′探孔数据标段 7						
X 轴坐标	Y 轴深度坐标	误差 Δy_3	变更正值概率	变更负值概率	分级维数 D	变更长度比例 k(D−1)
120.21	21.20	1.37	0.862	0.138	1.02	0.02
140.79	27.35	−0.22				

插值数据						
X 轴坐标	Y 轴深度坐标	变更长度	变更正值	变更负值	变更后长度	实际探孔长
121.20	21.50	0.43	0.37	0.06	21.07	21.29
122.40	21.85	0.44	0.38	0.06	21.42	23.77
123.60	22.21	0.44	0.38	0.06	21.77	25.40
124.80	22.57	0.45	0.39	0.06	22.12	18.36
126.00	22.93	0.46	0.40	0.06	22.47	27.63
127.20	23.29	0.47	0.40	0.06	22.82	24.18
128.40	23.65	0.47	0.41	0.07	23.17	27.39
129.60	24.01	0.48	0.41	0.07	23.53	29.44
130.80	24.36	0.49	0.42	0.07	23.88	29.77
132.00	24.72	0.49	0.43	0.07	24.23	30.17
133.20	25.08	0.50	0.43	0.07	24.58	20.08
134.40	25.44	0.51	0.44	0.07	24.93	30.71
135.60	25.80	0.52	0.44	0.07	25.28	30.92
136.80	26.16	0.52	0.45	0.07	25.63	31.26
138.00	26.52	0.53	0.46	0.07	25.99	29.93
139.20	26.87	0.54	0.46	0.07	26.34	25.82
140.40	27.23	0.54	0.47	0.08	26.69	27.12
$\sum$	414.20	8.28	7.14	1.15	405.92	453.25

差值	差值率(%)	风险判断
47.33	10.44	风险等级三，不可接受

表 8－39　探孔长度(标段 8)

35—35′探孔数据标段 8						
X 轴坐标	Y 轴深度坐标	误差 Δy_3	变更正值概率	变更负值概率	分级维数 D	变更长度比例 k(D−1)
140.79	27.35	−0.22	0.289	0.711	1.02	0.02
164.14	31.90	0.09				

插值数据						
X 轴坐标	Y 轴深度坐标	变更长度	变更正值	变更负值	变更后长度	实际探孔长
141.60	27.51	0.55	0.16	0.39	26.96	28.46

续 表

X 轴坐标	Y 轴深度坐标	变更长度	变更正值	变更负值	变更后长度	实际探孔长
142.80	27.74	0.55	0.16	0.39	27.19	28.68
144.00	27.98	0.56	0.16	0.40	27.42	30.12
145.20	28.21	0.56	0.16	0.40	27.65	32.10
146.40	28.44	0.57	0.16	0.40	27.87	19.57
147.60	28.68	0.57	0.17	0.41	28.10	33.05
148.80	28.91	0.58	0.17	0.41	28.33	29.07
150.00	29.14	0.58	0.17	0.41	28.56	36.89
151.20	29.38	0.59	0.17	0.42	28.79	31.99
152.40	29.61	0.59	0.17	0.42	29.02	37.49
153.60	29.85	0.60	0.17	0.42	29.25	34.86
154.80	30.08	0.60	0.17	0.43	29.48	25.57
156.00	30.31	0.61	0.17	0.43	29.71	35.77
157.20	30.55	0.61	0.18	0.43	29.94	38.27
158.40	30.78	0.62	0.18	0.44	30.17	35.66
159.60	31.02	0.62	0.18	0.44	30.40	37.91
160.80	31.25	0.62	0.18	0.44	30.62	28.70
162.00	31.48	0.63	0.18	0.45	30.85	39.85
163.20	31.72	0.63	0.18	0.45	31.08	32.13
$\sum$	562.63	11.25	3.25	8.01	551.38	616.15
差值		差值率(%)		风险判断		
64.77		10.51		风险等级三,不可接受		

表 8-40 探孔长度(标段 9)

35—35′探孔数据标段 9

X 轴坐标	Y 轴深度坐标	误差 Δy_3	变更正值概率	变更负值概率	分级维数 D	变更长度比例 $k(D-1)$
164.14	31.90	0.09	0.068	0.932	1.02	0.02
180.73	35.50	−1.22				

插值数据

X 轴坐标	Y 轴深度坐标	变更长度	变更正值	变更负值	变更后长度	实际探孔长
164.40	31.96	0.64	0.04	0.60	31.32	34.40
165.60	32.22	0.64	0.04	0.60	31.57	38.35
166.80	32.48	0.65	0.04	0.61	31.83	29.76
168.00	32.74	0.65	0.04	0.61	32.08	40.24

续 表

X 轴坐标	Y 轴深度坐标	变更长度	变更正值	变更负值	变更后长度	实际探孔长
169.20	33.00	0.66	0.05	0.61	32.34	40.98
170.40	33.26	0.67	0.05	0.62	32.59	30.29
171.60	33.52	0.67	0.05	0.62	32.85	41.84
172.80	33.78	0.68	0.05	0.63	33.10	40.63
174.00	34.04	0.68	0.05	0.63	33.36	42.93
175.20	34.30	0.69	0.05	0.64	33.61	38.77
176.40	34.56	0.69	0.05	0.64	33.87	27.07
177.60	34.82	0.70	0.05	0.65	34.12	38.01
178.80	35.08	0.70	0.05	0.65	34.38	25.88
180.00	35.34	0.71	0.05	0.66	34.63	43.11
$\sum$	471.09	9.42	0.64	8.78	461.66	512.26
差值		差值率(%)		风险判断		
50.60		9.88		风险等级二,可接受		

表 8-41 探孔长度(标段 10)

35—35′探孔数据标段 10						
X 轴坐标	Y 轴深度坐标	误差 Δy_3	变更正值概率	变更负值概率	分级维数 D	变更长度比例 $k(D-1)$
180.73	35.50	−1.22	0.806	0.194	1.02	0.02
201.42	30.20	5.06				
插值数据						
X 轴坐标	Y 轴深度坐标	变更长度	变更正值	变更负值	变更后长度	实际探孔长
181.20	35.38	0.71	0.57	0.14	34.67	38.64
182.40	35.07	0.70	0.57	0.14	34.37	39.57
183.60	34.76	0.70	0.56	0.14	34.07	31.68
184.80	34.46	0.69	0.56	0.13	33.77	43.68
186.00	34.15	0.68	0.55	0.13	33.47	35.70
187.20	33.84	0.68	0.55	0.13	33.17	31.01
188.40	33.54	0.67	0.54	0.13	32.86	33.47
189.60	33.23	0.66	0.54	0.13	32.56	41.01
190.80	32.92	0.66	0.53	0.13	32.26	38.72
192.00	32.61	0.65	0.53	0.13	31.96	23.48
193.20	32.31	0.65	0.52	0.13	31.66	41.15
194.40	32.00	0.64	0.52	0.12	31.36	39.72

续 表

X轴坐标	Y轴深度坐标	变更长度	变更正值	变更负值	变更后长度	实际探孔长
195.60	31.69	0.63	0.51	0.12	31.06	30.36
196.80	31.38	0.63	0.51	0.12	30.76	36.92
198.00	31.08	0.62	0.50	0.12	30.45	38.44
199.20	30.77	0.62	0.50	0.12	30.15	37.49
200.40	30.46	0.61	0.49	0.12	29.85	34.66
$\sum$	559.65	11.19	9.02	2.17	548.45	615.69
差值		差值率(%)		风险判断		
67.23		10.92		风险等级三,不可接受		

表 8-42 探孔长度(标段 11)

35—35′探孔数据标段 11						
X轴坐标	Y轴深度坐标	误差 Δy_3	变更正值概率	变更负值概率	分级维数 D	变更长度比例 $k(D-1)$
201.42	30.20	5.06	0.458	0.542	1.02	0.02
224.33	40.70	−5.99				
插值数据						
X轴坐标	Y轴深度坐标	变更长度	变更正值	变更负值	变更后长度	实际探孔长
201.60	30.28	0.61	0.28	0.33	29.68	34.73
202.80	30.83	0.62	0.28	0.33	30.22	33.82
204.00	31.38	0.63	0.29	0.34	30.75	35.93
205.20	31.93	0.64	0.29	0.35	31.29	38.71
206.40	32.48	0.65	0.30	0.35	31.83	27.49
207.60	33.03	0.66	0.30	0.36	32.37	41.63
208.80	33.58	0.67	0.31	0.36	32.91	38.30
210.00	34.13	0.68	0.31	0.37	33.45	24.16
211.20	34.68	0.69	0.32	0.38	33.99	41.02
212.40	35.23	0.70	0.32	0.38	34.53	41.86
213.60	35.78	0.72	0.33	0.39	35.07	41.63
214.80	36.33	0.73	0.33	0.39	35.61	26.35
216.00	36.88	0.74	0.34	0.40	36.14	36.89
217.20	37.43	0.75	0.34	0.41	36.68	47.66
218.40	37.98	0.76	0.35	0.41	37.22	41.69
219.60	38.53	0.77	0.35	0.42	37.76	48.24
220.80	39.08	0.78	0.36	0.42	38.30	43.74

续 表

X 轴坐标	Y 轴深度坐标	变更长度	变更正值	变更负值	变更后长度	实际探孔长
222.00	39.63	0.79	0.36	0.43	38.84	40.21
223.20	40.18	0.80	0.37	0.44	39.38	51.12
$\sum$	669.41	13.39	6.13	7.26	656.03	735.18
差值		差值率(%)		风险判断		
79.16		10.77		风险等级三,不可接受		

表 8-43 探孔长度(标段 12)

35—35′探孔数据标段 12						
X 轴坐标	Y 轴深度坐标	误差 Δy_3	变更正值概率	变更负值概率	分级维数 D	变更长度比例 $k(D-1)$
224.33	40.70	−5.99	0.404	0.596	1.02	0.02
240.97	30.90	4.07				
插值数据						
X 轴坐标	Y 轴深度坐标	变更长度	变更正值	变更负值	变更后长度	实际探孔长
224.60	40.54	0.81	0.33	0.48	39.73	47.76
225.80	39.83	0.80	0.32	0.47	39.04	42.23
227.00	39.13	0.78	0.32	0.47	38.34	37.13
228.20	38.42	0.77	0.31	0.46	37.65	42.41
229.40	37.71	0.75	0.30	0.45	36.96	45.60
230.60	37.01	0.74	0.30	0.44	36.27	46.45
231.80	36.30	0.73	0.29	0.43	35.57	43.92
233.00	35.59	0.71	0.29	0.42	34.88	42.89
234.20	34.89	0.70	0.28	0.42	34.19	28.74
235.40	34.18	0.68	0.28	0.41	33.50	35.70
236.60	33.47	0.67	0.27	0.40	32.80	30.48
237.80	32.77	0.66	0.26	0.39	32.11	37.44
239.00	32.06	0.64	0.26	0.38	31.42	38.02
240.20	31.35	0.63	0.25	0.37	30.73	31.54
$\sum$	503.26	10.07	4.07	6.00	493.20	550.30
差值		差值率(%)		风险判断		
57.10		10.38		风险等级三,不可接受		

表 8-44 探孔长度(标段 13)

35—35′探孔数据标段 13

X 轴坐标	Y 轴深度坐标	误差 Δy_3	变更正值概率	变更负值概率	分级维数 D	变更长度比例 k(D−1)
240.97	30.90	4.07	0.641	0.359	1.02	0.02
261.48	42.30	−2.28				

插值数据

X 轴坐标	Y 轴深度坐标	变更长度	变更正值	变更负值	变更后长度	实际探孔长
241.40	31.14	0.62	0.40	0.22	30.52	31.87
242.60	31.81	0.64	0.41	0.23	31.17	40.37
243.80	32.47	0.65	0.42	0.23	31.82	35.91
245.00	33.14	0.66	0.42	0.24	32.48	25.97
246.20	33.81	0.68	0.43	0.24	33.13	35.82
247.40	34.47	0.69	0.44	0.25	33.78	41.73
248.60	35.14	0.70	0.45	0.25	34.44	33.57
249.80	35.81	0.72	0.46	0.26	35.09	38.75
251.00	36.47	0.73	0.47	0.26	35.75	40.42
252.20	37.14	0.74	0.48	0.27	36.40	34.98
253.40	37.81	0.76	0.48	0.27	37.05	37.83
254.60	38.48	0.77	0.49	0.28	37.71	37.24
255.80	39.14	0.78	0.50	0.28	38.36	40.00
257.00	39.81	0.80	0.51	0.29	39.01	36.08
258.20	40.48	0.81	0.52	0.29	39.67	49.60
259.40	41.14	0.82	0.53	0.30	40.32	51.99
260.60	41.81	0.84	0.54	0.30	40.97	45.66
$\sum$	620.07	12.40	7.95	4.45	607.67	657.81
差值		差值率(%)		风险判断		
50.13		7.62		风险等级二,可接受		

表 8-45 探孔长度(标段 14)

35—35′探孔数据标段 14

X 轴坐标	Y 轴深度坐标	误差 Δy_3	变更正值概率	变更负值概率	分级维数 D	变更长度比例 k(D−1)
261.48	42.30	−2.28	0.231	0.769	1.02	0.02
280.91	55.00	0.68				

续 表

插值数据						
X 轴坐标	Y 轴深度坐标	变更长度	变更正值	变更负值	变更后长度	实际探孔长
261.80	42.51	0.85	0.20	0.65	41.66	51.13
263.00	43.29	0.87	0.20	0.67	42.43	48.88
264.20	44.08	0.88	0.20	0.68	43.20	48.19
265.40	44.86	0.90	0.21	0.69	43.96	50.97
266.60	45.65	0.91	0.21	0.70	44.73	47.16
267.80	46.43	0.93	0.21	0.71	45.50	43.23
269.00	47.22	0.94	0.22	0.73	46.27	47.48
270.20	48.00	0.96	0.22	0.74	47.04	59.16
271.40	48.78	0.98	0.23	0.75	47.81	59.55
272.60	49.57	0.99	0.23	0.76	48.58	43.33
273.80	50.35	1.01	0.23	0.77	49.35	63.41
275.00	51.14	1.02	0.24	0.79	50.11	57.48
276.20	51.92	1.04	0.24	0.80	50.88	57.61
277.40	52.71	1.05	0.24	0.81	51.65	39.26
278.60	53.49	1.07	0.25	0.82	52.42	61.34
279.80	54.27	1.09	0.25	0.83	53.19	63.13
281.00	55.06	1.10	0.25	0.85	53.96	59.12
$\sum$	829.33	16.59	3.83	12.76	812.74	900.42
差值		差值率(%)		风险判断		
87.68		9.74		风险等级二,可接受		

表 8-46 剖面风险判断

标　段	变更后长度	实际探孔长
1	356.38	408.17
2	459.83	509.67
3	218.96	251.93
4	265.28	296.63
5	421.02	470.50
6	290.42	315.74
7	405.92	453.25
8	551.38	616.15
9	461.66	512.26
10	548.45	615.69

续 表

标　段	变更后长度	实际探孔长
11	656.03	735.18
12	493.20	550.30
13	607.67	657.81
14	812.74	900.42
$\sum$	6548.94	7293.69
差值	744.74	
差值率(%)	10.21	
风险判断	风险等级三,不可接受	

(2) 剖面 5—5′的探孔长度变更计算(表 8-47—表 8-62,表中坐标和长度以米计)。按已有钻孔数据进行线性插值,施工现场探孔间距取 1.2 m 进行计算。

表 8-47　修正系数 k 值

典型剖面	X 轴坐标	Y 轴深度坐标	Y_2	差值 Δy_2
5-5′	0.00	17.02	17.18	0.16
	25.02	17.40	16.53	−0.87
	49.56	15.30	15.98	0.68
	74.25	13.20	15.50	2.30
	99.33	20.50	15.08	−5.42
	129.42	15.90	14.65	−1.25
	159.43	9.30	14.27	4.97
	190.05	7.60	13.92	6.32
	219.53	10.30	13.59	3.29
	249.54	27.50	13.25	−14.25
	313.80	12.10	12.38	0.28
	340.07	10.10	11.93	1.83
	369.24	8.90	11.34	2.44
	426.56	9.50	9.85	0.35
	501.58	7.80	7.00	−0.80
$\sum$	—	202.42	—	0.00
k 值	1.00			

表 8-48　探孔长度(标段 1)

5—5′探孔数据标段 1						
X 轴坐标	Y 轴深度坐标	误差 Δy_2	变更正值概率	变更负值概率	分级维数 D	变更长度比例 $k(D-1)$
0.00	17.02	0.16	0.151	0.849	1.02	0.02
25.02	17.40	−0.87				

续 表

插值数据						
X轴坐标	Y轴深度坐标	变更长度	变更正值	变更负值	变更后长度	实际探孔长
0.00	17.02	0.34	0.05	0.29	16.78	18.01
1.20	17.04	0.34	0.05	0.29	16.80	21.66
2.40	17.06	0.34	0.05	0.29	16.82	18.35
3.60	17.07	0.34	0.05	0.29	16.84	12.02
4.80	17.09	0.34	0.05	0.29	16.85	21.57
6.00	17.11	0.34	0.05	0.29	16.87	21.39
7.20	17.13	0.34	0.05	0.29	16.89	20.35
8.40	17.15	0.34	0.05	0.29	16.91	13.03
9.60	17.17	0.34	0.05	0.29	16.93	20.10
10.80	17.18	0.34	0.05	0.29	16.94	20.12
12.00	17.20	0.34	0.05	0.29	16.96	21.10
13.20	17.22	0.34	0.05	0.29	16.98	17.43
14.40	17.24	0.34	0.05	0.29	17.00	15.54
15.60	17.26	0.35	0.05	0.29	17.02	20.62
16.80	17.28	0.35	0.05	0.29	17.03	21.91
18.00	17.29	0.35	0.05	0.29	17.05	19.56
19.20	17.31	0.35	0.05	0.29	17.07	21.42
20.40	17.33	0.35	0.05	0.29	17.09	22.12
21.60	17.35	0.35	0.05	0.29	17.11	18.29
22.80	17.37	0.35	0.05	0.29	17.12	20.27
24.00	17.38	0.35	0.05	0.30	17.14	21.37
$\sum$	361.25	7.22	1.09	6.13	356.20	406.24
差值		差值率(%)		风险判断		
50.03		12.32		风险等级三,不可接受		

表 8-49 探孔长度(标段 2)

5—5′探孔数据标段 2						
X轴坐标	Y轴深度坐标	误差 Δy_3	变更正值概率	变更负值概率	分级维数 D	变更长度比例 $k(D-1)$
25.02	17.40	−0.87	0.436	0.564	1.02	0.02
49.56	15.30	0.68				

插值数据						
X轴坐标	Y轴深度坐标	变更长度	变更正值	变更负值	变更后长度	实际探孔长
25.20	17.38	0.35	0.15	0.20	17.34	22.08

续 表

X 轴坐标	Y 轴深度坐标	变更长度	变更正值	变更负值	变更后长度	实际探孔长
26.40	17.28	0.35	0.15	0.19	17.24	19.55
27.60	17.18	0.34	0.15	0.19	17.14	21.60
28.80	17.08	0.34	0.15	0.19	17.03	15.70
30.00	16.97	0.34	0.15	0.19	16.93	19.19
31.20	16.87	0.34	0.15	0.19	16.83	19.96
32.40	16.77	0.34	0.15	0.19	16.73	21.32
33.60	16.67	0.33	0.15	0.19	16.62	19.44
34.80	16.56	0.33	0.14	0.19	16.52	16.38
36.00	16.46	0.33	0.14	0.19	16.42	14.71
37.20	16.36	0.33	0.14	0.18	16.32	18.18
38.40	16.26	0.33	0.14	0.18	16.21	16.62
39.60	16.15	0.32	0.14	0.18	16.11	17.93
40.80	16.05	0.32	0.14	0.18	16.01	19.89
42.00	15.95	0.32	0.14	0.18	15.91	13.81
43.20	15.84	0.32	0.14	0.18	15.80	18.43
44.40	15.74	0.31	0.14	0.18	15.70	19.92
45.60	15.64	0.31	0.14	0.18	15.60	19.02
46.80	15.54	0.31	0.14	0.18	15.50	16.23
48.00	15.43	0.31	0.13	0.17	15.39	16.01
49.20	15.33	0.31	0.13	0.17	15.29	16.41
$\sum$	343.51	6.87	2.99	3.88	342.63	382.38
差值		差值率(%)		风险判断		
39.75		10.40		风险等级三,不可接受		

表 8-50 探孔长度(标段 3)

5—5′探孔数据标段 3						
X 轴坐标	Y 轴深度坐标	误差 Δy_3	变更正值概率	变更负值概率	分级维数 D	变更长度比例 $k(D-1)$
49.56	15.30	0.68	1.000	0.000	1.02	0.02
74.25	13.20	2.30				
插值数据						
X 轴坐标	Y 轴深度坐标	变更长度	变更正值	变更负值	变更后长度	实际探孔长
50.40	15.23	0.30	0.30	0.00	15.53	19.80
51.60	15.13	0.30	0.30	0.00	15.43	16.28

续 表

X 轴坐标	Y 轴深度坐标	变更长度	变更正值	变更负值	变更后长度	实际探孔长
52.80	15.02	0.30	0.30	0.00	15.32	17.06
54.00	14.92	0.30	0.30	0.00	15.22	19.14
55.20	14.82	0.30	0.30	0.00	15.12	17.21
56.40	14.72	0.29	0.29	0.00	15.01	18.65
57.60	14.62	0.29	0.29	0.00	14.91	12.06
58.80	14.51	0.29	0.29	0.00	14.80	18.86
60.00	14.41	0.29	0.29	0.00	14.70	16.70
61.20	14.31	0.29	0.29	0.00	14.60	16.23
62.40	14.21	0.28	0.28	0.00	14.49	13.15
63.60	14.11	0.28	0.28	0.00	14.39	17.58
64.80	14.00	0.28	0.28	0.00	14.28	15.46
66.00	13.90	0.28	0.28	0.00	14.18	11.27
67.20	13.80	0.28	0.28	0.00	14.08	17.89
68.40	13.70	0.27	0.27	0.00	13.97	17.17
69.60	13.60	0.27	0.27	0.00	13.87	15.43
70.80	13.49	0.27	0.27	0.00	13.76	17.16
72.00	13.39	0.27	0.27	0.00	13.66	16.40
73.20	13.29	0.27	0.27	0.00	13.56	15.19
$\sum$	285.18	5.70	5.70	0.00	290.88	328.68
差值		差值率(%)		风险判断		
37.80		11.50		风险等级三,不可接受		

表 8-51 探孔长度(标段 4)

5—5′探孔数据标段 4						
X 轴坐标	Y 轴深度坐标	误差 Δy_3	变更正值概率	变更负值概率	分级维数 D	变更长度比例 k(D−1)
74.25	13.20	2.30	0.298	0.702	1.02	0.02
99.33	20.50	−5.42				

插值数据

X 轴坐标	Y 轴深度坐标	变更长度	变更正值	变更负值	变更后长度	实际探孔长
74.40	13.24	0.26	0.08	0.186	13.14	14.98
75.60	13.59	0.27	0.08	0.191	13.48	11.35
76.80	13.94	0.28	0.08	0.196	13.83	17.53
78.00	14.29	0.29	0.09	0.201	14.18	14.97

续 表

X 轴坐标	Y 轴深度坐标	变更长度	变更正值	变更负值	变更后长度	实际探孔长
79.20	14.64	0.29	0.09	0.206	14.52	17.97
80.40	14.99	0.30	0.09	0.211	14.87	11.02
81.60	15.34	0.31	0.09	0.215	15.22	19.08
82.80	15.69	0.31	0.09	0.220	15.56	15.94
84.00	16.04	0.32	0.10	0.225	15.91	16.67
85.20	16.39	0.33	0.10	0.230	16.25	20.69
86.40	16.74	0.33	0.10	0.235	16.60	16.18
87.60	17.09	0.34	0.10	0.240	16.95	20.80
88.80	17.44	0.35	0.10	0.245	17.29	19.80
90.00	17.78	0.36	0.11	0.250	17.64	12.96
91.20	18.13	0.36	0.11	0.255	17.99	22.96
92.40	18.48	0.37	0.11	0.260	18.33	19.08
93.60	18.83	0.38	0.11	0.265	18.68	20.70
94.80	19.18	0.38	0.11	0.269	19.03	23.85
96.00	19.53	0.39	0.12	0.274	19.37	18.60
97.20	19.88	0.40	0.12	0.279	19.72	19.98
98.40	20.23	0.40	0.12	0.284	20.07	20.93
$\sum$	351.47	7.03	2.09	4.94	348.62	376.03
差值		差值率(%)		风险判断		
27.41		7.29		风险等级二,可接受		

表 8-52 探孔长度(标段 5)

5—5′探孔数据标段 5						
X 轴坐标	Y 轴深度坐标	误差 Δy_3	变更正值概率	变更负值概率	分级维数 D	变更长度比例 $k(D-1)$
99.33	20.50	−5.42	0.000	1.000	1.02	0.02
129.42	15.90	−1.25				
插值数据						
X 轴坐标	Y 轴深度坐标	变更长度	变更正值	变更负值	变更后长度	实际探孔长
99.60	20.46	0.41	0.00	0.41	20.05	24.82
100.80	20.28	0.41	0.00	0.41	19.87	23.62
102.00	20.09	0.40	0.00	0.40	19.69	22.20
103.20	19.91	0.40	0.00	0.40	19.51	22.12
104.40	19.72	0.39	0.00	0.39	19.33	24.22

续 表

X 轴坐标	Y 轴深度坐标	变更长度	变更正值	变更负值	变更后长度	实际探孔长
105.60	19.54	0.39	0.00	0.39	19.15	22.08
106.80	19.36	0.39	0.00	0.39	18.97	20.95
108.00	19.17	0.38	0.00	0.38	18.79	14.67
109.20	18.99	0.38	0.00	0.38	18.61	20.65
110.40	18.81	0.38	0.00	0.38	18.43	21.35
111.60	18.62	0.37	0.00	0.37	18.25	22.54
112.80	18.44	0.37	0.00	0.37	18.07	18.48
114.00	18.26	0.37	0.00	0.37	17.89	19.04
115.20	18.07	0.36	0.00	0.36	17.71	21.06
116.40	17.89	0.36	0.00	0.36	17.53	21.64
117.60	17.71	0.35	0.00	0.35	17.35	16.76
118.80	17.52	0.35	0.00	0.35	17.17	21.46
120.00	17.34	0.35	0.00	0.35	16.99	18.94
121.20	17.16	0.34	0.00	0.34	16.81	18.12
122.40	16.97	0.34	0.00	0.34	16.63	15.93
123.60	16.79	0.34	0.00	0.34	16.45	20.00
124.80	16.61	0.33	0.00	0.33	16.27	19.30
126.00	16.42	0.33	0.00	0.33	16.09	18.01
127.20	16.24	0.32	0.00	0.32	15.91	20.00
128.40	16.06	0.32	0.00	0.32	15.73	16.28
$\sum$	456.43	9.13	0.00	9.13	447.30	504.25
差值		差值率(%)		风险判断		
56.95		11.29		风险等级三,不可接受		

表 8-53　探孔长度(标段 6)

5—5′探孔数据标段 6

X 轴坐标	Y 轴深度坐标	误差 Δy_3	变更正值概率	变更负值概率	分级维数 D	变更长度比例 $k(D-1)$
129.42	15.90	−1.25	0.798	0.202	1.02	0.02
159.43	9.30	4.97				

插值数据

X 轴坐标	Y 轴深度坐标	变更长度	变更正值	变更负值	变更后长度	实际探孔长
129.60	15.86	0.32	0.25	0.06	16.05	18.58
130.80	15.60	0.31	0.25	0.06	15.78	19.95

续 表

X 轴坐标	Y 轴深度坐标	变更长度	变更正值	变更负值	变更后长度	实际探孔长
132.00	15.33	0.31	0.24	0.06	15.52	16.74
133.20	15.07	0.30	0.24	0.06	15.25	19.37
134.40	14.80	0.30	0.24	0.06	14.98	14.97
135.60	14.54	0.29	0.23	0.06	14.71	17.77
136.80	14.28	0.29	0.23	0.06	14.45	14.83
138.00	14.01	0.28	0.22	0.06	14.18	13.21
139.20	13.75	0.27	0.22	0.06	13.91	17.25
140.40	13.49	0.27	0.22	0.05	13.65	16.32
141.60	13.22	0.26	0.21	0.05	13.38	16.71
142.80	12.96	0.26	0.21	0.05	13.11	16.99
144.00	12.69	0.25	0.20	0.05	12.84	10.73
145.20	12.43	0.25	0.20	0.05	12.58	14.40
146.40	12.17	0.24	0.19	0.05	12.31	15.37
147.60	11.90	0.24	0.19	0.05	12.04	13.21
148.80	11.64	0.23	0.19	0.05	11.78	14.27
150.00	11.37	0.23	0.18	0.05	11.51	12.58
151.20	11.11	0.22	0.18	0.04	11.24	12.23
152.40	10.85	0.22	0.17	0.04	10.98	12.23
153.60	10.58	0.21	0.17	0.04	10.71	12.82
154.80	10.32	0.21	0.16	0.04	10.44	13.14
156.00	10.05	0.20	0.16	0.04	10.17	11.36
157.20	9.79	0.20	0.16	0.04	9.91	11.88
158.40	9.53	0.19	0.15	0.04	9.64	10.00
$\sum$	317.34	6.35	5.07	1.28	321.12	366.87
差值		差值率(%)		风险判断		
45.75		12.47		风险等级三,不可接受		

表 8-54 探孔长度(标段 7)

5—5′探孔数据标段 7						
X 轴坐标	Y 轴深度坐标	误差 Δy_3	变更正值概率	变更负值概率	分级维数 D	变更长度比例 $k(D-1)$
159.43	9.30	4.97	1.000	0.000	1.02	0.02
190.05	7.60	6.32				

续 表

插值数据						
X 轴坐标	Y 轴深度坐标	变更长度	变更正值	变更负值	变更后长度	实际探孔长
159.60	9.29	0.19	0.19	0.00	9.48	10.33
160.80	9.22	0.18	0.18	0.00	9.41	9.69
162.00	9.16	0.18	0.18	0.00	9.34	10.66
163.20	9.09	0.18	0.18	0.00	9.27	11.11
164.40	9.02	0.18	0.18	0.00	9.20	9.30
165.60	8.96	0.18	0.18	0.00	9.14	10.66
166.80	8.89	0.18	0.18	0.00	9.07	11.63
168.00	8.82	0.18	0.18	0.00	9.00	9.53
169.20	8.76	0.18	0.18	0.00	8.93	8.59
170.40	8.69	0.17	0.17	0.00	8.86	10.25
171.60	8.62	0.17	0.17	0.00	8.80	11.36
172.80	8.56	0.17	0.17	0.00	8.73	8.95
174.00	8.49	0.17	0.17	0.00	8.66	11.07
175.20	8.42	0.17	0.17	0.00	8.59	10.24
176.40	8.36	0.17	0.17	0.00	8.52	10.28
177.60	8.29	0.17	0.17	0.00	8.46	7.04
178.80	8.22	0.16	0.16	0.00	8.39	9.01
180.00	8.16	0.16	0.16	0.00	8.32	10.58
181.20	8.09	0.16	0.16	0.00	8.25	9.68
182.40	8.02	0.16	0.16	0.00	8.19	8.14
183.60	7.96	0.16	0.16	0.00	8.12	9.38
184.80	7.89	0.16	0.16	0.00	8.05	8.33
186.00	7.82	0.16	0.16	0.00	7.98	8.57
187.20	7.76	0.16	0.16	0.00	7.91	8.61
188.40	7.69	0.15	0.15	0.00	7.85	9.50
189.60	7.62	0.15	0.15	0.00	7.78	9.56
$\sum$	219.90	4.40	4.40	0.00	224.30	252.05
差值		差值率(%)		风险判断		
27.75		11.01		风险等级三,不可接受		

表 8-55 探孔长度(标段 8)

5—5′探孔数据标段 8

X 轴坐标	Y 轴深度坐标	误差 Δy_3	变更正值概率	变更负值概率	分级维数 D	变更长度比例 k(D−1)
190.05	7.60	6.32	1.000	0.000	1.02	0.02
219.53	10.30	3.29				

插值数据

X 轴坐标	Y 轴深度坐标	变更长度	变更正值	变更负值	变更后长度	实际探孔长
190.80	7.67	0.15	0.15	0.00	7.82	10.09
192.00	7.78	0.16	0.16	0.00	7.93	9.00
193.20	7.89	0.16	0.16	0.00	8.05	7.70
194.40	8.00	0.16	0.16	0.00	8.16	8.82
195.60	8.11	0.16	0.16	0.00	8.27	9.53
196.80	8.22	0.16	0.16	0.00	8.38	9.73
198.00	8.33	0.17	0.17	0.00	8.49	8.14
199.20	8.44	0.17	0.17	0.00	8.61	9.63
200.40	8.55	0.17	0.17	0.00	8.72	10.68
201.60	8.66	0.17	0.17	0.00	8.83	9.04
202.80	8.77	0.18	0.18	0.00	8.94	11.08
204.00	8.88	0.18	0.18	0.00	9.06	11.07
205.20	8.99	0.18	0.18	0.00	9.17	7.59
206.40	9.10	0.18	0.18	0.00	9.28	11.38
207.60	9.21	0.18	0.18	0.00	9.39	10.86
208.80	9.32	0.19	0.19	0.00	9.50	12.00
210.00	9.43	0.19	0.19	0.00	9.62	9.04
211.20	9.54	0.19	0.19	0.00	9.73	11.55
212.40	9.65	0.19	0.19	0.00	9.84	11.75
213.60	9.76	0.20	0.20	0.00	9.95	7.08
214.80	9.87	0.20	0.20	0.00	10.06	12.59
216.00	9.98	0.20	0.20	0.00	10.18	10.55
217.20	10.09	0.20	0.20	0.00	10.29	8.27
218.40	10.20	0.20	0.20	0.00	10.40	12.49
$\sum$	214.38	4.29	4.29	0.00	218.67	239.62

差值	差值率(%)	风险判断
20.95	8.74	风险等级二，可接受

表 8-56 探孔长度(标段 9)

5—5′探孔数据标段 9

X 轴坐标	Y 轴深度坐标	误差 Δy_3	变更正值概率	变更负值概率	分级维数 D	变更长度比例 $k(D-1)$
219.53	10.30	3.29	0.187	0.813	1.02	0.02
249.54	27.50	−14.25				

插值数据

X 轴坐标	Y 轴深度坐标	变更长度	变更正值	变更负值	变更后长度	实际探孔长
219.60	10.34	0.21	0.04	0.17	10.21	9.28
220.80	11.03	0.22	0.04	0.18	10.89	12.76
222.00	11.72	0.23	0.04	0.19	11.57	13.93
223.20	12.40	0.25	0.05	0.20	12.25	8.97
224.40	13.09	0.26	0.05	0.21	12.93	16.36
225.60	13.78	0.28	0.05	0.22	13.61	15.39
226.80	14.47	0.29	0.05	0.24	14.29	16.62
228.00	15.15	0.30	0.06	0.25	14.97	16.90
229.20	15.84	0.32	0.06	0.26	15.64	15.42
230.40	16.53	0.33	0.06	0.27	16.32	20.99
231.60	17.22	0.34	0.06	0.28	17.00	18.73
232.80	17.91	0.36	0.07	0.29	17.68	22.80
234.00	18.59	0.37	0.07	0.30	18.36	23.53
235.20	19.28	0.39	0.07	0.31	19.04	15.99
236.40	19.97	0.40	0.07	0.32	19.72	24.61
237.60	20.66	0.41	0.08	0.34	20.40	23.15
238.80	21.34	0.43	0.08	0.35	21.08	23.66
240.00	22.03	0.44	0.08	0.36	21.76	24.64
241.20	22.72	0.45	0.09	0.37	22.44	23.32
242.40	23.41	0.47	0.09	0.38	23.12	23.47
243.60	24.10	0.48	0.09	0.39	23.79	28.03
244.80	24.78	0.50	0.09	0.40	24.47	29.69
246.00	25.47	0.51	0.10	0.41	25.15	28.76
247.20	26.16	0.52	0.10	0.43	25.83	33.49
248.40	26.85	0.54	0.10	0.44	26.51	30.84
$\sum$	464.83	9.30	1.74	7.55	459.02	521.33

差值	差值率(%)	风险判断
62.31	11.95	风险等级三,不可接受

表 8－57 探孔长度(标段 10)

5—5′探孔数据标段 10						
X 轴坐标	Y 轴深度坐标	误差 Δy_3	变更正值概率	变更负值概率	分级维数 D	变更长度比例 k(D—1)
249.54	27.50	—14.25	0.019	0.981	1.02	0.02
313.80	12.10	0.28				

插值数据

X 轴坐标	Y 轴深度坐标	变更长度	变更正值	变更负值	变更后长度	实际探孔长
249.60	27.49	0.55	0.010	0.54	26.96	32.31
250.80	27.20	0.54	0.010	0.53	26.67	31.04
252.00	26.91	0.54	0.010	0.53	26.39	29.69
253.20	26.62	0.53	0.010	0.52	26.11	30.81
254.40	26.34	0.53	0.010	0.52	25.83	31.19
255.60	26.05	0.52	0.010	0.51	25.55	26.80
256.80	25.76	0.52	0.010	0.51	25.26	26.23
258.00	25.47	0.51	0.010	0.50	24.98	23.26
259.20	25.18	0.50	0.010	0.49	24.70	28.27
260.40	24.90	0.50	0.009	0.49	24.42	29.38
261.60	24.61	0.49	0.009	0.48	24.14	26.52
262.80	24.32	0.49	0.009	0.48	23.85	27.55
264.00	24.03	0.48	0.009	0.47	23.57	29.34
265.20	23.75	0.47	0.009	0.47	23.29	21.84
266.40	23.46	0.47	0.009	0.46	23.01	25.84
267.60	23.17	0.46	0.009	0.45	22.73	27.03
268.80	22.88	0.46	0.009	0.45	22.44	25.19
270.00	22.60	0.45	0.009	0.44	22.16	26.28
271.20	22.31	0.45	0.008	0.44	21.88	22.62
272.40	22.02	0.44	0.008	0.43	21.60	25.81
273.60	21.73	0.43	0.008	0.43	21.32	20.63
274.80	21.45	0.43	0.008	0.42	21.03	24.91
276.00	21.16	0.42	0.008	0.42	20.75	22.72
277.20	20.87	0.42	0.008	0.41	20.47	26.50
278.40	20.58	0.41	0.008	0.40	20.19	21.61
279.60	20.30	0.41	0.008	0.40	19.91	25.18
280.80	20.01	0.40	0.008	0.39	19.62	24.64
282.00	19.72	0.39	0.007	0.39	19.34	23.36

续　表

X轴坐标	Y轴深度坐标	变更长度	变更正值	变更负值	变更后长度	实际探孔长
283.20	19.43	0.39	0.007	0.38	19.06	19.57
284.40	19.15	0.38	0.007	0.38	18.78	23.88
285.60	18.86	0.38	0.007	0.37	18.50	18.50
286.80	18.57	0.37	0.007	0.36	18.21	14.38
288.00	18.28	0.37	0.007	0.36	17.93	20.00
289.20	18.00	0.36	0.007	0.35	17.65	20.87
290.40	17.71	0.35	0.007	0.35	17.37	22.10
291.60	17.42	0.35	0.007	0.34	17.09	18.52
292.80	17.13	0.34	0.006	0.34	16.80	20.06
294.00	16.85	0.34	0.006	0.33	16.52	20.06
295.20	16.56	0.33	0.006	0.32	16.24	14.54
296.40	16.27	0.33	0.006	0.32	15.96	18.17
297.60	15.98	0.32	0.006	0.31	15.67	17.18
298.80	15.69	0.31	0.006	0.31	15.39	17.20
300.00	15.41	0.31	0.006	0.30	15.11	15.79
301.20	15.12	0.30	0.006	0.30	14.83	17.11
302.40	14.83	0.30	0.006	0.29	14.55	14.77
303.60	14.54	0.29	0.006	0.29	14.26	17.65
304.80	14.26	0.29	0.005	0.28	13.98	13.99
306.00	13.97	0.28	0.005	0.27	13.70	14.07
307.20	13.68	0.27	0.005	0.27	13.42	16.42
308.40	13.39	0.27	0.005	0.26	13.14	16.79
309.60	13.11	0.26	0.005	0.26	12.85	16.38
310.80	12.82	0.26	0.005	0.25	12.57	16.28
312.00	12.53	0.25	0.005	0.25	12.29	14.10
313.20	12.24	0.24	0.005	0.24	12.01	14.71
$\sum$	1 072.69	21.45	0.41	21.05	1052.05	1 189.64
差值		差值率(%)		风险判断		
137.58		11.57		风险等级三,不可接受		

表 8-58　探孔长度(标段 11)

5—5′探孔数据标段 11						
X轴坐标	Y轴深度坐标	误差 Δy_3	变更正值概率	变更负值概率	分级维数 D	变更长度比例 $k(D-1)$
313.80	12.10	0.28	1.000	0.000	1.02	0.02
340.07	10.10	1.83				

续 表

插值数据						
X 轴坐标	Y 轴深度坐标	变更长度	变更正值	变更负值	变更后长度	实际探孔长
314.40	12.05	0.24	0.24	0.00	12.30	12.14
315.60	11.96	0.24	0.24	0.00	12.20	15.35
316.80	11.87	0.24	0.24	0.00	12.11	14.34
318.00	11.78	0.24	0.24	0.00	12.02	13.73
319.20	11.69	0.23	0.23	0.00	11.92	11.62
320.40	11.60	0.23	0.23	0.00	11.83	12.70
321.60	11.51	0.23	0.23	0.00	11.74	12.40
322.80	11.41	0.23	0.23	0.00	11.64	15.05
324.00	11.32	0.23	0.23	0.00	11.55	14.94
325.20	11.23	0.22	0.22	0.00	11.46	9.93
326.40	11.14	0.22	0.22	0.00	11.36	14.09
327.60	11.05	0.22	0.22	0.00	11.27	11.34
328.80	10.96	0.22	0.22	0.00	11.18	12.62
330.00	10.87	0.22	0.22	0.00	11.08	10.28
331.20	10.78	0.22	0.22	0.00	10.99	11.41
332.40	10.68	0.21	0.21	0.00	10.90	13.42
333.60	10.59	0.21	0.21	0.00	10.80	13.67
334.80	10.50	0.21	0.21	0.00	10.71	10.16
336.00	10.41	0.21	0.21	0.00	10.62	12.02
337.20	10.32	0.21	0.21	0.00	10.52	11.31
338.40	10.23	0.20	0.20	0.00	10.43	11.09
339.60	10.14	0.20	0.20	0.00	10.34	13.29
$\sum$	244.09	4.88	4.88	0.00	248.97	276.89
差值		差值率(%)		风险判断		
27.91		10.08		风险等级三,不可接受		

表 8-59 探孔长度(标段 12)

5—5′探孔数据标段 12						
X 轴坐标	Y 轴深度坐标	误差 Δy_3	变更正值概率	变更负值概率	分级维数 D	变更长度比例 $k(D-1)$
340.07	10.10	1.83	1.000	0.000	1.02	0.02
369.24	8.90	2.44				

续 表

插值数据						
X 轴坐标	Y 轴深度坐标	变更长度	变更正值	变更负值	变更后长度	实际探孔长
340.80	10.07	0.20	0.20	0.00	10.27	12.53
342.00	10.02	0.20	0.20	0.00	10.22	12.10
343.20	9.97	0.20	0.20	0.00	10.17	12.84
344.40	9.92	0.20	0.20	0.00	10.12	10.54
345.60	9.87	0.20	0.20	0.00	10.07	10.86
346.80	9.82	0.20	0.20	0.00	10.02	10.00
348.00	9.77	0.20	0.20	0.00	9.97	11.28
349.20	9.72	0.19	0.19	0.00	9.92	12.13
350.40	9.68	0.19	0.19	0.00	9.87	12.16
351.60	9.63	0.19	0.19	0.00	9.82	12.74
352.80	9.58	0.19	0.19	0.00	9.77	10.51
354.00	9.53	0.19	0.19	0.00	9.72	8.15
355.20	9.48	0.19	0.19	0.00	9.67	10.06
356.40	9.43	0.19	0.19	0.00	9.62	10.62
357.60	9.38	0.19	0.19	0.00	9.57	11.72
358.80	9.33	0.19	0.19	0.00	9.52	8.87
360.00	9.28	0.19	0.19	0.00	9.47	9.68
361.20	9.23	0.18	0.18	0.00	9.42	10.13
362.40	9.18	0.18	0.18	0.00	9.37	7.18
363.60	9.13	0.18	0.18	0.00	9.31	11.30
364.80	9.08	0.18	0.18	0.00	9.26	8.22
366.00	9.03	0.18	0.18	0.00	9.21	9.66
367.20	8.98	0.18	0.18	0.00	9.16	11.59
368.40	8.93	0.18	0.18	0.00	9.11	9.66
$\sum$	228.05	4.56	4.56	0.00	232.62	254.52
差值		差值率(%)		风险判断		
21.90		8.61		风险等级二,可接受		

表 8-60 探孔长度(标段 13)

5—5′探孔数据标段 13						
X 轴坐标	Y 轴深度坐标	误差 Δy_3	变更正值概率	变更负值概率	分级维数 D	变更长度比例 $k(D-1)$
369.24	8.90	2.44	1.000	0.000	1.02	0.02
426.56	9.50	0.35				

续 表

插值数据						
X 轴坐标	Y 轴深度坐标	变更长度	变更正值	变更负值	变更后长度	实际探孔长
369.60	8.90	0.18	0.18	0.00	9.08	11.23
370.80	8.92	0.18	0.18	0.00	9.09	10.04
372.00	8.93	0.18	0.18	0.00	9.11	11.83
373.20	8.94	0.18	0.18	0.00	9.12	9.97
374.40	8.95	0.18	0.18	0.00	9.13	8.40
375.60	8.97	0.18	0.18	0.00	9.15	11.10
376.80	8.98	0.18	0.18	0.00	9.16	11.12
378.00	8.99	0.18	0.18	0.00	9.17	9.85
379.20	9.00	0.18	0.18	0.00	9.18	10.51
380.40	9.02	0.18	0.18	0.00	9.20	11.12
381.60	9.03	0.18	0.18	0.00	9.21	10.04
382.80	9.04	0.18	0.18	0.00	9.22	11.35
384.00	9.05	0.18	0.18	0.00	9.24	11.43
385.20	9.07	0.18	0.18	0.00	9.25	10.88
386.40	9.08	0.18	0.18	0.00	9.26	9.72
387.60	9.09	0.18	0.18	0.00	9.27	8.06
388.80	9.10	0.18	0.18	0.00	9.29	10.48
390.00	9.12	0.18	0.18	0.00	9.30	10.79
391.20	9.13	0.18	0.18	0.00	9.31	9.62
392.40	9.14	0.18	0.18	0.00	9.33	9.49
393.60	9.15	0.18	0.18	0.00	9.34	11.36
394.80	9.17	0.18	0.18	0.00	9.35	11.27
396.00	9.18	0.18	0.18	0.00	9.36	9.97
397.20	9.19	0.18	0.18	0.00	9.38	9.21
398.40	9.21	0.18	0.18	0.00	9.39	10.87
399.60	9.22	0.18	0.18	0.00	9.40	12.01
400.80	9.23	0.18	0.18	0.00	9.41	10.97
402.00	9.24	0.18	0.18	0.00	9.43	9.59
403.20	9.26	0.19	0.19	0.00	9.44	8.93
404.40	9.27	0.19	0.19	0.00	9.45	9.89
405.60	9.28	0.19	0.19	0.00	9.47	11.39
406.80	9.29	0.19	0.19	0.00	9.48	10.71
408.00	9.31	0.19	0.19	0.00	9.49	9.87

续 表

X 轴坐标	Y 轴深度坐标	变更长度	变更正值	变更负值	变更后长度	实际探孔长
409.20	9.32	0.19	0.19	0.00	9.50	11.79
410.40	9.33	0.19	0.19	0.00	9.52	10.88
411.60	9.34	0.19	0.19	0.00	9.53	11.10
412.80	9.36	0.19	0.19	0.00	9.54	11.50
414.00	9.37	0.19	0.19	0.00	9.56	8.28
415.20	9.38	0.19	0.19	0.00	9.57	9.89
416.40	9.39	0.19	0.19	0.00	9.58	10.47
417.60	9.41	0.19	0.19	0.00	9.59	11.82
418.80	9.42	0.19	0.19	0.00	9.61	7.70
420.00	9.43	0.19	0.19	0.00	9.62	10.88
421.20	9.44	0.19	0.19	0.00	9.63	10.16
422.40	9.46	0.19	0.19	0.00	9.65	10.48
423.60	9.47	0.19	0.19	0.00	9.66	11.46
424.80	9.48	0.19	0.19	0.00	9.67	10.76
426.00	9.49	0.19	0.19	0.00	9.68	11.91
$\sum$	441.55	8.83	8.83	0.00	450.38	502.17
差值		差值率(%)		风险判断		
51.79		10.31		风险等级三,不可接受		

表 8-61 探孔长度(标段 14)

5—5′探孔数据标段 14						
X 轴坐标	Y 轴深度坐标	误差 Δy_3	变更正值概率	变更负值概率	分级维数 D	变更长度比例 $k(D-1)$
426.56	9.50	0.35	0.307	0.693	1.02	0.02
501.58	7.80	−0.80				
插值数据						
X 轴坐标	Y 轴深度坐标	变更长度	变更正值	变更负值	变更后长度	实际探孔长
427.20	9.49	0.19	0.058	0.13	9.41	10.81
428.40	9.46	0.19	0.058	0.13	9.39	11.05
429.60	9.43	0.19	0.058	0.13	9.36	9.63
430.80	9.40	0.19	0.058	0.13	9.33	10.38
432.00	9.38	0.19	0.058	0.13	9.30	10.12
433.20	9.35	0.19	0.057	0.13	9.28	9.68
434.40	9.32	0.19	0.057	0.13	9.25	9.50

续 表

X 轴坐标	Y 轴深度坐标	变更长度	变更正值	变更负值	变更后长度	实际探孔长
435.60	9.30	0.19	0.057	0.13	9.22	10.56
436.80	9.27	0.19	0.057	0.13	9.20	10.98
438.00	9.24	0.18	0.057	0.13	9.17	11.02
439.20	9.21	0.18	0.057	0.13	9.14	11.26
440.40	9.19	0.18	0.056	0.13	9.12	10.37
441.60	9.16	0.18	0.056	0.13	9.09	10.51
442.80	9.13	0.18	0.056	0.13	9.06	11.62
444.00	9.10	0.18	0.056	0.13	9.03	10.69
445.20	9.08	0.18	0.056	0.13	9.01	11.34
446.40	9.05	0.18	0.056	0.13	8.98	10.19
447.60	9.02	0.18	0.055	0.12	8.95	11.17
448.80	9.00	0.18	0.055	0.12	8.93	9.75
450.00	8.97	0.18	0.055	0.12	8.90	9.04
451.20	8.94	0.18	0.055	0.12	8.87	9.24
452.40	8.91	0.18	0.055	0.12	8.85	10.32
453.60	8.89	0.18	0.055	0.12	8.82	9.32
454.80	8.86	0.18	0.054	0.12	8.79	9.22
456.00	8.83	0.18	0.054	0.12	8.76	9.15
457.20	8.81	0.18	0.054	0.12	8.74	10.44
458.40	8.78	0.18	0.054	0.12	8.71	11.02
459.60	8.75	0.18	0.054	0.12	8.68	9.41
460.80	8.72	0.17	0.054	0.12	8.66	9.41
462.00	8.70	0.17	0.053	0.12	8.63	8.97
463.20	8.67	0.17	0.053	0.12	8.60	9.30
464.40	8.64	0.17	0.053	0.12	8.58	9.61
465.60	8.62	0.17	0.053	0.12	8.55	10.49
466.80	8.59	0.17	0.053	0.12	8.52	9.88
468.00	8.56	0.17	0.053	0.12	8.50	9.51
469.20	8.53	0.17	0.052	0.12	8.47	9.64
470.40	8.51	0.17	0.052	0.12	8.44	8.47
471.60	8.48	0.17	0.052	0.12	8.41	10.90
472.80	8.45	0.17	0.052	0.12	8.39	10.14
474.00	8.42	0.17	0.052	0.12	8.36	9.44
475.20	8.40	0.17	0.052	0.12	8.33	9.05

续　表

X轴坐标	Y轴深度坐标	变更长度	变更正值	变更负值	变更后长度	实际探孔长
476.40	8.37	0.17	0.051	0.12	8.31	10.73
477.60	8.34	0.17	0.051	0.12	8.28	9.14
478.80	8.32	0.17	0.051	0.12	8.25	8.60
480.00	8.29	0.17	0.051	0.11	8.23	9.64
481.20	8.26	0.17	0.051	0.11	8.20	8.39
482.40	8.23	0.16	0.051	0.11	8.17	9.05
483.60	8.21	0.16	0.050	0.11	8.14	10.13
484.80	8.18	0.16	0.050	0.11	8.12	8.59
486.00	8.15	0.16	0.050	0.11	8.09	9.17
487.20	8.13	0.16	0.050	0.11	8.06	9.39
488.40	8.10	0.16	0.050	0.11	8.04	9.30
489.60	8.07	0.16	0.050	0.11	8.01	8.62
490.80	8.04	0.16	0.049	0.11	7.98	10.08
492.00	8.02	0.16	0.049	0.11	7.96	9.86
493.20	7.99	0.16	0.049	0.11	7.93	10.20
494.40	7.96	0.16	0.049	0.11	7.90	9.56
495.60	7.94	0.16	0.049	0.11	7.87	8.15
496.80	7.91	0.16	0.049	0.11	7.85	8.99
498.00	7.88	0.16	0.048	0.11	7.82	8.67
499.20	7.85	0.16	0.048	0.11	7.79	10.10
500.40	7.83	0.16	0.048	0.11	7.77	8.42
501.60	7.80	0.16	0.048	0.11	7.74	8.60
$\sum$	544.48	10.89	3.35	7.54	540.29	615.99
差值		差值率(%)		风险判断		
75.71		12.29		风险等级三,不可接受		

表 8-62　剖面风险判断

标　段	变更后长度	实际探孔长
1	356.20	406.24
2	342.63	382.38
3	290.88	328.68
4	348.62	376.03
5	447.30	504.25
6	321.12	366.87

续 表

标　段	变更后长度	实际探孔长
7	224.30	252.05
8	218.67	239.62
9	459.02	521.33
10	1 052.05	1 189.64
11	248.97	276.89
12	232.62	254.52
13	450.38	502.17
14	540.29	613.70
$\sum$	5 533.07	6 214.36
差值	681.29	
差值率(%)	10.96	
风险判断	风险等级三，不可接受	

(3) 小结。

基于以上变更长度的计算，根据已有的风险评估准则，得出了平行于海岸线剖面和垂直于海岸线的地质剖面工作量变化的风险评估，具体结论如下。

① 由于勘察资料勘探钻孔的个数少，在计算施工工作量的过程中会存在误差。

② 根据分形理论计算基岩面形状的分形维数，然后根据计算所得的基岩面形状进行曲线拟合，根据拟合曲线所计算的基岩面埋深与实际的钻孔所得基岩面埋深之间存在误差，为了更好地描述基岩面的形状，对相邻钻孔之间进行差值计算；不同的位置处存在增加和减少两种情况，据此判断相应计算的变更正负；根据已计算较贴近的分形维数计算基岩面的复杂程度，进而可以得出相应钻孔差值计算的变更总长度；结合实际探孔的值与差值计算变更值，可以得出相应阶段的风险评估等级。

③ 为了合理统计施工工作量，需要进行动态管理，可以得到现场施工数据的及时反馈，根据反馈的数据可以进行及时调整。

④ 工作量的变化会影响工期，业主如果要按期完工，对于相应的工作量要做适当的调整，则需要加大设备投入和人力投入。

8.5.3 工期、造价风险评价

本节先根据工作量变化的计算，然后按表 8-2 评价工期、造价风险。

根据前述，以拟建场地为例，分三部分计算两个地质剖面工作量变化总量。

1) 平行于海岸线剖面 35—35′

(1) 工作量变化量计算。

① 珊瑚礁灰岩分布影响工作量变化量 M_1。

剖面 35—35′有 15 个钻孔，基于全场地珊瑚礁灰岩分布的概率统计，通过计算可得珊瑚礁灰岩分布影响的工作量变化量 M_1 为 904.92 m(表 8-63)。

② 基岩面埋深变化影响工作量变化量 M_2。

表 8-63 珊瑚礁灰岩分布影响工作量变化

概 率	数 值	难度系数	数 值	$\sum_{i=1}^{n} L_i$	工作量变化量 M_1(m)
$K11$	0.49	K_1	1	6 678.38	904.92
$K22$	0.14	K_2	1.1		
$K33$	0.3	K_3	1.3		
$K44$	0.07	K_4	1.45		

基于上文基岩面形状研究，计算差值数据的工作量变化量 M_2，详见表 8-64。

表 8-64 基岩面埋深变化影响工作量变化

标 段	修正系数 k	分形维数 D	探孔总长度(m)	长度变化量(m)
1	1.001	1.02	359.44	7.20
2			469.21	9.39
3			223.43	4.47
4			270.69	5.42
5			429.61	8.60
6			296.34	5.93
7			414.20	8.29
8			562.63	11.26
9			471.09	9.43
10			559.65	11.20
11			669.41	13.40
12			503.26	10.08
13			620.07	12.41
14			829.33	16.60
工作量变化量 M_2				133.70

由表 8-64 可知，基于基岩面的复杂程度可计算得工作量变化量 M_2 为 113.70 m。

③ 基岩面起伏程度变化影响工作量变化量 M_3。

基于基岩面起伏程度变化计算工作量变化量 M_3，详见表 8-65。

表 8-65 基岩面起伏程度变化影响工作量变化

探孔序号	Y 轴深度坐标	相邻探孔	f_i	L_i	长度变化量(m)
1	13.5	—	—	—	—
2	26.4	1—2	0.65	359.44	500.59
3	20.8	2—3	0.24	469.21	559.20
4	13.7	3—4	0.41	223.43	288.58
5	18.2	4—5	0.28	270.69	330.26
6	24.6	5—6	0.30	429.61	528.52

续 表

探孔序号	Y 轴深度坐标	相邻探孔	f_i	L_i	长度变化量(m)
7	21.2	6—7	0.15	296.34	334.65
8	27.35	7—8	0.25	414.20	497.92
9	31.9	8—9	0.15	562.63	637.54
10	35.5	9—10	0.11	471.09	516.55
11	30.2	10—11	0.16	559.65	637.40
12	40.7	11—12	0.30	669.41	822.38
13	30.9	12—13	0.27	503.26	611.42
14	42.3	13—14	0.31	620.07	767.34
15	55.00	14—15	0.26	829.33	1 001.01
$\sum$	—			6 678.38	8 033.37
工作量变化量 M_3					1 354.98

由表 8-65 可知,基于基岩面的起伏程度可计算得工作量变化量 M_3 为 1 354.98 m。

④ 总工作量变化量为

$$M = M_1 + M_2 + M_3 = 904.02 + 133.70 + 1\,354.98 = 2\,392.7\ \text{m}$$

(2) 工期、造价风险评价。

根据公式(8-15),可以计算工作量变化幅度及各种影响因素占比。

工作量变化幅度 $$b = \frac{M}{M_0} = \frac{2\,392.7}{6\,678.38} = 0.358$$

各种影响因素占比 $$b_1 = \frac{M_1}{M} \times 100\% = \frac{904.02}{2\,392.7} \times 100\% \doteq 38\%$$

$$b_2 = \frac{M_2}{M} \times 100\% = \frac{133.70}{2\,392.7} \times 100\% \doteq 5.5\%$$

$$b_3 = \frac{M_3}{M} \times 100\% = \frac{1\,354.98}{2\,392.7} \times 100\% \doteq 56.5\%$$

工作变化幅度为 0.358,结合表 8-2 地质条件对施工工期、造价影响的风险评价,可知风险等级为三级,风险较大,有条件接受,需要补充勘察。从分项比例来看,遇到珊瑚礁灰岩所增加的工作量为 38%,为第二位影响因素;钻孔所遇到基岩面埋深变化所增加的工作量为 5.5%,影响最小;因基岩面起伏所引起的工作量变化最大,比例为 56.5%。

2) 垂直于海岸线剖面 5—5′

(1) 工作量变化量计算。

① 珊瑚礁灰岩分布影响工作化变化量 M_1。

剖面 5—5′有 15 个钻孔,基于全场地珊瑚礁灰岩分布的概率统计,通过计算可得珊瑚礁灰岩分布影响的工作量变化量 M_1 为 751.37 m(表 8-66)。

② 基岩面埋深变化影响工作量变化量 M_2。

基于上文基岩面形状研究,计算差值数据的工作量变化量 M_2,详见表 8-67。

表 8-66 珊瑚礁灰岩分布影响工作量变化

概　率	数　值	难度系数	数　值	$\sum_{i=1}^{n} L_i$	工作量变化量 M_1(m)
$K11$	0.49	K_1	1	5 545.16	751.37
$K22$	0.14	K_2	1.1		
$K33$	0.3	K_3	1.3		
$K44$	0.07	K_4	1.45		

表 8-67 基岩面埋深变化影响工作量变化

标　段	修正系数 k	分形维数 D	探孔总长度(m)	长度变化量(m)
1	1.001	1.02	361.25	0.36
2			343.51	0.34
3			285.18	0.29
4			351.47	0.35
5			456.43	0.46
6			317.34	0.32
7			219.90	0.22
8			214.38	0.21
9			464.83	0.46
10			1072.69	1.07
11			244.09	0.24
12			228.05	0.23
13			441.55	0.44
14			544.48	0.54
工作量变化量 M_2				5.55

由表 8-67 可知，基于基岩面的复杂程度可计算得工作量变化量 M_2 为 5.55 m。

③ 基岩面起伏程度变化影响工作量变化量 M_3。

基于基岩面起伏程度变化计算工作量变化量 M_3，详见表 8-68。

表 8-68 基岩面起伏程度变化影响工作量变化

探孔序号	Y 轴深度坐标	相邻探孔	f_i	L_i	长度变化量(m)
1	17.02	—	—	—	—
2	17.40	1—2	0.02	361.25	369.05
3	15.30	2—3	0.13	343.51	382.61
4	13.20	3—4	0.15	285.18	321.81
5	20.50	4—5	0.43	351.47	457.71
6	15.90	5—6	0.25	456.43	548.52
7	9.30	6—7	0.52	317.34	426.42

续 表

探孔序号	Y 轴深度坐标	相邻探孔	f_i	L_i	长度变化量(m)
8	7.60	7—8	0.20	219.90	256.73
9	10.30	8—9	0.30	214.38	264.07
10	27.50	9—10	0.91	464.83	686.31
11	12.10	10—11	0.78	1072.69	1542.00
12	10.10	11—12	0.18	244.09	281.36
13	8.90	12—13	0.13	228.05	253.63
14	9.50	13—14	0.07	441.55	468.58
15	7.80	14—15	0.20	544.48	633.91
$\sum$	—			5 545.16	6 892.70
工作量变化量 M_3					1 347.54

由表 8-68 可知,基于基岩面的起伏程度可计算得工作量变化量 M_3 为 1 347.54 m。

④ 总工作量变化量为

$$M = M_1 + M_2 + M_3 = 751.37 + 5.55 + 1347.54 = 2\,104.46 \text{ m。}$$

(2) 工期、造价风险评价。

根据公式(8-15),可以计算工作量变化幅度及各种影响因素占比。

工作量变化幅度 $$b = \frac{M}{M_0} = \frac{2\,104.46}{5\,545.16} = 0.380$$

各种影响因素占比 $$b_1 = \frac{M_1}{M} \times 100\% = \frac{751.37}{2\,104.46} \times 100\% \doteq 35.8\%$$

$$b_2 = \frac{M_2}{M} \times 100\% = \frac{5.55}{2\,104.46} \times 100\% \doteq 0.3\%$$

$$b_3 = \frac{M_3}{M} \times 100\% = \frac{1\,347.54}{2\,104.46} \times 100\% \doteq 63.9\%$$

工作变化幅度为 0.380,结合表 8-2 地质条件对施工工期、造价影响的风险评价,可知风险等级为三级,风险较大,有条件接受,需要补充勘察。从分项比例来看,遇到珊瑚礁灰岩所增加的工作量为 35.8%,为第二位影响因素;钻孔所遇到基岩面埋深变化所增加的工作量仅为 0.3%,影响最小,几乎可以忽略不计;因基岩面起伏所引起的工作量变化最大,比例为 63.9%。

3) 小结

通过两个地质剖面计算,可以得出如下结论。

(1) 基岩面起伏大影响防渗止水帷幕体施工工作量,增加施工操作难度,增加施工设备、人力的投入,这是最主要影响因素;施工三轴搅拌桩遇到珊瑚礁灰岩增加工作量的比例超过 30%,是主要影响因素;因基岩面埋深变化所引起的工作量变化比较小,是次要影响因素。

(2) 根据工作量变化幅度,工期和造价风险等级为三级,有条件接受,但应补充勘察,对基岩面形状变化较大的部位和珊瑚礁灰岩分布范围较大的区域进行补充勘察,进一步查明地质条件,以确认工作量变化。

8.6　工作量变化评估与计算程序

为合理评价施工工作量变化，根据岩土工程勘察报告的钻孔资料，以及施工阶段探孔、引孔的资料整理需要，编制了程序，对工作量变化风险及工作量变化量进行评估与计算。

8.6.1　程序操作界面

基于本章的研究理论和计算方法，为了方便工程技术人员操作，以及节约大量的重复计算时间，开发了施工风险评价可视化程序，基于已有的理论基础和相应工程场地的勘察统计资料，优化了相应的计算参数，工程技术人员只需要输入相应剖面的钻孔数、相邻施工探孔间距和设计勘察阶段的钻孔间距及其对应的钻孔深度即可。整个可视化界面简单明了，而且人性化程度高，可操作性强(图 8－18)。

图 8－18　操作界面

8.6.2　操作说明

1) 操作 1

当输入剖面钻孔数为 15，下方的剖面钻孔数据表格会自动添加 15 行空白数据表格供工程技术人员填写(图 8－19)。

图 8－19　操作示例 1

2) 操作 2

输入相邻探孔间距 1.2，表示施工探孔的平均间距为 1.2 m(图 8－20)。

3) 操作 3

一般程序默认钻孔序号 1 的钻孔间距为 0，工程技术人员不能修改，属于默认值(图 8－21)。

4) 操作 4

试算一组数据，钻孔间距代表相应钻孔序号与上一个序号的钻孔间距(图 8－22)。

图 8-20　操作示例 2　　**图 8-21　操作示例 3**　　**图 8-22　操作示例 4**

5）操作 5

当所有数据都输入完成之后可以点击生成数据，可以生成相应的 Excel 计算表格，当计算完成之后会出现一个提示窗口(图 8-23)，指明计算文件的存储路径，文件名中有当时生成数据的时间，方便工程技术人员查找。

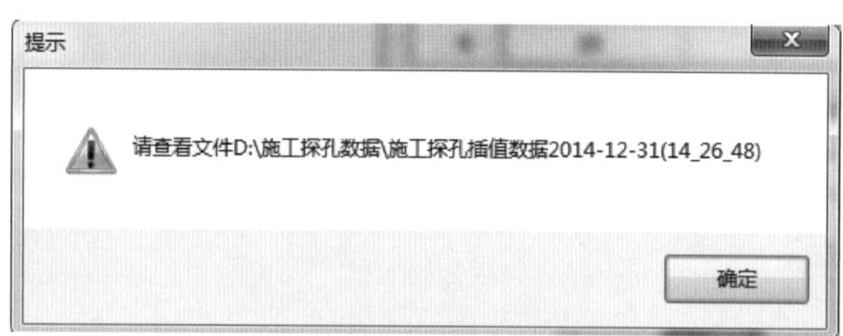

图 8-23　操作示例 5

6）操作 6

根据文件存储路径找到相应的数据打开 Excel 表(图 8-24)。实际探孔长度需要工程技术人员自己填写，在图中已经用边框标明。假设已经填了一组实际数据(图 8-25)，此时表格会自动计算出工作量变化幅度以及给出相应的风险评价。

8.6.3　注意事项

电脑需安装 Excel 软件，若程序运行出现错误提示，请按以下操作：打开 Excel—左上角 Office 按钮—Excel 选项—高级—忽略“使用动态数据交换(DDE)的其他应用程序”前的“√”去掉，保持未选中状态。

探孔序号	x水平坐标(m)	y深度坐标(m)	实际探孔长(m)
1_1	0	40	
1_2	1.2	38.2	
1_3	2.4	36.4	
1_4	3.6	34.6	
1_5	4.8	32.8	
1_6	6	31	
1_7	7.2	29.2	
1_8	8.4	27.4	
1_9	9.6	25.6	
Σ		295.2	0
2_1	0	25	
2_2	1.2	25.31	
2_3	2.4	25.62	
2_4	3.6	25.93	
2_5	4.8	26.24	
2_6	6	26.55	
2_7	7.2	26.86	
2_8	8.4	27.17	
2_9	9.6	27.48	
2_10	10.8	27.79	
2_11	12	28.1	
2_12	13.2	28.41	
2_13	14.4	28.72	
2_14	15.6	29.03	
2_15	16.8	29.34	
2_16	18	29.65	
2_17	19.2	29.96	
2_18	20.4	30.27	
Σ		497.43	0
3_1	0	30.4	
3_2	1.2	30.58	
3_3	2.4	30.76	
3_4	3.6	30.94	
3_5	4.8	31.12	
3_6	6	31.3	
3_7	7.2	31.48	
3_8	8.4	31.66	
3_9	9.6	31.84	
3_10	10.8	32.02	
3_11	12	32.2	

差值探孔总长(m)	实际探孔总长(m)	分形维数D	工作变化量M1	工作变化量M2	工作变化量M3	工作变化量幅度b
11711.44	0	1.114	1440.507	1335.104	2793.193	需填写实际探孔长

图 8－24　操作示例 6

探孔序号	x水平坐标(m)	y深度坐标(m)	实际探孔长(m)
1_1	0	40	
1_2	1.2	38.2	40
1_3	2.4	36.4	42
1_4	3.6	34.6	40
1_5	4.8	32.8	28
1_6	6	31	35
1_7	7.2	29.2	30
1_8	8.4	27.4	40
1_9	9.6	25.6	26
合值		295.2	281
2_1	0	25	30
2_2	1.2	25.31	28
2_3	2.4	25.62	26
2_4	3.6	25.93	27
2_5	4.8	26.24	28
2_6	6	26.55	30
2_7	7.2	26.86	40
2_8	8.4	27.17	35
2_9	9.6	27.48	25
2_10	10.8	27.79	30
2_11	12	28.1	30
2_12	13.2	28.41	31
2_13	14.4	28.72	32
2_14	15.6	29.03	33
2_15	16.8	29.34	28
2_16	18	29.65	27
2_17	19.2	29.96	32
2_18	20.4	30.27	35
合值		497.43	547
3_1	0	30.4	40
3_2	1.2	30.58	36
3_3	2.4	30.76	28
3_4	3.6	30.94	29
3_5	4.8	31.12	32
3_6	6	31.3	35
3_7	7.2	31.48	29
3_8	8.4	31.66	32
3_9	9.6	31.84	33
3_10	10.8	32.02	34
3_11	12	32.2	26

差值探孔总长(m)	实际探孔总长(m)	分形维数D	工作变化量M1	工作变化量M2	工作变化量M3	工作变化量幅度b
11711.44	11710	1.114	1440.507	1335.104	2793.193	0.47556

风险等级三，风险较大，有条件接受，补充勘察、局部重新计量

图 8－25　操作示例 6 的计算结果

8.6.4 计算分析程序源代码示例

```
Public Class Form1

    Private Sub Form1_Load(ByVal sender As System.Object, ByVal e As System.EventArgs)
Handles MyBase.Load
        txtHoleNum_TextChanged(sender, e)
End Sub

    Dim n As Integer
    Dim num_x(500) As Double
    Dim num_y(500) As Double
    Dim k(500) As Double
    Dim dis As Double
    Dim m(1000) As Integer
    Dim data_x(500, 500) As Double
    Dim data_y(500, 500) As Double
    Dim DD As Double
    Dim k_1 As Double
    Dim k_2 As Double
    Dim k_3 As Double
    Dim f(500) As Double
    Dim L(500) As String

    Private Sub Button1_Click(ByVal sender As System.Object, ByVal e As System.EventArgs)
Handles Button1.Click
        dis = Val(txtHoleDis.Text)
        DefineArray()
        BuiltHoleData()
        BuildExcelData()
    End Sub

    Private Sub DefineArray()
        Dim a = dgvHoleData.RowCount

        For i = 1 To n
            num_x(i) = dgvHoleData.Item(0, i - 1).Value
        Next

        For i = 1 To n
            num_y(i) = dgvHoleData.Item(1, i - 1).Value
        Next
```

```
    For i = 2 To n
        k(i) = (num_y(i) - num_y(i - 1)) / num_x(i)
    Next

    For i = 2 To n
        m(i) = Fix(num_x(i) / dis) + 1
    Next

End Sub

Private Sub BuiltHoleData()
        For i = 1 To n
        data_x(1, i) = 0
        data_y(1, i) = num_y(i - 1)
    Next

    For i = 2 To n
        For j = 2 To m(i) + 1
            data_x(j, i) = dis * (j - 1)
            data_y(j, i) = data_y(j - 1, i) + Int(k(i) * dis * 100) / 100
        Next
    Next

End Sub

Private Sub BuildExcelData()
    Dim xlApp As Microsoft.Office.Interop.Excel.Application
    Dim xlBook As Microsoft.Office.Interop.Excel.Workbooks
    Dim xlSheet1 As Microsoft.Office.Interop.Excel.Worksheet
    xlApp = CreateObject("Excel.Application")
    xlApp.Workbooks.Add()
    xlBook = xlApp.Workbooks
    '该表格外部可见,使用 True
    xlApp.Visible = True
    xlSheet1 = xlApp.Worksheets(1)
    xlSheet1.Cells.HorizontalAlignment = 3
    xlSheet1.Cells.VerticalAlignment = 2
    xlSheet1.Name = "施工风险评估"
    xlSheet1.Cells(1, 1) = "探孔序号"
    xlSheet1.Cells(1, 1).WrapText = True
    xlSheet1.Cells(1, 2) = "x 水平坐标(m)"
    xlSheet1.Cells(1, 2).WrapText = True
```

```
        xlSheet1.Cells(1, 3) = "y深度坐标(m)"
        xlSheet1.Cells(1, 3).WrapText = True
        xlSheet1.Cells(1, 4) = "实际探孔长(m)"
        xlSheet1.Cells(1, 4).WrapText = True
        xlSheet1.Cells(1, 6) = "差值探孔总长(m)"
        xlSheet1.Cells(1, 6).WrapText = True
        xlSheet1.Cells(1, 7) = "实际探孔总长(m)"
        xlSheet1.Cells(1, 7).WrapText = True
        xlSheet1.Cells(1, 8) = "分形维数D"
        xlSheet1.Cells(1, 8).WrapText = True
        xlSheet1.Cells(1, 9) = "工作变化量M1"
        xlSheet1.Cells(1, 9).WrapText = True
        xlSheet1.Cells(1, 10) = "工作变化量M2"
        xlSheet1.Cells(1, 10).WrapText = True
        xlSheet1.Cells(1, 11) = "工作变化量M3"
        xlSheet1.Cells(1, 11).WrapText = True
        xlSheet1.Cells(1, 12) = "工作变化量幅度b"
        xlSheet1.Cells(1, 12).WrapText = True

        Dim a1 = 0
        Dim b = 0
        Dim c As String = ""
        Dim d As String = ""

        For i = 2 To n
            a1 = a1 + m(i - 1)
            For j = 1 To m(i)
                xlSheet1.Cells(j + 1 + (i - 2) * 1 + a1, 1) = (i - 1).ToString & "_" &
j.ToString xlSheet1.Cells(j + 1 + (i - 2) * 1 + a1, 2) = data_x(j, i)
                xlSheet1.Cells(j + 1 + (i - 2) * 1 + a1, 3) = data_y(j, i)
            Next

            b = b + m(i - 1) + 1

            xlSheet1.Cells(m(i) + (i - 2) * 1 + 2 + a1, 1) = "∑"
            xlSheet1.Cells(m(i) + (i - 2) * 1 + 2 + a1, 3) = " = sum(C" & (b + 1).
ToString & ":C" & (b + m(i)).ToString & ")"
            xlSheet1.Cells(m(i) + (i - 2) * 1 + 2 + a1, 4) = " = sum(D" & (b + 1).
ToString & ":D" & (b + m(i)).ToString & ")"
            With xlApp.ActiveSheet.Range("D" & (b + 1).ToString & ":D" & (b + m(i)).
ToString).Borders
                .LineStyle = 1
```

```
                .ColorIndex = 0
                .TintAndShade = 0
                .Weight = 2
        End With


        xlSheet1.Cells(m(i) + (i - 2) * 1 + 2 + a1, 3).Interior.Color = 255
        xlSheet1.Cells(m(i) + (i - 2) * 1 + 2 + a1, 4).Interior.Color = 255
        c = c & "C" & (m(i) + (i - 2) * 1 + 2 + a1).ToString & ","
        d = "D" & (m(i) + (i - 2) * 1 + 2 + a1).ToString & "," & d
    Next

    xlSheet1.Cells(2, 6) = "=sum(" & c & ")"
    xlSheet1.Cells(2, 7) = "=sum(" & d & ")"

    CalculateD()
    xlSheet1.Cells(2, 8) = DD
    CalculateM1()
    xlSheet1.Cells(2, 9) = "=" & (k_1 - 1).ToString & "*F2"
    k_2 = 1 * (DD - 1)
    xlSheet1.Cells(2, 10) = "=" & k_2.ToString & "*F2"
    CalculateM3()

    Dim LL As String = ""
    For i = 2 To n
        L(i) = Split(c, ",")(i - 2)
        LL = LL & L(i) & "*" & f(i).ToString & "+"
    Next
    LL = Microsoft.VisualBasic.Left(LL, Len(LL) - 1)
    xlSheet1.Cells(2, 11) = "=" & LL

    '=================================================================
    xlSheet1.Cells(2, 12) = "=IF(G2<>0,sum(I2:K2)/G2," & Chr(34) & "需填写实际探孔长" & Chr(34) & ")"
    xlSheet1.Cells(2, 12).WrapText = True
    xlSheet1.Cells(2, 12).Interior.Color = 255
    xlSheet1.Cells(4, 6) = "=if(G2<>0,If(L2> 0.6," & Chr(34) & "风险等级四,风险大,不可接受,重新勘察、评价地质条件" & Chr(34) & ",If(L2> 0.4," & _Chr(34) & "风险等级三,风险较大,有条件接受,补充勘察、局部重新计量" & Chr(34) & "," & "If(L2>0.2," & Chr(34) & _"风险等级二,风险较小,可以接受,严格计量" & Chr(34) & "," & _Chr(34) & "风险等级一,风险小,完全接受,准确计量" & Chr(34) & ")))" & "," & Chr(34) & Chr(34) & ")"
```

```
        xlSheet1.Range("F4:K10").Font.ColorIndex = 3
        xlSheet1.Range("F4:K10").Merge()
        xlSheet1.Cells(4, 6).Font.Bold = True
        xlSheet1.Cells(4, 6).Font.size = 20
        xlSheet1.Cells(4, 6).WrapText = True

        If Dir("D:\" & "施工探孔数据", vbDirectory) = "" Then
            MkDir("D:\" & "施工探孔数据")
        End If

        Dim xx As Date
        xx = Date.Now
        Dim x = Replace(xx.ToString, " ", "(")
        Dim x1 = Replace(x, ":", "_") & ")"
        Dim x2 = Replace(x1, "/", "-")
        xlApp.ActiveWorkbook.SaveAs("D:\" & "施工探孔数据" & "\施工探孔插值数据" & x2)
        xlSheet1 = Nothing
        'xlsheet2 = Nothing
        xlBook.Close()
        xlBook = Nothing
        xlApp.Quit()
        xlApp = Nothing
        GC.Collect()
        MessageBox.Show("请查看文件" & "D:\" & "施工探孔数据" & "\施工探孔插值数据" & x2,
"提示", MessageBoxButtons.OK, MessageBoxIcon.Exclamation)
    End Sub

'函数定义
    Private Sub txtHoleNum_TextChanged(ByVal sender As Object, ByVal e As System.EventArgs)
Handles txtHoleNum.TextChanged
        dgvHoleData.Rows.Clear()
        n = Val(txtHoleNum.Text)
        Me.dgvHoleData.Rows.Add(n + 1)
        dgvHoleData.TopLeftHeaderCell.Value = "钻孔序号"
        For i = 0 To n
            dgvHoleData.Rows(i).HeaderCell.Value = (i + 1).ToString
        Next
        dgvHoleData.Item(0, 0).Value = 0
        dgvHoleData.Item(0, 0).ReadOnly = True
        dgvHoleData.Item(0, 0).Style.BackColor = Color.Gray
        If n > 0 Then
            Me.dgvHoleData.Rows.RemoveAt(n)
```

```
        End If
        dgvHoleData.AllowUserToAddRows = False
    End Sub

Private Sub CalculateD()
        Dim cc As Double = 0
        For i = 1 To n
            cc = cc + num_x(i)
        Next
        Dim aa As Double = Math.Sqrt((num_y(n) - num_y(1)) ^ 2 + cc ^ 2)
        Dim bb As Double = 0
        For i = 1 To n - 1
            bb = bb + Math.Sqrt((num_y(i + 1) - num_y(i)) ^ 2 + (num_x(i + 1)) ^ 2)
        Next
        DD = Int(bb / aa * 1000) / 1000
    End Sub

    Private Sub CalculateM1()
        Dim k1 = 1
        Dim k2 = 1.1
        Dim K3 = 1.3
        Dim K4 = 1.45
        Dim k11 As Double
        Dim k22 As Double
        Dim k33 As Double
        Dim k44 As Double

        If n > 150 Then
            k11 = 0.56
            k22 = 0.11
            k33 = 0.29
            k44 = 0.04
        ElseIf n > 70 Then
            k11 = 0.56
            k22 = 0.1
            k33 = 0.31
            k44 = 0.03
        ElseIf n > 15 Then
            k11 = 0.49
            k22 = 0.14
            k33 = 0.3
            k44 = 0.07
```

```
        Else
            k11 = 0.54
            k22 = 0.18
            k33 = 0.14
            k44 = 0.14

        End If
        k_1 = k11 * k1 + k22 * k2 + k33 * K3 + k44 * K4
    End Sub

    Private Sub CalculateM3()
        For i = 2 To n
            f(i) = Int(Math.Abs(num_y(i) - num_y(i - 1)) / (num_y(i) + num_y(i - 1)) *
1000) / 1000
        Next
    End Sub
End Class
```

8.7 结　论

本章通过对场地地质特征研究，着重分析影响工期、造价的施工因素，将施工难度转化成施工工作量变化，再根据工作量变化去评价工期、造价的风险。通过研究，得到如下结论。

(1) 对于采用三轴搅拌桩和高压旋喷桩复合防渗止水帷幕体施工来说，在施工上，对于三轴搅拌桩施工，影响其施工工期和造价的主要因素是基岩面埋深和珊瑚礁灰岩的分布情况；对于高压旋喷桩施工，影响其施工工期和造价的主要因素是基岩面起伏情况和基岩面埋深。所以，对于整个防渗止水帷幕体的施工，影响其施工工期和施工造价的主要因素是：珊瑚礁灰岩分布情况和基岩面起伏变化情况。

(2) 通过分析认为：珊瑚礁灰岩的分布使施工难度增加，需采取冲孔钻机进行破碎处理，增加设备和人力的投入；根据防渗止水设计前的地质勘察报告，可对工作量进行估算，但因基岩面形状复杂，估算的工作量有可能存在误差；基岩面形状复杂引起的施工难度增加，主要体现在三轴搅拌桩和高压旋喷桩施工标高的变化上，经常变化施工标高，会使设备工效降低，增大人工投入。

(3) 施工工期、造价的风险评价是按照如下原则进行的：将珊瑚礁灰岩分布和基岩面形状对施工难度的增加均转化为施工工作量的变化，加上基岩面起伏所引起的工作量变化一起计算工作量变化总量，然后按工作量变化总量占原工作量的比例大小来评价施工工期、增加的风险，这就隐含着一个假定，即工作量增加必然带来工期、造价的增加。

(4) 临海地区的工程场地分布有珊瑚礁灰岩，而且其分布极不均匀，编制施工方案时，只能借助于场地岩土工程勘察报告，按整个场地的钻孔中珊瑚礁灰岩出现的概率和珊瑚礁灰岩分布情况进行统计分析。对于珊瑚礁灰岩的处理，主要是根据其分布厚度大小进行分类处理，对于厚度小于 1.5 m 的珊瑚礁岩不需处理；对于厚度在 1.5～4 m 的珊瑚礁岩，需用孔径 1.2 m 的冲孔钻机破碎，难度一般；对于厚度大于 4 m 的成层珊瑚礁灰岩，必须用孔径 1.2 m 的冲孔钻机破碎，难度大。根据处理难度大小，提出工作量增加比例，再提出因珊瑚礁灰岩的存在而需变更工期和造价的预测评价建议。

(5) 对于基岩面埋深变化，由于勘察资料勘探钻孔的个数少，在计算施工工作量的过程中会存在误差。在变更工作量计算时，先根据分形理论计算基岩面形状的分形维数，然后根据计算所得的基岩面形状进行曲线拟合，根据拟合曲线所计算的基岩面埋深与实际的钻孔所得基岩面埋深之间存在误差。为了更好地描述基岩面的形状，对相邻钻孔之间进行差值计算。不同的位置处存在增加和减少两种情况，据此判断相应计算的变更正负。根据已计算较贴近的分形维数计算基岩面的复杂程度，进而可以得出相应钻孔差值计算的变更总长度。结合实际探孔的值与差值计算变更值，可以得出相应阶段的风险评估等级。

(6) 基岩面起伏会加大施工难度。如施工三轴搅拌桩，停打深度为基岩面以上 1 m，具体到每根桩，则根据探孔所得的基岩面埋深确定每根桩的停打位置。如基岩面起伏大，施工三轴搅拌桩时要不断调整停打深度，使操作复杂程度增加，机械使用工效降低。基岩面起伏对施工的影响具体体现在：设备施工工效降低，人力投入增加为主要因素；用料的增加是次要因素。所以，对基岩面起伏对工期、造价的影响就用施工难度系数来刻画。

(7) 通过两个地质剖面计算，可以得出：基岩面起伏大是影响防渗止水帷幕体施工工作量变化的最主要影响因素，一般占工作量变化总量的 50％以上；施工三轴搅拌桩遇到珊瑚礁灰岩增加工作量的比例超过 30％，是主要影响因素；因基岩面埋深变化所引起的工作量变化比较小，是次要影响因素。

(8) 通过实例研究，根据工作量变化幅度，工期和造价风险等级为三级，有条件接受，但应补充勘察，对基岩面形状变化较大的部位和珊瑚礁灰岩分布范围较大的区域进行补充勘察，进一步查明地质条件，以确认工作量变化。

9 施工关键技术与施工工法

临海地区的地层有一鲜明特征，基岩面以上的土体含大量珊瑚礁碎屑和珊瑚礁灰岩岩体。造礁石珊瑚群体死亡后其遗骸经过漫长的地质作用后形成的岩土体即为珊瑚礁[1]。全球现代珊瑚礁主要分布在南北回归线之间的热带海洋中，中国的珊瑚礁主要分布于北回归线以南的热带海岸和海洋中，中国南海诸岛和部分南海海岸珊瑚礁发育，尤其是南海地区珊瑚礁分布范围广，地理位置显要，散布于南海中的岛礁绝大部分是由珊瑚礁构成的，礁体厚达 2 000 m 以上[2]。这些礁体是中国领土主权的标志，是开发海洋资源、建设中国南海海空交通中继站的重要基地。珊瑚从古生代初期开始繁衍，一直持续至今，可作为划分地层、判断古气候、古地理的重要标志。珊瑚礁与地壳运动有关，正常情况下，珊瑚礁形成于低潮线以下 50 m 浅的海域，高出海面者是地壳上升或海平面下降的反映；反之，则标志该处地壳下沉[3]。珊瑚礁蕴藏着丰富的油气资源。珊瑚礁及其潟湖沉积层中，含有煤炭、铝土矿、锰矿、磷矿，礁体粗碎屑岩中发现有铜、铅、锌等多金属层控矿床。珊瑚灰岩可作为烧石灰、水泥的原料，千姿百态的珊瑚可作装饰工艺品，不少礁区已开辟为旅游场所[4]。因此，珊瑚礁的研究具有非常重要的意义。特别是临海地区的珊瑚礁礁体，它往往是工程建设的承载体，对其工程性能的研究必不可少。

珊瑚礁的矿物成分主要为文石和高镁方解石，化学成分主要为碳酸钙($CaCO_3$)，其含量达 97%，它结构疏松、多孔、性脆、低硬度以及低强度。在珊瑚礁地层钻探过程中发现，珊瑚礁在高压力作用下容易破碎。珊瑚礁岩体一般没有节理、裂隙和断层，但构成珊瑚礁岩体的各种珊瑚中有大量的孔洞存在。珊瑚礁礁体的这些特点是选择施工设备，确定施工参数的前提条件。要确保防渗止水帷幕体的施工质量就必须查明临海地区的复杂地质条件，有针对性地选择施工设备，制订合理的施工流程。为此，必须研究防渗止水系统的施工关键技术，编制施工导则指导施工，控制施工质量。

9.1 施工难点、特点

施工防渗止水帷幕主要目的是隔断基岩面以上土体的渗流通道。因临海地质条件的复杂性，给防渗止水帷幕体施工带来困难。施工存在以下几方面困难：

1) 地质条件复杂性

地质条件复杂性主要体现在：

(1) 土体分布的不均匀性。

基岩面上覆土体含珊瑚礁碎屑及珊瑚礁灰岩，而且它们的分布极其离散、不规则。珊瑚礁碎屑的存在而且厚度不均，使得三轴搅拌桩施工参数难以统一、确定，施工成桩质量不稳定；珊瑚礁灰岩存在而且厚度不均、分布范围不等，珊瑚礁灰岩体本身强度也有差异，对于成层分布的或体积较大的珊瑚礁灰岩岩体，还存在三轴搅拌桩桩机能否搅拌的问题。

(2) 基岩面埋深起伏较大。

临海地层基岩面起伏较大，有时在 2 m 长度上可能有 5 m 左右的高差。这样，对于施工每幅桩长度只有1.2 m的三轴搅拌桩来说是较难确定三轴搅拌桩停打深度的，稍有不慎，会导致三轴搅拌桩桩机机头与基岩相碰，轻则因机头与基岩相碰导致电流、电压上升而使施工现场变压器烧坏，重者会因卡钻、抱钻导致三轴搅拌桩桩机损坏。

(3) 防渗止水帷幕体进入基岩难。

基岩面以上的强风化带本身渗透系数不大，但在开挖条件下，因上覆土体的开挖和侧向围压的解除，使其渗透性大大增加，基岩面以上的强风化带是基坑防渗止水帷幕体的薄弱部位。施工时隔水体必须进入基岩面一度深度，实现垂直向有效搭接。临海地区基岩大多为中风化的花岗岩，其抗压强度在35～50 MPa，强度高，加之基岩面起伏大，止水帷幕体施工要到基岩面以下1 m的深度，无论是选择合适的设备，还是造价、工期的控制均为不可回避的难题。

2) 施工方案的制订

鉴于临海地层地质条件的复杂性，根据防渗止水帷幕的设计方案，制订合理、科学的施工流程，选择可行的施工设备是个挑战。困难主要体现在：

(1) 设备选择。

施工设备选择要遵循易得、可行、经济等原则。针对基岩面以上的土体，施打水泥土搅拌桩，要考虑搅拌桩桩机的动力、施打深度、成桩质量，可供选择的设备有单轴、双轴、三轴搅拌桩桩机。从施工动力、成桩质量、水泥掺入比等因素考虑，选择三轴搅拌桩桩机较为合理。但存在三轴搅拌桩桩机体型大，设备重，施工成本高，而且运输困难等不足。针对向下进入基岩、向上与搅拌桩搭接的高压旋喷桩是采用单重管、双重管或三重管高压旋喷桩机，一要看三种施工机械的各自功能，更要看有无类似成功施工实例。根据文献[5]的施工经验，在珊瑚礁地基中采用旋喷桩作为止水帷幕，建议采用双重管或三重管进行施工，单重管难以满足要求。根据上海市建工设计研究院在海南省文昌市卫星发射基地1#、2#工位防渗止水帷幕体高压旋喷桩施工经验，宜采用三重管施工。

(2) 施工流程。

合理的施工流程不仅能确保施工质量和施工顺利实施，而且能节省人工、提高设备工效、节省费用。为确保复合止水帷幕的施工顺利进行，工序安排尤为重要。特别是针对复杂地质条件，施工地质勘察必须与施工工艺紧密结合。探孔、预成孔等前道工况必须和后续工况紧密结合。如何合理安排必须认真加以研究。

(3) 施工参数。

岩土工程施工参数的确定既要结合地质勘察报告分析土层条件，又要结合施工设备的功能、类似地层条件的施工经验，综合确定，但必须通过试成桩加以检验。对于三轴搅拌桩，主要确定水泥掺量；对于高压旋喷桩，主要确定水泥掺量、施工气压、水压和浆压。

3) 施工过程质量控制

施工质量是在施工过程中形成的，所以施工过程中质量控制至关重要。为指导和控制施工质量，必须研究施工流程，熟悉施工工艺，了解施工环节，分析施工质量风险，采取施工质量控制措施，制订施工导则。

4) 施工质量检测

施工质量检测是施工质量控制的事后措施，也是弥补施工质量不足的不可或缺的环节。通常检测防渗止水帷幕体施工质量的方法分为两类，一类是以钻孔取芯为代表的有损检测，一类是以高密电阻率法、地质雷达法等为代表的无损检测。每种方法各有其优缺点，适用范围也有区别。如何结合施工场地的地质条件、施工工艺和施工特点，有针对性地选择经济、合理、有效的施工质量检测方法是必须深入研究探讨的问题。

9.2 施工工艺与流程

9.2.1 施工工艺

针对临海复杂地质条件下的典型地层，在垂直剖面上采用组合围护形式，综合采用高压喷射注浆法和水泥土搅拌法的施工工艺。采用三轴水泥搅拌桩可有效对中风化基岩岩石层以上(填土层、细砂层、含砂珊瑚碎屑和珊瑚礁灰岩岩层)的强透水层进行止水；采用高压旋喷桩对岩石层以及岩石层与含珊瑚礁碎屑层的交界面进行全封闭隔水。针对不同的珊瑚礁灰岩的岩层厚度以及岩层特性采用相应的施工工艺，对岩层沿轴线方向长度大于 2 m 或厚度超过 1.5 m 的珊瑚礁灰岩岩层，先用1.2 m口径的大直径冲击钻钻机对灰岩进行破碎，回填砂土并压实后再施打三轴搅拌桩，以解决珊瑚礁灰岩可搅拌问题。当基岩面起伏较大时，本工法能够通过预钻孔、下 PVC 管来消除钻孔孔底沉渣过厚，导致高压旋喷桩喷头不能下放到设计标高的影响，确保高压旋喷桩的施工质量。通过采用声波 CT 成像，检测三轴搅拌桩和高压旋喷桩的成桩质量，对于存在质量缺损的部位重新预钻孔，下放 PVC 管，再施工高压旋喷桩，以加固止水帷幕，提高防渗止水功能。

9.2.2 施工流程

施工流程主要发挥地质超前钻探预报功能，以探孔查明基岩面埋深以便确定三轴搅拌桩停打深度，并查明上覆土体中珊瑚礁灰岩分布情况，以便判断是否要采用大口径成孔钻机进行破碎处理。以预钻孔解决入岩难的问题，并方便高压旋喷桩进入基岩。采用钻孔内下放 PVC 管，一是检测了成桩质量，二是方便声波测试，检测桩体质量。这三次钻孔均为重要的前置环节。具体的施工流程可参见图 9-1。

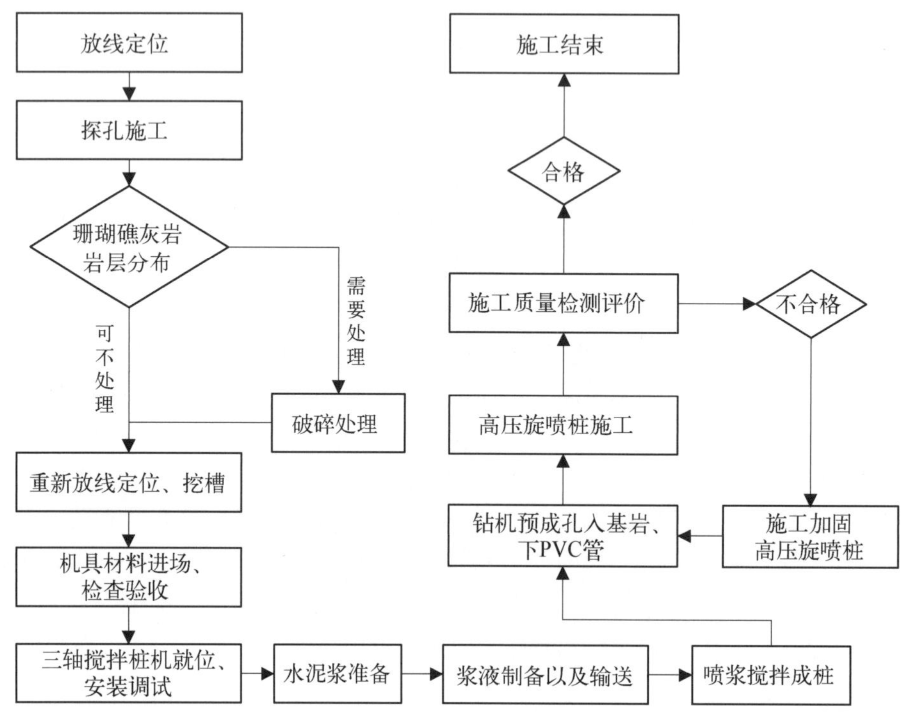

图 9-1 施工工艺流程图

9.3 施工关键技术

临海复杂地层复合防渗止水帷幕体施工的三个重要环节构成了三大施工关键技术：① 三轴搅拌桩施工技术；② 高压旋喷桩施工技术；③ 防渗止水帷幕体施工质量检测、处理技术。

对于三轴搅拌桩施工技术，因基岩面上覆土体含有珊瑚礁碎屑和珊瑚礁灰岩，研究解决三轴搅拌桩可搅拌性问题和成桩质量均匀性问题。对不均匀性土体应多次搅拌，水泥掺量要满足搅拌次数要求。

对于高压旋喷桩，主要是控制施工高程位置，实现上上下下的有效搭接。还要注意成桩直径大小，在珊瑚礁地区，其成桩直径要小于一般地层，一般直径取值不大于 900 mm，要注意每米桩长的水泥用量，一般不小于 350 kg。

对于复合止水帷幕体的成桩质量检测，在综合研究有损检测方法和无损检测方法的基础上，必须有针对性地选择合理、有效、经济的检测方法。

9.4 结　论

临海含珊瑚碎屑和珊瑚礁岩地层的防渗止水帷幕体设计与施工有其自身特点，必须在进行充分理论研究和工程实践的基础上，不断摸索，不断改进，才能找到合适的施工设备，有效的施工措施。从而形成较为系统的施工工艺、流程，最后，编制施工导则(附录)，指导施工。

10 施工质量检测方法与加固处理

目前,由水泥搅拌桩和高压旋喷桩组成的垂直复合止水帷幕在施工过程中由于土质条件、施工工艺复杂等原因,其施工质量很难得到保证和控制。通常会出现下列问题: ① 在注浆搅拌和注浆过程中断或搅拌不均匀,造成桩体在垂直方向上的不连续;② 当钻头在深部注浆时发生偏移或移机间距过大,造成桩体在横向上的不连续;③ 施工时桩长达不到设计要求。这些施工质量隐患容易导致基坑侧壁发生漏水等问题。因此在垂直复合止水帷幕施工完成后必须及时进行检测,确定垂直复合止水帷幕的质量隐患部位,然后有针对性地进行补救处理,这样才能确保施工质量,达到防渗止水目的。目前常用的钻孔取芯、地质雷达、高密度电阻法等检测方法由于它们本身各自的固有特性,检测结果很难反映垂直复合止水帷幕的实际施工质量状况,所以在分析各种检测方法的优缺点的基础上,建立一种方便、快速、可靠的垂直复合止水帷幕质量检测手段是非常必要的。

10.1 检测方法概述

目前,对垂直复合止水帷幕还没有一个经济有效的检测手段,特别是对全桩质量的检测,相关规范落后于实际工程的需要。随着垂直复合止水帷幕的应用日益广泛,质量检验的重要性不断提高,已成为完善垂直复合止水帷幕不可缺少的组成部分。垂直复合止水帷幕的质量检验主要反映在 3 个方面: 桩体的强度、桩体的均匀性和桩身长度。目前工程中常用的检测手段是钻孔取芯法和无损检测法。

钻孔取芯法是采用钻孔方法连续取垂直复合止水帷幕桩芯,然后室内测试桩体的单轴抗压强度、渗透系数及芯样的均匀情况和完整性。此方法只限于浅层桩体,由于设备等因素的限制,尽管取芯可达到深层,但由于桩体的不均匀性,在取样过程中桩体极易产生破碎,检测结果很难保证其真实性。

无损检测法主要是利用地球物理勘探的方法,如低应变反射波法、高密度电阻率法、瞬态瑞雷波法、探地雷达法、跨孔波速法等方法。由于各种地球物理勘探方法均有其特定的应用前提,所以只有部分物探方法适用于垂直复合止水帷幕的质量检测。

10.1.1 钻孔取芯法

钻孔取芯法[210]就是在桩成型后一定龄期内通过钻孔取芯来检查桩的长度、桩身各部位水泥的含量、桩体的均匀程度,检查桩身的抗压强度的变化情况。通常,可以通过观察钻孔取出的芯样来判断桩身各部分的均匀性和状态,借助对桩身各部位芯样的室内无侧限抗压强度试验和取芯过程各段的标准贯入击数,就可以准确地判断出桩身各部位的强度,也可以同时测出桩身土样的变化指标,最后可以在取芯过程中通过观察桩芯的变化情况,判断桩身的连续性以确定桩长。

采用定位钻孔取芯法,钻芯深度为自孔口下有效桩头至设计桩底,全程钻取芯样,观察桩体的均匀程度。该方法是在成桩 28 d 内,检验数量为施工总桩数的 0.5%,且不少于 3 根。通过桩全长取芯样来定性检查桩全长范围内的均匀性和成型情况,能较好地反映垂直复合止水帷幕的整体质量。同时在桩头部位取芯，进行无侧限抗压强度试验。由于桩头强度明显高于其他部分，桩长范围内强度的不均匀性，使得桩头取芯样的抗压强度不能代表桩的整体强度，有很大局限性。

在开钻前和钻进过程中，反复测量钻孔垂直度，以确保取芯质量。钻孔取芯法采用地质钻机对垂直复合止水帷幕进行全程钻孔取芯样(一般龄期为 28 d)，这是目前垂直复合止水帷幕质量检测中常用的方法，测定结果能较好地反映垂直复合止水帷幕的整体质量，但该方法也存在检测时间长、钻孔费用高，难以对垂直复合止水帷幕质量实施动态控制等问题，故此考虑到费用、时间方面的因素，只能抽取少量的桩进行钻孔取芯检测。

10.1.2 低应变反射波法

低应变反射波法[211]是基于一维波动理论，利用弹性波的传播规律来分析桩身完整性。它是在桩头瞬态激振的情况下，通过高精度仪器的波形测试，分析桩体弹性波传播的波形变化特征来评判桩体质量有无缺陷存在。其基本理论为一维弹性杆件应力波(纵波)波动理论。当水泥土桩桩长远大于桩径(5 倍时)，桩体介质连续呈线弹性，桩身介质的波阻抗与桩周土的波阻抗有明显差异的情况下，满足一维弹性波理论的应用条件，可以用反射波法判定垂直复合止水帷幕的质量。而垂直复合止水帷幕实际条件为：

(1) 桩体可视为一维杆件，通常垂直复合止水帷幕桩径为 500～1 000 mm，而桩长大于 8 m，其长径比大于 8，近似符合桩长远大于桩径的条件。

(2) 在满足一定条件的情况下，可将垂直复合止水帷幕桩体看作或近似看作弹性材料，应力波在其中的传播特性可描述为介质的连续性，呈线弹性性质。

(3) 大量开挖与钻孔取芯试验表明，当垂直复合止水帷幕达到 28 d 龄期后，其桩身强度可达几个兆帕，外观十分坚硬，其抗压强度远大于桩周土。

由以上分析可知，在满足桩长远大于桩径、龄期一般大于 28 d、桩体介质强度足够大、桩身波阻抗远大于桩周土波阻抗的条件下，垂直复合止水帷幕应力反射波形状与混凝土桩基本一致，即在时域形曲线上具有桩头负信号—桩身正向基波—桩底反射信号的波形特征。

根据弹性波传播的理论，影响桩体质量的原因主要是桩体中出现结构面，局部横截面积和局部物理性质的变化，如垂直复合止水帷幕局部搅拌不均匀、夹泥、水泥搅拌不充分等。由于这些缺陷存在，使桩体中出现了局部波阻抗的变化或波阻抗界面，影响了弹性波的传播，在波阻抗界面和桩底端处都会使弹性波产生反射，根据反射波形的正负极性和幅度大小及其随时间的变化特征，即可分析和确定垂直复合止水帷幕的缺陷是否存在，以及缺陷的性质、位置、范围及严重程度，从而达到评判桩身质量的目的。根据水泥加固土时间(龄期)与波速的关系，抗压强度与波速的关系还可推算出平均抗压强度。

低应变反射波法检测垂直复合止水帷幕桩体质量受到的制约因素和影响是多方面的，最主要的影响有：

(1) 垂直复合止水帷幕成桩时间与波速的关系。众所周知，垂直复合止水帷幕是刚柔结合体，水泥加固土体的强度一般增长缓慢，龄期 90 d 以后才趋于稳定，但工程施工工期不可能等待达到最大强度后检测。依据现有资料，垂直复合止水帷幕龄期 28 d 时的抗压强度为 90 d 龄期强度的 75%左右，此时检测可满足反射波法条件。

(2) 垂直复合止水帷幕的水泥掺入比与检测质量的关系。从现有的现场取芯化学分析资料和桩体抗压强度值来看，由于多种因素的原因，垂直复合止水帷幕桩体沿桩身方向水泥掺入比差异较大，通常表现为上部水泥掺入比较大，而下部掺入比较小。因此，上述两种情况都给检测到的反射波信号分析识别带来较大影响，反射波信号中无法形成桩体与桩周土介质区别的明显反射信号，这也是反射波法检测在垂直复合止水帷幕中应用难以奏效的原因之一。

采用低应变反射波检测垂直复合止水帷幕桩身质量在一定的条件下是可行的，并且如果采用的方法得当，能够取得较好的效果。但是，由于垂直复合止水帷幕不同于混凝土桩的一些特点，其桩身的离散性较大，并且受施工工艺限制，桩身的均匀性较差[212]。国内大量资料表明，垂直复合止水帷幕桩体强度与波速之间关系离散，桩端阻抗与周围介质没有明显变化，桩底反射不明显，因而难以用低应变反射波法评价其桩身质量。

霍继明和莫建云[213]应用低应变反射波法对介休市某小学教学楼和孝义市某住宅楼复合地基深层水泥土搅拌桩进行了桩身质量检测。结果表明，该方法可以有条件地用于深层搅拌桩桩身完整性检测，可以取得较好的效果。但对于基坑防渗止水帷幕连续体，因防渗体在水平向类似一面墙体，与单根桩有较大区别，这种检测方法用于垂直复合止水帷幕体施工质量检测存在较大的不确定性，适用性差。

10.1.3 高密度电阻率法

土的电阻率是表征土体导电性能的参数，电阻率越低说明其导电性越好，反之，电阻率越高，其导电性越差。为了方便，通常把土层模型看成由土颗粒骨架和水两相介质组成。因此，土的电阻率除了和自身成分有关外，还和土的结构、孔隙度、含水率有关。

水泥和土混合搅拌或注浆后，土体的孔隙比和饱和度都会发生变化。这种变化会导致垂直复合止水帷幕的电阻率和原状土的电阻率存在差异；在垂直复合止水帷幕的成桩过程中，如果发生搅拌不均匀和注浆中断的情况，该部位形成的桩体的电阻率和其他桩体部位的电阻率存在电性差异；另外，如果在成桩的过程中，机位移动距离过大，同样会造成接缝位置和两侧桩体的电性差异。这种桩体缺陷部位和完整桩体的电性差异形成了电阻率法探测的物性基础。电阻率法是一种传统的地球物理勘探方法，它是基于静电场理论，以探测目标体的电性差异为前提进行的。当探测对象和周围介质存在电性差异时，利用该方法便可以确定探测对象的分布空间。

高密度电阻率法是一种新兴的电阻率法勘探方法，由于其具有采集迅速、采集信息量大等特点而在工程、水文、环境、资源等领域得到广泛应用，特别是分布式高密度电阻率法采集仪的出现使数据采集更加快捷、准确。现场采集时，首先将电极按一定的距离沿剖面布设，然后用智能电缆将电极和采集仪相连，整个数据采集过程由采集仪来控制。现场采集时，采集仪会按照预先设定的采集装置形式、采集深度、供电大小等参数自动完成数据采集，根据数据采集结果按照采集位置的不同形成二维数据剖面。

采集装置形式是根据供电电极和测量电极的相对位置关系确定的。根据供电极 C1,C2 和测量极 P1,P2 的相对位置关系，通常采用的采集装置形式有温纳装置、施龙贝格装置、偶极装置、微分装置、三极装置形式、二极装置形式[214]。不同的采集装置形式对相同地电模型的反应能力不同，因此在进行不同地质体的探测时，首先需要确定合适的采集装置形式。

现场采集所得的数据剖面是地下地质体在电场中的电性反映，采集结果不仅和地下地质体的分布有关，还和地电场的分布特点、地形的起伏、干扰信号的强弱等因素有关。因此，若想实现地下地质体的真实再现，必须对实测数据进行处理分析。

在对现场采集数据的处理过程中，地电模型的重建是最重要的过程。目前用图像重建的方法很多，但多数成像的方式显得不够稳定，必须在某些限定条件下才能得到较满意的效果。相对而言，基于正演方式进行的反演，可以使操作者根据自己的判断，随时修改模型使得反演结果更接近实际。这类反演方式首先根据实测电阻率剖面构建地电模型，然后根据构建的地电模型进行正演计算得到计算电阻率剖面，对比计算电阻率剖面和实测电阻率剖面，根据二者的对比情况，修改模型重新进行计算，将计算结果再进行对比，循环进行直到计算电阻率剖面和实测电阻率剖面的相似度在一定范围内。

徐继欣和张鸿[215]应用高密度电阻率法对江西德昌高速公路D10标段粉喷桩加固软基效果进行了检测。研究表明，运用高密度电阻率法配合静荷载试验来综合检测软基处理效果是可行的，点面相结合，评价结果比较全面、科学。根据高密度电阻率法检测原理，该法对于垂直复合止水帷幕施工质量检测有较好的适应性。

10.1.4 瞬态瑞雷波法

在半空间介质中，当在地面上竖向激振时，将产生包括纵波、横波、面波在内的弹性波，而面波是一种沿介质与大气层接触的自由表面传播的波，如瑞雷波。

瑞雷波是沿地面表层传播的，影响的地层厚度约为一个波长，因此，同一波长的瑞雷波的传播特性反映了地质条件在水平方向的变化，不同波长的瑞雷波的传播特性反映着不同深度的地质情况。

野外工作时在地面上沿瑞雷波的传播方向，以一定的间距布设检波器，就可以检测到瑞雷波在测量长度范围内的传播过程，设瑞雷波的频率和相邻检测器记录的瑞雷波的时间差或相位差已知，则可以根据波动理论计算出相邻检测器长度内瑞雷波的传播速度。

在同一地段测量出一系列频率的瑞雷波波速值，就可以得到一条波速-频率曲线，即所谓的频散曲线，通过对频散曲线进行反演分析，可得到地下某一深度范围内的地质构造情况和不同深度的瑞雷波波速值。由于波速与介质的物理力学性质有关，据此可对岩土体的物理力学性质做出定量评价。

利用不同的算法从实测记录信号中计算出瑞雷波的频散曲线，也即瑞雷波的波速曲线，而工程中所要求的是岩土体的层速度，通过瑞雷波的波速与岩土体的层速度之间的关系就可以得到岩土体的层速度。

为了确保分层速度和深度的正确性，根据地层结构参数，使用正演计算，计算出理论频散曲线并与实测曲线比较，反复修改分层结果进行正演拟合直到两条频散曲线基本吻合为止，此时的层速度为所测岩土体的层速度。

在实际工程应用中，根据震源的不同，瑞雷波勘探可分为稳态法和瞬态法两种[216]。

1）稳态瑞雷波勘探

稳态法利用稳态激振器在地面上加一固定频率的简谐竖向激振时，瑞雷波以稳态形式沿表层传播，利用地面上的检波器可测量出相邻瑞雷波的相位时间差，计算出该频率对应的瑞雷波的传播速度，然后改变激振器的频率，就可以测得不同频率下的瑞雷波波速值，所以当激振器的频率从高向低变化时，就可以得到一条波速-频率曲线。通常速度变化不大时，改变频率就可以改变勘探深度，频率越低，波长越长，勘探深度越大，反之勘探深度越小。

稳态法施工时，是逐个频点地分频测试，多以由浅入深进行测试，即以高频做起，随着频率逐渐降低，波长随之增加，勘探的深度也会相应增加，达到最大勘探深度时终止频率继续降低。

2）瞬态瑞雷波勘探

瞬态法与稳态法的区别在于震源的不同，瞬态法是在地面上给一瞬时冲击力，产生一定频率范围的瑞雷波，不同频率的瑞雷波叠加在一起，以脉冲的形式向前传播。这个脉冲式的地震波被布设在地面上的检波器接收到，对收到的记录进行相关的数字处理分析，将不同频率的瑞雷波分离开，经一系列的计算得到一条波速-频率曲线。这种方法与稳态法相比，效率高，设备轻便，得到了广泛的应用。通常在野外勘探时大锤是震源，即利用大锤激发地震波，利用检波器接收地震波信号，用地震仪接收瑞雷波信号。

富锡良和巫虹[217]应用瞬态瑞雷波法对某高速公路加固地基水泥搅拌桩进行了桩长检测。结果表明，瞬态瑞雷波检测方法可用于查明对于散点状局部加固的深层搅拌桩复合地基的宏观有效加固深度及其宏观地基强度。

10.1.5 探地雷达法

探地雷达法[218]是以地下不同介质的介电常数差异为基础的一种地球物理勘探方法。它通过发射天线向地下发射高频电脉冲，此脉冲在向地下传播过程中，经存在电性差异的地下地层或目标体反射后返回地面，由接收天线所接收，高频电磁波在介质中传播时，其路径、电磁场强度与波形将随所通过介质的电性特征及几何形态而变化。故通过对时域波形的采集、处理和分析，可确定地下界面或地质体的空间位置及结构。

实践中常用的方法有剖面法[214]，剖面法是发射天线和接收天线以固定间距同步移动的一种测量方式，记录点位于两条天线的中点。剖面法测量的结果可以用探地雷达时间剖面图来表示。该图像的横坐标记录了天线在地表的位置，纵坐标为反射波双程走时，表示雷达脉冲从发射天线出发经地下界面反射后回到地面接收天线所需的时间。这种记录能反映测线下方地下各反射界面的形态。由于介质对电磁波的吸收，来自深层界面的反射波会由于信号干扰而不容易进行识别，这时通过应用不同天线之间距离的发射—接收天线在同一测线上进行重复测量，然后把测量记录中相同位置的记录进行迭加，这种记录能增强对地下深部介质的分辨能力。

葛如冰和许培德[219]应用探地雷达法对南海市平洲水闸、和顺水闸和南庄水闸密排搅拌桩进行了桩身质量检测。结果表明，探地雷达具有分辨率强，检测效率高，信息量大等优点，用来检测密排搅拌桩是可行的，也是有效的。

10.1.6 跨孔波速法

波速测试作为地基土动力特性测试项目之一，是一种快速、准确的原位测试技术。波速测试常用的方法有单孔法、跨孔法和面波法[220]。

单孔法测试深度较小；面波法设备复杂，现场工作时间较长，数据处理较复杂；跨孔法波速测试可测深度较大，精度较高，因此适用范围较广。

跨孔波速测试利用两个钻孔，其中一个作为发射孔，另一个作为接收孔。试验时将超声波发射探头和接收探头同时放进预钻孔内，从发射孔内震源激发的波经两孔之间传播到接收孔，被孔中检波器接收，然后计算出波行走的时间，即可求得波速。某工程实例表明，垂直复合止水帷幕的波速在1 500～2 500 m/s之间，原土波速在550～1 100 m/s之间，具有较明显的波速差异，显然垂直复合止水帷幕的波阻抗远大于桩周土的波阻抗。

声波在钻孔孔间介质中传播，其传播速度与许多因素有关，当钻孔间存在一定规模的非均匀体时，由于透射和绕射，会使得声波的旅行时间(即走时)相对于在纯介质中增加或减少，据此可检测垂直复合止水帷幕的质量完整性。

夏唐代、林水珍等[221]利用跨孔波速法和瞬态瑞雷波法对某大坝防渗墙质量进行了检测。经过实测证明跨孔波速法和瞬态瑞雷波法相结合可准确检测防渗墙的质量，并且可降低大量的检测费用。

10.1.7 检测方法比选

各种无损检测方法对比如表10-1所示。

表10-1 无损检测方法对比

检测方法	有效性(适用性)	经济性	工 期
低应变反射波法	检测灌注桩和预制桩的桩身完整性，判定桩身缺陷的程度及位置；有效性差	检测费用低	检测速度快
高密度电阻率法	探测地层隐患；有效性较好	检测费用低	检测速度快

续 表

检测方法	有效性(适用性)	经济性	工 期
瞬态瑞雷波法	探测地下掩体和空穴,检测复合地基加固效果;有效性较好	检测费用低	检测速度快
地质雷达法	检测不同岩层的深度和厚度;有效性较好	检测费用高	检测速度慢
跨孔波速法	检测软基处理效果、采空区治理效果、评价岩体工程性质,适用范围广,检测深度不受限制;有效性好	检测费用高	检测速度慢

跨孔波速法测试之前需要钻孔,可利用钻孔取出的土样直观判断垂直复合止水帷幕的施工质量,以及水泥搅拌桩和高压旋喷桩结合面处的施工质量,并且进入基岩一定深度;测试时通过测试从震源激发的声波在土层中的传播时间,可直接得到土层剪切波速,从而可以检测垂直复合止水帷幕的桩体完整性。经分析比较后,该方法具有测试深度大、精度高、适用范围广等优点,可用于垂直复合止水帷幕的质量检测。

10.2 跨孔波速检测法

10.2.1 声波法工作原理

声波走时与介质速度的分布关系,可用式(10-1)表示:

$$t_i = \int_{R(t)} \frac{\mathrm{d}x}{V(x)},\ i = 1,\ 2,\ 3,\ \cdots,\ N \tag{10-1}$$

式中,t_i 为走时(即声波由发射到接收所需的时间);$V(x)$ 是介质的速度分布;$R(t)$ 为射线的路径;$\mathrm{d}x$ 为射线穿越子区域的长度。

由式(10-1)可以看出,当介质中的声波速度发生变化时,其走时也随着发生改变。将多条通过介质的声波射线走时提取出来,反算出介质的声波速度空间分布图像,即所谓的声波计算机层析成像,简称声波 CT。

声波法按工作方式,分为井-井和井-地两种:井-井方式,即跨孔波速法,是在一个钻孔中发射声波,在另一个钻孔中接收,了解两个钻孔构成的剖面内目标地质体分布;井-地方式是在一个钻孔中发射(或接收)声波,在地表沿测线接收(或发射)声波,一般情况下通过敷设不同方向的测线,可以了解钻孔中倒圆锥体范围内目标地质体的分布状况。

声波在钻孔间介质中传播,其速度变化与许多因素有关,当钻孔间存在一定规模的非均匀体时,由于透射和绕射,会使得声波的旅行时间(即走时)相对于在纯围岩中增加或减少。由于绕射和透射波在一定条件下往往同时存在,只是到达接收点的时间有先有后。

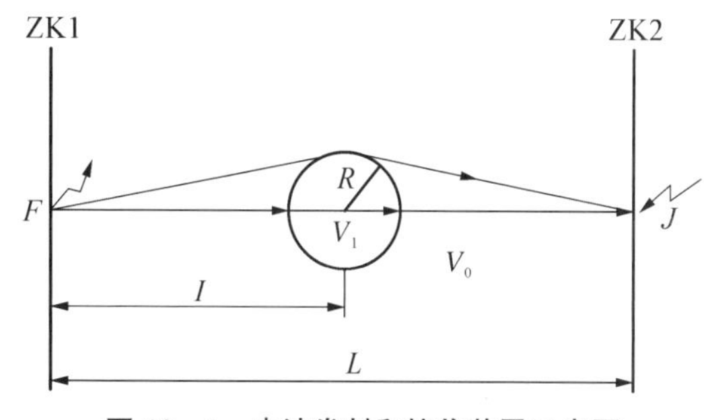

图 10-1 声波发射和接收装置示意图

如图 10-1 所示,设在两钻孔 ZK1、ZK2 正中间有一个半径为 R 的均匀球体,球体和围岩均为各向同性的均匀体,其中心到发射点的距离为 I,孔间距为 L,球体的波速度为 V_1,围岩的波速度为 V_0,若球体的直径大于声波波长，在发收连线穿越球心观测时，透射波的走时方程为：

$$t_1 = \frac{1}{V_0}(L - 2R) + \frac{2R}{V_1} \tag{10-2}$$

绕射波的走时方程为：

$$t_2 = \frac{1}{V_0}\left\{\sqrt{I^2 - R^2} + \sqrt{(L-I)^2 - R^2} + \frac{\pi R}{180}\left[\arccos\frac{\sqrt{I^2 - R^2}}{I} + \arccos\frac{\sqrt{(L-I)^2 - R^2}}{L-I}\right]\right\} \tag{10-3}$$

综合式(10－2)和式(10－3)可以看出：当 $V_1 < V_0$ 时，不论声波是绕射波还是透射波，其传播时间将较纯围岩条件下增大，即在走时曲线上呈现正异常，在CT成像图上也为正异常。这说明声波法在寻找高速围岩中低速体时异常形态比较简单。当 $V_1 > V_0$ 时，很显然是透射波首先到达接收器，故走时曲线上呈现负异常，在CT成像图上也为负异常。

10.2.2 跨孔波速法

跨孔波速法是在两个相距一定距离的钻孔中，分别放入发射震源(可以是发射换能器、电火花振源、锤击振源)和接收换能器(或检波器)，具体方法有等高同步提升测试法[图10－2(a)]、斜测法[图10－2(b)]和扇面测试法[图10－2(c)][222]。

跨孔测试法用于勘查深部岩体破碎带、岩溶、滑坡的滑带(床)的发育程度、埋深、规模，用于评价岩体的稳定性，寻求与制订施工设计或治理方案。扇面测试法可以用阴影法确定软弱构造的部位、规模。当今计算机技术、数据处理技术的发展，已使得扇面测试法应用于声波层析成像测试(CT)的数据采集中，从而可以探明岩体的结构、覆盖层下灰岩的起伏和溶洞的分布，提供直观的二维地质剖面图像。

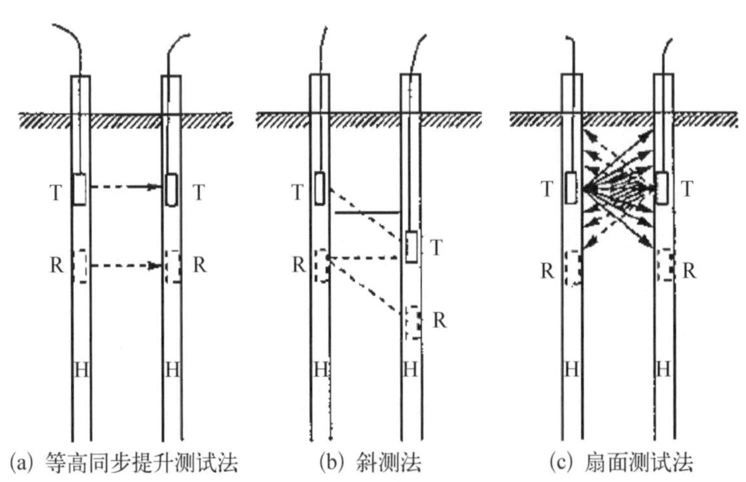

(a) 等高同步提升测试法　(b) 斜测法　(c) 扇面测试法

T—发射振源；R—接收换能器；H—钻孔

图10－2 跨孔波速法

(1) 等高同步法——划分地层。图10－3是跨孔声波投射等高同步提升测试法对第四系地层的检测结果。从图中可以看出，上部及下部的轻亚黏土层跨孔时间约3 ms，中间的淤泥质黏土层跨孔时间约4.5 ms，两层土可以明确地加以划分。与钻孔取芯相比，声波法检测结果基本与钻孔取芯的土层划分一致，且声波法对土层的划分更加细致。

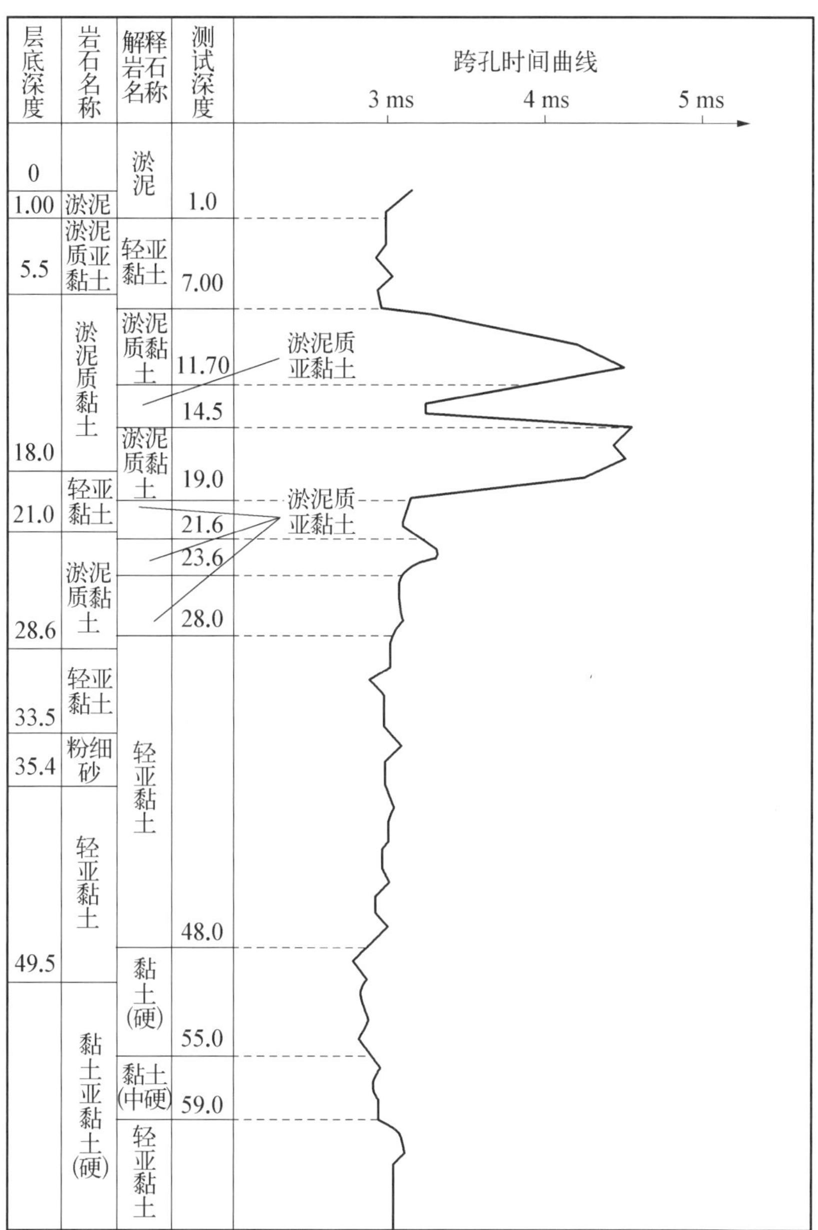

图 10-3　跨孔波速等高同步法

(2) 测斜法多用于检测水平层的异常体，使用较少。

(3) 扇面测试法测试方法如图 10-4 所示，即先固定一点发射，依次如 T_1，T_2，T_3，…，T_n，在另一钻孔的 R_1，R_2，R_3，…，R_n 依次接收，即可测取 $n \times n$ 组跨孔时间值，然后将这些跨孔时间值由声波层析成像软件处理，即获取如图 10-5 所示的二维成像图，从该图作出的地质解释如图 10-6 所示，可见第四系地层下的基岩起伏以及溶洞分布。

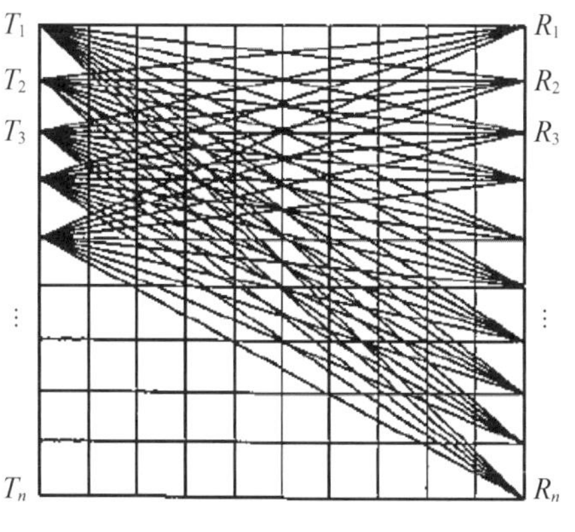

图 10-4　跨孔波速扇面测试法

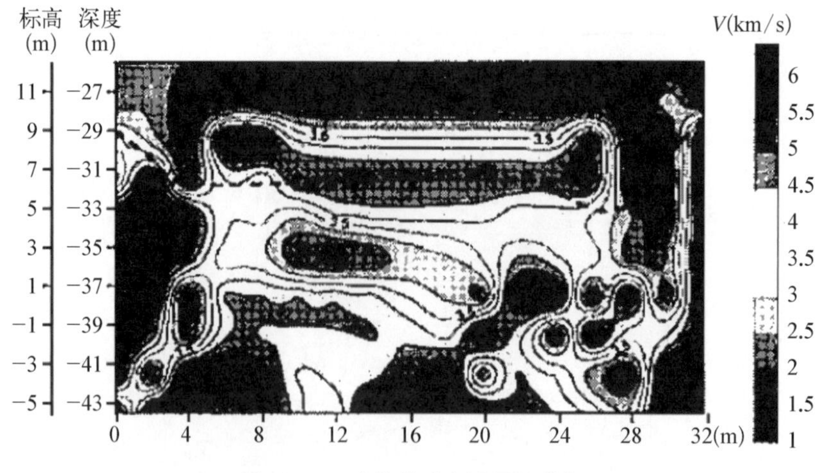

图 10－5　建筑基础声波层析成像

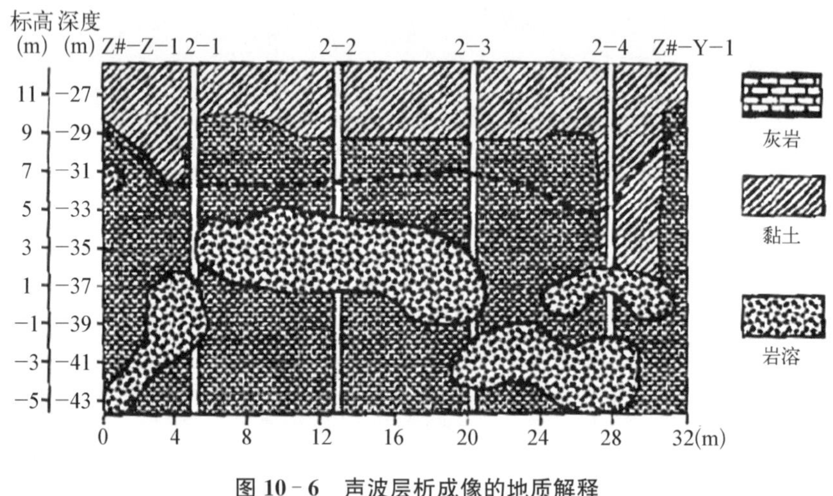

图 10－6　声波层析成像的地质解释

10.3　复合止水帷幕体施工质量评价

10.3.1　工程概况

某建设工程的场地位于海南省文昌市龙楼镇，距离南海直线距离 800～900 m。临海地区地质条件复杂，其典型地层剖面可概括为以下三层岩土体：上部以粉砂、中粗砂为主，含大量珊瑚礁碎屑及珊瑚礁灰岩，渗透系数大，高达 10^{-4}～10^{-3} cm/s；中部为强风化花岗岩，层厚随基岩面起伏而变化大，渗透系数较大，为 10^{-5} cm/s 左右，局部含有大块状的花岗岩孤石，上述两土层含地下水丰富，地下水与南海有直接水力联系，并受海水潮汐影响；下部为中风化花岗岩，渗透系数小，可视为弱透水层或隔水层，基岩起伏较大。因地处旷野，四周环境宽松，基坑围护的关键目的是防渗止水。基坑开挖要进入基岩，采用爆破开挖，不可能采用内支撑，只能采用止水加放坡、护坡。基坑开挖面积为 13 000～15 000 m^2，开挖深度为 24～27 m，坑底进入基岩深度 12～15 m。

通过对场地地层分析，结合岩土组合地层地区的基坑止水防渗设计经验，根据本工程的施工特点、难点及建设方施工要求，基坑止水帷幕设计为：在垂直剖面上采用组合围护形式，即对于上部砂层和厚度超过 1.0 m 的中部强风化层，采用单排套打 ϕ850@1200 的三轴搅拌桩进行施工，三轴搅拌桩施打到基岩面 1.0 m 深度，然后在搅拌桩上采用常规钻机同心预成孔进入基岩 1.0 m 以上，再采用高压旋喷桩进行施工，使防渗止水围护体进入基岩中风化相对不透水层。高压旋喷桩下部进入基岩 1.0 m，上部与三轴搅拌桩有效搭接 1.0 m。

10.3.2 声波 CT 测试

考虑到含珊瑚礁碎屑和珊瑚礁灰岩土层的均匀性极差，以及基岩面起伏较大，施工质量难以保证，需要进行声波 CT 测试评价成桩施工质量。

现利用工程声波 CT 测试系统对围护桩进行检测，检测依照《岩土工程勘察规范》(GB 50021—2001)、《超声法检测混凝土缺陷技术规程》(CECS 21—2000)、《浅层地震勘查技术规范》(DZ/T 0170—1997)、《水利水电工程物探规程》(SL 326—2005)，结合现场实际情况，在建设场地每间隔 12 m 布置 1 个测试孔，设置声波 CT 测试剖面。

1) 测试准备工作

进行现场测试前，需完成下列准备工作：

(1) 根据探孔、预成孔等资料，确定一定范围内基岩面埋深，以便确定预钻孔深度，确保在此范围内预钻孔进入最大基岩面埋深处的基岩内长度不小于 5.0 m。

(2) 沿基坑止水帷幕四周轴线按 12 m 间距在围护体内放线定位，测量确定测试孔孔位。

(3) 按预成孔、下放 PVC 管的施工步骤和要求施工测试孔、下放 PVC 管；要求预成孔必须进入一定范围内基岩的长度不小于 5.0 m，PVC 管进入一定范围内基岩的长度不小于 5.0 m。

(4) 在预成孔过程中，全桩长取芯并取基岩岩芯长度不小于 5.0 m；岩芯试样从上到下排好，详细描述成桩质量，并拍成照片留存；同时选取试样进行单轴抗压试验，记录号桩号与位置。

2) 现场测试

(1) 将 12 道水声检波器(每道间距 0.5 m)放入孔中测试位置，把电火花震源放入另一个孔中。

(2) 调整激发点的深度使其与最下边检波器深度相等并激发，由另一个孔中的水声检波器接收并记录数据。

(3) 上提震源 1.0 m 进行第二个激发点的激发并记录数据，并重复该过程 24 次。

(4) 当震源上提 2.5 m 后，需上提检波器 5.0 m，使得震源位置和最下边检波器处于同一深度位置并激发；重复步骤(3)～(4)直至目标孔段测完为止。

(5) 测完一侧后，将检波器和震源交换孔位，重复步骤(1)～(5)的工作，直至孔段另一侧测完为止。具体声波 CT 测试过程如图 10-7 所示。

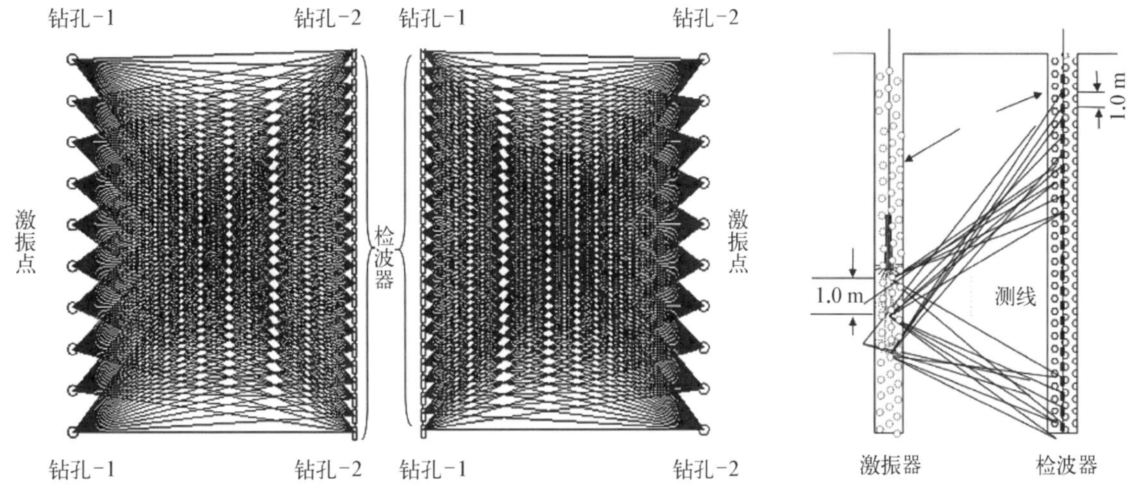

图 10-7 声波 CT 测试原理示意图

10.3.3 复合止水帷幕体施工质量评价

在获得现场测试资料后，需根据测试的波速对止水帷幕施工质量进行验证和评价。

通过现场取芯完整性描述以及试样的单轴抗压试验，以及波速测试数据分析对比，假定桩体施工质量完整的标准波速，并对较差、差的部位进行钻孔取芯验证，最后按质量好、较好、较差、差四个等级进行评定，填写桩体质量评价表，详见表 10-2，并给出相应处理建议。

表 10-2 桩体质量检测评价分类表

位　置（假定）	实测波速/标准波速（假定）	钻孔取芯试样判断描述	质量等级	处理建议
$K3\sim K4$	>0.8	岩芯完整、单轴抗压强度大	好	不需处理
$K13\sim K14$	0.6～0.8	岩芯较完整、单轴抗压强度较大	较好	不需处理，需监测
$K23\sim K24$	0.4～0.6	岩芯不太完整、单轴抗压强度较小	较差	需处理，需重新检测
$K33\sim K44$	<0.4	岩芯不完整、单轴抗压强度小	差	需处理，需重新检测

在实际检测评价过程中，必须注意：

(1) 一定要密切关注波速试验和室内水泥土取芯的抗压试验、钻孔取芯描述等试验成果的相互关系，注意相互对比、相互验证，如发现有不符的情况，应查明原因，不得无依据地任意舍弃、评判。

(2) 重视对声波成像的分析，特别是注意判断的真实性，如发现大范围施工质量问题或大空洞，应再钻孔取芯验证。

(3) 要注意到三轴搅拌桩桩体波速与高压旋喷桩桩体波速的区别，结合施工原始结论，有针对性地区别评价。

(4) 对施工质量有问题的桩体部分，应从原始勘察资料、设计方案、施工原始记录和检测记录等环节认真分析，查找原因，提出应对、改进措施。

10.4 加固处理方案优选

在前述止水帷幕施工质量评价的基础上，对止水帷幕施工质量分段进行快速评价，查明原因，编制加固处理方案。对于加固方案，可供选择的加固施工方法很多，但在选择前都必须查明原施工缺陷产生的原因，有针对性地选择加固施工措施。

具体分析可知，施工质量由三部分组成：三轴搅拌桩施工质量、基岩面以上土体高压旋喷桩施工质量（包括与三轴搅拌桩搭接好坏情况）、高压旋喷桩进入基岩面情况。下面按这三部分进行分类分析，查找原因，给出处理措施。

如因基岩面以上三轴搅拌桩桩体施工质量原因而施工高压旋喷桩，按加固处理方案，在三轴搅拌桩中心轴线错位施工预成孔，进入缺陷部位下 1.0 m，不需下放 PVC 管，预成孔后直接进行高压旋喷桩施工；如施工三轴搅拌桩，则应在原防渗止水帷幕体外侧重新施工三轴搅拌桩，三轴搅拌桩桩长大于缺陷部位 1 m，再用高压旋喷桩在前后两排三轴搅拌桩之间进行接缝处理，高压旋喷桩桩端在后施工的三轴搅拌桩桩端下 1 m。

如因基岩面以上土体的高压旋喷桩桩体施工质量不良而加固施工高压旋喷桩，预成孔、下管必须进入基岩面以下 1 m，桩间距按施工质量评价等级区别设计；如因基岩面附近高压旋喷桩施工质量不良而需加固处理，预成孔、下管必须进入基岩面以下 2 m，桩间距按施工质量等级区别设计。

加固处理后施工质量处理的确定严格按表 10－3 规定执行。

表 10－3 缺陷分类加固处理分析表

缺陷情况描述	产生原因分析	加固措施选择	是否重新检测
基岩面上覆土体三轴搅拌桩桩体内存在小面积（<3 m^2）缺陷且质量等级属于较差（含较差）以上	可能存在小岩体块；三轴搅拌桩施工搅拌不均匀；喷浆系统短时发生故障等	可用高压旋喷桩进行加固，桩间距为 0.6 m，施工部位、喷浆量、提升速度等必须详细规定	不需要
基岩面上覆土体三轴搅拌桩桩体内存在较大面积（10 m^2>缺陷面积>3 m^2）缺陷且质量等级属于较差（含较差）以上	可能存在较大体积的珊瑚礁灰岩体；原珊瑚礁成层岩体处理不到位；三轴搅拌桩施工操作存在问题；喷浆系统存在问题等	可用高压旋喷桩进行加固，桩间距为 0.6 m，施工部位、喷浆量、提升速度等必须详细规定	根据缺陷面积大小和施工情况按需要确定
基岩面上覆土体三轴搅拌桩桩体内存在大面积（缺陷面积>10 m^2）缺陷且质量等级属于较差（含）以下	可能存在大体积的珊瑚礁灰岩体；原珊瑚礁成层岩体处理不到位；三轴搅拌桩施工操作存在问题；喷浆系统存在问题等	应用三轴搅拌桩重新施工，用高压旋喷桩进行接缝加固。设计详细施工图，并严格规定施工设计参数和施工要求	必须重新检测
基岩面上覆土体高压旋喷桩桩体内存在较大面积（10 m^2>缺陷面积>3 m^2）缺陷且质量等级属于较差（含较差）以上	可能因为基岩面起伏大；引孔、下管不到位；高压旋喷桩施工操作存在问题；喷浆系统存在问题等	重新引孔、下管，用高压旋喷桩进行加固处理，桩间距为 0.6 m，施工部位、喷浆量、提升速度等必须详细规定	根据缺陷面积大小和施工情况按需要确定
基岩面上覆土体高压旋喷桩桩体内存在较大面积（10 m^2>缺陷面积>3 m^2）缺陷且质量等级属于较差（含较差）以上	可能因为基岩面起伏大；引孔、下管不到位；高压旋喷桩施工操作存在问题；喷浆系统存在问题等	重新引孔、下管，用高压旋喷桩进行加固处理，桩间距为 0.6 m，施工部位、喷浆量、提升速度等必须详细规定	根据缺陷面积大小和施工情况按需要确定
基岩面上覆土体三轴搅拌桩桩体内存在大面积（缺陷面积>10 m^2）缺陷且质量等级属于较差（含）以下	可能因为基岩面起伏大；引孔、下管不到位；高压旋喷桩施工操作存在问题；喷浆系统存在问题等	重新引孔、下管，用高压旋喷桩进行加固处理，桩间距为 0.6 m，施工部位、喷浆量、提升速度等必须详细规定	必须重新检测
基岩面附近存在施工质量缺陷（按施工轴线长度分别处理，分长度小于 3 m，大于 6 m 和介于上述二者之间三种情况，分别为小缺陷、较大缺陷和大缺陷）	可能因为基岩面起伏大；引孔、下管不到位；喷浆系统存在问题等；喷浆机头停留时间不足；施工操作存在问题	重新引孔、下管，进入基岩面不得小于 2 m，用高压旋喷桩进行加固处理，对于施工质量较差区域，桩间距为 0.9 m；对于施工质量差的区域，桩间距为 0.6 m。重点关注基岩面位置、标高，施工部位、喷浆量、提升速度等必须详细规定，做到一桩一表的要求	小缺陷不需重新检测；较大缺陷和大缺陷必须重新检测

10.5 结　论

本章通过上述分析研究，得到如下结论。

(1) 检测复合防渗止水帷幕体施工质量的方法有有损检测(如钻孔取芯方法)和无损检测方法(如地质雷达法等地球物理勘探法);检测方法的选用要结合场地条件,设计方案和施工方案,以有效性为主要原则,以经济、合理、工期为次要原则加以比选。

(2) 经分析比较后,跨孔波速法具有测试深度大、精度高、适用范围广等优点,可用于垂直复合止水帷幕的质量检测。该法结合了钻孔取芯和波速测试的优点,既是大间距的钻孔取芯有损检测,又发挥了波速测试准确、简便、效率高等这些地球物理勘探方法的优点。

(3) 通过现场取芯完整性描述、试样的单轴抗压试验,以及波速测试数据分析对比,假定桩体施工质量完整的标准波速,并对较差、差的部位进行钻孔取芯验证,最后按质量好、较好、较差、差四个等级进行评定。

(4) 根据防渗止水帷幕体施工质量三个组成部分:三轴搅拌桩施工质量、基岩面以上土体高压旋喷桩施工质量(包括与三轴搅拌桩搭接好坏情况)、高压旋喷桩进入基岩面情况,按前述止水帷幕施工质量四等级评价标准,对止水帷幕施工质量分段进行快速评价,并查明原施工缺陷产生的原因,按缺陷等级和缺陷面积(长度)大小,编制加固处理方案,提出处理措施,明确是否重新检测。

参考文献

[1] 汪稔，宋朝景，赵焕庭，等. 南沙群岛珊瑚礁工程地质[M]. 北京：科学出版社，1997.
[2] 王新志，汪仁，孟庆山，等. 南沙群岛珊瑚礁礁灰岩力学特性研究[J]. 岩石力学与工程学报，2008，27(11)：2221-2226.
[3] 尹宏锦. 实用岩石可钻性[M]. 东营：石油大学出版社，1989.
[4] 韩来聚，李祖亏，燕静，等. 碳酸盐岩地层岩石声学特性的试验研究与应用[J]. 岩石力学与工程学报，2004，23(14)：2444-2447.
[5] 李士斌，闫铁，张艺伟. 岩石可钻性级值模型及计算[J]. 大庆石油学院学报，2002，26(3)：26-28.
[6] 邹德永，程远方，刘洪祺. 岩屑声波法评价岩石可钻性的试验研究[J]. 岩石力学与工程学报，2004，23(14)：2439-2443.
[7] 鲍挺，郑明明，张思渊. 岩石可钻性研究方法与发展前景[J]. 安徽建筑，2010(4)：73-74.
[8] 熊继有，李井矿，付建红，等. 岩石矿物成分与可钻性关系研究[J]. 西南石油学院学报，2005，27(2)：31-33.
[9] 修宪民，杨弘. 岩石力学性质及可钻分级研究[J]. 云南地质，2001，20(3)：323-330.
[10] 闫铁，李玮，李士斌，等. 牙轮钻头的岩屑破碎机理及可钻性的分形法[J]. 石油钻采工艺，2007(2)：27-30.
[11] 闫铁，李玮，李士斌，等. 旋钻钻机中岩石破碎能耗的分形分析[J]. 岩石力学与工程学报，2008，27(2)：3649-3654.
[12] 夏宏权，刘之德，陈平，等. 基于 BP 神经网络的岩石可钻性测井计算研究[J]. 测井技术，2004，28(2)：148-150.
[13] 王海森. 基于分形方法的深部砂岩地层岩石可钻性分析[J]. 科学技术与工程，2011，11(24)：5917-5920.
[14] 李士斌. 深井岩石破碎规律及破碎的分形机理研究[D]. 大庆：大庆石油大学，2006.
[15] 赵琰. 基于神经网络方法在致密砂岩可钻性中的建模[D]. 成都：成都理工大学，2007.
[16] 吕振利，陈建平. 高透水性江心洲地区基坑支护及加固技术研究[J]. 建筑科学，2010，26(5)：79-82.
[17] 朱汝贤，王宇飞，杨传森. 沿海造陆区地质条件下旋喷桩止水帷幕实践[J]. 建筑科学，2010(11)：32-33.
[18] 金成文，朱匡平. 填海造陆区旋喷桩止水帷幕施工实践[J]. 探矿工程(岩土钻掘工程)，2009，36(3)：57-58.
[19] 吴明军，刘会，杨转运，等. 深水钻孔灌注桩施工[J]. 建筑技术，2008，39(9)：718-720.
[20] 高亚军，徐啸. 上海外高桥造船有限公司大密度桩群码头潮汐水流及泥沙模型试验研究[M]//吴有生，刘桦，许唯临，等. 第九届全国水动力学学术会议暨第二十二届全国水动力学研讨会文集. 北京：海洋出版社，2009：960-966.

[21] 赵晖，刘军. 人造机床单桩稳定性的二维离散元模拟[J]. 岩土力学，2008，29(12)：3407－3411.

[22] 林祥，尹宝树，侯一筠，等. 辐射应力在黄河三角洲近岸波浪和潮汐风暴潮相互作用中的影响[J]. 海洋与湖沼，2002，33(6)：615－618.

[23] 欧素英，杨清书. 珠江三角洲网河区径流潮流相互作用分析[J]. 海洋学报，2004，26(1)：125－131.

[24] 蒋红星，李龙，冯芳. 深基坑支护工中的地下水防治问题研究[J]. 中国煤田地质，2003，15(1)：41－43.

[25] 李群. 如何做好沿海地区深基坑围护及降水的监理工作[J]. 科技资讯，2011(3)：32－33.

[26] 郑定刚，郑必勇. 全封闭止水的深基坑降水计算的思考与探讨[J]. 江苏建筑，2011(1)：88－89.

[27] 沈建军，李立灿，李彦利，等. 某填海造地电厂降水试验研究[J]. 勘测设计，2009(2)：17－20.

[28] 王赫生，孙亚军，李燕. 煤矿抽水试验及疏水设计参数的合理确定[J]. 煤炭工程，2011(4)：13－15.

[29] 邹正盛，刘明辉，赵智荣. 基坑降水"疏不干"问题及其工程对策[J]. 长春科技大学学报，2011，31(2)：173－175.

[30] 王金超，刘伟. 沿海地下建筑物基坑降水开挖及支护[J]. 山东水利，2011(4)：57－60.

[31] 胡鸿志. 特大型深基坑抽渗结合配合区域明排水的设计与施工[J]. 建筑与技术，2005，36(8)：574－575.

[32] 徐冬生. 疏干降水施工技术在人工挖孔桩的应用[J]. 中外建筑，2004(4)：136.

[33] 刘澜. 银座大厦深基坑地下水疏干措施[J]. 四川地质学报，2003，23(4)：213－215.

[34] 褚振尧，秦文清. 元宝山露天煤矿疏干方式探讨[J]. 露天采煤技术，2002(5)：25－30.

[35] 刘崇权，杨志强，汪稔. 钙质土力学性质研究现状与进展[J]. 岩土力学，1995，16(4)：74－84.

[36] King R, Lodge M. North West shelf development-The foundation engineering challenge[C]//Proceedings of International Conference on Calcareous Sediments. Australia：Perth，1988(2)：333－341.

[37] Wiltsie E A, Hulelt J M, Murff J D, et al. Foundation design for external strut strengthening system for Bass Strait first generation platforms[C]//Proceedings of International Conference on Calcareous Sediments. Australia：Perth，1988(1)：321－330.

[38] Mello J R C, Amaral C, Costa A M, et al. Closed-Ended Pipe Piles：Testing and Piling in Calcareous Sand [C]//Proceedings of the 21st Annual offshore Technology Conference. Australia，Houston，1989：341－352.

[39] Nauroy J F, Le Tirant P . Model tests of piles in calcareous sands [C]//Proceedings of Conference on Geotechnical Practice in Offshore Engineering. Australia：Texas，April，1983：356－369.

[40] Dutt R N，Ingram W B . Bearing capacity of jack-up footings in carbonate granular sediments [C]//Proceedings of International Conference on Calcareous Sediments. Australia：Perth，1988(1)：291－296.

[41] Hagenaar J. The use and interpretation of SPT results for the determination of axial bearing capacities of piles driven into carbonate soils and coral[C]//Proceeding of Second European Symposium on Penetration Testing. Amsterdam，1982：51－55.

[42] 赵焕庭，宋朝景，卢博，等. 珊瑚礁工程地质初论——新的研究领域珊瑚礁工程地质[J]. 工程地质学报，1996，4(1)：86－90.

[43] 刘崇权，汪稔. 钙质砂物理力学性质初探[J]. 岩土力学，1998，9(1)：32－37.

[44] 沈建华,汪稔. 钙质砂的工程性质研究进展与展望[J]. 工程地质学报,2010,18(增):26-32.
[45] 孙宗勋,黄鼎成. 珊瑚礁工程地质研究进展[J]. 地球科学进展,1999,14(6):577-581.
[46] 赵焕庭. 南沙群岛自然地理[M]. 北京:科学出版社,1996.
[47] 赵焕庭,宋朝景,卢博,等. 珊瑚礁工程地质研究的内容和方法[J]. 工程地质学报,1997,5(1):21-27.
[48] 黄金森. 我国晚近时期生物礁岩的岩石类型和胶结类型[J]. 中国岩溶,1983,1(1):11-17.
[49] 白晓宇. 钙质岩土工程性状研究[D]. 青岛:青岛理工大学,2006.
[50] 孙宗勋,黄鼎城. 南沙群岛珊瑚砂工程性质研究[J]. 工程地质学报,2000,8(增):208-212.
[51] 刘崇权,汪稔,吴新生. 钙质砂物理力学性质试验中的几个问题[J]. 岩石力学与工程学报,1999,18(2):209-212.
[52] 陈海洋. 钙质砂的内孔隙研究[D]. 武汉:中国科学院武汉岩土力学研究所,2005.
[53] 陈海洋,汪稔,李建国. 钙质砂颗粒的形状分析[J]. 岩土力学,2005,26(9):1389-1392.
[54] Fookes P G, Higgilibottom I E. The classification and description of near shore carbonate sediments for engineering purposes[J]. Geotechnique,1975,25(2):406-411.
[55] Clark A R, Walker B F. A proposed scheme for the classification and nomenclature for use in the engineering description of Middle Eastern sedimentary rocks[J]. Geotechnique,1977,27(1):93-99.
[56] Coop M R. The mechanics of uncemented carbonate sands[J]. Geotechnique,1990,40(4):607-626.
[57] Bryant W R,Deflache A P,Trabant P K. Consolidation of marine clays and carbonates[M]// Inderbitzen A L. Deep Sea Sediments. Plenum Press, 1974:209-244.
[58] Hull T S, Poulos H G, Aleho ssein H. The static behavior of various calcareous sediments [C]//Jewell Khorshid. Engineering for Calcareous Sediments. Rotterdam: Balkma, 1988:87-96.
[59] Poulos H G, Davis E H. Pile foundation analysis and design[M]. New York: John Wiley and Sons, 1980.
[60] 张家铭. 钙质砂基本力学性质及颗粒破碎影响研究[D]. 武汉:中国科学院武汉岩土力学研究所,2004.
[61] 王新志,汪稔,孟庆山,等. 钙质砂室内载荷试验研究[J]. 岩土力学,2009,30(1):147-151.
[62] Fahey M. The response of calcareous soils in static and cyclic triaxial text [C]//Proceedings of International Conference on Calcareous Sediments. Australia: Perth,1988,(2):61-68.
[63] Demars K R, Nacci V A, Kelly W E, et al. Carbonate content: An index property for ocean sedimented[C]//Proceedings of 8th OTC Conference. Houston, Paper PTC2627, 1976:97-106.
[64] Datta M, Gullhati S K, Rao G V. Crushing of calcareous sands during shear[C]//Proceedings of 11th OTC Conference. Houston, Paper PIC3535, 1979:1459-1467.
[65] Murff J D. Pile capacity in calcareous sands: State of the art[J]. Journal of Geotechnical Engineering Division, 1987, 113(5):490-507.
[66] 张家铭,张凌,刘慧,等. 钙质砂剪切特性试验研究[J]. 岩石力学与工程学报,2008,27(增1):3010-3015.
[67] 张家铭,张凌,蒋国盛,等. 剪切作用下钙质砂颗粒破碎试验研究[J]. 岩土力学,2008,29(10):2789-2793.

[68] 张家铭，蒋国盛，汪稔. 颗粒破碎及剪胀对钙质砂抗剪强度影响研究[J]. 岩土力学，2009，30(7)：2043－2048.

[69] 吴京平，褚瑶，楼志刚. 颗粒破碎对钙质砂变形及强度特性的影响[J]. 岩土工程学报，1997，19(5)：49－55.

[70] 孙吉主，汪稔. 钙质砂的颗粒破碎和剪胀特性的围压效应[J]. 岩石力学与工程学报，2004，23(4)：641－644.

[71] 胡波. 三轴条件下钙质砂颗粒破碎力学性质与本构模型研究[D]. 武汉：中国科学院武汉岩土力学研究所，2008.

[72] 刘崇权，汪稔. 颗粒破碎对钙质土力学特性的影响[J]. 岩土力学，2002，23(增1)：13－16.

[73] 吕海波，汪稔，孔令伟. 钙质土破碎原因的细观分析初探[J]. 岩石力学与工程学报，2001，20(增1)：890－892.

[74] Datta, Manoj G V Rao, S K Gulhati. Development of pore water in a dense calcareous sand under repeated compressive stress cycles[C]//Proceedings of International Symposium on Soils under Cyclic and Transient Loading. Swansea，1980 (1)：33－47.

[75] Knight K. Contribution to the performance of calcareous sands under cyclic loading [C]//Proceedings of International Conference on Calcareous Sediments. Perth, 1988 (1)：877－880.

[76] Morrison M J, Mcintyre P D, Sauls D P. Laboratory test results for carbonate soils from offshore Africa[C]//Proceeding of International Conference on Calcareous Sediments. Perth, 1988 (1)：109－118.

[77] Kaggwa W S, Poulos H G, Cater J P. Response of carbonate sediments under cyclic triaxial test condition[C]//Proceedings of International Conference on Calcareous Sediments. Perth, 1988(1)：97－107.

[78] Kaggwa W S, Booker J R. Analysis of behavior of calcareous sand under uniform cyclic loading [R]. Engineering properties of calcareous sediments research report, University of Sydney, Australia, 1990.

[79] Airey D W, Fahcy M. Cyclic response of calcareous soil from the North-West Shelf of Australia[J]. Geotechnique, 1991, 41(1)：101－121.

[80] Al-Donri R H, Poulos H G. Static and cyclic direct shear tests on carbonate sands[J]. Geotech Test, 1992, 15(2)：138－157.

[81] 虞海珍，汪稔. 钙质砂动强度试验研究[J]. 岩土力学，1999，20(4)：6－11.

[82] 李建国. 波浪荷载作用下饱和钙质砂动力特性的试验研究[D]. 武汉：中国科学院武汉岩土力学研究所，2005.

[83] 徐学勇. 饱和钙质砂爆炸响应动力特性研究[D]. 武汉：中国科学院武汉岩土力学研究所，2009.

[84] Poulos H G, Chua E W. Bearing capacity of foundations on calcareous sand [C]//Proceedings of Eleventh International Conference on Soil Mechanics and Foundation Engineering. San Francisco, 1985(3)：1149－1152.

[85] 杨志强. 钙质砂(珊瑚砂)的物理力学性质研究[M]//中国科学院南沙综合科学考察队. 南沙群岛及其邻近海区地质地球物理及岛礁研究论文集(二). 北京：科学出版社，1994：172－180.

[86] 单华刚，汪稔. 钙质砂中的桩基工程研究进展述评[J]. 岩土力学，2000，21(3)：299－305.

[87] 刘崇权，单华刚，汪稔. 钙质土工程特性及其桩基工程[J]. 岩石力学与工程学报，1999，18(3)：331－335.

[88] 江浩，汪稔，吕颖慧，等. 钙质砂中模型桩的试验研究[J]. 岩土力学，2010，31(3)：780－784.

[89] 王新志. 南沙群岛珊瑚礁工程地质特性及大型工程建设可行性研究[D]. 武汉：中国科学院武汉岩土力学研究所，2008.
[90] 贺迎喜，王伟智，邱青长，等. 红海地区珊瑚礁吹填料的压实效果研究与分析[J]. 水运工程，2010(10)：82 - 88.
[91] 贺迎喜，董志良，杨和平，等. 吹填珊瑚礁砂（砾）用作海岸工程填料的压实性能研究[J]. 中外公路，2010，30(6)：34 - 37.
[92] 祝敏杰. 钻孔灌注桩在珊瑚礁地质条件下的施工工艺[J]. 中国港湾建设，2010(6)：58 - 60.
[93] 梁文成. 苏丹珊瑚礁灰岩地区地质勘察总结[J]. 水运工程，2009(7)：151 - 154.
[94] 严与平，柯有青. 浅谈珊瑚礁工程地质特性及地基处理[J]. 资源环境与工程，2008，22(特)：47 - 49.
[95] 李士斌. 深井岩石破碎规律及破碎的分形机理研究[D]. 大庆：大庆石油学院，2006.
[96] 曹洪洋，边亚东. 地下工程围岩质量分级的属性数学方法[J]. 建筑科学，2012(5)：26 - 29.
[97] 程乾生. 属性识别理论模型及应用[J]. 北京大学学报（自然科学版），1997，33(1)：12 - 20.
[98] 冯玉国. 灰色优化理论模型在地下工程围岩稳定性分类中的应用[J]. 岩土工程学报，1996，18(3)：62 - 66.
[99] 郑美田，陈乐求，王曰国. 洞室围岩质量多因素模糊综合评价模型及应用[J]. 地质与勘探，2007，43(5)：101 - 104.
[100] 刘贵应，陈建平，魏新颜，等. 人工神经网络在隧道围岩稳定性识别中的应用[J]. 地质科技情报，2002，21(1)：95 - 98.
[101] 黄建光. 改进的钻孔灌注桩施工技术在铁板砂地层中应用[J]. 石家庄铁道学院学报（自然科学版），2009，22(4)：110 - 112.
[102] 黄祥志，佘成学. 基于可拓理论的围岩稳定分类方法的研究[J]. 岩土力学，2006，27(10)：1800 - 1804.
[103] 周占山. 某教学楼改造地基基础方案的优选[J]. 勘察科学技术，2013，30(1)：39 - 42.
[104] 刘志伟，李灿，胡昕. 珊瑚礁礁灰岩工程特性测试研究[J]. 工程勘察，2012，40(9)：17 - 21.
[105] 中国科学院南沙综合科学考察队. 南沙群岛永署礁第四纪珊瑚礁地质[M]. 北京：海洋出版社，1992.
[106] 罗新华. 浅谈苏丹港区工程地质特征[J]. 水运工程，2004，03：49 - 50，75.
[107] 孙其诚，王光谦. 颗粒流动力学及其离散模型评述[J]. 力学进展，2008，38(1)：87 - 100.
[108] 王光谦，倪晋仁. 颗粒流研究评述[J]. 力学与实践，1992，14(1)：7 - 19.
[109] Campbell C S. Rapid granular flows[J]. Annual Review of Fluid Mechanics，1990，22(22)：57 - 90.
[110] Bagnold R A. Experiments on a gravity-free dispersion of large solid spheres in a newtonian fluid under shear[J]. Proceedings of the Royal Society of London，1954，225(1160)：49 - 63.
[111] 曾远. 土体破坏细观机理及颗粒流数值模拟[D]. 上海：同济大学，2006.
[112] 徐泳，孙其诚，张凌，等. 颗粒离散元法研究进展[J]. 力学进展，2003，33(2)：251 - 260.
[113] 刘凯欣，高凌天. 离散元法研究的评述[J]. 力学进展，2003，33(4)：483 - 490.
[114] 杨洋，唐寿高. 颗粒流的离散元法模拟及其进展[J]. 中国粉体技术，2006，12(5)：38 - 43.
[115] 张璐. 基于 PFC^{3D} 的模拟月壤本构关系研究[D]. 北京：中国地质大学，2014.
[116] 陈宜楷. 基于颗粒流离散元的尾矿库坝体稳定性分析[D]. 长沙：中南大学，2012.
[117] 曾远. 土体破坏细观机理及颗粒流数值模拟[D]. 上海：同济大学，2006.
[118] 施凤根. 基于 PFC^{3D} 的文家沟滑坡高速远程运动学特征研究[D]. 北京：中国地质大学，2014.

[119] 顾馨允. PFC^{3D}模拟颗粒堆积体的空隙特性初步研究[D]. 北京：清华大学，2009.
[120] 刘文白. 抗拔基础的承载性能与计算[M]. 上海：上海交通大学出版社，2006.
[121] 中国水利水电科学研究院，南京水利科学研究院. 水工混凝土试验规程：SL352—2006[S]. 北京：中国水利水电出版社，2006.
[122] 国家质量技术监督局，中华人民共和国水利部. 土工试验方法标准：GB/T 50123—1999[S]. 北京：中国计划出版社，2008.
[123] 中华人民共和国住房和城乡建设部，国家质量监督检验检疫总局. 普通混凝土长期性能和耐久性能试验方法标准：GB/T 50028—2009[S]. 光明日报出版社，2010.
[124] 朱小林，杨桂林. 土体工程[M]. 上海：同济大学出版社，1996.
[125] 张春华. 严云良. 医药数理统计[M]. 北京：科学出版社，2001.
[126] 李志斌，叶观宝，徐超. 水泥土添加剂室内配比试验的模糊正交分析[J]. 水文地质工程地质，2005，32(4)：117－119.
[127] 徐立胜，陈忠，张研. 水泥土搅拌法的室内试验研究[J]. 河海大学学报(自然科学版)，2010，38(4)：433－435.
[128] 徐海洋. 复杂地质条件下长大隧道综合地质超前预报研究[D]. 重庆：重庆大学，2011.
[129] 朱劲. 超前地质预报新技术在铜锣山隧道的应用及综合分析研究[D]. 成都：成都理工大学，2007.
[130] Lin M C，Wang C C，Chen M S，et al. Using AHP and TOPSIS approaches in customer-driven product design process[J]. Computers in Industry，2008，59(1)：17－31.
[131] 陈婷婷，宋永发. 基于 AHP-TOPSIS 的地铁车站施工方案比选[J]. 工程管理学报，2012(4)：33－36.
[132] 赵同新，高霈生. 深基坑支护工程的设计与实践[M]. 北京：地震出版社，2010.
[133] 贺启鑫，张智博. 大连临海超大深基坑旋喷桩止水帷幕施工技术[J]. 探矿工程，2010，37(12)：54－57.
[134] 矫贵峰. 临海复杂地质条件下的深基坑支护施工[J]. 辽宁建材，2008(9)：46.
[135] 张同波，李华杰，刘海军. 青岛奥帆赛工程临海复杂地质条件的止水帷幕及地基处理技术[J]. 施工技术，2005(S1)：121－124.
[136] 刘峰. 珠海电厂循环水泵房深基坑支护技术[J]. 建筑科学，2001，17(2)：26－35.
[137] 卓幸福，周瑞忠. 沿江沿海砂基上高层建筑深基坑开挖的地下砼方法与实例[J]. 福州大学学报，2003，31(1)：78－81.
[138] 邵志国. 青岛土岩复合地层深基坑变形规律与变形监测系统研究[D]. 青岛：青岛理工大学，2012.
[139] 朱志华，刘涛，单红仙. 土岩结合条件下深基坑支护方式研究[J]. 岩土力学，2011，32(增 1)：619－623.
[140] 谢万东. 高喷止水帷幕在珊瑚礁中的应用[J]. 水运工程，2014(2)：194－196.
[141] 马聪，谭跃虎. 珊瑚礁地质条件下水泥土搅拌桩抗渗性能研究[J]. 岩土工程学报，2014，36(4)：788－792.
[142] 宋明哲. 现代风险管理[M]. 北京：中国纺织出版社，1984.
[143] Vol N. Subsurface settlement profiles above tunnels in clays[J]. Geotechnique，1995，45(2)：361－362.
[144] Peck P B. Deep excavations and tunneling in soft ground[C]//Proceedings of the 7th International Conference On Soil Mechanics and Foundation Engineering，Mexico City，1969：

275 - 290.

[145] Nilsen B, Palmstrom A, Stille H. Quality control of a sub-sea tunnel project in complex ground conditions[J]. Challenges for the 21st century,1992: 137 - 145.

[146] Sturk R, Olsson L, Johansson J. Risk and decision analysis for large underground projects, as applied to the Stockholm Ring Road tunnels[J]. Tunnelling & Underground Space Technology, 1996, 11(2): 157 - 164.

[147] Houlsby G T, Burd H J, Liu G, et al. Modelling tunnellmg-induced settlement of masonry buildings[J]. Geotechnical Engineering, 2000, 143(1): 17 - 29.

[148] Burland J B,Wroth C P. Settlements Oil buildings and associated damage[C]//Proceedings of Conference on Settlement of Structures. Cambridge: BTS,1974: 611 - 654.

[149] Haas C N. Importance of Distributional Form in Characterizing Inputs to Monte Carlo Risk Assessments[J]. Risk Analysis, 2010, 17(1): 107 - 113.

[150] 郭仲伟. 风险分析与决策[M]. 北京：机械工业出版社，1987.

[151] 于九如. 投资项目风险分析[M]. 北京：机械工业出版社，1997.

[152] 姜青舫，陈方正. 风险度量原理[M]. 上海：同济大学出版社，2000.

[153] 任振. 地铁车站深基坑施工风险耦合模型研究[D]. 武汉：华中科技大学，2013.

[154] 朱玉明，张永军. 地铁车站深基坑施工风险分析及控制[J]. 建筑技术，2011，42(1)：54 - 56.

[155] 李俊松. 基于影响分区的大型基坑近接建筑物施工安全风险管理研究[D]. 成都：西南交通大学，2008.

[156] 李朝阳，叶聪，沈圆顺. 基于模糊综合评判的地铁基坑施工风险评估[J]. 地下空间与工程学报，2014，10(1)：220 - 226.

[157] 梁发云，殷晟泉，周玮. 开挖方案对紧邻地铁深基坑施工风险影响分析[J]. 地下空间与工程学报，2012，8(3)：590 - 601.

[158] 辛欣，万鹏，沈圆顺. 土岩组合地质条件下的基坑工程施工风险评估[J]. 岩土工程学报，2012，34(增刊)：342 - 346.

[159] 汤斌. 复杂环境下超深基坑施工风险控制的探讨[J]. 福建工程学院学报，2010，8(增刊)：220 - 225.

[160] 钱健仁，黄捷，吴盛，等. 郑州地铁车站超深基坑施工风险管理与控制[J]. 华北水利水电学院学报，2011，32(3)：86 - 89.

[161] 林青. 基于物元可拓及理论的深基坑施工定量风险分析[J]. 长春工程学院学报，2014，15(2)：46 - 49.

[162] 马睿. 长兴岛盾构工作井超深基坑施工风险评估[J]. 地下空间与工程学报，2012，8(1)：140 - 147.

[163] 杜修力，张雪峰，张明聚，等. 基于证据理论的深基坑工程施工风险综合评价[J]. 岩土工程学报，2014，36(1)：155 - 161.

[164] 刘巽全. 紧邻隧道的超深基坑施工风险控制技术[J]. 建筑施工，2010，32(9)：920 - 923.

[165] 周冠南，崔涛，李有德，等. 软弱地层异形基坑群施工风险控制[J]. 现代隧道技术，2012，49(增刊)：52 - 56.

[166] 马仕. 复杂环境条件下大型异形超深基坑施工风险分析及控制对策[J]. 地基基础，2014，36(7)：779 - 781.

[167] 王建平，闫志芳，李沙沙. 灰色层次评价法在地铁基坑施工风险管理中的应用[J]. 铁道建筑，2014，(3)：37 - 40.

[168] 陈太红，王明洋，解东升，等. 地铁车站基坑工程建设风险识别与预控[J]. 防灾减灾工程学报，2008，28(3)：375－381.
[169] 刘一杰，陈锦剑，王建华，等. 深基坑施工风险的多参数评估方法[J]. 上海交通大学学报，2012，46(10)：1594－1598.
[170] 刘万兰，鞠丽艳，高文杰. 软土地区基坑施工风险评估准则与方法研究[J]. 岩土工程学报，2010，32(增刊 2)：590－593.
[171] 黄宏伟，边亦海. 深基坑工程施工中的风险管理[J]. 地下空间与工程学报，2005，1(4)：611－645.
[172] 王祺，兰韡，金仲康，等. 深大基坑减压降水运行风险智能化控制[J]. 科技创新导报，2011(3)：70－71.
[173] 杨兰蓉，许志端，张金隆. 工程项目投标报价风险分析[J]. 科研管理，2000，21(1)：47－49.
[174] 邱菀华，杨敏. 信息-决策分析法的改进[J]. 控制与决策，1997，12(4)：353－356.
[175] 李林，李树丞，王道平. 基丁风险分析的项目工期的估算方法研究[J]. 系统工程，2001(9)：77－81.
[176] 胡宣达，沈厚才. 风险管理学基础——数理方法[M]. 南京：东南大学出版社，2001.
[177] 关宝树. 日韩隧道工程一个世界性的宏伟工程[J]. 隧道译丛，1987(8)：63－65，21.
[178] 崔玖江，徐水根. 修建水下隧道的预注浆法[J]. 隧道工程，1980(3)：81－95.
[179] 佐腾昭，等. 青函隧道超前导洞 F－1 断层的突破[J]. 汪景俊，译. 隧道译丛，1978(6)：26－33.
[180] 陈远祥. 工程项目施工阶段投资风险分析及投资控制研究[D]. 重庆：重庆交通学院，2001.
[181] 罗积玉，等. 经济统计分析方法及预测[M]. 北京：清华大学出版社，1987.
[182] 刘金兰. 大型工程建设项目风险分析认知影响图方法[D]. 天津：天津大学，1994.
[183] 王卓甫，陈登星. 水利水电施工进度计划的风险分析[J]. 河海大学学报，1999，27(4)：83－87.
[184] 刘睿. 国际大型土木工程承包项目投标风险定量评估[D]. 天津：天津大学，2003.
[185] 董京. 施工阶段投资风险分析及投资控制研究[D]. 成都：西南交通大学，2004.
[186] 白峰青，姜兴阁. 地下工程的可靠性与风险决策[J]. 辽宁工程技术大学学报，2000，19(3)：237－239.
[187] 阎长俊，张晓明. 工程项目管理中的风险分析与防范[J]. 沈阳建筑大学学报(自然科学版)，1999，15(1)：87－89.
[188] 余志锋. 大型建筑工程项目风险管理和工程保险的研究[D]. 上海：同济大学，1993.
[189] 赵仪娜. 经济评价中多因素敏感性分析的探讨[J]. 当代经济科学，1996(6)：82－86.
[190] 赵代英. 大型工程项目灾难性事件风险评价模型研究[D]. 沈阳：沈阳航空工业学院，2005.
[191] 朱振权. 水电工程项目风险管理研究[D]. 北京：华北电力大学，2005.
[192] 汪晶. 风险评价技术的原理与进展[J]. 环境科学，1998，19(3)：95－96.
[193] 王培光，关秀翠，王清霞. AHP 法中判断矩阵的一种构造方法[J]. 系统工程理论与实践，1998，18(8)：134－138.
[194] 邱菀华，杨敏. 信息—决策分析法的改进[J]. 控制与决策，1997(4)：353－356.
[195] 王竹泉，史玉贞. 经营决策的风险分析初探[J]. 青岛理工大学学报，1999(1)：91－97.
[196] 隆青玲. 施工项目工程造价风险管理研究[D]. 长沙：中南大学，2012.
[197] 沈青英. 施工企业工程造价风险评估及应对策略分析[J]. 中国水运，2011，11(8)：117－120.
[198] 朱秀段. 基础设施建设项目前期造价风险管理研究[D]. 长沙：中南大学，2012.
[199] 韦春晓. 建筑施工企业工程造价风险管理研究[D]. 北京：北京交通大学，2011.
[200] 汪梦如. 大型基坑工程造价风险控制研究[D]. 云南：云南理工大学，2012.

[201] 任传普.基于蒙特卡罗模拟的工程造价风险评估[J].统计与决策,2013,15(387):81-83.
[202] 朱勇华,徐天群,周学良.工程造价风险分析中的组合分布模型[J].武汉大学学报,2003,36(1):100-103.
[203] 胡兰,李涛.基于围岩级别变更的隧道工期与造价风险研究[J].现代隧道技术,2013,50(6):39-43.
[204] 韩涛.基于蒙特卡罗法的工程项目造价风险分析[J].铁路工程造价管理,2011,26(3):56-59.
[205] 陈田彬,严灿香.建设工程项目各阶段的造价风险识别及评价[J].建筑与工程,2011(1):749-750.
[206] 李庆中.施工企业工程造价风险评估及应对策略研究[D].天津:天津大学,2007.
[207] 闫瑞娟.工程造价风险管理方法研究[D].重庆:重庆大学,2003.
[208] 张法升,刘作新.分形理论及其在土壤空间变异研究中的应用[J].应用生态学报,2011,22(5):1351-1358.
[209] 谢和平.分形几何及其在岩土力学中的应用[J].岩土工程学报,1992,14(1):14-24.
[210] 左名麒,刘永超,孟庆文.地基处理实用技术[M].北京:中国铁道出版社,2005.
[211] 徐晓斌.水泥搅拌桩检测与评价方法研究[D].长春:吉林大学,2006.
[212] 张军,时刚.应用反射波法检测水泥搅拌桩的方法探讨[J].中南公路工程,2005,30(1):54-57.
[213] 霍继明,莫建云.应力反射波法在深层搅拌桩检测中的应用[J].山西建筑,2004,30(24):66-67.
[214] 董秀好.水泥土防渗墙全断面无损检测方法研究[D].青岛:中国海洋大学,2005.
[215] 徐继欣,张鸿.高密度电法在粉喷桩加固软基效果检测中的应用[J].公路交通科技,2011(11):161-163.
[216] 杜立志.瞬态瑞雷波勘探中的数字处理技术研究[D].长春:吉林大学,2005.
[217] 富锡良,巫虹.瞬态瑞雷波法在软土地区地基加固检测中的应用[J].上海地质,2008(1):53-55.
[218] 王雪峰,吴世明.基桩动测技术[M].北京:科学出版社,2001.
[219] 葛如冰,许培德.探地雷达在密排搅拌桩质量检测中的应用[J].勘察科学技术,2004(2):55-57.
[220] 赵丽敏,温森.跨孔波速测试在岩土工程质量检测中的应用[J].科技信息,2011(32):172.
[221] 夏唐代,林水珍.波速法在防渗墙质量检测中的应用研究[J].沈阳化工学院学报,2000,14(4):273-276.
[222] 林维正.土木工程质量无损检测技术[M].北京:中国电力出版社,2008.
[223] 魏喜,贾承造,孟卫工.西沙群岛西琛1井碳酸盐岩白云石化特征及成因机制[J].吉林大学学报(地),2008,38(2):217-224.
[224] 潘正莆,黄金森,沙庆安.珊瑚礁的奥秘[M].北京:科学出版社,1984.
[225] 马志华.世界各地的珊瑚礁[J].海洋资源,1994(Z2):28-30.
[226] 谢万东.高喷止水帷幕在珊瑚礁中的应用[J].水运工程,2014(2):194-196.
[227] 李锋.翔安隧道强风化层施工的风险管理[D].上海:同济大学,2007.
[228] Savage S B, Jeffrey D J. The stress tensor in a granular flow at high shear rates[J]. Journal of Fluid Mechanics, 1981, 110(110): 255-272.

致　谢

本科研项目在近 7 年的研究时间内得到了中国人民解放军海军工程设计研究院和上海市建工设计研究院有限公司的大力支持，这里特别要感谢海军工程设计研究院的李忠平院长、王其涵院长、倪琦总工程师，上海市建工设计研究院有限公司的胡玉银院长、栗新总工程师和技术中心的陈建兰主任，没有他们的支持和关心，本课题就不会如期顺利完成。在现场试验和工程实例引用上，得到了中国人民解放军总装备部安装总队驻 078 基地的杨晓明副总队长等的帮助，总装备部设计研究院无私地提供了文昌卫星发射基地的岩土勘察报告，中国二十冶集团有限公司在 $1^{\#}$、$2^{\#}$ 工位基坑施工方案编制和基坑防渗止水帷幕体的施工过程中也给予大力支持，这里一并致以深深的谢意！

最后，对为本课题完成付出辛勤劳动的课题组成员表示感谢，道一声，同志们，辛苦了！

著者

2017 年 1 月 27 日

附录 含珊瑚礁碎屑及珊瑚礁灰岩地层的嵌岩止水帷幕施工导则

1 前　言

临海地区地质条件复杂，其典型地层剖面可概括为以下三层岩土体：上部以粉砂、中粗砂为主，含大量珊瑚礁碎屑及珊瑚礁灰岩，渗透系数大，高达 10^{-4}～10^{-3} cm/s；中部为强风化花岗岩，层厚随基岩面起伏而变化大，渗透系数较大，为 10^{-5} cm/s 左右，局部含有大块状的花岗岩孤石，上述两土层地下水丰富，而且地下水与南海有直接的水力联系，并受潮汐影响强烈；下部为中风化花岗岩，渗透系数小，可视为弱透水层或隔水层，基岩面起伏较大。

通过对场地地层分析，结合岩土组合地层地区的基坑防渗止水设计经验，根据本工程的施工特点、难点及建设方施工要求，基坑止水帷幕设计为：在垂直剖面上采用组合围护形式，即对于上部砂层和厚度超过 1 m 的中部强风化地层，采用单排套打 ϕ850@1 200 的三轴搅拌桩进行施工，三轴搅拌桩施打到基岩面 1.0 m 深度，然后在搅拌桩上采用常规钻机同心预成孔进入基岩面 1.0 m 以上，再施工高压旋喷桩，使防渗止水围护体进入基岩中风化相对不透水层。高压旋喷桩进入基岩 1.0 m，上与三轴搅拌桩有效搭接 1.0 m。

本导则是对基坑围护止水帷幕施工试成桩以及施工过程中进行质量监督与技术咨询的技术积累和经验总结，并在融合专利《垂向组合式防渗止水帷幕结构》(ZL2012 201696015.2)主要内容的基础上编制的，能较好地指导临海复杂地质条件，特别是嵌岩止水帷幕施工。

2 工法特点

(1) 采用三轴水泥搅拌桩可有效对中风化基岩岩石层以上(填土层、细砂层、含砂珊瑚碎屑和珊瑚礁灰岩岩层)的强透水层进行止水。

(2) 采用高压旋喷桩对岩石层以及岩石层与含珊瑚礁碎屑层的交界面进行全封闭隔水。

(3) 本工法针对不同的珊瑚礁灰岩的岩层厚度以及岩层特性采用相应的施工工艺，对岩层沿轴线方向长度大于 2 m 或厚度超过 1.5 m 的珊瑚礁灰岩岩层，先用 1.2 m 口径的大直径冲击钻钻机对灰岩进行破碎，回填砂土并压实后再施打三轴搅拌桩，以解决珊瑚礁灰岩可搅拌问题。

(4) 当基岩面起伏较大时，本工法能够通过预钻孔、下 PVC 管来消除钻孔孔底沉渣过厚而导致的高压旋喷桩喷头不能下放到设计标高的影响，确保高压旋喷桩的施工质量。

(5) 通过采用声波 CT 成像，检查三轴搅拌桩和高压旋喷桩的成桩质量，对于存在质量缺损的部位重新预钻孔，下放 PVC 管，再施工高压旋喷桩，以加固止水帷幕，提高防渗止水功能。

(6) 三轴水泥搅拌桩和高压旋喷桩的组合止水帷幕施工工艺节约了成本，提高了施工速度，改善了止水效果，减小劳动强度，缩短施工周期，提高经济效益，提高了施工质量。

3 适用范围

本导则适用于临海复杂地质下，地层渗透系数大于 $10^{-4} \sim 10^{-3}$ cm/s 的含珊瑚礁碎屑和珊瑚礁灰岩地层，特别是需要嵌岩的基坑止水帷幕施工。

4 工艺原理

本施工工艺针对临海复杂地质条件下的典型地层，在垂直剖面上采用组合围护形式，综合了高压喷射注浆法和水泥土搅拌法的施工特点。采用三轴水泥搅拌桩可有效对中风化基岩岩石层以上（填土层、细砂层、含砂珊瑚碎屑和珊瑚礁灰岩岩层）的强透水层进行止水；采用高压旋喷桩对岩石层以及岩石层与含珊瑚礁碎屑层的交界面进行全封闭隔水；针对不同的珊瑚礁灰岩的岩层厚度以及岩层特性采用相应的施工工艺，对岩层沿轴线方向长度大于 2 m 或厚度超过 1.5 m 的珊瑚礁灰岩岩层，先用 1.2 m 口径的大直径冲击钻钻机对灰岩进行破碎，回填砂土并压实后再施打三轴搅拌桩，以解决珊瑚礁灰岩可搅拌问题；当基岩面起伏较大时，本工法能够通过预钻孔、下 PVC 管来消除钻孔孔底沉渣过厚而导致的高压旋喷桩喷头不能下放到设计标高的影响，确保高压旋喷桩的施工质量；通过采用声波 CT 成像，检测三轴搅拌桩和高压旋喷桩的成桩质量，对于存在质量缺损的部位重新预钻孔，下放 PVC 管，再施工高压旋喷桩，以加固止水帷幕，提高止水防渗功能。施工工艺流程如附图 1 所示。

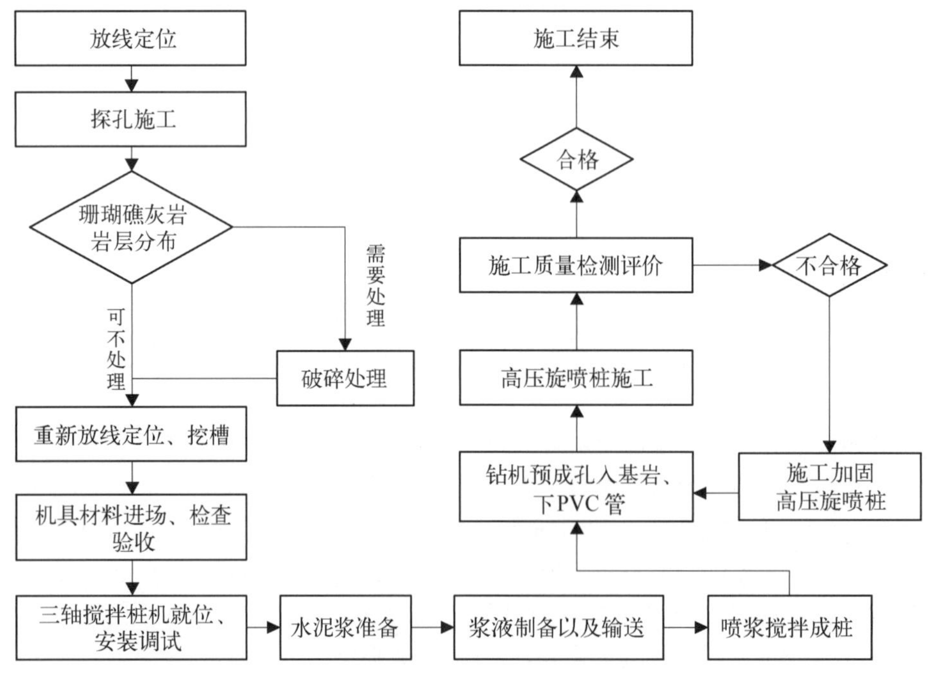

附图 1　施工工艺流程图

5　操作要点

5.1　放线定位

施工前，先根据设计图纸和业主提供的坐标基准点，精确计算出围护中心线角点坐标(或转角点坐标)，利用测量仪器精确放样出围护中心线，并进行坐标数据复核，同时做好保护。根据已知坐标进行垂直防渗墙轴线的交线定位，并进行复核检查。

5.2　探孔施工

由于工程地质条件复杂，珊瑚礁灰岩岩层分布不均匀，基岩面起伏变化比较大，为了探明珊瑚礁灰岩岩层厚度、强风化层厚度、基岩面顶面埋深等情况，先采用 G－150 型钻机进行探孔，探孔至基岩面，记录珊瑚礁灰岩岩层厚度、强风化层厚度、基岩面标高，以指导三轴搅拌桩机械施工。

在施工三轴水泥搅拌桩前对每幅搅拌桩所在部位用钻机进行探孔的目的是：① 查明有无珊瑚礁灰岩分布及其岩层厚度，当无珊瑚礁灰岩分布时，采用常规三轴搅拌桩施工；当有珊瑚礁灰岩分布，但其沿轴线方向长度小于 2.0 m 且其厚度小于 1.5 m 时，可直接施工三轴搅拌桩，在施打三轴搅拌桩时应注意采用相应的施工参数；当其沿轴线方向长度大于 2 m 或其厚度大于 1.5 m 时，应采用桩径为 1.2 m 的大口径冲击钻钻机先进行冲孔处理，完全破碎珊瑚礁灰岩岩层后再回填砂土并压实，然后施工三轴搅拌桩。② 确定强风化层厚度，因强风化层厚度不均，而且土层级配不良，三轴搅拌桩施工质量较难控制，根据探孔获得的强风化层厚度，将强风化层级配情况记录在探孔表中，对施工参数提出建议。③ 确定基岩面顶面埋深，在后面施工过程中搅拌桩停打于基岩面以上 1～1.5 m，以免三轴搅拌桩桩机搅拌头碰到基岩而损坏桩机，出现抱钻、卡钻等问题。

探孔的间距必须与该工程施工使用的三轴搅拌桩桩机中心距相等，探孔间距为 1.2 m。将探得的数据做好详细的书面表格记录(附表 1)，做到一孔一表，而且有数据、有分析、有建议、有措施。

5.3　厚珊瑚礁灰岩岩层破碎处理

根据预探孔资料分析，当珊瑚礁灰岩岩层沿轴线方向长度大于 2 m，或其厚度大于 1.5 m 时，应采用桩径为 1.2 m 的大口径冲击钻钻机先进行冲孔处理，完全破碎珊瑚礁灰岩岩层后再回填砂土并压实(附表 2)。然后重新放线定位。

5.4　挖　槽

根据放样出的水泥土搅拌桩围护中心线，用挖掘机沿围护中心线平行方向开掘工作沟槽，沟槽宽度根据围护结构宽度确定，槽宽约 1.2 m，深度为 0.6～1.0 m。当遇有地下障碍物时，利用镐头机将地下障碍物破除干净，如破除后产生过大的孔洞，则需回填压实，重新开挖沟槽，确保施工顺利进行。

5.5　机具材料进场、检查验收

项目部根据工程的施工需要编制主要施工机械设备需用计划，根据机械设备需用计划分期分批进场以确保工程施工要求。根据工程施工部署，并结合各分部工程施工顺序，调集各类机械设备，按照需用计划提前运抵施工现场，并进行保养和调试。

经过实地考察，确定材料运输路线，做好机械准备、周转材料的调整及维修、保养、检定工作，一旦工程开工，即可迅速将材料及施工机械、器具及时组织到现场。

附表 1　探孔记录表

项目名称					
时　　间	年　月　日		地　　点		
设备型号			台班标号		
施工班组					
探孔时间	自　　时　　分　　至　　时　　分				
孔　　号					
孔口标高					
探孔情况描述	珊瑚礁灰岩地层情况	□有		□无	
		顶面标高(m)		底面标高(m)	
		厚　　度(m)		轴线长度(m)	
	钻孔漏浆情况	□不漏浆　□轻微漏浆　□大量漏浆　□严重漏浆			
	基岩面埋深				
	有无孤石存在	□有		□无	
	其他情况				
备　　注					

附表 2　珊瑚礁灰岩破碎施工记录

项目名称			
时　　间	年　月　日	地　　点	
设备型号		台班标号	
施工班组			
桩位地面标高(m)			
施打时间	自　　时　　分　至　　时　　分		
灰岩岩层描述	珊瑚礁灰岩岩层顶面埋深(m)		
	珊瑚礁灰岩岩层底面埋深(m)		
	珊瑚礁灰岩岩层厚度(m)		
	珊瑚礁灰岩岩层轴线方向长度(m)		
	岩层轴线方向长度(m)		
	破碎施打深度(m)		
施打情况描述			
备　　注			

根据材料需用计划，及时签订供货合同，并按照材料计划及时组织材料进场，满足工程进度。材料进场后应及时挂上标识，所有进场材料必须附有质保书，并进行外观检查，且应对砂、石、水泥、钢筋、钢结构构件等按规范要求进行工程材料复试，复试合格后方能使用。如发现不合格材料应及时清退出场。

5.6 桩机就位、安装调试

(1) 在开挖的工作沟槽两侧设计定位辅助线，按设计要求在定位辅助线上画出钻孔位置。挖沟槽前划定三轴搅拌桩桩机动力头中心线到机前定位线的距离，并在线上做好每一幅三轴搅拌桩桩机施工的定位标记(可用短钢筋打入土中定位)。

(2) 三轴搅拌桩桩机桩架根据确定的位置移动就位。

(3) 开钻前应用水平尺将平台调平，并调直机架，确保机架垂直度不小于设计要求。

(4) 桩机垂直度偏差不大于 1/200，桩位偏差不大于 20 mm。

(5) 由当班班长统一指挥桩机就位，移动前看清上、下、左、右各方面的情况，发现有障碍物应及时清除，移动结束后检查定位情况并及时纠正，桩机应平稳、平正。

5.7 浆液制备以及输送

根据设计、规范以及工程地质情况，经过现场试验确定水灰比、水泥掺量，将水泥浆拌和均匀。自动拌浆系统将配制好的水泥浆液输送至储浆罐，为三轴搅拌设备连续供浆。

5.8 喷浆、搅拌成桩

5.8.1　每根桩的施工要求

在施工三轴水泥土搅拌桩前，按设计图纸将三轴搅拌桩进行编号，并根据探孔资料，制订每根搅拌桩的施打深度以及注意事项情况表，并且以书面表格形式(附表 3)提交给施工班组，要求施工班组严格按设计要求施工。

5.8.2　三轴水泥土搅拌桩施工要求

(1) 水泥采用普通硅酸盐水泥，标号不低于 42.5 级，水灰比为 1.5～2.0，水泥掺量为 20%，即一幅桩每米水泥用量为 380 kg，墙体抗渗系数为 10^{-7}～10^{-6} cm/s，桩体 28 d 无侧限抗压强度不低于 0.8 MPa。

(2) 墙体施工采用标准连续方式或单侧挤压连续方式，相邻桩施工时间超过 10 h 须作处理。

(3) 桩体施工采用“二喷二搅”工艺，水泥和原状土需均匀拌和，下沉及提升均为喷浆搅拌，下沉速度为 0.5～1.0 m/min，提升速度为 1.0～2.0 m/min。

(4) 桩体垂直度偏差不大于 1/200，桩位偏差不大于 20 mm。

(5) 浆液配比须根据现场试验进行修正，参考配比范围为水泥：膨润土：水＝1：0.05：1.6。

(6) 当地层分布有珊瑚礁灰岩岩层时，应适当放慢下沉和提升速度，同时可复搅复喷一次。

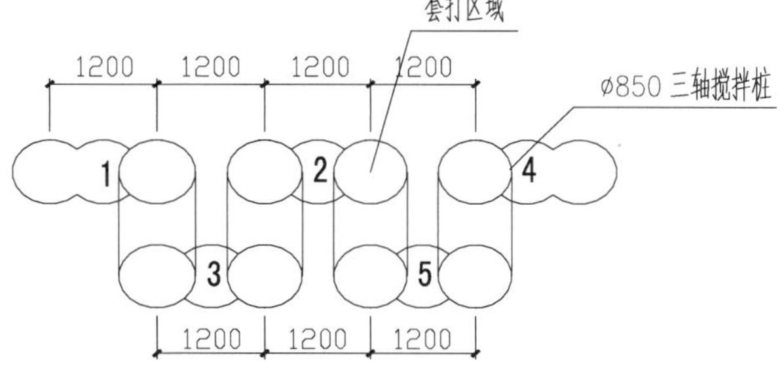

附图 2　三轴搅拌桩成桩过程示意图

(7) 三轴搅拌桩的总体施工工序为：放线定位→开挖沟槽→搅拌桩就位，校核水平度和垂直度→开启空压机，送浆至桩机钻头→钻头喷浆、气，下沉桩底→钻头喷浆、气，提升→移机(附图 2)。

附表 3　三轴搅拌桩施打深度及施工记录

<table>
<tr><td>项目名称</td><td colspan="5"></td></tr>
<tr><td>时　　间</td><td colspan="2">年　月　日</td><td colspan="2">地　　点</td><td></td></tr>
<tr><td>设备型号</td><td colspan="2"></td><td colspan="2">台班标号</td><td></td></tr>
<tr><td>施工班组</td><td colspan="5"></td></tr>
<tr><td>桩位地面标高(m)</td><td colspan="5"></td></tr>
<tr><td>施打时间</td><td colspan="5">自　　时　　分　至　　时　　分</td></tr>
<tr><td rowspan="3">施打情况描述</td><td colspan="3">基岩面埋深(m)</td><td colspan="2"></td></tr>
<tr><td colspan="3">探孔建议施工停打深度(m)</td><td colspan="2"></td></tr>
<tr><td colspan="3">实际停打深度(m)</td><td colspan="2"></td></tr>
<tr><td rowspan="8">备　　注</td><td rowspan="5">施工参数记录</td><td colspan="2">水灰比</td><td colspan="2"></td></tr>
<tr><td colspan="2">水泥掺量(%)</td><td colspan="2"></td></tr>
<tr><td colspan="2">每米水泥用量(kg)</td><td colspan="2"></td></tr>
<tr><td colspan="2">下沉深度(m)</td><td colspan="2"></td></tr>
<tr><td colspan="2">提升深度(m)</td><td colspan="2"></td></tr>
<tr><td>搅拌难易度</td><td colspan="2"></td><td colspan="2"></td></tr>
<tr><td>冒浆返浆情况</td><td colspan="2"></td><td colspan="2"></td></tr>
<tr><td>其　　他</td><td colspan="2"></td><td colspan="2"></td></tr>
</table>

附表 4　预成孔记录表

<table>
<tr><td>项目名称</td><td colspan="4"></td></tr>
<tr><td>时　　间</td><td>年　月　日</td><td colspan="2">地　　点</td><td></td></tr>
<tr><td>设备型号</td><td></td><td colspan="2">台班标号</td><td></td></tr>
<tr><td>施工班组</td><td colspan="4"></td></tr>
<tr><td>孔　　号</td><td colspan="4"></td></tr>
<tr><td>孔口标高(m)</td><td colspan="4"></td></tr>
<tr><td>预成孔时间</td><td colspan="4">时　　分至　　时　　分</td></tr>
<tr><td rowspan="5">预成孔情况描述</td><td colspan="2">基岩面埋深(m)</td><td colspan="2"></td></tr>
<tr><td colspan="2">进入基岩深度(m)</td><td colspan="2"></td></tr>
<tr><td colspan="2">预成孔孔径(mm)</td><td colspan="2"></td></tr>
<tr><td colspan="2">预成孔长度(m)</td><td colspan="2"></td></tr>
<tr><td colspan="2">PVC 管下管长度(m)</td><td colspan="2"></td></tr>
<tr><td>备　　注</td><td colspan="4"></td></tr>
</table>

(8) 其他未尽事宜按照《型钢水泥土搅拌墙技术规程》(JGJ/T—199—2010)执行。

5.9　高压旋喷桩施工

高压旋喷桩初次施工时，与搅拌桩同心轴线按 0.6 m 间距预成孔、施打高压旋喷桩，然后，如经检测发现存在成桩质量不良，出现渗漏点时再在原施工轴线错位按不同间距施打高压旋喷桩以加固桩体。高压旋喷桩按下面程序要求施工，初次与加固施工工序相同，都终孔于基岩面以下(附图 3)。

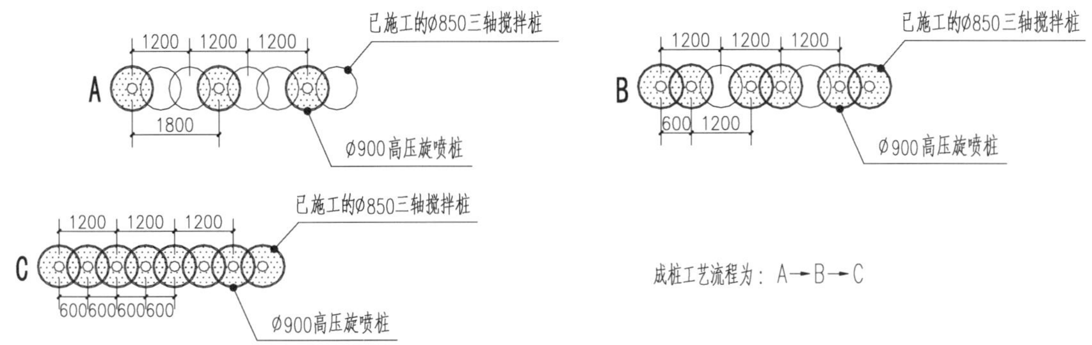

(a) 高压旋喷桩成桩平面示意图

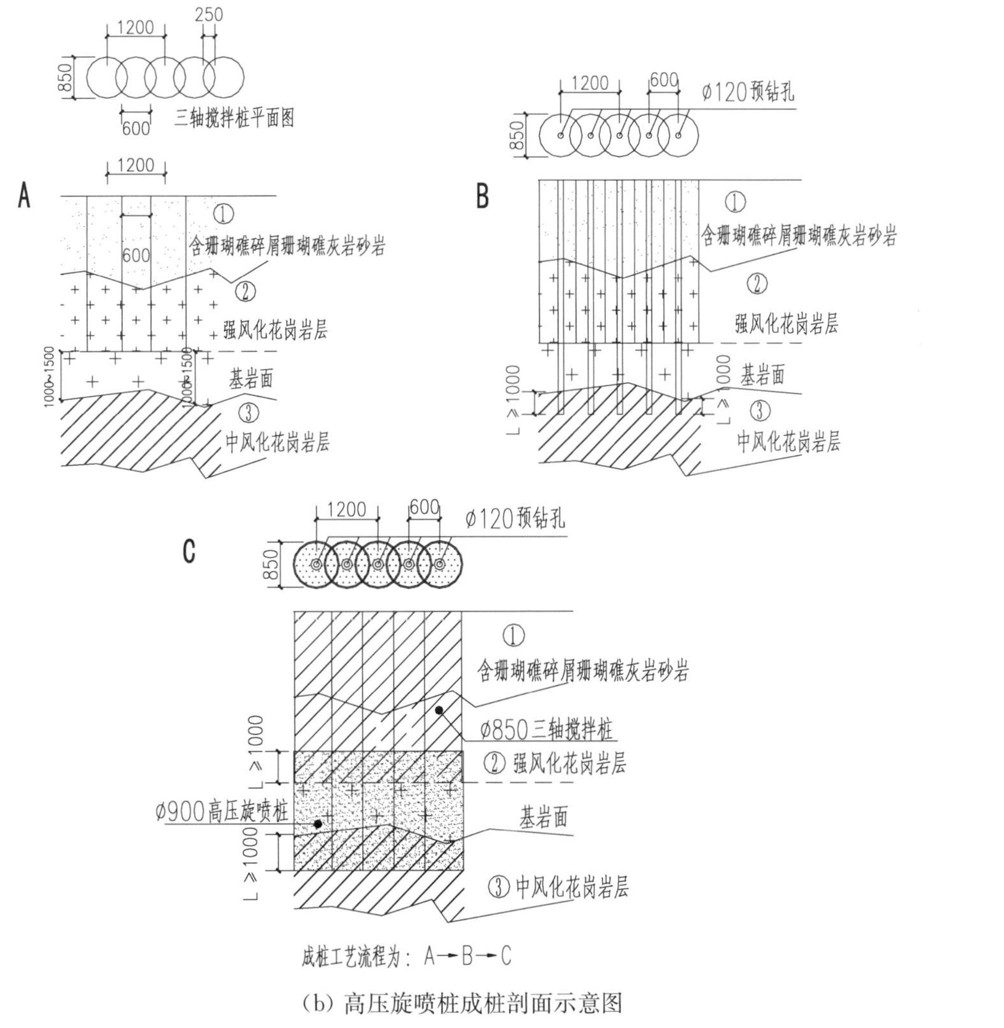

(b) 高压旋喷桩成桩剖面示意图

附图 3　高压旋喷桩成桩过程示意图

5.9.1 施工工序

在三轴水泥土搅拌桩施工后 5 d，首先必须清除现场施工所遗弃的垃圾，接着开始高压旋喷桩预成孔，预成孔结束后立即进行高压旋喷桩施工。

5.9.2 预成孔施工

(1) 准确放线定位，确定钻孔孔位，并平整安放钻机。

(2) 预成孔至基岩面下 1 m，在确保进入基岩设计深度后方可终孔。

(3) 成孔孔径不小于 130 mm，垂直度偏差不大于 1/200，孔位偏差不大于 20 mm。

(4) 认真填写预成孔记录表(附表 4)。

5.9.3 下放 PVC 管

(1) 准备的 PVC 管的管材强度为 1.0～1.5 MPa，管外径为 120 mm，按预钻孔深度下料。

(2) 将 PVC 管封底，内灌泥浆，从预成孔中下放至基岩面下 1 m，如孔底沉淀的淤渣较厚，必须清孔排渣，确保 PVC 管进入基岩面以下 1.0 m。

(3) 将 PVC 管内的泥浆经清孔后用清水置换，防止沉淀淤积。

(4) 认真填写记录表(附表 5)。

5.9.4 高压旋喷桩施工

(1) 高压旋喷桩设计桩径为 900 mm，桩长根据预成孔确定，施工前由设计单位以书面表格形式提交施工班组。

(2)高压旋喷桩采用三重管施工，具体施工参数如下：① 速度：注浆管提升速度为10～12 cm/min，旋转速度为 20 r/min，在粉土、砂性土地层时应减慢提升速度，控制在小于 10 cm/min。② 水切割压力：下沉时为 10 MPa，提升时为 20～40 MPa，流量为 80 L/min。③ 浆液压力：12～15 MPa，流量为 80～90 L/min。④ 压缩空气：压力为 0.7 MPa，流量为 6 m^3/h。⑤ 加灌高度：1 m(进入基岩面下 1.0 m，与三轴搅拌桩搭接 1.0 m)。⑥ 喷嘴直径：1.6 mm，水泥掺量 300 kg/m。⑦ 水灰比：1∶1。⑧ 喷浆次数：2 次，也就是复喷一次。⑨ 28 d 龄期无侧限抗压强度不宜低于 0.8 MPa。

(3) 在注浆前 10 min 必须拌制好浆液，搅拌时间不得小于 5 min，在 30 min 内用完，否则作为废浆。

(4) 钻机定位必须平稳、准确，定位误差小于 30 mm，钻机机轴垂直度偏差小于 1%。

(5) 在强风化层及基岩面附近处应减小喷射压力、降低提升速度，确保喷浆量。

(6) 因考虑有大通道渗透途径存在的可能性，应进行二次喷浆并调整外加剂水玻璃掺量，第一次喷浆量控制在 30%，第二次 70%，前后需间隔 30 min。

(7) 具体施工参数宜通过试桩确定。

(8) 认真填写施工记录表(附表 6)。

5.10 声波 CT 成像检测评价施工质量

计算机断层成像(Computerized Tomography, CT)，是一种在不破坏物体结构的前提下，根据物体周边所获取的某种物理量(如波速、X 线光强、电子束强等)的投影数据，运用一定的数学方法，通过计算机处理，重建物体特定层面上的二维图像以及依据一系列上述二维图像构成三维图像的技术。现利用工程声波新型 CT 检测系统对围护体进行检测，检测依照《岩土工程勘察规范》(GB 50021—2001)、中国工程建设标准化协会标准——《超声法检测混凝土缺陷技术规程》、《浅层地震勘查技术规范》(DZ/T 0170—1997)、《水利水电工程物探规程》(SL 326—2005)及建设方要求，结合现场实际情况，在建设场地每间隔 12 m 布置 1 个观测孔(点)，设置声波 CT 测试剖面。

附表 5　PVC 管施工记录

<table>
<tr><td>项目名称</td><td colspan="4"></td></tr>
<tr><td>时　　间</td><td colspan="2">年　　月　　日</td><td>地　　点</td><td></td></tr>
<tr><td>设备型号</td><td colspan="2"></td><td>台班标号</td><td></td></tr>
<tr><td>施工班组</td><td colspan="4"></td></tr>
<tr><td>孔　　号</td><td colspan="4"></td></tr>
<tr><td>孔口标高(m)</td><td colspan="4"></td></tr>
<tr><td>施工性质</td><td>初次施工</td><td></td><td>加固施工</td><td></td></tr>
<tr><td>下管时间</td><td colspan="4">自　　时　　分　　至　　时　　分</td></tr>
<tr><td rowspan="4">下管情况描述</td><td colspan="2">要求长度(m)</td><td colspan="2"></td></tr>
<tr><td colspan="2">实际长度(m)</td><td colspan="2"></td></tr>
<tr><td colspan="2">进入基岩深度(m)</td><td colspan="2"></td></tr>
<tr><td colspan="2">管径(mm)</td><td></td><td>管材强度(MPa)　</td></tr>
<tr><td>备　　注</td><td colspan="4"></td></tr>
</table>

附表 6　高压旋喷桩施工记录

<table>
<tr><td>项目名称</td><td colspan="4"></td></tr>
<tr><td>时　　间</td><td colspan="2">年　　月　　日</td><td>地　　点</td><td></td></tr>
<tr><td>设备型号</td><td colspan="2"></td><td>台班标号</td><td></td></tr>
<tr><td>施工班组</td><td colspan="4"></td></tr>
<tr><td>地面标高(m)</td><td colspan="4"></td></tr>
<tr><td>施工性质</td><td>初次施工</td><td></td><td>加固施工</td><td></td></tr>
<tr><td>施打时间</td><td colspan="4">自　　时　　分　至　　时　　分</td></tr>
<tr><td rowspan="4">施打情况描述</td><td colspan="4">设计要求自埋深　　(m)至　　(m)旋喷施工</td></tr>
<tr><td colspan="4">实际施工自埋深　　(m)至　　(m)旋喷施工</td></tr>
<tr><td colspan="2">基岩面埋深　　(m)</td><td colspan="2">旋喷桩进入基岩面以下　(m)</td></tr>
<tr><td colspan="2">要求水泥用量　　(kg)</td><td colspan="2">实际水泥用量　　(kg)</td></tr>
<tr><td rowspan="6">备　　注</td><td rowspan="4">施工参数</td><td>水压(MPa)</td><td>气压(MPa)</td><td>喷浆压(MPa)</td></tr>
<tr><td></td><td></td><td></td></tr>
<tr><td>下沉速度</td><td>提升深度</td><td>喷浆速度</td></tr>
<tr><td></td><td></td><td></td></tr>
<tr><td>冒浆情况</td><td colspan="3"></td></tr>
<tr><td>其　　他</td><td colspan="3"></td></tr>
</table>

5.10.1 测试准备工作

进行现场测试前，需完成下列准备工作：

(1) 根据探孔、预成孔等资料，确定一定范围内基岩面埋深，以便确定预钻孔深度，确保在此范围内预钻孔进入最大基岩面埋深处的基岩内长度不小于 5.0 m。

(2) 沿基坑止水帷幕四周轴线按 12 m 间距在围护体内放线定位，测量确定测试孔孔位。

(3) 按前述预成孔、下放 PVC 管的施工步骤和要求施工测试孔、下放 PVC 管；要求预成孔必须进入一定范围内基岩的长度不小于 5 m，PVC 管进入一定范围内基岩的长度不小于 5 m。

(4) 在预成孔过程中，全桩长取芯并取基岩岩芯长度不小于 5.0 m；岩芯试样从上到下排好，详细描述成桩质量，并拍成照片留存；同时选取试样进行单轴抗压试验。

5.10.2 现场测试

(1) 将 12 道水声检波器(每道之间的间距为 0.5 m)放入孔中测试位置，把电火花震源放入另一个孔中。

(2) 调整激发点的深度使其与最下边检波器等深度相等并激发，由另一个孔中的水声检波器接收并记录数据。

(3) 上提震源 1.0 m 进行第二个激发点的激发并记录数据，并重复该过程 24 次。

(4) 当震源上提 2.5 m 后，需上提检波器 5.0 m，使得震源位置和最下边检波器处于同一深度的位置并激发，重复步骤(4)～(5)直至目标孔段测完为止。

(5) 测完一侧后，将检波器和震源交换孔位，重复步骤(1)～(5)的工作，直至孔段另一侧测完为止。具体 CT 成像检测过程如附图 4 所示。

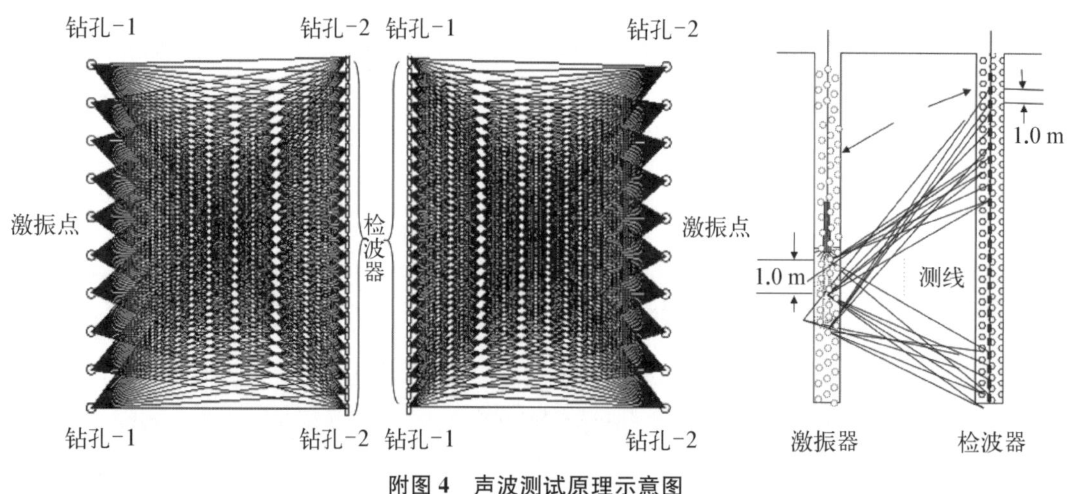

附图 4 声波测试原理示意图

5.10.3 测试资料分析

在获得现场测试资料后，需根据测试的波速对止水帷幕施工质量进行验证和评价。

(1) 桩体施工质量评价表

通过现场取芯完整性描述以及试样的单轴抗压试验，对波速测试数据进行分析对比，并假定桩体施工质量完整的标准波速，对较差、差的部位进行钻孔取芯验证，最后按质量好、较好、较差、差四个等级进行评定，认真填写桩体质量评价表(附表 7)，并给出相应处理建议(附表 8)。

(2) 止水帷幕再加固处理方案

在前述止水帷幕施工质量评价的基础上，对止水帷幕施工质量分段进行快速评价，编制加固处理方案，提交施工班组施工。

附表 7　桩体施工质量评价表

<table>
<tr><td>项目名称</td><td colspan="3"></td></tr>
<tr><td>时　　间</td><td>年　　月　　日</td><td>地　　点</td><td></td></tr>
<tr><td>检测方法</td><td></td><td>设备型号</td><td></td></tr>
<tr><td>检测人员</td><td colspan="3"></td></tr>
<tr><td>检测时间</td><td colspan="3">自　　　时　　　分　　至　　　时　　　分</td></tr>
<tr><td>剖面位置</td><td colspan="3">检测孔号　　　至检测孔号</td></tr>
<tr><td rowspan="7">桩体施工
质量评价</td><td>埋深(m)</td><td>评价等级</td><td>处理方案</td></tr>
<tr><td>自埋深　　(m)至　　(m)</td><td></td><td></td></tr>
<tr><td>自埋深　　(m)至　　(m)</td><td></td><td></td></tr>
<tr><td>自埋深　　(m)至　　(m)</td><td></td><td></td></tr>
<tr><td>自埋深　　(m)至　　(m)</td><td></td><td></td></tr>
<tr><td>自埋深　　(m)至　　(m)</td><td></td><td></td></tr>
<tr><td>自埋深　　(m)至　　(m)</td><td></td><td></td></tr>
<tr><td>备　　注</td><td colspan="3"></td></tr>
</table>

附表 8　桩体质量检测评价分类表

位　置 (假定)	实测波速/ 标准波速(假定)	钻孔取芯试样 判断描述	质量等级	处 理 建 议
K3～K4	0.8 以上	岩芯完整、单轴抗压强度大	好	不需处理
K13～K14	0.6～0.80	岩芯较完整、单轴抗压强度较大	较好	不需处理,需监测
K23～K24	0.4～0.6	岩芯不太完整、单轴抗压强度较小	较差	需处理,在相应部位施打第二排高压旋喷桩,桩间距可定为 0.9 m
K33～K44	0.4 以下	岩芯不完整、单轴抗压强度小	差	需处理,在相应部位施打第二排高压旋喷桩,桩间距可定为 0.6 m

5.11　高压旋喷桩加固施工

对于需加固处理的部位,按加固处理设计方案,在三轴搅拌桩中心轴线错位施工预成孔,进入基岩 1.0 m,下放 PVC 管,再进行高压旋喷桩施工。预成孔、下放 PVC 管、施工高压旋喷桩等施工工艺和工序与高压旋喷桩施工工序相同。如有必要,需再对加固处理部位进行钻孔取芯和声波 CT 测试,以评价加固处理效果。

6 材料与设备

6.1 材 料

本工法施工所需的材料如附表 9 所列。

附表 9 施工所需材料

材料名称	型号、规格	用 途
水泥	P. O425	止水帷幕的三轴搅拌桩、高压旋喷桩施工
膨润土	—	预钻孔护壁
PVC 管	管径 120 mm,强度 1.0～1.5 MPa	高压旋喷桩导管
PVC 管	管径 70 mm,强度 4.0～6.0 MPa	声波 CT 测试导管

6.2 设 备

工程开工前,对拟选用的施工机具进行检查、维修,以保证其完好率达到 100%。本工程拟选用的施工机械如附表 10 所列。

附表 10 主要施工机械设备表

机械名称	型号、规格	数量	功率(kW)	用 途
三轴搅拌桩机	ZKD85A－3	1 台	350	止水帷幕
高压旋喷桩机	GEB－II	2 套	150	止水帷幕
钻机	XY－150	5 台	60	探孔、预成孔
冲击钻机	CZ－9	1 台套	75	破碎珊瑚礁灰岩岩层
全站仪	—	1 台套	—	放线定位
激振器	XW3312A	1 台套	—	成桩质量检测
记录仪	美国 Geode－24	1 台套	—	成桩质量检测

7 质量控制

(1) 质量控制标准:《建筑地基基础工程施工质量验收规范》(GBJ 50202—2002)。

(2) 选用经验丰富的施工班组进行施工操作,施工过程中各环节应重点关注以下事项:① 探孔阶段:应探明岩土层厚度以及基岩顶面的标高,如遇基岩起伏面较大的地层应减小布孔距离以便探明地层详细情况;根据探孔结果确保三轴搅拌桩施打深度,如遇基岩面埋深发生突变区域,应综合分析后再确定施打深度。查明珊瑚礁灰岩岩层分布情况,并制定处理方案。② 珊瑚礁灰岩处理:严格按珊瑚礁灰岩岩层沿轴线方向长度和岩层厚度区别处理珊瑚礁灰岩岩层。③ 高压旋喷桩施工:确保预成孔孔径大于 PVC 管外径,钻机进入中风化花岗岩深度不小于 1.0 m;压浆阶段输浆管道不能堵塞,不允许发生断浆现象,高压旋喷桩全桩身须注浆均匀,不得发生土浆夹心层;若发生管道堵塞,应立即停泵处理，待处理结束后立即把搅拌钻具上提和下沉 1.0 m 后方能继续注浆，等 10～20 s 后恢复向上提升搅拌，以防断桩发生。④ 检测阶段：严格按有关规范、规程对止水帷幕施工质量进行评价，并提出处理方案，提出加固施工要求。⑤ 高压旋喷桩加固施工：按前述高压旋喷桩施工工序和工艺要求严格执行。

(3) 高压旋喷桩是施工质量控制的重点。为此，应做好：

① 三重管高压旋喷预成孔及 PVC 管施工深度的控制，注意观察导孔施工过程中的泛浆情况，保证钻孔孔底进入基岩面的深度不小于 1 m。

② 对喷浆浆液配比严格控制，对每根桩的浆液进行抽查检测工作，根据作业情况固定相应的浆液拌制操作程序，减少操作失误。

③ 严格控制水泥质量和用量，加强水泥的防潮工作。

④ 每次作业前检查喷嘴，作业时检查钻杆旋转速度、提升速度及高压浆泵喷浆压力、流量，保证施工参数符合设计要求。

⑤ 喷射注浆时，若需拆卸注浆管，应先立即停止提升和回转，同时停止送浆，然后逐渐减少风量，最后停机。拆卸完毕后继续喷射时，开机顺序也要遵守前述顺序，同时开始喷射注浆的孔段，要与前段搭接至少 0.5 m，以防固结体脱节，造成断桩。

⑥ 详细真实地进行施工记录。

⑦ 为保证上部与三轴搅拌桩搭接的施工质量，应将高压旋喷施工时控制的顶部标高相应抬高，并在施工结束后及时用水泥浆回灌高压喷射孔口。

⑧ 在高压喷射注浆过程中冒浆量小于注浆量 20%为正常现象，超过 20%或完全不冒浆时，应查明原因及时采取相应措施：

a. 流量不变而压力突然下降时，应检查各部位的泄漏情况，必要时拔出注浆管，检查密封性能。

b. 出现不冒浆或断续冒浆时，若系土质松软则视为正常现象，可适当进行复喷；若系附近有空洞、通道，则不提升注浆管，继续注浆直到冒浆为止，或拔出注浆管待浆液凝固后重新注浆直至冒浆为止。

c. 冒浆量过大的主要原因一般是有效喷射范围与注浆量不相适应，注浆量大大超过旋喷固结所需的浆量所致。

(4) 水泥标号应大于 42.5 级，施工过程中要确保水泥的质量(不受潮，不起团，不失效)。浆液应根据实际工程需要确定好水灰比，保证浆液质量；成桩期间，每台机械每天要求做一组规格为 70.7 mm×70.7 mm×70.7 mm 的试块，试块制作好后进行编号、记录、养护，及时送实验室，确保桩体材料符合工程要求。

(5) 保证施工机械设备性能处于良好状态，施工时及时例保，对压浆泵进行每分钟压浆量检测，并准备应急备用压浆泵一套，从而确保喷浆的均匀性和连续性；机械移动前需看清上、下、左、右各方面的情况，发现有障碍物应及时清除，移动结束后检查定位情况并及时纠正，桩机应平稳、平正；在施工过程中，若因处理障碍物、机械设备维修、断电等意外情况发生而造成施工时间过长时，需在相邻两幅桩外侧进行补桩。

(6) 在整个施工过程中应详细记录施工操作方法与流程，同时及时记录工程数据，待施工结束后应按时进行数据处理并核查数据。若数据偏差较大则需分析其原因，制订出具体的解决方法。

8　安全措施

(1) 成立以项目经理为组长的安全管理小组，并配置专职安全员，负责现场施工安全管理。

(2) 操作人员进场前，须经过三级安全教育，施工过程中，每周召开一次安全工作会议，两周开展一次现场安全检查工作，提高操作人员整体的安全意识，防患于未然。

(3) 为保证施工现场的用电安全应设置漏电保护器，电气设备的设置与安装应符合相关部门要求；施工过程中应对电气设备加以防护，不得在电气设备附近搭设作业棚、建造生活设施或构建、架具、材料及其他杂物；施工现场的所有配电箱、开关箱应每月进行一次检查和维修。电气设备的操作与维修人员需培训后持证上岗并严格按照相关规范进行操作；根据施工单位要求编制安全用电技术措施、审批制度以及相应的技术档案。

(4) 机械设备应专人操作，操作时应遵守操作规程，特殊工种(焊工、机操工等)及小型机械工应持证上岗，按相关规定进行施工操作，严禁违规操作；外露传动系统应有防护罩，转盘方向轴应设有安全警告牌；经常检查各种卷扬机、吊车钢丝绳的磨损程度，并按规定及时更新；在保护设施不齐全、监护人不到位的情况下，严禁人员下槽、清理孔内障碍物。

(5) 由于工程场地的不确定性，车辆需按照现场规划的路径进出并及时登记，机械设备以及人员运输过程中应加强相关人员的安全意识，确保人身以及财产安全。

(6) 由于工程场地位于海南沿海地区，对台风暴雨等恶劣天气应予以足够重视，关注天气预报，做好安全措施的宣传工作，提前做好预防预案，做到组织落实、人员落实、责任落实、方案落实、设备器材等材料落实。

9 环保措施

(1) 依据环境管理标准，建立环境管理体系，制订环境方针、环境目标和环境指标，配备相应的资源。明确体系中各岗位的职责和权限，建立并保持一套工作程序，对所有参与体系工作的人员进行相应的培训。在保证质量、安全等基本要求的前提下，通过科学管理和技术进步，最大限度地节约资源与减少对环境负面影响的施工活动，实现节能、节地、节水、节材和环境保护，实现绿色施工。

(2) 根据工程场地情况，成立场容清洁队，对现场的三轴搅拌桩以及高压旋喷桩等施工产生的残渣进行统一堆放、清理并及时运输处理，同时做好工程场地以及周围 20 m 以内的清洁和降尘工作。

(3) 严格控制强噪声作业，对电锯、钻机、三轴搅拌桩机、高压旋喷桩机等强噪声设备，以隔音棚或隔音罩封闭、遮挡，实现降噪。

(4) 对易燃、易爆、油品和化学品的采购、运输、贮存、发放和使用后对废弃物的处理制订专项措施，并设置专人管理。

10 工程实例

实例一：078 工程 101#、102# 建筑物基坑位于海南省文昌市龙楼镇南部，毗邻南海。101#、102# 建筑物标高为＋6.500 m，现场地平整后标高为＋5.000 m，相对标高为－1.500 m，基坑面积为 14 800 m^2，101# 基坑底标高为－7.200 m，102# 基坑底标高为－23.400 m，局部落深 5 m。为保证止水降水效果采用了本施工工法，三轴搅拌桩桩径 850 mm，搅拌桩轴线周长 610 m，共有 508 幅。水泥掺量 20%，采用 P.O42.5 硅酸盐水泥，水泥用量为 380 kg/m^3，施工 28 d 后桩体无侧限抗压强度不小于 0.8 MPa，桩长约 13.5 m。高压旋喷桩 1 967 根，累计施工长度 3 736 m，水泥用量为 300 kg/m^3。经检测，高压旋喷桩施工质量优良，止水效果良好。整个 101#、102# 止水帷幕施工只用了 72 d，比合同工期缩短了 28 d，加快了后续施工进度。

实例二：078 工程 201#、202# 建筑物基坑的止水帷幕工程位于海南省文昌市龙楼镇南部，毗邻南海。201#、202# 建筑物标高为＋7.750 m，现场地平整后标高为＋6.000 m，相对标高为－1.75 m，基坑面积为 1 1700 m^2，201# 基坑底标高为－7.5 m，202# 基坑底标高为－21.65 m，局部落深 5 m。为保证止水降水效果采用了本施工工法，三轴搅拌桩桩径 850 mm，搅拌桩轴线周长545.6 m，共有 457 幅。水泥掺量 20%，采用 P.O42.5 硅酸盐水泥，水泥用量为 380 kg/m^3，施工 28 d 后桩体无侧限抗压强度不小于 0.8 MPa，桩长约 12 m。高压旋喷桩 970 根，累计施工长度 4 365 m，水泥用量 300 kg/m。经检测，高压旋喷桩施工质量优良，止水效果良好。整个 201#、202# 止水帷幕施工只用了 60 d，比合同工期缩短了 30 d，加快了后续施工进度。

施工过程照片如附图 5—附图 24 所示，竣工照片如附图 25，附图 26 所示。

附图 5　ZKD85A－3 型三轴搅拌桩机

附图 6　水泥搅拌桩止水帷幕施工

附图 7　高压旋喷桩止水帷幕施工

附图 8 预引孔钻孔

附图 9 水泥搅拌桩芯样

附图 10 激震器(电火花)

附图 11 美国 Geode－24 采集记录仪

附图 12 CT 成像检测孔下套管

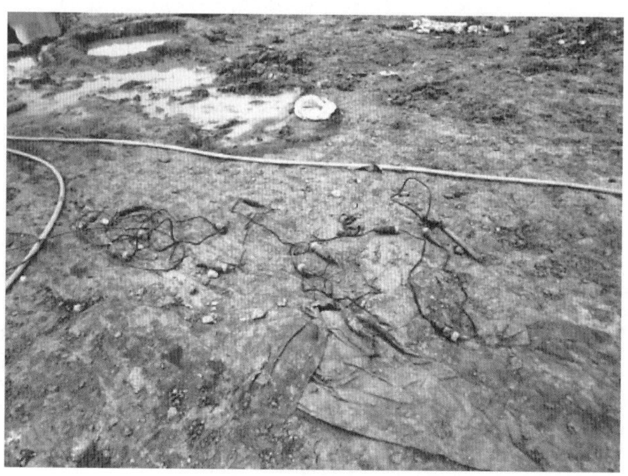

附图 13 串式换能器

附图 14 降水井施工

附图 15 基坑土石方开挖

附图 16 护坡喷射混凝土施工

附图 17 101# 火箭发射勤务塔平台(−7.50 m)

附图 18 102# 导流槽基坑(−24.95 m)

附图 19 102# 导流槽基坑边坡设置和集水井

附图 20 102# 导流槽基底锚杆和 101# 外墙施工

附图 21 坡顶排水设施、挡水坝及监测井

附图 22 102# 导流槽西坡人工挖孔桩混凝土浇筑

附图 23　201[#]、202[#]建筑基坑土石方开挖

附图 24　202[#]基坑边坡设置

附图 25　1[#]工位(101[#]、102[#])竣工图

附图 26　2# 工位(201#、202#)竣工图